普通高等教育"十一五"国家级规划教材

"十二五"普通高等教育本科国家级规划教材

皮革清洁生产
技术与原理

第二版

石 碧 主编

王学川 张宗才 马宏瑞 副主编

U0205534

化学工业出版社

·北京·

《皮革清洁生产技术与原理》（第二版）是"十二五"普通高等教育本科国家级规划教材，适用于轻化工程专业皮革方向。着重介绍皮革清洁生产工艺，同时对制革废水及固体废弃物处理新技术也作了适当介绍。清洁技术主要包括两方面的内容：一是已经获得实际应用、有显著的环境效益的清洁技术；二是虽然尚未广泛应用，但理论基础扎实、方案合理、具有重要应用前景的清洁技术。对于涉及的清洁技术，一般包括技术情况总体论述、科学原理、应用实例、发展趋势等方面的内容。

　　《皮革清洁生产技术与原理》（第二版）可作为高校轻化工程专业皮革方向的教材，也可以作为该方向大专生及相关专业学生的教学参考书。还可以给该领域从业人员提供技术选择，因此又可以作为皮革领域科研及工程技术人员的参考用书。

图书在版编目（CIP）数据

皮革清洁生产技术与原理/石碧主编. —2版.
—北京：化学工业出版社，2019.11
ISBN 978-7-122-35225-5

Ⅰ.①皮… Ⅱ.①石… Ⅲ.①皮革工业-无污染工艺-高等学校-教材 Ⅳ.①TS5

中国版本图书馆 CIP 数据核字（2019）第 212214 号

责任编辑：刘俊之　　　　　　　　　　　　装帧设计：韩　飞
责任校对：杜杏然

出版发行：化学工业出版社（北京市东城区青年湖南街 13 号　邮政编码 100011）
印　　刷：三河市延风印装有限公司
装　　订：三河市宇新装订厂
787mm×1092mm　1/16　印张 24　字数 596 千字　2020 年 1 月北京第 2 版第 1 次印刷

购书咨询：010-64518888　　　售后服务：010-64518899
网　　址：http://www.cip.com.cn
凡购买本书，如有缺损质量问题，本社销售中心负责调换。

定　　价：89.00 元

前　言

　　皮革工业是我国具有综合优势的传统产业。随着我国改革开放及世界产业结构的调整，我国皮革工业发展迅速，皮革产量已约占世界总产量的 30%，裘皮产量占 75%～80%。制革工业在我国国民经济建设特别是出口创汇方面发挥着重要的作用。但是，我国皮革工业的持续发展正面临着环境污染问题的严峻挑战。因此，在皮革领域研究和实施清洁生产技术具有重大的现实意义。

　　我国皮革生产企业的工程技术人员主要来自高校的轻化工程专业，因此在高校轻化工程专业本科专业课中设置《皮革清洁生产技术与原理》课程，对我国未来皮革工业的持续健康发展具有重要意义。因此，2010 年我们编写出版了普通高等教育"十一五"国家级规划教材《皮革清洁生产技术与原理》，并于 2014 年入选"十二五"普通高等教育本科国家级规划教材。近十年来，随着国家环保政策的日趋严格以及企业环保意识的不断提高，皮革清洁生产技术得到长足发展，因此我们对原教材进行了大量的修改，特别是增加了近十年来的新技术，形成了本教材。

　　实现皮革清洁生产的关键是立足于在生产过程中消除或削减污染。因此，本书着重介绍清洁生产工艺，同时对制革废水及固体废弃物处理新技术也作了适当介绍。考虑到轻化工程专业已经有系统的皮革化学及工艺学课程及相关教材，本教材只包括清洁生产技术方面的内容，不再详细叙述常规皮革生产的技术内容和原理。根据本教材的特点，在撰写上没有严格按照皮革生产工艺流程编写，而是更注重对清洁技术板块的系统总结。作为教材，对于涉及的清洁技术，尽量包括技术情况总体论述、科学原理、应用实例、发展趋势等方面的内容。

　　本书涉及的技术内容约有三分之一是作者们近年的研究工作和应用实践积累，其他内容则是在大量分析国内外研究成果的基础上筛选出的有价值的清洁技术。在内容的筛选上力求注重 3 点：①所论述的技术已经获得实际应用，有显著的环境效益；②所论述的技术虽然尚未广泛应用，但理论基础扎实、方案合理，代表着制革清洁生产技术的发展方向，具有重要的应用前景；③所论述的技术因多方面原因目前可能不再适宜采用，但其科学原理很有参考价值。

　　值得说明的是，多数清洁生产技术都是相对的，开发和实施制革清洁生产技术、不断满足社会对环境保护的要求是一项长期的任务。因此，本书介绍的清洁生产技术不可能是标准的、一劳永逸的技术。实际上，作者撰写该书的目的一方面是为了给读者今后的工作提供技术选择，另一方面则是希望对国内外已有的先进皮革清洁生产技术进行系统的总结，使大家能够在此基础上少走弯路地创造新的技术。

　　本教材分为 7 章，其中第 1 章～第 4 章由四川大学制革清洁生产技术国家工程实验室的石碧教授编写；第 5 章由四川大学生物质与皮革工程系的张宗才教授编写；第 6 章由陕西科技大学轻工科学与工程学院的王学川教授编写；第 7 章的 1～4 节由陕西科技大学环境科学与工程学院的马宏瑞教授编写，第 5 节由该校轻工科学与工程学院的强涛涛、任龙芳教授编写。四川大学的王亚楠博士、曾运航博士用了近半年时间完成资料的收集及整理、文字校对与规范化编排等工作，彭必雨教授、丁伟博士、余跃博士对部分清洁技术进行了实验验证并撰写了第3、4章中的部分内容，陕西科技大学的刘新华博士和侯梦迪博士也参加了部分校稿工作，他们对本教材的完成做出了重要贡献。作为主编，石碧对全书的撰写规范性、一致性及文字进行了必要的整理和修改。

在完成本书稿之时，作者十分感谢为本书的完成提供资料的同事们。同时，也十分感谢科技部的专家和领导，在他们的倡导下，国家863计划在"十五"期间设立了"制革工业清洁生产技术"研究课题（2001AA647020），在"十一五"期间设立了国家科技支撑计划课题"清洁制革过程与绿色产业链接集成技术及工程示范（2006BAC02A09）"，在"十二五"期间设立了国家科技支撑计划课题"500万标张/年制革园区清洁生产与废物循环利用的关键技术及示范（2011BAC06B11）"，在"十三五"期间设立国家重点研发计划项目"生态皮革鞣制染整关键材料及技术（2017YFB0308500）"，作者正是在执行这些课题的过程中产生了撰写本教材的强烈愿望，并完成了本书的编写修订。

制革清洁生产技术涉及多学科知识，对其深刻的理解需要深厚的理论基础和丰富的实践经验。限于作者水平，本书可能存在疏漏和不妥之处，敬请读者指教。特别应说明的是，由于皮革的质量受整个工艺过程中多种因素的影响，本书所列出的技术实例仅供读者参考。

编者

2019 年 5 月

目　录

第7章　制革废水及固体废弃物处理技术 ·············· 315

第 1 章 绪 论

1.1 皮革工业在我国经济建设中的作用

皮革工业是既具有悠久历史又保持着良好的发展势头的产业。一方面，人类食肉就会产生动物皮，皮革工业是对畜牧业和肉食品工业副产物的资源化利用，它已经成为农业-畜牧业-肉食品及皮革工业这一循环经济过程的重要环节；另一方面，皮革制品已经成为人类不可缺少的日常生活用品之一。

皮革工业包括制革、制裘、制鞋和皮件四大主体产业和皮革化工、皮革机械、皮革五金等辅助产业。随着世界产业结构的调整，我国逐渐发展成为世界皮革生产、加工和贸易中心。据统计，2017 年全国规模以上（销售收入 2000 万元以上）皮革、毛皮及制品和制鞋业企业销售收入 13674 亿元，出口额 787 亿美元，出口额连续多年居轻工行业第一，占世界皮革贸易额的 1/4。其中，规模以上制革企业 632 家，销售收入 1591 亿元，轻革产量为 6.3 亿平方米。根据 2017 我国年进口原料皮和我国自产原料皮数量计算，我国全部皮革产量约为 7.5 亿平方米。因此，皮革工业是我国轻工行业的支柱产业之一，在我国国民经济建设和出口创汇中正发挥着越来越重要的作用。

我国的皮革工业也是"三农"关联度高、吸纳劳动力就业多的行业，从业人员 500 余万人[1]。我国皮革工业已经形成了浙江温州/海宁/桐乡、河北辛集、福建晋江、广州花都、河北肃宁、河南孟州、四川成都、重庆璧山、湖南湘乡、大庆等多个以皮革生产和皮革制品加工为主导的特色经济区域，对解决劳动力就业、发展区域经济和城乡一体化建设发挥了重要的作用。皮革工业的发展也带动了畜牧养殖业的发展。

1.2 我国皮革工业面临的污染防治问题

制革、制裘是皮革行业的基础，对皮革行业的健康发展起着重要的支撑作用。改革开放以来，我国皮革行业发展迅速，一举成为世界皮革大国。这个过程也是经济发展与资源环境的博弈过程。改革开放至 20 世纪 90 年代初，同其他行业一样，皮革行业对经济发展的重视程度超过环境保护，给局部地区环境带来较大程度的污染；自 20 世纪 90 年代初开始，我国进入经济发展和环境保护并重的时代，国家环境管理力度不断加大，行业环保意识逐步增强，绝大多数制革企业逐渐建设了较完善的污水处理系统，制革污水治理成效显著提高。跨入新世纪，环境保护随之进入一个全新的高度，只有优先做好环境保护，才有可能发展经济。

据统计，2017 年我国制革行业废水产生量约为 1.31 亿吨，COD_{Cr} 产生量约为 39.38

万吨，氨氮产生量约为 2.63 万吨；经过治理，废水排放量约为 1.01 亿吨，约占全国工业废水排放总量的 0.5%，COD_{Cr}排放量约 9966 吨，氨氮排放量约 2114 吨[2]。此外，制革行业还会产生较难处置的含铬废液及废皮/铬屑、污泥等固体废弃物。可见我国皮革行业在节能减排方面仍需做更多的努力。

目前我国皮革加工企业主要采取末端治理的方式减少皮革生产污染，要完全实现达标排放成本较高。加之部分中小企业环保意识较淡薄，部分地方政府为追求经济效益采取地方保护主义策略，环保法规未真正贯彻执行，使某些地区的皮革生产污染问题长期以来未得到实质性解决。特别是一些中小皮革生产企业集中地区，水质污染较严重，威胁当地居民正常生活。

皮革工业的持续发展对我国经济建设和社会稳定有重要意义。但我国皮革工业的持续发展正面临着环境污染问题的严峻挑战。在技术上加强清洁生产工艺的开发和推广应用，在宏观管理上形成有针对性的、切实可行的战略安排，是我国皮革工业持续发展迫切需要解决的问题。

1.3 皮革加工产生的主要污染物

皮革加工产生的污染物随原料皮种类、工艺流程和产品结构等发生较大变化，成分与含量随时间有很大波动。皮革加工过程产生的主要污染物及其环境风险表现在以下几个方面[3]。

（1）铬污染

皮革鞣制主要采用的是三价铬（Cr^{3+}），其本身对人体无害。不仅铬鞣废液中会残留 Cr^{3+}，而且复鞣和染色过程也会因为部分铬脱鞣而进入废液。这些铬以溶解状态排放出来，在环境中会以氢氧化铬的形式沉淀、积累。三价铬对鱼类有一定毒性，会影响鱼的食物链，也会阻碍植物的光合作用。在碱性环境或有氧化性物质存在时，三价铬有可能转变成六价铬（Cr^{6+}），虽然这种转变的概率较小。六价铬化合物是世界卫生组织首批确认的致癌物之一，具有致癌、致突变作用，对人体的肝、肾、呼吸系统和消化系统都有严重危害性。因此皮革废水及皮革产品中的六价铬问题一直为行业所关注，并被作为评价生态皮革的重要指标之一。

（2）硫化物（S^{2-}）污染

制革废液中的 S^{2-} 产生于硫化钠脱毛过程。在碱性条件下硫化物主要以溶解态存在，但当 pH 低于 9.5 时，会形成硫化氢气体，其毒性与氰化氢相当，对神经系统、眼角膜危害很大。低浓度时会使人头痛、恶心，较高浓度时致人失去知觉、死亡。硫化氢气体易溶解形成弱酸溶液，具有很强的腐蚀性。若排放到地表，即使在很低的浓度下，也会使淡水鱼无法存活，导致农作物枯萎。

（3）中性盐污染

皮革生产排放的中性盐主要有两类——氯化钠和硫酸盐。氯化钠主要产生于原料皮的保藏（原料皮含盐 20%～30%）和制革浸酸工艺（使用皮重 8% 食盐）。硫酸盐主要来自工艺过程中使用的硫酸，以及大量含有硫酸盐的皮革化工材料。中性盐溶于水且稳定，很难通过常规废水处理方法除去。大量的中性盐进入地表水，会影响饮用水水质，对地表水中的植物、鱼类的生存产生较大危害。盐碱水长期灌溉农田，会造成农田盐碱化，使土质板结，导致农作物减产。废液中的硫酸盐还有可能被厌氧菌降解产生硫化氢。

（4）有机物污染

皮革生产废水中的大量有机物产生于溶解的毛、蛋白质和油脂，以及大量使用的有机复鞣剂、加脂剂、染料、助剂等，形成高化学需氧量（COD）和生化需氧量（BOD），其中部分有机物如酚以及染料中的胺类化合物等对人畜健康构成危害。

（5）氨氮污染

皮革生产废水中的氨氮含量较高，是皮革生产废水处理的难点之一。在皮革生产废液中有不同形式的含氮物质，主要来源于制革脱灰、软化过程使用的无机铵盐和脱毛过程中毛等蛋白成分降解所产生的有机含氮化合物。废水中氨氮过高，将导致水体富营养化。

（6）挥发性有机化合物污染

制革整饰所用材料中通常含有一定量的挥发性有机化合物（volatile organic compounds，VOCs），长期吸入，会对人体造成危害。皮革生产中产生的挥发性有机化合物以游离甲醛的危害最大。甲醛对人的中枢神经系统影响明显，有刺激、致敏和致突变作用，并能与空气中的某些离子反应生成致癌物——二氯甲基醚。欧盟规定生态皮革所用涂饰材料中的 VOCs 低于 $130g \cdot m^{-3}$，生态皮革中所含游离甲醛含量必须低于 150mg/kg（许多商家要求更严格的限量），我国许多皮革产品尚达不到这些要求。

（7）固体废弃物及污泥

为了获得厚度、质地均匀的皮革产品，生产过程中必须实施多次去肉、片皮、削匀、修边等操作。因此，所加工的原料皮有 30%～40% 转变为废皮屑，既是资源的巨大浪费，也形成庞大的固体废弃物。特别是铬鞣以后产生的固体废弃物，其生物降解较困难。

由于皮革生产废水中含大量悬浮物，废水经物理、化学法处理后会产生大量的污泥。每加工 1 吨原料皮，会产生 100～150kg 污泥，其中含蛋白质及其降解物、石灰、硫化物、铬、无机盐等。目前主要采用填埋方式处理，可能导致有害物质渗入地下水。

1.4 我国皮革行业污染物减排现状

1.4.1 工艺技术现状[2]

以制革工业为例，从工艺技术清洁化程度的角度分析，其工艺技术的基本现状如下。

（1）原皮保藏

我国制革行业所用的原料皮约有 50% 来自进口，它们多采用盐水或撒盐法腌制保藏。另外约 50% 原料皮来自国内，其保藏处理通常由屠宰加工或原料皮贸易单位完成，其中 95% 以上采用撒盐法腌制。盐用量一般为皮重 20%，是制革行业氯离子污染的最主要来源。目前约有 15% 的制革企业采用了转笼除盐-盐循环利用技术，或含盐废水循环利用技术，部分降低了氯离子污染。

目前在原皮保藏环节存在的问题包括：

① 原皮保藏由屠宰加工或原料皮贸易单位完成，制革行业无法控制盐的使用情况；

② 现有少盐/无盐原皮保藏技术或保藏期短，或成本高，尚无法大规模应用；

③ 制革企业对氯离子污染指标关注度不高，多数企业未采用相应的盐减排技术。

（2）脱毛

传统的脱毛工艺为硫化物毁毛法，硫化物用量为皮重的 $2\%\sim3.5\%$，原料皮的表皮、毛发经水解后溶于废水中。目前大多数牛皮加工企业采用该技术脱毛。硫化物毁毛法成本低，脱毛效果好，但它是废水悬浮物、COD_{Cr}、总氮的最主要来源，也是臭气的主要来源。

通过近 10 余年的研究开发，较为清洁的保毛脱毛工艺已十分成熟，并已在部分企业产业化。目前，40% 左右牛皮加工企业采用了低硫保毛脱毛技术或酶辅保毛脱毛技术。该技术推广应用面临的主要问题是：

① 技术人员需适应和掌握新技术的技术要点；

② 需增加滤毛设备投入。

另外，绝大多数绵羊皮和山羊皮加工企业采用硫化物保毛脱毛技术，即将硫化物直接涂抹于皮张肉面，然后采用人工推毛回收羊毛。由于回收的羊毛价值高，该法早已在羊皮脱毛中普及。一部分猪皮服装革加工企业采用生物酶制剂保毛脱毛技术。由于对动物毛发进行了回收，所以其废水中悬浮物、COD_{Cr}、总氮可以降低 $20\%\sim50\%$。

此外，由于常规硫化物毁毛脱毛废液中有大量硫化物残留，部分制革企业将脱毛废液回收，经处理后回用于脱毛工序，可以降低废水中硫化物污染物的排放。该技术推广应用面临的主要问题是对废液的指标稳定性控制难度较大。

（3）浸灰

传统浸灰工艺为石灰浸灰法，石灰用量一般为皮重的 $3\%\sim5\%$，目前 60% 以上企业仍采用该技术，这是造成制革污泥排放量大的主要原因。为了降低污泥量，40% 左右的企业采用少灰或无灰浸灰法，石灰用量为 $0\sim3\%$，膨胀剂（主要成分为非石灰类碱性物质）用量为 $0.5\%\sim2.0\%$，污泥量可减少 $10\%\sim50\%$，其推广应用面临的主要问题是灰皮的膨胀和纤维分散效果略逊于传统石灰浸灰法。

（4）脱灰软化

铵盐脱灰因其良好的缓冲性能、渗透性、易操作性和经济性，在制革脱灰工序中得以广泛使用。其用量一般为皮重的 $2\%\sim4\%$，是污水中氨氮的最主要来源。为了降低氨氮的污染，30% 左右的企业开始使用少氨或无氨脱灰剂。少氨脱灰剂可以将铵盐使用量控制在 1% 以下，脱灰废液中氨氮含量可以降低 60% 以上，这类技术的操作难易程度及脱灰效果与传统技术差别不大，易于被接受，但生产成本有所提高。无氨脱灰剂在缓冲性和渗透性方面还有待提高，同时成本远高于铵盐脱灰，目前采用的企业较少，部分企业在氨氮排放量难以达标时采用。

（5）脱脂

常见的脱脂方法为表面活性剂乳化脱脂，它是含油废水中污染物的最主要来源。牛皮和山羊皮油脂含量较少，无需专门的脱脂工序，一般只在其他工序中添加适量表面活性剂采用乳化脱脂即可达到要求。而猪皮和绵羊皮油脂含量高，需要专门的脱脂工序，绝大部分企业采用表面活性剂乳化脱脂，部分企业开始尝试用脂肪酶与表面活性剂结合进行脱脂。

（6）浸酸鞣制

浸酸铬鞣法所加工的蓝湿革，因较高的收缩温度和良好的综合性能被 90% 以上的企业使用，其食盐用量一般为 $5\%\sim8\%$，铬鞣剂用量为 $4\%\sim8\%$。常规铬鞣法铬鞣剂的利用率一般为 $65\%\sim75\%$，是废水中中性盐和 $Cr(Ⅲ)$ 的最主要来源。

高吸收铬鞣法/少铬结合鞣法可以提高铬鞣剂的利用率至 85% 以上，或降低铬鞣剂的使用量至 4% 以下，降低 Cr(Ⅲ) 排放 40% 以上，而皮革性能与常规铬鞣革基本一致，可达到市场的要求，该类技术正被一部分企业采纳。值得注意的是，铬鞣法（包括常规浸酸铬鞣法、高吸收铬鞣法和少铬结合鞣法等）目前面临的主要难点是鞣后染整各工序中释放的 Cr(Ⅲ) 的处理问题。

无铬鞣法可以彻底解决 Cr(Ⅲ) 的污染问题，但其推广受皮革性能以及成本问题所限，目前只有少数企业少量产品在使用。继续开发性能优良的无铬鞣剂和鞣法仍是制革行业今后若干年的研发重点。

(7) 复鞣染色加脂

目前制革企业选用复鞣剂、染料、加脂剂时，主要注重的是产品本身的使用性能，对其加工过程绿色化、皮革的环境友好性以及这些材料自身的可降解性等考虑不够。越来越多的制革企业开始考虑使用环境友好的复鞣剂、染料和加脂剂，但因产品可选择性、成本等问题，推广应用受到一定限制。

由于复鞣、染色、加脂工序是 COD_{Cr}、色度的主要产生源。近年来，技术水平较高的制革企业十分注重选择使用吸收利用率高的染整材料，以及采用低液比、少换液的"紧缩"工艺，以降低染整废液及污染物产生量。但部分制革企业在材料采购、工艺制定时，更加关注生产成本和操作简便性，造成湿整饰工段的高污染物排放，加大了末端污染治理的难度。

(8) 涂饰

溶剂涂饰与水性涂饰是常见的两种涂饰方法。溶剂涂饰其涂层具有良好的物理机械性能，一般用于中、顶层涂饰过程，是废气中 VOCs（挥发性有机物）的最主要来源。水性涂饰其涂层物理机械性能虽然可能会有所下降，但是操作简单、对环境友好而被绝大多数的制革企业所采用。为了进一步节约涂饰材料、减少涂饰材料的散失，一些制革企业正逐渐采用滚涂、负压涂饰等技术。

1.4.2　水资源利用现状[2]

皮革加工过程耗水量较大。以制革工业为例，其水资源利用的基本现状如下。

制革生产用水主要包括生产工艺用水、蒸汽供热耗水、清洗用水及生活办公用水等。由于皮革产品类型多、原料来源广泛，工业用水量随制革工艺和产品类型不同有较大变化。同时，不同类型的制革企业由于加工工艺不同，所需要的水资源量也存在较大差别。以单位重量生皮用水量计，一般情况下，从生皮加工至蓝湿革的用水量约占全程加工用水量的 60%~70%，其排水量也相应发生变化（详见表 1-1）。

表 1-1　不同原料皮制革的用水量①和排水量

皮革种类	牛皮	猪皮	山羊皮	绵羊皮
生皮加工到成品革				
用水量/(m³/t 生皮)	45~60	55~70	45~60	50~65
排水量/(m³/t 生皮)	40~55	50~65	40~55	45~60
生皮加工到蓝湿革				
用水量/(m³/t 生皮)	30~40	35~50	30~40	35~45
排水量/(m³/t 生皮)	27~36	32~45	27~36	32~40
蓝湿革加工到成品革				
用水量/(m³/t 生皮)	18~30	22~35	55~70	65~75
排水量/(m³/t 生皮)	16~28	20~32	50~65	60~70

①：用水量＝新鲜取水量＋水回用量。

从目前情况来看，猪皮加工用水量最高，牛皮、羊皮次之。猪皮一般用来加工服装革，一般每张猪皮可以片 3～4 层，甚至更多，二层得革率较高，用水量高。同样，同一原料加工为不同品种成品皮革用水量也有明显的差别，如 1t 生皮加工到成品 光面革用水量为 55～65m³/t，而加工反绒革和防水革因需要足够的水洗，需要的用水量会更大。2014 年开始实施的《制革及毛皮加工工业水污染物排放标准》（GB 30486—2013）对新建制革企业规定的基准排水量为 55m³/t 原料皮。2017 年开始实施的《排污许可证申请与核发技术规范 制革及毛皮加工工业-制革工业》中，对生皮到 成品革的制革企业规定的基准排水量为 55m³/t 生皮，对生皮加工到蓝湿革的制革企业规定的基准排水量为 40m³/t 生皮，对蓝湿革到成品革的制革企业规定的基准排水量为 55m³/t 蓝湿革。牛皮、猪皮制革加工企业要达到该基准排水量需优化用水措施，增加工艺水循环和中水回用量。我国制革企业经过近 30 多年来的发展，在清洁生产、末端治理技术及水平上取得了显著的进步，通过节水工艺改进，配合工艺水循环和中水回用使制革加工用水量大幅度下降，部分先进的制革企业其全程生产用水量比传统工艺用水量降低了 50% 以上。但从行业整体情况来看，由于制革加工特别是染整工段对用水水质要求较严格，因此工艺水循环和中水回用更多用于准备工段的部分工序。目前制革工艺水循环和中水回用量比较好的企业在 10%～30% 之间，最多可达 40%。

目前制革企业分布在我国几乎所有的省份，其工业水来源广泛，包括城市集中供水、地下水和河（湖）水。在水资源相对充裕的南方地区，多数企业通过引入河（湖）水进行净化处理后直接用于生产。目前条件下，国内制革企业难以达到当前《制革行业清洁生产评价指标体系》中水重复利用率和水回用率的目标（见表 1-2），但通过各种节水工艺，制革企业可以基本达到清洁生产标准中取（耗）水量的三级甚至二级标准要求。因此，需要企业在现有基础上，进一步普及节水型工艺和设备，提高工艺水循环技术水平和中水回用技术水平，并在行业消化吸收和推广，以促使企业节水水平有较大提升，达到清洁生产更高的目标。

表 1-2　当前清洁生产评价指标体系中的节水要求
（以从生皮到成品革的制革企业为例）

	一级标准	二级标准	三级标准
牛轻革			
取水量/（m³/m² 成品革）	≤0.2	≤0.25	≤0.35
水重复利用率/%	≥60	≥55	≥45
猪革			
取水量/（m³/m² 成品革）	≤0.15	≤0.2	≤0.3
水重复利用率/%	≥60	≥55	≥45
羊革			
取水量/（m³/m² 成品革）	≤0.12	≤0.17	≤0.27
水重复利用率/%	≥60	≥55	≥45

1.5　我国皮革行业清洁技术与世界先进水平的比较[2]

我国皮革行业对外开放较早，与先进国家之间的技术、设备和化工材料的交流也比较充分，再加上我国皮革行业科研力量较强，因此在节水减排工艺技术的研究开发方面已经达到世界先进水平，减排效果也比较接近。近年来，随着我国环保执行力度越来越大，我国皮革行业在节水减排方面取得长足进步。但是，在节水减排设备、环保型化工材料、固废的资源化利用技术研究开发方面还存在一定的差距。

与国际先进水平相比，我国皮革行业在节水减排技术的实际应用普及方面尚有差距，例如：保毛脱毛、无氨脱灰、浸灰废液及铬鞣废液循环利用等清洁生产技术的应用率还有较大的提升空间。

1.5.1　废水排放标准比较

近年来，由于人们环保意识的逐渐增强，各国政府对皮革生产废水排放也制定了愈来愈严格的标准。我国 2014 年开始实施的《制革及毛皮加工工业污染物排放标准》（GB 30486—2013）明确了制革及毛皮加工工业废水中的各项污染物限量指标，提高了针对性。GB 30486—2013 与国外相关标准相比，我国皮革行业废水排放标准比较严格。特别是六价铬和总铬指标，只有中国和德国要求在车间废水排放口进行限定，其他国家是在废水最终排放口进行限定。另外，我国新标准中还对总磷排放指标给予限制，目前其他国家标准中均未涉及。值得注意的是，即使与制革发达国家意大利、日本、美国、德国相比，我国的排放标准要求相也对严格[2]。

1.5.2　源头污染控制技术比较

在生产过程实施对环境友好的清洁生产技术，可以从源头明显降低主要污染物指标。源头污染控制技术可以使皮革生产企业避免传统末端废水处理的高运行成本，而且可以产生额外的经济效益，提高了企业治理污染的积极性。目前，源头污染控制技术以其投资少、易于操作控制等优势已被越来越多皮革生产企业所接受。

(1) 有毒有害化工材料替代技术比较

欧盟 REACH 法规对欧洲皮革生产企业及出口到欧盟市场上的皮革和皮革制品进行检测，含有受限或受禁物质的皮革或皮革制品不允许在欧盟市场销售。用环境友好型化工材料替代有毒有害化工材料是目前皮革生产企业的发展趋势。例如，在欧盟国家制革企业中，已用直链脂肪醇聚氧乙烯醚代替烷基酚聚氧乙烯醚；用直链型烷基醇聚氧乙烯醚、羧酸盐、烷基醚磺酸盐、烷基硫酸盐等代替浸水、脱脂、加脂、染整工序用的卤代有机化合物。目前我国这类产品大部分依赖国外化工企业提供，在替代型化工材料的研发方面我国与德国、意大利等发达国家相比还有一定差距。

(2) 中性盐污染源头控制技术比较

在欧盟最佳实用技术（BAT）文件中，推荐尽量使用鲜皮加工或从蓝湿革开始加工皮革。同时提出皮革浸水前使用机械方法除盐，可以回收 5% 左右的盐。或使用杀菌剂进行少盐原皮保藏[4,5]。在浸酸工序采用浸酸液部分循环技术，对绵羊皮和牛皮采用小液比浸酸工艺。铬鞣废液浸酸回用技术可降低约 40% 的盐用量；无盐浸酸技术可降低 3%~6% 盐用量。在美国约 75% 以上的原皮在屠宰场进行水洗、修边、去肉、腌制等操作，这种方法可以减少 18%~24% 的原皮重量，降低约 12% 的盐使用量。

在我国，已有部分企业采用转笼除盐技术，盐经处理后回收利用，回用率在 2% 左右，与国外存在一定差距。浸水工序采用酶助浸水技术，浸酸工序采用无盐/少盐浸酸技术或采用不浸酸铬鞣技术，可以减少废水中盐的含量。但是上述技术都存在成革丰满度差、紧实的缺点，只适用于部分成革的生产。

（3）脱毛浸灰污染源头控制技术比较

常规灰碱法脱毛中由于毛的溶解和硫化物的残留，大大增加了后续废水处理时硫化物和 COD_{Cr} 的处理成本。国外该工序采用的源头控制技术主要是保毛脱毛技术、低硫浸灰系统和浸灰废液循环利用技术等。与毁毛脱毛技术相比，保毛脱毛技术的浸灰废液可减少悬浮物产生量 70% 以上，减少 BOD_5 产生量 50% 以上，COD_{Cr} 50% 以上，氨氮约 25%，硫化物 50%～60%；低硫浸灰系统可减少 40%～70% 的硫化物产生量；浸灰废液循环利用技术可减少硫化物产生量 50%～70%，减少用水量 70%，减少硫化物的加入量 20%～50%，减少石灰的用量 40%～60%。

目前我国部分皮革生产企业常用的源头控制技术包括保毛脱毛技术、低硫低灰脱毛技术，使用有机硫制剂、酶制剂等来减小硫化物和石灰的用量，上述技术水平和国外先进技术相当。部分企业采用了浸灰废液间接循环利用技术[6,7]，该技术可以在回收硫化钠的同时，对蛋白质也回收利用，同时去除大部分氨氮，清液回用于预浸水工序，该项技术可以降低悬浮物 50% 以上，硫化钠回收率达到 99% 以上，COD_{Cr} 去除率达到 90% 以上，同时对氨氮的去除率也达到 80% 以上，达到国际先进水平。

（4）脱灰软化污染源头控制技术比较

氨氮污染主要来自脱灰软化工序。另外，随着废水处理过程中皮蛋白质的氨化，废水氨氮浓度会逐渐升高，甚至会出现废水中的氨氮浓度越处理越高的现象。国外有部分企业应用了二氧化碳脱灰技术，可减少 20%～30% 的氨氮产生量，降低 30%～50% BOD_5 产生量。该项技术在我国仅有个别企业大规模应用。使用有机酸脱灰也在很大程度上减少了氨氮的排放。

我国主要采用不含/少含氨氮的化工材料进行相关工艺操作，如无氨/少氨脱灰和无氨/少氨软化工艺，能够从源头上控制氨氮的产生，这类技术在发达国家的使用已经比较普遍，但由于会一定程度增加生产成本，在我国企业的普及率约为 30%。

（5）铬鞣污染源头控制技术比较

铬鞣及铬复鞣工序是铬排放的主要来源。国外一些皮革生产企业主要采用高效铬鞣技术，通过调整物理参数，实现 70%～80% 的铬利用率；通过同时调整物理和化学参数（使用铬吸收助剂），可以实现 90% 的铬利用率；高吸收铬鞣技术可以使吸收率达到 80%～98%，降低废水中 50%～80% 的铬浓度；废铬液在鞣制工序循环利用技术可以使铬在废液中的排放量降低 60% 以上；沉淀法回收铬技术，可以使 95%～99.9% 铬沉淀。在德国和荷兰的制革企业，沉淀后清液的铬含量可以达到 1～2mg/L。在瑞典，沉淀后清液的铬含量甚至可以低于 1mg·L^{-1}，再经废水处理后排放量达到 0.4 kg/t 原料皮。在英国的制革企业铬沉淀回收率可达到 99.9%，分离铬后清液的铬含量为 3～5mg/L，废水处理后小于 1mg·L^{-1}，回收的铬盐可以代替 35% 的新鲜铬鞣剂；白湿革预鞣技术可以使后续铬鞣工序的铬用量从传统的 15kgCr/t 原料皮降低到 6.5kgCr/t 原料皮；无铬鞣技术主要使用有机物鞣制，可以做到无铬排放。

我国要求对铬鞣废水单独收集处理，并对其排放量有严格要求，车间排放口的铬含量低于 1.5 mg/L。采用铬鞣废液循环利用技术可回收铬盐 99.9% 以上，铬鞣废液的循环利用率达到 97% 以上，该项技术可降低铬鞣成本，达到了国际先进水平。另外，也有部分企业采用高吸收铬鞣及少铬鞣技术，但仍存在产生铬鞣废液的问题。

(6) 染整污染源头控制技术比较

为了减少复鞣、染色和加脂工序的有机物及污染性化学品排放，发达国家对相关化学品的环境友好性、生物降解性及高吸收利用率进行了较好的控制。高吸收染色技术可以使废液中染料的浓度低于 10mg/L（染料浓度≥10mg/L 时肉眼可见）。高吸收复鞣技术采用低浓度或无游离苯酚/甲醛的合成鞣剂、与皮革有较强结合力的高吸收复鞣材料，及低无机盐含量的复鞣剂等；高吸收加脂剂的吸收率可达到 90%。

我国部分皮革生产企业使用相关化学品时，更注重从降低成本角度考虑，化学品的品质差异很大，部分企业的复鞣、染色、加脂工序仍然属于有机物的主要排放源。

(7) 涂饰污染源头控制技术比较

涂饰工序国内外均逐渐使用水性涂饰材料配合清洁涂饰工艺和设备来减少污染物排放。与目前常用的高压喷涂技术相比，HVLP（高容低压喷涂）技术可以节省约 30% 的涂饰材料；辊涂技术可以节省约 50% 的涂饰材料；水基涂饰替代技术可以使溶剂降低92% 以上。

涂饰的实施效果很大程度取决于水性涂饰材料的品质，这方面我国的技术水平与发达国家相比尚有较大差距。

1.5.3　用水情况比较

皮革加工行业耗水较高，目前制革企业用水量约为 45～70m³/t 原料皮，裘皮生产企业的用水量更大。为了提高水资源利用率，配合国家节能减排目标，实现资源最大化利用，采用节水技术非常必要。

目前国外在用水节水方面主要采用了过程废水回用、含硫废水和含铬废水处理回用、雨水与反渗透水再利用、蓝湿革回湿水循环利用、采用节水设备等技术。通过用水量严格计量，改流水洗为闷水洗，采用小液比，可将用水量由 40～50m³/t 原料皮降至 12～30m³/t 原料皮（牛皮）。在德国，采用上述技术后水用量为 15～20m³/t。荷兰为 20m³/t 原料皮（2008 年数据）。欧盟一些制革企业也采用了废水回用技术，主浸水废水和脱灰软化水洗废水均可以回用于浸水。部分二次浸灰水洗废水用于浸灰，浸灰水洗废水、浸酸鞣制循环水和一些水洗废水也可以回用于浸水。

在我国，主要使用以下 5 个方面的技术：

① 通过工艺参数的调整，降低用水量；

② 通过将部分工序合并，降低用水量；

③ 通过废液循环降低用水量；

④ 通过引进先进设备节约用水；

⑤ 通过中水回用降低新鲜水的用量。通过合理控制工艺，可以使制革用水量降低 30% 以上。在对用水严格计量和车间用水的管理上，我国与国外仍有一定的差距。

1.5.4　废水处理比较

皮革加工因涉及原料皮及成品不同，其产生的废水有较大差异。为此，针对皮革加工废水处理应贯彻"分质分流、单项废水处理与综合废水处理相结合"的原则。

目前，在中国、印度等国家，含铬废水分流，集中回收处理是强制实施的。我国对脱脂废水、含硫废水也建议分流后单独处理。脱脂废水预处理包括隔油和混凝气浮等工艺。

含硫废水采用酸化法、催化氧化和化学絮凝等工艺。对于含铬浓度高的铬鞣及铬复鞣废水，采用较多的是循环利用技术。对于含铬浓度较低的废水，包括铬鞣后各工序水洗废水、染色加脂废水，各地已陆续提出要求按含铬废水进行加碱沉淀配合絮凝等方法脱铬后再进入综合废水，随着重金属排放限制要求的不断提升，越来越多的企业着手尝试不同的脱铬处理方法，以减少由此产生的含铬污泥量。

皮革生产综合废水经过机械处理、物化处理、生化处理及深度处理后，可以满足废水达标排放要求。企业根据不同的排放要求进行组合处理。其中，机械处理是使用机械格栅和旋转式筛网，筛滤去除大颗粒悬浮物。物化处理是采用预沉、曝气调节、混凝沉淀等方法，进行水量水质均衡和 COD_{Cr} 物化去除。生化处理技术包括好氧生物处理技术、厌氧-好氧生物组合处理技术等不同组合式的生物处理系统，可以保证 COD_{Cr}、BOD_5、氨氮、总氮、硫化物及色度等各项指标达标。皮革生产废水经过二级处理后很难达到直接排放标准的出水要求，需要进行深度处理。深度处理技术包括臭氧、Fenton 试剂催化氧化技术、曝气生物滤池技术、深层过滤处理技术等。

随着国家环保管理力度的加大以及皮革加工技术的提高，皮革生产废水"分类预处理，综合废水物化生化处理"的工艺路线已经得到共识，国内在废水治理工艺和治理效果上都有显著提高，已经达到发达国家同等水平。随着我国皮革行业多年来的结构性重组和清洁生产的推广，新工艺、新材料和新设备的不断开发和投入，皮革生产过程的用水量已明显下降，随之而来的是废水中各类污染物的浓度大幅度增加，最突出的是废水中 COD_{Cr}、氨氮、含盐量的增加。当前还没有经济、高效的脱盐处理技术。我国现有废水治理技术对污染物的处理集中在 COD_{Cr}、铬、悬浮物、硫化物和氨氮的去除上，对总氮的去除效果还不是很理想。在意大利等国家，废水处理避免使用化学法处理，完全采用生物氧化系统，停留时间为 4～6 天，该方法可以最大限度地降低污泥的产生量。

1.5.5　固体废弃物处理比较

（1）固体废弃物处理技术

目前国内外对皮革生产固废的处理和资源化利用技术情况见表 1-3。可以看出，目前我国在皮革生产固废再利用方面的技术和国外差距较小，在含铬污泥处理技术方面还具有一定的先进性。但是，在再生燃料及再生革制备技术上与国外还有一定差距。

表 1-3　国内外皮革生产固废再利用技术对比

固废	国内主要技术	国外主要技术
废毛	填埋处理，焚烧，生产蛋白填料	提取毛蛋白，生产蛋白填料，厌氧消化制备沼气，堆肥
肉渣	生产油脂、饲料	提取油脂，生产燃料，厌氧消化制备沼气，堆肥
灰皮下脚料	生产明胶、水解蛋白，生产宠物用胶，生产胶原肠衣	生产动物饲料，肠衣，水解蛋白，厌氧消化制备沼气，制明胶，堆肥
鞣制后削匀革屑及修边下脚料	生产再生革，水解蛋白，皮革工艺品	生产再生革，水解蛋白，皮革工艺品，填埋
废水过滤固废	填埋	堆肥，土木工程，厌氧/好氧消化燃料，垃圾填埋场的建筑材料
含铬污泥	填埋或再生铬鞣剂	填埋
综合污泥	焚烧、填埋或生产建筑材料	焚烧、填埋或进行综合利用

(2) 处理含铬废弃物的法律法规

2008 年，《国家危险废物名录》颁布实施，将"使用铬鞣剂进行铬鞣、再鞣工艺产生的废水处理污泥"和"皮革切削工艺产生的含铬皮革碎料"纳入其中，而欧盟、美国、日本、中国台湾等国家和地区明确将含铬皮革碎料作为一般固废处理，更加鼓励对皮革加工固体废弃物的资源化再利用。2016 年，《国家危险废物名录》修订版虽然增加了豁免内容，加工小皮件、再生革、静电植绒的含铬皮革碎料可以不按危险废物管理，但豁免范围太小，目前绝大部分含铬皮革碎料仍然因为加工企业不具备危险废物处置资质而无法得到资源再利用。由此可见，我国政策要严格很多，极大限制了皮革生产固废的资源化利用。同时，目前我国相关企业绝大多数都没有危废处置资质，造成皮革生产企业皮革碎料积压，这种现状对相关资源再利用企业的规模化、专业化发展带来了负面影响。

1.6 皮革行业清洁技术发展中存在的问题[2]

(1) 工艺技术和装备与日益严格的环保要求匹配不够

皮革加工是一种传统工业，就目前我国发展水平而言，正处于技术更新、产品升级的阶段，正从只注重产品技术向产品技术与清洁生产技术并重的过程跃进。在这一发展过程仍存在一些问题：在清洁生产技术开发和应用方面，产学研的合作广泛性和深度不够，已开发的单元清洁生产技术的成熟性、经济性、适用性尚不理想；从皮革生产整体污染物减排着眼，需注意单元清洁生产技术之间以及清洁生产技术与常规技术之间的工艺平衡，以保证皮革品质，而仍然有很多皮革生产企业对这方面认识不足；急需加强各项单元清洁生产技术的集成链接验证、调试和完善，使清洁生产技术真正转化为有效益的技术。

皮革加工专用机械设备和环保设备的开发和使用落后于工艺技术的发展水平，直接制约了皮革加工新技术的推广使用。这主要是因为：我国目前尚缺乏专业皮革生产机械和环保设备的研发机构，研发力量薄弱，新设备的更新换代慢；缺乏成套、成型、标准化皮革生产设备的研发、生产和使用机制，影响了新设备的推广；现行皮革生产企业鉴于生产线已经规划建设完毕，而新设备的使用受场地、技术条件所限，无法安装或无法实现理想的效果；新设备的引入会带来投资的增加等问题。

(2) 高端皮革化工材料与国际水平尚有差距

皮革加工过程同时是皮革化工材料使用的过程。按照所使用的工段区分，可分为准备和鞣制工段皮革化工材料、湿整饰工段皮革化工材料和干整饰工段皮革化工材料。经过近三十多年的发展，我国生产的皮革化学品已逐渐取得了市场主导地位，高端产品与国外差距正在缩小，同时也开发了大量节水减排的皮革化工材料，但与越来越紧迫的环保形势及越来越高的清洁生产要求相比仍有不小差距。总体来看，我国准备鞣制工段和湿整饰工段皮革化工材料与国外差距较小，但是干整饰工段，尤其是涂饰用皮革化工材料与国外尚有一定差距，主要由两方面原因造成：

第一，国外皮革化工企业研发设计产品之初就注重功能化与环境友好相结合；从技术研发到产品应用全过程与皮革生产企业紧密合作，产品技术与应用数据翔实，可最大程度发挥材料的功能特性；产品种类齐全，覆盖皮革生产的所有工序，特色产品性能突出，市场影响力大。

第二，我国皮化材料产品国家或行业标准较少、规范性较差，致使产品门类混杂、质量良莠不齐；国内皮化企业数量众多，但多数企业技术研发投入不足，注重"短、平、快"，缺乏长远规划；产品研发以模仿为主，注重产品功能，缺乏产品分子结构设计和环保意识；价格竞争和不正当竞争现象长期存在。

（3）废水处理模式不够合理

目前，我国皮革行业的废水处理模式仍存在不够合理之处，主要表现为以下两个方面：

第一，多家工厂废水混合后治理。限于皮革生产企业规模、经济效益、地方政策等原因，我国约 30%～40% 的皮革生产企业对废水采取自行处理达标后直接排放的方式，更多的企业采用将废水排入园区或市政污水管网的方式，其中一部分企业将废水直接或经简单物化处理后排放到园区或市政污水管网，这种方式明显不适应现代管理的要求。加工原料和产品风格的多样性，再加上皮革生产废水成分的复杂性，使得多家企业废水混合后再治理的直接结果就是园区/城镇污水综合治理较难达标或运行成本过高。另外，皮革生产企业不直接进行废水处理，会忽视废水处理的难度，降低废水分流、节水减排的主观能动性。

第二，多工序废水混合治理。现阶段，我国多数皮革生产企业仍采取各工序废水混合后综合处理的方式。较为科学的处理方式是废水分流分质处理与综合处理相结合。这是因为皮革生产过程各工序的废水差异明显，成分复杂，如果将产污量较突出的单工序废水单独处理，其废水处理设计具有针对性，降低处理难度的同时提高处理效果。经过处理的单工序废水可回用或与其他废水混合后进行综合处理，这样可以大幅度降低综合废水处理难度。目前大约 30% 的皮革生产企业采取了主要单工序废水分流处理技术，主要包括脱毛浸灰废液、脱脂废液、铬鞣废液单独处理技术，单工序废水经处理后循环使用或再排入综合废水，在回收资源、减少排放的同时降低了综合废水处理难度。

（4）固体废物处理不够规范

皮革行业固体废物包括无铬皮革固废、含铬皮革固废、染色坯革固废和污泥。目前皮革加工行业固体废物处理主要存在以下三方面问题：

第一，固体废物处理政策导向问题。固体废物处理的一般原则是资源化、无害化、减量化。目前我国皮革行业固废处理尚处于无害化和减量化的阶段，其资源化利用才刚刚受到关注。值得注意的是，我国现行的某些政策，过泛地划定危险固废范围，如将含铬皮革碎料列入《国家危险废物名录》，过度严格地审批危险固废处理资质，不利于固废资源化技术的发展和实际应用。

第二，固体废物处理过程规范化处理机制不够完善。如制革污泥处理时存在直接堆放或简单填埋现象，固体废物分类不规范，贮存方式多样分散，导致了可再生资源的浪费，增加了环境二次污染的风险等问题。

第三，固体废物处理过程的经济效益问题。皮革生产固废处理或资源再利用长期处于微利或负债经营状况，需要政府或企业长期政策倾斜和资金补助，降低了企业固废治理及再利用的主动性和长期性。

（5）环境管理体系尚不健全

目前我国皮革行业的环境管理体系尚不健全，企业对环境行为的认知程度和实施能力有待提高，尚处于被动管理阶段，对污染物治理也主要采取末端治理。仍然有很多企业只关注污水治理，缺乏对污染源头控制、固体废物减量化和无害化处理、废气污染治理等问题的重视。企业习惯于将生产加工与环境治理分开，这样容易造成污染治理成本高、效率低、事故多等问题。

建立和健全皮革加工行业的环境管理体系，需改变观念，对环境行为有一个科学的认识，制定源头控制、末端治理和生态生产的全过程结合管理方案，推行清洁生产，做到节能降耗，降低生产和环境成本，变被动为主动的环境管理，这样才可达到皮革行业的可持续发展。

1.7　皮革行业清洁技术需求分析

(1) 国家和产业政策的需求

受环境容量制约，我国经济社会发展面临的资源环境约束更加突出，节能减排形势日趋严峻，工作强度不断加大。《国民经济和社会发展第十二个五年规划纲要》将"资源节约环境保护成效显著"列为今后五年经济社会发展的主要目标之一。提出主要污染物化学需氧量、二氧化硫排放分别减少 8%，氨氮、氮氧化物排放分别减少 10%。

2013 年，为依法惩治环境污染犯罪，最高人民法院、最高人民检察院联合发布了《关于办理环境污染刑事案件适用法律若干问题的解释》。对有关环境污染犯罪的定罪量刑标准作出了新的规定，进一步加大了打击力度。

2014 年，十二届全国人大常委会第八次会议通过了新修订的《环境保护法》，于 2015 年 1 月 1 日起正式实施。该法通过赋予环保部门直接查封、扣押排污设备的权力，提升环保执法效果，通过设定"按日计罚"机制，倒逼违法企业及时停止污染，并且在赋予执法权力的同时建立了相应的责任追究机制。

2015 年，国务院发布《水污染防治行动计划》，从全面控制污染物排放、推动经济结构转型升级等十个方面开展防治行动。其中针对制革行业提出了专项治理方案及一系列清洁化改造要求。同时，工业和信息化部针对制革行业发布了《制革行业规范条件》，该规范从企业布局、企业生产规模、工艺技术与装备、环境保护、职业安全卫生和监督管理等方面，对制革行业提出了要求。该规范的发布对规范行业投资行为，避免低水平重复建设，促进产业合理布局，提高资源利用率，保护生态环境具有重要意义。

随后，国务院印发《中国制造 2025》，部署全面推进实施制造强国战略，明确"绿色制造"是未来中国制造重要目标之一，以此加快实现我国由资源消耗大、污染物排放多的粗放制造向绿色制造的转变。

进入"十三五"以来，国家越来越重视绿色发展，陆续发布了《"十三五"生态环境保护规划》《中华人民共和国节约能源法》《中华人民共和国环境保护税法》《国家危险废物名录》(2016 修订版)《中华人民共和国水污染防治法》(2017 修订版)等法律法规。同时，以排污许可制度作为固定污染源环境管理工作的核心制度已逐步建立。2018 年《中华人民共和国固体废物污染环境防治法(修订草案)(征求意见稿)》第三十七条又提出"国家实行工业固体废物排污许可制度"。

不难看出，环保工作现已被提升到前所未有的高度，做好节水减排工作是解决环境问题的根本途径，是减轻污染的治本之策，是实现经济又好又快发展的一项紧迫任务，更是科学发展、社会和谐的本质要求。

(2) 生态环境的需求

生态环境为人类活动提供不可缺少的自然资源，是人类生存发展的基本条件。然而与发达国家相似，我国也同样经历了以牺牲环境为代价换取经济与社会迅猛发展的阶段。期间，大气、水体、土壤、海洋等生态环境都遭到了不同程度的污染。随着国家和社会环保意识的提高，局部环境得到改善，但污染物的排放量仍然处在一个非常高的水平，总体环境继续恶化，生态赤字在逐渐扩大，人与自然、发展、环境的矛盾日趋尖锐。若不改变经济优先的发展模式，必将导致人与生态环境的关系遭到持续破坏，为生态环境带来长期性、积累性不良后果，最终威胁人类社会的生存。因此，改善生态环境质量，维护人民健康，是保证国民经济长期稳定增长和实现可持续发展的前提，这是关系人民福祉，关乎子孙后代和民族未来的大事。在改善生态环境的过程中，皮革行业需通过开展节水减排，降低环境污染负荷，保障可持续发展所必需的环境承载能力，维持经济发展和人居环境改善所必需的环境容量。通过实现生态平衡、协调经济与生态的关系，实现人与自然的和谐永续。

（3）人民消费的需求

随着人们生活水平的不断提高和环保意识的增强，消费观念逐渐发生转变，由过去片面追求商品价格开始向绿色消费过渡。中国消费者协会的市场调查显示，绝大多数消费者在购买产品时会考虑环境因素，愿意选择未被污染或有助于公众健康的绿色产品，同时注重产品生产过程的环境友好性。越来越多的人愿意通过主动购买绿色产品的方式，改善环境质量。放眼国际，更是有80％以上的欧美国家消费者，购物时将环境保护问题放在首位，并愿意为环境清洁支付较高的价格。显然，绿色消费模式改变了以往只关心个人消费，漠视社会生活环境利益的倾向。崇尚自然、追求健康，注重环保、节约资源的消费方式进入更多人的生活，它已成为一种全新的消费理念，逐渐为公众所接受。

绿色消费既是一种行为选择，也是一种消费理念，更是未来的发展方式和消费模式，国内外消费者对绿色环保产品的需求愈发强烈，皮革行业只有顺应市场，积极推广生态皮革认证，使皮革产品满足消费者绿色消费需求，赢得市场的认可，才能在未来激烈的市场竞争中占有一席之地的同时，取得低碳环保和行业发展的双赢。

（4）提升国际市场竞争力的需求

基于对生态环境、人类健康以及各国相关产业的保护需要，世界各国通过制定严格的技术规范及相关法律，对国外产品进行准入限制，尤其是发达国家凭借技术优势，对环境保护和节约能源制定了一系列法规、技术标准，客观上形成了国际贸易中的"绿色壁垒"。过去我国在发展过程中忽视环境因素，导致环境质量和污染控制方面较发达国家水平低，造成我国企业在产品质量、污染治理方面同国外发达国家和地区有差距，使我国出口产品在国际市场面临越来越多的绿色壁垒，影响了我国产品的国际竞争力。

目前，资源环境因素在国际贸易中的作用日益突显，环境要求不断抬高国际市场准入门槛。例如，欧盟委员会发布了301/2014号法规，对在欧盟生产或进口的可与皮肤直接接触的皮革类产品做出六价铬含量限制要求。规定自2015年5月1日开始，在欧盟市场投放的与皮肤接触的皮革物品及含皮革零件的物品，其六价铬浓度不能超过3mg/kg，同时将六价铬限制措施列入《化学品注册、评估、授权和限制法规》（REACH法规）附件Ⅶ的被禁物质清单内。

显然，环境标准与法规已直接关系到我国皮革生产企业在国际贸易中的市场准入和出口产品的竞争力，面临更加激烈的国际市场竞争。节能减排已成为皮革生产企业提升国际竞争力的现实需要，只有通过提高产品的生态标准，保证产品的生态环保特性，才能顺利取得进入国际市场的"绿色通行证"，从而提高产品的出口竞争力，可以说节能减排已成为我国皮革生产企业提升国际竞争力的必由之路。

1.8　我国皮革工业做好污染防治工作的关键措施

(1) 严格环境执法，抑制比拼成本的竞争

从技术角度看，皮革工业的污染是可以防治的。欧美发达国家皮革生产企业的废水可以达到严格的排放标准，中国也有一定数量大型皮革生产企业的废水排放达到了国家一级标准，这表明皮革生产可能产生污染，但不是必定产生污染。

目前我国90%以上皮革生产企业建有废水处理设施，但废水长期达标排放企业的比例要低得多。有相当一部分企业的废水虽然经过一定程度的处理，但并未达标即排放，甚至有相当一部分企业的废水处理设施仅仅是为了应付检查。造成这种状况的主要原因有两个：

① 环境执法不严、有法不依，守法成本高、违法成本低，这些现象与某些地区的"地方保护主义"结合，使皮革生产企业排污问题难以真正解决。即皮革工业的污染防治问题，不是能不能做到的问题，关键是执法是否到位、政策法规是否完善、地方政府愿不愿意做的问题。

② 我国皮革生产企业之间的无序市场竞争非常激烈，并且将竞争的重点放在比拼价格上。目前，我国皮革生产企业的平均利润是产值的4%～5%。要完全实现皮革生产废水达标排放，治理费用需花费产值的2%左右，即花费利润的50%左右。因此，部分皮革生产企业把回避治污作为提高竞争力的手段。在这种状况下，那些有治污能力、也愿意治污的企业，往往也不得不尽量减少甚至放弃污染防治工作，否则可能在竞争中首先倒闭。

因此，面对目前的状况，我国许多有责任心、希望持续发展的皮革生产企业，都希望尽快完善皮革生产环保政策法规(包括《制革企业准入标准》)，并切实在全国范围统一严格执行，使皮革生产污染防治费用成为所有企业必须支付的成本。实现这一目标，意味着我国许多不守法、没有能力守法的中小皮革生产企业会被淘汰，而有能力治污的企业将获得更好的发展环境，皮革行业不仅不会萎缩，而且可以在遵守环保法规的同时，得到更好的发展。

(2) 在提升产品水平和价值上下功夫，降低污染防治费用在产值中的比重

与发达国家相比，我国的皮革及其制品多数处于中低档水平，因此价格相差也较大，这也意味着我国皮革生产行业还有较大的利润增长空间。引导我国皮革行业走出低水平、低价格竞争的误区，在政策上鼓励企业提升技术水平、提高产品价值、创造品牌产品，可以使我国皮革行业进一步提高经济效益，使污染防治费用不再成为企业沉重的包袱。这对促进企业坚持治污、提高企业治污能力具有战略意义。从"十五"开始，中国皮革协会在全行业大力推进"生态皮革标志"和"品牌战略"，对推进行业结构调整已经取得了较好的效果。

(3) 推行废水专业化集中处理模式

即将皮革生产企业（特别是规模不大的企业）集中在某些区域，或将皮革生产企业建立在有废水集中处理条件的区域。由专业废水处理公司完成废水治理。这种方式可以减少治理成本，也有利于监管，同时便于企业专心从事生产经营活动。这项工作可以与中国皮革协会正在大力推进的皮革行业特色生产基地建设相结合。

（4）建立服务于全行业的清洁技术研发平台

从技术角度看，开发和推广应用皮革清洁生产技术，从源头促进皮革工业的节能减排，是皮革工业持续发展的保障。清洁技术往往属于共性技术，因此我国应该整合国内的研发力量，通过产学研结合，建立服务于全行业的皮革工业清洁技术研发平台（如国家工程实验室、行业技术平台等），源源不断地为我国皮革产业开发和提供具有自主知识产权的清洁生产关键共性技术，不断提高行业的污染防治能力和持续创新能力。

参考文献

[1] 廖隆理，陈武勇，程海明，等. 轻化工程专业皮革方向发展战略研究（Ⅰ）. 皮革科学与工程，2004，14（3）：54-57.
[2] 中国皮革协会. 制革行业节水减排技术路线图. 2018 年.
[3] 张宗才，殷强锋，戴红. 制革排放物中污染物分析. 皮革科学与工程，2002，12（5）：44-48.
[4] Munz K H. Silicates for raw hide curing. Journal of the American Leather Chemists Association，2007，102：16-21.
[5] Munz K H. Silicates for Raw Hide Curing and in Leather Technology. The XXIX Congress of the IULTCS and the 103rd Annual Convention of the ALCA. Washington DC，USA，2007.
[6] 丁绍兰，章川波，高孝忠，等. 常规毁毛法浸灰脱毛废液循环使用的研究. 中国皮革，1997，26（4）：14-19.
[7] 潘君，张铭让. 清洁化制革工艺技术研究（Ⅰ）——制革工业现状. 四川皮革，2000，22（1）：38-40.

第2章 原皮保藏清洁技术

制革的原料皮从动物体上剥下来后，往往还需要经过一段时间的保存和运输后才能投入生产。原料皮不可避免地带有大量微生物，加上原料皮的主要成分是蛋白质、水、脂类等，为微生物的生长繁殖提供了丰富的养料，如果不采取有效保护措施，在适宜条件下，原皮自身的"自溶酶"和微生物产生的蛋白水解酶会作用于原料皮而使其腐烂。因此，在原料皮的保藏中进行防腐处理非常必要，而且好的防腐措施更有利于原料皮的利用和提高成品质量，增加经济效益。

原料皮防腐处理的基本原理是通过控制水分、温度、pH等因素或采用防腐剂，在生皮内外形成一种不适合细菌生长繁殖的环境。常见的方法有盐腌法、干燥法、冷冻法等。传统的干燥法主要通过自然干燥将生皮内水分降至 14%～18%，从而达到抑制微生物生长繁殖的目的，其操作简单、成本低，但原料皮纤维受损大，浸水困难，成革质量较差。冷冻法保藏无污染，皮质好，但由于冷冻保藏要求建立专门的仓库，能耗大，运输成本高，解冻后细菌繁殖快，因而未能被广泛采用。盐腌法具有操作简便、成本低廉、适用范围广、储存期长及保存质量较好等优点，是目前各个国家原料皮保藏和防腐最为流行的方法。但这种方法需要使用大量的食盐（生鲜皮重的 25%～30%），带来了大量的盐污染（占制革厂盐污染总量的 70%），废水中的总溶解固体量（TDS）较高[1,2]。近年来，由于人们环保意识的逐渐加强，各国政府对污水排放制定了愈来愈严格的标准，印度、意大利、西班牙等国已制定了严格的含盐废水排放标准，盐腌法因其盐污染而引起人们的重视。因此使用清洁化的原皮保藏防腐技术替代盐腌法，减少或消除盐污染，对于实现制革业的清洁生产具有重要的意义。

经过科技工作者多年的努力，提出了许多现代原皮保藏技术，从时间上可分为短期保藏和长期保藏两类[2,3]。但不论哪种方法都是以保存生皮不变质的同时尽量不污染环境为目的，尽管有的不太成熟或成本较高，但都为寻找更加高效、环保的方法提供了参考。

2.1 少盐保藏法

传统的盐腌法是盐污染的主要来源，但盐腌法成本低、防腐效果明显等优点也是很突出的，要完全取消盐腌法目前还是很困难的。采用食盐和其他试剂（如杀菌剂、抑菌剂、脱水剂）结合使用的保藏方法，既可以减少食盐用量，降低盐污染，又能达到中短期防腐保藏的目的。

人们早期研究较多的少盐保藏法是硼酸、食盐结合保藏法。硼酸能够吸收皮纤维间隙中的水分，协助水分蒸发，同时还具有杀菌效果。新西兰的 Hughes 率先在实验室规模下研究了饱和硼酸溶液（4.5%）与饱和氯化钠溶液结合使用的方法，原料皮在30℃下可保藏 1 周左右[4]。印度中央皮革研究所 Kanagaraj 等人采用将硼酸和食盐（均为固体）直接涂抹于原皮肉面的方法，在 30～35℃开展了一系列防腐实验，确定 2%硼酸加 5%食盐为最佳比例。随后在制革厂进行了生产性试验，硼酸-食盐法保藏两周的原料皮经浸水后，废液中 BOD、COD、TDS、TSS 和 Cl$^-$等检测结果均低于传统盐腌法，且成革的感观和物理性能与传统法相当，见表 2-1 和表 2-2。从成本角度比较，只用硼酸防腐成本太高，不适合工业化应用。硼酸-食盐法尽管成本略高于传统盐腌法（见表 2-3），但能够解决大部分盐污染问题[5,6]。不过，废水中含过多的硼会损坏土壤的结构，因此用硼酸保藏也可能引起另外的环境问题[7]。特别需指出的是，硼酸已于 2010 年被欧洲化学品管理局列入第三批 CMR2 类致生殖毒性高度关注物质清单中，故硼酸不太可能在今后的原料皮保藏中被使用。但其作用原理对我们继续研究食盐的替代品有启发意义。

表 2-1　浸水工序废液分析[5]　　　　　　　　　　　　单位：g/kg 原皮

检测项目	硼酸-食盐法	传统盐腌法	检测项目	硼酸-食盐法	传统盐腌法
BOD①	9±1	9.5±1	TSS④	10±0.5	21±1
COD②	17±1	26±1	Cl$^-$	22±1	195±5
TDS③	45±2	264±5			

①生化需氧量；②化学需氧量；③总溶解固体量；④悬浮固体物总量。

注：表中数据为两次测量平均值。

表 2-2　不同方法保藏的坯革物理性能比较[5]

参　　数	硼酸-食盐法	传统盐腌法	参　　数	硼酸-食盐法	传统盐腌法
抗张强度/N·mm^{-2}	20.6±0.5	20.1±0.5	粒面崩裂强度		
断裂伸长率/%	45±3	48±2	负荷/N	196±5	216±5
撕裂强度/N·mm^{-1}	29±2	27±2	高度/mm	10±0.5	10±0.5

表 2-3　不同保藏方法的成本比较（以 100kg 皮计）[5]

保藏方法	使用化料	化料用量/kg	成本/美元
传统盐腌法	食盐	40	1.60
硼酸-食盐法	硼酸 食盐	2 5	1.88
硼酸法	硼酸	5	4.20

由南非 Russell 等人研制的 LIRICURE 工艺是一种把杀菌剂粉末涂在肉面后，折叠堆置的少盐短期保藏法，现已申请专利（SA Patent No.95/0559）。杀菌剂由 25%的 EDTA钠盐、40%的 NaCl、35%的中粗锯木屑组成，用量约为 150g/张绵羊皮和 3kg/张牛皮。皮中的水分可起到稀释、扩散杀菌剂的作用，处理后的皮张重量轻，易于码垛运输。这项少盐工艺通过工厂试验证实是可行的，虽然其成本比传统的盐腌法略高，但可以减少 20%的盐用量，相应的皮中盐含量减少 30%～40%，粒面无损伤，无"红热"发生。综合考虑生产成本、污水处理及环境效益等各方面因素，LIRICURE 工艺是一种值得应用的清洁方法，只是在室温下的保藏期为 4 周，不如盐腌法长，适用于短期保藏[2,8,9]。需要注意的是如果有 Ca^{2+}、Mg^{2+}等离子存在（硬水中含量较高），会削弱 EDTA 钠盐的抑菌效果。

此外，在原料皮的短期保藏方面，Cordon 等人提出了采用杀藻胺（benzalkonium chloride，0.1%～0.4%）与盐共同作用的方法[10]；Vedaraman 等人将油脂工业的副产品精油饼（essentially oil cakes）引入到原皮保藏系统中，这种油渣饼中含有天然的杀菌物质，可辅助食盐（13％）进行防腐，保藏期在 15 天以上[11]。Venkatchalam 探索了在牛皮的长期保藏中使用 5％的食盐和杀菌剂的情况[12]；Vankar 等人用硫酸钠部分替代食盐，以皮重 25％的混合粉末（其中 80％ Na_2SO_4，20％ $NaCl$）涂于肉面，原料皮在夏季可保藏一个半月，冬季则能达到两个半月[13]。以上几种方法尽管可达到防腐的目的，但因操作较复杂或成本太高，不太可能在工业规模推广，而且使用这些方法时，要注意选用高效、低毒、专门的防腐剂，否则可能给环境造成新的污染。国外大多数皮革化工公司都有专门的防腐剂产品，被制革厂熟悉并使用的主要有：TFL 公司的 Aracit K（无机物和脂肪族有机物的复合物）、Aracit DA、Aracit KL（有机硫化合物）等，可应用于原皮的短期防腐和浸水工序的防腐，并能与浸水酶相容[14]；Buckman 公司的 Busan® 系列防腐杀菌剂，在原皮保藏领域一直享有盛誉[15]。国内在这方面的专用产品较少，还需要加大开发力度。

2.2　硅酸盐保藏法

由于传统盐腌法食盐用量大，污染严重，奥地利、德国、英国和孟加拉国等合作开发了用硅酸钠代替食盐防腐的原皮保藏方法。目前这种方法已经进行了半工业规模的应用，结果表明，原料皮有极好的贮藏性，且浸水废液中的 TDS 和盐含量都明显减少。另外，用含硅酸盐的浸水液代替纯水灌溉，能促进植物的生长，提高产量[16]。

硅酸钠应用于防腐有两种方法，具体如下。

（1）转鼓法

原皮首先在含有 5％～30％水玻璃（硅酸钠）的水溶液中浸泡，液比 100％～150％。2～5h 后控水，换浴，用酸（最理想的是柠檬酸）中和原皮至 pH 5.0～5.5，搭马滴水。处理后的原皮可保藏数月。尽管采用这种防腐法的原皮干燥后类似于羊皮纸，但是浸水后仍然能够制成高品质皮革。然而，由于剥皮地点需要转鼓等设备，因此目前屠宰场和原皮商都不愿采用这一方法。

（2）粉末法

商品硅酸钠溶液（水玻璃）用甲酸和硫酸中和，水洗，干燥，研磨成粉。成品为白色细粉末，使用方式同常规盐腌法，直接涂抹在原皮肉面。扩大试验表明，与常规盐腌相比，硅酸钠用量减少一半（原皮重的 20％～25％，而盐腌法的食盐用量为 40％），防腐效果优良。

无论是转鼓法还是粉末法，原料皮都大量脱水。常规盐腌皮的水分含量约为 30％，而硅酸盐防腐皮仅含有 10％～15％的水分，所以用硅酸盐防腐的原皮非常坚硬。但是，原皮回水没有任何问题，成革在外观和手感上与常规盐腌皮没有差异，成革品质和物理性能也未受影响，见表 2-4 和表 2-5。

表 2-4　山羊皮坯革物理性能[16]

测试项目	盐腌皮	硅酸盐防腐皮	测试项目	盐腌皮	硅酸盐防腐皮
抗张强度/N·mm^{-2}	21.6±2.0	20.6±1.5	粒面崩裂强度		
断裂伸长率/％	50～55	48～55	负荷/N	265～343	235～314
撕裂强度/N·mm^{-1}	28±3	29±5	高度/mm	8.5～10.5	8～10

表 2-5　小牛皮蓝湿革的物理化学性能（保藏 6 个月后）[16]

测试项目	盐腌皮	硅酸盐防腐皮	测试项目	盐腌皮	硅酸盐防腐皮
灰分/%	4.5	5.1	抗张强度/N·mm^{-2}	13.2~14.2	13.2~14.7
铬含量/%	2.8	2.9	断裂伸长率/%	60~70	60~75

经过 6 个月的长期存放后，常规盐腌保藏与硅酸盐保藏的原料皮上的细菌繁殖数没有明显的差异，但硅酸盐防腐皮浸水液的细菌数比盐腌皮浸水液的细菌数更大，见表 2-6 和表 2-7。硅酸钠代替食盐应用于原皮保藏，其防腐皮浸水液的 TDS 要低很多，这是因为硅酸盐（与食盐相反）几乎不溶解，见表 2-7。

根据成本估算，硅酸盐粉末的产品价格是食盐的两倍。但是，用硅酸盐防腐可以减少很多废水处理的费用，原料皮的运输费用也会降低（因为硅酸盐有更强的脱水性，使原皮更轻），因此硅酸盐保存原料皮在经济上是可行的。

表 2-6　防腐皮中的细菌数[16]　　　　　　　单位：细菌数/g 皮

时间	山羊皮		小牛皮	
	盐腌	硅酸盐防腐	盐腌	硅酸盐防腐
鲜皮	$2×10^3$	$2×10^3$	$2×10^3$	$2×10^3$
24 小时	$3×10^{10}$	$9×10^{10}$	$3×10^{10}$	$8×10^{10}$
1 周	$2×10^{10}$	$6×10^{10}$	$2×10^{10}$	$3×10^{10}$
2 周	$1×10^{10}$	$4×10^{10}$	$1×10^{10}$	$2×10^{10}$
1 月	$1×10^8$	$2×10^8$	$1×10^8$	$2×10^8$
6 月	—	—	$2×10^5$	$4×10^5$

表 2-7　浸水液参数比较[16]

参数	盐腌	硅酸盐防腐	参数	盐腌	硅酸盐防腐
预浸水细菌数/CFU·mL^{-1}	$5×10^4$	$2×10^5$	TDS/mg·L^{-1}	38500	13350
主浸水细菌数/CFU·mL^{-1}	$1×10^3$	$5×10^3$	NaCl/mg·L^{-1}	15000	950

目前，硅酸盐保藏法存在的问题是如果硅酸盐磨得太细，在原皮表面应用时需要小心，因为吸入这些细硅酸盐粉末会导致硅沉着病。另一个问题是，要筛选合适的商品硅酸盐，以满足工业化生产和应用的需求。对多种商品硅酸盐的防腐作用进行研究后发现，用于防腐的硅酸盐必须进行中和，否则防腐效果不佳。只有一定颗粒尺寸的硅酸盐才能起到较好的防腐效果，粉末太细会造成结块并会减弱防腐作用，颗粒太大又会导致分布不均匀，而硅酸盐的良好分布是原皮保藏所必须的条件[17]。

印度的 Kanagaraj 等人还提出一种将生皮重 10% 的硅胶和 0.1% 的杀菌剂 PCMC（对氯间甲酚）用于原皮短期保藏的方法。硅胶是一种很强的脱水剂，从而抑制细菌的生长，达到防腐的目的。该方法在实验室阶段已经取得了不错的效果，实验温度 31℃ 下原料皮可保藏至少 2 周。该方法中所用硅胶的制备方法为：用浓硫酸处理偏硅酸钠，在 pH 5.5 的条件下使其凝聚，然后分离、干燥，粉碎至 0.01mm 左右的粒径即可。可以说，这种硅胶是一种绿色材料，对环境几乎不造成附加污染，容易实现工业生产，成本亦不太高。用此硅胶加少量杀菌剂的保藏方法具有工业化应用前途[18,19]。

2.3　KCl 保藏法

NaCl 和 KCl 物理性质和化学性质相似，但 NaCl 是制革废水中最难去除的成分之一，直接排放会造成土壤的盐碱化，使作物无法生长。KCl 却是植物生长所需的肥料，因此如果可以使用 KCl 替代 NaCl，当废水排放到土壤中时，K$^+$ 能直接被作物吸收，促进作物生长而不产生环境问题。这项技术最早是由加拿大学者 Gosselin 提出。不过要实现用 KCl 替代 NaCl 保藏原料皮，首先要解决这样一个问题：使用 KCl 保藏，原料皮的质量能否得到保证，如果可以，那么最优化的条件又是什么？

美国的 Bailey 在用 KCl 替代常规盐腌法方面做了大量的工作，指出用 KCl 替代食盐在工艺方面是可以实现的，操作方法与普通盐腌法基本相同。他用不同浓度 KCl 溶液（3mol·L^{-1}、4mol·L^{-1} 和 5mol·L^{-1}）分别在 4℃、21℃ 和 41℃ 下保藏原皮 5 个月后，发现用 3mol·L^{-1} KCl 溶液处理的原皮在 21℃ 下开始变坏，在 41℃ 产生强烈的异味并渗出棕色液体，而 4mol·L^{-1} 和 5mol·L^{-1} KCl 溶液保藏的原皮在室温甚至更高温度都没气味和掉毛现象，见表 2-8。由于室温下 KCl 溶解度约为 4.5mol·L^{-1}，因此当 KCl 溶液浓度超过 4mol·L^{-1} 以后，皮中的 KCl 浓度增加就很缓慢了（见表 2-9）。因此用 KCl 替代食盐防腐，KCl 溶液的浓度应在 4mol·L^{-1} 以上，而且需要结合适当的机械作用以确保皮内 KCl 的浓度也达到一定程度[20]。

表 2-8　KCl 浓度对原料皮防腐的影响（实验室规模）[20]

温度	3mol·L^{-1}	4mol·L^{-1}	5mol·L^{-1}
4℃	良好	良好	良好
21℃	良好	良好	良好
41℃	腐烂	较差	良好

表 2-9　防腐原料皮中的 KCl 浓度[20]单位：mol·L^{-1}

KCl 防腐液浓度	皮中 KCl 的浓度
3	2.88
4	4.05
5	4.20

使用 KCl 处理，生皮的保藏期可达 3 个月，并且未发现嗜盐菌，避免了红热现象的发生。但是，葡萄球菌可以在 KCl 防腐皮上生长，并产生能破坏蛋白质的酶，损伤粒面。因此，用 KCl 处理原料皮时需加入抑菌剂。鞣制得到的蓝皮的手感、抗张强度、收缩温度等性能与常规食盐处理的皮无明显差别，见表 2-10。仅有的区别是 KCl 防腐原皮制得的成革柔软度更好，这可能是因为用 KCl 处理的防腐皮含水量比盐腌皮略高[2,20]。

表 2-10　KCl 和 NaCl 保藏原皮成革物理性能比较[20]

指　标	油变革		防水革		牛软革		苯胺革		白鞋面革	
	KCl	NaCl	KCl	NaCl	KCl	NaCl	KCl	NaCl	KCl	NaCl
抗张强度/N·mm^{-2}	13.0	17.0	14.5	12.0	14.6	14.7	11.6	11.5	15.8	15.6
撕裂强度/N·mm^{-1}	22.4	22.4	18.2	17.1	25.0	26.5	18.7	16.7	29.2	25.8
伸长率/%	46.2	55.7	67.3	63.1	59.9	70.7	49.9	50.4	59.6	52.9

目前看，要实现用 KCl 替代 NaCl 还存在一系列问题。首先是成本问题，KCl 的价格显然比 NaCl 高得多。不过今后受环保法规的限制，制革废水中溶解固体的去除费用将更高，KCl 保藏原皮的成本有可能会低于 NaCl 保藏法。其次，与 NaCl 溶解度几乎不受温度影响不同，KCl 的溶解度随温度降低而降低。如果浸泡原皮的 KCl 溶液浓度低于 4.25mol·L^{-1}，则皮内盐的浓度将不足以使原料皮保藏良好，因此寒冷气候必须考虑温度的影响。为保证所需浓度，要用低压蒸汽保持温度在 21℃ 以上[20]。此外，尽管 KCl 可用作化肥，但植物的吸收并非无限的，排放多少才能保证不出现负效应仍需要进一步研究。或许更重要的是，一些国家（包括中国）的环保标准中，把废水中的 Cl$^-$ 含量作为限量指标，这就使采用 KCl 丧失了优势。如果把少盐法和 KCl 替代法结合使用，即使用少量的 KCl，再辅以硅胶或其他无污染的脱水剂以及微量杀菌剂，也许既可以降低成本，又达到清洁防腐保藏的目的。

2.4　冷冻法

生皮从动物体上剥离后迅速降低皮张温度，并于冷藏室内保藏，可以抑制生皮中细菌的生长繁殖，达到防腐保藏的目的。应该说冷冻法是一种清洁的保藏方法，消除了盐污染，大幅度降低了废水中的 TDS[7]，且保藏的生皮与鲜皮性质相近，有很好的生态效益。

一般的冷冻法，如通冷气法，在一些大型屠宰场有应用。澳大利亚一家工厂将皮挂于传送带上通过冷空气降温，48min 内皮张冷却到 5℃后可贮存 5 天，每小时可以处理 300 张皮[2]。但该法需要特殊的冷藏库及连续生产线，投资成本高，适用范围受到限制。

如果保藏期很短，可以使用加冰法，即把刚剥下的皮与小块冰在容器中充分混合，可使皮张温度在 2h 内降到 10℃，可贮存 24h 而无需进一步处理。这种方法比较简单，成本仅为盐腌法的 1/10，在瑞士、德国、奥地利等国已得到大规模使用[2]，但保藏期太短，只适合少量加工，而且所使用的冰量是有限度的，需要考虑冰融化产生的水分。原皮通过吸收水分，重量显著增加。

广泛用于食品加工业并由新西兰最先引入皮革业的干冰冷冻保藏技术[21]，是将粉状干冰喷洒到原皮肉面上的超冷却方法。与加冰法相比，皮张的温度可在短时间内降到更低（-35℃），无回湿和普通冰融化流水的问题，冷却均匀，至少可保藏 48h。每公斤皮约需 60g 干冰处理，皮革重量不增加，易于搬运，成本也是可以接受的。但在操作时应注意避免 CO_2 引起的窒息，同时也要考虑制冷条件和贮存时 CO_2 高压的处理[2]。

2.5　辐射法

使用一定能量的电子束或 γ 射线照射，可以杀死材料表面的细菌。1999 年美国农业部（USDA）批准使用电子束和 γ 射线对肉制品进行低温巴氏杀菌，以消灭生肉上的大肠杆菌 O157:H7 和其他有害微生物[22]。同样道理，辐射法也可应用于原料皮的灭菌处理，既可达到防腐的目的，又能很好地保持鲜皮特性。皮革化学家 Bailey 认为，电子束辐射在将来最有可能成为盐腌法的"继任者"，并对辐射法进行了系统的研究，总结出一套技术成熟的原皮处理过程，被称为"常青工艺"，整个过程包括两个主要步骤。

① 辐射前准备阶段。将原料皮置于转鼓或划槽中，加入杀菌剂 0.3%，水 100%，转动 1h 进行预杀菌。随后经过挤水，原料皮被送上传送带进行分级、修边和折叠（原皮先沿背脊线对折，再按头尾对折，共四层）。

② 电子束辐射过程。辐射处理后，此前分过级的原料皮继续由传送带送往无菌冷藏室，按重量和品质分类存放。通过对小块皮样的多次试验结果显示，15～30kGy 的辐射剂量可使原料皮保存完好，用 10MeV 的电子束均一照射已折为四层的生皮，能够获得制革者所期望的保藏效果。

之后，包括 Titan 工业、Excel 原皮厂、Prime 制革厂在内的多家公司联合进行了工业化应用试验——150 张牛皮用作辐射法和传统盐腌法的对比试验。结果表明，经过辐射处理后的皮张，如果密封于塑料袋中不与外界接触，可保藏 6 个月以上，而且外观就像刚剥下的鲜皮一样。如果堆置于木板上，应避免粘上污垢并于 4℃保藏。辐射法处理的原皮制得的蓝坯革和成革在外观和物理机械性能等方面，与盐腌皮无明显区别。另外辐射法保藏的原皮皱纹要远少于盐腌皮，所以得革率更高。因此辐射法的应用可有效地避免盐的使用，并能达到长期保藏的目的，同时因照射可在几秒内完成，所以处理时间短，效率高，是一种"绿色"技术。但是由于设备的特殊性，投资大，同时还需要灭菌包装或冷藏库，故只适于规模较大的工厂使用[2,3,23]。

2.6　干燥法

传统的干燥法受气候影响大，皮张多有伤害，如掉毛、伤面等。一般方法干燥时间长，遇暴晒则皮易胶化变质，干皮回水困难[24]。但这种方法操作简单，易于实施，成本低廉，原料皮重量轻，清洁无污染，因此在原料皮保藏方面仍然占有一席之地。针对传统干燥法的缺点，Waters 等人提出了一种改进的快速干燥法，可用于绵羊毛皮的长期保藏。车间温度基本恒定在 26℃左右，在干燥过程中通过去湿作用使相对湿度由 35%～45%降低到 22%～25%，去湿过程约需要 8h，然后保持在这种湿度水平上继续干燥。车间两端分别安置大型风扇，用来促进空气流通。对于去过肉的生皮，干燥 21h 即可使水分降至10%～15%，干燥效果较均匀，皮张之间以及皮张不同部位之间差别很小。但对于未去肉的生皮，相同条件下差别较大，水分含量范围在 10%～48%，特别是颈部水分含量较高。传统的搭杆干燥法皮张边缘易卷曲，影响干燥效果，使原料皮质量下降，即使对于经过去肉处理的生皮也易产生这种缺陷。绷板干燥则可以避免这方面的问题，对于去肉的生皮，可以使皮和毛被得到均匀一致的干燥效果。这样处理的原料皮可以在常规条件下保藏 2年，不需要其他的冷冻设备，而且干皮回水速度比传统干燥法快，约 2h 即可接近盐腌皮的水平，如果再使用少量润湿剂，回水效果更好。成革的物理机械性能等方面与使用盐腌法保藏的原料皮得到的皮革差别很小[25]。

2.7　鲜皮制革法

如果直接用鲜皮制革，就基本不存在盐污染的问题，而且可以减少原料皮保藏过程中受到的损伤，提高成革质量，这已在德国 Moller 公司的实践中得到证实。鲜皮制革使浸水工艺得到简化，缩短了工期。目前，在盐污染给制革厂或原皮商带来的环保压力日益增加的情况下，鲜皮制革得到更多的关注。美国几家大型制革厂已有 60%左右的原料皮是鲜皮[26]，阿根廷多数大制革厂也有 75%的原皮是直接来自屠宰厂的鲜皮[1]。实际上，我国曾经有许多制革厂采用本地肉联厂的鲜皮制革，如前武汉制革厂，但随着计划经济时代的过去，采用鲜皮制革的企业已经很少。但目前仍有一些地处养殖基地的制革厂（如湖南湘乡）采用部分鲜皮制革。

Bailey 在联合国工业发展组织研究报告中介绍了用片鲜皮制革的方法[27]：鲜皮洗涤、浸水后直接去肉、剖层。除去制革用以外，更多的胶原蛋白可以被用在食品方面，还可以得到质量较好的工业用油脂。同时由于片鲜皮降低了皮的厚度，利于化工材料的渗透，因此后续工序的化工材料用量减少，经济效益、生态效益更加显著。但鲜皮制革也受到以下条件制约：生皮每天的供应量应稳定有规律，生皮的质量、重量应均匀，屠宰厂与加工厂不应距离太远，以减少运输时间。总的说来，鲜皮制革需要将技术和商业运作结合起来，通过多方面的合作和科学的管理，才能达到既减少了污染，又取得较高经济效益的目的。

在这方面，美国的 Monfont 公司是一个成功的范例[28]。它在肉联厂附近建起一家蓝皮厂，并且与 Buckman 实验室合作，由 Monfont 提供原皮，Buckman 提供技术和先进的化学品，原皮无需任何处理直接从屠宰厂进入制革厂，从而从根本上改变了工艺，降低了成本，为客户提供各种类型的蓝皮，极大地提高了产品的附加值。这种供皮商与化工商合作的方式，既能保证生皮来源，又有先进材料和技术的支持，经济效益、社会效益大幅提高，这充分说明了这种方法的先进性和可行性。随着畜牧业的规模化、机械化程度的提高，生皮的数量、质量也将有所保障，这种多方面合作的方法有可能在更广泛的范围内普及。

2.8　其他无盐保藏法

科技工作者为了寻找食盐的"替代者"，还提出了一些化学或生物处理法，用于原料皮的短期保藏，尽管尚未工业化应用，但是它们为原皮保藏的发展提供了新的思路和方向。

Bailey 和 Hopkins 共同提出了亚硫酸钠-醋酸防腐体系，希望通过体系中缓慢释放的 SO_2 来抑制细菌生长。他们进行了大量实验工作，证实了该方法用于原皮保藏的可行性，保藏期为 4 周左右，且产生的少量 SO_2 被皮完全吸收，没有逸出现象。其操作过程包括转鼓法（鼓中加入 1％亚硫酸钠、1％醋酸和 20％水）、桶浸泡法、池浸湿法（在流水线上用钩子吊住原皮通过溶液池）等[3,29]。

印度中央皮革研究所 Preethi 等人用印楝树叶中提取的具有杀菌功效的植物制剂进行防腐，原皮保藏时间可达 2～4 周。该制剂的制备过程为：将印楝树叶粉碎后，与异丙醇混合搅拌成糊状。保藏时将此糊状物涂在原皮上，用量为 450g/kg 原皮。在保藏期过后，该制剂可以从皮上刮下，集中回收用于堆肥，解决了其后续处理问题[30]。

另外，Kanagaraj 等人研究了 1％焦亚硫酸钠保藏山羊皮的情况，认为焦亚硫酸钠能有效防腐且不影响成革质量[31]；Mitchell 介绍了一种商品化杀菌剂——Proxel GXL（1，2-苯并异噻唑啉-3-酮，简称 BIT），原料皮在 BIT-硼酸溶液中浸泡 2h 后能够完好保藏 12 天，甚至在 38℃都可保藏 1 周[3,32]；Buckman 实验室的 Stockman 等人还将医用抗生素引入制革工业，并证明这些抗生素（如盐酸强力霉素 Doxycycline HCl）可极大抑制细菌产生的蛋白水解酶的活性，在原皮保藏和浸水方面有潜在的应用价值[33]。

综上所述，虽然上面所列举的清洁化技术中有些方法的成本或投资较高，有些方法适用规模小，或者只能在一定程度上替代盐腌法，但不管怎样，任何一项技术的推广普及都需要时间让人们认识和接受，而且随着人们生态环境意识的提高，盐腌法在原皮保藏中的主导地位可能会动摇，更科学、有效，更有利于环境保护的生皮保藏技术才是今后制革业的需要。

参考文献

[1] Michel A. Alternative Technologies for Raw Hide and Skins Preservation. Leather Ware，1997，12（2）：20.
[2] 于淑贤. 现代生皮保藏技术文献综述. 中国皮革，1999，28（17）：23-26.

［3］ Bailey D G. The Preservation of Hides and Skins. Journal of the American Leather Chemists Association，2003，98：308-318.

［4］ Hughes I R. Temporary Preservation of Hides Using Boric Acid. Journal of the Society of Leather Technologists and Chemists，1974，58：100-103.

［5］ Kanagaraj J，Sundar V J，Muralidharan C，et al. Alternatives to Sodium Chloride in Prevention of Skin Protein Degradation——a Case Study. Journal of Cleaner Production，2005，13（8）：825-831.

［6］ 单志华. 食盐与清洁防腐技术. 西部皮革，30（12）：28-33.

［7］ Money C A，Chandrababu N K. 降低制革废水中的盐含量. 国际皮革科技会议论文选编（2004-2005）. 中国皮革协会，2005：18-22.

［8］ Russell A E. LIRICURE-Powder Biocide Composition for Hide and Skin Preservation. Journal of the Society of Leather Technologists and Chemists，1997，81：137.

［9］ Russell A E. The LIRICURE Low Salt Antiseptic Delivery System. World Leather，1998，11（5）：43.

［10］ Cordon T C，Jones H W，Naghski，et al. Benzalkonium Chloride as a Preservative for Hide and Skin. Journal of the American Leather Chemists Association，1964，59：317-326.

［11］ Vedaraman N，Sundar V J，Rangasamy T，et al. Bio-Additives Aided Skin Preservation——an Approach for Salinity Reduction. The XXIX Congress of the IULTCS and the 103rd Annual Convention of the ALCA. Washington DC，USA，2007.

［12］ Venkatchalam P，Sadulla S，Duraiswamy B. Further Experiments in Salt-Less Curing. Leather Science，1982，29：217-221.

［13］ Vankar P S，Dwivedi A，Saraswat R. Sodium Sulphate as a Curing Agent to Reduce Saline Chloride Ions in the tannery Effluent at Kanpur：A Preliminary Study on Techno-Economic Feasibility. Desalination，2006，201：14-22.

［14］ 彭必雨. 制革前处理助剂——Ⅱ防腐剂和防霉剂. 皮革科学与工程，1999，9（3）：53-58.

［15］ Didato D T，Steele S R，Stockman G B，et al. Recent Developments in the Short-Term Preservation of Cattle Hides. Journal of the American Leather Chemists Association，2008，103：383-392.

［16］ Munz K H. Silicates for Raw Hide Curing. Journal of the American Leather Chemists Association，2007，102：16-21.

［17］ Munz K H. Silicates for Raw Hide Curing and in Leather Technology. The XXIX Congress of the IULTCS and the 103rd Annual Convention of the ALCA. Washington DC，USA，2007.

［18］ Kanagaraj J，Chandra Babu N K，Sadulla S，et al. Cleaner Techniques for the Preservation of Raw Goat Skins. Journal of Cleaner Production，2001，13（8）：825-831.

［19］ Kanagaraj J，Chandra Babu N K，Sadulla S，et al. A New Approach to Less Salt Preservation of Raw Skin/Hide. Journal of the American Leather Chemists Association，2000，95：368-374.

［20］ Bailey D G，Gosselin J A. The Preservation of Animal Hides and Skins with Potassium Chloride-A Kalium Canada，LTD. Technical Report. Journal of the American Leather Chemists Association，1996，91：317-333.

［21］ 王永昌，编译. 用二氧化碳实施超冷却的原皮短期保存法. 西部皮革，2003，4：57.

［22］ Bailey D G，DiMaio G L，Gehring A G，et al. Electron Beam Irradiation Preservation of Cattle Hides in a Commercial-Scale Demonstration. Journal of the American Leather Chemists Association，2001，96：382-392.

［23］ Bailey D G. Evergreen Hides Market Ready. Leather Manufacture，1997，115（6）：22.

［24］ 廖隆理. 制革工艺学（上册）：制革的准备与鞣制. 北京：科学出版社，2001.

［25］ Waters P J，Stephens L J，Surridge C. Controlled Drying of Australian Raw Wool-Skins for Long-Term Preservation. Proceedings of International Union of Leather Technologists and Chemists Societies Congress，London，1997.

［26］ Bailey D G. Ecological Concepts in Raw Hide Conservation. World Leather，1995，8（5）：43.

［27］ Bailey D G. Future Tanning Progress Technologies. Proceeding of United Nations Industrial Development Organization Workshop，1999.

［28］ Sauer O. Experience over Two Year's Fresh Hide Processing. Journal of the Society of Leather Technologists and Chemists，1992，76（2）：68-70.

［29］ Bailey D G，Hopkins W J. Cattlehide Preservation with Sodium Sulfite and Acetic Acid. Journal of the American Leather Chemists Association，1977，72：334-339.

［30］ Preethi V，Rathinasamy V，Chandra Babu N K，et al. Azardirachta Indica：A Green Material for Curing of Hides and Skins in Leather Processing. Journal of the American Leather Chemists Association，2006，101：266-273.

［31］ Kanagaraj J，Sastry T P，Rose C. Effective Preservation of Raw Goat Skins for the Reduction of Total Dissolved Solids. Journal of Cleaner Production，2005，13（9）：959-964.

［32］ Mitchell J W. Prevention of Bacterial Damage Brine Cured and Fresh Cattlehides. Journal of the American Leather Chemists Association，1987，82：372-382.

［33］ Stockman G，Didato D T，Hurlow E. Antibiotics in Hide Preservation and Bacterial Control. Journal of the American Leather Chemists Association，2007，102：62-67.

第3章 制革准备工段清洁技术

制革准备工段包括组批、浸水、脱脂、脱毛、浸灰、复灰、脱灰、软化、浸酸等工序，是传统制革工业污染物和废弃物的主要来源。有资料表明，准备工段产生的 BOD 占整个生产过程 BOD 的 88%，COD 为 73%，中性盐为 85%，固体悬浮物为 83%。其中浸灰脱毛工序所产生的 BOD、COD 和悬浮物又分别占准备工段的 48%、52% 和 56%[1]。为了减少制革对环境的污染，人们提出了多种方案对有害废水进行综合治理，如物理机械法、化学沉淀法、氧化法、活性污泥法等。这些治理方法虽然可以不同程度减少污染物的排放，但也存在一些问题，如污水治理设备一次性投资费用较高，运行费用高且设备腐蚀严重，维修费用高，淤积的污泥处理困难等。要从根本上解决制革污染问题，首先要实现准备工段特别是脱毛工艺的清洁化，从源头上采取措施，减少污染物的产生和排放。制革工作者经过多年来不懈的努力，开发了许多新型清洁生产技术，在一定程度上减少了污染。

3.1 降低浸水工序污染的技术

原料皮在防腐、贮存和运输过程中会不同程度地失去水分，原料皮失水后其胶原纤维将会黏结在一起，给化学材料向皮内的渗透及均匀作用带来困难。因此，制革的第一个工序就是浸水，目的是使失水的原料皮尽可能恢复到鲜皮的状态和含水量，为后续处理工序打下良好的基础[2]。

浸水时，通常加入一些浸水助剂来增加浸水均匀性、缩短浸水时间、帮助去除皮内的非胶原成分和保护皮质等[3]。但是，许多浸水助剂在提高浸水效果的同时，会带来环境污染问题。酸、碱、盐等浸水助剂，几乎不被原料皮吸收利用，会随着废水排放造成污染[4]；季铵盐类阳离子型表面活性剂一般具有毒性[5]，使用这类浸水助剂也会使成革中含有少量的有害成分；某些非离子表面活性剂在降解过程中产生酚，对鱼类等水生生物造成伤害[6]；杀菌剂对人类健康和自然环境也是有危害的。因此，无污染或低污染浸水助剂的开发，已成为国内外浸水清洁技术的研究方向[3]。

3.1.1 酶制剂在浸水中的应用

在浸水时加入适当的酶制剂，能加速水对皮纤维的润湿，部分水解脂肪、纤维间质、毛囊和皮垢等有利于打开皮的皱褶，增大得革率，而且酶制剂容易生物降解，因此浸水时已经越来越广泛地使用酶制剂来取代或部分取代其他污染较严重的化工材料[7,8]。

国内皮革浸水酶制剂的研究开发工作起步较晚，最初可供选择的产品较少，主要有 2709 蛋白酶、CMI 系列酶制剂，广东新会皮化厂生产的 EA，东莞辉鹰公司的

LANAZIM KB 等[8~11]。随着市场需求的增加，近年国内皮化企业加强了浸水酶制剂的开发力度。四川达威科技股份有限公司、四川亭江新材料股份有限公司、四川德赛尔化工实业有限公司等均推出了系列浸水酶制剂产品，并得到广泛应用，如 DOWELLZYM S2，DOWELLZYM SD，TJ-A478，DESOBATE DB 等。国外研制制革专用酶制剂较早，他们根据制革的需要降低酶的活性，增加其渗透性和在皮内作用的均匀性，拓宽其使用的pH 和温度范围，提高了制革过程操作的安全性。如俄罗斯的 Kochetova 研究了一种用于浸水的中性蛋白酶并申请了专利[12]；西班牙的 Palop 及英国皮革协会（BLC）的 Addy 等人研究了脂肪酶和蛋白酶在浸水时的作用[13,14]；英国的 Tazan 等人[15]研究了纤维素复合酶在浸水工序中去除原皮污物的作用。目前国外已有浸水专用酶制剂，如诺维信（Novozymes）公司的 Novolase SG、德瑞（TFL）公司的 Erhazym C、希伦赛勒赫（Schill&Seilacher）公司的 Aglntan PR、汤普勒（Trumpler）公司的 Trupy MS 等。它们的主要成分都是碱性蛋白酶，对非胶原蛋白有很好的去除效果[16]。

　　酶法浸水的发展倾向于同时使用蛋白酶和脂肪酶，通过它们的协同效应以取得"1+1>2"的效果。浸水开始时，脂肪酶和蛋白酶分别对原皮上的脂肪和纤维间质进行作用，在油脂多的地方，脂肪酶对油脂进行水解，使蛋白酶得以通过；反过来，蛋白酶通过分解纤维间质，让脂肪酶容易进入皮内，这种相互促进的结果是浸水快速而且均匀[7]。下面为黄牛皮浸水工艺案例，其中的浸水酶（诺维信公司）具有较宽的 pH 作用范围，在通常的浸水工艺中都具有较高的活力[7]。

主浸水

水 200%，26℃；

纯碱 0.2%，脂肪酶 Greasex 50L 0.05%，脱脂剂 0.2%，浸水酶 SG 0.2%；

转 30min，停 30min；

纯碱 0.3%，杀菌剂 x%；

转 30min，停 30min，2 次，然后转 5min，停 55min，过夜。

　　更新的工艺是在预浸水和主浸水工序都加入浸水酶，增强原料皮的回水效果。预浸水加入很少量的浸水酶如 0.05%，主浸水仍是 0.2%。具体工艺实例如下[7]。

(1) 预浸水

水 200%，24~26℃；

浸水酶 SG 0.05%；

转 30min，停 30min，2 次，控水。

(2) 主浸水

水 200%，24~26℃；

脂肪酶 Greasex 50L 0.05%，纯碱 0.5%，浸水酶 NowoLase SG 0.2%；

转 30min；

杀菌剂 Busan 40L 0.07%；

转 150min，此后转 5min，停 60min，过夜。

　　以下是羊皮浸水工艺案例，其中的浸水酶（四川达威科技股份有限公司）是专为绵羊皮和山羊皮的浸水设计的酶制剂：

主浸水

水 300%~500%，22~28℃；

纯碱 0.5%，浸水酶 DOWELLZYM S2 1%；

　　转 30min，检测 pH 8.5～9.0。

　　纯碱 0～0.5%，杀菌剂 0.2%；

　　转 60min，此后转 2min，停 30min，过夜，pH 8.5。

　　浸水酶的用量与成品革的风格以及原料皮的保存质量有关。柔软度要求高的成品革，浸水酶的用量也会大些。保存较好的原皮，胶原纤维较长、较粗大，呈螺旋结构，被硫酸皮肤素构成的"壳"包围，常规用量的浸水蛋白酶不会对其造成显著的破坏。相反，小分子的纤维间质和其他可溶性蛋白就很容易被降解，表面的血污也容易被清除。保存不好的原料皮，在保藏过程中胶原纤维的结构就已经受到破坏，这时即使加入常规用量的浸水酶也会扩大纤维损伤程度。过量使用浸水酶，或酶浸水时机械作用较强，或是温度较高，都容易造成粒面起绒或松面等质量问题[7]。

　　因此，在使用浸水酶制剂时，除按使用说明书使用之外，最重要的是要结合工厂实际情况（如原料皮的状态、加工工艺特点、产品品质要求和生产成本等），通过试验来确定其应用的可行性以及最佳用量、温度和 pH[8]。

　　随着酶制剂工业技术的发展，制革浸水酶的开发将不只局限于蛋白酶、脂肪酶等，还包括其他具有特殊作用的酶制剂，例如可去除原料皮上粪便的纤维素酶和木聚糖酶[17]。另外若能通过基因工程手段，对酶制剂进行改良，使其具有更好的贮藏稳定性、更高的处理效率、更宽的活性范围，则酶制剂能更好地应用于各类原料皮的浸水工艺中[3]。

3.1.2　其他试剂在浸水中的应用

　　当原料皮较干、需要长时间浸水时，微生物会大量繁殖，给原皮带来损伤。为了防止微生物对原料皮的损伤，浸水时通常会加入杀菌剂。但是杀菌剂在杀死微生物的同时，对人体和其他生物也是有害的，因此需要开发无毒环保的产品以减少和代替杀菌剂的使用。

　　应用植物单宁的多酚结构能破坏细菌的细胞壁和细胞内部结构，从而抑制细菌的生长和细菌蛋白酶的活力。Colak 把坚木、荆树、五倍子、栗木和橡椀单宁加入浸水液中，浸水 8h 后发现五倍子单宁和栗木单宁具有一定的抗菌性，浸水 24h 后发现五倍子单宁表现出较其他单宁更好的抑菌作用[18,19]。Bayramoglu 用天然产物香桃木的精油经等体积的乙醇稀释后，加入浸水液中用来抑制细菌生长。结果表明，精油的有效抑菌时间长达 24h[20]。虽然目前单宁和精油等用于浸水的研究还处于实验阶段，但这些天然的环境友好产品在浸水工序中的应用将是十分有意义的。

　　另外，开发自身生物降解性能好、对环境无害、作用温和，在使用过程中能促进其他材料渗透、吸收和固定的表面活性剂类浸水助剂，也是清洁化浸水的重要发展方向[3]。

3.2　降低脱脂工序污染的技术

　　原料皮中脂肪的存在会影响水溶性化工材料向皮内的均匀渗透，使鞣制、复鞣、染色等工序中化工材料的作用降低。同时，制革过程中酸、碱和酶会导致一部分油脂水解，产生的脂肪酸与后工序使用的 Ca^{2+}、Cr^{3+} 等金属离子形成不溶性的金属皂，不利于染色的均匀性[21]。因此，制革过程中脱脂十分重要，特别对于绵羊皮、猪皮等多脂皮，需要采用专门的脱脂工序脱脂。

　　目前常用的脱脂方法主要有皂化法、乳化法和溶剂法等。皂化法成本低廉，但只能脱去表层和毛上的油脂，对原皮内部脂肪的脱除效果不佳。乳化法和溶剂法均有良好的脱脂效果，但乳化法所用的某些表面活性剂因难以生物降解而导致环境污染，并对人体健康不利，溶剂法则存在有机溶剂有毒、易燃，污染环境等问题[22]。因此，皮革脱脂剂和脱脂方法的研究应朝着高效、低毒、清洁化的方向发展。

3.2.1 可降解的表面活性剂脱脂

乳化法所用脱脂剂的主要成分是表面活性剂，脱脂结束后，表面活性剂就会以水乳液的形式随废水一起排放，大大增加了废水处理的负荷，有部分难以降解的表面活性剂还会最终留在水中，造成环境污染。目前壬基酚聚氧乙烯醚（NP）等化合物因其显著的抗生物降解性已被欧盟限制使用[5]。因此，开发具有良好生物降解性能的表面活性剂成为脱脂清洁技术的研究重点[23]。

所谓生物降解性，通常是指通过微生物的催化活性使某一物质改变其原有的化学和物理性质的特性，可用这种物质被微生物所分解或消耗的难易和快慢程度来表示。表面活性剂因结构不同而具有不同的生物降解性。阴离子表面活性剂的分解速度一般表现为线型大于支链型。不同阴离子基团的表面活性剂的易降解性依次为：磷酸酯型＞羧酸型＞硫酸酯型。至于非离子表面活性剂，一般支链比直链难降解，分子中存在酚基的比烷基的难降解。分解速度一般由聚氧乙烯链 $(EO)_n$ 的长短来决定，n 越大链越长，分解速度越慢[24]。

目前发现，脂肪醇聚氧乙烯醚、烷基醇醚羧酸盐、酰胺醚羧酸盐、烷基多苷、烯基磺酸盐、脂肪酸甲酯及仲烷基磺酸盐等直链脂肪族表面活性剂生物降解性较好，且性能温和，抗硬水能力强，其中脂肪醇聚氧乙烯醚的生化降解率可达 90％以上，是可以优先选用的脱脂剂。国外皮化公司的一些脱脂剂产品，如朗盛（Lanxass）公司的 Baymol AN Liquid（非离子低泡型乳化剂），Bohme 公司的 Gelon 系列产品（聚氧乙烯醚化合物、脂肪醇乙氧化物、烷基磺酸盐），同时具备良好的乳化、分散、洗涤能力和生物降解性[21,25]。德国巴斯夫（BASF）公司 Pabst 等人报道了一种同时满足工艺、经济和环境需要的新型脱脂剂 Eusapon OD（脂肪醇聚氧乙烯醚），完全可以代替已禁用的 NP 表面活性剂[26]。国内研究方面，吕生华等人介绍了一种绿色的非离子表面活性剂——烷基多苷（APG），其生产原料主要是植物淀粉、脂肪等可再生的天然资源。APG 无毒无刺激性，能够迅速完全降解，可以应用于皮革生产的多个工序。例如将 1％APG 和 0.5％脂肪醇聚氧乙烯醚（JFC）用于盐干绵羊皮的浸水，用 1％APG 和 1％平平加对绵羊皮进行脱脂，均显示了良好的协同作用。目前国内已具有 5000t/年以上的 APG 生产能力，有十多套小试和中试装置，但始终未能形成更大的生产规模，主要原因有生产技术存在难点、生产成本较高等。可以预计，随着生产工艺的改进和完善，APG 这类绿色表面活性剂必将引起表面活性剂市场一次大变革，促进皮革工业的清洁化生产[27,28]。范金石等人合成了烷基醇醚羧酸盐（AEC），并以其为主要成分制备了 CEB 型脱脂剂，具有较好的生物降解性、优良的润湿渗透性能和乳化性能[29]。

3.2.2 酶法脱脂

在一定条件下，天然油脂可被脂肪酶催化水解，生成脂肪酸和甘油。酶法脱脂正是利用这一原理使皮内油脂水解，成为可溶性化合物而除去。相比于酸、碱和表面活性剂等，酶制剂本身无毒无害，作用过程也不产生有毒物质，是一种环保的化工材料。

碱性脂肪酶主要用于准备工段（如浸水、浸灰和软化工序）的脱脂操作，这就要求该酶制剂在 pH 8～11 范围内有较高的活性和稳定性，在 35℃下有较好的耐热性，在蛋白酶和/或表面活性剂存在时仍具有反应活性。德国的 Christner 介绍了一种来源于细菌的碱性脂肪酶，它能够满足以上条件，而且在与蛋白酶和表面活性剂同时使用时表现出了良好的协同效应，原皮的脱脂、浸水、浸灰效果均有所提高。其原理可能是首先由蛋白酶破坏皮中脂肪细胞的细胞膜，然后分子较大的脂肪酶得以渗透并水解脂肪[30]。英国皮革协会也根据此原理探索更为有效的脱脂方法，即选用特殊的酶作用于充当细胞屏障的细胞膜，使其释放贮存在内的油脂，再进一步用酶或表面活性剂将油脂从皮中除去。细胞膜主要由磷脂和蛋白质组成，可用磷脂酶和蛋白酶分别对其进行处理，以达到破坏细胞膜的目的。由于制革过程中采用任何蛋白酶都需进行小心控制（因胶原对蛋白酶的作用也很敏感），因此更需要选用磷脂酶处理磷脂组分。实验表明，一定的磷脂酶能够破坏细胞膜并释放细胞中的油脂，这为脱脂剂和脱脂方法的开发提供了一种新思路，但要进行商业化应用尚需进一步的研究[31]。河北省微生物研究所在脱脂剂的研究中，选用适量的蛋白酶和脂肪酶，并采用了酶交联固定化技术，研制出了 JW 型脱脂酶，具有一定的应用前景[32]。四川达威科技股份有限公司推出了一种脂肪酶制剂产品 DOWELLZYM HK，由碱性脂肪酶和一些特殊助剂复配得到，能够分解油脂分子，减少表面活性剂的使用，使脱脂更均匀、彻底。在浸水工序中，该产品和浸水酶同时使用，能加快浸水速度；在脱脂工序中，它可与纯碱同时使用，能处理油脂含量高的猪皮和绵羊皮；在脱灰软化工序中，与软化酶制剂同时使用可产生协同作用。国外许多皮化公司都有成熟的脂肪酶制剂产品，如诺维信公司的 Greasex 系列碱性脂肪酶，由遗传改性的曲霉属微生物经深层发酵制得，在 pH 6～13、15～35℃温度范围内都具有较高的活性。这种酶应用后具有以下优点：减少表面活性剂用量，降低污水量；染色更均匀饱满；物理机械强度、防水性和雾化性等检测指标更好[33,34]。德瑞公司的 Erhazym LP、德国 Carpetex 公司的 Uberol VDP 4581 等也是碱性脂肪酶产品[33]。

　　除碱性脂肪酶外，皮革生产中还会用到一些酸性脂肪酶产品，其来源有从动物胰腺中提取，或是由不同种类的真菌发酵[30]。酸性脂肪酶的代表产品有诺维信公司的 NovoCor ADL，科莱恩（Clariant）公司的 Sandobate WD 等，主要用于浸酸、铬鞣、蓝湿革回软等浴液 pH 较低的工序，可以进一步增强脱脂效果，改善蓝湿革的均匀性[25]。

3.2.3　其他清洁脱脂技术

（1）超声波处理

　　使用一定频率的超声波处理生皮，能够破坏脂肪细胞，使皮中油脂更好地乳化和分散，促进脱脂效果。超声波具有波动与能量的双重属性。一般认为：空化现象（cavitation），即在液体介质中微泡的形成和破裂及伴随能量的释放，可能是超声波产生化学效应的关键；同时介质和容器也可以通过声的吸收产生共振性质的二级效应，如乳化作用、宏观加热效应等也会促进化学反应的进行[35]。四川大学孙丹红等人对超声波在皮革生产中的应用做了系统性的研究，其中一部分是关于超声波对脱脂的影响。实验选取 20kHz 和 40kHz 两种频率的超声波作用于生皮，考察了脱脂前后皮内油脂含量和组织学切片的变化情况。结果表明，皮脂腺及游离脂肪细胞中的大部分油脂被除去，脱脂效果明显优于无超声波作用的对比样。同时还发现超声波作用有助于皮中可溶性蛋白质的溶解、纤维间质的去除以及表皮的脱落，但不会损害胶原纤维的结构[35～37]。印度 Sivakumar 等人研究了用超声波辅助溶剂法脱脂，油脂去除率可增长一倍。利用超声波的乳化作用和加热效应辅助乳化法进行脱脂，既能消除有机溶剂的污染，极大地降低表面活性剂的用量，又能达到超声波辅助溶剂法 80% 的脱脂效果[38]。

（2）超临界 CO_2

超临界 CO_2 因其并不苛刻的临界参数 [临界压力 73.9bar（$1bar = 10^5 Pa$），临界温度 31.0℃] 而作为一种广泛使用的流体来抽提多种物质。西班牙的 Marsal 等人将超临界 CO_2 抽提技术应用于浸酸绵羊皮的脱脂过程中。实验结果表明，脱脂率随着 CO_2 浓度、CO_2 流速和抽提时间的增大而提高，随着皮中水分含量的增加而降低。在最佳试验条件下，脱脂率可达 94% 以上[39]。

由于生产设备复杂、前期投资大、工艺条件不成熟等原因，上述两种脱脂技术目前尚未工业化应用，仅存在于实验室研究阶段。相信随着研究的不断深入和发展，这些较清洁的脱脂方法有望在未来的制革过程中得到应用。

3.3　低污染灰碱法脱毛技术

灰碱法脱毛是一种古老的脱毛方法，具有原料易得、成本低、操作简单、控制容易、成革质量稳定、适用范围广（猪、牛、羊皮均适用）等优点，目前国内外制革生产仍然广泛使用灰碱法脱毛。但灰碱法脱毛存在一些致命缺点，主要表现为以下几方面。

（1）硫化物的污染

常规灰碱法脱毛中约有 40% 的硫化物没有反应而随制革废水排放，pH 小于 8 时，废水中的硫化物易转化为硫化氢气体，这种气体对眼睛和呼吸道具有强烈的刺激作用，易使人头晕、恶心，严重时能让人失去知觉，甚至死亡。富含硫化物的制革废水排入江河中会使水质发臭发黑，鱼类中毒死亡，渗入土壤会使植物的根系发黑腐烂，新根生长不好，导致农作物死亡[40~42]。国家规定的《污水综合排放标准》（GB 8978—1996）中，硫化物允许排放的最高浓度为 $1mg \cdot L^{-1}$[43]，但实际上，采用灰碱法脱毛工艺的制革厂废水中，硫化物含量远远高于国家标准。废水处理负荷较重。

（2）有机物的污染

脱毛时大量的毛和表皮被降解，不仅浪费了资源，而且大大提高了废水的 COD 和 BOD，造成水体的富营养化，使水中的微生物得以迅速繁殖，引起水质污染。此外，水中含有大量有机物时，会使水中的溶解氧大量消耗，危害鱼类等水生物的生命。因此，废水生化处理负荷较重。

（3）石灰的污染

灰碱法脱毛中使用了大量的石灰，其中大部分处于未溶解状态，并未得到完全利用，直接排放会造成废液的碱度和悬浮物含量上升。石灰还能和毛渣在排放管里形成硬壳，堵塞下水管道。以灰碱法生产猪皮为例，各工序水质见表 3-1。

表 3-1　猪皮灰碱法脱毛各工序水质[44]

工序	pH	COD_{Cr}/mg·L^{-1}	TN[①]/mg·L^{-1}	SS[②]/mg·L^{-1}	S^{2-}/mg·L^{-1}	Cl^-/mg·L^{-1}
回软	6.9	52644	718.4	22223	91.8	33430
脱脂	12.0	19680	384.8	8033	44.3	21605
脱毛膨胀	13.0	18105	2245.2	19216	475.1	137.9
片皮水洗	9.5	944.6	32.1	722	6.3	91
脱灰水洗	9.0	1928.5	675.5	1039	9.5	112

① 总氮量；② 悬浮固体。

要改变这种状况，最好是采用无硫脱毛技术，如酶脱毛、氧化脱毛等，但这些方法本身还存在一些不足。从我国制革工业的现状出发，完全弃用灰碱法脱毛对多数制革企业还不现实。因此在只需少量投资的基础上，对传统灰碱法脱毛工艺进行部分改进，减少硫化物等污染物的排放，也不失为一种经济实用的解决方案，对广大中小型制革企业具有特殊的应用价值。这方面主要有以下几种技术。

3.3.1 废碱液循环利用技术

制革毁毛浸灰过程中占加入量 40% 以上的硫化物及 90% 以上的石灰没有被利用而作为废物排放。因此，如果将这部分废水循环利用，则既可减少毁毛废水的排放量，从而降低制革废水中 BOD、COD 和硫化物的浓度，又充分利用了硫化物和石灰，节约了化工材料。而且，此项技术的实施费用较低，仅需要添置水泵、调节池等设施，同时，使用这项技术后，原有污水治理设备的压力大大降低，可延长污水治理设备的使用寿命，降低治污成本，是一种有实用价值的清洁生产技术。早在 1979 年，瑞士 Idronova-Huni 公司的 Spahrmann 就介绍了当时欧洲制革企业广泛使用废碱液循环系统的情况[45]。20 世纪 90 年代，阿根廷和巴西的制革研究者也相继报道了当地制革厂成功应用此项技术的范例，其中描述的废碱液循环利用的简单流程如图 3-1 所示[46,47]。

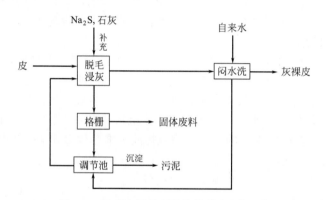

图 3-1　废碱液循环利用的简单流程[46,47]

我国关于循环利用废碱液的研究开始于 20 世纪 90 年代。豫港先锋制革有限公司的屈惠东介绍了一种废液回收装置[48]。把废液经排放管道引入一装有格栅的框架，以清除大块固体废料，如毛束、碎皮等；之后废液再流经筛孔为 1mm 的过滤装置（如过滤机），流入转鼓前的地下贮存池中进行初步沉淀，并于次日分析化验澄清液的硫离子和石灰含量。然后把澄清液用计量泵送入鼓内，并按分析化验的结果补足化工材料用量。沉淀物用泥浆泵抽出干化。采用这种设备，屈惠东研究了牛皮制革浸灰废液回收直接循环利用的工艺技术。试验在直径 1m 的不锈钢转鼓内进行，转速 5r·min⁻¹。浸水去肉后的牛皮经称重装入鼓内，加自然沉淀后的旧灰液 70%（皮重），在温度 25℃ 以下转动 5min。加 JFC 0.3%，根据分析结果补加一定量 Na₂S，转 5min，停 30min，重复 2 次，共 70min。打开鼓门，检查脱毛情况，此时毛和表皮层全部从皮上脱离干净，且无小毛残存。加 50% 沉淀后的旧灰液，温度 25℃，按化验结果补加 Ca(OH)₂ 后转 2min，停 58min。加 80% 新水（自来水或井水，不加旧灰液），温度 25℃ 以下转 2min，停 58min，重复至次日晨，出鼓、片灰皮。片灰皮后，复灰 2h。然后按正常工艺进行脱灰、软化、鞣制等工序。

旧灰液每次都按 60% 回收循环使用，经过 10 次循环后，旧灰液中的蛋白质、硫离子、石灰的含量基本稳定一致，不必每次循环后都分析。如此循环 10 次以后，陈旧灰液逐渐淘汰。新加灰液逐渐变成旧液，新旧交替，无论从理论上还是实践上，废灰液的这种循环都可以反复地进行下去。整个工艺中浸灰、复灰共用时间为 16h，比国内正常浸灰过夜工艺缩短 1/3 时间。成革性能与常规工艺无明显差别，手感略好[48]。

丁绍兰等人也研究了常规毁毛法浸灰脱毛废液的循环使用[49]。在实验中，每次使用整张大生产浸水去肉后的黄牛皮，平均质量在 25kg 左右。工艺条件为：液比 4，Na_2S 4g・L^{-1}，石灰（60%）8%，时间 22～24h。将硫化钠和石灰称好，加入转鼓中，加水调好液比，转动转鼓，使溶液均匀。停鼓，投皮，转 2h。然后间歇转动，停鼓过夜。次日晨出鼓，检查脱毛膨胀情况。废液回收，用纱布过滤后，测其组分含量，补加水、石灰和硫化钠调整到原来的浓度和液比，再投皮进行下一次的脱毛，如此循环 7 次。脱毛膨胀效果与常规方法基本一致，可节约硫化钠 41%、石灰 40%、水 60%。不过由于常规毁毛法中，毛浆等悬浮物和沉淀物的存在，致使废液过滤、沉降困难，影响废液回收率和解决硫化物污染的彻底性。除了牛皮脱毛浸灰工艺外，苏智健等还将此循环技术应用于山羊皮服装革的生产中，废液可循环利用 5 次，减少排放硫化物 53%～60%，且产品质量优良[50]。

20 世纪 90 年代，四川大学皮革工程系张铭让、潘君等人通过工艺条件控制、材料的选择、加料方式及前后工艺的配套研究，建立了一套稳定的在生产上可实施的封闭式脱毛废水、复灰废水直接循环工艺，既保证了成品革的质量，又实现了废水的近"零排放"，减轻了终端治理的负荷[51]。

基本工艺（猪正面服装革）如下[52]。

(1) 脱脂　液比 0.5，温度 35～38℃，纯碱 2.8%，脱脂剂 1%，JFC 0.3%；转 120min，流水洗 10～15min。

(2) 滚盐　工业盐 5%，转 40min。

(3) 包酶　脱脂皮搭马静置，滴干水分；1398 酶 0.5%，胰酶 0.1%，用少许米糠、水调成糊状，将酶液刷涂于臀背部肉面，堆置 24～72h（视温度、湿度、皮张厚度而定）。

(4) 拔毛

(5) 脱毛浸灰　液比 1.0，温度 18～24℃，硫化钠 1.5%，硫氢化钠 1%，JFC 0.3%，转 90min；石灰粉 5%，浸灰助剂 1%，停转结合，总时间 18～20h。

(6) 片臀部　片去臀部油膜及过厚部分，使皮整张比较均匀。

(7) 复灰　液比 2.0，温度 18～24℃，石灰粉 6%，JFC 0.3%，浸灰助剂 1%；转 60min，停转结合，共 18～20h；脱灰、软化、浸酸等按常规工艺，对铬鞣废液也进行循环利用。

通过转鼓旁的地沟将脱毛废液收集到废水池，再利用机械泵将废水打回转鼓中，实现循环利用。基本工艺中每鼓投原料皮约 1100kg，毁毛工序硫化物总用量为皮重的 2.5%，即 27.5kg。脱毛工序的废水测试结果见表 3-2。

表 3-2　毁毛脱毛工序的废水测定结果[52]

循环次数	废　水　测　试				
	pH	硫化物/ g・L^{-1}	密度/°Bé①	可溶性 Ca^{2+}/ g・L^{-1}	蛋白质/ g・L^{-1}
1	12.5	3.9	5.0	3.95	19.1
2	12.5	3.9	5.0	5.02	17.9
3	12.5	3.9	5.0	6.10	17.9
4	12.5	3.9	5.2	7.03	17.9
5	12.5	3.8	5.4	7.96	17.9

续表

循环次数	废水测试				
	pH	硫化物 / g·L⁻¹	密度 /°Bé①	可溶性 Ca²⁺ / g·L⁻¹	蛋白质 / g·L⁻¹
6	12.8	4.0	5.5	9.03	18.2
7	12.8	4.1	5.5	9.98	17.6
8	13.0	3.9	5.7	10.79	17.5
9	13.0	3.8	5.7	11.73	17.9
10	13.0	3.9	6.0	12.78	18.0
11	13.0	3.7	6.0	13.69	17.9
12	13.2	3.8	6.0	13.77	18.3
13	13.5	3.9	6.2	13.81	18.2
14	13.5	3.9	6.0	14.10	17.9
15	13.5	3.9	6.0	13.96	17.9
20	13.8	4.0	6.5	14.05	17.9
30	13.8	3.9	6.5	13.88	17.9

① 波美度：非法定计量单位，15℃时波美度与相对密度的关系式为 $d = 144.3/(144.3 - °Bé)$。

脱毛工序废水的收集率约为87%。通过循环，制革厂脱毛、复灰废液得以回收利用，有效地将脱毛膨胀工艺中硫化物、石灰、蛋白质等对环境的危害降至最低，环境和经济效益显著。以年产100万张猪皮的中型制革厂为例，全年以投皮300天计，每年能减少排放脱毛废水7000t，减少排放COD 126.8t、T-N 15.7t、悬浮固体134.5t、S^{2-} 24.3t，节约硫化钠和硫氢化钠50t，直接效益约20万元。用于废液循环利用的投资并不多，每年只需1万元左右。

近年来，张壮斗等人在牛皮脱毛浸灰废液全封闭循环利用方面开展了大量卓有成效的研究工作，并已经将研究成果成功应用于我国一些大型制革企业[53,54]。实践证实，采用他们研发的脱毛浸灰废液全封闭循环技术，工艺运行平稳，使脱毛浸灰过程用水量节约80%以上，节约32%的硫化物及22%的石灰。而且发现，使用灰液循环工艺可以减缓裸皮的膨胀速度、减少灰皱、增加革面的平整度；经循环工艺处理的碱皮，石灰在裸皮中的分布更均匀；用循环工艺制得的坯革的物理机械性能与常规工艺的性能相近，成革中铬含量及面积得率有所增加。该技术的经济与环境效益显著，易于推广应用。

废碱液直接循环除了节省材料、减少污染外，还具有脱毛快、膨胀温和、成革松面率低等优点，这和旧灰碱液的一些性质是分不开的。毁毛脱毛中硫化钠水解成硫氢化钠和碱，通过硫氢化钠的还原性达到脱毛的目的。旧灰碱液中硫氢化钠的含量较高，可以加快脱毛速度。在碱的作用下，胶原侧链上的酰氨基或主链上的肽链部分发生水解，得到一些胺类物质，可以起到缓冲作用，使生皮的膨胀比较缓慢、均匀，减轻了强碱在粒面层的强烈作用，从而降低了胶原纤维的损伤。旧灰碱液中的成分比新碱液要复杂得多，其中所含有的亲水基物质、硫化物、石灰都有利于纤维间质、类黏蛋白、糖蛋白的溶出，减弱了真皮与毛和表皮的结合，加快了脱毛速度和胶原纤维束的松散。旧灰碱液中的蛋白质、纤维间质等物质可以蒙面、缓冲 Na^+、Ca^{2+} 向真皮层的渗透，使 Na^+、Ca^{2+} 可以缓慢、均匀地在皮内渗透，减弱了胶原纤维束的膨胀程度，使皮膨胀均匀一致，降低了松面率。旧灰碱液中存在的类脂肪及皂化类物质，除了对胶原蛋白起保护作用外，还可以协助去除皮表面的污物、色素，使皮面洁白、光滑，粒面细致。

旧灰碱液的循环使用需要解决几方面的技术问题[48]。第一，旧灰液贮存期间，宜采用封闭式，便于控温，也可以减轻氧化。特别是夏季温度不能高于28℃。否则，有微量硫化氢气体弥散，污染空气，危害环境，影响工人的健康。如果有硫化氢气体产生，可在旧灰碱液中加少量三乙醇胺，以吸收消解硫化氢气体。第二，旧灰碱液贮存时，要保持原灰碱液的状态和 pH 不变。加水或其他化工材料，会降低或改变旧灰碱液的 pH、成分和性能。特别是降低 pH，容易产生有害的硫化氢气体。第三，随着旧灰碱液循环次数增加，黏度增加，沉淀缓慢，可加少量次氯酸钠或漂白粉，以加快灰碱液沉淀的净化速度。此外，如遇到假日或停产，应考虑停止循环使用。但决不可将最后一次循环的旧废液直接排放掉，必须使用化学法或物理机械法处理，或进行沉淀消毒处理，以便下次继续循环使用，否则就会使整个循环系统失去污染减排意义。

除了废灰碱液，复灰废液、铬鞣废液都可以通过循环利用的方式来减少污染。制革厂中由于转鼓较多，在转鼓中实施的工序不同，导致用于循环利用的废液的分离和收集复杂化，而这种错综复杂的分离和收集系统有可能造成操作者出差错；此外难于准确查明排放和重新引进废液的体积。因此，废灰碱液或其他废液的循环利用工艺取得成功需要建立在系统管理控制恰当和操作实施正确的基础上，要求工厂具有较高的管理水平。

废灰碱液循环利用的缺点是产品质量稳定性不好控制，仍然不能完全消除硫化物污染问题。而且，虽然总排污量有所减少，但如表 3-3 所示，经过多次循环后，废水中溶解的有机物增多，COD_{Cr} 含量增加，直接排放对环境的污染更严重，最好单独处理后再排放至综合废水，这在一定程度上增加了生产成本和管理难度。

表 3-3　毁毛脱毛工序废水水质测试结果[52]

循环次数	pH	$S^{2-}/ g \cdot L^{-1}$	$COD_{Cr}/ g \cdot L^{-1}$	循环次数	pH	$S^{2-}/ g \cdot L^{-1}$	$COD_{Cr}/ g \cdot L^{-1}$
不循环	12.5	3.9	12.96	20	13.0	3.9	88.46
5	12.5	3.8	45.38	30	14.0	3.9	88.60

除了直接将废碱液循环利用的方法外，还有一种硫化物的变型循环法，已在日本两家制革厂中使用[55]。其基本原理是在密闭容器里酸化浸灰废液，使废液中的硫化物完全转化为硫化氢气体逸出，并用氢氧化钠吸收，重新生成硫化钠再用于脱毛。同时，在该 pH 条件下使废液中的蛋白质沉淀出来，回收后用作饲料和肥料。具体实施方案为：脱毛浸灰废液经格栅除去大块固体物，然后用 10% 的硫酸酸化，控制 pH 为 4.0～4.3，产生的硫化氢气体用 10%～15% 氢氧化钠液吸收。酸化时控制温度 40℃，以改善沉淀物的过滤性能。蛋白质凝固后形成沉淀，经干燥后可回收用作肥料，反应塔中占 1/2～2/3 的清液用碱调整 pH 后排入总污水中。采用这种方法对加工 150t 原皮所排出 705t 浸灰脱毛液进行处理，可回收硫化氢 2t，占总量的 50%，肥料 6t。酸化吸收法要求脱毛废水的水质要均匀，这样才能保证整个处理过程效果良好。日本的硫化物变型循环法的缺点是设备投资大，需要专门的耐腐蚀反应釜和吸收塔，而且硫化氢对设备的破坏作用也很大。此外还需要严格的安全措施和管理，防止硫化氢泄漏而危害工人的生命安全[56]。

丁志文等开发了一种从保毛脱毛浸灰废液中回收硫化钠和蛋白质及废液回用技术，并实现了工业化应用[57]。该技术是先将脱毛浸灰废液循环利用一定次数（1～5 次），待废液中有机物含量较高时，用酸对废液进行处理，回收其中的硫化钠和蛋白质，硫化钠循环用于脱毛浸灰，对回收的蛋白质进行综合利用。回收硫化钠和蛋白质后的清液回用于预浸水工序。为此，设计制造了从浸灰废液中回收硫化钠和蛋白质的专用设备。这种集成技术充分展示了保毛脱毛法可以降低有机物污染的优点，浸灰废液直接循环法可以节约脱毛材料的优点，以及可以回收硫化钠和蛋白质的优点。其工艺技术路线如图 3-2 所示，灰碱液回收装置结构示意图如图 3-3 所示。该技术既可以防止直接循环方法对产品质量的影响，又可以降低回收硫化钠和蛋白质的成本，并可以大幅度降低脱毛浸灰工艺废水中的硫化钠、COD、氨氮排放量，降低水用量。

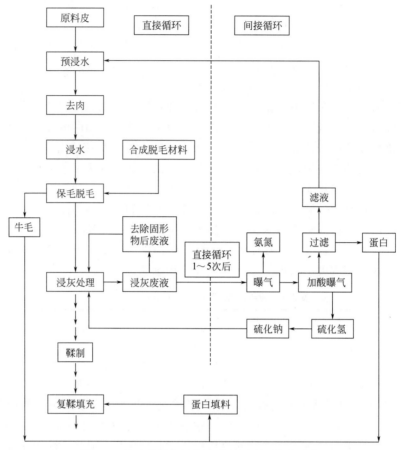

图 3-2　保毛脱毛和浸灰废液循环利用技术路线

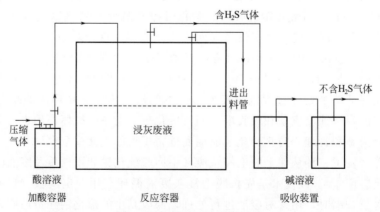

图 3-3　灰碱液回收设备示意

3.3.2　变型少浴灰碱法脱毛

在灰碱法脱毛工艺中，硫化钠的用量是很关键的因素，硫化钠用量大，脱毛容易，裸皮膨胀程度大，成革松面率增大。反之硫化钠用量太少，脱毛困难，裸皮甚至还保留有毛根、皮垢，裸皮膨胀程度低，成革易显得僵硬。在硫化钠用量一定的情况下，液比越小，硫化钠浓度越高，特别是当液比为零（无浴）时，硫化钠的浓度最大。因此，使用少浴的方法既可以降低硫化钠用量又可以保证硫化钠的浓度较高。在无浴、少浴的条件下，相对浓度较高的硫化钠溶液在生皮内外产生较大的渗透压，使胶原纤维间"通道"增多，能快速将毛完全水解并迅速渗透至生皮内层。后期补水扩大液比时，渗透压进一步增大，水很顺畅地进入生皮内层胶原纤维间，使生皮的厚度、质量增加，发生充水膨胀。提高温度，可以缩短脱毛时间，以避免生皮在高浓度碱液中作用时间过长。不过，温度太高，强碱对胶原的水解速度呈直线上升。

基于以上原理，在进行了小型正交试验和扩大试验的优化工艺条件研究的基础上，四川大学但卫华提出了变型少浴灰碱法脱毛工艺[58]。定型工艺如下：

液比 $0.3\sim0.5$，温度 $22\sim24℃$；片状硫化钠（60%）$2.0\%\sim2.2\%$，渗透剂 JFC 0.2%，转动 60min，毛脱净；补常温水，扩大液比至 2；加石灰精粉 4%，烧碱（30%）$0.6\%\sim0.8\%$（用 5 倍水稀释后从转鼓轴孔内加入）；转动 $60\sim90$min，以后转 3min，停 60min，共 $4\sim6$ 次；次日转 15min 后水洗。

采用这种工艺生产猪正面服装革，不仅可以节约硫化钠 $35\%\sim40\%$，减轻硫化钠对环境的污染，而且生皮膨胀均匀、充分、适度，成革柔软、丰满、有弹性、松面率低、利用率高（见表 3-4）。值得指出的是，如果将变型少浴灰碱法脱毛与灰碱废液循环利用技术结合起来，既能确保产品质量，又可以显著减少硫化钠的污染，有望成为一项具有一定推广应用价值的制革清洁技术。

表 3-4　常规灰碱法脱毛工艺与变型少浴灰碱法脱毛工艺的对比[58]

工艺方案	试验数量/张	成革松面情况		成革手感鉴定情况/张			
		松面数量/张	松面率/%	好	较好	一般	差
常规工艺	50	8	16	10	6	17	17
优化工艺	50	1	2	30	9	5	6

3.3.3　保毛脱毛法

直到 1880 年，只有两种保毛脱毛方法（直接浸灰或发汗脱毛）用于原料皮的脱毛。这些方法还需要手工推挤净面以及后来发明的机械脱毛来辅助。从 1880 年起，制革厂开始大量应用以石灰和硫化物为基础的毁毛脱毛工艺，这种方法后来被许多国家所采用。它摒弃了机械脱毛，节约了时间和劳动力，同时还可以使皮纤维得到适度的松散，并保证了裸皮的清洁。尽管有以上优点，但毛溶解会导致污水中有机物含量很高。虽然可以通过生物或其他方法处理废水，但费用很高。而且，废水处理产生大量的污泥，又存在排放问题。因此，保毛脱毛法又重新显示出它的重要性。随着科技工作者对保毛脱毛法的不断研究，以及日益增长的环境保护耗费（涉及处理、排放、税等）和外在的压力等，将促使在更大的范围内使用这项技术。

保毛脱毛法主要通过控制碱和还原剂对毛的作用条件，使脱毛条件只作用毛根而留下完整的毛，再使用循环系统将毛回收利用，而不是随废水排放。这样可以有效地减少废水中的悬浮物和有机物，降低 BOD 和 COD 的含量，此外，还可以减少硫化物的用量。其基本原理是毛干中的硬角蛋白的双硫键在碱或还原剂的作用下被打断，并重新形成了更多稳定的新共价键，使其耐化学降解能力得到进一步加强，这种作用被称为护毛现象。典型的反应方程式如下[59]：

$$P-CH_2-S-S-CH_2-P+H_2O \longrightarrow P-CH_2-SOH+HS-CH_2-P$$

$$P-CH_2-SOH+HS-CH_2-P+Ca^{2+} \longrightarrow P-CH_2-SO-Ca-S-CH_2-P+2H^+$$

$$P-CH_2-S-S-CH_2-P+S^{2-} \longrightarrow P-CH_2-S-CH_2-P(羊毛硫氨酸)+ S_2^{2-}$$

由于毛球、毛根鞘和表皮中的软角蛋白未得到保护，因此通过化学试剂或生物试剂（酶）破坏毛球、毛根鞘和表皮，即可使毛脱落，而毛干基本不受影响。常见的保毛脱毛方法有色诺法（Sirolime）、HS 保毛浸灰法和布莱尔脱毛法（Blair）等，下面将一一介绍。

3.3.3.1 色诺法

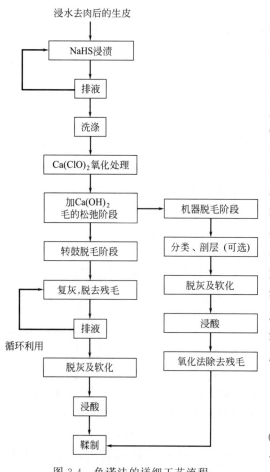

图 3-4 色诺法的详细工艺流程

色诺法是由澳大利亚联邦科学与工业研究所（CSIRO）开发成功的[60,61]，基本过程为先用硫氢化钠浸渍生皮，相对较低的 pH（整个工序中 pH 由 11.5 左右降低到 8.6 左右）可以保证 HS⁻ 产生护毛作用，而不会对毛有任何损伤。接着通过 Ca(ClO)₂ 短时间处理，将附着在毛被上的 NaHS 氧化除去，以保持毛的强度，避免毛干在接下来的强碱处理中受到破坏。毛根中的 NaHS 不会被氧化，在毛的松弛过程中，加入 Ca(OH)₂ 使 pH 大于 12，这部分 NaHS 将产生强还原作用，削弱和破坏毛与毛囊的联系，使毛脱落。一旦毛脱落就将脱毛液过滤、循环，把毛分离出来。浸渍废水、使毛松弛过程的废水及浸灰的废水都可以通过沉淀后循环使用，可以节约化工材料和水。工艺详细流程如图 3-4 所示。

色诺法脱毛工艺如下[61]。

（1）浸水、去肉

（2）浸渍 液比 30%，硫氢化钠 0.7%（包括循环废水中的硫氢化钠的含量）；转 2h，排水。

（3）水洗 水 40%，转 5min。

（4）护毛 液比 30%，0.1% Ca(ClO)₂（先用总水量的一部分溶解后加入），转 6min。

（5）脱毛 加入石灰 1%，转动约 30min，开始循环过滤分离毛；转 50min，停止循环。

（6）复灰、去除残毛 液比 50%，2% 硫化钠（60%），转 15min；加入 1% 石灰，液比 80%~100%，转动 1~2h；每小时转动 5min 过夜，次日废液回收静置回用，灰皮经水洗出鼓片皮。

猪轻革色诺法保毛脱毛参考工艺（盐湿皮）如下[62]。

（1）组批→称重→闷洗

（2）**浸水**　水 200％，温度 35℃，纯碱 2％，杀菌剂 B242 0.5％，转 10min；加浸水酶 0.2％，转 2h。

（3）**控水→去肉→称重**

（4）**脱脂**　水 200％，温度 30℃，纯碱 2％，脱脂剂 R687 1％，转 60min。

（5）**闷水洗**　水 300％，温度 35℃，转 10min。

（6）**浸渍**　水 50％，温度 35℃，硫氢化钠（30％）1％，亚硫酸钠 0.5％，转 60min；加 Ca(ClO)$_2$（10％）1％，转 5min；加石灰［以 Ca(OH)$_2$ 100％计］0.3％，转 5min；水 100％，35℃，转 35min，停转结合，过夜。

（7）**拔毛**

（8）**浸灰**　水 150％，温度 35℃；硫氢化钠（60％）1.2％，石灰［以 Ca(OH)$_2$ 100％计］3％，脱脂剂 R687 0.5％；停转结合，转 10min/h，过夜。

（9）**闷洗**　水 200％，温度 35℃，脱脂剂 R687 0.5％，转 10min。

（10）**去肉，剖层**

丁绍兰对黄牛皮保毛脱毛法的中试工艺进行了研究，方法和色诺法基本类似。裸皮脱毛干净，皮面光洁，膨胀状态良好，保毛效果良好，毛体完整，毛的回收率为 90％以上（见表 3-5）。这项技术工艺条件成熟可行，完全可以工业化应用，若配上相应的设备分离转鼓中脱落的毛，则操作更简便，易于推广，参考工艺如下[63]。

（1）**原料皮浸水、去肉**

（2）**浸渍**　液比 30％，NaHS（60％）0.6％～1.2％；转 2h，切口检查渗透良好，毛根处呈黄绿色，排液。

（3）**水洗**　液比 40％，闷洗 5min，排液。

（4）**护毛**　液比 30％，Ca(ClO)$_2$ 或 NaClO 0.05％～0.1％，转 5min。

（5）**脱毛**　加石灰 1％～2％，转停结合，总时间 50～60min；检查脱毛情况，有 90％以上的毛脱落，出鼓。

（6）**复灰、去除残毛**　液比 50％，硫化钠 1.5％～2％；转停结合，检查残毛基本脱尽；加石灰 3％，加水至液比为 300％，转停结合一定时间，停鼓过夜，次日晨转 10min 出鼓。

表 3-5　毛回收情况比较[63]

保毛法脱毛			常规毁毛法脱毛		
皮重/kg	毛干重/kg	回收毛占皮重/％	皮重/kg	毛干浆重/g	回收毛占皮重/％
345	33.0	9.6	7.6	150	2.0
348	30.3	8.7	7.6	104	1.4
400	36.6	9.2	5.5	172	3.1
300	27.8	9.3	5.5	102	1.9
平均值		9.2	平均值		2.1
毛回收率/％		92	毛回收率/％		21

注：毛被重以原皮重的 10％计。

色诺法工艺的四个排水处（NaHS 浸渍液，水洗，脱毛，浸灰）均有回收贮槽，回收液经 20h 左右静置，清液即可循环使用。其中水洗液可以作为 NaHS 浸渍液的补充，脱毛液可以作为残毛去除液的补充或作为最后浸灰完成后的洗涤，循环可以进行 8～10 次。色诺法与传统工艺排放液的比较见表 3-6。

表 3-6　色诺法与传统工艺排放液的比较[63]

污染物	色诺法/g·(kg生皮)$^{-1}$	传统工艺/g·(kg生皮)$^{-1}$	降低/%
COD	13	69.2	81.2
BOD	7	26.7	74
悬浮物	12.9	40.1	68
总固体含量	15.3	70.2	78.2
氮含量	0.34	6.04	94.38

　　色诺法的优点是不需要特殊的化工材料，节约材料和水，不易护毛过度，粒面清洁，松面率低，适合生产苯胺革，毛可以回收利用；缺点是整个工艺比较复杂，一次投皮较多时，可能存在脱毛不充分的情况。硫化物用量较高，如果使用有机硫作为还原剂，可以减少硫化物的用量，但又会增加成本。

3.3.3.2　HS 保毛浸灰系统

　　HS 保毛浸灰系统是由 TFL 公司（原罗姆公司）开发的少硫保毛脱毛技术[64]，既可以配合硫化钠使用，也可以不使用硫化钠，分为浸水、潜伏、护毛、激活、脱毛、复灰等阶段。脱毛过程在转鼓中进行，也可以在划槽中完成。浸水时用氢氧化钠或纯碱控制 pH 在 9~10 之间，加入碱性浸水酶 Erhazym S、润湿剂以及脱脂剂 Borron ANV，共需 4~5h。在潜伏过程中，液比为 70%~80%，加入 0.8%~1.2% Erhavit HS，转 30min，停 30min。浴液 pH 在 9.5~10.5 之间，Erhavit HS 在此 pH 范围里对毛干、毛根的作用很小。护毛、激活期间，加入 1%~2% 的石灰，浴液的 pH 上升到 12~13，此时 Erhavit HS 仅能对毛根作用，而毛干基本不受或只受轻微的作用。随后的脱毛阶段中加入 0.7%~1.2% 的硫氢化钠，用以进一步破坏毛根，毛即可脱落和回收。最后的复灰阶段中加入少量硫化钠或硫氢化钠和石灰，除去残毛并松散胶原纤维。回收毛的参考工艺如下[64]。

　　(1) 原料皮　盐腌牛皮。

　　(2) 水洗　水 120%，温度 27℃，转 1h，排液。

　　(3) 浸水　水 120%，温度 27℃，Erhazym S 0.2%，Borron ANV 0.2%；氢氧化钠（50%）0.5%（冷水溶解后加入）；转 4h，结束 pH=9.5~10.5，排液。

　　(4) 脱毛　水 80%，温度 27℃，Erhavit HS 1.0；转 30min，停 30min；加石灰粉 1%，转 1h；加硫氢化钠（72%）0.7%，转 75~90min；当毛开始松动时，循环浴液，过滤分离毛。

　　(5) 浸灰　加水 50%，温度 27℃，石灰粉 2%，硫氢化钠（72%）0.2%，转 30min；加氢氧化钠（50%）0.5%（冷水溶解后加入），转 30min；每小时转 1min，共 12h。

　　(6) 排液、水洗

　　浸灰过程中进行毛回收、剖层的参考工艺如下[64]。

　　(1) 原料皮　盐腌牛皮。

　　(2) 水洗　水 120%，温度 27℃，转 1h，排液。

　　(3) 浸水　水 120%，温度 27℃，Erhazym S 0.2%，Borron ANV 0.2%；氢氧化钠（50%）0.5%，冷水溶解后加入；转 4h，结束 pH=9.5~10.5，排液。

　　(4) 脱毛　水 80%，温度 27℃，Erhavit HS 1.0%；转 30min，停 30min；加石灰粉 1%，转 1h；加硫氢化钠（72%）0.7%，转 75~90min；当毛开始松动时，循环浴液，过滤分离毛，直到毛的分离完成（约 90min），排液。

　　(5) 水洗　水 120%，温度 27℃，0.2%~0.4%Borron LB；转 15min，排液。

（6）**水洗、去肉、剖层**

（7）**浸灰**　加回收废液 50%～70%，水 80%，温度 27℃；石灰粉 2.0%，硫氢化钠（72%）0.2%，转 30min；加氢氧化钠（50%）0.5%（冷水溶解后加入），转 30min；每小时转 1min，共 12h。

（8）**排液、水洗**

HS 保毛浸灰系统能显著降低废水中的污染物含量，它与一般毁毛工艺排放污染物比较见表 3-7。

表 3-7　HS 保毛浸灰系统[①]与传统毁毛法[②]污染比较[64]

污　染　物	HS 工艺 （浸灰过程中回收毛）	HS 工艺 （浸灰结束后回收毛）	传统毁毛工艺
COD[③]（以 O_2 计）/mg·L^{-1}	22600	24700	39800
Na_2S[②]/mg·L^{-1}	800～1000	700～1000	1800～2000
N 含量[③]（以 N 计）/mg·L^{-1}	1700	1920	2670
回收毛的百分含量[④]/%	3	2.7	0.5
可沉淀固体/ $L·t^{-1}$	35	65	705
悬浮固体/ kg·t^{-1}	22	29	61

①HS 工艺中 Erhavit HS 用量为 1%，硫氢化钠（72%）0.9%，石灰粉 3%；②一般毁毛工艺：硫氢化钠（72%）0.9%，硫化钠（60%）1.2%，石灰粉 3%；③废液不包括水洗；④回收毛使用的是 7t 的 IORONOVA 液毛分离系统，以干毛重/盐皮重计。

标准 HS 保毛浸灰系统（工艺 1）可以增加得革率，减少褶皱，使皮面更洁净。如果在其中加入剖层工序（工艺 2），这些优点将更突出。工艺 2 中到剖层时浸灰过程只进行了 25%～30%，皮没有膨胀，处于一种"准自然"的状态，此时剖层可以更有效地减少部位差，更好地发挥浸灰化学试剂的效果。

3.3.3.3　布莱尔脱毛法

布莱尔脱毛法是由罗姆哈斯公司在 1985 年研究开发出来的[65,66]，主要应用于美国、墨西哥、韩国等。这项技术的主要特点是毛干经过适当的石灰处理而产生护毛作用，然后加入硫氢化钠，毛根因为没有得到保护而受到破坏，使毛松动，再借助机械作用将毛除去。脱完毛后，将毛过滤分离，废液循环利用。随后的复灰过程中使用石灰、硫氢化钠以及浸灰助剂 FR-62（一种脂肪族胺类材料，帮助脱除残毛，并通过提高 pH 防止护毛过度以及硫化氢的产生）。下面是在转鼓中进行的布莱尔脱毛法工艺[65～67]。

（1）**浸水后调节温度到 27～28℃**

（2）**护毛**　在浸水液中加 2% 石灰；转 5min，停 25min，共 2 次。

（3）**毛的松弛**　加片状硫氢化钠 1.5%，转 10min，停 20min，共 2 次；转 10min（90% 的毛从皮上脱落，残留的毛可以用手很容易拔掉）。

（4）**除毛**　28～29℃ 流水洗，30～45min。

（5）**复灰**　2% 石灰，0.5% NaHS，1% 脱毛助剂 FR-62，0.2% 阴离子表面活性剂，转 10min；转 5min，停 55min，共 8h。

《皮革工业手册（制革分册）》中介绍了相似的黄牛鞋面革脱毛的参考工艺[68]。

（1）**组批、称重**

（2）**预浸水**　水 200%，温度 28℃，润湿剂 0.1%，杀菌剂 0.01%；转 60min，pH＝7.5 左右。

（3）**浸水**　水 200%，温度 28℃，润湿剂 0.5%，纯碱 0.5%，转 4h；加杀菌剂 0.01%，停转结合，转 5min/h，过夜。

（4）护毛　水 80%，温度 28℃，浸灰剂 1%，转 45min；加石灰 1%，转 15min，停 25min，转 15min。

（5）脱毛　加硫化钠（60%）0.9%，乳化剂 0.3%，转 30min；加水 120%，石灰 2%；停转结合，转 5～10min/h，过夜，次日转 20min。

丁绍兰等人也进行了类似研究，扩大实验的工艺如下[69]。

（1）浸石灰　液比 50%，石灰（60%）1%～2%；转 1h，排液，出鼓。

（2）常规浸灰碱　液比 300%，硫化钠 4g·L⁻¹，石灰（60%）6%，转 2h；间歇转动，停鼓过夜；次日出鼓，检查脱毛、护毛及膨胀情况。

扩大实验结果表明，石灰护毛作用较缓和，易控制。先加石灰，除了能够对毛干产生保护作用外，还可以使生皮微微膨胀，张开毛孔，有利于接下来的化料迅速渗透，促进脱毛，得到的裸皮皮面更干净。石灰的提前作用，有利于纤维间质的除去及纤维束的松散，使皮膨胀均匀，一定程度上减轻了常规毁毛法废液循环使用有可能造成的膨胀程度欠佳的问题。由于 90% 的毛可被完好保存，降低了废液中的蛋白质分解产物的含量。废液可循环使用，成革柔软有弹性，感官、理化等指标与常规灰碱法脱毛没有差别。

由于布莱尔脱毛法是在毛完全脱落后才将毛分离出来，因此不需要专门为转鼓设计用于循环的设备，用于使毛松动的废液处理后可以重新使用。全部脱毛时间大约 18.5h，整个过程中换水次数很少，裸皮清洁，制成的蓝革不易松面和起皱。不过，这种方法对制革厂的管理水平要求很高。因为工艺的温度和时间的控制都非常严格，稍有不慎，就会出现护毛过度的情况。

3.3.3.4　酶助保毛脱毛方法

随着制革酶制剂开发技术的提高，酶助保毛脱毛方法得到越来越多的应用。TFL 公司的 Jurgen Christner 提出了一种少硫脱毛工艺[70]。原皮经过短暂的预浸水后，在主浸水时加入表面活性剂和酶类浸水助剂，用以部分除去脂肪和破坏表皮。然后在浸灰脱毛工序中先加入浸灰助剂作用 20min 左右。这种浸灰助剂是整个工艺的基础，它具有促进脱毛，协助控制膨胀，去除脂肪，分散石灰，使裸皮清洁、无皱褶等优点。为了更有效地除去油脂，还需要加入乳化剂。再转 30～40min 后，加入硫氢化钠脱毛，随后进一步加入石灰和氢氧化钠完成脱毛过程。最后在浴液中加入石灰和少量的掉毛剂，转 12～14h，以分散皮纤维。如果还需要减少硫化物的用量，可以加入 0.3% 过氧化硫脲（THDO）。过氧化硫脲是还原性很强的化合物，具有优良的脱毛效果，可以完全替代硫化物进行脱毛，但是高昂的价格妨碍了 THDO 的应用。在工艺中采用少量（0.3%）的 THDO 与硫氢化钠和石灰等结合脱毛，仍然能够发挥强效的脱毛作用，另外它漂白效果也很突出，使用后皮面非常干净。实验结果表明，与传统工艺相比，新工艺的硫化物用量减少了 50%。如果使用少量过氧化硫脲，将硫化物用量减少到 70% 也是完全有可能的。这项技术已经成功地应用到大生产中，参考工艺如下[70]。

（1）预浸水　水洗 1h。

（2）主浸水　酶类浸水助剂，2h。

（3）浸灰　水 70%～80%，浸灰助剂 1%，转 20min；加入石灰 1%，表面活性剂 0.1%，转 30～40min；加入硫氢化钠（30%）2.2%～2.5%（可以选择加入过氧化硫脲 0.3%～0.4%，以减少硫化物的用量），转 40min；加入石灰 1%，氢氧化钠 0.5%，转 40min；加入石灰 2%，掉毛剂 0.1%，转 20min；转 5min，停 25min，共 12h；排液，流水洗，去肉。

　　四川大学和四川达威科技股份公司联合开发了系列脱毛材料和皮纤维分散剂，建立了 SLF（sulfide-lime-free）保毛脱毛系统，硫化物和石灰的用量大大减少，甚至不用。该系统基于三种脱毛剂 Dowellon UHE、Dowellon UHA 和 Dowellon UHB 和一种复合酶的皮纤维分散剂 Dowellon OPF。Dowellon UHE 是一种基于复合酶的脱毛剂，其特点是对胶原纤维作用较弱，对毛囊周围的弹性纤维、脂肪、蛋白多糖等组分具有水解作用，从而利于毛根的松动。Dowellon UHA 是一种基于有机硫的脱毛剂，具有脱毛和调节皮膨胀的性能。Dowellon UHB 具有脱毛和分散胶原纤维的作用。对于沙发革和服装革以 Dowellon UHE 脱毛为主，对于鞋面革的脱毛以 Dowellon UHA 和 Dowellon UHB 结合使用。浸水时用氢氧化钠或纯碱控制 pH 在 9～10 之间，加入碱性浸水酶 Nowolase SG、润湿剂以及脂肪酶 Nowolase DG，共需 4～6h。在护毛前进行预处理，液比为 70％～80％，加入 0.6％～1.0％ Dowellon UHA，转 30min，停 30min。浴液 pH 在 9.5～10.5 之间。护毛、激活期间，加入 1％～1.5％ 的石灰和 0.3％～0.5％ Dowellon OPF，浴液的 pH 上升到 12～13，此时 Dowellon UHA 仅能对毛根作用，而毛干基本不受或只受轻微的作用。随后的脱毛阶段中加入 0.3％～0.6％ 的硫氢化钠和 0.5％～0.8％ 的 Dowellon UHB，用以进一步破坏毛根，毛即可脱落和回收。最后的复灰阶段中加入少量硫化钠或硫氢化钠和 Dowellon OPF，除去残毛并松散胶原纤维。

　　SLF 法脱毛工艺（原料皮为盐腌牛皮）如下。

　　（1）水洗　水 150％，温度 23℃，转 1h，排液。

　　（2）预浸水　常规方法预浸水、去肉。

　　（3）主浸水　水 150％，温度 23℃，Nowolase SG 0.2％，Nowolase DG 0.2％，润湿剂 0.3％，转 60min；氢氧化钠（50％）0.5％（冷水溶解后加入），转 30min，然后间隙转动，共 4～6h。结束；pH＝9.5～10.5，排液。

　　（4）脱毛　水 80％，温度 23℃，Dowellon UHE 0.3％，Dowellon UHA 0.8％；转 30min，停 30min；加石灰粉 1％，Dowellon OPF 0.3％ 转 1h；加硫氢化钠（72％）0.5％，Dowellon UHB 0.6％ 转 60min；加氢氧化钠（50％）1.0％（冷水溶解后加入），两次，间隔 30min；当毛开始松动时，循环浴液，过滤分离毛。

　　（5）浸碱　加水 50％，温度 23℃，Dowellon OPF 0.5％，Dowellon UHB 0.4％，转 30min；加氢氧化钠（50％）1.0％（冷水溶解后加入），转 30min；每小时转 1min，共 12h；排液、水洗。

　　该方法的优点是大大减少了硫化物和石灰的用量，毛脱除率高，碱皮干净。该方法的脱毛情况及回收的毛的状态见图 3-5 和图 3-6。

图 3-5　SLF 系统转鼓中的脱毛情况　　　　图 3-6　SLF 系统回收的毛

SLF 保毛脱毛系统，不仅硫化物和石灰用量大大减少，而且脱毛废液中污染物浓度也随之大大降低，具体结果见表 3-8。

表 3-8　SLF 保毛法与常规毁毛法废液中的主要污染物对比

污染物	COD/mg·L^{-1}	氨氮/g·L^{-1}	硫化物/g·L^{-1}
常规毁毛系统	29792	1.77	4.59
SLF 保毛系统	9430	0.46	1.15
污染物减少程度/%	68.3	74.0	74.94

常见的酶助保毛脱毛方法为碱性蛋白酶-硫化物协同保毛脱毛法，酶制剂无论是在硫化物使用前加入、与硫化物同时加入，还是在硫化物使用后添加，均旨在长时间维持/保留蛋白酶的酶活力，通过蛋白酶与硫化物之间的协同作用来达到良好的脱毛效果[71~74]。然而，由于蛋白酶对原皮的作用时间较长，加之皮胶原经过硫化钠、石灰等碱性物质的处理已部分变性，更容易被蛋白酶水解[75]，因此使用上述的脱毛方法往往存在粒面损伤或成革松面的风险（特别是温度较高、酶制剂用量较大时），不能确保成革质量。

曾运航、杨倩等[76]用荧光示踪技术探明了在牛皮脱毛过程中，由于皮的厚度大、皮上附有表皮和毛以及皮胶原纤维分散程度有限等原因，蛋白酶在皮内传递很慢，即使绝大部分的牛毛都脱落了，蛋白酶也不能渗透裸皮（图 3-7）。而蛋白酶在粒面层中的滞留时间明显较其在网状层中的停留时间更长，正是使用蛋白酶脱毛容易引起粒面损伤或松面的主要原因。根据上述研究结果，石碧、曾运航等[76,77]利用中性蛋白酶在皮内的传质特性及 pH 敏感性（pH 7~9 时酶活力相对较高，pH>12 时基本失活，见图 3-8），设计了一种实用的能保证成革品质的酶助低硫少灰保毛脱毛工艺。该工艺的技术核心是用蛋白酶破坏表皮后便及时终止酶促反应，辅以化学保毛脱毛，一方面充分发挥蛋白酶去除表皮、促进脱毛的优势，实现低硫条件下毛和皮垢的彻底脱除，另一方面通过蛋白酶的及时失活来规避伤面或松面的风险。具体脱毛工艺如下。

脱毛、膨胀

水 100%，温度 22~24℃，pH8.0~9.5，中性蛋白酶 10~20U/g 皮，转 30~60min；

石灰 1.0%，转 20min，停 20min，转 20min；控水 50%；

硫化钠 0.8%，转 10min；食盐 0.8%，转 50min；滤毛，转 30min，停 30min；

石灰 1.0%，转 30min，停 30min；

膨胀剂 1.0%~2.0%，转 20min，停 40min，共三次；

水 100%，转 20min，停 40min；

水 100%，转 15min，然后每小时转 5min，共 12h；过夜；

次日，转 30min，排液，水洗。

该酶助低硫少灰保毛脱毛体系先用中性蛋白酶在室温、最适 pH 内短时间（不超过 1h）处理浸水皮以去除表皮；然后用石灰作为 pH 调节剂和护毛剂，提高浴液 pH 至 12 以上达到灭活中性蛋白酶的目的，同时增强毛干耐化学试剂的能力；最后用少量硫化物使毛全部脱落。得益于先期中性蛋白酶对表皮的水解作用以及石灰对毛干的保护作用，后续加入的硫化钠可以直接渗入毛根处并有效破坏毛根，这就节约了传统灰碱法脱毛用于破坏表皮和毛干的硫化物用量，仅用 0.8%硫化钠（以浸水皮的质量为基准）便达到了彻底脱毛的目的。与传统的灰碱法脱毛相比，该方法通过合理应用蛋白酶水解破坏表皮，所得脱毛裸皮的粒面更洁净（图 3-9），染色加脂后坯革的表面更平整、颜色更均匀（图 3-10），物理机械性能相当（表 3-9）。此外，该脱毛方法硫化物和石灰用量小、毛的降解程度低，显著减少了废水中硫化物、悬浮物和 COD 等污染负荷（表 3-10）；还具有蛋白酶用量小、操作易控等优点，是一种经济实用的保毛脱毛方法。

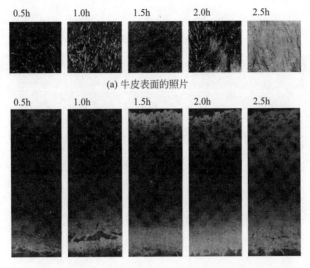

(a) 牛皮表面的照片

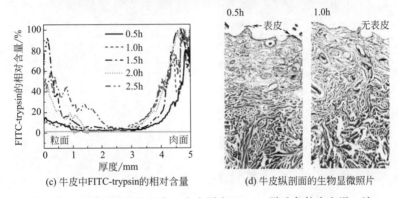

(b) 牛皮纵剖面的荧光显微照片(亮色为荧光标记蛋白酶FITC-trypsin)

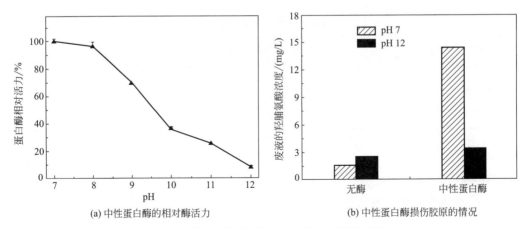

(c) 牛皮中FITC-trypsin的相对含量　　　(d) 牛皮纵剖面的生物显微照片

图 3-7　酶脱毛过程的观察（牛皮厚度 5mm，脱毛条件为室温，液比 1.0，0.15% FITC-trypsin 和 1.85% trypsin）

(a) 中性蛋白酶的相对酶活力　　　　(b) 中性蛋白酶损伤胶原的情况

图 3-8　中性蛋白酶在不同 pH 下的相对蛋白酶活力及其对皮胶原的损伤情况[76]

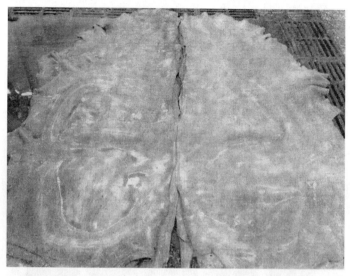

图 3-9　传统灰碱法脱毛裸皮（左）和酶助低硫少灰保毛脱毛裸皮（右）的照片[76]

(a) 传统灰碱法脱毛

(b) 酶助低硫少灰保毛脱毛

图 3-10　体视显微镜观察坯革的粒面[76]

表 3-9　坯革的物理机械性能[76]

坯革样品	抗张强度 /(N·mm⁻¹)	断裂伸长率 /%	撕裂力 /N	柔软度 /mm
传统灰碱法脱毛	12.7	44.5	81.0	6.3
酶助低硫少灰保毛脱毛	13.6	40.8	73.7	6.2

表 3-10　脱毛废液的污染负荷[76]　　　　（单位：kg/t 原料皮）

废液样品	硫化物	总固体	溶解固体	化学需氧量	总有机碳	总氮
传统灰碱法脱毛	3.64	96.05	46.75	70.00	18.54	3.85
酶助低硫少灰保毛脱毛	0.66	54.31	3.06	33.14	9.31	3.07

3.3.3.5　保毛脱毛法废液的循环利用

为了更进一步减少污染物的排放，同样可以将保毛脱毛法排放的废液循环利用，原理基本和毁毛法废液循环利用相同。色诺法、HS 保毛浸灰系统、布莱尔脱毛法等技术中都包含了脱毛浸灰液循环利用。以布莱尔脱毛法为例[78]。

（1）脱毛前处理　水 200％，27℃，Ca(OH)₂ 1％；转 10min，停 30min，2 次，溶液回收用于复灰。

（2）脱毛　水 200％，27℃，Ca(OH)₂ 1％，转 30min；加 NaHS 3％，转 10min，停 20min，共 2 次；加纯碱 0.5％，转 10min，停 20min，共 6 次；转 10min，循环过滤，回收毛。

脱毛工序的废液，可循环 15 次，但应根据分析结果补充硫化钠和纯碱，以维持 pH＝12，在循环次数为奇数时，补加 0.5％的石灰。

C. S. Cantera 等人在保证成革质量的前提下，对保毛脱毛废液进行循环使用[46]。脱毛后，废液经静置，格栅过滤，再经一个圆形动态筛网过滤，然后收集在贮液罐中，罐中有除去沉淀物的装置。浸灰后第一次水洗液也被收集在罐中，然后取上层清液进行循环使用，流程见图 3-11。这种方法可减少 60％的脱毛废水，减少石灰用量 43％，减少硫化物用量 20％。

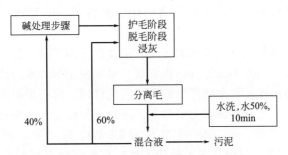

图 3-11　保毛脱毛工艺混合废液循环利用流程示意

3.3.3.6　保毛脱毛法的环境和经济效益分析

采用保毛脱毛法，废水的排放情况及与毁毛脱毛法的比较如表 3-11 所示。从表中可以看出，与毁毛法相比较，保毛脱毛可以有效地减少污染。当然，这也是有代价的，保毛脱毛法通常在设备、管理、劳动力、化工材料等方面比毁毛法成本高。表 3-12 是肯尼亚某制革厂对于毁毛和保毛两种方法成本的比较。可以看出，保毛脱毛法的费用要明显高于毁毛脱毛法。不过从长远来看，保毛脱毛法还是更有优势。在一篇联合国环境署（UNEP）的报告中[79]，比较了色诺法与传统毁毛脱毛法的成本；以日加工 40t 原皮的制革厂为例，采用色诺法材料方面每年节约 87789 美元，而添置带循环和过滤装置的转鼓（10t 原皮的生产能力，共 4 台），每台也约需 87789 美元，这样生产 4 年可以将添置设备的费用赚回，而环境方面的效益则很突出。

表 3-11　保毛脱毛及毁毛脱毛工艺排放物的对比[67]

污染物	保毛法污染物排放量① /kg·(t 原皮)⁻¹	比毁毛法减少量/％	
		脱毛废液中	总废液中
总固体含量	60	30	8
悬浮物	15	70	43
BOD₅	20	50	28
COD	50	50	28
凯式氮含量	2.5	55	22
氨氮含量	0.2	25	2
硫化物(S^{2-})含量	0.6～1.2	50～60	50～60

① 包括水洗废水。

表 3-12　毁毛法和保毛法成本的比较[80]

方　法	化工材料成本	
	美元·(1000 张干皮)⁻¹	美元·(t 生皮)⁻¹
毁毛法	79.3	56.6
保毛法	97.2	69.4
增加的费用	17.9	12.8

3.4　酶脱毛

　　酶是一种生物催化剂，不同的制革用酶可以与皮中不同的成分如胶原蛋白、角蛋白、糖蛋白、脂肪等发生作用。利用这种作用可除去生皮中许多对制革无用的成分，适度分散胶原纤维，生产预期的产品。酶催化作用的主要特点是具有专一性和高效性，条件温和，本身无毒无害，用其代替许多污染较严重的化工材料用于皮革加工被公认为是一种清洁技术。

　　制革过程中应用酶脱毛具有悠久的历史。早在两千多年前，就有用粪便的浸液进行脱毛的记载，虽然当时人们并不知道其作用机理。早期使用的"发汗法"脱毛也是在适宜条件下利用皮张上的溶菌体及微生物产生的酶的催化作用分解毛根周围的类黏蛋白，削弱皮与毛的连接，达到皮、毛分离而脱毛的目的。不过这种脱毛方法不易控制，容易发生烂皮事故，早已被淘汰。1910 年，Rohm 从发汗法中得到启发，研究出用胰酶脱毛的方法——"Arazym"法，将原料皮经碱膨胀后，再用胰酶进行脱毛，这被认为是酶制剂在制革生产上应用的一个里程碑。1953 年印度人利用植物蛋白"马塔尔"乳液（取自一种巨大的牛角瓜）及淀粉酶"拉特然"乳液（取自一种蟋蟀草属植物），进行生皮脱毛并申请了专利。1955 年比利时人用既能分解酪蛋白和角蛋白，又能脱毛的链菌酶（属于放线菌）进行脱毛试验并取得专利。随着其他酶制剂的不断开发、应用，制革中酶的使用变得更容易控制、更科学合理。目前生产上使用的酶脱毛技术主要是指用人工发酵所产生的工业酶制剂在人为控制条件下的一种保毛脱毛法。

　　我国最早开始酶脱毛技术的研究是在 20 世纪 50 年代。原轻工业部皮革研究所（现中国皮革与制鞋工业研究院）的科技人员，在参考苏联技术的基础上，用固体发酵法研制出酶制剂，并在猪、羊革上进行脱毛试验。到了 60 年代末、70 年代初，由于硫化物和石灰渣的污染和当时特定的历史背景，对酶法脱毛的研究开展得如火如荼，既有酶脱毛机理的研究，又有工艺方法的改进，一时之间，全国上下取得了很多酶法脱毛的技术突破和成果，筛选出几种具有不同脱毛和软化能力、适合不同产品的脱毛酶。1965 年中科院微生物所选育的枯草芽孢杆菌 ASl.398 中性蛋白酶在无锡酶制剂厂投产并沿用至今；1968 年上海新兴制革厂率先将 3942 蛋白酶应用在猪绒面和鞋面革生产上，获得成功；1974 年微白链霉菌 166 中性蛋白酶和矮小芽孢杆菌 209 碱性蛋白酶分别在上海市酒精厂和天津酶制剂厂投产；在此期间，于义等人系统研究试验了微生物蛋白酶脱毛的影响因素和配套工艺，试验成功了猪皮绒面服装革有温有浴酶脱毛工艺。酶法脱毛与传统的灰碱法相比，最大的优点是无毒、无害，可以减少 70% 的硫化物污染和废水中的 COD、BOD 含量。但是传统工艺采用的蛋白酶质量不稳定，加之纯度低，专一性差，酶系组分多，作用复杂，因而生产中易出现脱毛不净或烂面、松面、毛孔扩大等问题。再加上酶法脱毛成本较高，工艺控制困难，因而到了 20 世纪 80 年代后，酶法脱毛工艺遭到冷落，制革厂又回到了传统的灰碱脱毛工艺的老路上。近年来，随着环保问题的日益严峻和人们环保意识的加强，制革清洁生产的呼声越来越高，再加上生物酶工程技术的快速发展，使更多性能好、专一性强的酶制剂得以问世，酶脱毛这一清洁生产技术又重新引起人们的重视，焕发出新的活力。

虽然酶脱毛技术目前还存在一些问题，尚不能完全取代灰碱法脱毛。但以酶为基础的制革生物技术在清洁性、环境友好性方面独具特色。用这类技术取代传统化学制革工艺，是从根本上解决制革工业污问题的有效途径。因此酶脱毛具有良好的应用前景，值得进一步研究开发和推广应用。使酶法脱毛得以推广应用，需要解决脱毛酶制剂存在的种种问题。所以，目前研究的重点是开发和筛选高选择性、高活性、稳定性好、脱毛效果好、对胶原作用小的新型酶制剂，以及对整个制革工艺的平衡研究[81~91]。

3.4.1　酶脱毛机理

酶脱毛机理是开发新型脱毛酶制剂和推广应用酶脱毛工艺的基础，只有对酶脱毛的机理有了明确的认识，对酶脱毛的规律有了全面的掌握，才能使酶脱毛工艺日益完善。

在 20 世纪 80 年代以前，Yates、巴巴金娜和中国轻工业部皮革与毛皮研究所等分别从组织学和组织化学的角度对酶脱毛进行了比较详尽的研究。Yates[92]通过比较近 20 种纯化过的酶的脱毛能力及其与水解酪蛋白、氧化胰岛素底物的关系，总结得出酶脱毛是蛋白水解的结果，其中内肽酶的作用是关键。

巴巴金娜等[93]通过测定表皮和真皮中黏多糖在霉菌酶作用前后含量的变化，发现在酶的作用下类黏蛋白被逐渐分解，以至完全溶解，因而认为毛与皮的联系被破坏是由于生皮的黏蛋白被酶催化水解的结果。通过组织化学方法观察到表皮的黏液层和生发层、毛囊周围、真皮的乳头层、脂腺和汗腺中都有类黏蛋白质，它们与动物皮纤维以及细胞组织黏合在一起，当酶使类黏蛋白水解时，毛与皮的联系被削弱，开始脱落，胶原纤维之间的黏合也被破坏。通过显微镜还观察到酶脱毛后皮的所有细胞结构也被酶破坏了，皮胶原纤维的直向线条更明显，胶原纤维束的编织变得松散，这说明酶也能很好地去除真皮中的纤维间质。由于酶溶解了类黏蛋白和细胞结构，使得毛囊完全脱离表皮，毛产生松动。最近，许伟[94]在巴巴金娜的研究基础上，通过观察毛根的组织结构在酶脱毛过程中的变化时发现，酶脱毛首先是酶将毛囊与毛袋、毛球与毛乳头之间的黏蛋白及类黏蛋白消解，使得毛与皮间的连接削弱，然后在机械作用下毛脱离表皮从而达到脱毛的目的。

我国原轻工业部皮革与毛皮研究所等组建的酶脱毛机理研究组研究了各种酶对动物皮的脱毛和软化能力[95,96]，在分析酶脱毛水解物和组织学观察的基础上提出：类黏蛋白的消解有助于酶的渗透，并对脱毛有利，但并不是酶脱毛的直接原因；盐溶性球蛋白的消解同样有利于酶的渗透，也可以加速酶脱毛的进度。由于表皮的角质层对酶具有抵抗作用，使酶开始只能从肉面进入皮内，而酶只有到达粒面浅层才能完成脱毛任务。如果脱毛前生皮经脱脂、浸灰等处理，表皮基本脱落，酶既能从肉面也能从粒面进入皮中，而且从两面进入皮内的酶所起到的作用基本相近，更有助于脱毛的进行。因此，在有温、有浴、经浸碱预处理的酶法脱毛工艺中，表皮对酶从粒面方向进入真皮的影响不大。

四川大学李志强对酶法脱毛机理进行过较系统深入的研究，提出了酶脱毛机理的新理论[97,98]。他认为，制革常用脱毛酶的主要组分均为非专一性的非胶原蛋白水解酶（酪蛋白水解酶）和胶原蛋白水解酶。在酶法脱毛时，非胶原蛋白水解酶起主导作用，其脱毛能力取决于其水解专一性的广泛程度。基膜及其周围组织的蛋白提取物，被广泛水解且其水解与脱毛有关。胶原蛋白水解酶不是酶脱毛的必需酶组分，但它对组织有水解作用，能促进非胶原蛋白酶的迅速渗透和扩散，可以加速脱毛。然而胶原蛋白水解酶对胶原纤维的交联区域及交连接构有较强的破坏能力，大大削弱了皮胶原纤维组织的交联结构，导致胶原结构的机械强度和热稳定性下降，对酶脱毛过程中胶原组织的隐性破坏及由此导致的皮革质量问题负主要责任。这一理论回答了脱毛时起决定性作用的酶制剂种类的问题，也找到了酶法脱毛曾经普遍存在的诸如成革松面、强度差、毛孔扩大等质量问题的根源所在。

总的来看，制革研究者虽然在酶脱毛机理的研究方面取得了一些进展，但由于酶脱毛反应复杂，影响因素众多，其机理至今仍未彻底查明。

3.4.2 脱毛酶及酶制剂

3.4.2.1 脱毛酶研究与开发

Green 曾将大量的有脱毛作用的酶分为四大类，即动物蛋白酶、植物蛋白酶、霉菌蛋白酶和细菌蛋白酶。最初，Rohm 进行酶脱毛试验时使用的是胰酶。随着微生物学科的发展，从霉菌、放线菌和细菌培养出来多种蛋白酶，其脱毛效果比胰酶要好，从而使应用微生物蛋白酶进行酶脱毛的工作得到更多关注。枯草杆菌 AS1.398 中性蛋白酶和 3942 碱性蛋白酶是我国制革业在酶脱毛工序中最先使用的两个微生物酶制剂产品，上海新兴制革厂 1968 年应用这两种酶进行猪皮酶法脱毛，创建了猪皮制革酶脱毛新工艺，使猪皮酶法脱毛在我国实现重大突破。随后，皮革脱毛专用蛋白酶制剂新品种，如放线菌 166 中性蛋白酶、短小芽孢杆菌 209 碱性蛋白酶、枯草杆菌 172 中性蛋白酶等不断涌现，这些专用脱毛酶制剂的出现，进一步促进了我国制革工业酶法脱毛工艺的发展。

酶法脱毛至今还不能彻底取代灰碱法脱毛的最根本原因是目前使用的 1398 等蛋白酶制剂容易造成成革松面，质量不稳定，安全系数低，稍有不慎会发生烂皮事故，生产过程技术控制要求也较严，成本高。因此，酶法脱毛要得以实施，关键还在于进一步改善酶制剂的性能。

目前国内生产的用于制革的常用酶制剂主要包括 166、1398、3942 中性蛋白酶和 209、2709 碱性蛋白酶等。其中只有 166 中性蛋白酶和 209 碱性蛋白酶是专门为制革脱毛筛选的，其他几种则是从别的行业引进的。因此制革用酶制剂品种少、成分复杂、脱毛特异性不强，且含有大量胶原水解酶类，应用到脱毛中难免会出现各种问题。

理想的脱毛蛋白酶应该具备以下几方面条件。首先是蛋白酶分子量小，以便能迅速渗入皮内产生作用。166、1398、3942 等中性蛋白酶的分子量较大，在 35000～40000 左右，渗透较困难，所以脱毛时间较长，胶原受胶原水解酶的作用损失过多，增加了成革出现松面的危险。其次是酶适宜的 pH 范围广，以保证在较宽的 pH 范围内酶对生皮蛋白质的水解程度较为一致。这不但便于操作，而且利于产品质量的稳定。最后脱毛专一性强，即脱毛速度快，软化温和适度，不松面更不烂皮。这就要求酶制剂水解黏蛋白、类黏蛋白和弹性蛋白的能力强，而对胶原具有水解作用的成分所占比例和作用活性越小越好。生产脱毛活性强、水解胶原活性低、纯度高的酶制剂是促使酶法脱毛在生产中推广应用的关键所在[90]。

　　20 世纪 90 年代以来，随着现代生物技术的快速发展，许多适合生产高效脱毛酶制剂的菌株被筛选出来，虽然所得到的大部分酶尚处于实验室研究阶段，但已展现出良好的应用前景。一般而言，脱毛蛋白酶产生菌选育的过程为：采集富含蛋白质的土壤（制革厂、肉联厂、造纸厂等）——培养富集——酶活力测定和脱毛实验初筛——复筛——结果。要求所筛选的菌株能产生具有高效脱毛能力的蛋白酶，而且发酵周期短，产酶量高，因为这直接关系到酶制剂的产量和成本。此外还可以利用现代生物技术分离和鉴定感兴趣的酶的基因密码，对该基因通过 DNA 重组进行非变异克隆或通过生物工程技术变异克隆，在适宜于大规模生产和纯化某种特定酶的宿主菌（重组体）中表达。这样构建出的基因工程菌作为生产株产生的蛋白酶专一性强，纯度高[90]。

　　中国皮革和制鞋工业研究院、河北省微生物研究所和镇江市制革厂合作，开发出一种高效、专一性强的新型脱毛酶制剂和与其配套的猪皮酶法脱毛工艺，生产出了具有耐水洗、耐干洗特性的猪反绒服装革[99]。该脱毛酶属于地衣芽孢杆菌蛋白酶，主要催化水解弹性蛋白和部分胶原蛋白，对皮质损伤小，最适宜 pH9～10，适用于酶法脱毛。

　　刘彦等人从富含蛋白质的泥土样中筛选出耐盐（NaCl 耐受浓度为 10%）和耐碱蛋白酶产生菌各一株，这两株菌均可在饱和石灰水中生长，并且产生的蛋白酶在 pH 7～11 范围内稳定，具有较好脱毛性能。筛选出的碱性蛋白酶产生菌 *Bacillus* sp.，具有较强的耐碱性和耐钙离子性能。该蛋白酶在浸灰过程中可以脱毛，最适宜 pH 为 9.6，最稳定 pH 为 10.6～11.6，最适宜温度为 40℃，在制革中应用前景良好[100～102]。

　　王兰等人[103]在西藏当雄温泉附近，分离得到一种耐盐高温碱性蛋白酶产生菌株 SD-142。SD-142 菌株耐盐、碱，其产生的高温碱性蛋白酶具有较好的稳定性、脱毛效果及较低的胶原酶活性，只要控制好脱毛条件，不会产生烂皮现象。其脱毛最佳条件是：堆置脱毛时，pH 8.5～9.5，酶浓度 150U·g^{-1}，脱毛时间 24h；有温有浴酶脱毛时 pH 9.5～10.5，酶浓度 250U·g^{-1}，转速 180r·min^{-1}，脱毛时间 12h。

　　Thangam 等[104]经过大量筛选，从制革厂内的土壤中分离出一种可产生具有水解活力的蛋白酶的菌株（经鉴定为白乳杆菌酵母 *Alcaligenes faecalis*），进而培养分离出一种具有脱毛能力的碱性蛋白酶。培养基的主要成分为：蛋白胨 5.0g·L^{-1}，大豆粉 5.0g·L^{-1}，K_2HPO_4 0.2g·L^{-1}，$MgSO_4$·$7H_2O$ 0.5g·L^{-1}，氯化钠 0.5g·L^{-1}，$CaCl_2$·$2H_2O$ 0.5g·L^{-1} 以及 Triton X-100 0.1g·L^{-1}，体系用 0.5mol·L^{-1} 的氢氧化钠调节 pH 为 8.0。他们还通过在山羊皮肉面涂刷酶糊（配方为酶 1%，高岭土 10%，水 15%，均以皮重计，用 0.5mol·L^{-1} 的氢氧化钠调节 pH）堆置脱毛的方法，研究了该酶脱毛的最佳使用条件以及和硫化物配合使用的情况。每张皮沿背脊线分成两部分，用以做对比实验。结果表明，这种酶在较广泛的 pH 范围里（8～11）具有较好的脱毛活力，其中在 pH=9.0 左右活力最大。在 26～30℃ 的条件下酶活力可保持 20h，但 26℃ 时 24h 后只脱去了少量毛，30℃ 时脱毛时间需要 18～20h，37℃ 酶活力降到 60%，但脱毛效率增加，12～14h 内毛可脱完。酶糊中酶的浓度为 0.5% 或更高时，脱毛效果较好。这种酶对角蛋白、弹性蛋白几乎没有作用，所回收的毛质量高。该酶无论是单独使用，还是和少量硫化物配合使用，都可以得到较好的脱毛效果，成革性能和传统灰碱法脱毛无明显差异（见表 3-13）。从组织学观察发现，灰碱法脱毛的对比样中仍有少量毛干、毛球残留在毛囊里，而酶脱毛则不存在残留的毛。此外，这种酶保存比较方便，在 0～4℃ 的条件下可以保存 2 个月，且活力不会明显下降[104]。如果能进一步降低成本，使这种酶的生产实现工业化，则应用前景广阔。

表 3-13　成革（涂饰后）的物理性能[104]

脱毛方法	测试方向	抗张强度/N·mm^{-2}	断裂伸长率/%	撕裂强度/N·mm^{-1}	粒面崩裂强度	
					负荷/N	高度/mm
0.5%酶	横向	23.84	62.13	55.14	470	11.7
	纵向	15.63	106.72	51.95		
2.5% Na$_2$S +10%石灰	横向	21.78	61.95	44.47	363	10.8
	纵向	17.85	80.96	34.70		
0.5% 酶 +0.5%Na$_2$S	横向	24.62	53.58	48.44	510	13.5
	纵向	15.63	101.59	50.64		
2.5% Na$_2$S +10%石灰	横向	19.44	65.04	42.95	529	11.7
	纵向	14.55	86.06	35.88		

Raju 等人同样采用从制革厂内的土壤中筛选分离出一种可产生大量细胞外蛋白酶的菌株 Bacillus spp.（杆状菌）[105]。优化的培养基配方为：酵母抽提物 0.15%，浓缩牛肉汁 0.15%，蛋白胨 0.5%，葡萄糖 0.1%，氯化钠 0.53%，Na$_2$HPO$_4$ 0.36%，NaH$_2$PO$_4$ 0.13%，CaCl$_2$ 100mmol·L^{-1}。蛋白酶的分泌量在 37℃、摇瓶转速 300r·min^{-1} 的条件下，于 18～24h 内达到最大值。将得到的酶冷冻处理后用于脱毛实验，比较了不同酶用量（1%、2%、3%，酶糊的其他成分为 10%高岭土以及足够的水，均以皮重计）的酶糊对脱毛的影响。结果表明，酶用量为 2%时脱毛已经比较充分，但用量为 3%时脱毛效果更好，这时连颈部的硬毛都可以完全脱除。组织学观察发现，此时表皮已经完全脱落，皮面光滑，而灰碱法脱毛的对比样（石灰 10%，硫化钠 2.5%）仍有少量毛干、毛球残留在毛囊中。这和 Thangam 等人的结果类似。从他们的研究中还可以发现，使用这种蛋白酶，皮不需要先经碱处理。成革的物理机械性能和灰碱法脱毛的对比样差别不大，见表 3-14。

表 3-14　成革物理机械性能比较[105]

实　验	抗张强度/N·mm^{-2}	伸长率/%	切口撕裂强度/N·mm^{-1}	粒面崩裂强度	
				负荷/N	高度/mm
对比样	13.63±0.65	73.20±7.12	19.01±2.76	392	11.0
酶用量 1%	19.76±0.48	71.22±5.44	17.01±0.52	372	12.3
对比样	13.56±0.12	67.91±10.33	21.96±0.78	392	10.9
酶用量 2%	20.53±0.11	62.54±6.75	19.63±1.49	372	13.1
对比样	16.24±0.16	70.16±10.65	19.80±0.26	588	11.6
酶用量 3%	21.13±0.40	65.86±0.71	24.25±1.70	549	13.8

Pal 等人从校园的土壤中筛选分离出一种米根霉（Rhizopus oryzae），并通过产量高、成本低的固态发酵法（SSF）从发霉的麦麸中提取出一种碱性蛋白水解酶[106]。通过对 pH、温度、浓度等的考察，发现这种酶在 pH 为 8.0 时脱毛活性最大，温度保持在 30～37℃之间时，酶浓度达到 5U·cm^{-2} 即可使脱毛比较完全，而且时间较短，只需 11～12h。将晒干提取物得到的酶粉制备成酶糊，涂在预先用 pH8.0 的磷酸盐缓冲溶液处理过的山羊皮和绵羊皮的肉面上。接着将皮按肉面对肉面的方式在室温（33～35℃）下堆置一夜，然后用钝刀将毛刮掉。脱毛之后将皮进一步处理成蓝湿革。对比样则采用传统的灰碱法脱毛。从表 3-15 和表 3-16 可以看出，不管是物理机械性能，还是手感、丰满度等评估指标，酶脱毛制得的蓝湿革都不逊色于用灰碱法脱毛的对比样。

因为这种酶可以在高 pH 下作用，所以在酶脱毛前还可以先用石灰处理或石灰辅助处理，效果更好，毛易于脱落而且膨胀适中，成革质量好。此外，采用固态发酵法制备碱性蛋白酶的成本预算表明，从经济效益方面考虑这种酶的使用也是可行的，与灰碱法脱毛的成本相差不大。

表 3-15 蓝湿革的物理性能[106]

对比实验	抗张强度/N·mm⁻²		伸长率/%		撕裂强度 /N·mm⁻¹	缝纫撕裂强度 /N·mm⁻¹
	垂直	平行	垂直	平行		
山羊皮						
灰碱法脱毛	11.8	20.8	90	60	33	37
酶脱毛	12.8	26.4	60	60	55	87
绵羊皮						
灰碱法脱毛	13.7	17.2	80	66	47	54
酶脱毛	17.1	19.6	66	70	47	70

表 3-16 蓝湿革的评估[106]

对 比 样	手 感	丰 满 性	光 泽	粒面光滑性
山羊皮				
灰碱法脱毛	不太柔软	一般	好	不太光滑
酶脱毛	柔软	一般	较光亮	较光滑
绵羊皮				
灰碱法脱毛	柔软	较差	光亮	光滑
酶脱毛	柔软	好	光亮	很光滑

和前面的研究类似，Dayanandan 等人从制革厂内土壤中筛选出一种曲霉菌（*Aspergillus tamarii*），用固态发酵法制备了一种碱性蛋白酶用于脱毛研究[107]，所得到的酶的性质和其他类型的碱性蛋白酶相近，在 pH 8～9 范围内活性最大。脱毛实验同样采用在山羊皮肉面涂酶糊，按肉面对肉面堆置的方式进行。实验结果表明单独使用酶脱毛，用量为 1% 时，18h 内可达到较好的脱毛效果，如果和硫化物配合使用，可以减少各自用量的 50%，且脱毛效果接近。各种方法脱毛后的裸皮制成的蓝湿革物理机械性能对比见表 3-17，浸灰废水的水质分析见表 3-18。

从表中数据可以看出，不管是单独使用酶脱毛，还是和硫化物配合使用，都可以有效地降低浸灰废水的污染物含量，而且脱毛效果方面实验 2 和实验 4 均和灰碱法不相上下，蓝皮的物理机械性能的多组数据优于对比样。利用 *Aspergillus Tamarii* 制备的碱性蛋白酶作为一种脱毛酶，无疑具有良好的应用前景。

表 3-17 不同脱毛方法对蓝湿革物理机械性能的影响[107]

参 数	实验 1	对比	实验 2	对比	实验 3	对比	实验 4	对比
抗张强度/N·mm⁻²	19.4	18.6	20.1	19.1	19.6	19.2	19.1	18.8
断裂伸长率/%	80	75	82	78	85	80	78	79
撕裂强度/N·mm⁻¹	51	49	53	49	49	54	54	55
粒面崩裂强度								
负荷/N	441	372	490	451	510	490	392	490
高度/mm	10	9	11.5	10	12	10	10	11

注：实验1：酶 0.5%＋高岭土 10%＋水 20%（以皮重计）；实验2：酶 1%＋高岭土 10%＋水 20%；实验3：酶 0.5%＋高岭土 10%＋水 20%＋硫化物 0.5%＋石灰 10%；实验4：酶 0.5%＋高岭土 10%＋水 20%＋硫化物 1%＋石灰 10%；对比实验：石灰 10%＋硫化物 2%＋水 20%。

表 3-18　不同脱毛方法对浸灰废水水质的影响[107]　　　　单位：kg·t^{-1}

参　数	实验 1	对比	实验 2	对比	实验 3	对比	实验 4	对比
BOD	20	40	22	45	30	43	32	42
COD	75	120	90	110	80	100	84	105
TDS	60	150	65	162	65	145	68	140
TSS	38	50	40	53	42	45	44	46

注：实验编号及工艺同表 3-17。

Gehring 等人使用了一种从链霉菌中分离出的蛋白水解酶（E.C. ♯ 3.4.24.31；Pronase E；4.9U·mg^{-1}，Sigma 公司产品）进行脱毛实验[108]。最佳条件是先将皮用 200% 的碳酸氢钠/碳酸钠的缓冲溶液（浓度 2.5%，比例 1∶1，pH＝9.5）预处理 30min，随后加入 200% 浓度为 0.5mg·mL^{-1} 的酶溶液（将酶溶于 0.1mol·L^{-1}，pH 7.5 的三羟甲基氨基甲烷-盐酸的缓冲溶液中配成）和 0.1% 两性表面活性剂（N,N-二甲基-1-十二烷基氧化胺）进行脱毛，温度为 37℃。实验结果表明，在这种条件下，只需 4.5h，超过 95% 的毛被脱尽，粒面无损伤，与硫化物脱毛相比，铬鞣后收缩温度略高，坯革的各项拉伸性能相近（见表 3-19）。

表 3-19　酶脱毛和灰碱法脱毛的成革拉伸性能[108]

性　能	酶脱毛	硫化物脱毛	性　能	酶脱毛	硫化物脱毛
最大应力/MPa	24.2±3.5	17.0±3.2	断裂能/J·cm^{-2}	7.0±1.8	4.6±1.0
最大应变/%	60±12.6	59.5±7.7	杨氏模量/MPa	49±11	37.4±5.9

除了开发上述蛋白酶作为脱毛酶制剂以外，角蛋白酶因其具有能作用于毛和表皮的角蛋白这一特殊性质，也成了研究的热点。如果使用角蛋白酶进行脱毛，可使角蛋白彻底水解[109]，大幅度减少硫化物的用量，降低脱毛废液中 BOD 和 TDS 的含量，有效减少脱毛废液对环境的污染[110]。另外该类酶对原皮胶原纤维损伤少，有利于提高成革质量。

传统酶法脱毛机理认为，用于脱毛的蛋白酶应不含或尽量少含胶原蛋白酶，以免损伤真皮的胶原。Friedrich 等人将菌株 *Doratomyces microsporus* 所产角蛋白酶用于脱毛研究，发现该角蛋白酶不仅能有效地降解表皮，作用于毛根的外根鞘以利于脱毛，而且不水解胶原，解决了酶脱毛损伤胶原的关键技术问题[111]。2005 年 Aubu 等人从家禽饲养场的土壤中分离得到菌株 *Scopulariopsis*，所产角蛋白酶同样可以在脱毛工序中有效去毛，并基本去除表皮和脂腺[112]。这些角蛋白酶脱毛的机理应该是：有效地水解毛囊中的角质组织，使毛发得以从皮中拔出。

但是角蛋白酶在溶解状态下自身会发生水解，导致酶活力下降。溶解的角蛋白酶样品在 −20℃ 活性损失 7%，在 4℃ 保存 19 天活性损失 20%，在 20～25℃ 下其活性的半衰期仅为 4～5 天[113]，稳定性较差，极大地限制了角蛋白酶在制革中的应用。

目前国内对角蛋白酶的研究还基本停留在角蛋白酶菌的分离、筛选，角蛋白酶的分离、纯化，以及角蛋白酶的理化性质和作用机制的探索等方面，酶的应用研究也还处于实验室阶段。角蛋白酶要在制革工业上得以应用，尚需制革科技工作者的努力。

现代生物技术的迅猛发展，为开发选择性能好、活力高的脱毛用蛋白酶创造了良好条件。虽然有些研究工作还处于实验室阶段，还不够成熟，但已经让我们看到了美好的前景。

3.4.2.2　脱毛酶制剂

酶（enzyme）是指能催化特定化学反应的蛋白质、RNA 或其复合体。酶制剂

(enzyme preparation) 则是指从动物或植物中提取，或由微生物发酵、提取制得，具有特殊催化功能的生物制品。商品化的工业用酶制剂产品中通常还会加入易于产品贮存和使用的配料成分[114]。随着人们对酶制剂产品的深入认识和开发，现有的脱毛酶制剂大多是酶、酶激活剂、酶稳定剂、酶助渗剂、pH 调节剂、稀释剂等组分的复配产品[115]。其中，核心组分为酶，制革用脱毛酶制剂除了一定含有蛋白酶或角蛋白酶以外，还可能含有弹性蛋白酶、脂肪酶、糖酶等[115~118]。毛是通过毛囊和毛根之间的连接而固定在皮内的，因此要得到理想的脱毛效果需对毛囊进行适度的破坏，使毛根松动，能在机械作用下从皮内脱落。毛囊主要由胶原纤维和弹性纤维构成，毛球和毛乳头之间有黏蛋白和类黏蛋白，毛囊周围及底部分布有脂腺和脂肪组织，油脂的存在会影响酶的渗透。蛋白酶只能水解去除黏蛋白、类黏蛋白，并在一定程度上水解破坏毛囊周围的胶原纤维，而无法去除弹性纤维和脂肪[115,118]。弹性蛋白酶能降解弹性蛋白；脂肪酶能催化水解油脂；糖酶，如 α-淀粉酶、糖化酶等，能水解蛋白多糖，分散胶原纤维，有利于蛋白酶的脱毛作用[119,120]。因此，一些脱毛酶制剂将蛋白酶与弹性蛋白酶、脂肪酶、糖酶等复配，希望通过多酶协同作用更好地破坏毛囊与毛根的联系，获得更理想的脱毛效果。

脱毛酶制剂中含量最高的组分为稀释剂，常用的有淀粉、高岭土、滑石粉、木粉、硫酸铵、硫酸钠和氯化钠等。它们在脱毛酶制剂产品中一般≥90%（以质量计），有时甚至≥99%（以质量计）。这主要是由于蛋白酶制剂生产厂家提供的产品酶活力高达 50000～300000U/g（国家标准 GB/T 23527—2009《蛋白酶制剂》要求产品的蛋白酶活力≥50000U/g），而在实际的脱毛过程中，若用这类蛋白酶制剂产品直接处理原皮，则用量极少，难以在转鼓内均匀分散，易导致皮局部粒面损伤或松面。因此，目前各皮化企业均向蛋白酶制剂（即原酶，酶活力≥50000U/g）中添加大量的稀释剂，将脱毛酶制剂的蛋白酶活力控制在较低范围内，甚至限制在 1000～2000U/g。

酶激活剂、酶稳定剂、酶助渗剂、pH 调节剂等，主要根据脱毛酶制剂产品的贮存和使用要求进行适量添加。常见的酶激活剂有 Mg^{2+}，Ca^{2+}，Na^+，K^+，Fe^{2+}，Zn^{2+}，Cl^- 等，用于加快酶的催化反应速率，其具体添加的种类和比例需要根据酶的种类来确定。脱毛酶制剂产品，特别是液体脱毛酶制剂产品中的蛋白酶对自身和其他酶的水解作用会使酶在贮存过程中逐渐失活，因此需要添加一定量的酶稳定剂，以维持各种酶的催化活性。理想的酶稳定剂应能在脱毛酶制剂的贮存过程中有效抑制蛋白酶活力，防止各种酶活力的损失，且能在脱毛过程中快速恢复蛋白酶活力，不妨碍产品发挥脱毛作用。酶助渗剂一般为各种表面活性剂中的一种或其组合，用于加快酶在皮内的渗透速率。pH 调节剂用于维持或改变脱毛酶制剂产品的 pH，分为酸、碱和缓冲盐三类，具体根据酶的最适 pH 或使用 pH 进行选择。

3.4.3 酶脱毛实施方法

酶法脱毛有多种实施方法，实际生产中普遍使用的是有浴酶脱毛和滚酶堆置酶脱毛两种。堆置酶脱毛早期应用较广泛，特别是在猪皮和羊皮制革生产中。近年来，随着有酶脱毛技术逐渐应用于牛皮制革，有浴酶脱毛也得到越来越多的应用。此外，酶辅助脱毛技术也可以在一定程度上降低硫化物的污染。

3.4.3.1 有温有浴酶脱毛

有温有浴酶脱毛是指酶在最适宜条件（最适宜温度、最适宜 pH、最佳浓度等）下，生皮在转鼓内脱毛的方法。由于该方法脱毛时温度相对较高，并伴有机械挤压和摩擦，所以酶向皮内的渗透快，脱毛迅速，可以在最短的时间内将毛和表皮从皮上除去。以黄牛皮为例，在最适宜条件下，最短脱毛时间只需 20min 左右（一般需 40～70min）。有温有浴酶脱毛最初一般使用中性蛋白酶，如 166、1398 和 3942 等，少数使用碱性蛋白酶，如 2709。

（1）参考工艺 1

黄牛面革酶法脱毛（淡或盐干皮）[83]工艺如下。

工艺流程：组批——浸水——去肉——浸水——再去肉——称重——浸碱——水洗——脱碱脱毛。

脱毛：液比 0.3～0.5，内温 40℃左右；硫酸铵 1.8%，锯木屑 0.5%，166 蛋白酶 250U·mL^{-1}；转 30min，停 15min，转 15min，视情况停转；总时间 60～70min，pH 控制在 8.5 左右，毛基本脱净，毛孔清晰，粒面无滑动。

（2）参考工艺 2

山羊正面革酶法脱毛（淡干皮）[83]工艺如下。

工艺流程：组批——浸水——酶脱毛——推毛——称量——水洗——灰碱膨胀。

脱毛：液比 1.5，内温 40℃左右；硫酸铵 0.3%，166 蛋白酶 300U·mL^{-1}；转 30～40min，停鼓至毛根松动（或工艺规定时间内），pH 控制在 8.0 左右，以能够顺利拔下毛、皮身坚牢、无虚边、无烂面现象为脱毛终点。

（3）参考工艺 3

猪皮正面服装革酶脱毛（盐湿皮）[83]工艺如下。

工艺流程：组批——水洗——去肉——称重——脱脂——碱膨胀——脱碱脱毛——水洗——灰碱膨胀——剖层。

脱毛：液比 0.7，内温 39℃左右；硫酸铵 2.5%，转 20min；滑石粉 1%，胰酶（25 倍）0.03%，1398 酶（3.5×10^{4}U·g^{-1}）0.5%，pH8～8.5；转 3.5～4h，以 85% 的毛脱净、皮身坚牢、无虚边、无烂面现象为脱毛终点。

（4）参考工艺 4

猪皮正鞋面革酶脱毛（盐湿皮）[121]工艺如下。

工艺流程：组批——去肉——称重——脱脂——拔毛——选皮称重——碱膨胀——片臀部——称重——水洗——脱碱——酶脱毛。

脱毛：液比 0.5，内温 38～40℃；166 蛋白酶 190～220U·g^{-1}，转 90min；胰酶 0.4%（加少许锯末），转 20min，pH7.8～8.1；转 5min，停 5min，总时间为 85～95min；要求毛基本脱净，无毛穿孔和松面现象。

有浴酶脱毛虽然脱毛速度较快，但工艺控制相对较难，稍有不慎，易造成松面、毛穿孔或留毛等质量缺陷。这项技术的影响因素较多，而且相互关联。以生产猪皮服装革为例，主要存在以下影响因素[83,122]。

（1）裸皮状态对脱毛的影响

盐湿猪皮脱脂前水洗必须充分，否则皮内盐含量高将使拔毛困难（拔毛要求长毛基本拔净），而皮上如果留毛过多，在转鼓酶脱毛时脱落下来的大量猪毛绞成毛球，有的毛干穿入裸皮中，形成"毛横穿"。较彻底地去肉和脱脂是湿操作工段各种化工原料向皮内渗透和作用的前提。尤其是猪皮，脂肪锥大、深，去肉和脱脂不净，油窝不显露，将严重妨碍酶的渗透和作用。NaOH 处理能皂化皮上油脂，分散皮纤维，溶解纤维间质，碱膨胀后皮厚度增加，便于剖层，从而可以使全张皮厚度差缩小，除去肉里油脂皮渣。由于猪毛穿过皮层伸入皮下组织，经剖层把毛干剖断，削弱了它与皮张的连接，同时 NaOH 也有一定的脱毛作用，为酶脱毛创造了最佳条件。因此，酶脱毛前处理的最佳工艺路线为水洗→去肉→脱脂→拔毛→碱膨胀（液比 2，30% 的 NaOH 用量为 6%，28℃，转 3~4h，过夜）→剖层→脱碱→加酶。

(2) pH 的影响

pH 对有浴酶脱毛影响很大，正确的控制 pH 是脱毛顺利完成的保证。如 1398 蛋白酶最佳 pH 为 7.0~8.5，当酶脱毛浴液 pH 在 8.5~10 之间时，猪毛可以脱落，但裸皮稍有膨胀，粒面毛孔略微收缩，脱毛效果降低，酶对皮胶原纤维的作用也减小；当浴液 pH 为 6 时，转动 2h，毛可以脱落，但裸皮边腹部和颈部颜色发灰，厚度变薄，产生小孔洞；当酶脱毛溶液 pH 为 5 时，经过 3h 转动，皮有轻度酸肿，脱毛效果不明显，毛不易脱落，且皮胶原纤维受损，发生烂皮事故，因此正确控制酶脱毛溶液 pH 是酶法脱毛技术的关键之一。

此外还需注意的是，在脱毛过程中为了达到最佳的脱毛效果而过度频繁地调整浴液 pH，将不利于酶脱毛的顺利进行。应在脱毛开始时力求一次调整好所需的 pH，这对迅速而又不伤粒面的脱毛是必需的。要做到这一点，一方面需要长期经验的积累；另一方面可以根据脱毛过程中 pH 易下降的特点（酶制剂中往往含有大量硫酸铵），使起始 pH 略高一些，从而保证整个脱毛过程的 pH 在最佳作用范围内。

(3) 温度的影响

温度对酶脱毛有两方面的影响，一方面酶催化的反应与一般化学反应一样，随温度升高而加速；另一方面温度过高生皮有收缩甚至胶化的危险。同时酶本身也是蛋白质，会随着温度的升高而失活。以应用 1398 蛋白酶对猪皮脱毛为例，当浴液温度 38℃ 以下时，不仅脱毛慢，一般需 2~3h 毛才能脱落，同时成革也较板硬，但即使转动 5h 并停鼓过夜，裸皮也不易损伤；当脱毛浴液温度达到 44℃ 时，酶催化反应加速，60min 毛全部脱落，成革也柔软。一般而言，最佳温度应控制在 40~42℃，毛在 1.5~2h 内脱落，酶对胶原分散作用也适中，可避免发生烂皮事故。

(4) 酶浓度和液比的影响

在酶脱毛溶液中，酶的浓度与脱毛速度呈正比。蛋白酶浓度大，则催化反应加速，脱毛则快，反之，脱毛则慢。1398 蛋白酶浓度为 $140~200U \cdot mL^{-1}$ 较好，而 3492 蛋白酶的参考用量为 $120~200U \cdot mL^{-1}$。液比小，皮张之间以及皮与转鼓的摩擦加强，毛容易被擦落；但若液比过小，已经脱落的毛和皮张接触摩擦，时间长了，毛便穿入到皮的松软部位，形成"毛横穿"，影响成革质量。

(5) 机械作用的影响

机械作用是有温有浴酶脱毛的一个不可忽视的重要因素，转鼓的转动具有加速酶的渗透、促进酶的均匀分布以及使毛和表皮脱落等作用，机械作用强度与脱毛速度成正比。实验表明，静止的酶脱毛，毛是不会自行脱落的，必须借助转鼓的机械摩擦作用。转鼓转速越快，机械作用越大，毛越容易脱落。但机械作用过大，容易把纤维组织疏松的猪皮边腹部摔破，面积大和剖层厚度比较薄的皮张，最容易损坏。在生产中一般采用直径在 2.0~2.5m 的普通转鼓，最佳转速为 $0~8r \cdot min^{-1}$，使用停转结合，正反转结合，以停为主的方法达到所需的机械作用。

(6) 添加物对酶脱毛的影响

在酶脱毛溶液中加入铵盐，可以调整脱毛液的 pH，进一步脱除在脱碱工序中剩余的碱，还可以增加皮胶原的牢度。在酶脱毛浴液中加入米糠，糠屑粘在猪皮的肉面，可以使皮粒面朝外，避免沿猪皮背脊线面对面的对折印。糠屑中的淀粉，可以吸收皮面的部分油脂和污物，使皮粒面和肉面清洁。糠悬浮于溶液中，蛋白酶附着于糠上，能提高脱毛效果。米糠中含有的酶还具有一定软化作用。

由于酶是一种特殊的蛋白质，添加助剂可能会影响酶的活性，因此在酶脱毛（包括酶软化）时，凡是加入助剂（如表面活性剂等）均应考虑加入物对酶的活力的影响，不宜加入降低酶催化反应的添加物。

（7）激活剂和抑制剂的影响

能提高酶活力的化合物称为激活剂，降低酶活力的化合物则称为抑制剂。在酶脱毛工序中常使用的激活剂和抑制剂因酶制剂的种类不同而有所差异。某种化合物对于一种酶来说是激活剂，对另一种酶则可能是抑制剂。需要说明的是由于酶脱毛使用的酶制剂为多种酶的混合物，常用的抑制剂和激活剂在实际脱毛中的作用并不十分明显，特别是酶脱毛作用结束时更不能依赖抑制剂的作用而忽略酶对胶原的水解作用，这时候减弱酶对皮作用最有效的办法是水洗降温。

3.4.3.2 滚酶堆置酶脱毛

所谓滚酶堆置酶脱毛是指将皮装入转鼓中，加入一定量的酶制剂、防腐剂和渗透剂，在转鼓内滚均匀。然后在常温或控温下逐张码放，保存至毛能推下（或工艺规定时间）的一种脱毛方法。与有温有浴酶脱毛相比，堆置酶脱毛具有操作简单、控制容易、热耗低（热水、蒸汽）、不易松面和毛穿孔、成革质量好等优点。不足之处在于占地面积大、劳动强度大、脱毛时间长、车间气味难闻等。目前这项技术主要用于猪皮脱毛。

与有温有浴酶脱毛类似，滚酶堆置酶脱毛也受到多种因素的影响[83,122～127]。

（1）水分的影响

水分间接地影响着酶制剂的活性及作用效果。在滚酶时皮要控干水分，甚至要加入载体米糠，使附着在皮上的自由水尽量少。这样在堆置时就减小了酶的可流动性，否则水分多时酶会随着水分流到皮的边腹部，造成边腹部空松而背脊部作用又不够，水分以控制在 70%～80% 为宜。另外，水分的多少直接影响着酶制剂的浓度和作用强度，给工艺的控制及平衡带来影响。因此，在滚酶之前应将皮张充分滴水。

（2）盐分的影响

猪皮内盐含量与脱毛速度呈反比，过高的盐含量会抑制酶的活力，降低脱毛速度，容易造成作用不够，成革板硬；反之，皮内盐含量过低，脱毛迅速，但在堆置中不能有效防止细菌的侵袭，皮容易变质，发出异味。一般在滚酶过程中加入皮重 2%～5% 的食盐和少量的硫酸铵来控制酶的作用强度。$(NH_4)_2SO_4$ 作为弱碱强酸盐具有一定的酸性，有调节 pH 的作用，可以使酶的作用系统保持合适的 pH。此外，$(NH_4)_2SO_4$ 作为激活剂使酶在堆置过程中始终能保持一定的活性，不会被 NaCl 抑制过度而失去活性，增加了滚酶包酶过程中的安全系数。

（3）温度和 pH 的影响

温度和 pH 是直接影响酶作用的重要因素，只有在适当的温度和 pH 条件下，才能使酶的活力达到最佳。在滚酶堆置法中，最常用的 1398 蛋白酶在 30℃ 和 pH7.5～8.5 时具有最大的活性。在这样的条件下再加上 $(NH_4)_2SO_4$ 的激活作用，可以最大程度地保持 1398 酶的活力，达到在最短的时间内脱毛的预期目的。在实际操作中，温度控制在 20℃左右时，堆置 3～4 天。在夏天，堆置时间可以适当缩短，当毛能用手轻拔下时就可进行机械拔毛。冬天由于气温较低，堆置时间可以适当延长。

（4）其他添加剂的影响

脱脂后期添加铵盐中和碱性，可使 pH 控制在 1398 蛋白酶最佳 pH 范围内。在滚酶和涂酶液中添加 0.5％左右的米糠或木屑，可以防止皮堆置发滑"倒堆"，并使涂酶液增稠，不易流失。

（5）预处理对酶脱毛的影响

预处理对酶脱毛的综合效果影响较大，这可以从两个方面来解释。其一，由于生皮的胶原纤维和胶原纤维束都被类黏蛋白黏结在一起，虽然生皮经过浸水脱脂，可以溶解大量的可溶性蛋白（如白蛋白、球蛋白等），但类黏蛋白却很少被除去，这样胶原纤维束就得不到充分的分离和松散。当进行酶法脱毛时，酶无法很快渗透到生皮内对毛球与毛乳头作用而使毛脱落。其二，大多数研究者认为，构成表皮层的角蛋白对酶从粒面进入生皮内有很强的阻碍作用，而影响脱毛的综合效果。显然，在实施酶法脱毛工艺之前，进行碱膨胀的预处理，可以使生皮表皮层全部脱落，并使胶原纤维束有一定程度的分离和松散，为酶迅速渗入皮内奠定良好的基础。

于义皮革研究所与海宁上元皮革公司通过研究影响酶脱毛、膨胀、软化的各种因素，设计完成了酶法脱毛配套生产工艺路线，解决了酶法脱毛生产猪皮正面服装革"松面"和"毛孔扩大"两大技术难题，使酶法脱毛工艺生产的猪正面服装革质量有了较大提高，成革柔软、丰满、粒面毛孔完整，不松面，不板硬[123~125]，经检验，各项指标均符合 QB 1872—93 行业标准，见表 3-20。

表 3-20　酶法脱毛生产猪皮正面服装革外观和理化指标[123]

项　目	标　准　要　求	实测结果	单项结论
革面	涂层牢固,染色均匀,丝光感强,切口与革面颜色基本一致	符合要求	合格
革身	革身丰满、柔软而有弹性	符合要求	合格
厚度	全张革厚薄基本均匀	符合要求	合格
手感	手感柔软舒适,单位质量在 360～450g·m^{-2} 之间	符合要求	合格
革里	无油腻感,无异味	符合要求	合格
精工	皮型完整,无严重跳刀现象	符合要求	合格
抗张强度/N·mm^{-2}	≥7.0	12.0	合格
撕裂强度/N·mm^{-1}	≥20	31.50	合格
在 5MPa 作用下的伸长率/%	25～60	25.8	合格
颜色摩擦牢度(干/湿)/级	≥4.0/3.0	4.0/3.5	合格
收缩温度/℃	≥90	>95	合格
pH	3.5～6.0	5.85	合格

参考工艺流程[125]如下。

① **猪皮机器去肉→选料→称重**

② **脱脂**　水 150％，温度 36℃，碳酸钠 2.5％，脱脂剂 0～0.6％；转 60～90min，

换水。

③ **再脱脂** 水 150％，温度 36℃，碳酸钠 2.5％，脱脂剂 0～0.6％；转 60min，排水；加铵盐 1％，转 40min（夏天加盐 1％～5％，转 30min）。

④ **拔毛**

⑤ **滚酶** 常温、无浴，1398 蛋白酶（5 万单位）0.25％～0.35％；转 50～60min，加锯木屑 0.5％，转 10～15min，出鼓。

⑥ **臀部涂酶** 35℃，1398 蛋白酶（5 万单位）0.35％～0.55％，胰酶 0～0.3％，铵盐 0.5％，糠 0.6％～1.0％，水适量；滚酶后的猪皮，逐张肉面向上，用鬃刷蘸酶液涂在肉面臀部，然后肉面对肉面、粒面对粒面堆置，每堆高度在 50cm 左右，用塑料布盖好，以免皮干燥；保持室温 25℃ 左右，作用时间 48h 左右。

⑦ **机器去毛、水洗**

⑧ **碱膨胀** 水 300％，20～25℃，30％NaOH（猪皮绒面服装革 5.5％～7.0％，猪皮正面服装革 3.5％～4.5％，猪皮正鞋面革 2.5％～3.5％）；转动 3～5h，停鼓过夜。

⑨ **水洗→剖臀部→水洗→脱灰**

于义等人还探讨了堆置酶法脱毛工艺成革"松面"和"毛孔扩大"的主要原因。酶脱毛后的裸皮经过烧碱膨胀可以进一步松散胶原纤维，从而获得丰满柔软的皮革，但在碱膨胀过程中，烧碱用量不当有可能造成松面。表 3-21 所列的结果表明，酶脱毛后的猪裸皮浸碱时，浴液中碱浓度控制在 1.0～3.0g·L^{-1} 范围内较好，成革不易出现松面情况。碱浓度增加，松面率也随之增加，不过碱膨胀不会造成成革"毛孔扩大"。进一步研究发现，"松面"和"毛孔扩大"主要是由软化工序而不是堆置酶法脱毛工序造成的（见表 3-22）。酶法脱毛工序只有堆置时间过长，才可能使粒面受损，产生"毛孔扩大"。

表 3-21　碱膨胀过程氢氧化钠用量对成革质量的影响[124]

NaOH(含量为 30％)		成　革	
用量(按皮重)/％	浓度/g·L^{-1}	毛孔	松面情况
0	0	清晰	不松面
3.5～4.5	2.0	清晰	不松面
5.5～7.0	3.0	清晰	腹肷部有松面
7.0～9.0	4.0	清晰	头腹部有松面

表 3-22　软化对猪正面服装革"松面"和"毛孔扩大"的影响[124]

工艺	胰酶/％	NH$_4$Cl/％	米糠/％	温度/℃	时间/min	成品革	
						腹部松面率/％	毛孔扩大和损伤面率/％
1	0.50	0.5	0.5	37	60	36	15
	0.30	0.5	0.5	37	60	25	11
	0.10	0.5	0.5	37	60	15	4
	0	0.5	0.5	37	60	1	0
2	0.20	0.5	0.5	37	20	25	14
	0.15	0.5	0.5	37	20	17	10
	0.10	0.5	0.5	37	20	6	5
	0	0.5	0.5	37	20	1	0

注：工艺 1 为铬革剖层工艺中的脱灰裸皮软化；工艺 2 为硝皮剖层工艺中的硝皮软化。

四川大学皮革工程系在以往研究工作基础上，结合臀部涂酶技术，应用制革工艺板块模式、层次分析法等,对猪服装革酶法脱毛工艺板块进行了改进和优化,开发出酶-碱结合脱毛技术。在这项研究中,分别对臀部涂酶、臀部涂酶-滚酶堆置酶脱毛工艺进行了正交实验[126,128]。

研究结果表明,影响臀部涂酶综合效果的三个主要因素的顺序为:酶糊配方>皮堆温度>堆置时间。酶糊配方包括所用蛋白酶种类、不同蛋白酶的配伍及其用量。例如,蛋白酶的用量过大,会导致臀部胶原水解过多而造成成革松面甚至烂皮。相反,蛋白酶用量太小,臀部胶原纤维未能充分地分离和松散,又会出现成革臀部偏硬及不起绒的现象。温度的变化对蛋白酶的活力影响很大,因此皮堆温度的影响不可忽略。以往的臀部涂酶都是在室温下进行的,实践证明,这种臀部涂酶工艺易使成革质量出现波动,在夏季多易出现烂皮、松面现象,春秋季则易出现松面,而冬季容易出现成革手感僵硬等问题。此外,从生产实践中得知,堆置时间超过 36h 就容易形成涂酶影,时间越长,涂酶影就越严重。要达到满意的臀部涂酶综合效果而又不能延长堆置时间,唯一的选择就是使皮堆保持适当的温度。结合以上分析及试验结果,最佳臀部涂酶的工艺条件为堆置时间 30~36h,皮堆温度 24~26℃,酶糊配方为 1398 蛋白酶(5 万单位)0.3%,胰酶(1:25)0.2%,添加剂适量。

对于臀部涂酶-滚酶堆置酶脱毛工艺而言,要达到消除猪皮部位差的目的,酶糊配方仍是主要影响因素,其次则是滚酶。因为在实施滚酶堆置酶脱毛工艺时结合臀部涂酶,在确定酶糊配方时,必然要考虑滚酶的因素。滚酶时酶的用量大,脱毛效果好,但臀部处理效果并不一定好,还容易造成边腹部松面或强度不够;酶的用量小,脱毛效果差,对臀部涂酶也没有帮助。最佳工艺条件为滚酶后实施臀部涂酶,与臀部涂酶的最佳工艺条件相比,此工艺由于先进行了滚酶,所以在臀部涂酶时通过减少 1398 蛋白酶和胰酶的用量来达到工艺平衡。

在上述研究的基础上,但卫华进一步提出猪服装革酶碱结合脱毛法。其工艺流程为:碱膨胀→脱碱→拔毛→预热→滚酶→臀部涂酶→去毛→水洗→浸灰膨胀(采用变型少浴灰碱脱毛法-浸灰废液循环利用技术联用工艺)。这项技术不仅脱毛效果好,成革部位差小,基本不松面,而且无涂酶影,圆满地解决了脱毛和涂酶影的问题。值得注意的是,从成革风格来看,既不同于灰碱法脱毛的风格,亦不同于单纯的酶法脱毛的风格,是一种独特的风格。

3.4.3.3 酶和其他试剂结合脱毛技术

虽然酶脱毛符合清洁生产的需要,但一般的酶脱毛工艺对操作工人的熟练程度,工艺的成熟程度及工艺的综合平衡等要求都比较高,所以技术力量薄弱的厂家不敢贸然使用酶法脱毛工艺。而且目前国内外所用的酶制剂中还没有一种能完全达到脱毛效果好、稳定性高、操作控制简单的要求,因此采用酶和其他试剂结合脱毛的技术,既能减少硫化物污染,又能克服酶脱毛的缺点,保证成革质量稳定,是比较切合现在制革工业实际情况的技术。

(1) 酶与硫化钠、H_2O_2 或胺类化合物结合脱毛

陕西科技大学汪建根等人对秦川黄牛皮的少硫化钠酶脱毛工艺进行了试验研究,分别考察了酶助浸水-少硫化钠脱毛、少硫化钠常温浸水-酶脱毛及硫化物助浸水-酶脱毛三种技术路线。前两种路线,成革的松面率高,毛不易脱净,节约硫化物不明显。主要原因可能是依靠酶助浸水时,由于皮层内外存在渗透压,酶液渗透缓慢,主要集中作用于皮板两面表层,使粒面层胶原蛋白水解过多,易造成粒面层因鞣制收敛作用而出现块状斑纹及松面现象,肉面层绒头粗大。第三种方案,首先对皮进行脱脂及硫化物预处理,使粒面层的纤维间质及毛根处的黏蛋白、类黏蛋白等非胶原成分部分水解除去,纤维间隙扩大,有利于酶液渗透、分

散，加快脱毛过程，减少胶原蛋白损失，降低松面率。其工艺流程如下[129]。

① **原料皮称重**

② **预浸水** 视盐皮干湿程度浸泡 30～240min；基本回软后水洗去污物、盐类。

③ **去肉** 采用四步法，力求全张皮去肉干净。

④ **主浸水** 水 250%，常温，JFC 0.5%，平平加 0.5%，Na_2S 0.5%；连续转动 60min，以后每转动 10min 停 60min，共 8 次，停鼓过夜；次日转 30min。

⑤ **脱毛** 水 100%，温度 40～42℃，加入 1398 蛋白酶和酚类助剂，转动 30min；加入硫化物，转 30min，停 30min，共 3 次；查看脱毛情况。

脱毛用料方案和结果如表 3-23 所示。从方案 1～3 可以看出，对硫化钠浸水处理后的牛皮采用酶脱毛时，皮坯粒面的块状斑纹减少，且随酶用量增大，脱毛干净，但同时对皮坯深层的软化作用增强，使革坯空松疲软，丰满性较差。使用酚类助剂后，革坯粒面斑纹明显减少，表明它有助于酶渗透分散，有效减轻酶对粒面表层的水解作用。从方案 4～6 可见，减少酶用量，同时使用脱毛助剂，脱毛均比较干净，且明显改善了成革感官性能。按照方案 1～6 脱毛的裸皮鞣制后与常规灰碱法处理的对比样相比，除撕裂强度和崩裂强度两项指标略低外，收缩温度、抗张强度和延伸率均优于灰碱法。这说明采用少量硫化钠对皮进行预处理，在适当助剂作用下，以 1398 等蛋白酶对牛皮脱毛是一项完全可行的少污染清洁工艺。

许伟等人为提高山羊皮酶脱毛的效果，用少量的硫化物或 H_2O_2 辅助几种酶进行山羊皮酶脱毛的工艺试验，经过对酶脱毛过程中酶用量、硫化物或 H_2O_2 用量及其他相关工艺条件的优化，最后得到三个脱毛效果良好的工艺：

① 0.2%NaHS 辅助 150U·g^{-1}2709 酶脱毛工艺；

② 0.2%NaHS 辅助 200U·g^{-1}A.S1398 酶脱毛工艺；

③ 3%H_2O_2 辅助 Nowolase PE 酶脱毛工艺。

这三种工艺方案均大大减少了脱毛工序中硫化物所带来的污染，且成革柔软、丰满、颜色浅淡，撕裂强度和崩裂强度比灰碱法脱毛的成革高，是行之有效的清洁脱毛方法[130]。

表 3-23 少硫化钠助浸水酶脱毛方案及结果[129]

方案编号	脱 毛 方 案		鞣后革坯状况
1	1398 硫酸铵	0.6% 0.2%	脱毛不干净,残余少量小毛,粒面紧实,平滑柔软,丰满性、弹性好
2	1398 酚类助剂	0.7% 0.3%	脱毛干净,革坯丰满性、弹性差,粒面有小块斑纹,纹路较浅
3	1398 酚类助剂	0.8% 0.2%	脱毛较干净,松面严重,丰满性差
4	1398 酚类助剂 硫酸铵	0.4% 0.2% 0.2%	脱毛干净,革坯丰满、柔软,弹性较好,粒面较紧实,无明显斑纹
5	1398 酚类助剂 硫酸铵	0.5% 0.2% 0.2%	脱毛干净,粒面清晰,无斑纹,革坯丰满、弹性较好
6	1398 酚类助剂 硫酸铵	0.6% 0.2% 0.2%	脱毛干净,粒面清晰,无斑纹,革坯丰满、弹性好

意大利 Lamberti Group SPA 公司皮革部用生物工程技术研制出了适宜于制革鞣前操作和后工序的"生物工程酶"。这些由"基因工程菌"生产出的酶在液态下极稳定，具有较高的纯度。其中 Lederzim 系列酶已在制革生产上得到应用。例如可以在浸灰中使用的脱毛酶 Lederzim CA 可用于牛皮、山羊皮、绵羊皮和猪皮脱毛，起一种辅助作用。该酶的使用可减少 50%～70% 硫化物，同时能增加 1%～2% 的得革率，毛可回收。酶适用的 pH 范围广，稳定性好。参考工艺如下[90]。

水 60%～100%，石灰 0.5%～1.0%，还原胺 0.8%～1.0%，转 15min；

Lederzim CA 0.1%～0.25%，转 15min，停 30min；

石灰 1.0%～2.0%，转 5min，停 30min；

硫化物 0.8%～1.0%，转 60～120min；

水 40%～60%，石灰 2.0%～3.0%，苏打粉 0.4%～0.6%；停转结合，共 12～24h。

Cromogenia 提出了一种基于酶、胺类助剂以及硫化钠的脱毛方法，目前主要应用在西班牙的一些制革厂[130,131]。脱毛工序在带有循环回收利用和过滤装置的转鼓中进行，整个过程（从护毛到复灰）不需要换液。护毛采用石灰和胺类助剂，脱毛过程则加入酶制剂（诺和诺德公司产品）和硫化钠。这种酶制剂在碱性条件下很稳定，可以和硫化钠协同作用。参考工艺如下[131,132]。

水 80%，温度 28℃，Ribersal PLE（胺类化合物）0.2%，转 15min；

加石灰 1.5%，转 30min；

加硫化钠 1.2%，Riberzym MPX（酶制剂）0.05%，转 2h，毛基本脱落；

废液循环，过滤。加水至 180%，温度 28℃，石灰 1.5%，硫化钠 0.4%；

转 60min，停转结合，每小时转 5～10min，过夜。

这项技术每吨原皮约消耗 4kg S^{2-}。由于酶制剂只是起辅助作用，大大降低了松面的概率，保证了成革的质量。

诺和诺德公司另一碱性蛋白酶产品 Nue 0.6 MPX 同样可以用于酶辅助脱毛。根据 BLC（英国皮革协会）的研究，在保毛脱毛法中使用该酶制剂，可以减少化学试剂的用量和工艺所需时间。参考工艺如下[133]。

水 110%～300%，温度 24～28℃，石灰 2%，转 60～75min；

加硫化钠 1.5%，转 1～2h 后，开始废液循环和过滤；

加 0.1%～0.15% Nue 0.6 MPX，转 45min，停转结合，过夜。

值得注意的是，由于酶制剂的存在，复灰操作的时间要相应缩短。这项技术可以将硫化钠的用量减少到 1%，即每吨原皮约需要 3.7kg S^{2-}，大大降低了硫化物的污染。

阿根廷皮革研究中心的 Cantera 等人将酶在保毛脱毛法中的辅助作用应用于生产家具革和鞋面革，与常规灰碱法比较，成革的物理机械性能无明显差异，质量稳定，有一定的推广应用前景[134]。家具革的脱毛参考工艺[134]如下。

① **原料**　鲜皮或保存较好的盐皮。

② **浸水**　水 150%，温度 26～28℃，食盐 2%，碳酸钠 0.5%，非离子润湿剂 0.3%；转 1h，pH 在 9～10 之间，排液。

③ **护毛**　水 100%，温度 26～28℃，非离子润湿剂 0.3%，石灰 1.5%；转 90min。

④ **脱毛**　硫化钠（60%～62%）1.3%，转 2h；过滤，排液。

⑤ **石灰-酶作用**　水 100%，温度 26～28℃，石灰 2.0%；酶制剂（一种碱性蛋白酶，Lohlein-Volhard 法测定活力为 1850LVU·g^{-1}）0.015%；转 1h；停 30min，转 30min，

共 8h，排液。

⑥ **闷水洗**　水 130％，25℃，转 20min，共 3 次。

鞋面革脱毛参考工艺[134]如下。

① **原料**　鲜皮或保存较好的盐皮。

② **水洗**　水 150％，温度 26～28℃，转 1h。

③ **浸水**　水 150％，温度 26～28℃，碳酸钠 0.5％，非离子润湿剂 0.3％；转 30min；停 30min；停转结合，转 10min·h⁻¹，共 8h。

④ **护毛**　水 100％，温度 26～28℃，非离子润湿剂 0.3％，石灰 2％；转 90min。

⑤ **脱毛**　硫化钠（60％～62％）1.3％；转 1h，停 30min，转 1h；过滤，排液。

⑥ **石灰-酶作用**　水 100％，温度 26～28℃，石灰 2.0％，酶制剂（同上）0.015％；转 1h；停 30min，转 30min，共 4 次；排液。

⑦ **水洗**　水 100％，转 15min。

⑧ **浸灰**　水 60％，温度 26～28℃，石灰 2％，碳酸钠 0.4％；转 30min，转 10min·h⁻¹，共 8h。

（2）硅酸钠辅助酶脱毛

Saravanabhavan 等[135]发现硅酸钠可以提高酶的活力，用硅酸钠辅助酶可以进行牛皮脱毛。他们将浸水后的原料皮在脱毛剂中浸渍，然后堆置过夜，次日手工推毛。脱毛剂成分：10％水，1％脱毛酶 Biodart（细菌蛋白酶，最适宜 pH 7.5～11.0，温度 25～40℃），1％工业硅酸钠（SiO_2 含量 16.5％）。用该工艺毛除去完全，成革性能与硫化钠石灰处理的皮相当，且废水中 COD 减少 53％，总固体量（TS）减少 26％，成革面积增加 8％。经成本核算，这种方法在经济上也是可行的。

许伟等[136]也用硅酸钠辅助 JW-2 蛋白酶进行山羊皮酶脱毛，并比较了浸酶堆置酶脱毛和涂酶堆置脱毛的脱毛效果。结果表明：浸酶堆置脱毛方式的效果优于涂酶堆置脱毛；硅酸钠对 JW-2 蛋白酶的活力及浸酶堆置酶脱毛的效果有一定的促进作用；当硅酸钠和酶的用量分别为 1％和 4％时，可完全脱毛，脱毛后裸皮的粒面光滑、白净。硅酸钠辅助酶脱毛比传统灰碱脱毛和不加硅酸钠的酶脱毛所得成革的面积分别增加了 7.7％和 1.3％。

总之，酶法脱毛可以消除或降低制革生产中硫化物的污染，减轻废水中 COD、BOD 的含量，是一个可以大大减少制革污染的清洁化生产技术，在减轻制革业环保压力方面具有很好的应用前景。酶脱毛研究的重点应该放在大力开展专一性强、脱毛效果好、成本低的酶的筛选和培养以及酶制剂的复配上。此外还需要特别重视对整个制革工艺的平衡研究，以弥补酶法脱毛工艺对胶原纤维组织分散不够的缺陷，使产品的质量上一个台阶。

3.4.3.4　基于复合酶的清洁脱毛浸碱技术

现在的酶脱毛研究表明，单纯依靠蛋白酶脱毛难以达到脱毛和成革质量兼顾的效果，因此采用复合酶制剂脱毛已经成为酶脱毛技术的发展趋势。采用多种酶的复合脱毛技术，即利用蛋白酶、糖化酶、弹性蛋白酶和脂肪酶等的协同作用，可有效地破坏毛囊对毛的固定作用，达到理想的脱毛效果，同时不会对皮的粒面产生过度的破坏。从脱毛工艺的角度，必须保证脱毛酶尽快渗透到毛根位置，尽量缩短酶脱毛时间。另外，可以利用酶的抑制和激活作用，在脱毛初期，抑制酶的作用，酶渗透后，对酶激活，从而避免酶对粒面的过度作用。

　　四川大学和四川达威科技股份有限公司开发了一种新型脱毛酶 Dowellon UHE。脱毛酶 Dowellon UHE 是一种复合酶，在产品的设计时，结合酶脱毛机理，充分考虑兼顾脱毛效果和避免酶对粒面的过度作用，选用纯度较高、相对专一性较高的蛋白酶，特别是对弹性蛋白作用的活性进行严格控制。根据毛囊周围的主要成分，在蛋白酶基础上，按严格的比例复合糖化酶和脂肪酶等其他酶种，利用多酶复合系统的协同作用，更有效破坏毛囊及其周围成分，加强脱毛效果。与单一蛋白酶相比，复合酶的总蛋白酶活性不高，因此，对粒面的作用也相对较弱。在脱毛工艺方面，在酶脱毛初期主要让酶渗透，一般需要在较高 pH 下进行预处理，对表皮进行破坏，因此为避免初期酶对皮粒面产生强的作用，Dowellon UHE 在蛋白酶性质的设计时考虑了与酶脱毛工艺的配合性，在碱性 pH 下活力相对较低，中性条件下相对活力较高，因此，预处理后，酶脱毛初期，在较高 pH 下，酶作用较弱，容易渗透到毛根处，后期通过降低 pH 来"激活"酶，达到较好的作用效果。Dowellon UHE 的蛋白酶活性随 pH 的变化见图 3-12。

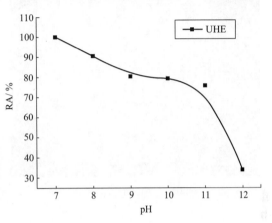

图 3-12　Dowellon UHE 的蛋白酶
活性随 pH 的变化

　　基于脱毛酶 Dowellon UHE 的酶脱毛工艺的主要思路是在酶脱毛前进行预处理，如加强去肉、破坏表皮结构，打开酶渗透的通道。酶脱毛中，前期抑制蛋白酶活性，确保渗透，后期激活酶，加强皮内酶的作用。酶脱毛后，结合无硫脱毛剂和无灰分散剂，在碱性条件下，对皮纤维进行进一步分散。该工艺可以完全摒弃硫化物和石灰，毛是以完整的形态脱落，实现真正意义上的清洁脱毛和皮纤维分散。该方法在猪皮和牛皮的脱毛中已得到成功应用。

　　猪皮滚酶脱毛及无灰分散工艺如下。

① **猪皮机器去肉→称重**

② **常规两次脱脂**

③ **浸水、预处理**　水 150%，温度 25℃，浸水酶 Nowolase SG 0.2%，脂肪酶 Nowolase DG 0.2%，脱脂剂 0.3%，杀菌剂 Dowellan FMN 0.15%，转 60min；加氢氧化钠 0.3%（溶解冷却后加入），转 60min，过夜 6～8h，pH＝10.5～11.5，排水。

④ **滚酶**　常温（25℃），水 20%，Dowellon UHA 0.5%，转 40～60min，表皮开始脱落；加 Dowellon UHE 0.3%～0.5%，杀菌剂 Dowellan FMN 0.15%，转 40min；加无氨脱灰剂 Dowellon DLA 0.3%，转 60min，毛开始脱落，出鼓。

⑤ **臀部涂酶**　Dowellon UHE 0.3%～0.5%，纤维分散剂 Dowellon OPF 0.1%～0.3%，糠 0.6%～1.0%，30～35℃水适量；滚酶后的猪皮，逐张肉面向上，用鬃刷蘸酶液涂在肉面臀部，然后肉面对肉面、粒面对粒面堆置，每堆高度在 50cm 左右，用塑料布盖好，以免皮干燥；保持室温 25～30℃左右，作用时间 48h 左右。

⑥ **机器去毛、水洗**

⑦ **碱膨胀**　水 50%，20～25℃，加 Dowellon UHB 0.5%，硫氢化钠 0.5%，转 30min；加氢氧化钠 0.5%（溶解冷却后加入），转 30min，2 次；加 Dowellon OPF 1.5%（或 Dowellon OPF 0.8%，石灰 1%），氢氧化钠 0.5%（溶解冷却后加入），转

60min；加水 150%，氢氧化钠 0.3%（溶解冷却后加入），转 30min，间隙转动，过夜，10～14h。

⑧ 水洗→剖臀部→水洗→脱灰

酶脱毛后的猪皮和浸碱后的猪皮见图 3-13 和图 3-14。碱膨胀废液中主要污染物见表 3-24。

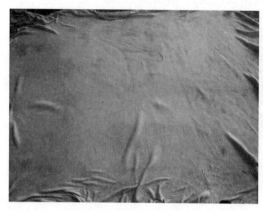

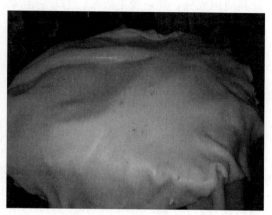

图 3-13　酶脱毛后的猪皮　　　　　　　　图 3-14　浸碱后的猪皮

表 3-24　酶脱毛碱膨胀工艺废水中主要污染物对比

污染物	废液 COD/mg·L^{-1}	废液氨氮/mg·L^{-1}	硫化物用量/%	石灰用量/%
传统工艺	7500	1940	3	8
清洁化工艺	6500	500	0.5	2
污染物减少/%	13.3	68.0	83.3	75

黄牛皮（沙发革）酶脱毛、无灰分散工艺（原料皮为盐腌牛皮）如下。

① **水洗**　水 150%，温度 23℃，转 1h，排液。

② **预浸水**　常规方法预浸水、去肉。

③ **主浸水**　水 150%，温度 23℃，Nowolase SG 0.2%，Nowolase DG 0.2%，润湿剂 0.3%，杀菌剂 Dowellan FMN 0.2%，转 60min，间隙转动，6～8h；加氢氧化钠 0.2%（冷水溶解后加入），转 30min，停 30min，再加氢氧化钠 0.2%（冷水溶解后加入），转 30min，间隙转动，共 4h。结束 pH=11.0～11.5，排液。

④ **脱毛**　水 30%，温度 23～25℃，Dowellon UHB 0.4%，转 30min，停 30min；加 Dowellon UHE 0.6%～0.8%，转 60min，停 20min；加无氨脱灰剂 Dowellan DLA 0.3%，转 30min，停 30min，连续 2～3 次，毛逐渐脱落，鼓内呈毛球，90% 以上毛脱落。打开漏门，流水洗，至大鼓内大部分毛球洗出，收集毛球。

⑤ **碱膨胀**　加水 50%，温度 23℃，Dowellon UHA 0.8%，Dowellon UHB 0.3%，转 30min；加氢氧化钠 0.5%（冷水溶解后加入），转 30min，再加氢氧化钠 0.5%（冷水溶解后加入），转 30min；加水 50%，Dowellon OPF 0.8%，转 30min；加水 100%，氢氧化钠 0.3%（冷水溶解后加入），转 20min；每小时转 2min，共 12h。

⑥ **排液、水洗→片碱皮**

该工艺主要特点是完全无硫化钠和石灰，脱毛效果好，毛呈毛球，不用循环、过滤就可以实现毛和液体的分离。膨胀皮为白色，膨胀均匀，生长痕大大减少，皮内基本无毛根。酶脱毛效果和碱皮状态见图 3-15 和图 3-16，浸碱废液中主要污染物含量见表 3-25。

表 3-25　浸碱废液中主要污染物含量

污染物	废液 COD/mg・L^{-1}	废液氨氮/mg・L^{-1}
传统工艺	46052	1770
清洁化工艺	13776	446
污染物减少/%	70	75

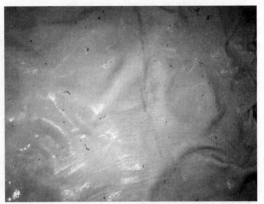

图 3-15　牛皮酶脱毛鼓内毛球　　　　　图 3-16　清洁脱毛浸碱工艺的碱皮

3.5　氧化脱毛

　　氧化脱毛法是用氧化剂破坏角蛋白的双硫键，使毛脱落的一种脱毛方法。最早的氧化脱毛法是由德国 Fwalwerbe Hoechst 公司的 Rosenbust 提出的亚氯酸钠（NaClO$_2$）脱毛法，其基本原理是利用亚氯酸钠在酸性条件下分解产生的二氧化氯作用于毛和表皮的角蛋白，使双硫键被氧化断裂并形成磺酸基而使毛溶解。这种脱毛法可使革粒面洁白，革身紧实，皮纤维能得到较好的分散，并具有一定的软化作用。因为脱毛是在酸性介质中进行的，因此可简化工艺，将脱毛、浸灰、脱灰、软化、浸酸等工序合而为一，简化操作程序，缩短生产周期。氧化脱毛的关键在于 ClO$_2^-$ 的生成，这主要决定于体系的 pH，一般控制在 pH 3～3.5，转鼓的转速不能太快（4～6r・min^{-1}）。如果控制得当，可以降低成革松面率，增加成革面积，使成革质量优于灰碱法脱毛。虽然此方法具有很大的优越性，但由于其成本高，对设备要求严格，产生的二氧化氯气体对设备腐蚀性强，对人体有害等缺点限制了它的应用[137]。

　　用过氧化钠脱毛能获得令人满意的效果[138]。用 2%～4% 的过氧化钠可在 2h 内将毛溶解并得到干净的裸皮。但由于过氧化钠溶于水后会产生大量的热而使脱毛操作不易控制，而且成本较高，限制了它的应用。

　　传统的氧化脱毛法虽然解决了硫化物污染，控制得当也可以保证成革的质量，但与此同时也带来其他污染和很高的生产、管理成本，不能被工厂所接受。近年提出的用过氧化氢和氢氧化钠结合起来的脱毛方法[139]，则可使脱毛作用较为温和，既能保留氧化脱毛的优点，又不会产生有害物质，产品质量也易于控制，成革粒面细致，应该指出的是，因过氧化氢同样具有腐蚀作用，这种氧化脱毛技术对设备要求也是很严的，一般应为不锈钢质或塑料质。不过根据目前我国的科技发展水平，在现有木鼓内壁进行喷塑处理投资不需太高。所以，从清洁化生产方面考虑，过氧化氢氧化脱毛是一种很有前途的清洁脱毛技术。

随着对氧化脱毛机理的深入研究，皮革化学家们发现，在碱性条件下所有氧化剂都是通过破坏角蛋白的双硫键来实现脱毛的[140]。因此除了过氧化氢外，一些新的氧化脱毛剂，如过硼酸钠、过氧化钙、过碳酸钠和臭氧等也被发现具有较好的脱毛能力，从而拓宽了氧化脱毛的研究领域，使此项技术具有更广阔的应用前景。

3.5.1 过氧化氢氧化脱毛技术

西班牙的 Morera 等人提出了一套较为有效的过氧化氢-胺化合物脱毛技术，并就过氧化氢的用量、机械作用和操作液的 pH 等因素对脱毛效果的影响进行了研究[141~144]。所用的牛皮脱毛工艺如下，实验方案设计见表 3-26[142]。

（1）预浸水　水 200%，温度 25℃，转 2h，排液。

（2）主浸水　水 200%，温度 25℃，非离子表面活性剂 0.5%，转 8~10h，排液。

（3）去肉、称重（以下用料以去肉皮重计）

（4）脱毛　水 30%，温度 25℃，$NaOH(50\%)$ 0.5%；转 15min，pH=10~11；胺类化合物 b，转 30min；$NaOH(50\%)$ c，转 15min，pH=12.5；双氧水（35%）d，缓慢加入，转至毛脱净；H_2SO_4 e，1:10 稀释后慢慢加入，pH=9.5~10；水 200%，温度 25℃，停转结合，5min·h^{-1}，共 10~14h，排液。

（5）水洗　水 250%，温度 25℃，转 40min，排液，共 2 次。

（6）剖层、称重（以下用料以剖层后皮重计）

（7）中和　水 150%，温度 25℃，H_2SO_4 0.5%；转 2h，pH=7~8，排液。

注：b、d 的具体数值取决于实验方案，c、e 随 b、d 不同而有所不同，以调节至工艺要求的 pH 为准。

表 3-26　实验方案设计[142]

实验编号	1	2	3	4	5	6	7	8	9	10	11	12	13
胺用量 b/%	0.45	0.45	0.75	0.75	0.6	0.6	0.4	0.8	0.6	0.6	0.6	0.6	0.6
H_2O_2 用量 d/%	5.5	7.9	5.5	7.9	5	8.5	6.75	6.75	6.75	6.75	6.75	6.75	6.75

表 3-27　H_2O_2-胺类助剂氧化脱毛成革的物理机械性能[142]

编号	Cr_2O_3/%	收缩温度/℃	抗张强度/N·mm^{-2}	断裂伸长率/%	撕裂强度/N·mm^{-1}	粒面崩裂强度		崩破强度	
						负荷/N	高度/mm	负荷/N	高度/mm
1	3.04	102.3	19.0	49.00	84.3	512	10.60	647	12.1
2	3.19	102.3	16.3	49.90	68.6	460	10.10	627	12.1
3	3.02	101.7	21.3	45.40	85.0	570	10.20	657	11.7
4	3.20	102.7	17.6	48.78	78.4	530	10.50	647	12.6
5	3.04	97.7	19.5	44.02	88.2	515	8.70	686	10.6
6	3.20	103.7	16.8	48.48	72.5	450	9.50	549	11.7
7	3.14	100.3	17.2	49.18	78.4	500	10.30	657	12.4
8	3.09	102.5	18.7	47.00	84.3	565	10.00	696	11.6
9	3.18	102.0	18.2	47.00	80.3	547	10.69	696	12.9
10	3.13	103.7	18.6	44.90	82.5	487	9.56	608	12.3
11	3.12	101.7	18.0	45.20	83.2	470	8.90	588	11.6
12	3.12	108.0	17.9	46.62	80.4	500	9.35	627	12.3
13	3.17	106.0	17.3	49.00	80.4	510	10.36	666	12.4
14	2.64	101.1	25.1	48.14	112.7	575	9.34	—	11.6

注：1~13 对应表 3-26 的实验编号，14 是常规灰碱法脱毛对比样。

从表 3-26 和表 3-27 可以看出，随着过氧化氢用量的增加，革的 Cr_2O_3 含量逐渐提高，而胺类助剂的用量对铬含量影响很小。同时，过氧化氢用量对抗张强度、撕裂强度有一定的影响，用量增加，抗张强度和撕裂强度都有下降的趋势。胺类助剂用量的影响要小得多，特别是在过氧化氢用量较低的条件下。从成革的物理机械性能等方面可以看出，要达到比较满意的脱毛效果，过氧化氢（35%）和胺类助剂的用量至少分别为 6% 和 0.8%。与灰碱法脱毛相比，采用过氧化氢氧化脱毛方法生产的皮革铬含量明显增加，而抗张强度、撕裂强度有所降低。

四川大学石碧等人也对过氧化氢脱毛方法的可行性进行了验证，以我国秦川黄牛皮为原料皮，研究了各操作因素对脱毛效果的影响规律，确定了适合黄牛皮的脱毛方案，并对过氧化氢脱毛方法对革质量产生某些影响的原因和过氧化氢脱毛机理进行了阐述[145~150]。参考工艺如下。

(1) 称重

(2) 水洗　水 300%，常温，转 30min，排液，共 2 次。

(3) 预浸水　水 200%，常温；转 30min，停 30min；以后每小时转 5min，5 次后停鼓过夜。

(4) 去肉

(5) 浸水　水 200%，常温，渗透剂 Baymol AN 0.1%，纯碱 0.5%；转 30min，停 30min，以后每小时转 5min，转 4~5 次后停鼓过夜。

(6) 去肉、称重

(7) 脱脂　水 200%，温度 38℃，Baymol AN 0.1%，转 30min，排液。

(8) 水洗　水 300%，常温，转 10min，排液。

(9) 脱毛　调好水量、水温，加 JFC 0.3%，转动 15min；用 40% 氢氧化钠溶液调节溶液 pH 至规定要求，再转 30min；加双氧水（30%），连续转动 3h。

(10) 浸灰　液比 2.0，常温，石灰粉 8%；转 30min，以后每小时转动 5min，转动 5~6 次后停鼓，总时间 16~18h。

(11) 水洗　水 250%，常温，转动 30min，排液。

(12) 脱灰　水 150%，温度 30℃，硫酸铵 3.5%；转动 3.0~3.5h，pH 应达 7~8。
软化铬鞣按传统方法进行。

3.5.1.1　过氧化氢脱毛的主要技术参数

从图 3-17~图 3-20 中可以看出，溶液 pH 和过氧化氢用量是影响毛被损伤程度的主要因素[145]。随着溶液 pH 的升高和过氧化氢浓度的增加，脱毛效果显著增强。这和过氧

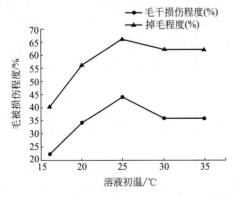

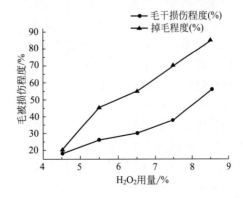

图 3-17　脱毛液初温对毛损伤程度的影响[145]　　图 3-18　双氧水（30%）用量对毛损伤程度的影响[145]

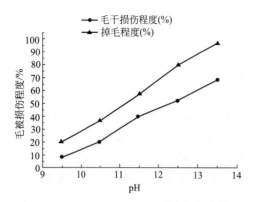

图 3-19　脱毛液 pH 值对毛损伤程度的影响[145]　　图 3-20　液比对毛损伤程度的影响[145]

化氢氧化脱毛的机理是一致的。过氧化氢之所以具有氧化能力是因为它在水解时能释放出活性氧（以 O_2^-·、HO_2·、OH·等形式存在）。凡有利于过氧化氢分解的因素，均有利于反应体系中活性氧的产生。一旦体系中有活性氧存在，毛就会被氧化而使其结构受到破坏，从而表现出生皮的毛被受到损伤。体系中活性氧的量不同，毛被损伤程度就不同。溶液 pH 和过氧化氢用量增加时，体系的活性氧含量升高，有利于脱毛，不过要注意对皮板的损伤。液比较小，也可以提高活性氧含量，加快脱毛，但液比太小，毛不能和过氧化氢均匀作用，脱毛效果不理想，因此当液比小于 1.0 时，脱毛效果要差于液比为 1.0～1.5 时的情况，而当液比再增大时，脱毛效果不会增强。此外，还可以看到，脱毛液初始温度在 25℃时，脱毛效果较好。

氧化脱毛过程中通常都是用 NaOH 来调节脱毛液的 pH。从图 3-19 中可知，溶液 pH 越高，越有利于脱毛的进行。但是过高的 pH 和 NaOH 浓度会导致生皮粒面受损，从而影响成革品质。为避免上述情况发生，Marmer 等人用石灰或氰酸钾（KOCN）与 NaOH/H_2O_2 配合使用，不但能够快速有效地脱毛，还可以减少 NaOH 用量，消除粒面损伤[151]。

实验还发现，脱毛过程中毛根部位总先于毛干部分受损伤[145]。这就是说，如果技术条件控制适当，完全有可能使完整的毛从生皮的皮板上脱落下来，以实现保毛法脱毛。如果能利用过氧化氢进行保毛脱毛，则不仅可以解决制革厂硫化物的污染问题，也可以减小脱毛废液中角蛋白水解产生的有机物含量，即降低了脱毛废液的 COD 和 BOD。这无疑可以很好地体现过氧化氢脱毛的优越性。Marsal 等人就在过氧化氢和氢氧化钠脱毛之前加入 1% 的石灰［Ca(OH)$_2$］进行护毛处理，从而实现了保毛脱毛和毛的回收，降低了污染，中试的参考工艺如下[152,153]。

（1）胺渗透　水 50%，28℃，胺类化合物 0.6%，转 15min。

（2）护毛　石灰 1%，中性脂肪酶 0.15%，转 45min。

（3）脱毛　水 100%，NaOH 4%，Na$_2$SO$_4$ 4%，转 10min；加 H_2O_2 2%，转 2h。

（4）过滤毛，检测 COD　水 100%，转 60min。

（5）酸化　硫酸（1:10），调 pH 至 9.5～10。

（6）水洗　水 200%，25℃，转 60min，共 2 次。

3.5.1.2　脱毛助剂的选择

Morera 等提出的工艺中并未明确指出所用助剂是何种胺类化合物，而这对过氧化氢氧化脱毛的效果可能有显著的影响。石碧等人通过考察三种乙醇胺和几种能增强过氧化氢作用的金属离子（催化剂）对羊毛的作用，选取了合适的助剂，见表

3-28~表3-31。

表 3-28　金属离子对 H_2O_2 作用于毛的催化活性[145]

实验号	金属离子	毛重量减少程度	实验号	金属离子	毛重量减少程度
1	Cu^{2+}	14%	4	Co^{2+}	15%
2	Fe^{2+}	21%	5	Ni^{2+}	11%
3	Mn^{2+}	10%	6	无	6%

注：金属离子浓度为 10^{-3} mol·L^{-1}，H_2O_2 浓度为 12g·L^{-1}，26℃，pH13，5h。

表 3-29　金属离子与乙醇胺的协同作用[145]

实验号	金属离子	毛重量减少程度	实验号	金属离子	毛重量减少程度
7	Cu^{2+}	16%	10	Co^{2+}	16%
8	Fe^{2+}	22%	11	Ni^{2+}	12%
9	Mn^{2+}	13%	12	无	8%

注：金属离子浓度为 10^{-3} mol·L^{-1}，乙醇胺浓度为 46×10^{-3} mol·L^{-1}，H_2O_2 浓度为 12g·L^{-1}，26℃，20min。

表 3-30　乙醇胺的醇羟基数目对其与 Fe^{2+} 协同作用的影响[145]

实验号	乙醇胺类型	毛重量减少程度	实验号	乙醇胺类型	毛重量减少程度
13	乙醇胺	30%	15	三乙醇胺	42%
14	二乙醇胺	33%	16	不加乙醇胺	21%

注：Fe^{2+} 离子的浓度为 10^{-3} mol·L^{-1}，其他条件同表 3-28。

表 3-31　三乙醇胺浓度对其与 Fe^{2+} 协同作用的影响[145]

实验号	浓度/mol·L^{-1}	毛重量减少程度	实验号	浓度/mol·L^{-1}	毛重量减少程度
17	0	21%	20	40.2×10^{-3}	54%
18	13.4×10^{-3}	50%	21	53.7×10^{-3}	54%
19	26.8×10^{-3}	48%	22	67.1×10^{-3}	56%

注：条件同表 3-29。

　　根据表中的数据可知，各种金属离子对过氧化氢溶解毛的催化活性大小为：$Fe^{2+}>Co^{2+}>Cu^{2+}>Ni^{2+}>Mn^{2+}$。当与乙醇胺同时使用时，它们的顺序成为 $Fe^{2+}>Cu^{2+}=Co^{2+}>Mn^{2+}>Ni^{2+}$。这说明 Fe^{2+} 是比较合适的金属离子催化剂。Fe^{2+} 与含不同数量醇羟基的乙醇胺的协同作用的结果表明三乙醇胺与 Fe^{2+} 的协同作用对过氧化氢作用于毛的催化活性最大。随着三乙醇胺浓度的升高，过氧化氢对毛的作用速度也有所加快。不过浓度在 $40.2\times10^{-3}\sim53.7\times10^{-3}$ mol·L^{-1} 之间时，毛重量减少程度基本不变。综合脱毛效果和经济效益考虑，过氧化氢脱毛时可选用 10^{-3} mol·L^{-1} 的 Fe^{2+} 和 46×10^{-3} mol·L^{-1} 的三乙醇胺作为脱毛助剂。具体实施时可以根据实际脱毛效果对助剂用量进行微调。

3.5.1.3　过氧化氢用量对生皮蛋白质水解速率的影响

　　生皮的主要成分是蛋白质，能使毛结构受到破坏的化学试剂，可能对裸皮也会产生一定的作用。所以，在脱毛的同时也有改变裸皮结构的作用，这或许正是鞣前准备工段所希望的结果。当然，对裸皮的作用程度应有限——适当松散胶原纤维结构，否则会降低成革的机械强度。松散胶原结构的作用可体现在两个方面：除去生皮中非胶原蛋白，使胶原纤维束得到适当松散；同时胶原蛋白结构也受某种程度的破坏[154]。在用过氧化氢氧化脱毛时，随着过氧化氢用量的增加，脱毛效果无疑会增强，但对胶原蛋白的破坏程度如何变化，还没有明确结论。石碧等人通过研究过氧化氢用量对废水中胶原蛋白和非胶原蛋白含量的影响，初步得出了过氧化氢用量对胶原蛋白的作用规律[145,149]。

实验中，脱毛条件为：水 100％，温度 25℃，渗透剂 0.03％，NaOH 3.5％～4.5％，调 pH13，过氧化氢（30％）用量分别控制为皮重的 0、5.5％、7.55％、9.5％和 13％。最后分析不同处理时间浴液中胶原蛋白和非胶原蛋白的含量。胶原蛋白的测定原理主要是根据羟脯氨酸是胶原特有的氨基酸，含量为 12.8％[155]，所以通过比色法测出羟脯氨酸的含量，即可换算出废液中胶原蛋白的含量。废液中非胶原蛋白的含量由总蛋白质含量与胶原蛋白质含量之差求得，而总蛋白质含量是通过凯氏定氮法[156]测得的。

废液中胶原蛋白含量分析结果如图 3-21（a）所示。可以看出，在作用时间相等的条件下，过氧化氢用量小于皮重的 5.5％时，废液中胶原蛋白的含量随过氧化氢用量的增加而降低；当过氧化氢（30％）用量为皮重的 5.5％～9.5％之间时，废液中胶原蛋白的含量变化不大，且低于不加过氧化氢时废液中的胶原蛋白含量；当过氧化氢用量大于皮重的 9.5％时，废液中胶原蛋白的含量随过氧化氢用量的增加而升高，但最终仍低于不加过氧化氢时废液中胶原蛋白的含量。这一现象说明，在一定条件下（过氧化氢用量为 5.5％～9.5％），过氧化氢对生皮胶原蛋白的水解有抑制作用。这意味着，过氧化氢的分解可能会引起胶原蛋白分子间的交联，从而保护胶原蛋白的分子链不易受破坏。我们知道，如果废液中胶原蛋白含量越多，就意味着生皮中胶原蛋白损失越大，从而使成革的强度越差。当然用过氧化氢脱毛时，最好控制过氧化氢用量不要过大，在能达到脱毛效果的前提下尽量使过氧化氢用量不超过皮重的 9.5％。

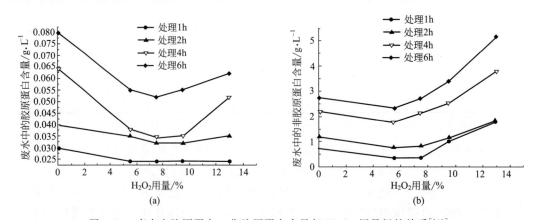

图 3-21　废水中胶原蛋白、非胶原蛋白含量与 H_2O_2 用量间的关系[149]

图 3-21（b）是废液中非胶原蛋白含量与过氧化氢用量间的关系曲线图。由图可以看出，在作用时间相等的条件下，当过氧化氢用量小于皮重的 5.5％时，废液中非胶原蛋白的含量随过氧化氢浓度的增加而减小，但当过氧化氢用量超过此值时，废液中非胶原蛋白的含量随过氧化氢浓度的增加而增大。最终会高于未加过氧化氢时废液中非胶原蛋白的含量。由于水解非胶原蛋白是鞣前准备工段的主要目的之一，因而当处理时间一定时，过氧化氢浓度应不低于一定值，以便快速地将生皮中非胶原蛋白质除去，并能保证胶原蛋白质损害较小。

另外从图中还可以看出，当过氧化氢用量相同时，不管是废液中胶原蛋白含量还是非胶原蛋白含量，都会随作用时间的延长而增加，即生裸皮结构会因过氧化氢的作用而产生变化。所以在生产中要掌握好合适的作用时间，既要保证脱毛的效果，又要防止胶原损伤过多。

3.5.1.4　过氧化氢用量对生皮组织构造的影响

在制革行业，组织学分析方法作为研究制革工艺的辅助手段而被经常采用，一方面可以为调整工艺方案提供理论依据；另一方面也可以很好地解释制革过程中出现的某些现象。通过利用光学显微镜对裸皮微观结构进行观察，可以直观地认识氧化脱毛中 H_2O_2 用量对生皮组织结构的影响，为实现最佳工艺条件提供参考依据[145]。

实验中脱毛条件为：水 100％，温度 25℃，渗透剂 0.05％，$FeSO_4 \cdot 7H_2O$ 0.04％，三乙醇胺 1％，NaOH 3.5％～4.5％调 pH 至 13，过氧化氢（30％）用量分别控制为皮重的 0、4％、8％、12％、16％和 20％。处理结束后，在各试样上切取 10mm ×10mm 的小样块，用 10％甲醛溶液固定 24h 以上，在冷冻切片机上沿毛囊方向进行切片，切片厚度为 32μm，用三色染法进行染色[157]，用阿拉伯树脂胶封固，然后在 XSP-15 光学显微镜上观察生皮组织构造的变化情况，并将部分切片在 Opton-14 型光学透射显微镜上拍照。

图 3-22　用 0 过氧化氢处理后的皮（×100）

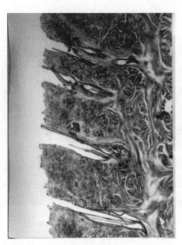

图 3-23　用 4％过氧化氢处理后的皮（×100）

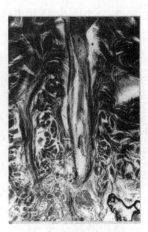

图 3-24　用 8％过氧化氢处理后的皮（×100）

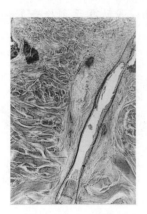

图 3-25　用 12％过氧化氢处理后的皮（×100）

图 3-26　用 16％过氧化氢处理后的皮（×100）

图 3-27　用 20％过氧化氢处理后的皮（×100）

在图 3-22 和图 3-23 中，真皮内毛型基本完好；而在图 3-24 中，毛由毛球上部开始断裂；在图 3-25～图 3-27 中可以看到，毛由毛球上部彻底断裂，而且断掉的毛干部分荡然无存。这可以从影响毛化学稳定性的主要因素来考虑。众所周知，毛之所以能一定程度耐酸、碱、酶及氧化剂的作用，是因为其结构中含有双硫键，双硫键愈多，毛的结构愈稳定。因为毛球的基底部分在活体上是由活的表皮细胞构成，而表皮的角质层属于软角蛋白，即含硫量低于 3％，相比之下，毛球以上部分（包括毛干和毛根）却含有丰富的属于硬角蛋白的皮质层和鳞片层，含硫量高于 3％[158]。毛球部分含双硫键少于毛根和毛干部分，所以毛球比毛根和毛干先被破坏。

通过以上分析，我们可以得到一个启示，那就是用过氧化氢脱毛时，一定要将肉去干净，油脂脱干净，以保证脱毛剂迅速且均匀地渗入毛球处，达到有效的脱毛效果，如果适当护毛，完全可以实现保毛脱毛，进一步降低污染。

根据以上内容，可以初步得出黄牛皮过氧化氢氧化脱毛的最佳工艺条件为：水 100％，温度 25℃，Baymol AN（也可选用其他非离子型表面活性剂）0.05％，$FeSO_4 \cdot 7H_2O$ 0.04％，三乙醇胺 1％，NaOH 3.5％~4.5％调 pH13，过氧化氢（30％）用量控制为皮重的 8％~9.5％（视脱毛情况而定）。

3.5.2 过氧化氢氧化脱毛与常规硫化物脱毛的比较

在制革过程中，任何一个工序的变动，对后工序化工材料的作用效果及成革质量均有不同程度的影响。以传统硫化钠脱毛方法为参照对象，观察过氧化氢脱毛方法对后工序及产品性能所产生的影响，这对于使用过氧化氢脱毛时实现制革工艺平衡，生产出符合客户要求的产品有着很重要的意义。参考工艺如下[148]。

黄牛皮按常规方法浸水、去肉、脱脂。

(1) 氧化脱毛 水 100％，温度 25℃，Baymol AN 0.1％，$FeSO_4 \cdot 7H_2O$ 0.04％，转 2h；三乙醇胺 1.0％，转 15min；NaOH（50％）7％~9％（至 pH＝13），转 15~20min；过氧化氢（30％）7％~9％，转 3~4h；毛全掉后取废液进行分析。

(2) 硫化物脱毛（对比） 水 100％，常温，Baymol AN 0.1％，硫化钠 3.0％，转 1h；毛全掉后取废液进行分析；以后工序均相同。

(3) 浸灰 水 200％，常温，石灰粉 8％，转 30min；以后每小时转 5min，转 5 次后停鼓，总浸灰时间 16h。

(4) 去肉 将灰皮肉膜去干净。

(5) 水洗 水 300％，温度 32℃，共 2 次。

(6) 脱灰 水 150％，温度 32℃，硫酸铵 3.5％，转 3.5h；酚酞指示剂检查臀部切口，应基本脱净。

(7) 软化 水 150％，温度 36~38℃，硫酸铵 0.5％，胰酶 0.05％；转 30~40min；用拇指按皮粒面，应有清晰指纹。

(8) 水洗 水 300％，温度 32℃，转 10min，排液；水 300％，常温，转 10min，水洗液应基本清亮。

(9) 浸酸 水 50％，常温，食盐 7％，转 10min；甲酸 0.5％，转 30min；硫酸 0.7％，转 2.5~3.0h；甲基橙指示剂检查臀部切口，应基本浸透。

(10) 铬鞣 于浸酸液中进行，铬粉 6％，转 2h；小苏打 1.2％，用 20 倍 30℃水化开，分 3 次加，每次间隔 20min；用 70℃热水扩大液比至 2.0，转 2h，停鼓，总鞣制时间为 10h；分析蓝湿革及铬鞣废液的各项指标。

(11) 静置、剖层、削匀（至 1.2mm）、称重

(12) 水洗 水 300％，温度 30℃，Baymol AN 0.01％，转 30min。

(13) 中和 水 200％，温度 34℃，醋酸钠 0.8％，转 20min；小苏打 0.8％，转 30min，甲基红检查切口，应中和透。

(14) 加脂 水 200％，温度 50℃，加脂剂 8％，转 60min；甲酸 1.2％，分两次加，间隔 15min，加完转 20min，pH4.0±0.1。

(15) 水洗 常温流水洗至废液清亮，出鼓晾干，测定各项物理机械性能。

从表 3-32 中可以看出，与传统硫化物脱毛方法相比，过氧化氢脱毛方法能够使脱毛废液中硫化物含量、COD、氨氮含量及总固体含量明显降低，因而降低了制革废水的污染，特别是硫化物的污染得到了有效的控制。过氧化氢脱毛之所以能产生上述效果，其原因可归纳为以下几点：

① 由于过氧化氢脱毛不是将毛全部溶解，有一部分毛干仍保留在脱毛液中，经过滤这部分未溶的毛干不进入废液，从而降低了以 COD 表征的有机物量及总固体含量；

② 使用过氧化氢脱毛，脱毛体系中会产生 O_2（由过氧化氢分解而得），使得部分有机物被氧化，从而表现出 COD 降低；

③ 脱毛液中少量的氨氮则可能来源于天冬酰胺和谷氨酰胺的酰氨基和精氨酸的胍基的破坏[159]。过氧化氢脱毛废液中，少量硫离子可能是由于含硫氨基酸的结构被严重破坏而产生，不过由于含量较低，污染容易控制。

表 3-32　脱毛废液中各污染成分的含量[148]　　　　单位：$mg \cdot L^{-1}$

脱毛方法	脱 毛 废 液				
	总氮	氨氮	COD	总固体含量	S^{2-}
硫化物脱毛	114.51	35.6	33000	3.005×10^4	202.15
过氧化氢脱毛	96.50	21.1	10000	2.001×10^4	25.40

Braglia 等人还从生命周期评价的角度比较了氧化脱毛和传统脱毛的环境影响。生命周期评价（life cycle assessment，简称 LCA）是一种评价产品和/或工艺在其生命周期内对环境影响的定量和客观的方法。通过一系列评价表明，对于制革工业的脱毛工序，"水生态慢性毒性"和"水生态急性毒性"是最重要的两个环境影响因素，而相比于传统脱毛，氧化脱毛可以大大减少这两种影响对环境造成的损害，是一种更为清洁的生产工艺[160]。

此外，过氧化氢脱毛废液中的蛋白质通过加酸便容易进行分离和沉淀，不会像硫化物脱毛那样产生有毒的硫化氢气体，从而保证了废水循环使用的顺利进行[139]。从表 3-32 中的废水水质分析结果也可以看出，总固体含量明显降低，进一步降低了循环利用的技术难度和设备的负荷。Morera 等人对过氧化氢脱毛废液的循环使用进行了比较细致的研究[142]，结果表明，除第一批皮的脱毛全部用新水以外，以后的皮均可以采用部分新水和部分废水进行脱毛，这样便大大降低了废水的排放量。脱毛废液循环使用工艺如图 3-28 所示。另外他们还对两种脱毛技术的经济成本进行了核算（见图 3-29），其中过氧化氢脱毛技术中同时运用了废液循环和保毛脱毛工艺。在综合考虑了供水、化工材料、废水和含硫废皮屑的处理等费用之后，得出过氧化氢脱毛的成本比传统硫化物脱毛要低 16% 左右[161]。因此应用过氧化氢脱毛技术能够获得更大的经济效益和环境效益。

由表 3-33 中可以看出，用过氧化氢脱毛，可以使蓝湿革中 Cr_2O_3 含量增加，收缩温度也相应地有所提高。这可能是由于：

① 过氧化氢脱毛使得皮胶原中可与铬盐结合的基团增多，从而提高了铬鞣剂的吸收率；

② 过氧化氢脱毛过程中，在皮胶原纤维之间产生了新的交联键，这种交联键本身可以使胶原的收缩温度得到提高。

表 3-33　不同脱毛方法的铬鞣效果[148]

脱毛方法	铬 鞣 效 果		
	革中 Cr_2O_3 含量/%	革的 T_s/℃	废铬液 pH
过氧化氢脱毛	3.48	105	3.95
硫化物脱毛	2.94	102	3.95

由表 3-34 中的数据可知，过氧化氢脱毛方法与硫化物脱毛方法相比，前者所得成革的抗张强度大于后者，而前者所得成革的伸长率与崩裂强度却小于后者。出现这种结果可

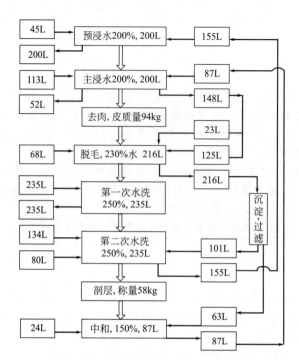

图 3-28 H_2O_2 脱毛循环用水示意[142]（以 100kg 原皮计）

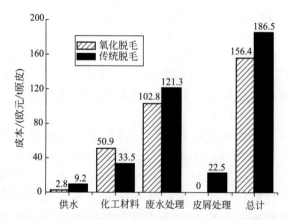

图 3-29 H_2O_2 氧化脱毛与传统脱毛的成本比较[161]

能有两个原因：一是过氧化氢脱毛后，革的铬含量增加，提高了胶原纤维间的交联度，同时过氧化氢可能会引发胶原纤维间产生新的交联键；二是过氧化氢脱毛法比硫化物脱毛法除去较多的纤维间质，因而使得纤维间靠得更近，产生键合（盐键、氢键）的数目更多。这些作用的结果降低了胶原纤维间的滑动性，增加了革的抗张强度，降低了革的延伸性能。这种效果对于制造鞋面革、箱包革、带革等是适宜的，但对于制造服装革、手套革来说，却不理想，但可以通过工艺平衡来调节产品质量。

表 3-34 不同脱毛方法的成革性能[148]

脱毛方法	成 革 性 能					
	撕裂强度 /N·mm⁻¹	粒面崩裂强度 /N·mm⁻¹	崩破强度 /N·mm⁻¹	抗张强度 /N·mm⁻²	规定负荷伸长率 /%	断裂伸长率 /%
过氧化氢脱毛	62.6	151.7	262.2	20.8	60	90
硫化物脱毛	62.9	205.0	350.4	10.7	92	112

　　组织学分析可以帮助我们进一步认识两种脱毛方法的差异。分别在浸水后、脱毛后、浸灰后和铬鞣后在对比实验皮的对称部位取样进行组织学观察，结果如图 3-30～图 3-36 所示[145]。

图 3-30　浸水后生皮的背部（×100）

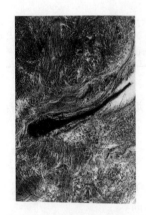

图 3-31　硫化钠脱毛后裸皮的背部（×100）

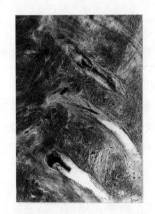

图 3-32　过氧化氢脱毛后裸皮的背部（×100）

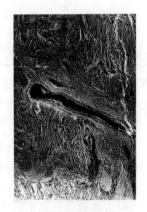

图 3-33　硫化钠脱毛、复灰后裸皮的背部（×100）

图 3-34　过氧化氢脱毛、复灰后裸皮的背部（×100）

图 3-35　硫化钠脱毛所得蓝湿革背部（×32）

图 3-36　过氧化氢脱毛后所得蓝湿革背部（×32）

　　通过对比以上图片可以发现，用两种不同的方法脱毛，不仅使生皮在纤维分散程度、毛的溶解状况及脂肪组织分布情况等方面有不同程度的区别，而且使蓝湿革的纤维编织状况、革内毛根存留状况也有区别。归纳起来，有以下几个方面（见表 3-35）。

表 3-35 脱毛方法对裸皮和革组织结构的影响[145]

加工状况	皮或革组织构造特征
浸水后的裸皮	纤维束未分散开,毛形完整,且毛根附近有完整的脂肪细胞组织——脂腺
Na₂S 脱毛后的裸皮	由图 3-24 可以看出,皮的胶原纤维得到一定程度的分散,毛干全部溶解,毛根有大约 3/5 残留在毛囊中,脂腺基本消失,存在少量游离脂肪细胞
H₂O₂ 脱毛后的裸皮	由图 3-25 可知,皮胶原纤维的分散程度比硫化钠脱毛后的裸皮稍好,毛干全部消失,只有大约 1/5 的毛根残存在毛囊中;脂腺也基本消失,存在少量游离脂肪细胞
Na₂S 脱毛、复灰裸皮	将图 3-26 与图 3-24 相比后可知,复灰后胶原纤维的分散程度有所增加,皮内残留的脂肪细胞更少,但残留在真皮内的毛根未受到明显的破坏
H₂O₂ 脱毛、复灰裸皮	将图 3-27 与图 3-25 相比后可知,复灰不仅能增加胶原纤维的分散程度,而且也能增加真皮内毛根的去除程度,脂肪细胞的量也减少
Na₂S 脱毛后的蓝湿革	图 3-35 表明,蓝湿革粒面干净,但革内仍有毛根,粒面层与网状层的连接较疏松,成革易产生松面现象
H₂O₂ 脱毛后的蓝湿革	对比图 3-36 与图 3-35 以后可知,H₂O₂ 脱毛后所得蓝湿革不仅粒面干净,纤维编织紧密,而且革内也无毛根,另外,粒面层与网状层之间连接紧密,成革不易产生松面现象

分析上述结果,可以提出以下几个观点:

① 过氧化氢脱毛,可能是通过先溶解毛的根部（毛球附近）而使得毛干离开裸皮,可以想象,这种脱毛方法对机械作用的要求应该较强烈;

② 过氧化氢脱毛使纤维间质的去除程度高于硫化物脱毛,因此在以后分散纤维的工序中可减轻处理程度,以建立适当的工艺平衡;

③ 过氧化氢脱毛不仅脱毛彻底,而且加强了胶原纤维间的连接作用,使粒面层与网状层的交联加强。这对减少成革松面率,提高产品质量很有帮助。

由上述研究结果可以看出,过氧化氢脱毛方法不仅完全可行,而且对产品质量不会带来不利影响。更重要的是在解决脱毛废液污染问题方面有着非常显著的效果,因此是一种很值得推广的脱毛技术。

3.5.3 过氧化氢氧化脱毛机理[149,150]

H_2O_2 氧化脱毛具有很好的应用前景,不过要将这一清洁技术应用于实践,很有必要了解其机理,因为它是我们优化工艺条件、控制皮革产品物理和化学性质的依据。H_2O_2 氧化脱毛机理应涉及两方面的内容,首先是毛脱掉的原理和影响规律,其次是脱毛过程中 H_2O_2 对裸皮产生的作用。

3.5.3.1 过氧化氢在碱性介质中对毛的作用

可以用与过氧化氢脱毛基本相同的条件处理毛,观察、测试毛的变化。模拟脱毛工艺的实验条件为:在 300mL 锥形瓶中放入山羊毛 20g,然后加入含 Baymol AN $0.2g \cdot L^{-1}$、$FeSO_4 \cdot 7H_2O$ $0.26g \cdot L^{-1}$ 的水溶液 100mL,在 25℃ 的恒温水浴中振荡 2h;加入毛重 0.7% 的三乙醇胺,振荡 15min;用 NaOH 调节浴液 pH=13 后,加入过氧化氢（30%）4%（以毛重计）,振荡 1h。空白实验的操作程序基本相同,但不加过氧化氢。处理后毛经水洗、干燥后用氨基酸分析仪测定其氨基酸含量。将上述经过氧化氢处理后的毛 10g 放入 100mL $0.1mol \cdot L^{-1}$ NaOH 溶液中,于 25℃ 振荡 2h,水洗干燥后测定残余毛的质量,并按下式计算毛在碱性溶液中的溶解度：

$$[(W_1-W_2)/W_1]\times100\%$$

式中，W_1 是碱溶液处理前毛的质量；W_2 是碱溶液处理后毛的质量。

在 pH=13 条件下，用 4%过氧化氢（30%）处理羊毛不能使其溶解，但毛的氨基酸含量会发生变化，如表 3-36 所示。与未经处理的样品比较，经 H_2O_2 处理后，羊毛中胱氨酸含量降低最显著，表明胱氨酸受破坏程度最大，这种破坏可能包含 H_2O_2 的氧化作用引起的双硫键断裂[139]。表 3-37 的数据则表明，毛经 4% H_2O_2 处理后，在 0.1 mol·L^{-1} NaOH 中的溶解度明显提高。因此，过氧化氢脱毛是其与碱（NaOH）共同作用的结果。碱（NaOH）在脱毛过程中起到两个作用，一是作为催化剂加速角蛋白主链肽键的水解反应；二是协助毛干膨胀，促使化料渗入毛干破坏其结构[140]。过氧化氢的氧化作用则破坏了毛中胱氨酸的双硫键，这种氧化作用在碱性介质中被加强；而毛的双硫键被破坏后，在强碱性介质中更容易被溶解。

表 3-36 4%过氧化氢（30%）处理后羊毛的氨基酸含量变化　　　　单位:%

氨基酸	天冬氨酸	苏氨酸	丝氨酸	谷氨酸	脯氨酸	甘氨酸	丙氨酸	胱氨酸	缬氨酸
对比样	5.94	4.58	6.70	15.26	5.99	3.92	3.25	7.85	4.56
H_2O_2 处理	4.32	3.27	4.03	9.06	10.58	2.64	2.67	1.00	3.81

氨基酸	异亮氨酸	蛋氨酸	亮氨酸	酪氨酸	赖氨酸	组氨酸	精氨酸	苯丙氨酸	
对比样	3.90	1.04	7.46	4.06	3.56	1.20	6.82	3.30	
H_2O_2 处理	7.30	0.54	6.38	2.97	3.62	1.36	6.74	2.76	

表 3-37 4%过氧化氢（30%）处理前后羊毛在碱性介质中的溶解度

预处理条件	溶解条件	溶解度/%
pH=13,25℃,1h	0.1 mol/L NaOH,25℃,2h	9.8
4% H_2O_2,pH=13,25℃,1h	0.1 mol/L NaOH,25℃,2h	60.9

另一组实验是，将 5 组山羊毛和 5 组黄牛毛样品（每组 0.5g）分别放入 10 个锥形瓶中。在每个锥形瓶中加入含 Baymol AN 0.2g·L^{-1}、$FeSO_4$·$7H_2O$ 0.26g·L^{-1} 的水溶液 100mL，在 25℃的恒温水浴中振荡 2h；加入毛重 0.7%的三乙醇胺，振荡 15min；用 NaOH 调节浴液 pH=13 后，加入不同用量的过氧化氢，使 H_2O_2 的浓度分别为 6g·L^{-1}、12g·L^{-1}、18g·L^{-1}、24g·L^{-1} 和 30g·L^{-1}（以纯 H_2O_2 计），继续振荡 3h。毛样经水洗、干燥后，用电子显微镜观察其结构变化。

毛在碱性介质中受双氧水作用后的变化情况如图 3-37~图 3-48 所示。与空白样（见图 3-37 和图 3-40）比较可以发现，当双氧水的浓度从 6g·L^{-1} 提高到 12g·L^{-1} 时，羊毛和牛毛的毛根开始坍塌或被溶解（见图 3-38、图 3-39、图 3-41 和图 3-42），但毛干未发生明显破坏(见图 3-42~图 3-46)，这和前面的组织学研究结果一致。实际上，即使双氧水的浓度提高到 30g·L^{-1} 时，毛干仍保持完整（见图 3-47 和图 3-48）。这一现象应归因于毛根的双硫键含量较毛干低[158]。

已有的研究表明，采用双氧水脱毛时需加快转鼓的转速[141,142]，以上研究结果可以很好地解释这一现象。由于双氧水脱毛时毛的溶断首先发生在毛根，因此需要较强的机械作用将毛干推出，达到加速脱毛的目的。这些研究结果也提示我们，双氧水脱毛的一个关键控制因素是促使 H_2O_2 有效地渗透到裸皮的毛根部位。为了达到这一目的，脱毛前充分去肉和适当脱脂是很有必要的。

以上研究工作的另一启发意义是，采用双氧水和 NaOH 脱毛时，可能较容易实现保毛脱毛，因为在毛干发生明显破坏之前毛根即可以被完全溶解。用 Ca(OH)$_2$ 进行护毛处理可以进一步保证毛的回收，但应该特别注意控制 Ca(OH)$_2$ 的用量和作用时间（渗透深度），尽量减少对毛根的护毛效应。

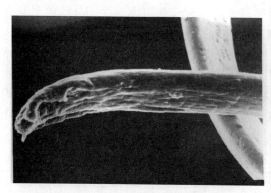

图 3-37　未经双氧水处理的羊毛根部
（pH13，25℃，3h）（×400）

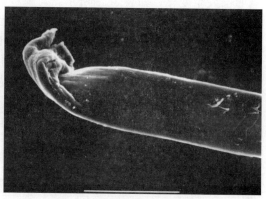

图 3-38　6g·L^{-1}双氧水处理的
羊毛根部（pH13，25℃，3h）（×400）

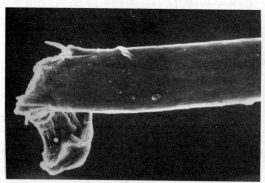

图 3-39　12g·L^{-1}双氧水处理的
羊毛根部（pH13，25℃，3h）（×400）

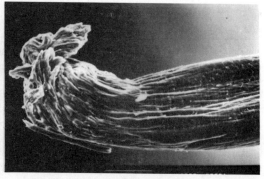

图 3-40　未经双氧水处理的牛毛根部
（pH13，25℃，3h）（×200）

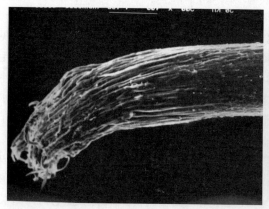

图 3-41　6g·L^{-1}双氧水处理的牛毛根部
（pH13，25℃，3h）（×200）

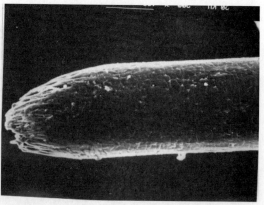

图 3-42　12g·L^{-1}双氧水处理的牛毛根部
（pH13，25℃，3h）（×200）（毛根完全断裂/溶解）

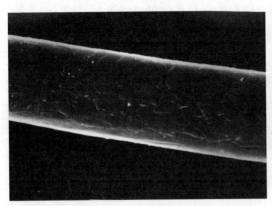

图 3-43　6g・L^{-1}双氧水处理的羊毛毛干
（pH13，25℃，3h）（×400）

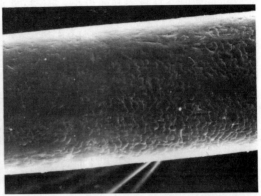

图 3-44　6g・L^{-1}双氧水处理的牛毛毛干
（pH13，25℃，3h）（×300）

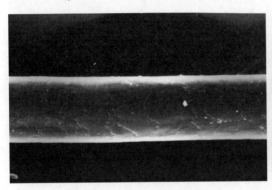

图 3-45　12g・L^{-1}双氧水处理的羊毛毛干
（pH13，25℃，3h）（×400）

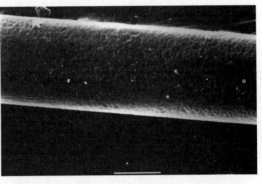

图 3-46　12g・L^{-1}双氧水处理的牛毛毛干
（pH13，25℃，3h）（×200）

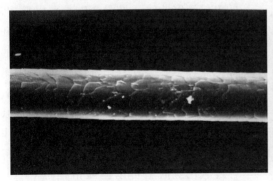

图 3-47　30g・L^{-1}双氧水处理的羊毛毛干
（pH13，25℃，3h）（×400）

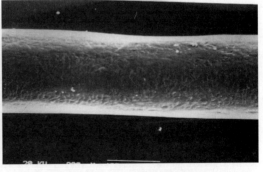

图 3-48　30g・L^{-1}双氧水处理的牛毛毛干
（pH13，25℃，3h）（×200）

3.5.3.2　过氧化氢脱毛过程对裸皮的影响

牛皮采用不同脱毛方法得到的浸灰裸皮的收缩温度如表 3-38 所示。与浸水后的裸皮相比，双氧水脱毛和 Na$_2$S 脱毛都会降低裸皮的收缩温度，但过氧化氢脱毛时裸皮收缩温度的降低较少，这与前面观察到的双氧水脱毛可以减少胶原的水解是一致的。双氧水在强碱性介质中对皮胶原的保护效应意味着它引起了某些交联反应。最可能发生的交联反应有两种，即自由基反应和醛-胺缩合反应。当双氧水引发的自由基在胶原纤维之间发生转移或终止反应时会导致交联的发生；而醛-胺缩合引起的交联作用可以用图 3-49 示意。

表 3-38　浸灰裸皮的收缩温度　　　　　　单位：℃

样品部位	浸水裸皮（空白）	Na₂S 脱毛	H₂O₂ 脱毛	样品部位	浸水裸皮（空白）	Na₂S 脱毛	H₂O₂ 脱毛
背部	68	51	57	颈部	67	52	58
腹肷部	65	52	56	臀部	67	52	57

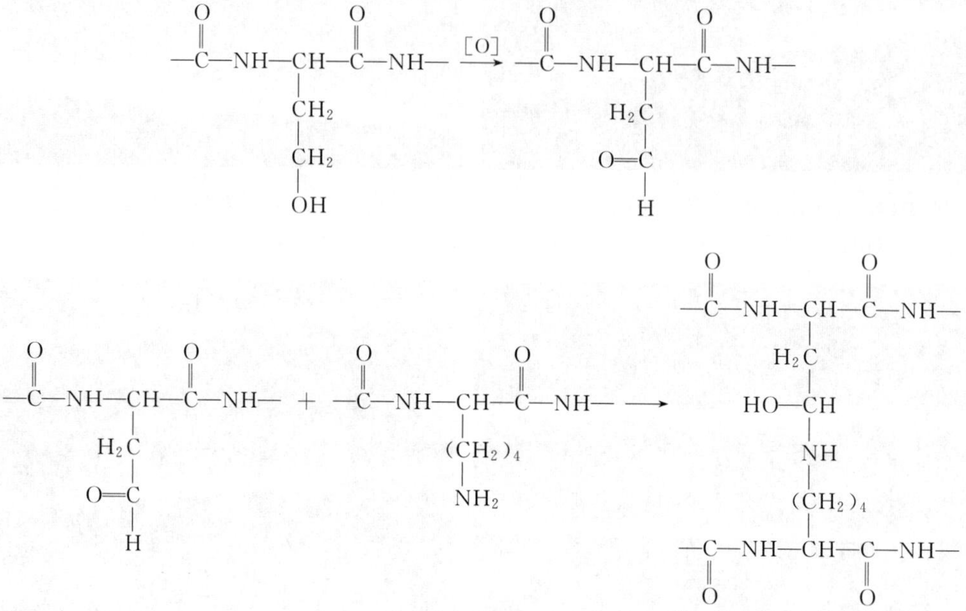

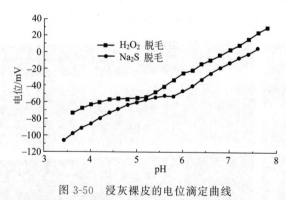

图 3-49　H_2O_2 引发胶原纤维间醛-胺反应示意

图 3-50　浸灰裸皮的电位滴定曲线

从 H_2O_2 和 Na_2S 脱毛的浸灰裸皮的电位滴定曲线（见图 3-50）可以发现，它们的等电点分别为 pH4.6～5.0 和 pH5.4～5.6。采用 H_2O_2 脱毛后裸皮的等电点较低，表明裸皮中含有更多阴离子性较强的基团。这些基团可能是双氧水对某些氨基酸侧基的氧化作用产生的，如在丝氨酸和苏氨酸侧链羟基在氧化作用下可能衍生出羧基。这可以很好地解释过氧化氢脱毛可以提高铬鞣时 Cr_2O_3 的吸收率这一现象[141]。

与传统硫化物脱毛法相比，过氧化氢脱毛不仅能降低脱毛废液的 COD、硫化物、氨氮及悬浮固体的含量（特别是硫化物的含量），而且能提高铬鞣革中 Cr_2O_3 的含量和增大坯革的抗张强度。此外过氧化氢脱毛还具有皮内毛根去除干净，分散胶原纤维的速度快，不易松面等优点。pH 和过氧化氢用量是影响过氧化氢脱毛效果最显著的两个因素。脱毛过程中要确保 H_2O_2 能够有效地渗透到裸皮的毛根部位，并加强机械作用，以促使毛被推出毛囊，从而加速脱毛过程。

过氧化氢脱毛是 H_2O_2 和 NaOH 共同作用的结果。H_2O_2 的氧化作用破坏毛胱氨酸的双硫键，这种作用在碱性条件下得到加强。毛的双硫键减少后，更容易在碱作用下发生溶解。在碱性介质中，毛根比毛干更容易遭受双氧水的破坏。因此采用 H_2O_2 和 NaOH 脱毛时，加入 $Ca(OH)_2$ 可以实现保毛脱毛。但为了避免毛根获得护毛效应，控制 $Ca(OH)_2$ 用量及作用（渗透）时间是至关重要的。

3.5.4　其他氧化脱毛技术

除过氧化氢外，美国农业部东部研究中心的 Marmer 等人还研究了其他多种氧化剂的脱毛效果。过硼酸钠通常被用作漂白剂，是洗衣粉的成分之一，Marmer 等人将其用于制革生产的氧化脱毛工序[162]。工艺方案为：水 150%，过硼酸钠 5%，氢氧化钠 5%。转动 4h 后，绝大部分毛被脱掉，粒面未受任何损伤，残余的毛则在复灰时被全部除去。小试中发现，过硼酸钠脱毛是一种保毛脱毛方法，这正是清洁技术所期望的，但中试的结果却截然相反，其原因可能是转鼓的机械作用过强，导致毛被完全毁掉。如果能够进一步优化工艺条件，过硼酸钠保毛脱毛应该是可以实现的。相比于传统硫化物脱毛法，过硼酸钠脱毛后的裸皮制成的蓝湿革有着更高的铬含量，这可能是因为胶原纤维在过硼酸钠作用下产生了更多能与铬盐配位的羧基；同时，用过硼酸钠脱毛后，皮具有更好的酸性染料吸收能力，这点非常特殊，因为在一般情况下，氧化脱毛会增加皮胶原上的阴离子型基团，从而阻碍皮对同样带负电的染料的吸收。但是，近年来随着硼酸盐对环境的负面影响逐渐被认识，一些国家已经把硼酸盐作为限量排放物，因此这种脱毛方法只有化学原理上的借鉴意义，不太可能被实际采用。Marmer 等人还研究了另一种廉价的常见漂白剂——过碳酸钠的脱毛作用[163]。5% 过碳酸钠加 7% 氢氧化钠的脱毛情况与过硼酸钠类似，而它的副产物是无害的碳酸钠，所以过碳酸钠具有更大的应用推广价值。另外，他们还研究了应用过氧化钙、过氧化镁或过硫酸钾的快速氧化脱毛方法，在 45℃、强碱性（15% NaOH）条件下，用上述氧化剂中任何一种（用量 5%），可在 5~8min 内迅速脱掉 80% 以上的毛，但需要注意的是如此强烈的反应条件可能会损伤皮的粒面，并影响成革的物理机械强度[164,165]。

印度中央皮革研究所 Sundar 等人开发了基于臭氧的氧化脱毛技术[166]，已经获得印度专利。将洁净、干燥的氧气通过加载高压交流电的电极，即可制得用于脱毛的气态臭氧。用于山羊皮脱毛的实验表明，pH 在 10.5~11.5 之间时有利于臭氧脱毛，故在向转鼓中通臭氧之前，要先加入 10% 的石灰和 100% 的水，转 15min。随后连接臭氧发生器和转鼓，通入浓度为 $2.25\text{mg}\cdot\text{L}^{-1}$ 的臭氧进行脱毛（转鼓为停止状态）。60min 后将皮从鼓中取出，用拔毛机去毛或手工推毛。经臭氧处理的裸皮脱毛干净，毛可全部回收，粒面光滑清洁，坯革的铬含量、油脂含量和物理机械性能与硫化物脱毛比较无显著差异，而废水中的 BOD_5、COD、TDS 和 S^{2-} 等污染物指标大幅降低。成本高昂，设备复杂和需人工去毛是制约臭氧脱毛技术发展的主要因素，目前该技术还处于实验研究阶段。

3.6　其他脱毛方法

3.6.1　有机硫化物脱毛

一些有机硫化合物如巯基乙醇（CH_2SHCH_2OH）、巯基乙酸钠（$CH_2SHCOONa$）、甲脒亚磺酸$[(NH_2)_2CH^+SO_2H]$ 等是很强的还原剂，可以替代硫化物用于脱毛，从而减少硫化物的用量和废水中硫离子的含量。不过它们的价格比硫化物高得多，使这种方法的应用受到了限制。

BASF 公司的 Mollesal 方法是一种以巯基乙醇为还原剂的脱毛方法，已经应用于欧洲和亚洲的一些国家。Mollesal SF 和 Mollesal LD 6025 是其中的两种主要产品，后者包含有以硫化物、胺类物质为基础的脱毛助剂。用这类产品脱毛时，整个过程中（护毛、脱毛、复灰）不需要换液。在脱毛初始阶段，加入含硫化合物破坏毛根和毛囊，以防止它们在后面的护毛过程中被保护，增加脱毛的困难。用石灰护毛后，再加入硫化钠和/或硫氢化钠使毛脱落。牛皮脱毛参考工艺如下[167]。

(1) 护毛、脱毛、复灰同浴进行

水 40%～60%，28℃，Mollescal LD 6025 1.0%～1.2%，转 60min；加 0.8% 石灰，转 60min，pH 约 11.5；加硫化钠（60%）1%，转 90～120min 后开始过滤除毛；加石灰 1.6%，转 30min；补加水至 80%～100%，28℃，转 30min；转 5min，停 30min，共 10～12h；水洗 2 次。

这种方法的优点是硫化物用量低（每吨原皮需要 2.5kg S^{2-}），不会有硫化氢气体产生，而且剩余的巯基乙醇能被空气氧化成无害的最终产物，整个过程不需要换液。裸皮干净，粒面紧实，皮革的丰满性好，得革率较高。

(2) 使用 Mollescal HW 工艺

除了在脱毛过程使用 Mollescal LD 6025，还可以在浸水中使用含巯基的产品 Mollescal HW，后面的脱毛就可以不用硫醇。这种方法在北欧的一家制革厂应用，参考工艺如下（牛皮）[168]。

① **浸水**　水加至转鼓的鼓轴处，30℃；碳酸钠 0.2%，Borron T（去污剂）0.2%，转 60min，排液；水 150%，温度 25℃，Mollescal HW 0.8%，碳酸钠 0.5%；转 10min，检查 pH 和温度；转 5h，排液。

② **护毛、脱毛、复灰**　水 80%，26℃；硫化钠 0.3%，转 40min；加石灰 2%，转 45min；加硫氢化钠 0.2%，硫化钠 1.3%，转 15min，开始过滤；转 90min，直到毛基本除去；加石灰 1.5%，转 10min；加水 60%，25℃，停转结合，过夜；排液，水洗 2 次。

这种方法硫化物的消耗量高于使用 Mollescal LD 6025 的方法，每吨原皮约需要 5.1kg S^{2-}。

(3) 使用 Erhavit HS 工艺

Erhavit HS 是 TFL 公司的产品，主要成分是巯基乙酸钠。在 pH 12.0～12.3 的条件下，石灰和 Erhavit HS 用于浸渍和护毛。随后在浴液中加入硫氢化钠脱毛。毛分离后，既可以用石灰、硫化钠或硫氢化钠进行同浴复灰，也可以片皮后复灰。参考工艺如下（牛皮）[169]。

① **护毛、脱毛**　水 70%～100%，温度 26℃；Erhavit HS 1.2%～1.5%，石灰 1%，转 60～90min，pH=12.0～12.3；加 0.9%～1.2%硫氢化钠（72%），转 60～90min；约 30min 后毛开始脱落，分离毛。

② **复灰**　加水 70%～80%，温度 26℃；硫化钠（60%）0.3%～0.5%或硫氢化钠（33%）0.3%～0.5%，按 1:2 稀释；石灰 2%～3%，Rohagit 3995（掉毛剂）0.03%～0.05%，转 30min；转 1min·h^{-1}，共 16～18h，pH=12.3～12.5，温度 26～28℃；排液。

③ **水洗**　200% 水，26℃，转 15min·h^{-1}；排液。

这种方法的优缺点和前面两种方法基本相同，每吨原皮约消耗 5kg S^{2-}，也可以通过调整工艺适当降低硫化物用量。

（4）Carpetex 2 WS 工艺

Carpetex 2 WS 系统也是一种使用硫代化合物作脱毛助剂的脱毛方法，适用于牛皮脱毛的参考工艺如下[167]。

① **浸渍**　水 80%，常温；Merpin 8018（脱毛还原剂）1.0%，Merpin 8020（氧化镁产品）0.1%；转 20min。

② **护毛**　加石灰 1.0%；转 30～40min。

③ **脱毛**　加硫化钠（60%）1.2%～1.5%；转 100min，过滤分离毛。

④ **复灰**　加石灰 2.0%；转 60min；加水 30%，Hyorophan 8076（去污剂）0.1%，停鼓过夜。

使用这项技术，每吨原皮大约需要 3.0～3.7kg S^{2-}。

（5）甲脒亚磺酸工艺

甲脒亚磺酸的还原能力比硫化物和硫代化合物还强，它的盐在 Depilor 和 Erhavit FS 脱毛方法中被用作还原剂。Depilor 方法主要应用在意大利的一些制革厂中，整个工序中不需要换液。用石灰护毛后，加入硫化钠和 Depilor 脱毛，将毛分离后，进行复灰操作。适用于牛皮脱毛的参考工艺如下[170～172]。

① **护毛**　水 70%～100%，26℃；石灰 2.5%，转 5min，停 25min，转 5min，停 55min。

② **脱毛**　加硫化钠（60%～62%）0.8%～1.2%（小牛皮用量 1.0%～1.3%），碳酸钠 0.3%；转 10min；加 Depilor 0.7%，转 1～2h，pH＝12.6；加水 50%～70%，28℃；循环过滤毛，60～90min；转 5min，停 55min。

③ **复灰**　加石灰 2%，过夜。

甲脒亚磺酸衍生物漂白效果很好，用于脱毛裸皮干净，皮面光滑，有光泽，成革颜色一致性好，面积增加明显，硫化物消耗量较低，每吨原皮约需 2.0～3.0kg S^{2-}。不过这种材料的价格很高，脱毛成本大约是常规灰碱法脱毛的 2～3 倍，这使它的应用受到限制。

TFL 公司的 Erhavit FS 也是一种以甲脒亚磺酸衍生物为主要成分的产品，用法和 Er-havit HS 基本相同。生产的坯革无皮垢、颜色浅淡、无明显色斑、平滑性好，适合生产水染革。

3.6.2　有机胺脱毛

1927 年 Melaughlin 发现伯胺可以促进脱毛。他们研究了在石灰液中加入甲胺、二甲胺、三甲胺的脱毛效应以及三者混合物的脱毛效应。结果发现甲胺、二甲胺都有良好的脱毛作用，其中二甲胺脱毛效应大约是甲胺的二倍，三甲胺（叔胺）无脱毛作用。目前发现有脱毛效果的有机胺类超过了 70 种。关于二甲胺脱毛，罗姆哈斯公司的 Smeryville 和他的合作者进行了深入的研究，成功地研究出了二甲胺-氢氧化钠的脱毛体系，并应用于大生产。用于小牛皮面革及重革的脱毛，取得了较好的效果，脱毛迅速完全，且成革质量较好，也可进行保毛脱毛，降低排出物污染，回收毛的质量也较好。但是二甲胺脱毛存在着成本高、二甲胺易挥发、毒性大等缺点，在制革工业中没有得到广泛应用，一般只作为碱性硫化物脱毛体系中的添加助剂来减少硫化物用量，提高皮革质量[137]。

另外，彭必雨等人考察了乙醇胺、二乙醇胺、三乙醇胺、乙二胺和联胺等几种有机胺的脱毛效果，发现这几种胺都具有一定的助脱毛作用，在浸灰中使用有助于脱毛，它们与硫化钠配合使用，可以在较小硫化钠用量下达到保毛脱毛的效果[173]。

随着清洁技术的进一步发展，硫化物脱毛方法必将被无污染、成本合适、操作简便的脱毛方法所替代，其中酶脱毛和过氧化氢脱毛无疑是最具发展前途的两种方法。

3.7　分散皮胶原纤维的清洁技术

胶原纤维的分散程度直接影响着成革的柔软性、丰满性、弹性、粒面状态，以及物理机械性能和面积得率[174]。因此，在制革生产中进行皮胶原纤维的分散处理非常必要。

目前制革生产过程中胶原纤维的分散主要依靠浸灰工序来完成。传统的浸灰工艺主要用石灰使浸灰液的 pH 稳定在 12.5 左右，在这样的 pH 下皮纤维能够长时间保持电荷作用而膨胀，再结合钙离子的胶溶作用，胶原纤维得以充分松散。该方法材料易得，成本低，操作简单，但是由于石灰的溶解度低，在浸灰工序中需要过量使用（裸皮重的 5%～8%），这就使得浸灰废液中含有大量不溶性的石灰沉淀物，增加制革厂的污泥产生量。这些石灰淤泥处理困难，如果进入森林或农田，会使土地板结，农作物及植被无法生长，严重影响生态环境[174~177]。因此，制革工作者正努力寻求其他更为清洁的胶原纤维分散途径，以降低甚至消除石灰的污染。

理想的纤维分散清洁技术应该满足以下条件[178]：

① 对生皮的分散作用能达到或接近传统浸灰工艺的效果；

② 不引入新的有毒有害物质，能较大程度降低废水的污染指标；

③ 分散后的裸皮适合后期的鞣制等处理；

④ 工艺操作简便，经济上可行。

3.7.1　浸灰工艺的改进

针对灰碱法浸灰过程中产生大量石灰淤泥的缺点，国内外研究工作者做了大量的工作。近年来，一些可以降低石灰用量的浸灰助剂材料已在实际制革中得到了广泛的应用。

在浸灰中加入石灰增溶剂和稳定剂，可以使浴液中溶解性的 Ca^{2+} 增多，促进石灰的渗透，有利于分散胶原纤维，缩短浸灰时间，减少石灰用量，降低废水中的石灰量。石灰增溶剂能与 Ca^{2+} 形成溶解性好的盐或配合物（主要是螯合物），国外公司的此类产品有 Mollescal PA（BASF 公司）、Feliderm K（Hochest 公司）等。但添加的石灰增溶剂不能与 Ca^{2+} 形成非常稳定的螯合物，否则会使 Ca^{2+} 失去分散纤维的作用。如聚磷酸盐与 Ca^{2+} 发生强的螯合作用，能有效地增加石灰乳的悬浮稳定性，但溶液中的 Ca^{2+} 浓度却大大降低，导致最终的浸灰效果较差，而且石灰悬浮液稳定性过高也不利于浸灰废水的沉降处理[174]。

诺和诺德（Novo Nordisk）公司在 20 世纪 70 年代推出的浸灰酶 NUE（碱性蛋白水解酶），可用于浸灰和复灰工序以协助脱毛和皮纤维的松散。1988 年，英国皮革协会（BLC）对浸灰酶 NUE 在浸灰工序中的应用做了大量的研究工作，发现使用 NUE 不仅可以提高浸灰效率，还能改善成革品质，增加成革面积，减少石灰和硫化碱的使用量。现在浸灰酶 NUE 0.6MPX 在国外制革厂已得到了广泛的应用。国内数十家制革厂也用浸灰酶 NUE 做过应用实验。实验原料皮既有粗大厚重的水牛皮和部位差较大的猪皮，又有纤维编织疏松的绵羊皮，并且制造的成革几乎涉及所有品种。结果同样表明 NUE 能帮助石灰等浸灰化料渗透和分散，提高浸灰效率，而且相应的硫化物、石灰和助剂的用量得到较大幅度的减少，有利于环境保护[179]。

安徽合肥制革厂曾在牛皮酶脱毛生产中用 NaOH 和 $CaCl_2$ 协同分散酶脱毛后的裸皮[180]，并生产出品质较高的成品革。NaOH 是一种强碱，对皮纤维膨胀作用剧烈，但同时加入 0.4%～0.6% 的 $CaCl_2$ 可以发生以下反应：

$$2NaOH + CaCl_2 \longrightarrow Ca(OH)_2 + 2NaCl$$

生成的二元碱能起到缓冲作用，抑制 NaOH 对裸皮的过度膨胀。参考工艺如下[180]。

原料为浸水后的黄牛淡干皮。

滚碱　液比 2.5，温度 20～22℃；液碱（30%）2%，氯化钙 0.3%，转 1h；液碱（30%）1%，氯化钙 0.3%，转 2h；要求裸皮切口渗透 3/4，转停结合过夜，总时间 14～16h。

尽管 $CaCl_2$ 和 NaOH 生成了微溶于水的 $Ca(OH)_2$，作用机理类似于石灰，但两者总量仅为常规石灰用量的 10%～20%，大大降低了废水中淤泥的排放量。不过 NaOH 对生皮的剧烈肿胀效应及 $CaCl_2$ 的胶溶效应，易使成革受到损伤[180]，因此限制了该方法在实际制革生产中的应用。

3.7.2　无灰分散胶原纤维

NaOH 是一种易溶于水的强碱，而且价格便宜，制革工作者对其进行了大量的研究，希望能用它代替石灰分散纤维。但是 NaOH 对皮的膨胀作用剧烈，一旦控制不当，皮质易受损失，导致成革空松、松面甚至分层[181]。

基于上述原因，Thanikaivelan 等人试图寻找一种合适的碱性物质，在一定浓度下能将纤维分散到与传统浸灰处理相同的程度。用酶和少量的 Na_2S 脱毛后的裸皮为原料，对不同用量的 Na_2CO_3、$NaHCO_3$ 和 NaOH 进行纤维分散研究，发现 NaOH 的分散效果最佳。优化的工艺条件为：1%NaOH（以脱毛后裸皮重量为基准），350% 水，转 1min·h^{-1}，共 6h，停鼓过夜。该工艺皮的膨胀度与 10% 石灰复灰的皮差不多，横截面的 pH 在 8.5～9.0 之间，纤维分散后不需要进行脱灰操作。由于皮纤维分散越好，鞣剂、染料和加脂剂等材料就越易渗透，因此有必要比较铬鞣剂在皮各层中的渗透情况，以判断纤维束的分散程度。如表 3-39 所示，分别用 NaOH 和石灰处理后，蓝湿革各层的铬鞣剂分布都比较均匀，且铬含量也基本相同，纤维分散效果都不错。另外，成革的物理机械性能和复灰的对比样差别不大，见表 3-40。可能是因为 NaOH 比石灰去除的非胶原蛋白更多，该工艺废水的 COD 高于复灰废液。但是 TS 比复灰液下降了 31%，完全消除了石灰淤泥，见表 3-41[182]。

表 3-39　Cr_2O_3 在蓝湿革中的分布比较[182]　　　　　　　　　　单位:%

处理方式	粒面层	中间层	肉面层
石灰	2.67±0.08	2.49±0.06	2.70±0.10
NaOH	2.60±0.02	2.44±0.02	2.87±0.03

注：Cr_2O_3 含量以蓝湿革的干重为基准。

表 3-40　成革的物理机械性能[182]

处理方式	抗张强度/N·mm^{-2}	断裂伸长率/%	撕裂强度/N·mm^{-1}	粒面崩裂强度	
				负荷/N	高度/mm
石灰	25.1±0.9	60±4	103±4	206±24	6.60±0.30
NaOH	25.6±0.5	64±2	101±4	186±20	6.70±0.20

注：数据为 3 张牛皮背脊线横、纵向测定均值的平均值。

表 3-41　分散皮纤维废液的部分污染指标分析[182]　　　　单位：mg·L^{-1}

处理方式	COD	TS
石灰	5531±28	12070±85
NaOH	7658±18	8325±80

Valeika 等人发现用 NaOH 分散皮纤维时，要使其成革性能不低于用石灰处理的皮，则温度不应高于 25℃，NaOH 用量不多于 2%。在此基础上，他们又考察了 NaCl、Na_2SO_4、HCOONa 和 Na_2HPO_4 对皮膨胀和胶原水解的影响。实验工艺如下[183]。

(1) 盐湿牛皮浸水　水 150%，温度 20～22℃，碳酸钠 1%，脱脂剂 Na_2SiF_6 0.15%；转 8.5h。

(2) 脱毛膨胀　水 60%，温度 25～35℃，NaOH 2%，Na_2S（100%）0.55%；分别加入 NaCl、Na_2SO_4、HCOONa 或 Na_2HPO_4 0～5%；转 3h。

结果发现胶原的水解和盐的加入量有关。25℃时，加入 4%～5% 的 NaCl、Na_2SO_4 或 HCOONa，或 1%～2% Na_2HPO_4，可以让胶原的水解量降低 12%～20%。5% NaCl 在温度不超过 25℃时，能抑制胶原的水解，但随着温度升高，这种效应减弱，35℃时胶原水解量反而大于没加入 NaCl 仅有 NaOH 处理的情况。HCOONa 的作用受温度变化的影响较小，Na_2SO_4 和 Na_2HPO_4 则不受温度变化的影响，对胶原水解持续表现为抑制效应。但是使用时温度仍不能大于 30℃，因为超过 30℃后，NaOH 对胶原蛋白的水解迅速加剧，即使盐有一定的抑制作用，也不能阻止胶原的大量损失，胶原水解量远高于石灰处理时的量。另外，这些用量的盐可以减弱 NaOH 的膨胀作用，特别是 Na_2SO_4 和 Na_2HPO_4。需要指出的是，当这些用量的盐（除 NaCl）被加入时，脱毛效果会变差[183]。

有研究报道 α-淀粉酶对蛋白多糖类物质有专一性作用，Thanikaivelan 等人以硫化钠辅助酶脱毛后的皮为原料，采用 α-淀粉酶分散纤维。实验发现用 0.5%、1%、1.5% 和 2% 的 α-淀粉酶（酶活 2000U·g^{-1}）处理皮 6h 后，肉眼可见皮的粒面出现较小损伤，并有轻微的难闻气味产生。当 α-淀粉酶作用时间为 3h 时，即使通过 SEM 也观察不到粒面损伤，也闻不到气味。0.5% 和 1% α-淀粉酶处理的皮柔软度不够，纤维分散程度不够。因此优化工艺为：100% 水，1.5% α-淀粉酶，转 3h。与常规工艺（10% 石灰，350% 水，转 1min·h^{-1}，共 6h，停鼓过夜）对比，铬鞣剂在皮各层中的含量和分布均匀性相当（见表 3-42），说明 α-淀粉酶处理的皮能到达常规工艺的分散效果。成革的物理机械性能和对比样差别不大，见表 3-43。该分散方法还省去了脱灰操作，COD 下降了 18%，TS 下降了 62%[12]。

表 3-42　Cr_2O_3 在蓝湿革中的分布比较[12]　　　　单位：%

处理方式	粒面层	中间层	肉面层
石灰	3.87±0.06	3.81±0.07	3.65±0.11
α-淀粉酶	3.65±0.07	3.59±0.06	3.64±0.05

注：Cr_2O_3 含量以蓝湿革的干重为基准。

表 3-43　成革的物理机械性能[12]

处理方式	抗张强度①/N·mm^{-2}	断裂伸长率①/%	撕裂强度①/N·mm^{-1}	粒面崩裂强度②	
				负荷/N	高度/mm
石灰	24.5±0.4	76±3	100±6	245±10	7.9±0.1
α-淀粉酶	23.9±0.6	55±4	94±2	441±20	10.0±0.1

① 10 个半张牛皮横、纵向测定值的平均值；② 10 个半张牛皮负荷和伸长的平均值。

Saravanabhavan 等人报道了用可溶的硅酸盐（水玻璃）来分散纤维的方法[184]。1%硅酸钠水溶液的 pH 在 13 左右，而使皮膨胀到最适宜程度的浴液 pH 为 12.0，因此硅酸盐可以用来打开胶原纤维束。参考工艺如下[184]。

(1) 脱毛　脱毛液配方：水 10%，脱毛酶（Biodart）1%（以浸水后皮的重量为基准），硅酸钠 1%（工业级，SiO_2 含量 16.5%）；牛皮在上述脱毛液中浸渍后，堆置过夜；次日手工推毛。

(2) 分散纤维　水 200%，硅酸钠用量分别为 1%、2%、3%、4% 和 5%（以脱毛后皮的重量为基准）；转 $5min \cdot h^{-1}$，持续进行一天，停鼓过夜；次日，裸皮去肉。

从表 3-44 可以看出，1% 的硅酸钠处理的裸皮膨胀度远小于硫化钠-石灰处理的裸皮，而 3%~5% 硅酸钠使裸皮膨胀过度，皮仅在使用 2% 硅酸钠分散纤维后膨胀程度和常规皮无明显差别，而且蛋白多糖的去除量也相当。因此硅酸钠分散纤维的最优用量为 2%。

表 3-44　纤维分散程度和蛋白多糖去除量比较[184]

处理方式	重量增加率[①]/%	蛋白多糖去除量/$g \cdot kg^{-1}$	处理方式	重量增加率[①]/%	蛋白多糖去除量/$g \cdot kg^{-1}$
石灰 4%	24.6	3.27 ± 0.02[②]	硅酸钠 3%	28.4	3.42 ± 0.04
硅酸钠 1%	18.2	2.40 ± 0.02	硅酸钠 4%	30.2	3.38 ± 0.02
硅酸钠 2%	25.4	3.35 ± 0.02	硅酸钠 5%	30.8	3.44 ± 0.04

①重量增加率%=（膨胀后皮的重量−浸水后皮的重量）/浸水后皮的重量×100%；②±指标准误差。

(a) 转碟曝气

(b) 管式微孔曝气

(c) 射流曝气

(d) 旋流曝气

图 3-51　不同工艺处理后裸皮粒面和成革粒面的 SEM[184]

图 3-51(a) 和 (b) 中样品毛孔均清晰可见，图 3-51(a) 有少量未溶解的石灰颗粒，

它们在脱灰时即可除去。用氢氧化钠之类的强碱分散纤维，皮可能会裂面，毛孔也将受损害。硅酸钠处理后制得的成品革表面清晰，粒面没有损坏［见图 3-51（c）和（d）］。可见硅酸钠不同于氢氧化钠，具有类似石灰一样的使皮温和膨胀的性能。硅酸盐处理后，蓝皮各层铬鞣剂含量差不多，且略高于常规处理的蓝皮，这可能是因为硅酸钠使皮纤维的分散程度更高，且分散后有硅酸盐残留于皮中，增大了铬的吸收。另外，由于硅酸钠的溶解度高，纤维分散过程没有淤泥产生，COD 和 TS 分别下降了 55％和 24％。该方法所消耗的化学试剂、劳动成本等费用和常规方案相当，又节约了污水处理费用，再加上该法前期采用酶脱毛，成品革面积增加了 8％，在经济上具有可行性[184]。

3.8　脱灰清洁技术

脱灰是制革准备工段中伴随浸灰而存在的重要工序，目的主要是除去灰裸皮中的石灰和碱，消除皮的膨胀状态，调节裸皮的 pH，为软化、浸酸等工序创造条件。石灰和碱在灰皮中主要以两种形式存在，即与胶原发生化学结合（主要是离子键结合）的灰碱和沉积附着在皮的表面、胶原纤维束间隙中的游离灰碱。

在实际的生产过程中，脱灰一般分为两个阶段，即水洗脱灰和化学脱灰。首先通过水洗将灰皮内游离的灰碱尽量洗出，一般来说水洗越干净，后面的化学脱灰碱越容易，但要达到较彻底地除去灰碱仅靠水洗是不行的，如果灰裸皮水洗时间过长，特别是在水量较少的情况下，皮受机械作用过大，胶原纤维结构受破坏，造成皮水肿，成革特别是腹肷部位易松面，因此一般采用水洗为辅，化学脱灰为主的方法。化学脱灰就是利用酸碱中和反应的原理，采用酸性化合物将自由存在的和与皮胶原结合的灰碱从皮中除去的方法。制革生产中多采用酸性盐或者弱酸性有机物脱灰，而不直接采用酸，特别是无机酸，以保证脱灰能够缓慢均匀地进行。一般而言，脱灰剂必须具备以下几方面的性能：首先必须是酸性物质，能中和皮内的碱；其次必须能与钙形成易溶于水的盐而容易被水洗脱除；此外脱灰剂与碱作用后应形成在 pH 7.5～8.5 范围内具有较强缓冲性的溶液，以避免在低 pH（pH<5.0）时皮表面酸肿现象的发生和硫化氢气体的产生[185]。

铵盐由于具有中和反应作用缓和、操作安全、使用方便和成本低廉等优点而被广泛应用于传统脱灰过程中，其中最普遍使用的脱灰剂是硫酸铵和氯化铵。它们在脱灰过程中产生大量刺激性的、有害健康的氨气，还大大提高了废水中的氨氮含量，对大气和水质都会造成污染。氨氮对水生动物具有一定毒性，并会引起水体富营养化，使水生植物过度生长，降低水中的氧含量，也减少了水系微生物的繁殖与生长[186]。通常污水处理厂要除去铵盐会显著增加处理费用。此外，脱灰中常用的 NH_4Cl 也是氯化物污染的源头之一。

为了减少和消除脱灰废液的污染，制革科学家们对清洁脱灰剂和脱灰体系进行了大量的研究，提出了多种方案，为形成清洁脱灰技术奠定了基础。

3.8.1　二氧化碳脱灰

为了尽可能地减少脱灰软化时使用铵盐所造成的高氨氮含量污水，国外从 20 世纪 80 年代以来即研究采用 CO_2 代替或部分代替铵盐的脱灰方法。芬兰 AGA 公司的 Timo Tuohimaa 用 CO_2 进行两年的脱灰试验之后，从 1988 年起，芬兰西部 Viialan Nahka 制革厂成为全世界第一家全部采用 CO_2 脱灰的制革厂[187]。随后全世界有数十家著名的制革厂正式在生产中采用 CO_2 脱灰技术，取得了质量、环保、经济等多方面综合效益。采用 CO_2 脱灰，能够大大减少废水中的含氮物质和操作环境的氨味刺激，BOD 降低 50％以上。CO_2 脱灰的基本原理如下：

$$Ca(OH)_2 + CO_2 \longrightarrow CaCO_3 + H_2O$$
$$CaCO_3 + H_2O + CO_2 \longrightarrow Ca(HCO_3)_2$$

当溶液中的 pH 为 8.3 时，生成不溶性碳酸钙，但当有充足的 CO_2 气体及水存在时，溶液的 pH 低于 8.3，生成可溶的 $Ca(HCO_3)_2$，从而达到脱灰的目的[188]。

印度中央皮革研究所 Purushotham 等[189]也对 CO_2 用于脱灰进行了研究，设备流程如图 3-52 所示，操作工艺条件为：最初控制液比 0.3，加入 0.2％～0.4％的硫酸铵，转 30～60min 后将液比提至 1～1.5，温度 35℃，初期通入 CO_2 的速度较快，使浴液 pH 能在短时间内达到平衡，然后减缓通入速度至脱灰完全。与常规脱灰相比，使用 CO_2 可以有效降低废液中的氨氮含量，如表 3-45 所示，而且粒面更清洁、平细，这可能和"发泡效应"有关，成革的物理化学性能也有所提高，见表 3-46。

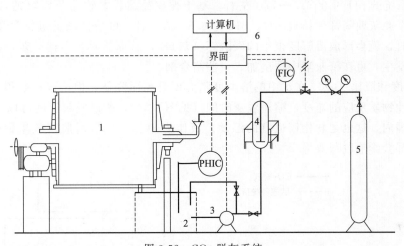

图 3-52　CO_2 脱灰系统

1—转鼓；2—废液收集装置；3—循环泵；4—CO_2 吸收器；
5—CO_2 钢瓶；6—计算机控制系统

表 3-45　两种脱灰方法废液比较[189]

脱灰方法	钙含量/mg·L^{-1}	铵含量/mg·L^{-1}	氮含量/mg·L^{-1}	pH
CO_2 脱灰	980.0	6.0	5.0	7.3
硫酸铵脱灰	870.0	27.0	22.0	7.6

表 3-46　成革物理化学性质的比较[189]

脱灰方法	抗张强度/N·mm^{-2}	伸长率/％	切口撕裂强度/N·mm^{-1}	灰分/％	水溶物/％	Cr_2O_3 含量/％	油脂含量/％
CO_2 脱灰	22.46	62.5	26.6	4.84	1.27	3.73	10.5
硫酸铵脱灰	21.10	50.0	26.0	4.92	1.28	3.52	11.0

陈定国对 CO_2 脱灰进行了生产型实验[190]，投皮量为 1500kg 左右，对于片灰皮后的头层裸皮，CO_2 用量在 1％～1.2％，而二层皮约需 2％。脱灰、软化同时进行，为保险起见，加入了生产中常规量 20％的硫酸铵，胰酶用量不变，液比 100％，温度 35～37℃，先快速通入 CO_2 约 10min，待溶液 pH 降至 8 左右时开始减缓 CO_2 的流量，使 pH 保持

稍高于 8 一段时间以利于软化，接着再加大流量至脱灰软化结束，所耗时间与常规生产相当，成革质量没有明显差异。

CO_2 的脱灰效果与以下几方面因素有关。

① 皮的厚度　薄的裸皮脱灰比厚的裸皮或未剖层的裸皮脱灰要快得多。例如，对于厚度为 1.8～2.5mm 的裸皮，在没有添加剂的情况下脱灰需 90～120min，而厚度为 3.5mm 的裸皮，则需要 150～180min。未剖层的厚重裸皮的脱灰至少需要 3h。因此，可以采用加入适量铵盐或专用脱灰剂来减少脱灰时间。

② CO_2 的用量　二氧化碳可通过鼓轴直接送到转鼓里，或者直接进入转鼓划槽混合体系的再循环系统里。CO_2 直接通入液体，可以更迅速更彻底地分散，因此脱灰更快，这意味着能降低 CO_2 的消耗。对于厚度为 1.8～2.5mm 的灰裸皮，CO_2 的耗用量为裸皮重的 1.2%～2.0%；当然较重较厚的裸皮需 CO_2 的量就更多，但实际用量还取决于脱灰容器的类型及 CO_2 气体进入浴液的效率。

③ pH 的调节　硫酸铵和二氧化碳脱灰 pH 的比较见图 3-53，若连续输入 CO_2，15～20min 后系统的 pH 可在 6.5～7.0 左右。基于裸皮品质、柔软性及残留钙含量等考虑，建议在整个脱灰期间都保持此 pH。pH 为 6.5～7.5 时，可溶性碳酸氢钙易于形成；pH 高于 7.5 时，就会形成溶解度很小的碳酸钙（灰斑），从而影响坯革的外观性能。要避免上述情况发生，可在浸灰浴中适量加入一些络合剂。

④ 温度和液比　CO_2 在水中的溶解度随温度升高而降低，但可以扩散得更充分，并加快与碱性物质反应的速度，缩短脱灰时间（见图 3-54），所以脱灰温度可以控制在 32～35℃的范围内，这也是软化较适宜的温度。液比为 70%～80% 时脱灰效果最好，增大或减小液比都会影响脱灰效果[189～192]。

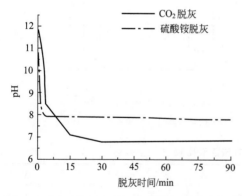

图 3-53　硫酸铵脱灰与 CO_2 脱灰 pH 比较[189]

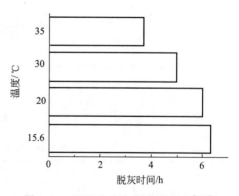

图 3-54　浴温对 CO_2 脱灰的影响[190]

由于二氧化碳气体在高浓度时能使人窒息，所以安全问题也是需要注意的。由于用 CO_2 脱灰时，必须保证液体之上的空间要用 CO_2 气体饱和，所以打开脱灰容器的开关时要特别小心。工作场地要很好地通风。采用灰碱法脱毛、CO_2 脱灰时，较低的 pH 会产生有毒的硫化氢气体，因此要遵守安全法规，确保空气流通。通常先在浴液中加入 0.1%～1.0% 的过氧化氢（30%），转 10min，然后通入 CO_2，可以大大减少这种危险[189,190,192]。

四川大学廖隆理等人将超临界 CO_2 流体用于脱灰，控制条件为：压力 7.5MPa，温度 35℃，时间 60min，液比 0.5，以复灰猪裸皮为原料，在自制的超临界装置中进行。实验结果表明，用超临界 CO_2 流体脱灰比常规法脱灰更彻底，均匀性更好，对紧实部位的脱灰效果特别好。这种方法面临的最大障碍是超临界设备的一次性投资较大[193,194]。

总的来看，CO_2 脱灰投资少，成本低（超临界 CO_2 流体脱灰投资较高），可以有效降低废水中氨氮及 BOD 含量，减少生产车间的氨气污染，控制方便，皮革质量较好，是一项值得推广的清洁化技术。目前，我国已有少量制革企业在实际生产中采用该项技术，如富国皮革工业（阜新）有限公司，取得了良好的环境效益。

3.8.2　镁盐脱灰

采用其他无污染脱灰剂替代铵盐脱灰，也可以达到减少废水中氨氮含量，降低污染的目的。其中镁盐被认为是有希望取代铵盐的脱灰剂，如乳酸镁、硫酸镁、氯化镁单独或配合酸使用，可以得到较好的脱灰效果。

Kolomaznik 等报道了使用乳酸镁脱灰的工业化生产实验。乳酸用于脱灰，可以避免灰斑的出现（乳酸钙的溶解度大），对胶原也没有损伤，镁盐脱灰则可以使粒面更平细。采用乳酸镁脱灰，可以把二者的优点结合起来，且脱灰废液中氨氮浓度明显降低（见表 3-47），是一种很有前途的脱灰方法。参考工艺如下[195]。

原料为剖层后的浸灰牛皮（粒面层），厚度 2.2～2.4mm，一次投皮 3000kg。

（1）水洗　水 100%，温度 37℃，转 15min，排液。

（2）脱灰　水 100%，温度 37℃，乳酸镁 3%；转 30min，转速 $16r \cdot min^{-1}$，pH＝9.7。

（3）软化　适量碱性蛋白酶，转 60min，转速 $16r \cdot min^{-1}$，pH＝9.8，排液。

（4）水洗　水 100%，20℃，转 15min，排液。

（5）浸酸　水 100%，20℃，NaCl 6%，甲酸 0.6%，硫酸 1.6%（按顺序加）；转 90min，pH＝3.2。

（6）常规鞣制

表 3-47　乳酸镁对脱灰废液中氨氮浓度的影响[195]　　　　　单位：$mg \cdot L^{-1}$

脱灰剂	氨氮浓度	
	软化后	鞣制后
乳酸镁	135	163
硫酸铵	4871	1801

乳酸镁脱灰可以生成不溶解的氢氧化镁和易溶的乳酸钙，脱灰液 pH 降低至 10 左右，这时必须用在此 pH 下活性较高的碱性蛋白酶进行软化，进一步除去纤维间质，使鞣剂能够顺利渗透。由于乳酸镁脱灰不能使 pH 降至较低的水平，因此在后继的浸酸工序中需要增加酸的用量，以保证达到鞣制所需要的 pH。

乳酸镁可以由日用品工业的副产物制备。例如牛奶生产奶酪时，通常要加入碳酸镁以确保整个过程保持在合适的 pH 水平，而碳酸镁可以催化乳糖转化为乳酸，将溶液浓缩、干燥后即可制得乳酸镁，成本约 1 美元 $\cdot kg^{-1}$。因此，利用乳酸镁脱灰是完全可行的，环境效益明显。

Sunahara 等[196] 进行了硫酸和硫酸镁脱灰的研究。硫酸镁脱灰的反应原理如下：

$$Ca(OH)_2 + MgSO_4 \longrightarrow CaSO_4 + Mg(OH)_2$$

脱灰过程中会生成难溶于水的 $CaSO_4$，但它可以溶解于碱式硫酸盐溶液中。采用下述工艺进行脱灰。

脱灰、软化　水 200%，温度 35℃，硫酸镁 10%，转动 10min；硫酸 0.15%（1：10），转动 50min；无铵盐软化酶 4%，转动 45min。

硫酸镁脱灰过程中 pH 的波动较硫酸铵脱灰大，一般认为 pH 波动较大易使成革松面及染色不均。不过硫酸镁脱灰制得的成革粒面要好于硫酸铵脱灰[197,198]，成革性能和硫酸铵脱灰工艺相当。虽然硫酸和硫酸镁脱灰成本是硫酸铵脱灰的 3 倍，但是由于该工序软化废液的氮含量仅为硫酸铵脱灰的 1/10，废水处理费用降低，其实际成本并没有增加太多。因此，硫酸镁脱灰法有望成为一种代替传统铵盐脱灰的有效途径。

3.8.3　有机酸和有机酸脂脱灰

有机酸和有机酸的酯类都能代替铵盐脱灰，显著减少废水中的氨氮[199,200]。甲酸、乙酸、乳酸和柠檬酸能用于脱灰[199]，但它们的酸性较强，单独脱灰易引起裸皮"酸肿"，从而降低成革品质。Sirvaityte 等[201]用 H_2O_2 和 CH_3COOH 反应制得的过氧乙酸（PAA）进行脱灰。PAA 能使灰皮内的钙形成可溶性的盐，脱灰时钙的脱除量与硫酸铵脱灰相当。脱灰工艺为：20℃，水 40%，PAA 0.75%（PAA 溶液的 pH 为 4～4.5），转 2h。PAA 脱灰裸皮的胶原损失量与硫酸铵脱灰差不多。不同于其他脱灰材料，PAA 能氧化硫离子，完全消除硫化氢气体的产生。Chowdhury 等[202]用乙醇酸和 EDTA 的混合物作为脱灰剂，其 pH 缓冲性能稍低于硫酸铵，能显著降低废水的氨氮含量。

有机酸酯脱灰时，在溶液中逐渐水解，产生弱有机酸，能缓慢均匀地脱灰。脱灰初期，由于裸皮的 pH 较高，有机酸酯的水解速率较快；随着脱灰时间的延长和裸皮 pH 的降低，有机酸酯的水解速率逐渐降低；当裸皮 pH 降至 8～9 时，有机酸酯停止水解，皮的 pH 也不再降低。例如，BASF 公司、TFL 公司和四川亭江新材料股份有限公司均推出了酯类脱灰产品，分别为 Decaltal ES-N liq、DERMASCAL CD 和 TJ-A3607E，它们在 pH 7.5～8.5 的范围内具有极佳的缓冲性能，脱灰作用温和，渗透均匀，无氨排放，但成本较高。韩国鞋类及皮革技术研究所[200]合成了一种碳酸酯无氮脱灰剂（NFDA）。这种脱灰剂在脱灰过程中分解生成乙醇和二氧化碳，能有效去除皮坯中的钙和脂肪，脱灰速度快，且 pH 降低缓慢，裸皮粒面光滑。与铵盐脱灰相比，使用 NFDA 脱灰不会产生氨气，废水中总氮浓度减少 90%，BOD、COD 浓度分别降低 25% 和 65%。

3.8.4　硼酸脱灰

硼酸的酸性较弱，可与皮中的石灰反应，生成可溶的偏硼酸钙，再通过水洗达到脱除灰碱的目的。曾运航等[203,204]对硼酸脱灰进行了详细研究，结果表明，硼酸能与皮中的灰碱形成 pH 8～9 的缓冲系统，不会使裸皮产生酸膨胀。当硼酸用量由 2.5% 增加到 6.0% 时，脱灰过程的最低 pH 也仅从 8.46 降到 7.46（图 3-55）。硼酸即使添加过量，对皮胶原和粒面的损伤也不大（图 3-56 和图 3-57），因此使用方便，操作安全。这是因为硼酸是酸性极弱的一元酸，其在水中解离时不是自身给出质子，而是依靠硼的缺电子结构特点结合水中的 OH^-，使水分子释放出质子。采用硼酸脱灰得到的蓝湿革性能与硫酸铵脱灰工艺相当。尽管硼酸的价格比铵盐高，但硼酸脱灰液的总氮含量仅为硫酸铵脱灰的 9%，可以降低废水处理费用，从而缩小硼酸脱灰与铵盐脱灰的成本差距。

硼酸的酸性较弱，如果完全采用硼酸取代铵盐脱灰至少需要 2.5% 硼酸，脱灰成本较高。因此，为了降低脱灰成本，曾运航等[204]进一步采用柠檬酸、柠檬酸钠和硼酸的复配物（CA-NC-BA）进行脱灰。CA-NC-BA 中柠檬酸、柠檬酸钠和硼酸的最佳质量比为 5：4：10。采用 1.9% CA-NC-BA 脱灰时，整个脱灰过程的浴液 pH 都维持在 7～9 的范围内，能避免裸皮酸肿（图 3-58）。CA-NC-BA 脱灰裸皮的脱钙率为 64%，低于 3.5% 硫酸

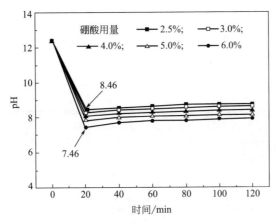

图 3-55　硼酸用量对脱灰过程中浴液 pH 的影响[203]

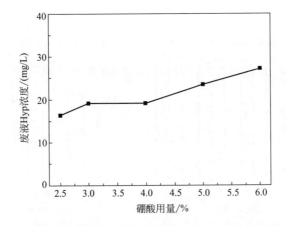

图 3-56　硼酸用量对脱灰废液 Hyp 浓度的影响[203]

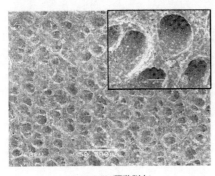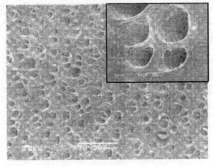

(a) 2.5%硼酸脱灰　　　　　　　　　　(b) 6.0%硼酸脱灰

图 3-57　SEM 观察脱灰裸皮的粒面[204]

铵脱灰裸皮的脱钙率（71%）。但软化和浸酸工序结束后，经 CA-NC-BA 脱灰处理的浸酸裸皮的脱钙率大于 90%，略高于用硫酸铵脱灰处理得到的浸酸裸皮（图 3-59）。CA-NC-BA 能使厚度 4.0mm 的复灰牛皮和厚 3.5mm 的复灰猪皮脱透，但与铵盐脱灰相比，CA-NC-BA 的脱灰时间增加了约 1 h。为更快速均匀地脱灰，建议采用 CA-NC-BA 作为脱灰

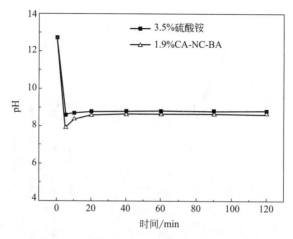

图 3-58　脱灰浴液 pH 随时间的变化[204]

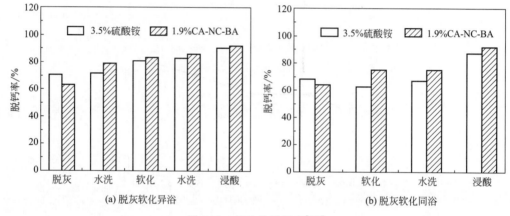

图 3-59　裸皮的脱钙率[204]

剂时，先进行片灰皮操作。脱灰时适当添加非离子脱脂剂和渗透剂可以提高裸皮的脱钙率，加快脱灰剂的渗透速度，缩短脱灰时间。与硫酸铵脱灰相比，CA-NC-BA 脱灰废液的总氮浓度下降了 92%（图 3-60）。值得说明的是，CA-NC-BA 脱灰废液的总有机碳浓度高于硫酸铵脱灰，似乎使用 CA-NC-BA 脱灰会增加有机物污染。但实际上，柠檬酸及其

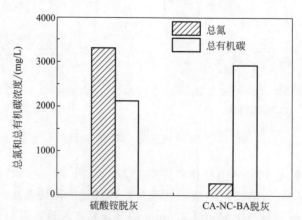

图 3-60　脱灰废液的总氮和总有机碳浓度[204]

盐类易生物降解[205]，并且因为制革综合废水的 C/N 过低[206]，所以总有机碳浓度的增加反而有利于提高综合废水的 C/N，使微生物在废水生物处理时能更有效地去除废水中的总有机碳、氨氮和总氮。

一段时期内，国内皮化公司均推出了以硼酸、有机酸、有机酸盐等为主要组分的脱灰产品，其中硼酸的含量＞50％（质量分数），因此产品的 pH 缓冲性和渗透性均较好。但在 2010 年 6 月 18 日，硼酸作为 CMR2 类致生殖毒性物质被欧洲化学品管理局列入了第三批高度关注的物质清单中，故目前含硼脱灰剂产品的使用量正逐渐减少，甚至将来会被禁用。但对硼酸脱灰原理的认识，对我们进一步开发清洁脱灰材料具有启发意义。

3.8.5 少氨脱灰

二氧化碳脱灰、镁盐脱灰、有机酸脱灰、六偏磷酸钠脱灰等无氨脱灰技术，均能显著减少废水的氨氮含量和操作环境中的氨味刺激。但是，这些技术普遍存在脱灰材料在灰皮内渗透慢、脱灰时间长的问题。例如，处理 1.8～2.5mm 厚的灰皮，二氧化碳脱灰需要 90～120min[207]；处理 4.0mm 厚的复灰牛皮和 3.5mm 厚的复灰猪皮，含硼脱灰剂（硼酸 50％）的脱灰时间比硫酸铵脱灰长 1h 左右[204]；六偏磷酸钠在灰皮中则更难渗透[208]；国内外皮化公司销售的无氨脱灰剂产品绝大部分也不利于厚皮脱灰，实际应用效果并不理想[209]。而为了减少机械作用对裸皮的损伤，需要尽可能迅速地完成脱灰，特别是在生产粒面紧实、细致的成革时，更应该尽量缩短脱灰时间[210]。

铵盐在灰皮内的渗透速度很快，一些制革企业的应用实践表明，用少量的铵盐辅助无氨脱灰材料进行脱灰，可以明显缩短脱灰时间。尽管完全弃用铵盐能更有效地消除氨氮污染，但是用少量铵盐辅助无氨脱灰材料脱灰也不失为一种经济实用的清洁脱灰方法。

用少量硫酸铵辅助乙酸-乙酸钠（HAc-NaAc）或柠檬酸-柠檬酸钠（CA-SC）复配物脱灰，可以改善 HAc-NaAc 和 CA-SC 的 pH 缓冲性能（图 3-61）。当硫酸铵用量为 0.2％时，已经能够显著提高 HAc-NaAc 和 CA-SC 在浸灰牛皮中的渗透速率，将脱灰时间从 2h 以上缩短至 40min。此外，即使添加 0.6％硫酸铵辅助无氨脱灰材料脱灰，脱灰废水的总氮浓度也可以比 3.5％硫酸铵脱灰时降低 75％以上（图 3-62）。由此可见，合适的少氨脱灰技术，既能保持与传统铵盐脱灰法一致的脱灰效果及易操作性，又可以大幅度降低总氮排放量[211]。

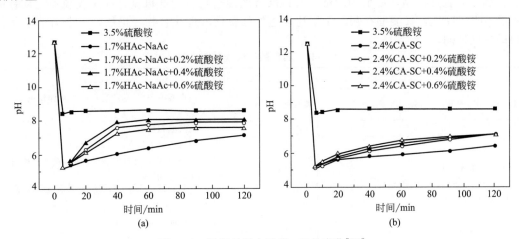

(a)　　　　　　　　　　　　(b)

图 3-61　脱灰过程中浴液 pH 的变化[211]

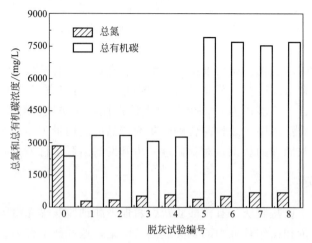

图 3-62   脱灰废液的总氮和总有机碳浓度[211]

0—3.5％硫酸铵；1—1.7％HAc-NaAc；2—1.7％HAc-NaAc+0.2％硫酸铵；3—1.7％HAc-
NaAc+0.4％硫酸铵；4—1.7％HAc-NaAc+0.6％硫酸铵；5—2.4％CA-SC；6—2.4％CA-SC+0.2％
硫酸铵；7—2.4％CA-SC+0.4％硫酸铵；8—2.4％CA-SC+0.6％硫酸铵

3.8.6 脱灰材料的选择原则

根据前面的介绍可知，现有的清洁脱灰材料主要分为以下三类。

① 无氨无硼脱灰材料：如二氧化碳、镁盐、有机酸和有机酸的酯类等，它们可以大幅减少氨氮污染，但普遍存在 pH 缓冲性差、在灰皮内渗透慢的问题。

② 含硼脱灰剂：其硼酸含量通常大于 50％，pH 缓冲性和渗透性均较好，目前国内制革厂多采用这类材料替代铵盐脱灰，但由于硼酸已被欧洲化学品管理局列入了第三批高度关注的物质清单，其使用量正逐渐减少。

③ 少氨脱灰材料：用少量铵盐与有机酸类物质复配得到，其 pH 缓冲性和渗透性较好，能大幅降低氨氮和总氮的排放量，但这类材料仍然含有少量铵盐，并未受到制革厂青睐。

皮化公司开发的清洁脱灰剂也主要是这三种类型，常见产品如表 3-48 所示。其中，Decaltal ES-N liq、DERMASCAL CD、TJ-A3607E 等为酯类的无氨无硼脱灰材料；DER-MASCAL ASB new、德赛精 TH、达威利卡 DLB 等为少氨脱灰材料；其余没有特别注明不含硼酸的脱灰产品，一般为硼酸和有机酸等的混合物。由此可见，筛选或制备既具有优良的 pH 缓冲性，又能够在灰皮中快速渗透的低毒性酸性化合物，仍然是未来清洁脱灰材料的发展方向。

表 3-48   典型的清洁脱灰剂产品

产品/厂家	pH(1∶10)	主要成分	性能
Decaltal ES-N liq/ BASF	—	羧酸酯	在水溶液中水解，产生具有脱灰作用的弱酸，无氨排放
DERMASCAL CD/TFL	—	羧酸酯	脱灰温和均匀
TJ-A3607E /四川亭江新材料股份有限公司	5.5～7.5	酯类	能较彻底去除皮内吸附和结合的石灰，在 pH 7.5～8.5 具有良好的缓冲性能，脱灰渗透速度均衡，作用温和
TRUPOCAL DE/Trumpler	约 3.0	不含铵盐	与石灰形成可溶性物质，确保迅速均匀的脱灰，特别适合疏松部位要求紧实的皮革，可避免皮质过度降解
德赛精 TM/四川德赛尔化工实业有限公司	1.0～3.0	不含铵盐，有机酸盐	具有良好的缓冲能力和渗透能力，脱灰作用均匀，利于后续软化酶的渗透和作用

续表

产品/厂家	pH(1∶10)	主要成分	性能
达威利卡 DLA /四川达威科技股份有限公司	2.0~4.0（1%水溶液）	有机酸和无机酸盐的混合物,不含铵盐	能与钙离子形成易溶于水的配合物,具有较强的缓冲性能和较好的渗透性,适合未剖层的灰皮脱灰,可减少或消除硫化氢气体的产生
盛力可 JNU/浙江盛汇化工有限公司	2.0~3.0	不含氮的有机酸和盐类的混合物	可有效除去皮面的灰斑,保证染色时染料均匀吸收;能迅速使皮消肿,防止裸皮的粒面在转鼓中被擦伤
DERMASCAL ASB new /TFL	约 3.0（1%水溶液）	二羧酸及铵盐混合物	脱灰温和快速,不产生酸膨胀,可用于不剖层的厚牛皮,增强铬的吸收
德赛精 TH/四川德赛尔化工实业有限公司	1.0~3.0	无机酸式盐	缓冲能力良好,对厚皮亦能达到快而深入的脱灰效果
达威利卡 DLB /四川达威科技股份有限公司	1.5~3.0（1%水溶液）	有机酸、无机酸盐和缓冲铵盐的混合物	具有强力、快速的脱灰效果,能彻底去除皮内吸附和结合的石灰,有较强的缓冲性能和较好的渗透性,适合未剖层的灰皮脱灰

石碧、曾运航等[212]通过用硫酸铵、己二酸（具有一定代表性的无氨无硼脱灰材料）、硼酸、含硼脱灰剂（硼酸 50%）和少氨脱灰剂（硫酸铵 25%）对浸灰牛皮进行脱灰,并系统分析这些脱灰材料的 pH 缓冲性、渗透性等指标与它们 pK_a 值的相关性,探明了影响脱灰材料性质的关键因素。根据亨德森-哈塞尔巴尔赫方程（$pH = pK_a + \lg \dfrac{[A^-]}{[HA]}$，$K_a$是弱酸 HA 的解离常数，$pK_a = -\lg K_a$，$[HA]$ 和 $[A^-]$ 是弱酸及其共轭碱的浓度）,弱酸可以和灰皮内的碱性物质形成 $pH = pK_a \pm 1$ 的缓冲系统。例如,硼酸的 pK_a 为 9.2,因此它能与灰皮内的灰碱形成 pH 8~9 的缓冲系统,使得硫酸铵、少氨脱灰剂、硼酸和含硼脱灰剂在脱灰过程中表现出良好的 pH 缓冲性;目前的无氨无硼脱灰材料（如己二酸等）则因 pK_a 为 4 左右,在脱灰过程中无法形成 pH8~9 的缓冲系统,脱灰浴液 pH<6（见图 3-63）。进一步对比上述脱灰材料的应用效果,可以发现硫酸铵、少氨脱灰剂、硼酸和含硼脱灰剂能快速渗透灰皮,得到柔软的脱灰裸皮;而己二酸渗透性较差,制得的脱灰裸皮的柔软度也欠佳（表 3-49 和图 3-64）。由此可见,脱灰材料在裸皮内的渗透速度和脱灰裸皮的柔软程度与脱灰材料的 pH 缓冲性密切相关。分析其原因,应该是因为灰皮的

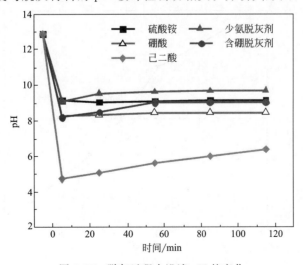

图 3-63　脱灰过程中浴液 pH 的变化

等电点为 6.3（见图 3-65），所以当脱灰浴液 pH＜6 时，A⁻ 会与带正电荷的裸皮表面结合而难以渗透裸皮，甚至造成裸皮表面酸肿；而当脱灰浴液 pH＞7 时，裸皮表面带负电荷，不会吸引 A⁻，故脱灰材料更易渗透（图 3-66）。基于此可以推测，筛选 pK_a＞8 的酸性物质作为无氨无硼脱灰材料的重要组分，从而保证脱灰浴液 pH＞7，将是改善无氨无硼脱灰材料 pH 缓冲性和渗透性的重要途径。

表 3-49　脱灰过程脱灰剂的渗透时间

脱灰剂	脱灰剂在不同部位的渗透时间/min			
	颈部	臀部	背部	腹部
硫酸铵	＜30	10	10	10
少氨脱灰剂	30	30	30	30
硼酸	30	30	＜30	＜30
含硼脱灰剂	＜60	＜60	30	30
己二酸	90	90	＜90	＜90

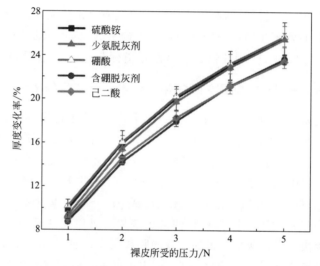

图 3-64　不同压力下脱灰裸皮的厚度变化率

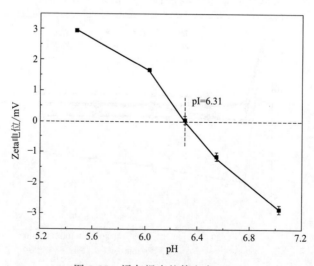

图 3-65　浸灰裸皮的等电点（pI）

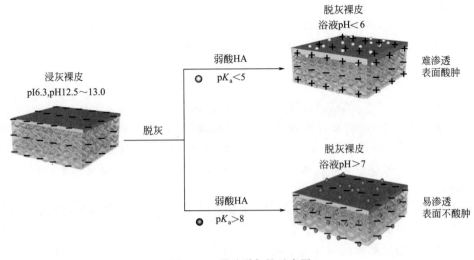

图 3-66　弱酸脱灰的示意图

3.9　无氨软化技术

脱灰和软化废水中的氨氮含量占制革废水氨氮总量的 80% 以上，其主要来源是这两个工序中使用的铵盐[213]。因此，如果采用其他材料替代铵盐来进行脱灰和软化，就能在制革生产过程中减少氨氮的产生，从源头大幅削减氨氮污染。近年来，有关无氨脱灰技术的研究开发较多（见 3.8），但是在无氨软化方面却少有研究。

软化的主要目的是除去皮中的非胶原蛋白质，并分散胶原纤维，为后续鞣制做好准备。蛋白酶是软化时必不可少的材料，其中胰酶因具有适中的水解能力、良好的软化效果和较高的安全性而被认为是最好的软化用蛋白酶，其应用也最为广泛。胰酶通常与软化助剂——铵盐（硫酸铵或氯化铵）一同加入浴液中进行软化。另外，胰酶还可与铵盐、稀释剂或其他添加剂组分按一定比例配成酶制剂后再使用。有文献表明，铵盐的加入对软化皮的手感及皮中蛋白质的去除有一定的促进作用，但该结论的得出主要基于感官评价，并没有充分的数据支撑[214~216]。制革工作者通常认为铵盐有助于软化的原因是它对胰酶有激活作用，而且具有良好的 pH 缓冲性，但到目前为止并未对其作用机理进行详细探究。事实上，明确铵盐在软化中的作用机理，是研发无氨软化技术的先决条件。

王亚楠等首先对铵盐助胰酶软化的科学原理进行了系统研究[217,218]。发现铵盐的存在有利于皮中非胶原蛋白质和变性胶原的去除，确实能促进胰酶的软化作用。但同时也发现，与制革界传统认识不同的是，铵盐对胰酶基本没有激活作用，且铵盐引起的 pH 微小变化也不会使胰酶活力发生改变，故铵盐的加入对胰酶活力并无直接的影响。进一步研究证实，软化前裸皮的粒面层残留了大量的钙盐，它们会显著抑制胰酶的催化活性。铵盐能够有效脱除集中于裸皮粒面上的钙盐，消除了其对胰酶活力的抑制作用，促进了胰酶对皮蛋白质的催化水解。因此，脱钙是铵盐促进胰酶发挥软化作用的真实原理。

基于这些发现，他们进一步研究了用具有 pH 缓冲性的钙螯合剂替代铵盐进行软化的可行性。参考工艺如下[217]。

原料为剖层后的浸灰牛皮（粒面层），厚度 2.3~2.5 mm

（1）脱灰

水 150%，32℃，无氨脱灰剂 1.4%，非离子脱脂剂 0.4%，转 120min；

终点浴液 pH 8.3 左右，酚酞检查切口无色，水洗 5min。

（2）软化

将上述脱灰皮分别进行胰酶软化、铵盐-胰酶软化和无氨钙螯合剂-胰酶软化。

第 1 组：水 100%，32℃，胰酶 0.3%，转 60min。

第 2 组：水 100%，32℃，胰酶 0.3%，硫酸铵 1%，转 60min。

第 3 组：水 100%，32℃，胰酶 0.3%，六偏磷酸钠 1%，转 60min。

第 4 组：水 100%，32℃，胰酶 0.3%，柠檬酸钠-柠檬酸（质量比为 20∶1）1%，转 60min。

首先比较了不同软化工艺对裸皮的脱钙效果。图 3-67 显示，脱灰皮的钙含量在 0.2%～0.25% 之间，经过软化后皮中钙含量都有所降低。由于硫酸铵及钙螯合剂都具有较强的脱钙能力，这 3 组的脱钙率都明显高于用于对照的第 1 组。其中，第 3 组和第 4 组用钙螯合剂进行无氨软化后，脱钙率都在 50% 以上，高于第 2 组铵盐软化的脱钙率（44%）。对脱灰皮和软化皮分层钙含量的测定结果（图 3-68）也表明，钙螯合剂对主要分布于脱灰皮粒面上的钙有显著的去除作用。相比之下，硫酸铵的渗透性更好，可使裸皮中间层的钙含量降低，但其表面脱钙能力不及钙螯合剂。综合来看，在相同用量下，六偏磷酸钠和柠檬酸钠-柠檬酸这两组钙螯合剂在软化中的脱钙效果优于硫酸铵。若根据此前得出的脱钙程度决定软化效果的结论来进行推测，无氨软化工艺的软化效果应当好于铵盐软化。

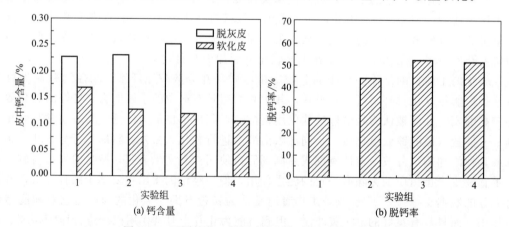

图 3-67　不同软化工艺裸皮中的钙含量和脱钙率[218]

对各组工艺软化效果的测定结果（图 3-69）证实，无氨软化废液中的总蛋白质浓度明显高于铵盐软化，即在钙螯合剂的脱钙作用下，胰酶催化水解蛋白质的能力得到增强。同时，无氨软化废液的羟脯氨酸浓度（表征皮胶原的损伤程度）并未显著升高，这也体现了无氨酶软化工艺的安全性。另外，通过对软化皮的感官评价发现，无氨软化皮的柔软、平细程度也要优于铵盐软化皮。以上结果表明，钙螯合剂的助软化效果优于铵盐，与此前根据脱钙情况做出的推测相一致，这再一次证明脱钙是促进软化效果的关键所在。

综上所述，钙螯合剂六偏磷酸钠和柠檬酸钠-柠檬酸具有优良的脱钙能力，能够代替铵盐在软化中的作用。在此理论的指导下，王亚楠等开发了无氨软化助剂和无氨软化复合酶制剂[219,220]，构建了无氨脱灰-软化工艺技术，应用后可使制革废水的氨氮和总氮分别降低 90% 和 30%，实现了从源头削减氨氮污染的目的。

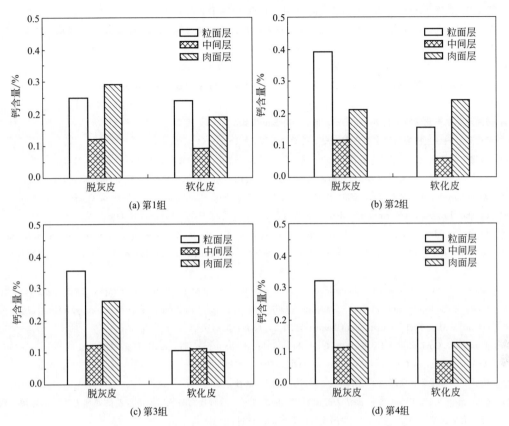

图 3-68　不同软化工艺脱灰皮和软化皮中的钙含量分布[218]

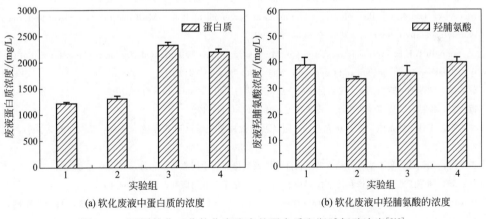

图 3-69　不同软化工艺软化废液中的蛋白质和羟脯氨酸浓度[218]

参考文献

［1］ Konrad C，Bichler B，Lorber K，et al. Input/Output Analysis at a Chilean Tannery. Journal of The Society of Leather Technologists and Chemists，2000，84：223-226.

［2］ 卢行芳，李景梅. 浸水助剂对皮革性能的影响. 西北轻工业学院学报，1998，16（1）：46-50.

［3］ 杨晓阳，马建中，高党鸽，等. 制革浸水助剂的研究现状与展望. 皮革科学与工程，2007，17（5）：42-45.

［4］贾随堂，王军．清洁生产技术在制革工业生产中的应用．皮革科学与工程，2001，11（6）：46-48.

［5］Manzo G，Comite G．热水脱脂的研究．国际皮革科技会议论文选编（2002～2003）．中国皮革协会，2003：104-113.

［6］马建中，兰云军．制革整饰材料化学．北京：中国轻工业出版社，1998.

［7］于志森．不同酶制剂的使用有助于皮革质量和面积得率的提高-皮革浸水酶的应用．中国皮革，2006，36（9）：1-3.

［8］廖隆理．制革化学与工艺学（上册）．北京：科学出版社，2005.

［9］卢行芳．碱性蛋白酶助浸水的研究．皮革科学与工程，1998，8（4）：26-30.

［10］马建中，薛宗明，杨宗邃．胰酶和2709混合酶助浸水的研究．中国皮革，2006，34（7）：21-23.

［11］马建中，吕斌，薛宗明．CMI系列酶制剂在浸水中的应用研究．皮革科学与工程，2006，16（6）：20-26.

［12］Thanikaivelan P，Rao J R，Nair B U，et al. Zero Discharge Tanning：a Shift from Chemical to Biocatalytic Leather Processing. Environmental Science & Technology，2002，36（19）：4187-4194.

［13］Palop R，Marsal A，Cot J. Optimization of the Aqueous Degreasing Process with Enzymes and Its Influence on Reducing the Contaminant Load. Journal of the Society of Leather Technologists and Chemists，2000，（84）：170-176.

［14］Addy V L，Covington A D，Langridge D A，et al. Microscopy Methods to Study Lipase Degreasing Part 2：A Study of the Interaction of Ovine Cutaneous Adipocytes with Lipase Enzymes Using Microscopy. Journal of the Society of Leather Technologists and Chemists，2001，（85）：52-65.

［15］Tozan M，Covington A D，Evans C S. Studies on the Mechanism of Enzymatic Degradation of Dung. Journal of the American Leather Chemists Association，2002，（97）：178-188.

［16］张丽平，李桂菊．皮革加工技术．北京：中国纺织出版社，2006.

［17］Covington A D，Evans C S．酶法去除原料皮上的粪便———一种提高制革厂经济效益的处理方法．国际皮革科技会议论文选编（2002～2003）．中国皮革协会，2003：114-121.

［18］Colak S M. Soaking with Tannins：The Biocidal Activity of Vegetable Tannins Used in the Soaking Float. Journal of the Society of Leather Technologists and Chemists，2006，90，（5），193-196.

［19］Izzo A A，Dicarlo G，Biscardi D，et al. Biological Screening of Italian Medicinal-Plants for Antibacterial Activity. Phytotherapy Research，1995，9（4）：281-286.

［20］Bayramoglu E E E. Antibacterial Activity of Myrtus Communis Essential Oil Used in Soaking. Journal of the Society of Leather Technologists and Chemists，2006，90（5）：217-219.

［21］彭必雨．制革前处理助剂Ⅳ．皮革脱脂剂．皮革科学与工程，2000，10（1）：21-25.

［22］范金石，徐桂云．皮革脱脂浅述．皮革化工，1997，（4）：7-12.

［23］李正军，王伟，罗永娥，等．制革生态问题及其相关皮革化学品研究评述．皮革科学与工程，2004，14（4）：25-33.

［24］王学川，张铭让，魏玉娟．有机物的生物降解性及其检测．中国皮革，2001，30（23）：30-34.

［25］马宏瑞．制革工业清洁生产和污染控制技术．北京：化学工业出版社，2004：44-45.

［26］Pabst G R，Lamalle P. Eusapon OD for Tanners：The Novel and Universal Surfactant．皮革科学与工程，2004，14（2）：3-6.

［27］吕生华，梁国正．绿色表面活性剂烷基多苷的性能、合成及在皮革中的应用．西部皮革，2002，（6）：30-33.

［28］彭道峰，许文苑．新型绿色表面活性剂——烷基糖苷．江西化工，2004（1）：31-34.

［29］范金石，徐桂云．CEB型皮革脱脂剂的研制．皮革化工，1998，15（6）：30-32.

［30］Christner J. The Use of Hides Lipases in the Beamhouse Processes. Journal of the American Leather Chemists Association，1992，87：128-139.

［31］Addy V L．脱脂方法的新选择：酶法脱脂．李卉，译．皮革科学与工程，1995，5（4）：34-36.

［32］马清河，胡常英，张欣杰，等．皮革脱脂技术应用进展．河北省科学院学报，2005，22（3）：59-62.

［33］彭必雨．制革前处理助剂Ⅶ．酶制剂．皮革科学与工程，2001，11（4）：22-29.

[34] 陈萍，陈敏，廖隆理，等．碱性脂肪酶 Greasex 50L 在猪皮上的脱脂作用．中国皮革，2000，29（9）：22-24.

[35] 孙丹红，韩劲，曹明蓉，等．超声波对裸皮脱脂的影响．皮革科学与工程，2003，13（3）：17-20.

[36] Sun D H，Zhang M N，Shi B. Further Investigation of Application of Power Ultrasound in Leather Processing. 7th Asian International Conference of Leather Science and Technology. Chengdu，China，2006.

[37] 孙丹红，韩劲，石碧，等．超声波对生皮的作用．中国皮革，2003，32（9）：1-3.

[38] Sivakumar V，Chandrasekaran F，Swaminathan G，et al. Towards Cleaner Degreasing Method in Industries：Ultrasound-Assisted Aqueous Degreasing Process in Leather Making. Journal of Cleaner Production，2009，17（1）：101-104.

[39] Marsal A，Celma P J，Cot J，et al. Supercritical CO_2 Extraction as a Clean Degreasing Process in the Leather Industry. Journal of Supercritical Fluids，2000，16（3）：217-223.

[40] 秦树法．清洁化工艺与可持续发展战略．21 世纪首届中国皮革科技研讨会论文集．成都，2001：33-35.

[41] 魏世林．制革废水中硫化物对环境的污染及其治理方法．中国皮革，2003，32（1）：3-5.

[42] 朱荣基，罗真贵．制革废液中硫化物处理的实验研究．皮革科技动态，1979，86（6）：1-6.

[43] GB 8978—1996.

[44] 潘君．制革污水主要污染物的危害及治理．四川皮革，1998，21（2）：25-27.

[45] Spahrmann J. Direct and Indirect Recycling of Tannery Waste Water. Journal of the American Leather Chemists Association，1979，74：418-421.

[46] Cantera C S，Vera V D，Sierra N，et al. Unhairing Technology Involving Hair Protection Adaptation of a Recirculation Technique. Journal of the Society of Leather Technologists and Chemists，1995，79：12-17.

[47] Maia R A M. Clean Technologies，Targets Already Achieved and Trends for the Coming Years. Journal of the Society of Leather Technologists and Chemists，1998，82：111-113.

[48] 屈惠东．制革浸灰废液循环使用的工艺研究．中国皮革，1994，23（11）：40-44.

[49] 丁绍兰，章川波，高孝忠，等．常规毁毛法浸灰脱毛废液循环使用的研究．中国皮革，1997，26（4）：14-19.

[50] 苏智健，于仙杏，李华芳，等．制革废水循环利用生产山羊服装革工艺研究．四川皮革，1999，22（4）：16-19.

[51] 潘君，张铭让．清洁化制革工艺技术研究（Ⅰ）——制革工业现状．四川皮革，2000，22（1）：38-40.

[52] 潘君，张铭让．清洁化制革工艺技术研究（续）．四川皮革，2000，22（2）：34-39.

[53] 靳丽强，刘洁，张斐斐，张壮斗，章川波．基于保毛脱毛法的浸灰废液全封闭循环技术的研究．中国皮革，47（5）：33-38.

[54] 张壮斗．制革废液循环利用技术介绍．中国皮革，46（7）：55-62.

[55] 李建华．日本的皮革清洁工艺和污水治理及综合利用．中国皮革，1996，25（10）：37-41.

[56] 王学川，丁志文．皮革、毛皮缺陷辨析与清洁化生产．北京：化学工业出版社，2002：232-239.

[57] 丁志文．一种保毛脱毛和浸灰废液循环利用方法．ZL 2011 1 0321852.7.

[58] 但卫华．猪皮灰碱法脱毛工艺．中国皮革，1998，27（11）：14-16.

[59] Cantera C S. Hair-Saving Unhairing Process Part 2. Immunization Phenomenon. Journal of the Society of Leather Technologists and Chemists，2001，85：47-51.

[60] Cranston R W，Davis M H，Scroggie J G. Development of the "Sirolime" Unhairing Process. Journal of the American Leather Chemists Association，1986，81：347-355.

[61] Cranston R W，Davis M H，Scroggie J G. Practical Considerations on the Sirolime Process. Journal of the Society of Leather Technologists and Chemists，1986，70：50-55.

[62] 白坚．皮革工业手册——制革分册．北京：中国轻工业出版社，2000：293.

[63] 丁绍兰．黄牛皮制革保毛脱毛法中试工艺的研究．中国皮革，1998，27（2）：19-20.

[64] Christner J. The Pros and Cons of a Hair-Save Process in the Beamhouse. Journal of the American Leather Chemists Association，1988，83：183-192.

[65] Blair T G. The Blair Hair System. Leather Manufacture，1986，18（12）：104.

[66] Blair T G. Environmentally Friendly Wet End Liming Procedures Assisted by Amine Chemicals. Technical Report of

Rohm and Haas Company，1999.

[67] Frendrup W. Hair-Save Unhairing Methods in Leather Processing. UNIDO Project：Assistance in Pollution Control in the Tanning Industry in South-East Asia. Project Number US/RAS/92/120.

[68] 白坚. 皮革工业手册——制革分册. 北京：中国轻工业出版社，2000：289.

[69] 丁绍兰，章川波，高孝忠，等. 碱免疫护毛法及废液循环使用研究. 中国皮革，1997，26（9）：7-9.

[70] Christner J. Update on Low Sulfide Systems. Journal of the American Leather Chemists Association，2000，95：163-169.

[71] 李胜利，陈武勇，李慧，等. 碱酶结合脱毛法在牦牛皮上的应用（I）. 皮革科学与工程，2006，16（4）：53-56.

[72] Valeika V，Beleska K，Valeikiene V，et al. An approach to cleaner production：from hair burning to hair saving using a lime-free unhairing system. Journal of Cleaner Production，2009，17（2）：214-221.

[73] Thangam E B，Nagarajan T，Rajkumar G S，et al. Application of alkaline protease isolated from Alcaligenesfaecalis for enzymatic unhairing in tanneries. Journal of the American Leather Chemists Association，2001，96：127-132.

[74] Fennen J，Herta D，Pelckmans J T，et al. Reliable and environmentally friendly enzymatic unhairing with low amounts of sulphide. 10th AICLST Congress，Okayama，2014.

[75] 单志华，郭文宇，孙磊. 改性皮胶原的抗酶能力探索. 四川大学学报（工程科学版），2003，35（5）：1-5.

[76] Zeng Y H，Yang Q，Wang Y N，et al. Neutral protease assisted low-sulfide hair-save unhairing based on pH-sensitivity of enzyme. Journal of the American Leather Chemists Association，2016，111（9）：345-353.

[77] 石碧，曾运航，周建飞，等. 用中性蛋白酶与化学物质的原皮保毛脱毛方法：中国，201410018501. 2. 2014-01-16.

[78] 李建华. 保毛脱毛工艺的新进展. 四川皮革，1996，18（5）：28-30.

[79] UNEP. Cleaner Production in Leather Tanning. A Training Resource Package. Preliminary Edition，Paris，February 1995.

[80] Marangers C M. Introduction of a Cleaner Technology. The Hair Saving Method. UNIDO，Vienna，1996.

[81] 成都科技大学，西北轻工业学院. 制革化学及工艺学. 北京：中国轻工业出版社，1996，86.

[82] 但卫华. 猪服装革的清洁生产技术. 四川：四川大学，1999.

[83] 廖隆理. 制革工艺学（上册）——制革的准备与鞣制. 北京：科学出版社，2001：75-90.

[84] 程宝箴，李彦春，张铭让. 酶制剂在皮革生产中的应用. 山东轻工业学院学报，2002，16（1）：21-25.

[85] 彭必雨，于志淼. 酶在制革中的应用. 中国皮革，1999，28（23）：19-22.

[86] Green G H. Investigation on Bating. Journal of the Society of Leather Technologists and Chemists，1952，36：127.

[87] 程海明. 制革中的酶法脱毛. 中国皮革，2002，31（17）：36-39.

[88] 吴琪. 生物技术与清洁化生产——酶在制革生产中的新观念. 中国皮革，2000，29（9）：3-4.

[89] 成都工学院皮革专业. 皮革科技动态，1978，（6）：3-12.

[90] 刘彦. 制革用酶制剂研究新探索. 皮革科学与工程，1998，8（1）：11-14.

[91] 周荣清，石碧. 酶制剂在制革工业中的应用现状与展望. 皮革科学与工程，2003，13（5）：24-30.

[92] Yates J R. Study in Depilation：the Mechanism of the Enzyme Depilation Process. Journal of the Society of Leather Technologists and Chemists，1972，56：158-175.

[93] 巴巴金娜，著. 酶在制革中的应用. 王树声，朱庆裳，译. 北京：轻工业出版社，1965.

[94] 许伟. 酶脱毛过程中毛组织结构观察. 皮革化工，2007，24（2）：2-8.

[95] 河南皮革研究所，江西食品发酵研究所，北京市皮革工业公司酶脱毛机理研究所. 酶脱毛机理的研究-Ⅰ　三种蛋白酶脱毛和软化作用探索性研究. 皮革科技动态，1976，（10）：1-11.

[96] 河南皮革研究所，江西食品发酵研究所，北京市皮革工业公司酶脱毛机理研究所. 酶脱毛机理的研究-Ⅶ　放线菌166蛋白酶在脱毛软化过程中各种因素对猪正鞋面革质量影响的实验研究. 皮革科技动态，1979，（4）：13.

[97] 李志强. 酶法脱毛机理研究. 四川：四川大学，2000.

[98] 李志强，张年书，尹晓渝，等. 酶制剂的不同组分在脱毛过程中的作用及评价方法研究. 中国皮革，1995，25（6）：10-14.

[99] 尹岳涛，杨承杰，俞志洪，等. 采用新型酶制剂脱毛生产耐水洗、耐干洗猪反绒服装革. 中国皮革，2001，30

（11）：19-23.

[100] 刘彦，何先祺，张义正. 具有脱毛性能的蛋白酶生产菌的筛选. 四川联合大学学报：工程科学版，1998，2（2）：112-118.

[101] 刘彦，何先祺，张义正. 碱性脱毛蛋白酶生产菌的选育. 皮革科学与工程，1998，8（4）：6-13.

[102] 刘彦，何先祺，张义正. No. 813 生产的蛋白酶性质研究. 四川联合大学学报：工程科学版，1998，2（2）：107-111.

[103] 王兰，刘成君，李宏. 耐盐高温碱性蛋白酶产生菌株 SD-142 的脱毛条件研究. 中国皮革，2004，33（19）：45-48.

[104] Thangam E B，Nagarajan T，Rajkumar G S，et al. Application of Alkaline Protease Isolated from Alcaligenes Faecalis for Enzymatic Unhairing in Tanneries. Journal of the American Leather Chemists Association，2001，96（4）：127-132.

[105] Raju A A，Chanorababu N K，Samivelu N，et al. Eco-Friendly Enzymatic Dehairing Using Extracellular Proteases from a Bacillus Species Isolate. Journal of the American Leather Chemists Association，1996，91（5）：115-119.

[106] Pal S，Banerjee R，Bhattacharyya B C，et al. Application of a Proteolytic Enzyme in Tanneries as a Depilating Agent. Journal of the American Leather Chemists Association，1996，91（3）：59-63.

[107] Dayanandan A，Kanagaraj J，Sounderraj L，et al. Application of an Alkaline Protease in Leather Processing：an Ecofriendly Approach. Journal of Cleaner Production，2003，11：533-536.

[108] Gehring A G，Dimaio G L，Marmer W N，et al. Unhairing with Proteolytic Enzymes Derived from Streptomyces Griseus. Journal of the American Leather Chemists Association，2002，97（10）：406-411.

[109] 许波，黄遵锡，钟巧芳. 角蛋白生物降解的研究进展. 饲料研究，2005，（11）：43-44.

[110] 杨珊，刘孟华，吴重德，等. 角蛋白酶应用研究现状及展望. 四川食品与发酵，2006，13（4）：1-4.

[111] Friedrich J，Kern S. Hydrolysis of Native Proteins by Keratinolytic Protease of Doratomyces Microsporus. Journal Molecular Catalysis B-Enzymatic，2003，21（1-2）：35-37.

[112] Aubu P，Gopinath S C B，Hilda A，et al. Purification of Keratinase from Poultry Farm Isolate -Scopulariopsis Brevicanlis and Statistical Optimization of Enzyme Activity. Enzyme and Mierobial Technology，2005，36（5-6）：639-647.

[113] 杨建强，汤国营. 角蛋白酶生物进展. 生物技术通讯，2005，16（2）：201-203.

[114] GB/T 35538—2017，工业用酶制剂测定技术导则.

[115] 彭必雨，严建林，石碧. 动物皮复合酶脱毛剂及其应用：中国，200810045339.8. 2008-02-02.

[116] 彭必雨，严建林，石碧. 制革加工动物皮清洁化脱毛和皮纤维松散方法及其应用：中国，200810045338.3. 2008-02-02.

[117] 宋健. 皮革生产中淀粉酶和蛋白酶混合脱毛的方法：中国，201110319385.4. 2011-10-20.

[118] 刘彦，张东方，刘晓文，等. 制革用碱性复合脱毛酶制剂及其应用工艺：中国，201610606134.7. 2016-07-28.

[119] Thanikaivelan P，Rao J R，Nair B U，et al. Zero discharge tanning：A shift from chemical to biocatalytic leather processing. Environmental Science & Technology，2002，36（19）：4187-4195.

[120] Cantera C S，Garro M L，Goya L，et al. Hair saving unhairing process：Part 6 Stratum corneum as a diffusion barrier：Chemical-mechanical injury of epidermis. Journal of the Society of Leather Technologists and Chemists，2004，88（3）：121-131.

[121] 白坚. 皮革工业手册——制革分册. 北京：中国轻工业出版社，2000：128-130.

[122] 于义. 酶法脱毛生产二十年. 中国皮革，1990，19（11）：27-30.

[123] 于义，潘鸿. 猪皮制革工艺与酶法脱毛. 中国皮革，2000，29（9）：19-21.

[124] 于义，潘鸿. 猪皮酶法脱毛新工艺技术开发试制. 皮革科学与工程，2000，10（1）：26-30.

[125] 于义. 猪皮酶法脱毛应再振雄威. 四川皮革，1999，21（2）：19-21.

[126] 但卫华，张铭让，单志华，等. 猪服装革酶法脱毛工艺板块的研究（续）. 中国皮革，2001，30（7）：11-14.

[127] 徐国松. 滚酶堆置脱毛法的影响因素. 中国皮革，1996，25（5）：7-9.

[128] 但卫华，张铭让，单志华，等. 猪服装革酶法脱毛工艺板块的研究. 中国皮革，2001，30（3）：4-7.

[129] 汪建根，张中玉，陈超莹，等. 少硫化钠酶脱毛工艺的研究. 中国皮革，2001，30（5）：29-32.

[130] 许伟，张宗才，戴红. 氧化还原剂辅助山羊皮酶脱毛技术的研究. 中国皮革，2006，35（19）：39-41.

[131] Asensio M. Ecological Soaking and Hair-Saving Unhairing. Inter. Cleaner Tech. Seminar, Birmingham，1995：22-23.

[132] Asensio M. Ecology in the Beamhouse. Leather，1995，（37）：34-42.

[133] Alexander K T W. Enzymes in the Tannery-Catalysts for Progress? Journal of the American Leather Chemists Association，1988，83：287.

[134] Cantera C S，Angelinetti A R，Altobelli G，et al. Hair-Saving Enzyme-Assisted Unhairing. Influence of Enzymatic Products Upon Final Leather Quality. Journal of the Society of Leather Technologists and Chemists，1996，80：83-86.

[135] Saravanabhavan S，Thanikaivelan P，Rao J. R，et al. Silicate Enhanced Enzymatic Dehairing：A New Lime-Sulfide Process for Cowhides. Environmental Science & Technology，2005，39（8）：3776-3783.

[136] 许伟，毛英利，郝丽芬. 硅酸钠提高山羊皮酶脱毛效果的初探. 皮革科学与工程，2008，18（3）：50-53.

[137] 彭必雨. 脱毛方法综述. 皮革科学与工程，1995，5（3）：25-30.

[138] Heidemann E，Harenberg O，Cosp J. A Very Rapid Liming and Tanning Process without Effluent. Journal of the American Leather Chemists Association，1973，68：520-532.

[139] Heidemann E. Fundamentals of Leather Manufacturing. Eduard Roether/KG，1993：192-193.

[140] Marmer W N，Dudley R L. The Oxidative Degradation of Keratin（Wool and Bovine Hair）. Journal of the American Leather Chemists Association，2006，101：408-415.

[141] Morera J M，Bartoli E，Borras M D，et al. Liming Process Using Hydrogen Peroxide. Journal of the Society of Leather Technologists and Chemists，1997，81：70-73.

[142] Marsal A，Morera J M，Bartoli E，et al. Study on an Unhairing Progress with Hydrogen Peroxide and Amines. Journal of the American Leather Chemists Association，1999，94：1-10.

[143] Morera J M，Bartoli E，Borras M D，et al. Study on an Oxidative Unhairing Process Free from Sulphide. Paper Given at the XLVI AQEIC Congress. Estoril（portugal），May，1997.

[144] Morera J M，Bartoli E，Borras M D，et al. Study on an Unhairing Process with Hydrogen Peroxid. Paper given at the XLIV AQEIC Congress. Puerto Lumbreras（Spain），May，1995.

[145] 卢行芳. 过氧化氢脱毛方法及原理的研究. 四川：四川大学，2001.

[146] 卢行芳，石碧，常新华，等. 过氧化氢脱毛技术（Ⅰ）——影响脱毛效果的几种因素. 中国皮革，2001，30（15）：12-15.

[147] 卢行芳，石碧，黄文，等. 过氧化氢脱毛技术（Ⅱ）——过氧化氢对生皮蛋白质的作用. 中国皮革，2001，30（21）：31-33.

[148] 卢行芳，张晓镭，石碧. 过氧化氢脱毛技术（Ⅲ）——过氧化氢脱毛法与传统硫化钠脱毛比较. 西部皮革，2002，24（8）：30-33.

[149] 石碧，孙丹红，卢行芳，等. 双氧水氧化脱毛机理及工艺条件的优化. 皮革科学与工程，2003，13（2）：10-18.

[150] Shi B，Lu X F，Sun D H. Further Investigations of Oxidative Unhairing Using Hydrogen Peroxide. Journal of the American Leather Chemists Association，2003，98：185-192.

[151] Marmer W N，Dudley R L，Gehring A G. Rapid Oxidative Unhairing with Alkaline Hydrogen Peroxide. Journal of the American Leather Chemists Association，2003，98：351-358.

[152] Marsal A，Cot J，Bartoli E，et al. Oxidising Unhairing Process with Hair Recovery. Journal of the Society of Leather Technologists and Chemists，2002，86：30-33.

[153] Marsal A，Cot J，Boza E G，et al. Oxidising Unhairing Process with Hair Recovery. Part 1. Experiments on the Prior Hair Immunization. Journal of the Society of Leather Technologists and Chemists，1999，83：310-315.

[154] 成都科技大学，西北轻工业学院. 制革化学及工艺学. 北京：中国轻工业出版社，1981：150-187.

[155] 俞从正. 含胶原物质的羟基脯氨酸的测定. 皮革科技，1981，9：43-44.

[156] 西北轻工业学院皮革教研室. 皮革分析检验. 北京：中国轻工业出版社，1993：486-491.

[157] 西北轻工业学院皮革教研室. 皮革分析检验. 北京：中国轻工业出版社，1993：959-960.

[158] 骆鸣汉. 毛皮工艺学. 北京：中国轻工业出版社，2000：110.

[159] Menderes O，Covington A D，Waite E R，et al. The Mechanism and Effects of Collagen Amide Group Hydrolysis During Liming. Journal of the Society of Leather Technologists and Chemists，1999，83：107-110.

[160] Braglia M，Castiello D，Puccini M，et al. 过氧化氢氧化脱毛工艺的生命周期评价. 国际皮革科技会议论文选编（2006～2007）. 中国皮革协会，2007：17-22.

[161] Morera J M，Bacardit A，Olle L，et al. Minimization of the Environmental Impact in the Unhairing of Bovine Hides. Chemosphere，2008，72：1681-1686.

[162] Marmer W N，Dudley R L. The Use of Oxidative Chemicals for the Removal of Hair from Cattle Hides in the Beamhouse. Journal of the American Leather Chemists Association，2004，99：386-393.

[163] Marmer W N，Dudley R L. Oxidative Dehairing by Sodium Percarbonate. Journal of the American Leather Chemists Association，2005，100：427-431.

[164] Gehring A G，Bailey D G，Dimaio G L，et al. Rapid Oxidative Unhairing with Alkaline Calcium Peroxide. Journal of the American Leather Chemists Association，2003，98：216-223.

[165] Gehring A G，Dudley R L，Mazenko C E，et al. Rapid Oxidative Dehairing with Magnesium Peroxide and Potassium Peroxymonosulfate. Journal of the American Leather Chemists Association，2006，101：324-329.

[166] Sundar V J，Vedaraman N，Balakrishnan P A，et al. Sulphide Free Unhairing-Studies on Ozone Based Depilation. Journal of the American Leather Chemists Association，2006，101：231-234.

[167] Willy Frendrup. Hair-Save Unhairing Methods in Leather Processing. UNIDO Project：Assistance in Pollution Control in the Tanning Industry in South-East Asia. Project Number US/RAS/92/120.

[168] Borge J O. Hair-Save Unhairing from a Practical Point of View. International Cleaner Technology Seminar，Birmingham 22-23/5，1995.

[169] Christner J. Quality Improvement and Reduction of the Wastewater Pollution with a New Hair-Save Unhairing Process. Das Leder，1990，41：177.

[170] Olip V，Munz K H. Ideas on Liming. Proceedings of UNIDO Expert Group Meeting on Pollution Control in the Tanning Industry in the South-East Asia Region，Madras，India，February 1991，15-17.

[171] Elsinger F，et al. Method for Unhairing and Opening-Up Without Sulphides. Das Leder，1987，38：177.

[172] Olip V. Practical Experiences with a New Liming Chemical. Proceedings of the International Workshop on Chemistry and Technology of Tanning Processes. San Miniato（Pisa）21-23/6，1988.

[173] 彭必雨，许亮，石碧. 几种有机胺的脱毛性能及其对灰皮膨胀的影响. 中国皮革，2006，35（3）：13-17.

[174] 彭必雨. 制革前处理助剂Ⅴ. 浸灰助剂. 皮革科学与工程，2000，10（3）：23-28.

[175] 林炜，穆畅道，唐建华. 制革污泥处理与资源化利用. 皮革科学与工程，2005，15（4）：57-61.

[176] 马宏瑞. 制革工业清洁生产和污染控制技术. 北京：化学工业出版社，2004：267.

[177] 马贺伟. 胶原纤维重组制革中的关键科学问题. 四川：四川大学，2007：55.

[178] 韩茂清，单志华. 少灰、无灰浸灰研究现状. 皮革科学与工程，2006，16（6）：47-50.

[179] 于志淼. 浸灰酶 NUE 在制革上的应用. 中国皮革，1999，28（19）：11-14.

[180] 安徽合肥制革厂，成都工学院学习队. 黄牛面革应用 166 蛋白酶脱毛试验总结. 皮革科技动态，1975，2：20-26.

[181] Mellon E F，Gruber H A，Viola S J. The Different Effects of the Sorption of Calcium and of Sodium Ions on the Swelling of Hide Collagen. Journal of the American Leather Chemists Association，1960，55：79-90.

[182] Thanikaivelan P，Rao J R，Ramasami T，et al. Approach Towards Zero Discharge Tanning：Exploration of NaOH Based Opening up Method. Journal of the American Leather Chemists Association，2001，96：222-233.

[183] Valeika V，Balciuniene J，Beleska K，et al. Use of NaOH for Unhairing Hides and the Influence of the Addition

of Salts on the Process and on the Hide Properties. Journal of the Society of Leather Technologists and Chemists，1997，81（2）65-69.

[184] Saravanabhavan S，Thanikaivelan P，Rao J R，et al. Sodium Metasilicate Based Fiber Opening for Greener Leather Processing. Environmental Science & Technology，2008，42（5）：1731-1739.

[185] 彭必雨. 制革前处理助剂Ⅵ. 脱灰剂和浸酸助剂. 皮革科学与工程，2001，11（2）：24-29.

[186] 张宗才，戴红，殷强锋，等. 制革清洁生产技术与战略. 中国皮革，2002，31（17）：12-16.

[187] 颜绍淮，编译. 芬兰二氧化碳脱灰方法. 西部皮革，1989，（3）：46.

[188] 廖隆理. 制革工艺学（上册）——制革的准备与鞣制. 北京：科学出版社，2001：109-116.

[189] Purushotham H，Chandra Babu N K，Khanna J K，et al. Carbon Dioxide Deliming—An Environmentally Friendly Option for Indian Tanneries. Journal of the Society of Leather Technologists and Chemists，1993，77：183-187.

[190] 陈定国. 保毛浸灰、CO_2脱灰在牛皮上的生产性试验. 皮革科学与工程，1994，4（4）：18-23.

[191] Klaasse M J. CO_2 Deliming. Journal of the American Leather Chemists Association，1990，85：431-441.

[192] 马建中. 现代制革技术与实践（续）. 西部皮革，2001，24（7）：29-30.

[193] 冯豫川，陈敏，赵炎，等. CO_2超临界流体作反应物用于皮革脱灰的研究. 四川联合大学学报：工程科学版，1999，3（3）：37-42.

[194] 李志强，廖隆理，冯豫川，等. 皮革的CO_2超临界流体脱灰. 化学研究与应用，2003，15（1）：131-133.

[195] Kolomaznik K，Blaha A，Dedrle T，et al. Non-Ammonia Deliming of Cattle Hides with Magnesium Lactate. Journal of the American Leather Chemists Association，1996，91：18-21.

[196] Sunahara M，Suzuki A. 利用硫酸和硫酸镁进行无铵盐脱灰的技术研究. 国际皮革科技会议论文选编（2004～2005）. 中国皮革协会，2005：188-197.

[197] Constantin J M. Comparative Evaluation of Deliming by the EPA（Koopman）Epsom Salts and Ammonium Sulfate Processes. Journal of the American Leather Chemists Association，1981，76：40-45.

[198] Koopman R C. Deliming with Epsom Salts. Journal of the American Leather Chemists Association，1982，77：358-365.

[199] Colak，S M，Kilic E. Deliming with Weak Acids：Effects on Leather Quality and Effluent. Journal of the Society of Leather Technologists and Chemists. 2008，92（3）：120-123.

[200] Yun J K，Pak J H，Cho D K，et al. 碳酸酯无氮脱灰剂的合成及应用. 国际皮革科技会议论文选编（2004～2005）. 中国皮革协会，2005：183-187.

[201] Sirvaityte J，Valeika V，Beleska K，et al. Action of Peracetic Acid on Calcium in Limed Pelt. Journal of the Society of Leather Technologists and Chemists. 2007，91（3）：123-127.

[202] Chowdhury M J，Uddin M T，Razzaq M A，et al. Ammonia－reduced deliming using glycolic acid and EDTA and its effect on tannery effluent and quality of leather. Journal of the American Leather Chemists Association，2018，113（7）：212-216.

[203] 曾运航，王维娟，廖学品，等. 无氨脱灰工艺研究——硼酸脱灰. 中国皮革，2010，39（5）：1-4.

[204] 曾运航. 制革酶助保毛脱毛和无氨脱灰技术. 成都：四川大学，2013.

[205] Koh K. 柠檬酸在洗涤剂工业中的应用. 日用化学品科学，2000，23（S2）：130-132.

[206] Zhou J F，Wang Y N，Zhang W H，et al. Nutrient balance in aerobic biological treatment of tannery wastewater. Journal of the American Leather Chemists Association，2014，109（5）：154-160.

[207] 马建中. 现代制革技术与实践（续）. 西部皮革，2001，24（7）：29-30.

[208] Zeng Y H，Lu J H，Liao X P，et al. Non-ammonia deliming using sodium hexametaphosphate and boric acid. Journal of the American Leather Chemists Association，2011，106（9）：257-263.

[209] 卢加洪，曾运航，廖学品，等. 硼酸、柠檬酸及商品无低铵盐脱灰剂的脱灰效果比较. 中国皮革，2011，40（1）：12-15.

[210] 张宗才，夏志富，编译. 制革准备工段工艺优化（续）. 北京皮革，2003，（11）：94-96.

[211] 孔纤，曾运航，郭潇佳，等. 少氨脱灰———一种实用的氨氮减排技术. 皮革科学与工程，2016，26（1）：5-9.

[212] 雷超，曾运航，宋映，等. 影响脱灰材料性质的关键因素研究. 皮革科学与工程，2019，29（1）：23-28.

[213] Wang Y N，Zeng Y H，Chai X W，et al. Ammonia nitrogen in tannery wastewater：distribution，origin and prevention. Journal of the American Leather Chemists Association，2012，107（2）：40-50.

[214] Wilson J A. The mechanism of bating. Industrial and Engineering Chemistry，1920，12（11）：1087-1090.

[215] Wilson J A，Daub G. A critical study of bating. Industrial and Engineering Chemistry，1921，13（12）：1137-1141.

[216] Stubbings R. Practical bating. The effect of bating variables on side and calf leather qualities. Journal of the American Leather Chemists Association，1957，52（6）：298-311.

[217] Wang Y N，Zeng Y H，Liao X P，et al. Removal of calcium from pelt during bating process：an effective approach for non-ammonia bating. Journal of the American Leather Chemists Association，2013，108（4）：120-127.

[218] 王亚楠. 制革工业氨氮污染源头防治技术研究. 成都：四川大学，2013.

[219] 王亚楠，石碧，曾运航，等. 无氨软化复合酶制剂及其在皮革软化工艺中的应用：CN 201210392442.6.2014-06-25.

[220] 曾运航，石碧，王亚楠，等. 无氨软化助剂及其皮革软化工艺中的应用：CN 201210392464.2.2014-06-25.

第4章　制革鞣制工段清洁技术

鞣制是指用鞣剂处理生皮,使之转变为革的过程。虽然可以用于鞣革的鞣剂种类很多,但目前应用最广泛的是铬鞣剂。自1858年Knapp研究发明铬鞣法,特别是1893年Dennis发明了一浴铬鞣法以来,由于它操作简单,易于控制,成革耐湿、热稳定性高等优点,很快在制革工业中得到广泛应用,并占据主导地位。经过一百多年的发展,现代制革工业已形成以铬鞣法为基础的一整套较完善的制革工艺体系[1, 2]。然而,常规铬鞣的铬利用率仅为65%～75%,大量铬存于废液和固废中,造成严重的环境污染风险和资源浪费。同时,由于铬鞣前需进行浸酸操作,其食盐用量为裸皮质量的6%～8%,是造成Cl⁻离子污染的重要原因。"准备是基础,鞣制是关键"这条制革业前辈总结归纳的宝贵经验,在清洁化生产中仍具有相当重要的作用。鞣制过程的清洁化是实现整个制革生产清洁化的关键内容。在过去的十几年中,国内外制革科技工作者花费了大量精力进行研究,提出了多种技术路线,包括提高铬利用率,减少铬用量,彻底取代铬鞣等几个方面。

4.1　无盐浸酸和不浸酸铬鞣

在传统铬鞣工艺中,鞣制前需进行浸酸操作,其主要目的是降低裸皮的pH,使之与铬鞣液pH相近,保证鞣制的顺利进行,并进一步分散胶原纤维,增加胶原的反应活性基团,提高鞣剂分子与胶原的结合率。同时,浸酸还可以暂时封闭胶原的羧基,增强胶原的阳电性,减缓鞣剂分子与胶原的结合,便于鞣剂分子向皮内渗透,防止表面过鞣。制革生产中浸酸的pH一般在3.2以下,远低于裸皮的等电点,很容易发生酸膨胀,即"酸肿",这是制革者不愿看到的,因此生产中通常加入裸皮质量6%～8%的食盐来抑制浸酸及铬鞣过程中可能引起的酸膨胀。食盐价格便宜,抑制膨胀效果好,在制革生产中得到广泛应用。但食盐的加入也带来大量的中性盐污染。我国年加工原皮约1亿张(以牛皮计),按每张25～30kg计,制革业每年仅浸酸工序使用的食盐约为(25～30)×10⁴t,大大加重了制革废水及污泥处理的难度,给生态环境带来沉重压力。据资料报道,如果不用盐腌法保存原皮,制革中至少可以减少75%的中性盐污染;若浸酸工艺中不使用中性盐,则又可以减少20%的中性盐[3]。为了解决传统制革工业中浸酸带来的盐污染,制革化学家们提出了无盐浸酸和不浸酸铬鞣的方法,大大降低了中性盐污染,并提高了铬的吸收率。

4.1.1　无盐浸酸

4.1.1.1　无盐浸酸技术的研究进展

所谓无盐浸酸是指软化裸皮不用盐而直接用不膨胀酸性化合物(某些具有预鞣作用)处理,达到常规浸酸的目的。总结国内外的研究成果可以得出实现无盐浸酸的基本条件是：

① 保证在无盐条件下浸酸裸皮不发生膨胀和肿胀；

② 裸皮经无盐浸酸材料处理后应该达到有盐常规浸酸的目的，其成革应具备常规浸酸铬鞣工艺的成革特性；

③ 无盐浸酸的工艺条件应基本与常规浸酸工艺相同，加工和材料的成本应与有盐浸酸相当，并不造成新的污染。

只有具备了这些条件，无盐浸酸技术才能被制革企业接受并推广应用。

现代制革化学对胶原的酸膨胀有两种理论解释，即党南（Donnan）隔膜平衡理论和静电排斥理论。常规有盐浸酸主要通过在溶液中引入大量可扩散离子（主要是食盐），在生皮内外形成一个可扩散离子的浓度差，产生渗透压，使水分子难以由皮外向皮内渗透，从而达到抑制膨胀的目的。从静电排斥理论考虑，如果加入能够封闭胶原氨基的材料，即在低 pH 下胶原氨基能和该材料结合，从而避免胶原氨基结合氢离子而带正电荷，则可以防止由于静电排斥造成生皮膨胀，这是无盐浸酸的基本原理和基础，如图 4-1 所示。

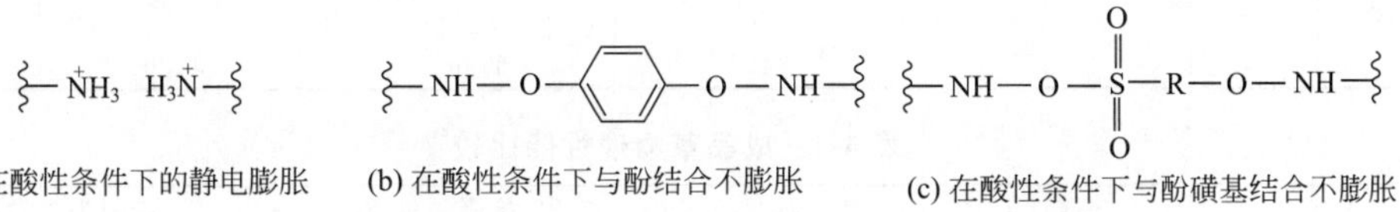

(a) 在酸性条件下的静电膨胀　　(b) 在酸性条件下与酚结合不膨胀　　(c) 在酸性条件下与酚磺基结合不膨胀

图 4-1　胶原氨基与氢离子、酚类和磺酸化合物结合示意[4]

四川大学单志华等人以单环或多环芳烃和酚为原料，加入适当组分，通过磺化缩合的方法合成出一种无盐浸酸助剂，小试和中试实验结果表明，采用这种无盐浸酸技术，可以在浸酸时不用食盐，从而减少了 80% 以上的中性盐污染，对成革质量没有任何负面影响[4~6]。

小试实验工艺流程：软化→无盐浸酸→铬鞣→搭马静置→片皮→复鞣→中和→染色加脂→出鼓、挂晾→摔软。

浸酸工艺条件：液比 1，助剂 4.0%，转 10min，加入硫酸 0.8%，转 90min，终点 pH 2.5±0.2。皮面平整细致、洁净、柔软、无膨胀现象。与其他几种助剂的比较结果如表 4-1 所示。

表 4-1　几种浸酸工艺成革的物性比较[4]

工艺	主鞣铬粉用量/%	收缩温度/℃	成革 Cr_2O_3 含量/%	Cr_2O_3 吸收率/%	抗张强度/$N \cdot mm^{-2}$	撕裂强度/$N \cdot mm^{-1}$
常规有盐浸酸	8.0	105	5.6	70	32.6	83.6
SELLATAN P	8.0	112	6.6	80	22.7	50.2
合成助剂	8.0	117	7.0	85	36.1	67.8
国家标准	—	≥90	—	—	≥15	≥35

注：SELLATAN P 为 TFL 公司产品，也是一种可以减少浸酸中盐用量的助剂。

由表 4-1 可以看出，利用所研制的无盐浸酸助剂，无论是从理化指标还是感观性能上都达到要求，并提高了铬的吸收率，减少了铬排放，不仅提高了成革质量，还有效地减少了中性盐和铬的污染。

扩大试验条件如下（浸酸助剂，固含量为 53.26%；铬粉 KMC，Cr_2O_3 含量为 22%；将软化羊皮、猪皮、牛皮沿中线对剖，进行浸酸对比实验）。

（1）常规浸酸工艺　水 50％，20℃，食盐 10％，转 10min；甲酸 0.5％，硫酸 1.0％，转 60min；检查浸酸全透，终点 pH 2.7～2.9。

（2）无盐浸酸工艺　水 50％，20℃，无盐浸酸助剂 6％，阳离子加脂剂 1％，转 60min；检查浸酸全透，终点 pH 2.7～2.9

（3）铬鞣　倒去 2/3 废酸液；KMC 铬粉 6％，转 90min，检查全透；碳酸氢钠 1.0％，5× 20min+30min；水 200％，50℃，转 120min；停鼓过夜，次日晨转 30min，pH 3.7～3.8。

（4）挤水→漂洗→铬复鞣→中和→复鞣→加脂染色→出鼓、挂晾→摔软

无盐浸酸对铬吸收和洗出率的影响如表 4-2 所示，成品革物性测试结果见表 4-3，革内三层（用精密片皮机均分粒面、中间、肉面三层）Cr$_2$O$_3$ 含量比较列于表 4-4。

表 4-2　无盐浸酸与常规有盐浸酸鞣制后铬的吸收率与洗出率的比较[5]　　单位：%

工艺		主鞣铬粉用量	铬鞣吸收率	漂洗洗出率	中和洗出率	总吸收率
无盐浸酸	猪皮	6	87.9	1.78	0.102	86
	牛皮	6	86.8	2.41	0.045	84.4
	羊皮	6	77.3	2.00	0.062	75.3
有盐浸酸	猪皮	6	87.5	2.31	0.155	85.1
	牛皮	6	80.8	4.08	0.067	76.6
	羊皮	6	74.4	2.66	0.106	71.6

表 4-3　成品革物理性能比较[5]

工艺		收缩温度/℃	崩裂强度/N·mm^{-2}	抗张强度/N·mm^{-2}	撕裂强度/N·mm^{-1}
无盐浸酸	猪皮	106	59.0	28.1	52.0
	牛皮	104	42.1	25.0	76.2
	羊皮	102	35.4	22.6	34.0
有盐浸酸	猪皮	102	56.0	21.0	40.0
	牛皮	103	40.5	17.7	80.0
	羊皮	100	32.1	19.4	41.0
国家标准		≥90	—	≥15（一级）	≥35（一级）

表 4-4　Cr$_2$O$_3$ 在革中的含量分布比较[5]　　单位：%

工艺		粒面层	中间层	肉面层	平均
无盐浸酸	猪皮	4.188	3.922	4.186	4.099
	牛皮	3.882	3.413	3.668	3.654
	羊皮	3.818	3.695	3.913	3.809
有盐浸酸	猪皮	3.919	3.713	3.941	3.858
	牛皮	3.443	3.390	3.654	3.489
	羊皮	3.476	3.164	3.479	3.379

使用无盐浸酸助剂，增加了铬在革内的交联点，起到了合成鞣剂预鞣的作用。表 4-2 的数据表明无盐浸酸助剂不仅使铬鞣剂的吸收率增加，如羊皮增加了 2.91％，猪皮增加了 3.38％，牛皮增加了 4.03％，并且使漂洗及中和过程革中被洗出的铬量减少，其中羊皮分别减少了 0.65％和 0.04％，猪皮分别减少了 0.53％和 0.05％，牛皮分别减少了 0.68％和 0.02％。可见，无盐浸酸助剂的使用既提高铬鞣剂的吸收，又不易被洗去。

表 4-3 的数据进一步验证了无盐浸酸助剂使成品革的铬含量增加，并改善了多项成品革物理机械性能，只有撕裂强度略低。从坯革感观看，其色调浅、均匀，柔软度及丰满度很好，有利于生产浅色革。

表 4-4 的数据说明了无盐浸酸不仅使皮革中的铬含量有所增加，而且分布也较均匀。主要原因可能是由于无盐浸酸助剂对革有预处理作用。浸酸时助剂与革表面的氨基结合，

占据了革纤维的表面，从而有利于铬向革内渗透，减少了表面结合。提碱后，助剂的官能团释放并与铬配位，增加了交联结合点，从而使成品革中铬含量增加并分布均匀。

Alois Puntener 提出一种 Ciba 鞣制体系[3]，其中浸酸采用砜磺酸聚合物以及少量甲酸，不加食盐，参考工艺条件如下（原料皮为脱灰后的牛皮，厚度 3.5mm）。

水 50%，25℃，砜磺酸聚合物 2%，转 60min，pH＝4.4；砜磺酸聚合物 2%，甲酸（85%）0.4%，转 60min，检查全透，pH＝3.2。

采用这种无盐浸酸技术，可以使废水中的氯离子由 27kg/t 原皮降至 1kg/t 原皮，大大降低了中性盐污染。此外砜磺酸聚合物具有预鞣作用，有助于铬的渗透和吸收，坯革收缩温度比传统浸酸铬鞣法高 10℃ 左右。

R. Palop 和 A. Marsal 比较了分别应用四种酸性产品（聚丙烯酸、3,6-萘酚二磺酸、对羟基二苯磺酸和萘磺酸-萘酚磺酸的混合物 Retanal SCN）抑制酸膨胀的效果，发现在盐度为 0°Bé、1°Bé、2°Bé 时，用量为 3% 的这四种产品都可以减少酸膨胀，但经过鞣制和染色后，Retanal SCN 效果最好[7]。在盐为 2°Bé 时，它能有效地抑制酸膨胀，提高收缩温度，且不会产生败色效应。不过如果直接使用常用铬盐鞣制，由于萘磺酸-萘酚磺酸混合物分子较大，在皮内渗透不好，大多存在于皮的外层，其所带的磺酸基极易与铬配位结合，从而阻碍铬的渗透和在皮内的均匀分布，甚至影响随后染色的均匀性。因此 Palop 等人又选择了一种更易渗透的高度蒙囿的低碱度铬鞣剂（Basicromo BA）与 Retanal SCN 配合使用，成功改善了皮中铬盐分布不均等问题。进一步优化工艺条件，发现浸酸的盐为 0°Bé 时，成革的感观性质和物理性能最好，这就实现了无盐浸酸，有效降低了废液中的氯离子含量，而且提高铬的吸收率（见表 4-5）。参考工艺如下[8]。

(1) 脱灰、软化

(2) 浸酸　水 60%，25℃，Retanal SCN 3%，转 30min；硫酸（1∶10）0.6%，转 30min，检查 pH。

(3) 鞣制　Basicromo BA 3%，转 3h；碱度 33% 的铬鞣剂 5%，转 2h；加水 50%，温度 50℃，转 15min；提碱剂 Plenatol HBE 0.6%，转 8h。

表 4-5　浴液和蓝湿革的部分化学指标对比[8]

浸酸工艺	废液 Cl^- 含量 /g·L^{-1}	废液电导率 /$\mu S \cdot cm^{-1}$	废液 Cr_2O_3 含量 /g·L^{-1}	蓝湿革 Cr_2O_3 含量/%
常规方法	7.16	72.000	1.9	粒面层 4.1,中间层 3.8,肉面层 3.9
无盐浸酸	0.17	24.000	1.2	粒面层 4.6,中间层 4.8,肉面层 4.7

陕西科技大学王鸿儒等利用石灰液处理铬革屑，提取胶原产物，并用乙醛酸进行改性，制备出了一种助鞣剂，将其用于浸酸铬鞣和铬复鞣过程，效果良好。特别是在浸酸时使用，可不加食盐，裸皮未发生酸肿[9]。该助鞣剂的作用机理可能是，胶原水解产物经乙醛酸改性后，分子中引入了带负电的羧基，酸性较强，它渗入皮中可以与带正电的氨基结合，使皮纤维间的静电排斥作用消失，抑制了皮的膨胀。此外由于同为胶原蛋白类物质，助鞣剂向皮内渗透的能力很强，同时它带有大量羧基，可以与铬盐及皮纤维形成更多交联，增强铬鞣的效果。

上述胶原产物的提取及改性方法如下：蓝湿革屑 100g，加水 400mL，加石灰 8g，充分搅拌，调 pH 到 11.5～12.0，浸泡 24～48h 后将革屑与浸泡液一起移入三口瓶中，搅拌并加热到 95℃，反应 2～3h，趁热抽滤，收取滤液。将残渣加 2 倍的水及少量石灰粉再次在相同条件提取。将两次收取的滤液混合，在真空度 0.097MPa，温度 65℃，蒸馏浓缩，即得到浓度约 30% 的水解胶原溶液。采用石灰液预泡、石灰液两次提取的方法，可从每 100g 绝干铬革屑中提取水解胶原产物溶液 192.2g，溶液为淡黄色黏稠状，pH8.0，固含量 33.57%，灰分含量 4.60%。取所得水解胶原溶液，加入乙醛酸（40%）3.4%，搅拌 1h，缓慢加热到 40℃，保温搅拌 4h，冷却后加少量 NaOH 调 pH 到 3.5～4.5，得到淡棕色助鞣剂溶液，固含量 32.51%，灰分 4.45%，可以与水任意比例混溶。

应用于浸酸铬鞣的参考工艺如下。

脱灰软化后的裸皮；无浴，加上述助鞣剂 4%，转动 2h；将皮重 0.3%～0.7% 的浓硫酸用 10 倍水稀释后加入，转动 90min；加 6% 铬鞣剂（Chromosal，Cr_2O_3 含量 26%），转动 60min；常规提碱；加 60℃ 的水 100%，转 4h，停鼓过夜；次日晨转动 30min，检查革的外观，测定收缩温度。

应用实验结果表明，在脱灰软化后直接加皮重 4% 的助鞣剂在几乎无浴的状态下对裸皮进行预处理，助鞣剂能很快被吸收，使皮的 pH 降为 5.0～6.0。这时无需加盐，加入少量硫酸使 pH 降至 3.0～3.2，裸皮不会发生膨胀，可直接加铬粉进行鞣制，实现了无盐浸酸鞣制。助鞣剂应用于铬鞣的性能指标见表 4-6，可以看出，助鞣剂除能促进铬的吸收外，还能使革的收缩温度提高，丰满度明显增加。助鞣后的革，粒面平整，粒纹清晰，虽然颜色略带红头，但仍比较接近常规铬鞣革的颜色。

表 4-6   助鞣剂的应用性能指标[9]

铬鞣工艺	废液 Cr_2O_3 含量/g·L⁻¹	收缩温度/℃	坯革颜色	坯革粒面	坯革身骨
加助鞣剂	0.130	108	蓝绿偏浅	平整细致	很丰满
常规浸酸铬鞣	3.250	97	正常蓝绿	平整细致	丰满

Wondu Legesse 和 Thanikaivelan 等人对不同 pH 条件下的无盐少浸酸铬鞣技术进行了研究，并与常规浸酸铬鞣方法进行了对比[10]。参考工艺条件为：剖层灰皮（厚度 3.5～3.6mm）按照常规方法脱灰和软化后，控制液比为 1，分别用硫酸、醋酸和草酸调节至所控制的 pH 后（用量见表 4-7），倒去 50% 的浴液，加入 4% 的碱式硫酸铬，转 30min，再加入 4% 的碱式硫酸铬，转 30min，补充液比至 1，继续转动，直至完全渗透为止。其中只对用于对比的常规浸酸铬鞣和部分浸酸（pH＝4.0）铬鞣过程进行提碱，而其余浴液最终 pH 都自动达到 4.0～4.5 之间。铬渗透情况及铬的吸收率等数据见表 4-8。

表 4-7   预先调节 pH 所需酸的用量[10]

pH	硫酸/%	醋酸/%①	草酸/%①
8.0	0.050	0.05	0.025
7.0	0.075	0.10	0.050
6.0	0.225	0.30	0.200
5.0	0.350	0.60	0.300
4.0②	0.900	—	—
3.0③	1.200	—	—

① 先加 0.1% 甲酸处理；② 先加 5% 的食盐和 0.1% 甲酸处理；③ 先加 10% 的食盐和 0.1% 甲酸处理。

表 4-8　各种浸酸体系对铬渗透和吸收的影响[10]

酸体系	pH	渗透所需时间/h	铬吸收率/%	收缩温度/℃
硫酸	8.0	5.5	95	115
	7.0	6.25	94	118
	6.0	4.5	95	>120
	5.0	4.0	94	>120
甲酸和醋酸	8.0	11.5	91	116
	7.0	13.0	89	117
	6.0	8.5	85	>120
	5.0	7.5	86	>120
甲酸和草酸	8.0	7.25	96	118
	7.0	8.0	95	119
	6.0	4.25	92	>120
	5.0	4.25	93	>120
硫酸	4.0	7.0	74	>120
	3.0	4.0	65	>120

从表中数据可以看出，在较高的 pH 条件下进行铬鞣，铬的吸收率明显高于常规的浸酸铬鞣（pH＝3.0）和部分浸酸铬鞣（pH＝4.0）。这可能是因为在 pH＝3.0 或 4.0 时，铬是先渗透后结合，而在较高 pH 条件下，铬的渗透和结合是同时进行的。使用硫酸和草酸调节 pH 时，铬的吸收率要高于用乙酸调节 pH 时的吸收率。采用硫酸时，铬的吸收率随 pH 变化很小，而对于草酸和醋酸，铬的吸收率随着 pH 的降低而降低。从时间来看，这种少浸酸铬鞣方法具有明显的优势。不包括调节 pH 的时间，使用硫酸处理时，完成鞣制需 4～6h，使用醋酸和草酸时，pH 在 5.0～6.0 之间，约需要 5～8h。如果包括调节 pH 的时间，共需 8～10h。对于常规浸酸铬鞣法，浸酸、鞣制、提碱的全部时间在 15h 左右。从收缩温度来看，两种鞣制方法都可以使坯革收缩温度达到 110℃以上，差别不大，因此采用这种新方法可以节约铬的消耗和能源，降低成本[11]。

牛皮的背部和颈部纤维很紧密，不利于鞣剂的渗透。从表 4-9 的数据来看，采用少浸酸的鞣制方法可以达到较好的渗透效果，铬含量明显高于对比样。使用硫酸时，在 pH 为 8.0 和 7.0 时，中间层铬含量较低，但在 pH 为 5.0 和 6.0 时，分布相当均匀，使用醋酸和草酸也有同样的趋势，特别在 pH 为 5.0 时，中间层的铬含量达到最高。从表 4-10 可以看出，在 pH 为 8.0 或 7.0 时，皮革的一些物理机械性能指标较常规浸酸铬鞣略有下降，而在稍低的 pH（5.0，6.0）时，则相差不大。

表 4-9　蓝湿皮的铬含量及分布（取自牛皮的背部）[10]

酸体系	pH	Cr_2O_3 含量(以干重计)/%			总 Cr_2O_3 含量(以干重计)/%
		粒面	中间	肉面	
硫酸	8.0	5.59	2.31	5.30	4.51
	7.0	5.43	2.51	4.01	4.98
	6.0	5.26	4.83	5.24	5.08
	5.0	5.29	5.16	5.26	5.02
甲酸和醋酸	8.0	5.02	2.82	5.10	4.69
	7.0	5.10	2.78	4.60	4.56
	6.0	5.20	4.22	5.62	4.73
	5.0	4.98	4.75	4.73	4.56

续表

酸体系	pH	Cr₂O₃ 含量(以干重计)/%			总 Cr₂O₃ 含量(以干重计)/%
		粒面	中间	肉面	
甲酸和草酸	8.0	5.54	2.67	5.39	4.81
	7.0	5.04	2.85	4.35	4.57
	6.0	5.53	4.37	5.93	4.98
	5.0	5.02	4.82	4.93	4.96
硫酸	4.0	3.86	2.88	3.06	3.26
	3.0	2.60	2.51	2.75	2.75

表 4-10　不同鞣制方法对坯革物理机械性能的影响[10]

酸体系	pH	抗张强度 /N·mm⁻²	断裂伸长率 /%	撕裂强度 /N·mm⁻¹	粒面崩裂强度	
					负荷/N	高度/mm
硫酸	8.0	18.1	59	67	196	7.86
	7.0	19.2	56	71	196	8.60
	6.0	23.1	80	97	274	10.82
	5.0	22.2	57	113	245	8.46
甲酸和醋酸	8.0	17.4	56	71	206	7.94
	7.0	18.3	77	61	186	10.23
	6.0	22.2	71	92	265	10.20
	5.0	23.1	72	124	382	11.44
甲酸和草酸	8.0	19.4	65	58	196	7.98
	7.0	22.0	78	72	186	9.09
	6.0	20.8	65	130	353	10.61
	5.0	22.1	66	65	255	9.34
硫酸	4.0	23.4	88	71	353	10.19
	3.0	26.3	94	93	304	9.35

　　在上述研究的基础上，Thanikaivelan 等人又选取了铬渗透和分布效果均较好的 pH 为 5.0 的浸酸体系（见表 4-7），就无盐少浸酸铬鞣技术的机理进行了探索[11]。随着碱式硫酸铬的加入，浴液 pH 从之前调好的 5.0 下降到 3.3~3.6，这是由于铬配合物水解产生了 H⁺。但此时皮并未膨胀，因为碱式硫酸铬中的中性盐硫酸钠（含量 30%）和铬配合物保证了浴液有足够的离子强度（1.53mol·L⁻¹，即 7°Bé），有效避免了酸肿的发生。同时加入的有机酸起到了一定的蒙囿和缓冲作用，有利于稳定浴液的 pH，实验结果显示，铬鞣 2~4h 的浴液 pH 一直保持在 3.5~3.8 左右。较低的 pH 避免了铬在皮表面的沉积，使其能够渗透入皮内并均匀分布。

　　总的来看，采用少浸酸工艺，在较高的 pH 条件下铬鞣是完全可以实现的，不会影响皮革的质量，不仅简化了操作，缩短了工艺周期，同时铬的吸收率也得到了提高，还降低了污染，一举多得。

　　目前该研究组已经将此无盐少浸酸铬鞣（pH5.0）与酶脱毛和酶/氢氧化钠分散纤维技术整合起来，形成了化学-酶法结合的制革工艺，有望显著降低皮革生产过程中污染物的排放[12,13]。参考工艺如下[12]。

　　(1) 牛皮按常规工艺浸水

　　(2) 堆置酶脱毛　酶糊配方：水 6%，硫酸钠 0.5%，酶制剂（细菌蛋白酶，适宜 pH 7.5~11.0，温度 25~40℃）1%，以浸水皮重计；将调好的酶糊涂于牛皮粒面，堆置 18h；次日手工推毛，称重。

　　(3) 纤维分散　水 100%，α-淀粉酶（酶活 3000U/g）1%，转 3h。

（4）去肉、净面、称重

（5）水洗　水 100％，洗至皮横截面的 pH 达到 7.5。

（6）浸酸　水 100％，硫酸 0.3％，分两次加，间隔 15min；再转 45min，至皮横截面的 pH 达到 5.2。

（7）铬鞣　碱式硫酸铬 8％，转 5h，检查切口全透，最终 pH 3.8；水 100％洗皮，出鼓，堆置 24h。

4.1.1.2　无盐浸酸工艺的技术瓶颈

上述无盐浸酸技术避免了浸酸工序 NaCl 的加入，大幅降低了废水中的氯离子含量，同时还提高了后续鞣制的铬吸收率，在污染物减排方面效果显著。国内外各皮化企业也有相应的无盐浸酸助剂产品。但是，该技术目前仅有小范围工业应用，并未得到大规模推广，其技术瓶颈在于用该技术制得的皮革在感官性能（如丰满性、弹性、柔软性等）方面始终较常规浸酸铬鞣革差。而这从另一个方面说明 NaCl 对于浸酸和鞣制具有至关重要的作用。研究表明，如果皮革纤维网络在准备工段足够分散，则成革可获得较好的物理和感官性能[14,15]。因此，NaCl 在浸酸和鞣制工序中很可能有分散胶原纤维束的作用，而不仅仅是传统制革理论所认为的脱水和抑制酸肿的作用。

石碧等通过无盐浸酸和常规浸酸的对比，研究了 NaCl 在浸酸和鞣制工序中对皮/革纤维结构的影响[16,17]。由无盐浸酸（6％无盐浸酸助剂，pH 2.8）和常规浸酸（6％ NaCl，pH 2.8）所得裸皮的纵切面 SEM 照片（图 4-2）可知，无盐浸酸裸皮的胶原纤维束呈片状结构，编织杂乱，将网状层放大也不能观察到纤维束中单独的纤维。常规浸酸的裸皮胶原纤维束则较为分散，横纵交错，排列有序，而且从网状层来看，纤维束内的纤维排列整齐，而且相互分离，甚至可以观察到单根的细纤维。这意味着 NaCl 的存在使得纤维网络结构中的孔隙和空间增大。进一步从浸酸裸皮的孔隙性质可知（表 4-11），相比无盐浸酸裸皮，常规浸酸裸皮的 BET 比表面积更大，平均孔径更小，Darcy 透气性指数更高，孔隙率更大。这都意味着浸酸时 NaCl 的存在有利于胶原纤维的分散，与形貌观察的结果吻合。

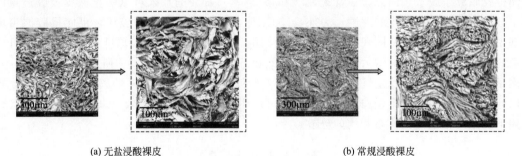

(a) 无盐浸酸裸皮　　　　　　　　　(b) 常规浸酸裸皮

图 4-2　浸酸裸皮纵切面 SEM 照片[16]

表 4-11　浸酸裸皮的孔隙性质[16]

样品	BET 比表面积 /m²·g⁻¹	平均孔径/μm	Darcy 透气性指数 /m²·Pa⁻¹·s⁻¹	孔隙率/%
无盐浸酸裸皮	0.981 ± 0.053	5.752 ± 0.061	0.469×10^7	70.03 ± 0.95
常规浸酸裸皮	4.128 ± 0.039	1.599 ± 0.091	1.716×10^7	71.51 ± 0.67

为进一步观察 NaCl 对铬鞣革纤维结构的作用，将无盐浸酸和常规浸酸后的裸皮继续

在酸液中进行铬鞣，研究了 NaCl 在铬鞣工序中对纤维结构的影响。从铬鞣革的纵切面 SEM 形貌（图 4-3）可以看出，无盐浸酸铬鞣革的细纤维聚集形成较粗大的纤维束，而且编织紧密，但相比无盐浸酸裸皮其分散程度有所提高。常规浸酸铬鞣革虽然仍以纤维束形式进行编织和排列，但是在每股纤维束内，细纤维均相互分散，可以观察到单根的细纤维。另外，铬鞣革的比表面积、孔径和孔隙率等均表明了常规铬鞣革纤维结构分散较好（表 4-12）。常规铬鞣革的 BET 比表面积为 3.495 $m^2 \cdot g^{-1}$，高于无盐浸酸铬鞣革（3.126 $m^2 \cdot g^{-1}$）。常规铬鞣革的透气性能也较好，孔隙率比无盐浸酸铬鞣革高约 3%。因此，NaCl 在铬鞣中也有利于胶原纤维的分散。

(a) 无盐浸酸铬鞣革 (b) 常规浸酸铬鞣革

图 4-3　铬鞣革纵切面 SEM 照片[3]

表 4-12　铬鞣革的孔隙性能[3]

样品	BET 比表面积 /$m^2 \cdot g^{-1}$	平均孔径/μm	Darcy 透气性指数 /$m^2 \cdot Pa^{-1} \cdot s^{-1}$	孔隙率/%
无盐浸酸铬鞣革	3.126 ± 0.068	1.502 ± 0.074	1.792×10^7	68.11 ± 0.31
常规浸酸铬鞣革	3.495 ± 0.023	1.563 ± 0.025	2.181×10^7	71.14 ± 0.21

胶原分子链上含有大量的亲水氨基酸残基，可以与水以氢键结合。当 NaCl 加入后，破坏了胶原氨基酸残基与水分子间的氢键，进一步可以破坏胶原分子链上的水合层，从而使得胶原分子脱水。因此，在常规浸酸和铬鞣中，NaCl 的加入可以防止裸皮吸收过量的水分子，同时抑制裸皮的酸肿。另外，NaCl 对胶原分子水合层的破坏，也使得胶原带电基团暴露，从而带电基团间产生静电排斥作用，表观上则表现为胶原纤维变细，组成纤维束的细纤维之间的距离增大，表现为分散的状态。另外，在蛋白质的研究中，Hofmeister 离子效应对蛋白质的稳定性有显著影响。Na^+ 和 Cl^- 被认为是致序性离子（表 4-13），可以通过盐析效应来稳定蛋白质。因此，也可以用 Hofmeister 离子效应来部分解释 NaCl 作用下胶原纤维的规则排布和均匀分散。

表 4-13　Hofmeister 序列

致序型离子(kosmotropic) 稳定(stabilizing) 盐析(salting-out)			⟷			致乱型离子(chaotr opic) 去稳定(destabilizing) 盐溶(saltig-in)	
阴离子	SO_4^{2-}	F^-	Cl^-	Br^-	I^-	NO_3^-	ClO_4^-	SCN^-
阳离子	NH_4^+	Cs^+	K^+	Na^+	H^+	Li^+	Ca^{2+}	Mg^{2+}

综上所述，在浸酸和鞣制工序中，NaCl 的脱水和盐析作用，一方面使得胶原纤维间的间隙增大，表现为胶原纤维的分散，另一方面促进胶原纤维有序排列，编织形成多孔的纤维网

络结构。NaCl 能够促进胶原纤维分散和排列有序,很可能是常规浸酸工艺所得成革的感官性能优于无盐浸酸成革的主要原因。这启示我们,在无盐浸酸工艺的应用过程中,调整准备工段的工艺平衡,加强浸酸前的处理程度,促进胶原纤维分散,可能会有利于提高成革的感官性能。

4.1.2　不浸酸铬鞣

铬鞣机理的研究表明,胶原带负电荷的羧基和阳铬配合物的配位结合是铬鞣的主要反应,铬鞣过程必须遵循先渗透后结合的原则,如果在铬鞣初期即发生铬与胶原的结合,就会阻止铬鞣剂的进一步渗透,出现"夹生"现象。因此在铬鞣过程中一般先将裸皮浸酸,然后再鞣制,这样一方面可以抑制胶原羧基的离解;另一方面可以阻止铬盐的水解、缔合而使分子增大的趋势,有利于鞣剂的渗透,使铬鞣能够顺利进行。不过一般的酸易使胶原膨胀,严重损害皮张的强度。为了抑制膨胀,通常加入大量的中性盐,这会造成污染。在铬鞣后期,为了提高铬的结合,又必须中和去酸,使胶原羧基离解、铬鞣剂分子增大,促进结合,但提碱操作稍有不当很容易出现质量问题。此外浸酸的过程中,皮胶原和许多酸溶性和盐溶性蛋白质被去除,这样虽然在一定程度上可以增加皮的柔软性,但对于牛皮、羊皮鞋面革来说,更容易出现松面现象。

为了克服传统浸酸铬鞣的缺点,除了 4.1.1 介绍的无盐浸酸方法外,制革化学家提出了不浸酸铬鞣的技术路线。其主要思路是合成新的铬鞣剂,使其在高 pH 条件下也可以顺利渗透,并利用鞣剂自身的酸性将浴液的 pH 调至适合铬鞣的范围内,从而实现不浸酸铬鞣。有研究者直接在软化后用常规铬粉进行鞣制,即高 pH 铬鞣,这方面内容详见 4.3.2 节。

四川大学陈武勇等人合成出一种不浸酸铬鞣剂 C-2000(Cr_2O_3 含量 21.0%±1.0%),已由广东新会皮革化工厂生产并在一些制革厂使用[18]。应用实验结果表明,这种铬鞣剂即使在鞣制开始 pH 较高的情况下也能顺利渗透,坯革中铬含量高,分布均匀,丰满性、弹性良好[19~22]。工艺方案如下。

原料皮沿背脊线对剖,分别称重,一起脱灰、软化,然后分别进行常规铬鞣和不浸酸铬鞣的对比。不浸酸铬鞣的工艺条件为:水洗至 pH=7.5 左右,调液比 0.5,加 C-2000铬鞣剂 6%,转 4~6h,pH 为 3.7~3.9,补加 150% 的水,提内温至 40℃,转 2h 停鼓过夜。次日晨转 15min 出鼓。

不浸酸铬鞣时浴液 pH 和革收缩温度的变化如表 4-14 所示,铬吸收率及蓝革中Cr_2O_3 的分布分别见表 4-15 和表 4-16。

表 4-14　不浸酸铬鞣浴液 pH 和革收缩温度的变化[20]

猪皮			牛皮		
鞣制时间/h	浴液 pH	臀背部 T_s/℃	鞣制时间/h	浴液 pH	臀背部 T_s/℃
0.5	3.92	—	0.5	4.00	—
2.0	3.82	84.0	2.0	3.77	90
4.0	3.75	92.0	3.0	3.78	95
6.0/加水提温	3.74	96.5	4.0/加水提温	3.72	耐沸水煮
8.0	3.71	耐沸水煮	6.0	3.70	耐沸水煮

表 4-15　两种铬鞣方法的铬吸收率[20]

测定指标	浸酸铬鞣			不浸酸铬鞣		
	猪皮	牛皮	羊皮	猪皮	牛皮	羊皮
废液中 Cr_2O_3 含量/g·L^{-1}	2.01	1.95	1.74	0.89	0.71	0.41
铬吸收率/%	72.7	70.5	75.9	87.2	90.3	92.6

表 4-16　两种鞣制方法猪皮蓝革中 Cr_2O_3 的分布[20]

鞣制方法	各皮层 Cr_2O_3 含量/%					均匀度/%
	1	2	3	4	5	
浸酸铬鞣	4.87	3.92	3.56	4.09	4.17	74.4
不浸酸铬鞣	4.98	4.79	4.21	4.86	5.17	81.9

注：1～5 层方向为由粒面向肉面。

从表 4-14 可以看出，在鞣制过程中，浴液的 pH 逐渐降低并趋于稳定，这可能和两方面因素有关：一方面是铬鞣剂水解配聚放出氢离子，使浴液 pH 有降低的趋势；另一方面是 pH 较高的软化皮要不断消耗溶液中的酸，使浴液 pH 有升高的趋势。这两个因素中前者起主导作用，因此浴液 pH 有所降低，而当两者达到平衡后，pH 趋于稳定。

除了可以简化操作，减少鞣制时间外，使用这种不浸酸铬鞣剂还可以提高铬的吸收率，并使铬分布更均匀。这可以从表 4-15 和表 4-16 的数据反映出来。不浸酸铬鞣方法所鞣制的猪皮、牛皮、羊皮，铬吸收率都较常规浸酸铬鞣方法高，其中牛皮和羊皮的铬吸收率超过 90%，而一般的浸酸铬鞣方法中铬吸收率都为 70% 左右。废液中的铬含量也明显减少，降低了铬污染。

此外，采用不浸酸铬鞣剂还具有选择性增厚功能，如表 4-17 所示。在不浸酸铬鞣方法中，蓝皮的厚度较鞣制前的软化皮有所增加，并且边肷部的增厚幅度大于臀背部。浸酸铬鞣的蓝皮厚度与软化皮的厚度相比不但没有增加，而且有所下降，边肷部厚度下降更明显。不浸酸铬鞣的蓝皮面积和坯革的面积比浸酸铬鞣有所增加，见表 4-18。

不浸酸铬鞣的革厚度及面积增加的原因可以从鞣制方法和铬鞣剂两方面来分析。不浸酸铬鞣时，由于皮未经浸酸而未被脱水，皮胶原纤维之间充满了水介质并保持伸展状态。在鞣制后期，胶原纤维结合了大量的铬鞣剂使纤维得到进一步固定，同时受到较强的填充作用。边肷部胶原纤维在前处理阶段得到更好的分散，受铬鞣剂的影响更明显，因此边肷部的增厚程度更大。在常规浸酸铬鞣方法中，在浸酸时加入大量的食盐，使皮脱水，皮胶原纤维弯曲并且纤维间距变小；同时，浸酸时皮内的一部分盐溶性蛋白质和酸溶性蛋白质被溶解，酸和盐对边肷部的水解作用更大，从而使边肷部变得更加扁薄，并有松面的危险。

表 4-17　两种铬鞣方法蓝皮厚度的变化[20]

测定部位	不浸酸铬鞣		浸酸铬鞣	
	背部	边肷部	背部	边肷部
软化皮厚度/mm	4.01	1.41	4.08	1.45
蓝皮厚度/mm	4.33	1.60	4.03	1.27
增厚/mm	0.32	0.19	−0.05	−0.18
增厚率/%	7.98	13.48	−1.23	−8.91

表 4-18　蓝皮及成革面积变化情况[20]

测试指标	蓝湿革	成革
浸酸鞣制革面积/cm²	3926.5	3985.5
不浸酸鞣制革面积/cm²	4003.7	4094.2
不浸酸鞣制面积增大率/%	1.96	2.73

表 4-19　两种鞣制方法蓝革物理机械性能的比较[20]

鞣制方法	牛皮		猪皮	
	抗张强度/N·mm⁻²	撕裂强度/N·mm⁻¹	抗张强度/N·mm⁻²	撕裂强度/N·mm⁻¹
不浸酸铬鞣	31.8	52.3	47.6	82.3
浸酸铬鞣	26.3	44.1	23.2	65.6

从表 4-19 可以看出，不浸酸鞣制的蓝革抗张强度和撕裂强度均高于浸酸铬鞣的革。

这可能与两方面因素有关：一是不浸酸铬鞣革中铬含量较后者高，且铬分布更均匀；二是在常规浸酸铬鞣中，浸酸时酸和盐的作用，使胶原纤维的强度变弱。

需要注意的是，上述不浸酸铬鞣法制得的蓝革在柔软度方面不及常规浸酸铬鞣革。通过扫描电镜观察蓝革的纤维形貌和测定蓝革各层钙离子的含量，发现柔软度下降的主要原因是未经浸酸，革纤维较为紧实，分散程度不够。另外革的粒面和肉面钙沉积较多，各层钙离子含量分布不均，也使柔软度受到一定影响[23]。因此在使用不浸酸铬鞣法生产软革时，需要相应地调整前处理工序，加大纤维分散的力度，保持整个工艺的平衡[24]。

不浸酸铬鞣法的原理可能是由于不浸酸铬鞣剂具有更强的耐碱能力，在鞣制初期，铬鞣剂绝大部分为阴、中性铬配合物，与皮表面带负电的羧基（浴液 pH 高于皮的等电点）的结合能力很低，因此可以在较高的浓度条件下快速均匀地向皮内渗透。同时，鞣剂内残余的酸使鞣制浴液 pH 降低至 4.0 以下，并使皮从外到内形成 pH 梯度，越往皮内，pH越高。进入到皮心的铬鞣剂处于较高 pH 环境中，先进行水解配聚，由阴、中性电荷变为阳铬配合物，并且与胶原羧基发生结合。这样，胶原纤维间的铬鞣剂浓度降低，浓度差促使外面的铬鞣剂继续渗透，直到胶原纤维结合的铬鞣剂足以阻止后继鞣剂的进一步渗透。在不浸酸铬鞣中，可以把铬鞣剂的结合方式看作是从内到外结合的，可减少先结合的铬鞣剂对后面铬鞣剂渗透的阻碍作用。不但铬鞣剂与胶原纤维结合得更加牢固，而且结合量提高。这与常规浸酸铬鞣正好相反。

P. Thanikaivelan 等人利用芳香族化合物 AHC（如萘、苯酚等）的磺化产物、替代甲醛起桥键作用的多羧基类化学物 PCA 和一些具有蒙囿作用的有机酸（如草酸、邻苯二甲酸）及其钠盐，与碱式硫酸铬 BCS 反应，制备了三种不浸酸铬鞣剂，并申请了专利[25~27]。这些鞣剂与传统合成鞣剂最大的区别就在于不使用甲醛进行原料之间的桥连聚合，避免了产品在使用和贮存过程中释放游离甲醛的问题[28]。主要制备过程如下：

① 产品 1，AHC 的磺化产物（0.6mol·mol^{-1} Cr）、PCA（10^{-3}mol·mol^{-1} Cr）和碱式硫酸铬产品在 80℃反应，在反应过程中加入一些三羧酸或二羧酸化合物（10^{-2}mol·mol^{-1} Cr）以防止铬在高 pH 时水解沉淀；最终的反应混合物用碳酸氢钠中和至 pH＝4.0，过滤后烘干；

② 产品 2，制备基本和产品 1 相同，只是不采用现成的碱式硫酸铬产品作原料，而是通过在还原重铬酸盐的反应过程中加入 AHC 的磺化产物等原料的方法制备，此外 AHC的磺化产物的用量降低为 0.3mol·mol^{-1} Cr；

③ 产品 3，制备除了不加 AHC 的磺化产物，其余制备过程同产品 2。所制备的三种产品的沉淀 pH 在 6～7 之间，各项指标见表 4-20。

表 4-20　三种不浸酸铬鞣剂产品与碱式硫酸铬产品的性能指标对比[26]

参　　数	产品 1	产品 2	产品 3	碱式硫酸铬产品
Cr$_2$O$_3$/%	18.8 ± 0.5	18.5 ± 0.5	19.1 ± 0.3	23 ± 0.4
水分/%	4.0 ± 0.5	4.5 ± 0.4	4.0 ± 0.5	10 ± 0.3
总的硫酸根含量/%	45 ± 2	34 ± 5	32 ± 4	30 ± 5
溶解度/%	94 ± 1	94 ± 1	95 ± 1	97 ± 1
10%溶液的 pH	4.1 ± 0.3	3.8 ± 0.2	4.0 ± 0.3	3.0 ± 0.2

以脱灰软化后的山羊皮为原料，鞣制工艺条件如下：不浸酸铬鞣剂用量为 1.5%（以 Cr$_2$O$_3$ 计），先无浴转 30min，然后补充液比至 0.8，转 2h，检查渗透情况，无需提碱，利用不浸酸铬鞣剂的酸性，使最终 pH 达到 4.0～4.2。对剩余浴液进行铬含量分析，确

定铬的吸收率。对比实验中山羊皮浸酸后同样先进行 30min 的无浴鞣制，商品碱式硫酸铬用量同样为 1.5%（以 Cr_2O_3 计），然后补加水至液比为 1，转 2h，用碳酸氢钠提碱，最终 pH4.0。采用不浸酸铬鞣的蓝湿革的后处理工序按照常规方法进行，只是合成鞣剂的用量减少 50%，对比样则完全按常规方法。蓝湿革和成革的一些性能分别见表 4-21 和表 4-22。

表 4-21　蓝湿革物化指标和外观性能的比较[26]

参　　数	产品 1	产品 2	产品 3	碱式硫酸铬产品
收缩温度/℃	118 ± 1	117 ± 3	116 ± 2	118 ± 2
Cr_2O_3 含量/%	5.85 ± 0.3	4.75 ± 0.4	5.35 ± 0.2	4.63 ± 0.2
水分/%	75 ± 3	78 ± 2	75 ± 4	68 ± 3
丰满性①	6	6	4	5
颜色①	5	5	6	6
外观表现①	5	5	6	5

①以 0~10 为度量，数值越高，性能越好。

表 4-22　成革物理机械性能对比[26]

参　　数	产品 1	产品 2	产品 3	碱式硫酸铬产品
抗张强度/N·mm⁻²	32.1 ± 1.2	29.6 ± 0.8	30.3 ± 1.4	29.4 ± 1.0
断裂伸长率/%	85 ± 2	82 ± 4	74 ± 1	78 ± 3
撕裂强度/N·mm⁻¹	98 ± 5	104 ± 3	114 ± 4	71 ± 3
崩破强度/N	451 ± 20	274 ± 29	314 ± 10	255 ± 20

从表中数据可以看出，使用这三种合成的铬鞣剂进行不浸酸铬鞣，都可以使蓝湿革的收缩温度达到 110℃以上，而蓝湿革中的 Cr_2O_3 高于常规浸酸铬鞣，这说明所合成的铬鞣剂的高 pH 沉淀点（pH=6.5）使铬的吸收率得到提高，这一点也可以从废液中的铬含量分析结果（见表 4-23）中反映出来。从坯革的颜色和丰满性来看，不含 AHC 的产品 3 所鞣制的蓝湿革颜色和常规浸酸铬鞣相同，而使用含有 AHC 和多羧酸化合物的产品 1 和产品 2 鞣制的蓝湿革颜色略有变化，而丰满性则明显好于产品 3 和常规铬鞣剂所鞣制的蓝湿革。总的说来，使用所合成的铬鞣剂在 pH=8.0 的条件下鞣制得到的皮革，在质量上不逊色于常规浸酸铬鞣产品。

表 4-23　鞣制废液分析[26]

参　　数	产品 1	产品 2	产品 3	碱式硫酸铬产品
Cr_2O_3/%	0.102	0.094	0.032	0.362
TDS/mg·kg⁻¹	24500	24620	23900	56196
Cl⁻/mg·kg⁻¹	715	930	858	24000
COD/mg·kg⁻¹	2120	791	702	1420
Cr 吸收率/%	90 ± 3	91 ± 3	98 ± 1	68 ± 3

表 4-24　铬鞣总废液污染物排放量分析对比[26]

鞣剂	COD/mg·kg⁻¹	TDS/mg·kg⁻¹	Cl⁻/mg·kg⁻¹	废液体积/L·(t原皮)⁻¹	排放量/kg·(t原皮)⁻¹		
					COD	TDS	Cl⁻
常规 BCS	1850	48000	22000	2500	4.6	120	55
产品 1	1440	16300	480	1500	2.20	24.5	0.72
产品 2	530	16400	620	1500	0.80	24.6	0.93
产品 3	470	15900	570	1500	0.71	24.0	0.86

注：常规鞣制废液包括浸酸废液和鞣制废液，其余为鞣制过程中产生的废液。

一般而言，常规浸酸铬鞣铬的吸收率在 65％～75％左右，而使用所合成的三种不浸酸铬鞣剂均可以将铬的吸收率提高至 90％以上，且不影响成革质量。由于直接对脱灰软化后的裸皮进行鞣制，省去了浸酸工序，而且鞣制后期不需要提碱，因此不仅节约了用水，还大大减少了鞣制残留液中的总溶解物（TDS）和氯离子含量（见表 4-24）。从鞣制过程的总废液来看，TDS 和氯离子排放量分别较常规铬鞣减少 80％和 99％，COD 排放量也有不同程度的降低，使用产品 1 可降低 50％，而使用产品 2 和产品 3，COD 可降低 80％～85％，有效地减少了制革废水的污染。

经济效益是企业生存和发展的基础，因此清洁生产除了考虑环境效益外，还必须注意经济效益问题。对所合成三种铬鞣剂的经济分析结果见表 4-25。从表中可以看出，产品 1 的成本高于其他产品，这主要是因为产品 1 的原料就是商品化的铬鞣剂，此外还要加上生产成本，所以价格要高一些。产品 2 和产品 3 的生产成本与一般铬鞣剂商品相近，可以直接进行商业化生产。不过结合成革质量和环境因素，产品 1 和产品 2 要比产品 3 更好，虽然使用产品 1 所节约的化工材料（相对常规浸酸铬鞣）、时间、能耗等不一定能补偿产品 1 和一般铬鞣剂产品的价格差，但使用产品 1 可以节约后处理工序中的合成鞣剂的用量。计算总成本，使用产品 1 和产品 2 都比常规浸酸铬鞣要便宜很多，因此这是一项在经济效益和环境效益方面都完全可行的清洁生产技术。

表 4-25 技术-经济分析（以 1000kg 原皮计）[26]

鞣剂	产品成本/Rs①	鞣制需要的材料/kg	总材料成本/Rs	水/L	时间/min	能耗/kW·h
常规 BCS	30.00	182②	2600②	2500	375	188
产品 1	45.00	80③	3600③	1500	180	90
产品 2	28.00	80③	2240③	1500	180	90
产品 3	30.20	80③	2416③	1500	180	90

① Rs 为印度卢比，45Rs≈1 美元；② 包括食盐、硫酸、铬粉、碳酸氢钠等材料；③ 合成的铬鞣剂。

明矾 $[K_2SO_4 \cdot Al_2(SO_4)_3 \cdot 24H_2O]$ 溶于水后，水解产生的酸可降低裸皮的 pH，中性盐成分硫酸钾可抑制皮蛋白的酸肿胀，即明矾具有代替食盐和酸进行浸酸操作的作用，同时碱式硫酸铝还能与裸皮进行鞣制反应，体现铝鞣的特性。基于此原理，许伟等人研究了先用明矾预处理山羊软化裸皮，随后不浸酸直接铬鞣的工艺，坯革的收缩温度和物理机械性能与常规铬鞣革无显著差异。另外由于铝盐的预鞣作用，使铬吸收率提高至 91％（常规铬鞣为 71％），坯革的粒面紧实性和染色性能也得到了改善。参考工艺为：取软化裸皮置于转鼓中，加水 100％，明矾 5％，柠檬酸 0.5％（蒙囿剂），转 120min，pH 为 2.9；加入碱式硫酸铬 5％，转 120min；加入 0.5％甲酸钠和 0.5％碳酸钠提碱，提碱结束后再转 120min[29,30]。

由于不浸酸铬鞣法具有铬吸收率高、分布均匀、成革质量好、工艺简化和生产周期缩短等优点，相信随着研究的深入，这项技术会更加完善，得到更多的推广应用。

4.2 常规铬鞣技术的优化

传统制革工艺中的铬鞣是铬排放的主要来源，如图 4-4 所示。由于铬的吸收和固定率较低，排入废水中的铬较多，使制革厂综合污水中的含铬量远远高于各国工业废水排放标

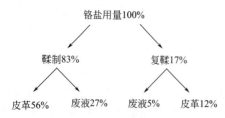

图 4-4　制革生产中铬盐分布的示意[31]

准中所规定的最高限量（0.2～5mg·L⁻¹），对环境造成了严重污染。虽然提高铬的吸收率不一定能完全解决废水中的铬污染问题，但尽量提高铬的吸收率仍然是减少制革工业铬污染的有效途径，无论在经济还是环境效益方面均具有重要的意义。使用高吸收铬鞣助剂或采用高 pH 铬鞣等方法均可提高铬盐的吸收（见 4.3），但通过优化常规铬鞣条件（包括工艺条件和鞣制方式）来促进铬盐的高吸收，无疑是一种投资少、见效快的途径。

铬鞣过程中，机械作用、液比、铬用量、pH、温度和时间是决定铬鞣效果的主要参数。通过对这些参数的优化可以提高铬的吸收率，减少废液中的铬含量。鞣制方式的优化还包括采用蒙囿剂等方面。

4.2.1　机械作用[31~34]

通过转鼓对皮和浴液施加足够的机械搅拌作用，使铬渗入皮内，是在一定时间内完成鞣制操作的首要条件。在转鼓中，皮的弯曲将使皮的微孔不断张开和收缩，如同泵作用将鞣液压进挤出，从而加快铬盐的渗透和吸收。除此以外，鼓桩或隔板对皮张有挑摔折打作用，皮张之间还有相互挤压和摩擦作用，这些作用都能加速鞣液的渗透，加快鞣制。

在转鼓大小一定时，机械作用的强弱主要取决于转鼓的转速、装载量和液比。对于直径为 D 的转鼓，存在一个临界转速（$N_{临界} \times \sqrt{D} = 42.7$），在此条件下，转鼓内物体受到的力主要用作平衡旋转的向心力，机械作用将降为零。要得到较充分的机械作用，转鼓转速应该约为临界转速的 2/3，即（$N_{优化} \times \sqrt{D} = 28$）。过快将增加皮的摩擦，扩大皮的伤残，影响成革的质量，特别是在液比较低时，容易导致鞣制温度的升高，从而造成铬在革的表面结合过多，加深革坯的颜色；太慢将削弱机械作用，降低鞣制效果。在保证成革质量的条件下，优化的机械作用将大大提高铬鞣剂的渗透，但对铬的结合影响不大，因此在出鼓后适当延长搭马静置的时间，可以使革内胶原纤维毛细管中的鞣液继续与皮纤维结合，提高铬的结合率，对鞣制起到补充作用。不提倡铬鞣一结束就挤水、片皮、削匀，这是违背铬鞣基本原则的。还应该指出的是，机械作用对牛皮、猪皮等大皮的影响要比对羊皮等小皮明显。

4.2.2　液比

虽然机械作用对铬鞣液的渗透起主要作用，但扩散作用的影响同样不可忽略。扩散作用和浴液浓度有关。浓度越高，铬鞣液渗透越快。在铬用量固定的条件下，减小液比可增加鞣液的浓度，从而使铬向皮内扩散的浓度梯度增大，确保较快地渗透。液比和鞣制效率（被吸收和固定的铬占铬用量的比例）的关系见表 4-26。

表 4-26　液比对铬鞣效率的影响（Cr_2O_3 用量 2%）[31,32]

液比/%	5	22	105	135
结合的铬/%	91	85	81	80

鞣制过程的动力学受多种因素影响，但通过模型反应发现铬与胶原羧基的结合反应基本符合一级方程，反应速率直接与铬浓度相关，浓度越高，反应越快。常规铬鞣中，初期

液比为 0.6～0.8，后期液比为 2.0～2.5。为了确保鞣透，铬的用量往往超过需要量，铬鞣的吸收率较低。如果将初期液比减小到 0.5 以下或采用无浴鞣制，将后期液比减小到 1.5，可减少废液，明显提高铬的吸收率。由于液比的减小，同时会使转鼓对皮的机械作用增大，转鼓的转动负荷增加，因此需要增大转鼓的驱动功率[34]。

西班牙加泰罗尼亚科技大学的 Morera 等人用一种无浴高吸收铬鞣法替代常规铬鞣，进行了工业规模的制革生产，得到的成革在物理、化学和感官性能上与常规铬鞣革相似。工艺条件如下。

食盐 1.5%，转 15min；甲酸（1∶10 稀释）0.5%，转 30min；硫酸（1∶10 稀释）0.5%，转 90min；33% 碱度铬盐 2%，66% 碱度铬盐 5.5%，转 2h；氧化镁 0.15%，转 4h。

由于鞣制过程在无浴条件下进行，转鼓对皮的机械作用较强，能够促进铬盐的渗透，同时使鼓内温度逐渐升高，到鞣制结束时温度达到 55℃，这又有利于铬与皮胶原的结合，达到了提高铬吸收率、减少污水的目的[35,36]。

4.2.3　铬用量

在标准条件下，鞣制效率（被吸收和固定的铬占铬用量的比例）随着铬用量的增加而降低，而蓝湿革的收缩温度和蓝湿革中的铬含量则随铬用量的增加而升高，如图 4-5～图 4-7 所示。约 2% 的铬用量（以 Cr_2O_3 计）足以使收缩温度上升至 110℃，甚至更高，使蓝湿革可以耐沸水煮，再增加铬的用量则没有多大价值。从图 4-5 可以看出，当铬用量为 2% 时，鞣制效率只有 65% 左右，实际生产中约为 65%～75%。此时皮革中的铬含量

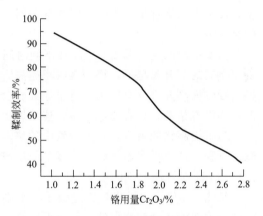

图 4-5　鞣制效率与铬用量的关系[37]

（均以 Cr_2O_3 计）约为 4%～5%。事实上皮革的铬含量在 3.5% 时即可达到 100℃ 以上的收缩温度。不过在实际生产中当铬用量低于 1.6%～1.7% 时，很难得到铬分布均匀、能耐沸水煮的蓝湿革[37,38]。因此，从成革质量考虑，制革者采用降低铬用量来达到减少废液中铬含量的目的时，必须处理好鞣制效率与收缩温度之间相互影响的关系，最好尽量通过改变其他参数和/或鞣制过程的方法来减少废水中的铬污染。

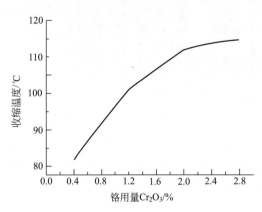

图 4-6　收缩温度与铬用量的关系[37]

4.2.4　温度、pH 和作用时间[31～34,37]

适当提高鞣制的温度，尤其是适当提高鞣制中、后期的温度，可明显提高铬的吸收率，减少废液中的铬含量。实践表明，在鞣制的中后期将温度提高到 45℃，可使铬的吸收率接近 87%。这时蓝湿革也不会出现表面粗糙和颜色发绿的现象。

提高鞣液的 pH，尤其是适当提高鞣制结束时的 pH，可提高铬的吸收率，减少废

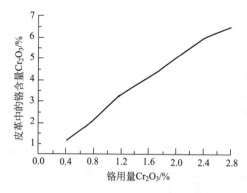

图 4-7　铬用量与皮革中铬含量的关系[37]

液中的铬含量。在后期通过缓慢和仔细的提碱，可将鞣液的 pH 提高到接近 5.0，使铬的吸收率接近 98%。但这时容易出现粒面粗糙或铬在粒面沉淀的危险性。如果将 pH 控制在 4.0～4.2，则一般不会有危险，这时铬的吸收率可以提高到 80% 以上。

铬鞣体系是一个平衡反应体系，延长作用时间可以使反应更接近平衡的终点，也就是说延长鞣制时间可以有更多的铬被胶原吸收。在提碱和升温后，随着鞣制的进行，虽然皮对铬的吸收和结合速度逐渐降低，但在短时间内很难达到平衡。这时适当延长转动时间，可使反应更接近于平衡，从而提高铬的吸收率。实验表明，在提碱和升温后至少转动 7h，停鼓过夜，才能使反应基本接近平衡。正常条件下，皮革中的铬含量和收缩温度随鞣制时间的增加而提高。缩短转动时间，会增加废液中的铬含量。

需要指出的是，温度和 pH 在不同时间的变化对铬的吸收率以及相应的收缩温度的影响是不同的。升温越早，铬的吸收率越高，但加热时间对收缩温度影响很小；提碱时间对铬的吸收提高几乎没有作用。过早地提碱会降低坯革的收缩温度，但提碱太晚对提高收缩温度亦没有帮助，只有通过缓慢、连续地提碱，才能得到最高的收缩温度。

为了提高铬的吸收，减少废液中的铬含量，制革者需要在升高温度和提高 pH 后完成鞣制过程，这就需要始终确保铬鞣剂与皮胶原的反应顺利进行并避免铬的沉淀。鞣液最终温度和 pH 对鞣制效率的影响见图 4-8。

从图 4-8 中可以看出，通过缓慢、小心地提碱，可以将 pH 提高到 5.0，以得到最高的铬吸收率而不会使铬沉淀，也不形成铬斑。不过在实际生产中并不提倡这样做，因此这需要很高的监测和管理控制水平。正如上面所言，将温度和 pH 分别提高到 40～45℃ 和 4.0～4.2，控制起来要容易得多，也可以得到较高的鞣制效率。

以上优化分析及相关研究结果表明，初期采用液比小于 0.5，铬的用量 1.6%～1.7%（以 Cr_2O_3 计），后期采用液比 1.5，控制 pH 在 4.0～4.2，温度 40～45℃，提碱和升温后转动 7h 以上，可使铬的吸收率提高到 85% 以上，同时得到质量良好的蓝湿革。

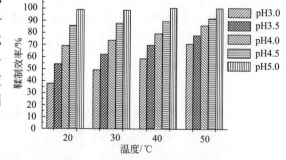

图 4-8　最终温度和 pH 对鞣制效率（% 铬用量）的影响[37]

4.2.5　蒙囿[31～34,37]

蒙囿的主要作用包括提高铬配合物的耐碱能力，减缓铬配合物与皮纤维的结合，使铬鞣剂分子在革内分布均匀，提高铬与胶原的最终结合量等。通过蒙囿，可以使铬的渗透速度、铬配合物的大小和铬配合物的沉淀 pH 等发生变化，从而实现对鞣制过程的优化，提高铬的吸收率。

羧酸盐是常用的蒙囿剂，可以分为两类。一类是简单的一元羧酸盐，如甲酸盐、醋酸盐等都是制革上常用的蒙囿剂，它们的主要功能是降低铬配合物的正电性，增加铬配合物向皮内的渗透速度，同时也可提高鞣液沉淀点的 pH，使铬鞣在较高的 pH 下进行，在一定程度上提高铬的吸收率。另一类是短碳链的二元羧酸盐，如邻苯二甲酸盐、丙二酸盐、草酸盐、酒石酸盐、马来酸盐等，可以通过配位作用与铬形成 5～7 元螯合环，减弱铬的反应能力，提高铬配合物向皮内的渗透速度，使铬鞣能够在较高的 pH 下进行，从而提高铬的吸收率和固定率，但用量较大时会明显降低铬与胶原的结合能力。

长碳链的多元羧酸盐如己二酸盐、戊二酸盐或低分子量的聚丙烯酸盐、含羧基和磺甲基的芳香族合成鞣剂、小分子多羧基配位剂等，可以在两个铬配合物之间形成交联，使铬配合物分子增大，有利于铬在胶原上的固定，提高铬的吸收和固定率。在常规铬鞣的中后期，加入这些交联剂可使废铬液中的铬含量（以 Cr_2O_3 计）降到 $1g \cdot L^{-1}$ 以下。但是，使用这类具有交联作用的蒙囿剂时，操作和控制的难度较大，如果稍有疏忽就会引起革面板糙，或者使大量铬在皮外交联而沉积在革面上，阻碍铬的渗透。

蒙囿应用实例[39]：原料皮为剖层后的头层皮，厚度 3.2mm，浸酸中使用普通食盐、甲酸和硫酸，水 20%～40%，温度 20℃，转 80min。鞣制时先加入碱度 33% 的铬鞣剂（Cr_2O_3 含量 26%），转 60min，再加入有机酸蒙囿的具有自动提碱功能的高活性铬鞣剂（Cr_2O_3 含量 7%），转 8h，最终温度 42℃。与常规铬鞣相比，采用这种蒙囿方法的高吸收铬鞣技术，在保证成革质量的基础上，不仅减少了铬的用量，还大大降低了废水中的铬含量，如表 4-27 所示。

表 4-27　废液中铬浓度对比情况[39]

加工过程	常规铬鞣		蒙囿法铬鞣	
	pH	$Cr_2O_3/g \cdot L^{-1}$	pH	$Cr_2O_3/g \cdot L^{-1}$
铬鞣	3.6	6.99	4.2	0.30
挤水	—	5.99	—	0.19
鞣后加工 1	4.5	1.01	4.6	0.11
鞣后加工 2	3.8	0.49	4.1	0.09
水洗	3.9	0.11	4.1	0.02

注：常规铬鞣和蒙囿法铬鞣中 Cr_2O_3 用量分别为 1.9% 和 1.3%。

考虑浴液的体积后重新计算表 4-27 中的数据，可以得出两种操作方法中未利用的铬的量，如图 4-9 和图 4-10 所示[35]。

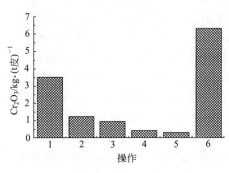

图 4-9　常规铬鞣未利用的铬的分布情况
1—铬鞣；2—挤水，排液；3—鞣后加工 1；
4—鞣后加工 2；5—水洗；6—总计

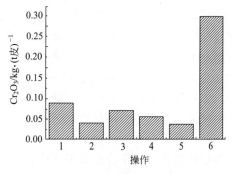

图 4-10　蒙囿法铬鞣未利用的铬的分布情况
1—铬鞣；2—挤水，排液；3—鞣后加工 1；
4—鞣后加工 2；5—水洗；6—总计

从图中可以看出，常规铬鞣中铬的利用率一般只有 66% 左右，而蒙囿高吸收铬鞣技术

可以将铬的利用率提高到 98％，从而大大减少了剩余浴液中的铬含量。Cr_2O_3 用量分别为 1.9％和 1.3％的常规铬鞣和蒙囿高吸收铬鞣都可以使成革中的 Cr_2O_3 的含量达到 4.0％～4.5％。

总之，通过对铬鞣工艺参数的优化和对铬鞣方式的改进，完全可以大幅降低废液中的铬污染，是一种投资少、见效快的清洁化鞣制技术。

4.3 高吸收铬鞣技术

传统铬鞣工艺中铬的吸收率只有 65％～75％，即有 25％～35％的铬残留在废鞣液中不能被生皮吸收和固定，废液中铬的浓度达到 $3g \cdot L^{-1}$（以 Cr_2O_3 计）左右，造成严重的环境污染和资源浪费。如果能在不增加设备投资和鞣制工序复杂性，并能保证皮革质量的前提下，在鞣制过程中大幅度提高铬的吸收率，将废液中铬含量降低至能直接排放的水平，则有望缓解甚至解决铬污染问题。因此采用高吸收铬鞣技术，将铬污染消除在生产过程中，实现清洁生产，是一条较理想的途径。这方面的研究主要集中在开发新型铬鞣助剂、改进鞣制工艺等方面，下面将从这两方面加以介绍。

4.3.1 高吸收铬鞣助剂的使用

使用铬鞣助剂来促进铬的吸收仍是当前国内外研究的重要内容，是一项从材料角度减少铬污染的有效技术手段。从助剂分子量的大小可以简单分为小分子铬鞣助剂和高分子助剂。

4.3.1.1 小分子铬鞣助剂

J. Gregori 等人提出在铬鞣过程中使用 4～6 个碳原子的脂肪族二羧酸盐（如乙二酸盐）、8～13 个碳原子的芳香族二羧酸盐（如苯二甲酸盐），可以起到交联剂的作用，即通过长链二羧酸盐或带苯环的芳香族二羧酸盐的两个羧基把与皮纤维呈单点结合的铬配合物连接起来，形成多点结合的交联键，增强结合牢度，从而提高皮革的收缩温度。另外脂肪族二羧酸与芳香族二羧酸同硫酸铬的反应具有增大分子体积，增加鞣制过程中铬的固定等作用，从而提高了铬的吸收量，使铬吸收率达到 85％，废液中 Cr_2O_3 降至 $1g \cdot L^{-1}$ 左右[40]。国内陕西科技大学的李桂菊等人通过实验进一步证实了该结论。实验工艺条件为：调节浸酸液 pH 为 2.8，液比 1，投皮后，在原液中直接加入铬鞣剂 2.0％进行鞣制，转动 90min 后，加入苯酐 1.5％，再转 1h，扩大液比至 2，温度 40℃，转 2h，提碱 1h，控制后期 pH 为 5.0 左右，转 2h，停鼓过夜，次日晨转 30min 出鼓。检测结果表明铬的吸收率达到 89.4％，皮革收缩温度为 97.2℃，粒面细致、清晰[41]。但一般而言，使用二元羧酸盐助鞣虽然可使铬的吸收率达到 90％左右，但铬吸收均匀性稍差。多元羧酸助铬吸收能力较强，但皮革粒面稍粗，革坯颜色发绿，使其应用受到一定限制。

醛酸兼有醛和酸的性质，既具有一定的鞣制效应，又可以在胶原侧链引入更多羧基，增加铬的结合点，作为铬鞣助剂能有效促进铬的吸收和交联，赋予皮革优良的性能。开发基于醛酸的小分子铬鞣助剂是国内外皮化行业的研究热点之一。

乙醛酸是最简单的醛酸，其 pH 约为 0.5，酸性较强，可直接用于裸皮的浸酸工序，代替部分硫酸和甲酸。由于乙醛酸是弱膨胀型有机酸，又可以和胶原氨基反应，因此用于浸酸可以减少盐的用量，如表 4-28 所示。从表中可以看出，用硫酸浸酸时，食盐用量需

6%以上才能抑制生皮的酸膨胀；而单用乙醛酸浸酸，盐用量只需达到 4%，生皮就不会发生膨胀；当乙醛酸与硫酸结合浸酸时，抑制裸皮酸膨胀的盐用量最少为 5%。实验结果表明，硫酸对生皮的膨胀速度大于乙醛酸的膨胀速度，两者结合浸酸时膨胀速度介于单独使用两者之间。硫酸用量过多或盐用量少，皮胶原纤维结构将会受到剧烈破坏，造成成革抗张强度下降；乙醛酸对皮胶原的膨胀作用较缓慢，皮胶原不会因受到酸的剧烈作用而破坏其网状纤维结构，有助于提高皮革质量。

表 4-28　浸酸浴中的盐用量与裸皮的膨胀性[42]

盐用量/%	乙醛酸 1.5%	乙醛酸 1.0%＋硫酸 0.5%	硫酸 1.5%
2.0	膨胀	膨胀	膨胀
3.0	略微膨胀	膨胀	膨胀
4.0	不膨胀	略微膨胀	膨胀
5.0	不膨胀	不膨胀	膨胀
6.0	不膨胀	不膨胀	略微膨胀
7.0	不膨胀	不膨胀	不膨胀

由于乙醛酸与皮胶原有反应能力（反应过程见图 4-11），在铬鞣之前加入，它与皮胶原侧链氨基发生不可逆化学反应，在皮胶原侧链上引入了更多的可与铬鞣剂结合的羧基，从而有助于增加铬的固定，提高铬鞣革的收缩温度，降低废鞣液中的铬含量，得到的蓝湿革色泽浅淡，粒面细致。如果在铬鞣时加入，则乙醛酸在铬鞣过程中将会参与两个竞争反应，其一是与皮胶原的反应，其二是与铬配合物的配位蒙囿作用。乙醛酸具有较强的蒙囿作用，可以使阴离子铬配合物成分增加，不利于铬配合物的水解、配聚以及与皮胶原侧链羧基间的配位交联。因此在铬鞣时加入乙醛酸，最终的铬鞣效果表现为皮胶原对铬鞣剂的吸收率降低，蓝湿革的收缩温度也有下降趋势。在铬鞣后期，随着浴液 pH 的提高，乙醛酸分子中的醛基与皮胶原分子中氨基反应能力增加，同时乙醛酸分子中的羧基与铬络合物的蒙囿作用也增强，容易导致铬-乙醛酸配合物在皮革表面过度结合，最终使蓝湿革粒面较粗，颜色发暗。

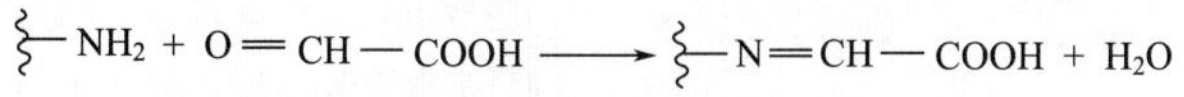

乙醛酸与胶原侧链氨基的反应

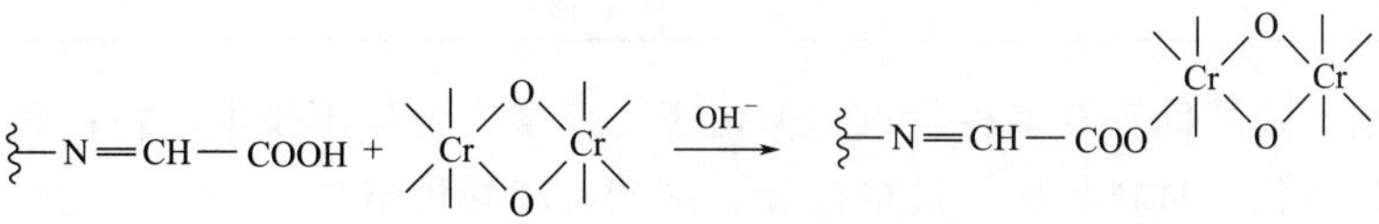

乙醛酸在胶原侧链上与铬鞣剂形成新的交联结合点

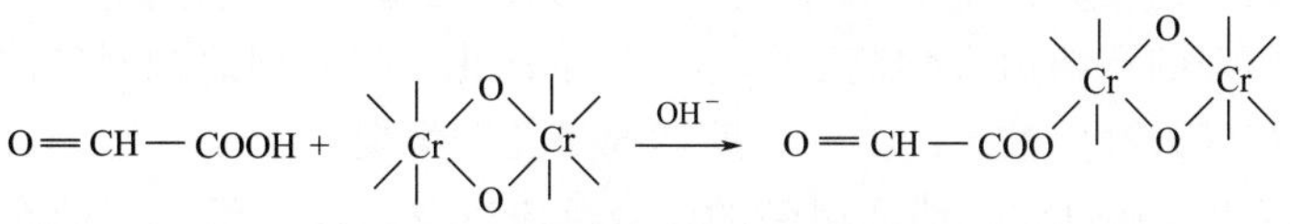

乙醛酸对铬鞣剂的蒙囿

图 4-11　乙醛酸、皮胶原、铬鞣剂之间的反应[42]

乙醛酸较合理的参考应用工艺如下[43]。

牛皮剖层灰皮（2.2～2.4mm），复灰、脱灰、软化、水洗按照常规方法。

（1）浸酸 水 50％，温度 25℃，盐 5％，转 10min；乙醛酸（40％）1.0％，硫酸（95％）0.26％，甲酸（85％）0.24％，转 120min，pH＝4.3，切口溴甲酸绿检查为蓝绿色。

（2）鞣制 铬粉（碱度 33％）以 Cr_2O_3 计为 1.0％，转 60min，pH＝3.7；MgO 0.15％，转 30min；缓慢升温至 45℃；加脂剂 1％，转 6h；停转结合，转 5min·h^{-1}，过夜。

由于使用乙醛酸，增加了铬的结合点，提高了铬的吸收和固定，可以减少铬粉用量。如表 4-29 所示，当铬粉用量由 1％递增到 6％时，蓝湿革收缩温度呈升高趋势，并且在 1％~3％之间升高速率较快，而 3％以后升高较平缓；废鞣液中铬含量也呈增加趋势，只是在 1％~3％之间增加较平缓，3％以后增加速率较快。从铬鞣剂的吸收率和蓝湿革的状态来看，铬粉用量 3％左右就可以达到要求，与常规铬鞣工艺相比可减少铬粉用量 40％~50％，这一技术已被世界上几家大制革厂的生产经验所证实。在减少铬鞣剂用量后，蓝湿革的收缩温度仍可达到 115~118℃（在甘油∶水＝75∶25 的溶液中测），并且铬被很好固定，铬的流失达到了最小的程度[43]。

表 4-30 的数据表明，乙醛酸可减少废液中铬的损失达 84％~94％，同时，虽然蓝革中的铬含量略有降低，但实际上革的收缩温度和强度都有所增加。

表 4-29　铬鞣剂用量与铬鞣效果的关系[42]

铬粉用量/％	蓝湿革 T_s/℃	废液中铬含量（Cr_2O_3）/g·L^{-1}	铬的吸收率/％	蓝湿革状态
1	87	0.14	94.2	颜色浅淡，欠丰满
2	95	0.38	92.0	浅湖蓝色，较丰满
3	101	0.63	91.1	浅湖蓝色，丰满
4	104	1.12	88.9	湖蓝色，丰满有弹性
6	107	1.48	88.4	深湖蓝色，丰满有弹性

注：所用铬粉为 Bayer 公司的 Chromosal B（碱度 33％）。

表 4-30　乙醛酸助鞣与常规铬鞣的比较[43]

测试指标	传统方法	乙醛酸助鞣	测试指标	传统方法	乙醛酸助鞣
Cr_2O_3 用量/％	1.5	1.0	废液中 Cr_2O_3 含量/mg·L^{-1}	1951	218
最终 pH	4.05	4.01	挤水液中 Cr_2O_3 含量/mg·L^{-1}	1357	75
收缩温度/℃	110	120	抗张强度/N·mm^{-2}	11.3	15.7
革中 Cr_2O_3 含量/％	4.2	3.5	断裂伸长率/％	52	58

尽管使用乙醛酸助鞣有多种优点，但由于乙醛酸主要是用作生产香料和医药中间体等的原料，与其他化工材料相比，价格偏高，国产乙醛酸价格高于 20000 元/t，进口产品价格更高，这严重限制了乙醛酸在皮革生产中的应用。因此，需要人们去开发新型醛酸助鞣剂，以降低生产成本，使其能够在制革生产上得到广泛应用，促进高吸收铬鞣技术的发展。这方面比较典型的有四川大学范浩军等人与亭江化工厂共同研制开发的 AA 醛酸鞣剂和四川大学李国英等人开发的 LL-Ⅰ醛酸助鞣剂等几种类型。

AA 醛酸鞣剂主要通过戊二醛和甲醛的缩合反应以及与含 α-活泼氢的有机酸缩合反应制得，可以促进铬的吸收和交联，使成革更加丰满，并赋予皮革更好的机械强度[44]。LL-Ⅰ醛酸助鞣剂是采用醛和酯作原料，在碱作催化剂的条件下进行 Michael 加成反应得到一种混合产物，其中主要组分应该是以戊二醛为主链，侧链带一个羧基的结构。产品外观为淡黄色透明液体，略有刺鼻气味，pH 为 7 左右，其成本比乙醛酸降低至少 2/3。由于醛基和胶原氨基在较高 pH 条件下作用较好，因此在软化工序后直接进行 LL-I 的预处理，使用效果要优于在浸酸时加 LL-I，得到的蓝湿革收缩温度较高，可以耐沸水煮，铬的吸收率接近 90%。在先用 LL-I 预处理 1h，再按照常规方法浸酸、铬鞣，铬粉用量为 7% 的情况下，LL-I 用量对铬鞣的影响如表 4-31 所示。可以看出，当 LL-I 用量在 3%～3.5% 时（以软化皮重计），蓝湿革收缩温度达到 100℃ 以上，废液中 Cr_2O_3 含量在 1g·L^{-1} 以下，铬的吸收率达到 88%～89%，当 LL-I 用量再增加时，对提高蓝湿革的收缩温度的提高和废液中铬含量的降低已不明显[45]。

表 4-31　LL-I 用量对铬鞣效果的影响[45]

LL-I 用量/%	收缩温度/℃	革中 Cr_2O_3 含量/%	废液中 Cr_2O_3 含量/g·L^{-1}	铬吸收率/%
1.5	97	3.32	1.13	83.18
2.0	98	3.46	1.07	84.07
2.5	100	3.56	0.92	86.31
3.0	101	3.68	0.80	88.10
3.5	102	3.70	0.75	88.84
4.0	102	3.71	0.74	89.10
0	96	3.71	1.63	75.74

陕西科技大学的白云翔等合成了可能结构如图 4-12 所示的醛酸型铬鞣助剂 SYY，其中富含醛基、羧基、羟基等能与皮胶原反应的官能团。对羊皮鞣制的最佳工艺条件研究表明，在弱酸性（pH＝6）条件下预鞣 90min，SYY 用量为 8%，随后铬鞣工序铬粉用量为 5% 时，效果较好，铬的吸收率达到 95.6%，废液中 Cr_2O_3 含量可降至 0.3g·L^{-1}[46]，所鞣制的坯革各项指标见表 4-32。

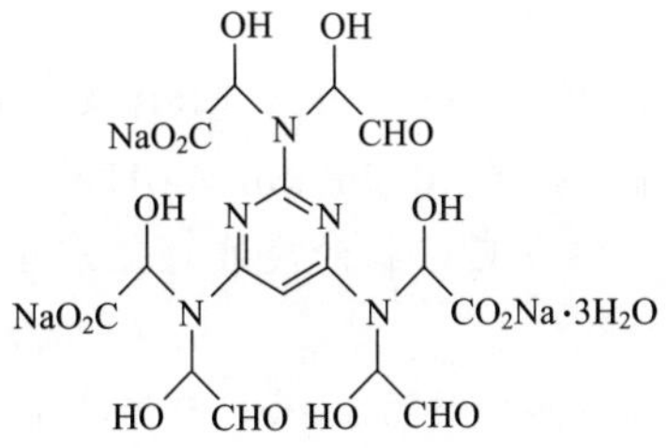

图 4-12　SYY 的可能结构示意

表 4-32　最佳工艺条件下鞣制所得坯革的主要指标[46]

对比工艺	坯革颜色	收缩温度/℃	铬吸收率/%	粒面粗细	增厚率/%
SYY 预鞣	浅蓝	96	95.6	稍粗	5.5
未使用	蓝色	95	68.8	稍粗	2.0

除了醛酸类助剂外，噁唑烷酸也是一类可以有效提高铬吸收的小分子助剂，既有单环结构的 MOCA，也有双环结构的 OXD-I，结构如图 4-13 所示。陕西科技大学的王鸿儒等以苏氨酸和甲醛为原料，合成出一种既具有噁唑烷环结构，又带有羧基结构的噁唑烷酸助鞣剂 MOCA。应用工艺条件如下[47]。

脱灰软化裸皮。

（1）**预鞣-浸酸**　液比 0.3，温度 25～30℃，MOCA 1.0%～5.0%（水稀释后加入），转动 8h；加甲酸 0.5%～1.0%，转动 40～60min，pH＝3.5～3.7。

（2）**鞣制**　在预鞣-浸酸液中进行；标准铬粉 6%，转动 1.5h；碳酸氢钠 1.0%～

1.6％，2h 内分多次加入，pH＝4.0～4.2，转动 30min；补加 60℃热水 120％，使液比达 1.5，温度达 40℃，转动 6h，停鼓过夜；次日转动 30min，测定收缩温度、废液 pH 和含铬量。

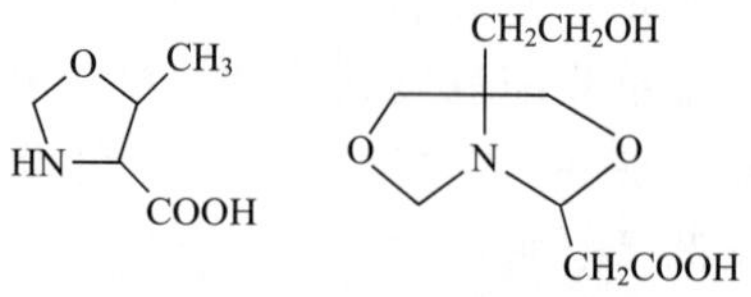

(a) MOCA (b) OXD-Ⅰ

图 4-13 噁唑烷酸结构示意

表 4-33 MOCA 预鞣对铬鞣的影响[47]

MOCA 用量/%	0	1.0	2.0	3.0	4.0
预鞣后收缩温度/℃	52	61	63	67	69
铬鞣后收缩温度/℃	97	100	104	107	109
废鞣液 Cr_2O_3 含量/$g \cdot L^{-1}$	2.151	2.015	1.364	0.628	0.516
铬的总吸收率/%	79.32	80.63	86.88	93.96	95.04

MOCA 用量与铬鞣各项参数的关系见表 4-33，可以看出采用 MOCA 预鞣能降低常规铬鞣废液中的铬含量，提高铬的吸收率，最多能将废液中的 Cr_2O_3 含量降低到 0.516g·L^{-1}，将铬的总吸收率提高到 95.04％。如果结合铬废液循环，实施两步铬鞣法，即第一步先用废液鞣制，第二步用新加入的铬鞣剂按常规方法鞣制，在产品达到所要求的鞣制程度后，将废液回收，用于下一批皮的第一步铬鞣，可以使铬的总吸收率达到 99％，基本实现在鞣制过程中消除铬污染（见表 4-34）。工艺条件如下。

原料为脱灰软化裸皮。

(1) 预鞣-浸酸 液比 0.3，温度 25～30℃，MOCA 1.0％～5.0％（水稀释后加入），转动 8h；加甲酸 0.5％～1.0％，转动 40～60min，pH＝4.5～5.0。

(2) 第一步鞣制 将第二步铬鞣后回收的废液预热到 45℃后全部加入，转动 8～12h，排去废液。

(3) 第二步鞣制 标准铬粉 6％，转动 1.5h；碳酸氢钠 0.6％～1.2％，水溶解后分多次加入，pH＝4.0～4.2，转动 30min；补加 60℃热水 120％，使液比达 1.5，温度达 40℃，转动 6h，停鼓过夜；次日转动 30min，测定收缩温度、废液 pH 和含铬量；将废液全部收集，用于下一批皮的第一步铬鞣。

表 4-34 MOCA 预鞣对两步铬鞣法的影响[47]

MOCA 用量/%	0	1.0	2.0	3.0	4.0
预鞣后收缩温度/℃	52	62	64	67	69
铬鞣后收缩温度/℃	96	105	108	112	114
第一步废鞣液 Cr_2O_3 含量/$g \cdot L^{-1}$	0.956	0.605	0.332	0.123	0.098
第二步废鞣液 Cr_2O_3 含量/$g \cdot L^{-1}$	2.876	2.652	2.314	2.271	2.168
铬的总吸收率/%	90.81	94.18	96.81	96.16	99.06

范浩军等人合成了具有双环结构的噁唑烷酸 OXD-Ⅰ 及系列产品，已在亭江化工厂实现了生产[48~51]。应用试验表明，在铬鞣前使用 OXD-Ⅰ 可以更有效地提高铬的吸收，降低废鞣液中铬含量，皮革丰满性和染色性能等均得到提高。应用参考工艺条件如下（以酸皮为原料）[49]。

（1）**去酸**　水 50%，食盐 4%，碳酸氢钠 0.5%，转 60min，控制 pH＝3.0～3.5（如果以脱灰、软化皮为原料，则加少量酸调节至此 pH 条件）。

（2）**鞣制**　OXD-Ⅰ 2%，转 90min；加铬鞣剂 KMC 5%，转 3h；热水提内温至 45℃，多次提碱，控制 pH 4.0 左右；扩大液比至 2.0，转 2h。

表 4-35　OXD-Ⅰ用量对铬吸收及蓝湿革收缩温度的影响（KMC 5%）[51]

OXD-Ⅰ用量/%	0	1	2	3	5
废液 Cr_2O_3 含量/g·L^{-1}	1.71	0.68	0.18	0.17	0.12
铬吸收率/%	71.5	85.8	96.0	96.5	97.5
收缩温度/℃	106	110	112	113	114

从表 4-35 中可以看出，当 KMC 用量相同时，随 OXD-Ⅰ 用量增加，废液中铬含量相应减少，而收缩温度则有所提高，不过当 OXD-Ⅰ 用量超过 2% 以后，影响则不如开始明显，综合各方面考虑，OXD-Ⅰ 用量在 2%～3% 之间比较适合。

在 OXD-Ⅰ 用量一定的情况下，铬粉用量对铬吸收和皮革物理机械性能影响很大，如表 4-36 所示。当 KMC 用量增大，废液中铬含量也随之增加，皮革收缩温度和增厚率先快速增加，后变化缓慢。综合考虑成本和皮革质量等因素，KMC 用量为 5% 比较适合，废液中 Cr_2O_3 含量降至 0.18g·L^{-1}，铬吸收率达到 97%，皮革丰满性好，染色性能优良，物理机械性能指标均高于行业标准。

表 4-36　KMC 用量对铬吸收和皮革性能的影响（OXD-Ⅰ用量 2%）[49]

KMC 用量/%	1	3	4	5	7
废液 Cr_2O_3 含量/g·L^{-1}	0.08	0.09	0.12	0.18	0.83
铬吸收率/%	93.3	97.5	97.5	96.0	90.1
收缩温度/℃	82	98	108	112	116
增厚率/%	14	28	36	42	48
面积变化率/%	0	+1.5	+2.6	+3.8	+5.4
抗张强度/N·mm^{-2}	42.7	37.3	39.3	40.2	38.9
撕裂强度/N·mm^{-1}	107.2	103.0	130.0	131.7	128.9
断裂伸长率/%	91	84	90	96	78
染色效果	好	好	优良	优良	优良
丰满性	差	差	好	好	好

OXD-Ⅰ 的高吸收机理为：OXD-Ⅰ 水解开环产生活性较高的氮羟甲基，与胶原侧链氨基反应，形成稳定的共价键。水解产生的羟基也会与胶原的肽键、羧基、氨基、羟基等质子给予体或受体形成多点氢键结合。这些作用的协同效应会将助剂牢牢固定在胶原纤维上。铬鞣剂加入后，助剂上的羧基和胶原侧链羧基一起与渗入革坯内的铬离子配位，形成配位交联结合、单点配位结合、环状螯合等不可逆结合（见图 4-14）。正是这些不可逆的配位作用，使铬在革坯内结合牢固，鞣制废液中的铬含量低。

另外，Karthikeyan 等人对角粉（来源于牛角，主要成分为角蛋白）进行酸性水解，得到一种水溶性的小分子多肽，再将其与碱式硫酸铬复合，制备了一种高吸收铬鞣剂（Cr_2O_3 含量 16.7%）。中试的结果表明，应用酸皮重 8% 的角粉水解物-铬复合物进行鞣制，可以显著提高皮革的铬吸收率（大于 92%），并相应降低废水中铬的浓度[52]。Kanagaraj 等人将灰皮废屑用蛋白酶和盐酸逐步水解成氨基酸，然后对其改性制得了一种带醛基的交联剂 CA。在铬的渗透过程完成后，加入 2% 的 CA 辅助铬的吸收和结合，可将铬

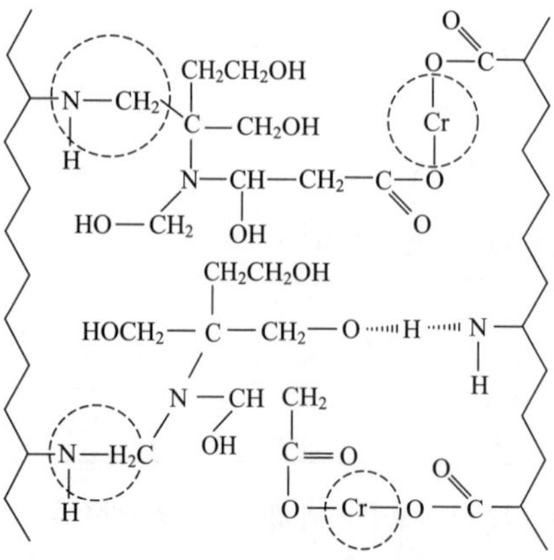

图 4-14　铬与 OXD-Ⅰ结合的模型[49]

吸收率提高到 92% 左右，远高于常规工艺的 67%[53,54]。王鸿儒等以均苯四甲酸酐和氨基硫脲为原料，合成了两种多官能团预鞣剂 HTPA 和 UPMAA。HTPA 能与皮胶原上的氨基反应，在皮内产生交联，提高裸皮收缩温度并促进铬的吸收，UPMAA 则需与乙醛酸配合使用才能提高铬吸收率[55,56]。他们还以苯酚为原料通过磺化、成砜和 Mannich 反应制得了芳砜羧酸预鞣剂 DSCA。实验发现，DSCA 与胶原有较强的结合能力，用于预鞣可实现无盐浸酸，并将铬鞣废液中的含铬量降至 $0.2gCr_2O_3 \cdot L^{-1}$ 以下，得到的坯革在外观和物理机械性能方面与常规铬鞣革无明显差别[57]。

4.3.1.2　高分子铬鞣助剂

段镇基院士认为小分子助剂通过增加胶原上羧基的数量或者增加其反应活性，能有效提高铬的吸收，一般能使废鞣液含铬量降低约 50%，但难以降到 $0.2g \cdot L^{-1}$ 以下，仍不能达到废鞣液直接排放的要求，其原因可能是由于铬被革吸收的反应是平衡反应，反应曲线为一渐近曲线，虽然趋向一最大值，但实际很难达到使废液浓度接近于零。如果采用高分子化合物先与铬进行反应，形成水溶性高分子铬配合物，再利用功能高分子的特性，使其与皮革发生不可逆结合，这样就有可能使废鞣液中含铬量接近于零，从而达到防止铬污染的目的。又由于皮革对高分子化合物有选择性吸收和结合现象，对减小皮革部位差、提高皮革丰满性有利，因而除能达到防止铬污染之外，还能提高皮革质量。根据这个思路，段镇基院士合成了含多元羧基、氨基和羟基的高分子化合物，即 PCPA 铬鞣助剂，在一定的浓度下，能与铬盐形成稳定的水溶性配合物，即使 pH 超过 7，铬盐也不会产生沉淀，加上功能高分子与皮纤维在不同的工艺条件下有各种不同的结合形式，可以使高分子铬络合物尽可能地被皮革完全吸收，一般能保证使废铬鞣液的 Cr_2O_3 含量达到 $0.20g \cdot L^{-1}$ 以下，在较好的结果中已经达到 $0.02 \sim 0.05g \cdot L^{-1}$，铬鞣废液可直接排放，并且坯革非常柔软、丰满并富有弹性，可制成高档皮革[58,59]。

PCPA 铬鞣助剂应用工艺条件：铬鞣过夜后，准备出鼓以前，蓝湿革收缩温度在 95℃ 以上时，用蒸汽升温，将鼓内温度提高到 $55 \sim 60$℃，停止升温，加入 2% 的 PCPA 助鞣剂（用 $10 \sim 20$ 倍水溶解）和 1% 碳酸氢钠（用 $10 \sim 20$ 倍水溶解），转动 2h，即可出鼓，此时鼓内 pH 为 $5.5 \sim 6.0$，废液 Cr_2O_3 含量在 $0.20g \cdot L^{-1}$ 以下。如果加 PCPA 前，鞣液铬含量较高，则需增加 PCPA 助鞣剂的用量，含铬量每增加 $1g \cdot L^{-1}$，用量增加 1%。鞣制后的坯革可不再中和、复鞣，直接削匀后进行染色加油，成品革的身骨能达到软面革的要求。

表 4-37　PCPA 在生产应用中的测试数据[59]

编号	铬用量 $Cr_2O_3/\%$	鞣液中 Cr_2O_3 含量/g·L⁻¹		收缩温度/℃		成革 Cr_2O_3 含量/%
		加 PCPA 前	加 PCPA 后	加 PCPA 前	加 PCPA 后	
1	2	—	0.060	—	122	7.5
2	1.5	1.142	0.089	110	127	4.6
3	1.5	1.14	0.162	108	114	5.0

续表

编号	铬用量 Cr$_2$O$_3$/%	鞣液中 Cr$_2$O$_3$ 含量/g·L^{-1}		收缩温度/℃		成革 Cr$_2$O$_3$ 含量/%
		加 PCPA 前	加 PCPA 后	加 PCPA 前	加 PCPA 后	
4	1.5	0.698	0.019	—	>100	—
5	1.5	0.822	0.044	—	>100	—
6	1.25	0.16	0.030	116	124	3.7

表 4-38　应用 PCPA 助鞣剂生产的成革的物理性能[59]

编号	抗张强度/N·mm^{-2}	伸长率/%	撕裂强度/N·mm^{-1}	崩破强度/N·mm^{-1}	崩破高度/mm	耐折牢度 20000 次
1	20.00	42.00	83.70	402.0	9.1	合格
2	20.83	35.25	95.46	380.0	9.9	合格
3	20.80	34.50	84.70	475.2	8.9	合格
4	25.90	34.50	79.00	440.3	9.0	合格

表 4-37 中数据表明，在生产中使用 PCPA 助鞣剂，可以将废铬鞣液的含铬量降低至 0.2g·L^{-1} 以下，控制较好时可达 0.02～0.05g·L^{-1}，而且收缩温度提高非常明显，鞣制时铬盐用量较低，仅需 1.25%～2%，收缩温度均可达到 110℃ 以上，成革的含铬量也达到较高水平，充分证实了 PCPA 对铬的固定作用。从表 4-38 可以看出，在制革生产中应用 PCPA 助鞣剂，对产品质量没有不良影响，全部可以达到部颁标准。由于测试的成革是牛软面革，其伸长率并不太高（35% 左右），革的耐折牢度非常好。编号 2 和编号 4 为牛修面软革，其耐折牢度由一般的 1000 次提高到 20000 次，达到正面革耐折标准，这也是很难得的，说明使用 PCPA 处理后，革纤维很少黏结，革身柔软，反复弯曲时无应力集中出现，因而大大提高了耐折牢度。

曾维勇等人探讨了在此基础上开发的 PCPA-Ⅱ（铬能净）的应用条件。以猪皮的鞣制为例，参考实验工艺条件如下[60]：

浸酸猪皮。

液比 0.8，常温，油预鞣；加入 KMC-Ⅰ 4.8%，转 3h；补热水，扩大液比至 2，45℃；用碳酸氢钠分次提 pH 至 4.6～4.8；加入 PCPA-Ⅱ 1%～1.5%，转动 1h 后用中和复鞣剂 TC 固定。

采用该工艺，废液中 Cr$_2$O$_3$ 含量降至 0.2g·L^{-1} 以下时，出鼓后无需搭马，直接进入后续工序。从大生产的应用结果来看，铬利用率达到 95% 以上，皮革可耐沸水煮 3min，坯革综合性能优良。

范浩军等以合成的丙烯酸 β-醛基乙酯单体与丙烯酸及其他乙烯基类单体自由基共聚制备了含有羧基、氨基、醛基、羟基、苯环等官能团的高分子铬鞣助剂 ECPA。通过对比试验，对助剂的官能团含量进行了优化，确定了该助剂官能团的最佳含量范围为羧基 38.0%～44.0%、叔氨基 1.5%～2.0%、苯基 5.0%～7.0%，以此比例合成的 ECPA 具有较优良的促进铬盐、染料和油脂吸收的作用。应用实验表明，在铬鞣前使用该助剂，可以减少铬用量的 30%～40%，减少油脂和染料用量 10%～20%，并大幅提高铬吸收率，使废液 Cr$_2$O$_3$ 含量低于 0.2g·L^{-1}，坯革粒面细致，丰满性好，染色性能优良。与小分子助剂 OXD-Ⅰ 配合使用，还可以实现主、复鞣一体化工艺，缩短工艺周期。ECPA 与 OXD-Ⅰ 的高吸收铬鞣机理相似，先是分子链上的醛基、羧基、羟基及酯基等与胶原上的活性基团发生共价或氢键结合，将羧基等基团引入胶原纤维，增加了胶原纤维与铬的结合点。随后助剂上羧基和胶原侧链羧基共同与铬发生作用，形成配位交联结合、单点配位结合以及环状螯合等不可逆结合，使铬在胶原纤维上结合牢固，铬吸收率高[51,61~64]。

ECPA 在铬鞣中的应用参考工艺如下（以酸皮为原料）。

(1) 去酸 水 50%，食盐 4%，碳酸氢钠 0.3%，转 60min，控制 pH＝5.0～5.2（如果以脱灰软化皮为原料，则加少量酸调节至此 pH 条件）。

(2) 鞣制 ECPA x%，转 90min；加甲酸 0.2%，硫酸 0.2%，转 60min，控制 pH 2.5 左右；加 KMC y%，转 3h；碳酸氢钠 2%，分 4 次加入，转 2～3h，控制 pH 4.5 左右；加热水扩大液比至 2.0，并升高内温至 45℃，转 90min，排液。

表 4-39 ECPA 用量对铬鞣效果的影响（KMC 7%）[51]

用量	0	1%	2%	3%	4%
废液中 Cr_2O_3/g·L^{-1}	2.09	0.96	0.52	0.36	0.48
铬吸收率/%	75.9	88.6	93.8	95.7	94.3
收缩温度/℃	111	108	106	110	109
增厚率/%	17	20	44	57	53
面积变化率/%	+3.5	+3.4	+6.4	+8.8	+8.3

由表 4-39 可以看出，当 ECPA 用量低于 3% 时，随助剂用量增加，铬吸收率升高。ECPA 用量高于 3%，则会出现少量未渗入革坯内部的 ECPA 与浴液中的铬结合，使铬配合物增大，不利于其渗透，革坯增厚率和面积增加率也相应减少。ECPA 用量为 3% 时，综合应用效果最好。

表 4-40 KMC 用量对铬吸收及皮革物理机械性能的影响（ECPA3%）[51]

KMC 用量/%	1	3	5	7	9
废液 Cr_2O_3/g·L^{-1}	0.06	0.10	0.22	0.37	0.95
铬吸收率/%	95.0	97.2	96.3	95.6	91.2
收缩温度/℃	76	92	106	108	112
增厚率/%	12	38	44	48	56
面积变化率/%	+1.1	+3.5	+4.9	+5.8	+6.4
抗张强度/N·mm^{-2}	27.7	23.9	33.5	32.2	29.9
撕裂强度/N·mm^{-1}	99.6	67.3	100.5	83.7	75.7
断裂伸长率/%	89	90	84	83	89
染色效果	一般	一般	好	好	好
丰满性	差	差	好	好	优良

由表 4-40 可以看出，当 KMC 用量在 1%～5% 之间时，随着用量增加，废液含铬量逐渐升高，革坯收缩温度也随之快速增加，染色效果和丰满性明显改善，再增加铬粉用量，废液含铬量也相应增加，而皮革质量未见明显提高。综合考虑，KMC 用量在 5% 比较合适。

除了能增加铬吸收外，ECPA 助鞣能赋予皮革良好的复鞣填充性能，和小分子助剂 OXD-Ⅰ 结合使用，可以实现软革生产的主、复鞣一体化工艺，参考工艺如下（猪皮片碱皮工艺）[51]。

(1) 浸酸 水 20%，食盐 4%，甲酸 0.3%，硫酸 0.3%，分次加入，转 90min；控制 pH 为 5.0～5.2。

(2) 鞣制 水 50%，OXD-Ⅰ 2%，在 45℃ 转 90min；加 ECPA 3%，转 90min；加甲

酸 0.3％，硫酸 0.2％，分次加入，转 60min，控制 pH 为 2.5～2.8；加 KMC 6％，转 4h，停鼓过夜；次日转 30min，六亚甲基四胺 2％，分次加入，转 2～3h，pH 4.0 左右；加热水，扩大液比至 2，并升温至 45℃，转 90min，排液。

(3) 中和　水 200％，碳酸氢钠 1％，甲酸钠 1.5％，温度 30℃，转 60min，pH＝6.0～6.2。

(4) 染色加脂　L-3 加脂剂 16％，酸性黑 ATT 1％，直接耐晒黑 G 1.5％，ECPA 2％，转 30min；加热水 200％，在 55℃ 转 90min；加甲酸 1.0％，分次加入，转 45min，控制 pH 3.0～3.2，排液。

表 4-41　主、复鞣一体化的铬吸收和成革物理机械性能[51]

测试项目	实验样	对比样	测试项目	实验样	对比样
废液 $Cr_2O_3/g \cdot L^{-1}$	0.20	2.21	撕裂强度/$N \cdot mm^{-1}$	79.5	70.0
铬吸收率/％	97.3	73.7	崩裂强度/$N \cdot mm^{-1}$	378.7	366.9
收缩温度/℃	111	110	断裂伸长率/％	58	59
增厚率/％	67	54	染色效果	优良	一般
面积变化率/％	+5.8	+4.5	丰满性	优良	优良
抗张强度/$N \cdot mm^{-2}$	27.0	27.4			

由表 4-41 可以看出，采用主、复鞣一体化工艺，废液中铬含量可降至 $0.2g \cdot L^{-1}$，铬吸收率高达 97％，皮革物理机械性能与对比样基本相同。另外该一体化工艺还简化了制革工序，缩短了鞣制周期，减少了用水量。不过 ECPA 或其他高分子助剂的使用条件与常规条件差异明显，制革厂的生产工艺需要重新调整，某种程度上影响这类助剂的推广应用。

除了以上两种产品外，王鸿儒等提出了应用丙烯酸低聚物的"三明治"式高吸收铬鞣法，其基本原理是先用少量的铬进行鞣制，铬可被皮吸尽和固定，然后用适量丙烯酸低聚物鞣制，丙烯酸低聚物可通过分子上部分羧基与皮中的铬配位，并将另一部分羧基引入皮内，最后再用铬鞣制。由于皮对铬吸收能力的增强，铬可被再次吸尽和固定[65]。另外，王学川等人合成的超支化聚合物铬鞣助剂也被应用到高吸收铬鞣工艺之中，为高分子铬鞣助剂的研发提供了更广阔的发展方向[66]。

印度中央皮革研究所的 R. Venba 等提出了一种全新的酶助高吸收铬鞣方法，首次将酶这种具有生物催化活性的天然大分子用于铬鞣工序之中。该方法的原理是酶具有分散纤维、打开更多活性基团（尤其是羧基）的作用，可以提高皮对铬的吸收和结合能力。实验选用一种酸性蛋白酶，工艺方案为先对裸皮进行小浸酸，pH 控制到 4.5，加入 0.1％ 的酶转 30min，再进行常规铬鞣和提碱。与传统工艺蓝革相比，酶助铬鞣革的铬吸收率（达到 95％）和铬含量更高，而物理机械性能和感官性能无显著差别[67]。

4.3.2　高 pH 铬鞣[68～71]

根据现代铬鞣化学机理，铬鞣过程中，是胶原离解的羧基与铬鞣剂中阳铬络合物组分发生交联反应，形成牢固的化学键，从而使皮变成革，发生质的变化。通常我们所使用的铬鞣剂包括多种组分，以碱式硫酸铬为例，包括阴电荷组分 $[Cr(SO_4)_2]^-$，中性电荷组分 $[Cr(OH)SO_4]$，阳电荷组分 $[Cr(SO_4)]^+$、$[Cr(OH)_2SO_4Cr]^{2+}$、$[Cr(OH)SO_4Cr]^{3+}$、$[Cr(OH)_2Cr]^{4+}$ 等。李国英等人运用离子交换色谱的方法比较了几种常用铬鞣剂在鞣制 5min 和鞣制结束两个阶段各组分的含量，发现不管采用何种铬鞣剂进行鞣制，当鞣制结束时，它们中的高电荷组分几乎都被皮胶原吸收了，而中低电荷组分一部分发生水解配聚作用，电荷由低变高，也被胶原吸收；另一部分未发生水解配聚的则很少被吸收，因此最终废鞣液样品中阴、中性和＋1价组分含量最高，占废液组成的绝大部分，如表 4-42 所示。

表 4-42 不同铬鞣剂在鞣制过程中组分和含量（％）的变化情况比较[70]

鞣剂种类	过程	阴、中性	＋1 价	＋2 价	＋3 价	＋4 价以上
铬液	鞣制 5min	18.58	19.43	9.82	29.45	20.73
	鞣制结束	33.22	38.48	12.63	10.63	1.02
Chromosal B	鞣制 5min	45.68	23.45	14.22	12.04	—
	鞣制结束	36.33	37.85	9.34	8.51	3.22
KMC	鞣制 5min	80.78	11.38	4.34	—	—
	鞣制结束	46.42	36.48	6.55	5.99	—
KRC	鞣制 5min	75.58	14.33	6.23	—	—
	鞣制结束	43.96	34.77	10.23	6.02	0.92
Chromosal B ＋Baychrom CH	鞣制 5min	42.23	32.58	11.95	8.72	—
	鞣制结束	32.47	38.11	10.86	9.58	4.13

比较不同鞣剂的离子色谱分析结果，可以看出蒙囿剂对铬鞣剂组分电荷起着很重要的作用。采用铬液鞣制时，由于在鞣制初期没有加蒙囿剂，所以阴、中性组分较少；铬盐精 B 中有 SO_4^{2-} 的暂时蒙囿作用，使阴、中性电荷组分增多；KMC 和 KRC 鞣剂同时具有 SO_4^{2-} 和有机酸根的双重蒙囿作用，因此它们的阴、中性电荷组分最多。虽然蒙囿作用能改善铬的渗透，减缓铬与胶原的结合，提高铬的耐碱能力和成革质量，但是随着对铬鞣剂蒙囿作用的增强，废液中残留的阴中性电荷组分逐渐增多，而这部分不能被胶原所吸收。也就是说，蒙囿作用一方面促进了铬在皮革内的均匀分布，改善铬的吸收，提高皮革的收缩温度，但另一方面也增加了部分阴中性电荷、低阳电荷组分转变为高阳电荷、大分子组分的难度。特别是常规浸酸铬鞣的 pH 是由 2.5 上升到 4.0，如此低的 pH 进一步阻碍了铬配合物由低电荷、小分子向高电荷、大分子的转变。此外，pH 由 2.5 上升到 4.0 时，胶原侧链羧基的离解量则由 1％ 增加至 50％ 左右，也就是说鞣制结束时，只有一半的胶原侧链羧基可能参与铬的配位，这些因素是导致常规铬鞣工艺铬吸收/结合率难以达到较高值的根本原因。

高 pH 铬鞣法是一种能有效提高铬与胶原结合量的新鞣制方法。它突破了传统铬鞣必须在较低 pH 条件下进行的限制，其理论依据主要有以下两点。

① 阴、中性组分鞣性的改变 已经证实，阴、中性电荷组分在常规铬鞣工艺下，pH 从低到高进行鞣制时，鞣性很差，只能使收缩温度上升至 81℃ 左右，而采用高 pH 铬鞣，即控制 pH 从高到低进行时，可以提高收缩温度至 97℃ 左右。因此高 pH 铬鞣法有利于阴、中性电荷组分的水解配聚，在较高 pH 下，组分逐渐由阴中性小分子转变为高阳电性大分子，随着水解的进行，鞣液中的 H^+ 逐渐增多，鞣液的 pH 降低，而组分的鞣性也逐渐增强，铬的吸收也因此得到提高。

② 胶原羧基离解量的变化 在常规铬鞣工艺的 pH 范围内，胶原羧基的离解量低于 60％，而在高 pH 范围内（6.0～4.0），胶原羧基几乎能达到 100％ 的离解，从而使胶原羧基的活性大大增强，更易与铬鞣剂发生交联结合作用。

不进行浸酸和预处理的高 pH 铬鞣参考工艺条件：软化皮水洗后，将水倒尽，加铬鞣剂 1.68％（以 Cr_2O_3 计），转 3h，升温补液比至 2，温度 40℃，继续转动 5h，pH 4.5～4.6，停鼓过夜。

虽然高 pH 铬鞣能够增加铬的吸收，但由于鞣制初期 pH 较高，胶原羧基几乎完全离解，呈离子化状态，容易与铬鞣剂中的阳电荷组分产生结合，阻碍铬的快速均匀渗透，进而影响革的质量。鞣剂阳电荷性越强，越不利渗透，如表 4-43 所示。可以看出，不管采用何种鞣剂，虽然铬吸收率提高了 8%～9%，但高 pH 铬鞣法鞣制的革的收缩温度低于常规铬鞣法，铬分布均匀性也不及常规铬鞣，其中以铬液高 pH 鞣制的均匀性最差。因此，解决铬的快速渗透问题，是实现高 pH 铬鞣的关键。前面提到的不浸酸铬鞣实际也是一种高 pH 铬鞣法，它通过改变鞣剂的电荷性质来实现铬鞣剂的快速渗透。除此以外，还可以通过对裸皮进行预处理来实现，目的是使胶原纤维孔隙更大，铬鞣剂分子渗透更快。根据 Donnan 膜平衡理论，当加入足够量的盐时，皮外溶液中可扩散离子的浓度之和大于皮内可扩散离子的浓度之和，则裸皮内的水分子向皮外渗透，从而达到脱水以促进铬的快速渗透和结合的目的。

表 4-43　高 pH 铬鞣与常规铬鞣的比较[69]

鞣剂种类	鞣制方法	革中各层含铬量/%					最大差值/%	T_s/℃	吸收率/%
		1	2	3	4	5			
铬液	常规	3.08	2.66	2.43	2.77	3.12	0.69	94	68.31
	高 pH	3.16	2.71	2.22	2.98	3.38	1.16	89	76.34
Chromosal B	常规	3.02	2.75	2.52	2.86	3.09	0.57	95	78.48
	高 pH	3.15	2.88	2.31	2.95	3.20	0.89	91	87.42
KMC	常规	3.08	2.81	2.78	2.89	3.10	0.32	96	80.75
	高 pH	3.11	2.92	2.43	2.82	3.19	0.76	93	89.67

注：1 为粒面，5 为肉面。

从表 4-44 中数据可以看出，裸皮先用盐预处理不仅有助于提高收缩温度，还可以使铬在革内分布更趋均匀，当无水硫酸钠或氯化钠用量在 6% 以上时，均可以使收缩温度超过 97℃，每层铬含量的最大差值低于 0.4%。但盐用量太大，对铬吸收不利，还增加污染，综合考虑可采用 6% 的无水硫酸钠或 6%～9% 的氯化钠对裸皮进行预处理（盐用量以软化皮重计，浓度不低于 10°Bé）。

表 4-44　采用中性盐脱水对高 pH 铬鞣的影响[69,70]

盐品种	用量/%	革中各层含铬量/%					最大差值/%	T_s/℃	吸收率/%
		1	2	3	4	5			
无水硫酸钠	3	2.96	2.73	2.68	2.84	3.12	0.44	95	89.23
	6	3.02	2.89	2.74	2.92	3.08	0.34	97	90.89
	9	2.89	2.82	2.65	2.93	3.03	0.38	96	90.43
氯化钠	3	3.10	2.89	2.52	2.98	3.18	0.66	94	89.54
	6	3.05	2.78	2.63	2.86	3.07	0.44	97	90.05
	9	2.98	2.82	2.66	2.92	3.02	0.36	97	90.15
	12	2.96	2.86	2.64	2.95	2.98	0.34	96	89.15

注：1 为粒面，5 为肉面。

使用中性盐脱水有助于促进铬的均匀吸收，如果采用硅烷偶联剂预处理，进一步降低纤维的亲水性，可以使粒面更细致，且更适合厚型皮（如未片灰皮的牛皮）采用高 pH 铬鞣法。硅烷偶联剂是分子中同时存在两种性质不同、作用不同的官能团的一类有机硅小分子化合物，其化学通式为 $R-SiX_3$，其中 R 为烯基、卤代烃基或是含氧、氮、硫等杂原子的碳官能基团；X 代表与 Si 键合的可水解基团（如甲氧基），遇水则水解成相应的硅醇，三羟基硅醇能够与胶原纤维间的水竞争，通过氢键与胶原侧链的活性基结合。

采用 6% 的食盐和 0.5% 的硅烷对未剖层的黄牛脱灰软化裸皮进行预处理，在鞣制的最初 2h 内测定皮内各层铬含量的结果如图 4-15 所示。可以看出，对于厚型皮，采用 0.5% 的硅烷配合中性盐的预处理，仍能保证实施高 pH 铬鞣法时铬的快速均匀渗透，鞣制 2h 即可使各层铬含量最大差值低于 0.5%，革粒面细致、光滑。

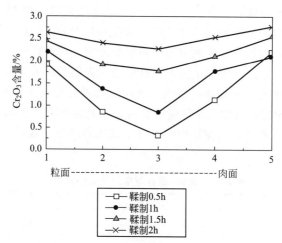

图 4-15　食盐和硅烷预处理的黄牛皮各层铬含量随鞣制时间的变化[70]

高 pH 铬鞣技术还可以和前面介绍的醛酸助鞣剂 LL-Ⅰ 配套使用，可以使铬吸收率提高至 95% 以上，废铬鞣液 Cr_2O_3 含量降至 $0.15g \cdot L^{-1}$，而成革质量不受影响。以软化猪皮为原料，比较了三种方案的差异。方案一：先用 3% 的 LL-Ⅰ 预处理 1h，水洗后滴干，加 6% 的食盐和 0.5% 的甲酸，然后加 6% 的 KMC 鞣制；方案二：在加盐后加 0.5% 硅烷，其余同方案一；方案三为常规浸酸铬鞣。蓝革搭马静置两天后挤水、片皮、削匀（按服装革厚度要求），然后进行复鞣→中和→染色→加脂→晾干→摔软。各项测定结果列于表 4-45～表 4-47。

表 4-45　三种铬鞣方案指标对比[70,71]

工艺方案	收缩温度/℃	废液 Cr_2O_3 含量/$g \cdot L^{-1}$	铬吸收率/%
方案一	99	0.148	97.94
方案二	100	0.137	98.09
方案三	96	1.352	81.21

表 4-46　蓝湿革各层铬含量分布的电子探针测试结果（用峰值强度表示）[70,71]

单位：cps

测定点	方案一	方案二	方案三
1(肉面)	6298	9229	9048
2	4681	7051	8701
3	4644	6907	7785
4	3477	7350	7787
5	4555	7099	5141
6	4687	8798	6591
7	4779	8961	7103
8(粒面)	4373	8328	8652
标准离差率 Q	0.43	0.32	0.45

注：cps 指"计数/秒"，cycles per seond。

表 4-47　成革物理机械性能[70,71]

工艺方案	抗张强度/N·mm⁻²	撕裂强度/N·mm⁻¹	伸长率/%	崩裂强度/N·mm⁻¹	感观
方案一	10.5	25.2	53	9.0	较细,软,弹性好
方案二	10.7	25.6	50	9.1	细致,软,弹性好
方案三	9.4	23.8	58	8.8	较细,软,弹性好

表中数据表明，采用高 pH 铬鞣技术和 LL-Ⅰ助鞣剂配套工艺，铬吸收率和收缩温度明显高于常规铬鞣，加少量硅烷预处理（方案二）可以使铬分布更均匀，单纯采用高 pH 铬鞣技术和 LL-Ⅰ结合的工艺铬分布均匀性和常规铬鞣法分布相当。三种方案制得的猪正面服装革各项物理指标均达到行业标准。相同铬用量下，采用高吸收铬鞣工艺制得的成革性能略好于常规铬鞣，而使用少量硅烷则可以使粒面更细致。

猪正面服装革高 pH 铬鞣的优化参考工艺如下[70,71]。

猪皮浸水→脱脂→滚盐→臀部包酶→拔毛→脱毛浸灰→片灰皮→复灰→脱灰→软化→水洗。

(1) 醛酸助剂预处理　液比 1，常温，LL-Ⅰ 2.0%～2.5%（以灰裸皮计），转 60min；水洗一次。

(2) 盐预处理　无液，常温，工业盐 4.0%～4.5%，硅烷 0.5%（可选），转 5～10min；加甲酸 0.35%～0.4%，转 10min，pH＝6.0～6.5。

(3) 铬鞣　KMC 铬粉（不含提碱剂，碱度 33%）4.5%，转 3h；用 60℃左右的热水补液比至 2.0，内温 40℃，转动 5h，pH 4.5 左右；停鼓过夜；出鼓搭马静置，挤水、片皮、削匀、称重；复鞣→中和→染色→加脂→晾干→摔软。

使用助鞣剂 LL-Ⅰ 和高 pH 铬鞣的配套工艺，省去常规的浸酸、铬鞣后期的提碱，使工序操作简化，鞣制时间缩短，中性盐和铬粉用量减少，废液 Cr_2O_3 含量降至 0.15g·L^{-1}，具有良好的经济效益和社会效益。

4.3.3　胶原修饰

胶原蛋白由 20 种氨基酸组成，其中只有天冬氨酸和谷氨酸的侧链具有可与铬配位的羧基，而这两种氨基酸在胶原蛋白中的含量是较低的，分别为 42/1000 和 73/1000，而且由于空间位阻、相间距离、离解程度等因素的影响，真正可与铬配位结合的羧基很有限。通过对胶原进行修饰，增加胶原侧链羧基的数量，以提高胶原与铬的反应效率，被认为是能大幅提高铬吸收的有效办法。其原理为，用除带有羧基外还带有其他活性基团的双官能基或多官能基的助剂先与皮胶原作用，这些活性基往往是醛基或羧基，醛基可以和皮胶原的氨基发生反应生成一种席夫碱，羧基可以和三价铬配位，又可以和皮胶原的氨基反应。这样，当这些助剂的醛基或羧基与皮胶原反应以后，就会在皮胶原上引入羧基，从而使胶原的羧基数量增加，在铬鞣时增加了三价铬的结合点，同时增加了多点结合的数量，使铬与皮纤维之间的结合更牢固，废铬液中的含铬量也会得到降低[72,73]。

国内外在这方面做了较多研究工作。Gustavson 曾用丁二酸酐与裸皮进行反应，丁二酸酐的一端与皮胶原的氨基形成酰胺键，另一端则引入了羧基，反应如下式所示。不过实验发现，由于形成的酰胺键改变了皮胶原的电荷，反而不利于铬鞣[74]。

$$P—NH_2 + \text{（丁二酸酐）} \longrightarrow P—NH—\overset{O}{\underset{}{C}}—CH_2CH_2COOH$$

P代表胶原蛋白

Bowes 和 Elliott 根据 Mannich 反应机理，用氨基酸（或酪素水解产物）和甲醛与胶原反应引入羧基，以增加铬的吸收。该反应在胶原酰氨基或胍基上进行，反应如下式，可以使铬的吸收率和革的收缩温度都得到提高。

$$P{-}\overset{\overset{\displaystyle O}{\|}}{C}{-}NH_2 + HCHO + H_2NCH_2COOH \longrightarrow P{-}\overset{\overset{\displaystyle O}{\|}}{C}{-}NHCH_2NHCH_2COOH + H_2O$$

$$P{-}NH{-}\overset{\overset{\displaystyle O}{\|}}{C}{-}NH_2 + HCHO + H_2NCH_2COOH \longrightarrow P{-}NH{-}\overset{\overset{\displaystyle O}{\|}}{C}{-}NHCH_2NHCH_2COOH + H_2O$$

Feairheller 等同样利用 Mannich 反应机理，以丙二酸、甲醛与皮胶原发生反应，以提高革的收缩温度和铬的吸收率。这种方法处理皮胶原的最适合的 pH 是 4，与常规铬鞣法的 pH 很接近，容易在生产中实施，反应机理如下式所示：

$$P{-}NH_2 + HCHO + CH_2(COOH)_2 \longrightarrow P{-}NHCH_2CH(COOH)_2 + H_2O$$

$$P{-}NH_2 + 2HCHO + 2CH_2(COOH)_2 \longrightarrow P{-}N[CH_2CH(COOH)_2]_2 + H_2O$$

上述产物很容易脱去一个羧基，得到如下产物：

$$P{-}NHCH_2CH(COOH)_2 \longrightarrow P{-}NHCH_2CH_2COOH + CO_2$$

$$P{-}N[CH_2CH(COOH)_2]_2 \longrightarrow P{-}N(CH_2CH_2COOH)_2 + 2CO_2$$

该反应涉及赖氨酸和羟赖氨酸的 ε-氨基，但由于甲醛对人体有较大的危害，这种方法难以在生产上推广。Feairheller 等人又研究了应用 Michael 反应，通过胶原赖氨酸和羟赖氨酸残基与 β-羧乙基丙烯酸酯盐反应形成共价键，从而增加羧基含量，使铬吸收率得到明显提高[75,76]。

Heidemann 研究了胶原氨基和胍基通过 Mannich 反应和 Michael 反应进行修饰对铬鞣的影响，发现经乙醛酸预处理后，用丙酮酸或间苯二酚进行 Mannich 反应改性的胶原，鞣制时铬鞣剂用量可减少 50%，革收缩温度可达 99℃ 以上。但是，由于该过程复杂，成本高，所用试剂毒性大，难以实现产业化[77]。不过，正如 4.2.2.2 中提到的，由于醛酸中既带具有鞣性的醛基，又具有能与铬（Ⅲ）配位的羧基，所以应用醛酸代替部分硫酸浸酸，以提高铬的结合率，近年来引起不少制革研究者的兴趣。

北京培根皮革研究所的吕欣在第四届亚洲国际皮革科学技术会议上介绍了一种少铬污染铬鞣新工艺[78]。与 Feairheller 等人的方法类似，也是应用 Mannich 反应先对胶原改性，结合鞣前削匀、少铬用量，同时加入脂肪己二酸作为铬鞣交联剂，从而形成配套的鞣革新工艺，与前人的研究相比，具有一定的新意。参考工艺条件如下。

以脱灰软化的牛皮为原料。

（1）Mannich 反应改性 水 60%，食盐 4.0%，转 10min；加硫酸（1∶10）0.4%，甲醛 1.5%～2.5%，间苯二酚或二元羧酸 2.5%～4.0%（按羧酸类型及间苯二酚的类型，在此范围内变动），转 4.5h。

（2）浸酸 水 70%，食盐 6.0%，转 10min；甲酸 1.0%，转 20min；硫酸 0.6%，转 150min，pH2.8 左右。

（3）鞣制 铬粉或铬液（以 Cr_2O_3 计）2%，转 150min；己二酸 0.6%（预先以计量的氢氧化钠配置成钠盐溶液），转 150min；碳酸氢钠 1.2%，分 3 次加入（3×20min），加完再转 60min；加热水 100%，提高鼓内温度至 36～38℃，转 3h；次日晨转 30min，出鼓。

采用这种工艺，可节约铬鞣剂 50%，废鞣液中 Cr_2O_3 含量可降至 0.015g·L^{-1}，成革丰满，粒面紧密，感观及理化性能令人满意，不过操作也较烦琐，不利于推广应用。

丙烯酸及其衍生物在催化剂作用下，可和胶原蛋白发生接枝反应，所用的引发剂不同，其接枝位置不同。当采用 $K_2S_2O_8$ 和 $NaHSO_3$ 作引发剂时，接枝聚合主要发生在胶原肽链的 α-C 上[79]。根据该反应的机理，王鸿儒等人研究了在碱性介质中用丙烯酸接枝预处理裸皮，在胶原分子链上引入羧基，增加铬鞣剂在胶原上的交联点和结合点，以提高裸皮对铬的吸收和结合能力的方法[80]。参考工艺如下。

以浸酸皮为原料，则去酸至 pH 8.5 左右，也可以脱灰软化皮为原料。

(1) 接枝　液比 2.5，温度 20～25℃，食盐 10%，渗透剂 JFC 0.5%，丙烯酸 15%，转 1h；停转结合，转 15min·h^{-1}，共 16h，注意保持 pH 不变；加 $K_2S_2O_8$ 2%，转 1h；加 $NaHSO_3$ 0.6%，升温至 38℃，保持恒温，转动 6h，注意保持 pH 不变；充分水洗，彻底洗去未接枝的丙烯酸及副产物。

(2) 浸酸　液比 0.5，温度 20～25℃，食盐 8%，硫酸 0～0.8%，甲酸 0～0.5%，转 90min，pH 3.0～3.4。

(3) 铬鞣　在浸酸液中进行，加标准铬粉 2%～5%，转动 2h；加自动碱化剂 0.4%，转动 2h，要求 pH=4.0；加热水 100%，升温至 42℃，转 6h；测定废液的含铬量、pH、坯革收缩温度，检查革的身骨和外观，出鼓、搭马、静置，测量革的厚度。

由表 4-48 可以看出，裸皮经过接枝预处理后，三价铬在胶原上的交联点和结合点增多，裸皮对铬的吸收和结合能力增强，铬的交联利用率提高，采用削匀酸皮重 3%～4% 的标准铬粉鞣制，革的收缩温度就可达到 95℃ 以上，与常规铬鞣相比，可减少铬粉量 70% 以上。由于铬的用量较少，且裸皮吸收和结合铬的能力较强，相应废液中的铬含量也大大降低，在标准铬粉用量为削匀酸皮重的 4% 时，废液中 Cr_2O_3 含量可降低至 0.047g·L^{-1} 左右，减轻了铬污染。坯革厚度增加，部位差减小，丰满性和紧实性增加，除撕裂强度略有降低外，其余机械性能均好于对比样。

表 4-48　不同铬粉用量下接枝共聚对铬鞣和坯革质量的影响[80]

测试项目	空白 1	接枝 1	空白 2	接枝 2	空白 3	接枝 3	空白 4	接枝 4
原料皮厚度/mm	0.58	0.58	0.56	0.56	0.56	0.56	0.62	0.62
接枝前 T_s/℃	—	58	—	59	—	58	—	58
接枝后 T_s/℃	—	60	—	59	—	59	—	59
铬粉用量/%	2	2	3	3	4	4	5	5
铬鞣后 T_s/℃	80	87	86	95	90	>97	>97	>97
废液 Cr_2O_3/g·L^{-1}	0.037	0.019	0.153	0.027	0.368	0.038	0.562	0.047
铬的吸收率/%	98.2	99.0	95.1	98.7	88.2	99.0	89.2	99.0
厚度/mm	0.98	1.19	0.96	1.27	1.01	1.34	1.16	1.41
粒面	细致	紧实	细致	紧实	紧实	紧实	紧实	更紧
身骨	扁薄	稍挺	扁薄	丰满	稍丰	丰满	丰满	挺实
手感及外观	柔软	柔软丰满	细致柔软	柔软丰满	细致柔软	丰满挺实	柔软丰满	挺实
抗张强度/N·mm^{-2}	28.8	26.0	31.1	31.6	27.9	30.4	26.9	28.2
撕裂强度/N·mm^{-1}	111.9	75.7	114.3	65.4	92.3	83.2	88.3	87.4
定荷伸长率/%	47	53	55	59	91	80	90	109
断裂伸长率/%	114	121	126	128	134	138	140	146

总的说来，胶原修饰的方法的确可以提高铬的吸收，减少铬污染，但对成革质量改善不明显。很多修饰方法中都用到了甲醛，对人体危害大，而且应注意修饰后仍残留在皮中的游离甲醛问题。另外修饰过程操作较烦琐，控制要求严格，推广应用有一定困难。

4.3.4　逆转制革工艺

现代制革工业已形成了以铬鞣为核心的一整套工艺技术，它严格按照"准备单元——铬鞣单元——染整单元"的顺序进行。在铬鞣单元，铬鞣剂的吸收率通常只有 70% 左右，因而会产生高浓度的含铬废水（700～2000mg·L^{-1}，2.5～3.5m^3/t 生皮）[81]。此外，铬鞣之后需要进行的削匀操作会产生大量被列为危险固废的含铬废革屑（80～120kg/t 生皮）[82]。针对这些问题，研究者开发了高吸收铬鞣[83~86]、铬鞣废液循环利用[87,88] 等技术，有效降低了铬鞣废水的总铬产生量，但产生含铬削匀废革屑的问题仍然无法避免；开发了以"无铬预鞣——削匀——铬复鞣——染整"为主线的"白湿皮技术"[89,90]，能够避免含铬废革屑的产生。但值得指出的是，即使采用上述技术，并对铬鞣/铬复鞣单元的废水进行单独收集处理，制革企业车间废水排放口的废水总铬浓度仍然远高于排放限值。这是由于在染整单元过程中，皮革中仍有一定量结合不牢的铬会持续释放到废水中[84,91,92]。不同于铬鞣废水，染整废水的特点是铬浓度低（10～100mg·L^{-1}）且水量大（25～30m^3/t 蓝湿革），有机物浓度高（4000～18000 mg/L）且成分复杂，铬与有机物易形成溶解态配合物而难以被常规方法去除[93~95]。因此，染整废水中铬的处理难度大，处理成本高，目前尚未形成经济、成熟的染整废水铬去除技术。从源头消除铬排放的无铬鞣制技术是最理想的解决方案，但现有无铬鞣制技术的通用性不强，皮革的综合性能难以达到铬鞣革的水平，在制革工业中的推广应用范围尚十分有限[96]。印度中央皮革研究所的 Saravanabhavan 等人提出了极富创新性的逆转制革工艺，合理利用脱灰后皮的中性 pH 条件，加入合成鞣剂、加脂剂和染料，随后用甲酸固定这些化学品，将皮处理成弱酸性（pH 5.0～5.2），最后再进行铬鞣。逆转制革工艺简化了传统制革过程中多次加酸、加碱和中和的步骤，使污染物指标明显降低，如 COD 和 TS 分别减少 53% 和 79%，更重要的是，水的消耗量和排放量分别减少了 65% 和 64%（见表 4-49）。由于铬鞣过程 pH 在 5 左右，胶原羧基主要以离解形式存在，使铬盐的渗透和结合同时进行，能够显著提高铬的吸收率和皮革中的铬含量，用该工艺得到的坯革的物理机械性能和综合性能与传统工艺成革相当，证明了逆转制革工艺的合理性（见表 4-50）。另外，新工艺具有节约化学品、时间、用水量、能源的优点，在经济上同样是可行的[97~99]。

逆转制革参考工艺如下[97,98]。

原料为 10 张常规脱灰/软化山羊皮，化工材料用量以鲜皮重量计。

(1) 用合成鞣剂、染料和加脂剂处理　水 50%，Relugan RE（丙烯酸共聚合成鞣剂）0.65%，转 30min；Basyntan DI（芳香族合成鞣剂）1%，Vernaton OS（芳香族合成鞣剂）0.65%，转 45min；Vernol liquor PN（天然油脂加脂剂）0.65%，用皮重 10% 热水乳化后加入，转 20min；Basyntan FB6（脲醛树脂合成鞣剂）1%，转 20min；Luganil black FBO（酸性黑染料）1%，转 30min，检查是否染透；Vernol liquor SP（合成加脂剂）0.65%，Vernol liquor ASN（合成加脂剂）0.65%；Lipoderm liquor SLW（合成加脂剂）0.65%，用皮重 10% 热水乳化后加入，转 45min；Wattle GS 0.65%，转 30min。

(2) 固定　甲酸 0.5%，用皮重 10% 水稀释后分 3 次加入，间隔 10min，加完再转 1h，pH 5.0～5.2；碱式硫酸铬 5%，转 2.5h，检查皮截面 pH 3.8～4.0。

(3) 水洗　水 200%，转 10min，排液。

表 4-49　传统和逆转制革工艺废水分析[97]

指标	传统工艺	逆向工艺	指标	传统工艺	逆向工艺
消耗水量/L・(t 原料皮)$^{-1}$	6100	2160	TS 浓度/mg・L^{-1}	32432 ± 32	18672 ± 36
排放废水量/L・(t 原料皮)$^{-1}$	5910	2120	COD 排放量/kg・(t 原料皮)$^{-1}$	38	18
COD 浓度/mg・L^{-1}	6483 ± 18	8150 ± 22	TS 排放量/kg・(t 原料皮)$^{-1}$	192	40

表 4-50　传统和逆转制革工艺坯革的比较[97]

指标	传统工艺	逆向工艺
Cr_2O_3 含量(以干重计)/%	3.05 ± 0.10	3.84 ± 0.08
铬吸收率/%	78	92
收缩温度/℃	>120	>120
抗张强度/N・mm^{-2}	21.9 ± 0.8	21.2 ± 0.6
断裂伸长率/%	65 ± 2	62 ± 3
撕裂强度/N・mm^{-1}	56 ± 2	61 ± 2
粒面崩裂强度		
负荷/N	441 ± 5	147 ± 10
高度/mm	11.2 ± 0.2	10.8 ± 0.4
崩破强度		
负荷/N	451 ± 5	461 ± 5
高度/mm	12.3 ± 0.2	12.0 ± 0.3

　　Saravanabhavan 等提出的用"准备单元——染整单元——铬鞣单元"顺序进行皮革制造的工艺思路，虽然能促进染整材料和铬鞣剂的吸收、紧缩工艺和节水减排，但是未经预鞣的软化裸皮，其纤维结构的分散和固定程度明显不足，导致成革的最终手感偏紧实和僵硬，且因软化裸皮无法存放，也不能进行精确控制皮革厚度的削匀操作，故该工艺技术并不适用于大规模制革生产，尤其不适合产量最大的牛皮革的生产。

　　石碧课题组[100]构建了"准备单元——无铬预鞣单元——染整单元——末端铬鞣单元"为主线的逆转铬鞣工艺体系，并指出无铬预鞣单元是其中的关键单元过程，是使染整单元能够置于铬鞣单元之前的前提，同时提出了无铬预鞣革的技术要求为：

　　① 皮革纤维网络得到充分分散和脱水固定；

　　② 收缩温度提高至 75℃以上，以使预鞣革易于实现片皮、削匀等机械操作，耐存放期≥6 个月；

　　③ 预鞣革的等电点较高，最好与铬鞣革（等电点>7）接近，以便在接下来的染整单元中预鞣革能与各种阴离子型染整材料产生牢固的结合，其结合量与铬鞣革相当，从而保证染整坯革的综合性能（特别是感官性能）与常规铬鞣坯革相近。

　　他们先选用分子中含有醛基、氨/季铵基和羧基的两性聚合物鞣剂进行无铬预鞣，获得了湿热稳定性达到削匀要求（收缩温度 86℃）、等电点较高（约 5.8）、易生物降解的预鞣革[101,102]。由于上述两性聚合物预鞣革与铬鞣革在电荷性质、耐贮存性和感官性质等方面仍有差距，且鉴于非铬金属鞣革与铬鞣革在各方面性质上的相似性，亦从另一条途径——即选用以羟羧酸或深度氧化淀粉为配体的铝锆配合物进行无铬预鞣，获得了胶原纤维分散良好、湿热稳定性达到削匀要求、等电点接近 7 的预鞣革，为染整和末端铬鞣单元的顺利实施奠定了基础[103,104]。将上述无铬预鞣革进行染整以及末端铬鞣后，铬鞣剂在革内渗透均匀、结合牢固，末端铬鞣坯革的各项物理-机械性能均优于无铬鞣坯革，整体风格更接近传统铬鞣革（图 4-16 和表 4-51）。

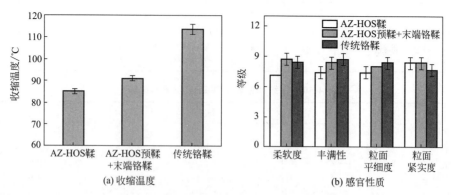

图 4-16　不同工艺坯革的收缩温度和感官性质

（AZ-HOS 为以深度氧化淀粉为配体的铝锆配合物）[104]

表 4-51　坯革的物理机械性质[104]

样品	柔软度/mm	抗张强度/(N·mm⁻²)	撕裂强度/(N·mm⁻¹)	崩裂强度/(N·mm⁻¹)
AZ-HOS 鞣坯革	7.3 ± 0.3	16.5 ± 1.3	42.7 ± 1.6	248.4 ± 16.7
末端铬鞣坯革	7.9 ± 0.4	17.8 ± 1.6	67.6 ± 0.4	309.7 ± 7.8
传统铬鞣坯革	7.6 ± 0.5	13.5 ± 0.3	39.7 ± 2.2	180.7 ± 14.8

以"准备单元——无铬预鞣单元——染整单元——末端铬鞣单元"为主线的逆转铬鞣工艺体系，因将铬鞣单元置于整个工艺的末端，使得无铬预鞣单元和染整单元的所有制革工艺过程不再有含铬废水和含铬固废的产生（见图 4-17）。由于铬只集中于末端铬鞣单元的废水中，含铬废水产生量仅为 $2 \sim 4 \ m^3/t$ 预鞣革，较传统工艺染整单元的含铬废水产生量（$22 \sim 30 m^3/t$ 蓝湿革）降低了 $80\% \sim 90\%$，这就使得含铬废水易于单独收集，处理成本和难度显著降低（表 4-52～表 4-55）。此外，采用该逆转铬鞣制革工艺，末端铬鞣废水中的总铬产生量仅为 $0.1 \sim 1.3 \ kg/t$ 预鞣革，较传统铬鞣工艺（$7.5 \sim 8.9 kg/t$ 蓝湿革）降低了 80% 以上。这一方面源于逆转铬鞣工艺有效减少了铬鞣剂的用量，另一方面是因为末端铬鞣时坯革中吸收的大量阴离子型染整材料有助于铬的进一步结合，坯革对铬的吸收率可达

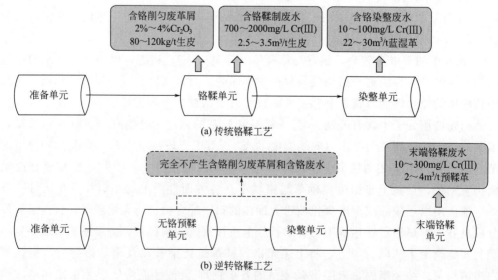

图 4-17　传统铬鞣工艺（a）与逆转铬鞣工艺（b）的技术路线[100]

90%以上，明显高于传统铬鞣工艺中浸酸裸皮对铬的吸收率（约 70%）[101~104]。

表 4-52　传统铬鞣工艺废水的铬排放[103]

废水	铬浓度/(mg·L^{-1})	废水量/t	铬输出量/(g/t 削匀铬鞣革)
铬鞣	950	6.0	5700
回湿	633	2.0	1266
铬复鞣+水洗	459	4.0	1836
中和+水洗×2	3	6.0	18
复鞣+水洗×1	12	3.0	36
加脂+水洗×3	6	8.0	48
总计		29.0	8904

表 4-53　逆转铬鞣工艺废水的铬排放（两性聚合物预鞣，Cr_2O_3 用量 2.5%）[102]

废水	铬浓度/(mg·L^{-1})	废水量/t	铬输出量/(g/t 削匀预鞣革)
末端铬鞣	960	2.0	1920
水洗	400	2.0	800
总计	—	4.0	2720

表 4-54　逆转铬鞣工艺废水的铬排放（用以羟羧酸为配体的铝锆配合物 AZ-TC 预鞣）[103]

废水	不同 Cr_2O_3 用量下废液的铬浓度/(mg·L^{-1})				废水量/t	不同 Cr_2O_3 用量下废液的铬输出量/(g/t 削匀预鞣革)			
	0.5	1.0	1.5	2.0		0.5	1.0	1.5	2.0
末端铬鞣	27	92	131	275	2.0	54	184	262	550
水洗	15	53	74	158	2.0	30	106	148	316
总计	—				4.0	84	290	410	866

表 4-55　逆转铬鞣工艺废水的铬排放（AZ-HOS 预鞣，Cr_2O_3 用量 0.5%）[104]

废水	铬浓度/(mg·L^{-1})	废水量/t	铬输出量/(g/t 削匀预鞣革)
末端铬鞣	22	2.0	44
水洗	8	2.0	16
总计	—	4.0	60

综上所述，以"准备单元→无铬预鞣单元→染整单元→末端铬鞣单元"为主线的逆转铬鞣工艺技术，其在保证成革品质的同时，实现了含铬废水和含铬固废的大幅减量。该工艺技术具有重大应用前景，可望彻底解决制革工业的铬排放问题。

4.3.5　无水铬鞣

人们一直认为鞣制过程（或其他与胶原发生化学反应的过程）仅仅取决于反应本身，忽略了反应物在溶剂和底物之间的分配关系。实际上这一点很重要，反应过程可以表示如下：

底物（溶于溶剂中）＋反应物（溶于溶剂中）⇌反应物-底物（溶于溶剂中）⇌产物（溶于溶剂中）

由此可见，与萃取过程中溶质分别溶解在两种不同溶剂中的情况相类似，反应物可分为溶质及其与底物相结合的两部分。在包含有多种反应的鞣制过程中，分配系数取决于溶解过程的相对热力学因素和反应物与底物结合能力的大小。因此如果反应物溶解情况变差，它与底物将发生相互作用。更严格的方法是考察体系中溶质从溶剂转移到底物上的自

由能转变情况 ΔG°_t。与溶质在混合溶剂中的溶解情况相类似，反应物可以同时与体系中的两种组分——溶剂和胶原发生作用（也有一个优先的问题），这一点在进行热力学分析时必须加以考虑[105,106]。

无水鞣法是利用分配效应的典型例子。传统铬鞣都是在水相中进行，根据以上原理，铬不可能全部被裸皮所吸收，总有部分铬盐随废液被排放。如果采用有机溶剂为反应介质，铬鞣剂在其中不能溶解，则有望实现铬鞣剂的加入量等于皮革鞣制所需量，即铬100%的被裸皮吸收和固定。与水混溶型有机溶剂如乙醇、丙酮等由于回收困难、易燃，鞣制设备密封性要求高等不足，没有得到研究者的关注，已有的研究主要选用疏水性有机溶剂，如石蜡等。魏庆元在我国较早研究了疏水性有机溶剂铬鞣法，并取得了一定的进展[107]。法国的 F. Silvestre 等系统而深入地研究了疏水性有机溶剂铬鞣法，发表了一系列研究论文[108~110]。

F. Silvestre 等最初的小试实验是在一个圆柱形不锈钢反应器里完成的。反应器可围绕着水平轴转动，最大容量为 $0.08m^3$，装有两根水套（控制温度用）和加料装置。试验所用裸皮是剪掉毛并且用盐水浸泡过的（以防膨胀）的羔羊皮（pH 为 1~2），挤出多余水分，使其达到所需的水分含量（干重的 200%~250%）。溶剂为三氯三氟代乙烷或全氯乙烯，与裸皮一起加入反应器。鞣制时首先加入铬盐（Chromosal Bayer，碱度 33%）6%，甲酸钠 1%，转 4h 后，加 4%的邻苯二甲酸钠以及 0.5%~3%的碳酸氢钠，调节混合体系的 pH 为 4~5.5（pH 由从皮中挤出的水分测得）。然后回收有机溶剂并将坯革置于指定温度（50~70℃）加热 1h，再放置 48h，即可按常规进行后继的复鞣、染色、加脂工序。

表 4-56 水分含量对铬结合和皮革质量的影响[108]

水分含量①/%	铬吸收率/%	洗出量②/%	皮革质量
177.5	100	3.6	在皮表面沉积较多
230	100	2.5	柔软，但铬分布很不均匀
250	100	3.8	铬分布很不均匀，皮革收缩
250	100	0.6	柔软，但铬分布很不均匀
300	100	3.65	很好
330	99.8	3.65	很好
357	98.7	10.5	很好

① 以皮干重计；② 以皮内铬盐计，主要指中和、漂洗、加脂过程中的洗出量。

从表 4-56 中可以看出，裸皮的水分含量对用疏水性有机溶剂进行皮革的鞣制十分重要。水分含量在 300%以下时，浴液中铬的吸附量为 100%，但是铬分布不均匀，皮革质量较差；水分含量在 300%以上时，皮革质量好，但铬浴液的吸收不彻底，废液中可以明显看到铬的残留物；只有水分含量在 300%左右时，皮革质量好，浴液吸收也比较彻底。水分含量低时，铬分布差的原因可能是由于加入碱性材料使 pH 过高而造成，也有可能是皮中较低水分含量影响了内孔隙率，从而降低了鞣剂的分散和渗透。

温度和 pH 是影响鞣制效果的另外两个重要因素。升高温度，可以增加铬与胶原结合的牢度，提高皮革的收缩温度，减少后继工序的洗出量。提高鞣制初期的 pH，对皮革质量没有影响，但会稍微降低铬与胶原的结合，后继工序洗出量增加，提高鞣制后期的 pH 则会增强铬与胶原的结合能力。

在小试实验的基础上，F. Silvestre 等进一步设计了适合生产用的设备，装载量为 60~80 张皮，由三个单元构成，详细结构见图 4-18。主反应器采用不锈钢材料，直径

0.8m，宽 1.2m，包括装载皮的容器、加料系统和溶剂回收系统。反应器内装有 15cm 高的桩，保证皮张可以随反应器的旋转而转动，转速在 $5\sim12r\cdot min^{-1}$。外部装置有两层水循环系统，用以控制反应温度，需升高温度时由高压蒸汽加热，溶剂则用压缩空气排出反应器。溶剂贮存容器也由三部分组成，T1 放置清洁的溶剂，T2 贮存鞣制后回收的溶剂，T3 则放置待蒸馏的溶剂。溶剂再生单元主要是通过蒸馏设备再生溶剂。整个系统还设有一系列人工和电子操作装置以及报警装置，以保证运行的安全性。

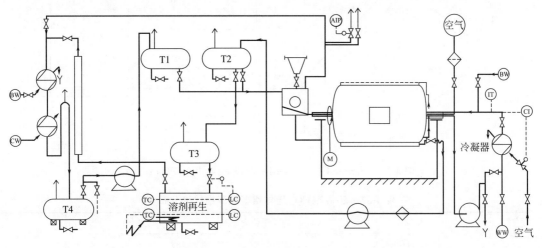

图 4-18　疏水型有机溶剂鞣制设备[109]

如果以脱脂浸酸皮为原料，则首先用盐水回湿，工艺条件为：盐水的浓度为 8°Bé，温度 25℃，液比 2，转 1h。然后将皮挤水至合适的水分含量，加入反应器。溶剂从 T1 处加入，用量为皮重的 150%～200%，硫酸铬用量为 4%～6%，甲酸钠为 0.5%～1%，转4h。提碱先使用邻苯二甲酸钠，再加少量碳酸氢钠，最终 pH 为 4～5.5，全部时间 8h 左右。鞣制完成后，将溶剂排入 T2，回收再用。鞣制后的皮再用 70℃的压缩空气加热 2h，pH 为 4.3～4.8。

从扩大实验的结果来看，完全可以用有机溶剂作鞣制的介质，皮革质量优良，而铬鞣剂几乎全部被裸皮吸收且结合牢固，只有 0.5%～2.5%的铬在后继工序中被洗出，装载量越大，结合越好。此项新技术被纳入欧共体推广项目。

不过虽然人们有能力找到有效办法处理这些溶剂，但实际应用时，最好还是使用一种无毒的替代型溶剂。近年来，超临界 CO_2 在工业生产中的应用越来越引起人们关注，制革生产中已有使用超临界 CO_2 进行脱脂和脱灰的报道，四川大学廖隆理等人以自行设计制造的超临界 CO_2 流体装置对铬鞣过程进行了研究[111~118]，设备构造如图 4-19 所示。通过正交实验得出了超临界 CO_2 作介质铬鞣的最佳工艺条件为：温度 34℃，压力7.5MPa，时间 1h，酸皮初始 pH3.5，转速 $50r\cdot min^{-1}$，KMC-2 用量 6%，夹带剂用量0.08%。鞣制时将所需铬鞣剂和夹带剂混合均匀，和酸皮一同放入反应器中，将反应压力、温度、转速等调至规定值，反应至规定时间即可。通过反复实验证明，该铬鞣工艺的鞣制时间仅为常规铬鞣耗时的 4.5%～7%，大大缩短了工艺周期，鞣制效果好，铬在坯革内的分布更为均匀（见表 4-57），皮革物理机械性能优于常规铬鞣法（见表 4-58）。超临界 CO_2 流体铬鞣与常规铬鞣的机理相同，都是通过使适当大小的铬配合物渗入到皮内，与皮胶原侧链上的活性基团相结合，达到提高皮胶原结构稳定性的目的。影响铬配合物在皮胶原间渗透与结合的因素，同样也是影响超临界 CO_2 流体铬鞣的因素。超临界 CO_2 流体铬鞣中，用超临界 CO_2 流体代替水作介质，铬鞣后无废液排出，实现了铬的零排放，消除了铬的污染。

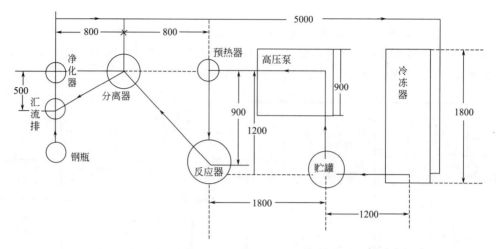

图 4-19　超临界 CO_2 流体制革设备结构[112]（单位：mm）

表 4-57　超临界 CO_2 流体铬鞣坯革中的铬分布[117]

工艺	各层中铬含量/%				最大差值
	1（粒面）	2	3	4	
超临界 CO_2 铬鞣	2.37	2.36	2.29	2.43	0.14
常规铬鞣	1.92	1.71	1.95	2.10	0.39

表 4-58　超临界 CO_2 流体铬鞣和常规铬鞣的坯革及半成品革物理机械性能对比[118]

对比工艺	抗张强度/$N \cdot mm^{-2}$	撕裂强度/$N \cdot mm^{-1}$	伸长率/%	断裂伸长率/%
超临界 CO_2 铬鞣	38.17	48.76	44.0	79.0
坯革成品革	43.25	57.12	49.5	74.0
常规铬鞣	34.35	48.04	38.0	77.0
坯革成品革	34.80	53.41	39.0	72.0

但不管是使用有机溶剂还是超临界 CO_2 流体作介质，都需要投资建立特定的设备，特别是超临界 CO_2 流体，对设备的耐高压能力有较高要求，目前还只是停留在实验室研究阶段，离实现工业化还有一段距离，不过这也是较有前途的清洁化制革发展方向之一。

4.4　铬的循环利用

传统工艺铬鞣废水中除含皮渣外，还含有大量三价铬、中性盐、酸和可溶性油脂等，其中 Cr_2O_3 含量高达 $1\sim3g \cdot L^{-1}$。这种高浓度的含铬废水若直接排放出去，不仅污染水体，危害人类健康和生态环境，同时也是极大的资源浪费。除了利用前面提到的各种清洁化技术来提高皮对铬的吸收，减少废液中铬含量，降低铬污染以外，将废铬液回收利用也是一种可行的清洁化技术。该技术投资少，见效快，具有良好的经济和环境效益，对中、小型制革厂具有特殊的应用价值。常见的铬鞣废液回收利用主要包括两种方式：其一是铬鞣废液分离杂质后用于浸酸或铬鞣的直接循环利用；其二是铬的回收利用。

4.4.1 铬鞣废液直接循环利用

铬鞣废液的循环利用主要有两种方式，一种是铬鞣废液用于浸酸-铬鞣，另一种是铬鞣废液直接循环用于铬鞣。其中后者是将铬鞣废液经回收和处理后直接用于浸酸皮的铬鞣，实施相对简便，容易控制，可以使铬得到充分利用，减轻对环境的污染，但由于要排放浸酸废液，仍然存在中性盐对环境的污染。因此，铬鞣废液用于浸酸-铬鞣的循环利用方法应用更为广泛，它是将上一批铬鞣废液经过回收和处理之后用于下一批软化裸皮的浸酸，在浸酸液中进行鞣制。如此循环利用下去，不存在铬鞣废液和浸酸废液的排放问题，不仅节约了大量的中性盐和铬，而且减轻了中性盐和铬对环境的污染。

4.4.1.1 铬鞣废液循环利用理论[119, 120]

从铬鞣废液的组成来看，它含有多种无机和有机离子，如 SO_4^{2-}、Cl^-、Na^+、K^+、Cr^{3+}、$—COO^-$ 等，与浸酸液相比（见表 4-59），中性盐含量和密度均相同，只要去掉不溶物，并调节 pH 及温度，达到与浸酸液一致，便可作为浸酸液直接循环。如果兑加浓铬液或补加铬粉，调节含铬量和碱度后，废鞣液可重新用于鞣制。

表 4-59 废铬液与浸酸液水质对比[119]

溶液种类	Cr_2O_3/%	中性盐/%	pH	密度/kg·L^{-1}	不溶物/%	温度/℃
废铬液	0.4~1	6~10	2.5~4.0	1.06	0.02~0.2	37~40
浸酸液	0	6~10	1.8~2.5	1.06	0	20~22

前面提到铬鞣过程中，主要是阳铬配合物与胶原羧基的反应，而阴、中性电荷的铬配合物组分部分转化为阳铬配合物参与鞣制，其余则残留在废鞣液中。对比铬鞣液和铬鞣废液（见表 4-60）可以看到，经过鞣制，碱式硫酸铬的高阳电荷组分几乎全部被裸皮吸收，而低电荷组分被皮吸收很少，大多残留在鞣制废液中，其中尤以阴、中性及 +1 价组分含量最高。

表 4-60 铬鞣液与铬鞣废液铬配合物组成对比[120]   单位:%

铬配合物组分	阴、中性	+1 价	+2 价	+3 价	+4 价	+5 价	+6 价
铬鞣液	8.28	37.60	19.25	7.98	2.05	6.42	14.50
铬鞣废液	38.21	31.47	19.26	5.05	0.00	0.00	0.00

注：各组分含量之和等于离子色谱的回收率，各回收率数值不完全相同，但影响很小，以下同。

对铬鞣废液进行加酸调节 pH 时，废液配合物组成的相对含量将有一定的变化，如表 4-61 所示。加酸调节 pH 后，随着静置时间的延长，废液中铬配合物组分发生明显的变化。加酸静置 2h 的废液，阴中性、+1 及 +2 价组分含量相近，静置一周达平衡后，废液中铬配合物几乎为阴、中性及 +1 价组分，即静置时间延长，阴、中性组分增多，符合配合物鞣剂加酸电荷降低的水解特性。因此，废液加酸静置后可用于浸酸，铬配合物易渗透，粒面结合程度小。比较表 4-60 和表 4-61 可以发现，废液加酸静置 2h 的铬配合物组分与原废液中铬配合物的组分相比，阴、中性和 +1 价组分略有减少，而 +2 价增加明显，从 19.26% 增加到 28.48%，高价变化不大。静置一周后的加酸废液组分与原废液组分相比，阴、中性和 +1 价组分明显增多，而 +2 和 +3 价组分相应减少，这说明，如果其他条件不变，通过加酸调节铬鞣废液以用于浸酸，最好静置较长时间，以保证废液中的铬能够顺利渗透到皮内，不会在表面产生沉积。

表 4-61　酸化后废液中配合物的组成变化[120]　　　　单位:%

铬配合物组分	阴、中性	+1价	+2价	+3价	+4价	+5价	+6价
静置 2h	31.50	29.60	28.48	5.05	0.00	0.00	0.04
放置一周	50.10	37.92	7.01	0.30	0.00	0.00	0.00

如果将废液经水浴加热到 60～70℃并保温 30min，然后静置一周，则废液中阴、中性电荷组分几乎全部转化为高价电荷组分（见表 4-62），符合皮经鞣制加热后静置，皮中铬配合物分子变大，电荷升高的特性。废液经加热并保温 30min 的铬配合物分离组分与未经处理废液的分离组分相比，阴、中性和+1 价组分增多，分别从 38.21% 和 31.47% 增加至 43.41% 和 39.28%，而+2 价组分有所减少，如果再静置一周，则阴、中性、+1、+2、+3 价组分完全变为高价电荷组分。从以上分析可以看出，铬鞣废液的循环利用工艺还可以通过将废液加温用于铬鞣过程的提温，此时废液中以阴、中性及低价电荷组分为主，在皮中更多地体现为渗透作用，保证了废液提温的安全可靠，避免了高价配合物组分对粒面的过度收敛产生"粗面"现象。然后在转鼓的高温转动中，配合物水解，分子变大，电荷升高，在皮中起到交联鞣制作用。此外，从废液组分的变化也可以看到，高温鞣制结束后，应该将蓝湿皮搭马静置一段时间才进行后继工序，使皮内的铬结合更稳定，降低后继工序铬的洗出率。

表 4-62　铬鞣废液加温静置后配合物组成的变化[120]　　　　单位:%

铬配合物组分	阴、中性	+1价	+2价	+3价	+4价	+5价	+6价
保温 30min	43.41	39.28	5.10	7.11	0.00	0.00	0.00
放置一周	0.00	0.00	0.00	0.00	69.00	20.51	6.86

对循环一次的废液进行加酸静置和加温静置处理后，分析结果见表 4-63。可以看出，循环废液主要含阴、中性及+1 价铬配合物，也含有少量高价电荷组分。加酸静置 2h 后，阴、中性及+1 价组分有所减少，而+2 价组分从 0.00 增加到 25.01%；再静置一周，阴、中性电荷组分又明显增加，+2 价组分减少至 6.96%，而+3 价及以上电荷组分消失，具有与未循环铬鞣废液的加酸静置相同的变化趋势。循环废液加温静置的变化趋势也是如此：废液加温至 60～70℃并保温 30min，阴、中性和+2 价组分略增，分别从 31.01% 和 0.00 增加到 44.47% 和 5.38%，+4 价及以上组分消失；静置一周后，低价电荷组分完全消失，只含+4 价及以上的高价组分，完全符合配合物的水解规律。对比表 4-63 和表 4-60 还可以发现循环利用的废液中无鞣性的阴、中性组分减少，高价铬配合物组分增加，说明少部分高价铬配合物未能得到很好利用。

表 4-63　循环一次的铬鞣废液的组成分析[120]　　　　单位:%

铬配合物组分	阴、中性	+1价	+2价	+3价	+4价	+5价	+6价
循环一次的废液	31.01	44.96	0.00	8.65	5.02	5.86	0.00
加酸静置 2h	27.95	31.02	25.01	7.66	0.30	2.10	1.25
加酸静置一周	48.38	40.25	6.96	0.50	0.00	0.00	0.00
加温后保温 30min	44.47	38.56	5.38	6.95	0.00	0.00	0.00
加温后静置一周	0.00	0.00	0.00	0.00	65.00	24.50	5.65

稀土对铬鞣有促进作用，能够增加铬吸收，减少铬用量。对不同 pH 条件下的铬鞣液及稀土-铬鞣液的离子色谱分析见表 4-64。可以看到，在较低的 pH 条件下，稀土的加入使溶液中阴、中性组分增多；而高 pH 时加入稀土，溶液中阴、中性及低电荷组分明显减少，高价组分增多。因此，在鞣制时加入稀土，初期 pH 较低（2.0～2.5），稀土促进阴、

中性铬配合物增加，利于铬在皮中均匀渗透；鞣制后期提碱结束，溶液 pH 升高（3.5～4.0），稀土又能促进阴、中性及低价电荷组分转化为高价组分，利于铬与胶原的结合。

表 4-64 不同 pH 条件下铬与稀土混合溶液的组分分析[120]

pH	铬：稀土	阴、中性/%	+1 价/%	+2 价/%	+3 价/%	+4 价/%	+5 价/%	+6价/%
2.0	1：0	26.30	21.68	14.38	24.60	8.30	0.00	0.00
2.0	1：2.5	30.52	19.20	17.35	23.25	4.11	0.00	0.00
3.0	1：0	18.33	17.25	17.38	19.76	12.36	9.50	0.00
3.0	1：2.5	22.00	17.10	16.23	16.88	13.83	8.20	0.00
4.0	1：0	14.72	15.38	19.63	16.85	17.36	6.88	3.23
4.0	1：2.5	11.63	10.25	13.86	12.09	16.01	15.15	13.75

比较铬鞣废液、循环一次的铬鞣废液及鞣制过程中加入稀土的循环废液的组分（见表4-65），可以发现，鞣制时加入稀土的循环废液组分仍以阴、中性及低价组分为主，不含高价组分，而不加稀土的循环废液中有少量高价组分，说明稀土的加入使铬配合物的高价组分能很好地在皮内结合，从而在废液中几乎不残留。

表 4-65　三种废液的组成对比[120]　　　　　　　　　　单位：%

铬配合物组分	阴、中性	+1 价	+2 价	+3 价	+4 价	+5 价	+6 价
铬鞣废液	38.21	31.47	19.26	5.05	0.00	0.00	0.00
循环一次铬鞣废液	31.01	44.96	0.00	8.65	5.02	5.86	0.00
加稀土的循环废液	37.65	38.32	14.10	6.40	0.00	0.00	0.00

通过以上分析可以看出，铬鞣废液具有与浸酸液很相近的性质，可以通过调节铬鞣废液的 pH 将其作为浸酸液循环利用，也可以加温后作为铬鞣过程的提温热水加以回收利用。其中作为浸酸液回收利用，最好是酸化后静置一段时间后再循环利用，这样更有利于铬的渗透，铬不会在表面沉积。加温回收利用则应该在短时间内完成，不仅减少热能消耗，而且安全可靠，不会产生表面过鞣的情况。另外，在循环过程中加入稀土，有助于铬的渗透和结合。

4.4.1.2　铬鞣废液循环利用技术[120～122]

铬鞣液循环利用的工艺流程如图 4-20 所示。首先是铬鞣废液的收集，一方面要保证将废液完全或近似完全地回收，做到充分利用并尽可能地减少排放。另一方面要保证废液的清洁，不能与生产过程中其他废液相混，特别是碱液，否则将改变废液中铬配合物的性质，产生氢氧化铬沉淀，无法进行再利用。从工人操作及管理的难易程度考虑，采用废液经地沟收集到池子中贮存，再用泵打回转鼓的方法比较切实可行。

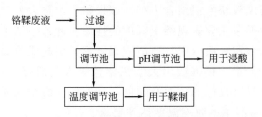

图 4-20　铬鞣液循环利用的基本工艺流程

铬鞣废液经过 80 目的筛网过滤后，进入调节池。此时，废液中仍含有许多从原皮中分解分离出来的蛋白质、动物油脂、助鞣油脂等，如果不能有效去除，循环利用时容易出现铬皂、铬斑等缺陷，影响成革质量。但由于废液中存在大量的带电荷的有机、无机离子，这些蛋白、油脂类物质易形成复杂的配合物大分子及带电胶团，不易除去。常见破坏胶团的手段主要有加热、加入新电解质和引入电场等方法。王军等人根据铬鞣废液中所含杂质的特性，复配出了一种具有极性和非极性基团的高分子聚酯 PS 试剂，在一定的 pH 和温度条件下，可以破坏蛋白质分子外的水化层，其活性基团与蛋白质分子的极性基团发生反应，并引发相邻带电胶团聚集，随着絮凝颗粒的增大，迅速发生沉淀。一般每吨废液只需加入 15g PS 试剂，静置 20～30min，过滤，即可有效地除去蛋白质、油脂等杂质，而铬含量基本不受影响[121]。

根据四川大学皮革工程系的研究[120,122]，以粒面平细度、皮革收缩温度以及手感（重要性顺序依次升高）为评价指标，废铬液循环用于浸酸的最佳工艺条件为：液比 0.8，先根据对废液的测试结果补加硫酸和少量甲酸到废液中，静置，然后用于浸酸。铬鞣废液回收用于浸酸必须严格控制加料的先后顺序。从前面的理论分析可以知道，先加酸到废液，使水解平衡移动，静置稳定后，铬配合物分子变小，电荷降低，使浸酸过程铬鞣废液中铬向皮内的渗透多、结合少。此外，浸酸过程中铬的渗透和结合，在一定程度上降低了鞣制过程中铬的渗透和结合速度，使整个鞣制在缓和、平稳的状态下进行，保证了铬在皮内渗透、结合均匀。

浸酸一般采用硫酸、甲酸结合使用的方式，而循环过程中除一部分酸被皮吸收或消耗，其余在废液中累积，因此必须综合考虑累积效应对皮革质量的影响。甲酸在水中电离出的甲酸根与铬的配位能力比硫酸根强。若溶液中含有大量甲酸根，可以降低铬配合物的电荷，起到蒙囿作用，但如果蒙囿作用太强，会降低铬与胶原的结合，使废液中含铬量上升。因此，甲酸用量要适量，循环过程中可根据对废液的分析结果补加一定量的甲酸（或不加）。

温度控制对铬鞣废液循环用于浸酸也很关键，特别是夏季。浸酸温度高，废液中铬配合物的水解程度加大，高价多核配合物增多，与胶原的结合能力强，容易造成铬在皮上结合不均匀，形成"铬花"。同时，浸酸温度过高，酸对胶原的水解加剧，易造成成革空松和纤维发脆，强度降低。因此必须采取措施控制浸酸温度。

铬鞣废液循环用于鞣制时，随着循环次数的增多，蓝革颜色不断加深，粒面变粗，革的手感较差，这是传统铬鞣废液循环用于鞣制未得到推广应用的主要原因。从前面对循环废液的离子色谱分析可以知道，废液中高价铬配合物组分增多，鞣制时易在表面结合，使粒面变粗，而加入稀土则可以将循环废液的高价组分全部转化为阴、中性及低价组分，利于铬的渗透，使铬能够和胶原均匀、缓和地结合，得到的蓝革粒面细致，颜色浅淡，并且能在循环过程中一直保持这种特色。

稀土与胶原结合速度较快，但结合不牢。如果稀土用量太大，它与胶原的快速结合使鞣制得到的蓝革粒面及颜色主要表现稀土鞣革的性质。此外，稀土与胶原结合不牢使得它在鞣制过程中易脱落，残留在废液中，逐渐积累，容易引起成革扁薄，收缩温度降低。因此要严格控制稀土的加入量。根据四川大学张铭让等人的研究，稀土用量 0.1%～0.2% 比较合适，既能让蓝革具有良好的粒面及颜色，又能保证成革的质量。铬鞣剂 KMC 用量在 5.5% 最好，可保证蓝湿革的收缩温度达到要求。

铬鞣废液循环利用的参考工艺（猪正面服装革）如下[120,122]。

(1) 循环液浸酸 铬鞣废液液比 0.8，常温，补加盐至 $11°Bé$，平平加 0.2%，甲酸 0.3%，硫酸 1.3%，转 3h，停鼓过夜。

(2) 鞣制 在浸酸液中进行，液比 0.8，阳离子油 0.5%，转 30min；补加 KMC 至

5.5%，转 60min；稀土 0.1%～0.2%，转 120min；醋酸钠 1%，转 60min，提碱并用加热的铬鞣废液提温；次日晨转 30min，出鼓。

在大生产推广应用中，每鼓投剖层灰皮 1500kg 左右，基本工艺中工业盐和 KMC 用量分别为 8% 和 6%，以此为基准，表 4-66 中列出了铬鞣废液的测试及铬鞣工序的用料计算结果。可以看出，随着循环的进行，节约的工业盐量增加，到第 5 次基本恒定，节省 60% 左右。节约的铬鞣剂 KMC 随循环次数增加，到第 6 次后基本稳定在 29% 左右。废液中铬含量略有上升，可能是由于循环使无鞣性、结合性小的铬配合物组分累积增加的结果。不过从皮革中铬含量的测试结果来看，循环过程与基本工艺的蓝湿皮相比，铬在皮中分布更均匀，收缩温度略高，如表 4-67 所示。

表 4-66　循环铬鞣废液测试及加料计算[120,122]

循环次数	废液含量/g·L^{-1}		pH	材料用量/kg		节约量/%	
	Cr$_2$O$_3$	Cl$^-$		KMC	工业盐	KMC	工业盐
1	2.28	35.85	3.6	39	44	28.0	39.4
2	1.25	32.50	3.6	38	40	20.2	44.7
3	1.39	30.00	3.7	36	37	23.5	48.8
4	1.42	28.30	3.6	34	34	26.2	52.8
5	1.45	26.10	3.8	34	28	26.5	61.1
6	1.65	25.30	3.7	33	29	28.3	60.3
7	1.70	25.60	3.6	33	28	29.8	59.8
10	1.69	26.20	3.6	33	28	28.8	61.6
20	1.71	24.80	3.5	33	29	29.2	59.0
30	1.75	26.80	3.6	33	29	29.5	58.9
40	1.78	24.50	3.6	32	29	29.0	58.8
50	1.70	25.60	3.7	32	28	29.0	60.9

表 4-67　革中铬含量的分布及收缩温度[120,122]

循环次数	革中各层含铬量/%							收缩温度/℃
	1（粒面）	2	3	4	5	6	7（肉面）	
不循环	2.70	2.34	2.12	2.00	2.22	2.56	2.96	101
5	2.42	2.30	2.20	2.16	2.21	2.48	2.70	103
20	2.46	2.35	2.26	2.22	2.30	2.41	2.50	102
50	2.42	2.35	2.26	2.22	2.30	2.41	2.50	102
200	2.43	2.33	2.28	2.23	2.29	2.40	2.52	102

铬鞣废液循环利用具有良好的经济效益和环境效益，根据四川大学皮革系"九五"攻关的研究成果，以年产 100 万张猪皮的中型制革厂为例，每年可节约 KMC 铬粉 125t，工业盐 336t，约 95 万元。鞣制结束后废液量约为皮重的 1.8 倍，实际收集到 1.5 倍左右，减少废水排放量 83%，每年少排 COD$_{Cr}$ 45.7t、Cr$_2$O$_3$ 21.7t、Cl$^-$ 332.6t，大大降低了污染。

4.4.1.3　铬鞣废液循环利用的常见问题[120,123]

在进行制革铬鞣废液的循环利用过程中，如果操作和控制不当，会在蓝湿皮的表面出现"色花"。这是由于上批皮出鼓之后收集的铬鞣废液 pH 较高，其中的铬配合物的分子较大，在以后的处理过程中又没有得到适当的酸解，具有较高的反应活性，当遇到 pH 6～8 的软化裸皮时，会很快地在裸皮的表面产生沉积和结合，从而使最先接触到废液的裸皮表面结合较多的铬配合物，而在较晚接触到铬鞣废液的裸皮表面结合的铬配合物较少，使整张蓝湿皮的表面出现"色花"。因此，在循环利用铬鞣废液的过程中，铬配合物充分地酸解是非常必要的。铬配合物的形成是惰性类反应，当将其 pH 调整到相应值时，还需要静置一定的时间，才能解聚为小分子、低电荷配合物。根据经验，一般的制革厂至少需要两个铬鞣废液回收和处理池，其酸解的条件是 pH1.3～1.5，时间至少为 24h，冬天则应该更长一些。

铬皂也是循环利用中容易出现的成革缺陷。在铬鞣废液的循环利用过程中，废液回收时，其中的油酸和部分油脂会与铬配合物结合形成铬皂。这些油脂一般有两个来源，其一为裸皮本身带入的油脂，在铬鞣废液的循环利用过程中产生积累，直至形成铬皂。对于这种原因形成的铬皂，其解决方法是在制革的准备工段加强裸皮的脱脂以减少过多油脂的引入，从而避免铬皂的形成。其二就是在裸皮的鞣制之前加入了阳离子加脂剂或乳化锭子油进行预处理，这些油脂在制革的预鞣过程中能够减缓铬配合物与胶原纤维之间的结合，有利于铬配合物的渗透和均匀结合。但是，在铬鞣废液的循环利用过程中，这些油脂也会与铬配合物反应而形成铬皂。实际上，在铬鞣废液的循环利用中，废液中已含有大量的具有一定的蒙囿作用的 SO_4^{2-}，废液中还有一部分氨基酸、有机酸等小分子物质，它们也都具有一定的蒙囿作用，可以起到减弱铬配合物与裸皮的结合，有利于铬配合物的渗透和均匀结合。因此，在铬鞣废液的循环利用过程中，不加或少加油预鞣剂和蒙囿剂也可达到理想的鞣制效果。

在铬鞣废液的浸酸-鞣制循环利用过程中，废液中已经含有了一定量的中性盐（Na_2SO_4），可以起到一定的抑制酸肿的作用。但是，蓝湿皮在出鼓时会带出一定的盐分，鞣制的后期要加入热水提温，使废液得到稀释，这就要求在铬鞣废液的循环利用过程中加入适量的中性盐以弥补盐分的流失，否则容易使裸皮发生酸肿，不仅影响到鞣制的顺利进行（由于裸皮的酸肿，充水过多，不利于铬配合物的渗透平衡），还会直接影响到成品皮革的质量。补加盐分的多少，一般可以采用密度法来进行控制。

在正常的浸酸过程中，一般是将中性盐（NaCl）先加入经软化的裸皮中，转动 10～20min，待中性盐完全渗透后，再加入所需要的酸。这样，就可以有效地避免裸皮的酸肿。但是，在铬鞣废液的浸酸-鞣制循环利用时，是先将酸和中性盐等加入废液，静置一段时间后和软化裸皮一同加入转鼓。与废液中的铬配合物相比，氢离子的质量和体积都较小，会先于铬配合物进入到裸皮的内部，达到渗透平衡，封闭裸皮上与铬配合物结合的羧基，减缓铬配合物与裸皮的结合速度，有利于铬配合物在皮革内部的均匀分布和结合。也正是基于这个原理，铬鞣废液才能够进行浸酸-鞣制的循环利用。但是，与溶液中的钠离子相比，氢离子的质量和体积也较小，同样会先于钠离子达到渗透平衡。这样，就会在中性盐还没有起到抑制酸肿的情况下使裸皮产生一定程度的"酸膨胀"。不过随着浸酸时间的延续，溶液中的钠离子也会较快地达到渗透平衡。如果其中中性盐的含量达到了一定值，能够起到完全抑制裸皮酸肿的作用，实际上在进行鞣制时已经不存在裸皮酸肿现象。这种轻微的"酸膨胀"有利于进一步松散裸皮的纤维，对成品皮革的质量不会产生什么影响。不过不能产生麻痹的思想，对正常的"酸膨胀"和真正的酸肿不加区别，从而影响皮革质量。因此，在进行铬鞣废液的浸酸/鞣制循环利用时，要严格按照工艺规程的要求进行操作，加强对这项操作的管理。

铬鞣废液浸酸-鞣制循环利用技术生产的蓝湿皮，经放置一段时间后，会在其表面上产生一层"白霜"，这是裸皮中较多的中性盐硫酸钠析出的缘故。一般的浸酸、鞣制体系中的中性盐主要是氯化钠，而在铬鞣废液的浸酸/鞣制体系中的中性盐则主要是硫酸钠。在放置的过程中，由于水分的挥发，会使其中的硫酸钠析出，从而形成"盐霜"。这些"盐霜"在以后的水洗、中和、复鞣和染色等操作过程中会被洗去，对成品皮革的质量不会产生什么影响，但会给皮革的片皮和削匀带来一定的困难。如果严重，还会使成品皮革产生松面。因此，蓝湿皮放置过程中应用塑料薄膜包盖起来，避免过多水分挥发而产生"盐霜"，或及时转入后继工序进行加工和处理。

在进行铬鞣废液的循环利用时，应严格按照操作规程进行，加强对工艺过程的管理和执行工作，避免出现以上问题。总的来说，不论从经济效益还是从社会环境效益的角度来看，循环利用铬鞣废液都是具有较好的推广应用价值的工艺方法。

4.4.2　铬回收利用技术

除了将铬鞣废液循环利用外，还可以将铬鞣废液中的铬回收利用，常用的方法有碱沉淀回收法、氧化回收法、离子交换回收法、膜渗透回收法等。相比较而言，碱沉淀回收法应用最为广泛。

4.4.2.1　碱沉淀回收法[124~127]

氢氧化铬的溶度积很小（6×10^{-31}），当加碱将铬鞣废液的 pH 调节至 8~9 时，便可逐渐形成氢氧化铬沉淀，将沉淀回收后再溶于硫酸，即可得到碱式硫酸铬，可重新用于铬鞣。主要化学反应如下：

$$Cr(OH)SO_4 + 2NaOH \longrightarrow Cr(OH)_3 \downarrow + Na_2SO_4$$
$$Cr(OH)_3 + H_2SO_4 \longrightarrow Cr(OH)SO_4 + 2H_2O$$

反应过程中氢氧化铬沉淀要尽量完全，否则影响回收效果。沉淀效果受 pH、温度、陈化时间等影响较大。一般而言，温度和 pH 升高对氢氧化铬的沉淀有利，但 pH 太高，氢氧化铬沉淀会形成可溶性铬酸盐，影响回收效果。实际操作中一般控制温度为 50~60℃，pH 为 8~9。常规加氢氧化钠处理得到的氢氧化铬沉淀的体积较大，因此在铬鞣废液沉淀完全后，要将氢氧化铬悬浮液用离心泵打入受压容器，再用压缩空气压入板框压滤机压滤（也可用其他特别的泵直接打入压滤机）。一般操作采用 0.4MPa 的过滤压力。压滤机的过滤介质一般是一层七号机帆布加一层相当于七号机帆布筛孔的涤纶布。将压滤获得的氢氧化铬沉淀置于反应釜中，加入浓硫酸，间接加热，充分搅拌，生成碱式硫酸铬溶液，经过调整碱度后便可重新用于鞣革。其工艺流程如图 4-21 所示。

采用碱沉淀法，每立方米废液加入 3~3.5kg 氢氧化钠，控制 pH 8.2~8.5，可使三价铬的浓度由 2000~4000mg·L^{-1} 降至 2~10 mg·L^{-1}，去除率达 99% 以上，铬回收率在 95% 以上。这种方法较早在太原、平阳县等地的制革厂得到应用，目前已成为制革厂较普遍使用的方

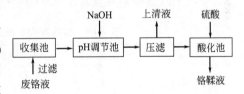

图 4-21　碱沉淀法回收铬工艺流程

法。不过这种碱沉淀法需要采用板框压滤，设备投资较高，劳动强度大。此外由于这种方法得到的氢氧化铬沉淀颗粒非常细小，属于絮状胶体沉淀，黏附力强，故在压滤时黏附在滤布上不易脱落，在更换滤布时洗涤易形成二次污染。

碱沉淀回收法存在的问题主要在于沉淀颗粒太小。针对这一问题，李振亚等人提出了利用电荷效应和高分子吸附层的凝聚作用，在氢氧化钠与碱式硫酸铬反应形成氢氧化铬时添加表面活性剂和高分子絮凝剂的处理方法。表面活性剂可以中和粒子电荷，增强粒子间的吸引力，使粒子彼此黏附在一起，形成较大的固体颗粒；而高分子的细长分子主链，可以使水中的微粒子聚合（凝聚）形成极大的球状凝聚物，产生高分子凝聚，从而加快了氢氧化铬的沉淀速度，也有效增大了沉淀颗粒。在反复筛选的基础上，采用氢氧化物、硬脂酸钠、聚丙烯酰胺及其他表面活性剂按一定比例配制成复合沉淀剂，用于废铬液的沉淀。在 0~30℃ 的温

度条件下，沉淀体积约占废铬液体积的 5%，沉淀时间为常规沉淀时间的一半，铬泥不需压滤，直接酸化便可形成含 Cr_2O_3 8% 的铬鞣液。在此基础上，他们设计出废铬鞣液无压滤回收新工艺，其基本流程与一般碱沉淀方法接近，只需把氢氧化钠换成所制备的复合沉淀剂即可。该工艺具有能耗低、投资少、操作简便、铬回收率高及处理效果好等优点，已在河北齐盛皮革有限公司等四家皮革公司建立了工业化回收装置，并于 1997 年 11 月 1 日通过了河北省科委组织的成果鉴定。处理后的上清液，经河北省环境监测中心站多次检测，总铬含量在 $0.5 \sim 1 mg \cdot L^{-1}$ 之间，综合污水排放口总铬含量在 $0.05 \sim 0.1 mg \cdot L^{-1}$ 之间，完全达到排放标准[124]。

针对氢氧化钠碱沉淀法的不足，K. J. Sreeram 等比较了四种碱性物质对氢氧化铬沉淀的影响，如表 4-68 所示。加氢氧化钠和碳酸钠处理得到的沉淀体积占废液体积的 50% 以上，这可能是因为使用氢氧化钠和碳酸钠时，最初反应速度较快，生成的高浓度氢氧化铬粒子聚集成胶体，不易沉降。使用氧化镁作沉淀剂，反应较缓和，形成的粒子较大，沉淀体积小，只有废液体积的 8%，因而沉降迅速。从沉淀的氢氧化铬粒径来看，使用氧化镁时，粒径主要分布在 $10 \sim 20 \mu m$ 及大于 $20 \mu m$ 的范围，细小粒子较少；而使用其他三种碱性物质，粒径小于 $10 \mu m$ 的粒子占 40% 以上。因此使用氧化镁沉淀回收铬，所得污泥最紧实，可以压滤后溶解，也可不压滤直接酸化溶解回用[126]。

表 4-68　碱性物质对氢氧化铬沉淀的影响比较[126]

碱	沉淀体积/%	上清液铬浓度/mg·kg⁻¹	沉淀物粒径分布/%		
			$<10\mu m$	$10\sim20\mu m$	$>20\mu m$
NaOH	72	3.8	40	45	15
Na_2CO_3	50	3.6	81	16	3
$Ca(OH)_2$	17	0.08	40	41	19
MgO	8	1.4	16	54	30

Sreeram 等进一步分析了氧化镁的加料方式和反应温度对沉淀的影响，结果如表 4-69 所示。可以看出，当缓慢加入氧化镁时，可以比快速加入节约 10% 的材料，而且沉淀体积更小，回收效果好。温度对氧化镁的消耗影响不大，但提高温度有助于铬的回收，在 45℃ 时，上清液中铬含量降至 $0.11 mg \cdot L^{-1}$，还可以加快沉降速度。

表 4-69　加料方式和反应温度对氧化镁沉淀铬的影响[126]

加料方式	温度/℃	沉淀体积/%	MgO 消耗/g·(g Cr)⁻¹	上清液铬浓度/mg·kg⁻¹
一次快速加入	25	9.0	1.02	2.05
	35	9.0	1.03	0.33
	45	9.2	1.02	0.14
分批缓慢加入	25	4.8	0.90	2.16
	35	5.0	0.91	0.23
	45	5.0	0.91	0.11

A. D. Covington 受联合国工业发展组织的委派，在前南京制革厂进行了氧化镁沉淀回收铬技术的推广[13, 127]。主要设备仍是原有的氢氧化钠沉淀回收装置，包括：

① 安装在转鼓上的斗形收集装置；

② 一个尺寸为 1.5m×2.95m×1.4m 的格栅池，粗滤网网眼为 1cm，细滤网网眼为 1mm；

③ 25m³ 的地下贮液池，格栅池的废铬鞣液由泵打入地下贮液池；

④ 一个经过防腐处理的砖砌沉淀反应池（3.15m×2.70m×1.4m），池底铺有加热和搅拌用的蒸气管；

⑤ 工作面积为 $20m^2$ 的板框压滤机（15 片），板框外部尺寸为 0.87m，工作压力为 1 个大气压，每 1h 可处理 $2m^3$ 污泥；

⑥ 两个铬泥溶解反应釜，工作容积均为 $1m^3$，反应釜装有电动搅拌器和蒸气加热套；

⑦ 两个再生铬鞣液陈化池，工作容积均为 $1.4m^3$。

实际应用时，将原来的蒸气搅拌改为压缩空气搅拌。沉淀剂使用工业级氧化镁（粒度 $<0.01mm$，纯度 92%），在 $10m^3$ 废铬鞣液中投加 20kg 氧化镁，进料时间约 10min，加药、搅拌 1h，沉淀 2.5h，上清液排放 1.25h，抽干残剩上清液 30min，压滤 20min，全过程约 6h。当上清液排放时，污泥继续沉降，有效的污泥沉淀时间至少为 4h，得到的铬污泥用板框压滤机压滤后再用浓度 92.8% 的硫酸溶解，温度 90℃，保持 30min 再静置一夜。值得注意的是，采用压缩空气搅拌会产生大量的泡沫浮在液面上，特别当 pH>8 时，如不及时清除泡沫将溢出反应池。可采用连续淋洒硫酸化蓖麻油乳剂的方法进行消泡，每 $10m^3$ 废液约需 1kg 乳化油。

处理的结果表明，使用氧化镁沉淀，铬泥的体积可降低到原体积的 8%，废铬鞣液中的铬回收率为 97%，再生铬鞣液用于制革与新配的铬鞣液相比差别不大，在大规模生产时，再生铬的用量可以达到 30%。以每天生产 15t 浸碱猪皮为例，扣除材料费用和工资，每年可节约 22 万～27 万元，具有良好的经济效益和环境效益。

氧化镁沉淀法所得铬泥的体积小，但 MgO 价格较高，制革厂比较难接受。CaO 的价格大大低于 MgO，不过用其沉淀废液中的铬，回收率和污泥中铬的纯度都低。Guo 等人研究发现，用混合物 CaO：MgO＝ 4：1（质量比），沉淀废液效果最佳，成本低而且回收率高。研究还发现适当的超声波处理能加强铬泥的沉降，其中功率密度为 0.12 W·cm^{-3} 的超声波处理 2min，铬泥沉降最快，体积最小，COD、Cr^{3+} 和 SS 去除最多，静置时间也从 3h 减小到 1h。化学沉降可以使废铬液中 99.6% 铬的变为铬泥，但是铬泥并不能完全溶解于 H_2SO_4，回收率仅有 60%，而微波照射能增加铬泥的溶解量，照射 5min 铬回收率从 60% 增至 80%[128]。

用氧化镁沉淀法回收铬会引入更多的中性盐，操作工序长，其处理后的铬鞣废液碱性强，上清液必须先转移到中性池中加酸调节 pH 到 6～9，才能排放，而且沉降的污泥中还有大量的总溶解固体。为了克服上述方法的不足，Kanagaraj 等人用改性的荆树皮栲胶回收铬。他们将荆树皮栲胶溶于水，加氢氧化钠调 pH 至 7、8 和 9，再用这三种不同 pH 的栲胶分别和铬鞣废液缓慢反应，先搅拌 1h，然后静置 6h，结果废液分层。分离收集上清液和沉淀物，发现沉淀物中铬含量最大，上清液里铬很少，其中 pH＝9 的荆树皮栲胶能沉淀最多的铬。最后用硫酸溶解沉淀物，并调节 pH 至 2.7～3.0，重新用于鞣革，其工艺流程如图 4-22 所示。在鞣制中没有被利用的荆树皮栲胶可以经回收处理后用作复鞣剂，所以该方法百分之百地利用了化料，做到了零污染[129]。

4.4.2.2　氧化回收法[130～135]

氧化回收法包括高温焚烧回收法以及加氧化剂氧化回收法，产物主要是六价铬，如红矾钠等。秦玉楠曾研究过将浸灰废液与铬鞣废液相混合，压滤得到氢氧化铬滤饼，漂洗除去无机盐类物质，烘干，然后根据用户需求选用合适的煅烧温度。用于精细陶瓷上的铬绿，煅烧温度为 1150～1200℃；用于一般建筑涂料

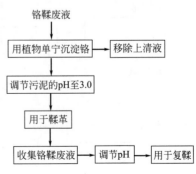

图 4-22　铬鞣废液的回收利用[129]

上的铬绿，煅烧温度为 950~1000℃。煅烧时间一般约 4h，即可获得合格的铬绿，可广泛应用于油漆、喷漆、高档涂料、搪瓷、精细陶瓷、人造皮革等行业[130]。钱春堂等人将铬渣或沉淀所得铬泥与碳酸钠混合，高温煅烧，使三价铬氧化为六价铬，生成碱性铬酸钠，焙烧生成熟料，再用硫酸浸泡，得到红矾钠溶液，蒸干得结晶红矾钠，回收率达 88% 以上，产品纯度较高。最佳工艺条件为：碳酸钠与氢氧化铬的比例为 3.5:1，在 740℃下焚烧 2h，具有投资少、设备简单、操作维护容易掌握等优点[131]。Toprak 等人研究了分别用两种方法从制革厂废水处理场的污泥中回收铬，一种方法是将污泥在高温反应炉中（600℃）煅烧 5h，使铬以 CrO_4^{2-} 形态残留在灰分内，然后再用硝酸将铬溶解、过滤、滤液加入硫酸和糖使铬还原；另一方法是向污泥中加入有螯合能力的酸，如柠檬酸、草酸、硝酸或硫酸，使之与污泥中的铬生成可溶性配合物，过滤、回收滤液。上述两种方法回收的三价铬均具有鞣革能力，且对两种方法的回收效率和所耗成本的分析表明，从污泥中回收铬用于鞣制过程，在经济上是可行的[132]。

崔淑兰等人采用碱沉淀-双氧水氧化法，对铬鞣废水中的三价铬的回收利用做了研究，其基本流程为：铬鞣废液——过滤除去悬浮物——加氢氧化钠——静置——排出上清液——加氢氧化钠、双氧水——过滤得滤液——硫酸酸化——得红矾钠溶液。该方法 Cr(Ⅲ)的转化率较高，操作简便，投资少，回收的铬液呈橙红色，澄清、透明，红矾钠含量高[133]。

目前制革厂已经很少采用葡萄糖还原红矾的办法制备铬鞣剂，所以氧化法回收的铬用于鞣制，从经济效益角度考虑不如碱沉淀法，但氧化法回收的铬可以制备高纯度的红矾并用于其他领域。从大规模应用来看，焚烧法是一种较有潜力的技术，但投资较大，工艺复杂，能耗高，还存在二次污染的问题，只适合大型制革厂应用。

4.4.2.3 其他回收法[134~145]

吸附法是近几年发展起来的一种方法，其主要原理是将经格栅、滤网过滤后的铬鞣废液用阳离子交换树脂或吸附剂处理，再用酸或其他洗脱剂处理回收。林波等人采用一种固体吸附剂，对铬鞣废液中铬的回收利用进行了研究[136]。试验表明用吸附剂处理铬鞣废液，铬去除率达到了 99.99%，铬回收完全，排放的废水铬含量低于国家标准。该吸附剂对铬的吸附量大，适宜 pH 范围宽，当铬吸附饱和时，用 1%~20% 的硫酸洗脱，调整碱度和含铬量后可再用于铬鞣。吸附剂可用 1%~2% 的氢氧化钠溶液或其他碱液再生。D. Petruzzelli 等人采用多孔羧酸型阳离子交换树脂（Purolite C106）对铬鞣废液进行回收利用的研究。在意大利皮革协会和环境部门的资助下，他们建立了每天可处理 10m³ 污水的处理厂，设备包括 100L 的阳离子交换柱，两个沉淀池（用于铬、铝、铁的分离和回收）和两个过滤装置，其工艺流程如图 4-23 所示[137]。

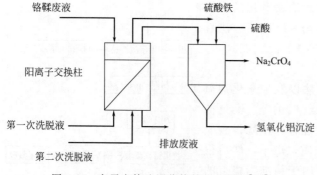

图 4-23 离子交换法回收铬的工艺流程[137]

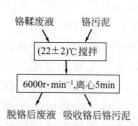

图 4-24 铬鞣废液的脱铬流程[138]

　　铬鞣废液经阳离子交换树脂处理后,排放液中铬含量小于 $2mg \cdot L^{-1}$,达到意大利的直接排放标准。由于废液中存在铝、铁等其他离子,所以洗脱再生分两步进行。首先使用 $1mol \cdot L^{-1}$ 的氢氧化钠溶液和 $0.15mol \cdot L^{-1}$ 双氧水溶液处理,将铬氧化成可溶的铬酸盐形式,铝则变成可溶的 AlO_2^- 从柱上洗脱,然后再用 $1mol \cdot L^{-1}$ 的硫酸溶液将吸附的铁离子洗脱得到硫酸铁。对第一次洗脱的铬、铝混合溶液,用硫酸调节 pH 使铝以氢氧化铝的形式沉淀,而铬酸钠仍在溶液中,可回收利用。阳离子交换柱最后还要用 $1mol \cdot L^{-1}$ 的氢氧化钠和软水冲洗。使用这项技术,可得到纯度大于 99% 的铬盐。

　　Mokrejs 等利用铬污泥(酶法水解铬鞣革废弃物制得)吸附回收铬鞣废液中的铬,工艺流程见图 4-24,吸附铬后的铬污泥经处理可用于生产颜料等。该技术铬的回收率接近 99%,操作简单、成本低廉,虽然现在仅为实验室规模,但有望应用于工业生产[138]。

　　人们也对采用萃取技术回收铬进行过研究[125]。但萃取回收法对萃取剂的要求比较高,既要有良好的选择性又要易于回收和再生,同时要求热稳定性能好,毒性和黏度小,还要有一定的化学稳定性。基于上述原因,这类技术尚未见实际采用。

　　以废水回用和物质回收为目的膜技术作为一种新型和高效的水处理技术,受到广泛重视。目前国外已有不少研究者尝试采用膜技术处理铬鞣废水[139~145]。M. Aloy 等进行了使用纳滤(nanofiltration)技术处理铬鞣废液的工业化实验[139]。所设计的系统采用 Desal 5 DK 4040 膜,总表面积 $7m^2$,可以使用的 pH 范围为 2~11,最高使用温度为 50℃。实验结果表明,使用纳滤技术,无需借助任何化学试剂处理,废液中铬含量可降至 $5mg \cdot L^{-1}$,浓缩得到的铬可以回收利用。A. Cassano 等人研究了将超滤(ultrafiltration)和纳滤结合使用处理铬鞣废液的技术,其工艺流程如图 4-25 所示[140]。纳滤处理得到的渗透液可直接回收用于浸酸,浓缩液可用于复鞣,或者经过进一步碱沉淀-酸溶解处理后用于鞣制。与传统回收方法相比,该法得到的铬质量更好,用于复鞣或主鞣对皮革质量没有任何影响。回收液用于复鞣时,纳滤的操作条件为:温度 25℃,进液流量 2200L · h^{-1},工作压力为 16 个大气压,液体体积由最初的 178L 减少到 55L,开始渗透速率为 $36L \cdot m^{-2} \cdot h^{-1}$,后来降低至 $3.63L \cdot m^{-2} \cdot h^{-1}$,在操作的最后 1h 内恒定。表 4-70 列出了用纳滤技术处理的实验结果。回收液进一步处理后用于铬鞣时,纳滤的操作条件为:温度 25℃,进液流量 2200L · h^{-1},工作压力为 14 个大气压,液体体积由最初的 160L 减少到 66L,开始渗透速率为 $25L \cdot m^{-2} \cdot h^{-1}$,后来降低至 $4.92L \cdot m^{-2} \cdot h^{-1}$。处理结果见表 4-71。膜技术处理铬鞣废液时,需要特别注意膜污染的问题,最好通过物理-化学方法将一些易处理物质先沉淀除去,如油脂等,否则很容易污染膜,降低膜处理的效率。

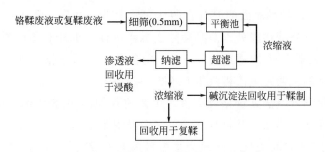

图 4-25　膜技术处理铬鞣废水流程[140]

表 4-70　铬鞣废液纳滤处理实验结果（最终浓缩液用于复鞣）[140]

单位：mg·L^{-1}

参数	流入液	初始渗透液	半浓缩液	半渗透液	最终浓缩液	最终渗透液
pH	4.1	4.1	4.2	3.9	4.0	4.0
总悬浮物	88	17	192	8	370	28
COD	5028	2063	6300	2492	7641	3315
Cl$^-$	11532	11330	9792	11210	7390	13190
硫酸盐	26815	252	38289	386	83455	10550
铬	2861	0	5342	0	9285	30
氨态氮	441	233	551	231	720	320
有机氮	126	76	147	74	209	98
铁	32	3.2	52	1.4	81	8
钙	1390	42	1755	320	1367	12
锰	2.3	0.1	3.8	0.8	6.3	0.4
铝	90	1.2	161	3.6	259	5
镁	856	5	1398	76	6162	60

表 4-71　铬鞣废液纳滤处理实验结果（最终浓缩液碱沉淀法处理后用于铬鞣）[140]

单位：mg·L^{-1}

参数	流入液	初始渗透液	半浓缩液	半渗透液	最终浓缩液	最终渗透液
pH	4.2	4.0	4.0	3.9	3.9	3.9
总悬浮物	114	18	190	8	196	21
COD	5349	1868	5320	2492	6443	2674
Cl$^-$	11230	10794	10195	11210	8151	11931
硫酸盐	22813	220	28019	386	45997	684
铬	3113	0	3668	0	7712	0
氨态氮	420	223	402	231	560	238
有机氮	13996	61	199	74	259	76
铁	25	1.3	32	1.4	51	1.5
钙	1005	58	1329	320	1946	65
锰	2.3	0.6	9.1	0.8	7.9	1.3
铝	91	1.7	98	3.6	166	2.3
镁	867	0.4	998	76	1835	10
油脂	116	0	0	0	2.6	0

　　铬废液含有 Na$^+$、Ca^{2+} 和 Mg^{2+} 等阳离子，它们对成革的质量不利，在铬循环利用时必须尽可能地将它们与铬分离。Lambert 等用经过电镀 PEI 改性后的单价阳离子交换膜分离 Na$^+$ 和 Cr^{3+}。这种膜表面的 PEI 在酸性介质中带正电荷，允许单价离子通过，而阻碍多价离子通过。废铬液用膜处理前必须除去悬浮固体、油脂和蛋白质。膜分离时的 pH 很重要：pH 低会减弱 Na$^+$ 的通过效率，pH 高会产生氢氧化铬沉淀。分离 Na$^+$ 和 Cr^{3+} 后，可以用未改性的膜通过电渗析收集 Cr(Ⅲ)[141,142]。

　　刘存海采用化学絮凝法处理铬鞣废液，工艺流程如图 4-26 所示。铬鞣废液中的主要杂质为角蛋白、油脂、多肽类及氨基酸等，它们吸附水中的 Cr^{3+}，使自身表面带正电荷。多聚磷酸钠在 pH＝5.0 的条件下离解为多聚磷酸根负离子，可选择性地吸附这些杂质，成为絮状物或胶粒。聚丙烯酰胺（PAM）有很好的絮凝效果和较低的成本，是工业水处理中应用最广泛的絮凝剂之一。非离子型 PAM 通过其大分子的桥联和卷扫作用，可以使吸附杂质后的多聚磷酸根成为更大的絮团而沉降，从而除去废水中的有机杂质。因此，铬鞣废液经前处理后，调节 pH 至 5 左右，加入复合絮凝剂（以 $10g \cdot L^{-1}$ 多聚磷酸钠和 $1g \cdot L^{-1}$ 聚丙烯酰胺按 3：4 的体积比配成），除去废液中的有机物絮凝，然后将含 Cr^{3+} 的清液浓缩，最后调节浓缩液的 pH 及碱度回用于铬鞣。鞣制的猪蓝湿革各项性能均达到标准铬粉鞣制革的水平[143]。

铬鞣废水 → pH调节 → 絮凝沉降 → 清液浓缩 → 指标调节 → 回用于铬鞣

图 4-26　铬鞣废液处理的工艺流程[143]

采用离子交换法、萃取回收法和膜分离等技术处理铬鞣废液，具有铬去除率高及回收铬质量好等优点，虽然还存在设备复杂、操作技术要求高、管理难度大等缺点，目前在制革厂实施尚有困难，但它们为铬的高效回收利用提供了新的途径和方法，是具备较好前景的发展方向之一。

4.5　少铬鞣法

在常规铬鞣法中，为了达到收缩温度和成革物理机械性能等方面的要求，往往使用过量的铬（一般为灰皮重的 2% 左右，以 Cr_2O_3 计），以保证皮革的质量，结果造成铬污染和资源浪费。为了在不降低皮革性能的前提下减少铬用量，可以采用栲胶、合成有机鞣剂或其他金属鞣剂等与少量铬结合鞣制，即少铬鞣法。制革科技工作者在这方面做了大量研究，提出了不少切实可行的技术路线，其中一些已经实现了工业化生产，有效地降低了制革生产中的铬污染。

4.5.1　植物单宁-铬结合鞣法

在进行无铬少铬鞣法研究时，国内外学者最喜欢选用的基本材料是植物鞣剂，因为它是可生物降解的天然产物。但利用植物鞣剂-铬结合鞣法时，栲胶的用量至少在 15% 以上才能保证其在裸皮内渗透均匀，这使成革不可避免地具有较强的植鞣感（vegetable tanning character），即革显得厚重和过度紧实，采用现有的植物鞣剂很难改变这一状况。如果能够较大程度地提高植物鞣剂在裸皮中的渗透速度，即采用较低的用量就能达到均匀渗透的目的，则基于植物鞣剂的结合鞣法会变得更为切实可行。四川大学石碧等人经过多年来对植物鞣剂改性的研究，建立了既可以显著加快植物鞣剂在皮内的渗透，又可以提高产物与金属离子的配位能力的改性技术，从而可以用少量的植物鞣剂与金属盐进行行之有效的结合鞣，既获得较高的收缩温度，又基本消除了成革的植鞣感[146~154]。

4.5.1.1　橡椀栲胶氧化降解改性产物用于植-铬结合鞣

橡椀栲胶所含单宁属水解类中的鞣花酸型，具有分子量大、水溶性差和沉淀较多等特点。用于鞣革时渗透缓慢，成革颜色暗淡，是栲胶中质量较差的品种。橡椀栲胶含葡萄糖环，很容易被氧化。轻微的氧化可使其部分羟基转变成醌型结构，外观变化表现为颜色加深，一般来说这是应尽量避免的。当氧化作用足够强时，分子中的糖环结构可能会遭到破坏，正如配制铬鞣液时，葡萄糖作为还原剂发生裂解一样，其结果会导致栲胶分子的降解，从而破坏了栲胶溶液的胶体状态，增强了其向皮内渗透的能力。基于这个思路，石碧等人选用了双氧水作氧化剂，对橡椀栲胶实施了氧化降解。其反应过程为：将栲胶溶解于其4倍质量的水中，用6％的氢氧化钠溶液调整 pH 至 7.5～8.0，升温至 70℃。双氧水（浓度 50％）用量为栲胶质量的 20％，在搅拌状态下于 2h 内滴加完，继续反应 2h，降温，浓盐酸调整 pH，真空干燥得改性产物。

橡椀栲胶的氧化降解产物与橡椀栲胶相比，耐盐析性和耐酸性增强，如表 4-72 所示。这与改性产物胶体行为削弱、分子量降低和亲水基团增加有关。这些性质的变化使改性产物可以被更方便地应用于制革生产。此外改性产物的颜色变浅，其水溶液的明度值明显提高，这对制革也是有利的。^{13}C-NMR 测试结果表明改性产物中含有羧基（$\delta=180$），红外光谱的测试结果进一步证实了羧基的存在（在 1726cm^{-1}、1626cm^{-1} 处有明显吸收）。因此，可以认为，在双氧水作用下，橡椀栲胶在发生分子降解的同时，已由酚类化合物转变成为酚羧酸类化合物。

表 4-72　橡椀栲胶改性前后的耐盐析性和耐酸性（沉淀百分率％）[151]

项目	盐浓度（NaCl）/％			pH			
	0	15	30	4.0	3.0	2.0	1.5
橡椀栲胶	7.25	22.08	28.10	7.25	36.96	54.81	64.61
改性橡椀栲胶	2.88	12.68	14.26	2.88	4.68	7.07	10.78

注：测试栲胶的浓度为 100g·L^{-1}；测试耐盐析性时 pH＝4.0。

改性橡椀栲胶用于植-铬结合鞣的工艺如下。

(1) 植鞣　酸皮（pH＝2.8～3.0），加食盐 5％，干滚 10min；加水 50％，加脂剂或辅助型合成鞣剂 2％，转 1h（选用）；加改性栲胶（pH＝5.0）x％（$x=5$，7，10），常温，转 1.5h，检查全透；加 40℃ 热水 50％，转动 2h；甲酸 0.3％～0.5％，调整 pH 至 3.1～3.2，停鼓过夜。

(2) 铬鞣　加入碱度 35％ 的铬粉（Cr$_2$O$_3$ 含量 21％），用量以 Cr$_2$O$_3$ 计分别为 0.5％、1.0％、1.5％ 和 2％，常温鞣制 2h；提碱至 pH 为 3.8～4.0，补热水至液比为 2，并升温至 40℃；转 2h，停鼓过夜。

从植鞣的渗透情况看（见表 4-73），改性橡椀栲胶用量为 5％ 时，即可在裸皮中达到良好的渗透，这是已有的其他栲胶产品难以达到的性能，为植-铬结合鞣法生产轻革创造了条件。由于分子量的降低，改性橡椀栲胶的收敛性较弱，单独用于鞣制时收缩温度提高有限，但利用其改性后产生的羧基能与铬配位的特性，可望通过结合鞣法使成革达到要求的收缩温度。

表 4-73　改性橡椀栲胶植鞣效果[150]

改性栲胶用量/％	5	7	10
渗透时间/min	60	55	50
收缩温度/℃	54	55	60
甲酸固定 pH	3.01	3.09	3.09

注：用量均以灰皮重计，酸皮收缩温度 45℃，以下同。

由表 4-74 可以看出,采用改性橡椀栲胶与铬进行结合鞣,当 Cr_2O_3 用量为 1％时,坯革收缩温度就可以超过 100℃,而常规铬鞣中 Cr_2O_3 用量至少为 1.7％～2％才能使坯革的收缩温度达到这个水平。结合鞣后,坯革增厚明显,使用 5％的改性橡椀栲胶时,增厚率随铬用量增大,从 40％增加到 60％以上。改性栲胶还具有良好的填充性,特别是对边肷等较疏松部位,可以使革在主鞣过程中即获得良好的填充,从而可以大大降低复鞣过程中填充的要求,也减少了成革松面的危险。从表 4-74 中还可以看出,当改性橡椀栲胶用量为 5％～7％时,它与铬的结合鞣可以使革粒面平细,丰满柔软,消除了传统植-铬结合鞣法中成革粒面粗糙,身骨板硬等缺点,而且可以极大地促进铬的吸收。改性栲胶用量为 10％时,自身吸收变差,成革粒面较粗,因此可以确定 5％～7％的改性栲胶与 1.0％～1.5％的 Cr_2O_3 的结合鞣为最佳工艺,铬用量较常规铬鞣降低 25％～50％。

表 4-74 改性橡椀栲胶与铬结合鞣的实验结果[150]

铬用量(以 Cr_2O_3 计)		0.5％	1.0％	1.5％	2.0％
改性橡椀栲胶 5％	收缩温度/℃	95	110	116	121
	粒面、身骨	平细,柔软	平细,柔软	平细,柔软	平细,柔软
	增厚率/％	40.3	48.2	57.6	62.9
改性橡椀栲胶 7％	收缩温度/℃	94	106	120	123
	粒面、身骨	平细,柔软	平细,柔软	平细,柔软	平细,柔软
	增厚率/％	50.4	54.6	64.6	67.8
改性橡椀栲胶 10％	收缩温度/℃	92	103	117	129
	粒面、身骨	平细,较柔软	较粗,较柔软	较粗,较柔软	较粗,较板硬
	增厚率/％	56	56.8	73.6	70.8

表 4-75 鞣制方法对废液 Cr_2O_3 含量的影响[150] 单位:g·L^{-1}

鞣法	铬用量(以 Cr_2O_3 计)			
	0.5％	1.0％	1.5％	2.0％
铬鞣(对比实验)	0.783	1.243	1.699	2.205
5％改性栲胶＋铬	0.175	0.369	0.441	0.863
铬＋5％改性栲胶	0.349	0.374	0.460	0.844
7％改性栲胶＋铬	0.509	0.647	0.767	1.035
铬＋7％改性栲胶	1.303	1.479	1.055	0.926

从表 4-75 中可以看出,先用改性橡椀栲胶鞣制后再铬鞣,可以大大促进铬的吸收,如以 5％改性栲胶和 1.0％～1.5％ Cr_2O_3 进行结合鞣时,废液中铬含量相对于对比实验分别降低了 70％和 74％。改性栲胶用量增至 7％时,废液铬含量有所上升。鞣制顺序不同,其废液铬含量也不同。改性栲胶用量为 5％,铬用量为 1％时,植-铬结合鞣废液 Cr_2O_3 含量为 0.369g·L^{-1},铬-植结合鞣废液 Cr_2O_3 含量为 0.374g·L^{-1},差别不大。但当改性栲胶用量增加至 7％时,铬-植结合鞣废液中的铬含量较植-铬结合鞣大很多,这可能是因为改性栲胶与铬的络合能力很强,其用量较大时若采用先铬后植的鞣制顺序,部分栲胶会通过与铬的络合作用而引起脱鞣。因此,进行结合鞣时,有两个平衡制约着鞣剂用量,一个是栲胶与胶原结合的平衡,另一个是栲胶与铬结合的平衡,只有控制好两者间的关系,才可能得到较好的协同效应。

从物理机械性能来看（见表4-76），采用改性栲胶-铬结合鞣时，坯革的抗张强度、崩裂高度与相同铬用量的铬鞣革类似，撕裂强度较铬鞣革低，伸长率有所下降，但均达到行业标准，说明这种鞣法是完全可行的。

表 4-76　改性橡椀栲胶-铬结合鞣坯革的物理机械性能[150]

鞣制方法	抗张强度/N·mm⁻²		撕裂强度/N·mm⁻¹		负荷伸长率/%		崩裂高度/mm
	横向	纵向	横向	纵向	横向	纵向	
0.5% Cr_2O_3	6.75	14.65	29.59	27.58	54	49	9.4
1.0% Cr_2O_3	8.98	20.63	33.42	32.42	58	52	9.8
1.5% Cr_2O_3	13.14	20.68	37.26	32.89	54	39	10.6
2.0% Cr_2O_3	15.25	21.31	38.26	31.91	55	41	11.4
5%栲胶+0.5%Cr_2O_3	8.07	10.95	29.47	26.46	47	38	9.9
5%栲胶+1.0%Cr_2O_3	13.68	15.71	33.71	29.52	46	37	10.4
5%栲胶+1.5%Cr_2O_3	13.91	18.05	36.48	30.20	45	36	10.6
5%栲胶+2.0%Cr_2O_3	12.46	14.07	34.27	28.46	48	39	10.0
7%栲胶+0.5%Cr_2O_3	8.75	12.11	24.49	26.34	43	32	10.2
7%栲胶+1.0%Cr_2O_3	12.10	13.68	30.38	29.00	45	34	10.0
7%栲胶+1.5%Cr_2O_3	13.50	15.88	31.26	29.80	47	33	10.6
7%栲胶+2.0%Cr_2O_3	12.60	13.21	29.21	29.96	48	30	9.6
行业标准	6.5		18		25~60		7

4.5.1.2　落叶松栲胶深度亚硫酸化产物用于植-铬结合鞣

植物单宁的亚硫酸化改性，是1897年由南非学者首先提出的。至今，亚硫酸化法作为一种简便而有效的栲胶改性技术，仍然被国内外广泛采用。亚硫酸化法主要包括亚硫酸盐浸提和亚硫酸盐处理浓胶两种方式。影响产品性质的主要因素是亚硫酸盐的用量。传统上，要求亚硫酸化程度必须适度，亚硫酸盐用量不应超过栲胶质量的8%，否则会导致栲胶中有效成分的破坏，收敛性降低，栲胶品质下降。亚硫酸化改性可增加栲胶水溶性，减少沉淀，降低黏度，浅化颜色，提高鞣革时的渗透速度。按此要求生产的栲胶仍然保持了较强的收敛性和填充性，适用于重革的鞣制及质地要求较紧实的轻革，如传统的鞋面革的复鞣。

石碧等人开展了采用深度亚硫酸化改性法处理落叶松栲胶的研究工作，亚硫酸盐的总用量达到20%~40%，突破了传统用量限制，其目的是通过适当降低单宁的分子量或使单宁吡喃环开环，并带上磺酸基，改善水溶性、渗透性和适当降低收敛性，使其可以通过与金属离子的结合鞣应用于轻革生产。

改性方法为：栲胶用自重3倍的水溶解，搅拌均匀，升温至80~85℃，搅拌状态下在30min内加入30%的亚硫酸盐，继续反应6h，干燥得成品。其反应机理如下式所示。在亲电试剂如$NaHSO_3$等存在下，多聚体容易发生端基裂解而生成C4位上带-SO_3H的儿茶素-4-磺酸盐以及低聚体原花色素-4-磺酸盐等衍生物，或者发生杂环的开环反应并在C2位上引入-SO_3H基团，但前两者的得率比后者高得多。采用深度亚硫酸化反应后，产物的分子量降低。栲胶的耐盐析性和耐酸性得到增强，如表4-77所示。

表 4-77　改性前后栲胶的盐析性和耐酸性（沉淀百分率％）[153]

项目	盐浓度（NaCl）			pH					
	5％	10％	20％	7.0	6.0	5.0	4.0	3.0	2.0
落叶松栲胶	40	54	81	10.0	15.3	26.0	30.0	38.3	47.4
改性落叶松栲胶	0.9	1.1	1.4	0.0	0.9	1.0	1.7	2.3	7.9

注：测试栲胶的浓度为 $330g \cdot L^{-1}$；测试耐盐析性时 pH＝4.0。

改性落叶松栲胶-铬结合鞣优化工艺如下。

(1) 植鞣　酸皮（pH＝2.8～3.0），加食盐5％，干滚10min；液比0.5，改性栲胶用量 x％（x＝5，10，15），常温，转 1.5h，检查全透；加40℃热水补液比至1，转动2h；甲酸0.3％～0.5％，调整 pH 3.2～3.4，停鼓过夜。

(2) 铬鞣　加入碱度35％的铬粉（Cr_2O_3 含量21％），用量以 Cr_2O_3 计分别为0.5％、1.0％、1.5％；常温鞣制2h，提碱至 pH＝3.8～4.0，补热水至液比为2，并升温至40℃，转2h；停鼓过夜。

表 4-78　改性落叶松栲胶-铬结合鞣实验结果[151]

铬用量（以 Cr_2O_3 计）/％		0.5	1.0	1.5
单独铬鞣	收缩温度/℃	87	97	106
	废液中 Cr_2O_3 含量/$g \cdot L^{-1}$	0.78	1.24	1.70
改性落叶松栲胶5％	收缩温度/℃	93	113	115
	废液中 Cr_2O_3 含量/$g \cdot L^{-1}$	0.22	0.51	0.64
改性落叶松栲胶10％	收缩温度/℃	105	116	122
	废液中 Cr_2O_3 含量/$g \cdot L^{-1}$	0.18	0.43	0.53
改性落叶松栲胶15％	收缩温度/℃	114	121	137
	废液中 Cr_2O_3 含量/$g \cdot L^{-1}$	0.15	0.45	0.70

如表 4-78 所示，采用深度亚硫酸化栲胶时，用量为5％仍能较快地渗透裸皮，而且经铬鞣剂结合鞣后，成革能达到相当理想的收缩温度，不仅可以减少铬盐的用量，还能明显降低鞣革废液中的铬含量，这对于减少铬带来的污染有着重要的意义，为少铬鞣提供了条件。

物性测试表明，该结合鞣法中，Cr_2O_3 用量为 0.5％时，成革质量不够理想，当

Cr_2O_3 用量为 1.0% 时，成革的质量可以满足一般轻革的要求。从表 4-79 所列测试结果来看，用 1.0% Cr_2O_3 与 5%~10% 改性落叶松栲胶结合鞣，成革的物理性质明显优于传统的植-铬结合鞣，更接近于 Cr_2O_3 用量为 2.0% 的常规铬鞣。

表 4-79　改性落叶松栲胶-铬结合鞣成革的物理机械性能[151]

鞣制方法	抗张强度/N·mm^{-2}	撕裂强度/N·mm^{-1}	负荷伸长率/%	崩裂高度/mm
2.0% Cr_2O_3	16.91	34.09	48.0	11.4
5% 改性栲胶 + 1.0% Cr_2O_3	15.14	33.11	46.5	10.7
10% 改性栲胶 + 1.0% Cr_2O_3	14.88	32.12	47.7	11.1
15% 落叶松栲胶 + 1.0% Cr_2O_3	10.68	28.90	35.5	10.2
行业标准	6.5	18	25~60	7

总体而言，水解类栲胶（橡椀）的氧化降解改性产物和缩合类栲胶（落叶松）的深度亚硫酸化改性产物与 Cr(Ⅲ) 结合鞣的优越性是非常明显的。这主要是因为改性产物用于结合鞣时有两个显著优点：一是它们的分子量较低，渗透速度很快，因而在裸皮中的分布更均匀，为提高结合鞣化学协同作用的效率奠定了基础；二是它们含较多的易与 Cr(Ⅲ) 发生配位的羧基或磺酸基。如果将耐沸水作为对坯革热稳定性的基本要求，当使用 5% 改性栲胶时，铬的用量可减少 30%~50%，既达到少铬鞣的目的，又不会使成革带有明显的植鞣特性。

4.5.2　其他有机鞣剂-铬结合鞣法

石碧等人研究了基于改性戊二醛-铬结合鞣的山羊服装革少铬鞣法[155]，首先采用 2%~12% 的改性戊二醛鞣制，再采用 0.5% 的 Cr_2O_3 复鞣，实验结果如表 4-80 所示。随着醛用量增加，革收缩温度缓慢上升，而再用铬进行复鞣时，收缩温度上升至 95℃ 后便再无显著提高。因此改性戊二醛与 0.5% 的 Cr_2O_3 结合鞣时，改性戊二醛的最佳用量为 6%~8%，坯革收缩温度为 95℃。用 2%~10% 的改性戊二醛复鞣 0.5% 的 Cr_2O_3 鞣制的革，结果如表 4-81 所示，可以看出，当改性戊二醛用量高于 2% 时，坯革的收缩温度均能达到 90℃，当用量增加至 6% 时，坯革收缩温度达到 95℃，再增加则不能使收缩温度进一步提高。因此可确定在铬-改性戊二醛结合鞣中，改性戊二醛最佳用量是 6%。

表 4-80　改性戊二醛-铬结合鞣时醛用量对 T_s 的影响[155]

改性戊二醛用量/%	2	4	6	8	10	12
改性戊二醛鞣后 T_s/℃	69.0	70.0	73.0	79.0	80.0	83.0
0.5% Cr_2O_3 复鞣后 T_s/℃	89.0	92.0	94	95	95	96

表 4-81　0.5% Cr_2O_3 铬-改性戊二醛结合鞣时醛用量对 T_s 的影响[155]

改性戊二醛用量/%	2	4	6	8	10
醛复鞣后 T_s/℃	90.0	93.5	95.5	96.0	96.0

注：铬鞣后革的收缩温度 T_s=84℃。

虽然先铬鞣后改性戊二醛复鞣达到同样的收缩温度，但从生产中工艺平衡考虑，先醛鞣再铬复鞣较好，有利于之后的复鞣、染色、加脂。从收缩温度及各项机械性能指标来看，改性戊二醛-铬结合鞣均能达到部颁标准，并接近铬鞣革的各项性能。无论是先醛鞣还是先铬鞣，都能使废液中铬含量远远低于常规铬鞣废液的铬含量，仅为 20mg·L^{-1} 左右，对于减少铬污染有明显效果。

少铬鞣山羊服装革参考工艺如下。

(1) 油预处理　在浸酸液中进行，亚硫酸化鱼油 2%，热水乳化后加入，转动 45min。

(2) 醛鞣　倒去部分油预处理液，至液比 0.5；加改性戊二醛 6%，转动 90min；醋酸钠 3%～4%，溶于水分 3 次加入，每次间隔 20min，加完后转 30min，pH=4.5；停鼓过夜，次日转 30min。

(3) 铬复鞣　倒去部分醛鞣废液，至液比 1；加入碱度为 38% 的铬液 0.5%（以 Cr_2O_3 计），转动 4h；碳酸氢钠 1%～2%，分 4 次加入，每次间隔 15min，至 pH=3.8～4.0；静置过夜，次日转 30min，出鼓搭马。

汪建根等通过工艺方案筛选，确定了以树脂鞣剂-醛鞣剂预处理，铬-铝-锆多金属配合鞣剂鞣制，合成鞣剂和栲胶复鞣填充的山羊服装革少铬鞣制工艺。经过正交实验得到了鞣剂及其他主要化工材料的优化用量配伍：醛鞣剂 2.4%（均以碱皮重计），树脂鞣剂 1.5%，Cr_2O_3 用量 0.4%（Cr_2O_3 : Al_2O_3 : ZrO_2 = 1 : 0.4 : 0.3），合成鞣剂 10%，邻苯二甲酸钠 1.5%，加脂剂 12%，栲胶 2%。实验结果表明，坯革收缩温度 93℃ 左右，丰满柔软，透水汽性好。与常规铬鞣工艺相比较，除革坯 Cr_2O_3 含量较低外，其余各项指标与铬鞣革很接近，并且完全能达到行业标准，表明该少铬鞣制工艺适用于加工山羊服装革。在不影响成革各项物理指标的前提下，少铬鞣制工艺较常规铬鞣工艺的铬用量可减少 60% 以上，废液铬含量降低 70% 以上，表明从工艺入手减轻铬污染是行之有效的[156]。

强西怀等研究了氨基树脂-醛-铬结合鞣法[157]。对实验结果分析表明，随氨基树脂用量的增加，铬鞣革的收缩温度呈上升趋势，当用量超过 2% 时，皮革收缩温度却呈下降趋势，这种收缩温度的变化现象与氨基树脂鞣革的化学交联和聚集填充两种方式的作用机理有关。在酸性条件下，当氨基树脂渗入皮内时，通过其分子中活泼的氮羟甲基与胶原肽链上氨基的缩合反应，使皮革的收缩温度提高；当氨基树脂加入量过大时，这种缩合反应会影响后面加入的改性戊二醛与胶原肽链上氨基之间的交联作用，同时氨基树脂与铬鞣剂之间的配位反应也削弱了铬鞣剂与皮胶原的化学结合，使皮革收缩温度下降。因此氨基树脂的最佳用量为 2%。在氨基树脂用量 2% 和铬粉用量 4% 的条件下，随着改性戊二醛用量的增加，铬鞣革的收缩温度和增厚率相应提高，铬鞣剂的吸收程度也得到改善。但由于皮胶原侧链上可与改性戊二醛直接进行交联反应的氨基数目一定，当改性戊二醛用量超过 1% 时，收缩温度的上升表现不明显。同时由于改性戊二醛、氨基树脂和铬鞣剂三者之间交联反应的形成，产生的聚集体会更多地沉积于皮纤维之间，对革具有明显的增厚作用，有利于铬鞣剂的吸收。但改性戊二醛用量达到一定程度时，对上述化学交联作用贡献不大，故增厚率和铬吸收率也不再有明显变化。铬粉用量也有类似趋势，低于 4% 时，革收缩温度和增厚率随铬粉用量增加而增加，而用量超过 4% 时，变化不明显。优化后的实验工艺如下。

鞣制　在浸酸液中进行；氨基树脂（双氰胺-三聚氰胺-甲醛初缩体，含量 50%）2%，转 30min；加改性戊二醛 1%，转 30min；加铬粉（Chromosal B）4%，转 120min；加提碱剂 Cromeno Base FN 0.5%，转 120min；加水 100%，温度 60℃，转 120min，停鼓过夜；次日转 30min，浴液 pH3.8～4.2。

从收缩温度、增厚率、铬吸收率等鞣制效果看，这种氨基树脂-醛-铬的少铬鞣法明显优于常规铬鞣，制得的坯革粒面平细、色泽浅淡、丰满柔软，且减少了 50% 的铬用量，废液中 Cr_2O_3 含量降低至 $0.39g \cdot L^{-1}$。

吕生华等根据淀粉的结构特点，用乙烯基类化合物对玉米淀粉进行接枝、共聚等改性后，制得了改性淀粉鞣剂[158]。此鞣剂用于皮革预鞣时，可有效提高成革收缩温度，增加铬吸收，降低废液中的铬含量，如表 4-82 所示。淀粉作为一种价格低廉的可再生天然资源，应用于制革生产，对于节约铬资源，减少铬污染，实现清洁化生产具有积极的意义。

表 4-82　淀粉预鞣-铬鞣结果[158]

Cr_2O_3 用量/%	蓝皮收缩温度/℃		废液 Cr_2O_3 含量/$g \cdot L^{-1}$		坯革 Cr_2O_3 含量/%	
	未预鞣	淀粉预鞣	未预鞣	淀粉预鞣	未预鞣	淀粉预鞣
1.1	106	124	1.23	0.26	3.21	4.06
1.3	110	127	1.32	0.35	3.43	4.21
1.5	112	129	1.39	0.41	4.01	5.14

4.5.3　铬-非铬金属结合鞣法

目前使用的具有鞣性的其他矿物鞣剂在单独鞣制时，成革总体效果均不如铬鞣，因此一直未能替代铬鞣剂。但如果使用这些矿物鞣剂与铬结合鞣，在成革中各自体现自身的特性，则可以取长补短，改善鞣后坯革的加工性能及成革的感观质量，同时可以充分利用自然资源，降低成本并减少铬污染。研究表明，在含多金属鞣液中，形成了一些复杂的异多核配合物，其中阴离子和中性配合物比例明显比只含铬的鞣液高，使其渗透入皮内的速度更快，且有助于铬与蛋白质之间形成交联，因此，多元金属配合物鞣剂的某些作用效果比各种鞣剂单独鞣革时要好，这方面常见的有铬-铝、铬-稀土、铬-铁、铬-锌等配合物。

4.5.3.1　铬-铝结合鞣法

铝盐制革有很长的历史，在铬鞣法发明前，铝鞣曾广泛地被用以制造鞋面革、服装革、手套革、绒面革和家具革等。铝鞣革色泽纯白，延伸性较好，手感柔软，肉面起绒有丝绒感，但不耐水洗，浸水后易退鞣而使革变得扁平、僵硬，收缩温度低，所以铬鞣法出现后，纯铝鞣法很快被取代。虽然铝的鞣性不如铬，但它分布广，价廉易得，相对毒性小，且铝鞣革具有成革纯白，柔软，粒面细致而紧实，耐磨性能好的特点，因此，国内外制革工作者进行了很多改善铝鞣以及用铝和其他无机或有机鞣剂进行结合鞣的研究，其中又以铬-铝结合鞣的研究为主，并证实铝盐是部分替代铬鞣剂的好材料[159]。

Gustavson 早在 1923 年就提出将铝盐加入铬鞣液中鞣革，可以促进裸皮对铬盐的吸收，并提高成革质量，但此建议一直未得到重视。20 世纪 50 年代，苏联学者对铝-铬同浴鞣进行了研究，他们认为在铬鞣液中加入一定量的铝盐，一方面可以增加生皮的铬盐结合量，另一方面还可以增加不可逆结合的铝盐量，这可能是由于生成了铬-铝多核配合物的原因。目前的研究表明，铬与铝结合使用的效果受铬铝比例、使用顺序、蒙囿剂种类及用量等因素的影响。这方面 A. D. Covington 做了较多的研究工作[160,161]。

Covington 提出的使用少量铝盐促进铬吸收的鞣制工艺如下。

（1）浸酸　液比 0.5，食盐 5%，硫酸调节 pH 为 2.7。

（2）鞣制　倒去一半酸液，加醋酸盐蒙囿（醋酸盐：$Al_2O_3 = 0.5$）的碱式硫酸铝 $x\%$（$x = 0$、0.25、0.5，以 Al_2O_3 计），转 1h；加碱度为 33% 的铬粉 $y\%$（$y = 2.5$、2.25、2.0，以 Cr_2O_3 计），转 4h；用碳酸氢钠在 3h 内提碱至 pH3.9，排液，搭马 24h，冷水漂洗。

实验结果如表 4-83 所示。可以看出，虽然少量铝可以促进铬吸收，坯革颜色比纯铬鞣革浅淡，但对节约铬盐用量和降低铬污染的效果不显著。

表 4-83　铝-铬结合鞣实验结果[160]

实验编号	1	2	3	4	5
浸酸液 pH	2.7	4.0	4.0	4.0	4.0
铝盐用量(以 Al_2O_3 计)/%	0	0	0.25	0.25	0.5
铬盐用量(以 Cr_2O_3 计)/%	2.5	2.5	2.25	2.0	2.0
蓝革收缩温度/℃	103	106	109	108	109
蓝革铬含量(Cr_2O_3)/%	4.9	5.4	5.3	4.8	4.8
铬吸收率/%	67	74	89	89	94
坯革收缩温度/℃	109	113	113	112	110
撕裂强度/$N \cdot mm^{-1}$	5.4	6.8	5.0	4.9	5.9
抗张强度/$N \cdot mm^{-2}$	10.4	14.1	12.2	11.4	15.2

A. D. Covington 还报道了铝盐预鞣-少铬复鞣的方法。铝盐和铬盐的比例对收缩温度的影响如表 4-84 所示。随着铬盐用量的增加，坯革收缩温度上升。如果将铝盐分成两部分使用，即先用部分硫酸铝鞣制，铬鞣后再用硅铝酸钠提碱，则坯革的收缩温度要比所有铝盐都用于预鞣时高，见表 4-85。

表 4-84　铬复鞣用量对坯革收缩温度的影响[161]

铝盐用量(以 Al_2O_3 计)/%	3.0	1.55～2.75	1.5～2.75	1.25
铬盐用量(以 Cr_2O_3 计)/%	0	0.25	0.5	0.75
蓝革收缩温度/℃	85±1	92±2	97±1	102

表 4-85　铝-铬-硅铝酸钠鞣法对坯革收缩温度的影响[161]

硫酸铝用量 (以 Al_2O_3 计)/%	铬盐用量 (以 Cr_2O_3 计)/%	硅铝酸钠用量 (以 Al_2O_3 计)/%	只用矿物鞣剂鞣制 收缩温度/℃	2%戊二醛复鞣 收缩温度/℃
2.0	0	0	—	77
1.5	0	0.5	—	88
1.75	0.25	0	86	86
1.30	0.25	0.45	94	95
1.50	0.50	0	92	94
1.20	0.50	0.3	96	100
1.25	0.75	0	—	95
0.90	0.75	0.35	—	103

在这种少铬多铝的鞣法中，蒙囿剂的种类对坯革收缩温度影响很小，但与成革的手感直接相关。醋酸盐作蒙囿剂时，成革略显扁薄、空松；而使用甲酸盐、戊二酸盐、葡萄糖酸盐则效果较好。缓慢提碱至较高 pH 可以提高成革的收缩温度，氧化镁是最有效的提碱剂，随其用量增加，废液中的铬含量大幅降低，如表 4-86 所示。

表 4-86　提碱 pH 对铝-铬-硅铝酸钠法鞣制绵羊皮的影响[161]

Al_2O_3 用量/%	Cr_2O_3 用量/%	MgO 用量/%	提碱后 pH	提碱后 T_s/℃	废液 Cr(Ⅲ)含量/$mg \cdot L^{-1}$	陈放水洗后 T_s/℃	中和 pH	复鞣后 T_s/℃
1.25	0.75	0.75	4.3	106	236	>110	5.5	>110
		1.00	4.6	110	127	>110	5.9	>110
		1.25	5.4	106	30	107	6.4	110
		1.50	5.5	106	22	109	6.5	>110
1.50	0.50	0.75	4.7	102	69	103	6.1	105
		1.00	4.9	103	42	103	6.3	106
		1.25	5.7	99	9	98	6.6	100
		1.50	6.1	101	6	101	6.9	101

印度中央皮革研究所 Sreeram 等使用了一种商品化的含铝合成鞣剂 Alutan，辅助常规铬盐进行鞣革，并考察了 Alutan 的加入方式和加入量对铬的吸收和坯革各项性能指标的影响。实验发现，Alutan 与铬盐同时加入时，铬的吸收可以达到最佳效果。用 1.5% Alutan 和 5% 铬盐鞣制，铬的吸收率得到大幅提高，在收缩温度和物理机械性能方面与常规鞣制（8% 铬盐）的蓝革无显著差异（见表 4-87），且在粒面平细度、丰满性、色泽和整体观感等方面都优于常规铬鞣革[162]。

表 4-87　铝-铬鞣坯革与常规铬鞣革的比较[162]

指标	铝-铬鞣坯革	常规铬鞣革	指标	铝-铬鞣坯革	常规铬鞣革
铬吸收率/%	94	74	撕裂强度/$N \cdot mm^{-1}$	76 ± 6	73 ± 8
收缩温度/℃	>120	>120	粒面崩裂负荷/N	333 ± 20	284 ± 10
抗张强度/$N \cdot mm^{-2}$	23.0 ± 1.6	24.0 ± 1.2	粒面崩裂高度/mm	8.0 ± 0.6	7.7 ± 0.3
断裂伸长率/%	71 ± 4	63 ± 2			

通过采用铬-铝多核配合物鞣剂，也可以达到减少铬盐用量，增加铬吸收，降低环境污染和生产成本的目的。基本方法是以铝部分替代铬，将铬盐和铝酸通过"羟桥配聚"形成铬-铝多核配合物鞣剂。利用该鞣剂所制成的革既有铬鞣革的风格，又具备铝鞣革的特点。其中一种铬-铝鞣剂的制备方法如下[163]：将 78.5kg 重铬酸钠、175kg 硫酸铝、500kg 去离子水投入反应釜中，开动搅拌，升温至 60～65℃，待物料完全溶解后，在不断搅拌下缓慢地滴加甲酸（12kg）、亚硫酸氢钠（84.5kg）溶液和甲酸钠（18.5kg）溶液，20～25min 滴加完毕，加完之后反应 1～1.5h。将反应物降温至 5℃左右，使硫酸钠完全析出，过滤分离后得到蓝绿色黏稠液体。产物固含量 ≥50%，其中 $Cr_2O_3 \geqslant 8\%$，$Al_2O_3 \geqslant 4\%$，pH2.5～3.0。

上述产品用于猪服装革鞣制和复鞣的参考工艺如下。

(1) 浸酸　水 60%，常温，食盐 6%～7%，转 5min；甲酸（85%，1:5 稀释）0.6%，转 10min；硫酸（66°Bé，1:10 稀释）0.9%～1.1%，转 2～3h，终点 pH2.5～3.0。

(2) 鞣制

工艺 1　多核铬-铝鞣剂 6.0%，转 4h；补加热水，使内温达 40℃，液比 2，转 1h；白云石粉 0.7%～0.9%，分三次加入，间隔 20min，转 4h，pH3.6～3.8；停鼓过夜，次日晨转 30min，出鼓搭马。

工艺 2　多核铬-铝鞣剂 5.0%～5.5%，含稀土助鞣剂 CKR 0.4%，转 4h；补加热水，使内温达 40℃，液比 2，转 1h；白云石粉 0.7%～0.9%，分三次加入，间隔 20min，转 4h，pH3.6～3.8；其他同工艺 1。

(3) 复鞣　水 40%，温度 42℃，聚合物鞣剂 PR-1 25%，转 40min；多核铬-铝鞣剂 3.5%，转 40～60min；戊二醛 2.5%，转 40min；停鼓过夜，次晨转 10min 出鼓，水洗、中和、染色。

用这种多核铬-铝络合物鞣剂作主鞣剂鞣制较疏松的牦牛皮和绵羊皮比较理想，用作复鞣效果也很好。

把生产铬盐的下脚料铝泥用于生产适合鞣制各种革的铬-铝鞣剂，既可以消除铝泥污染，又充分利用了资源，降低了生产成本，一举两得。生产工艺为：将铝泥（其中 Cr_2O_3 含量 12.48%，Al_2O_3 含量 9.67%）414kg、红矾钠 60kg 置于耐酸容器中，加 550kg 水，开动搅拌。缓慢加入 300kg 硫酸，温度自然上升，加完后搅拌 30min，使物料全部溶解。

再将 60kg 葡萄糖溶于 100kg 水中，以细流状加入酸化后的物料中，以保持反应温度 95℃ 为宜，加完后保温 30min。在 85℃ 下加入 60kg 甲酸钠，并保温 1h。静置降温，至产物中硫酸钠结晶析出，然后过滤，所得硫酸钠为副产品，可重结晶制得符合国家标准的芒硝产品，重结晶的母液可循环使用。将除去芒硝后的滤液喷雾干燥，制得粉状铬-铝鞣剂，也可直接将滤液作为液体鞣剂用于制革。粉状铬-铝鞣剂的各项技术指标为：绿色粉状物，有效成分含量 ≥95%，总氧化物（质量分数）≥24%，Cr_2O_3（质量分数）≥16%，Al_2O_3（质量分数）≥8%，pH（1：10 水溶液）=2.5~2.7，碱度 33%。用此铬-铝鞣剂生产的革粒面平整细致，绒面革绒毛细致均匀[164]。

陈雪梅等用生产铬酸酐的两种含铬废料（铝泥和硫酸氢钠）为原料，以含糖分的植物鞣剂为还原剂，制备了一种铬-铝-植物复合鞣剂（含 Cr_2O_3 18%，Al_2O_3 6%）[165]。参考应用工艺如下（以灰裸猪皮重作为用量依据）。

(1) 浸酸　液比 0.8~1.0，常温，食盐 5%~8%，转 5min；硫酸（66°Bé）0.9%~1.0%，转 3h；甲酸 0.5%，转 2h，停鼓过夜，要求 pH2.8~3.2。

(2) 鞣制　倒去部分浸酸液，液比 0.5~0.8，阳离子油 1.0%~1.5%，转 30min；铬-铝-植物复合鞣剂 6%，转 4h；加热水扩大液比至 2，内温 35~42℃；碳酸氢钠溶液分次提碱至 pH3.8~4.0，继续转 4h；停鼓过夜，次晨转 30min，出鼓、搭马静置，按常规方法进行复鞣、中和、加脂染色等工序。

从表 4-88 可以看出，在相同鞣剂用量下，采用铬-铝-植物复合鞣剂制得的猪正面服装革，其抗张强度、撕裂强度和崩裂强度均略高于常规铬鞣法，革的弹性也比常规铬鞣法好，而且废液中的 Cr_2O_3 含量降低至 $0.139g \cdot L^{-1}$，铬吸收率达到 97.6%。因此采用这项生产技术，不仅可以解决铬盐行业长期以来的废料污染问题，还可以变废为宝，用于清洁化鞣剂的生产，降低制革生产过程中的污染，具有良好的应用前景。

表 4-88　成革物理性能对比[165]

鞣剂	用量/%	抗张强度/N·mm⁻²	撕裂强度/N·mm⁻¹	伸长率/%	崩裂强度/N·mm⁻¹	感观
铬-铝-植物复合鞣剂	6	11.2	26.5	52	10.2	细,软,弹性好
常规铬鞣剂	6	9.3	22.6	60	8.9	细,软,弹性好

总体而言，铬-铝鞣法在成本上较纯铬鞣低，不仅减少了铬的用量，还增加了铬的吸收，这对于节约用铬、减少排放是有益的，并且鞣前、鞣后工艺变化不大，成革物理性能和感观等指标与纯铬鞣相近，是一项有发展潜力的清洁技术。

4.5.3.2　铬-稀土结合鞣法

我国具有丰富的稀土资源，总储量居世界之首，因此 20 世纪 80 年代我国曾鼓励开发稀土在制革中的应用技术，张铭让等在此方面进行了较多研究并在实际生产中得以应用[166~168]。随着稀土逐渐成为战略性资源，稀土用于制革工业的可能性越来越小。但是，张铭让等在该项研究工作中揭示的科学现象——鞣性很弱的金属离子仍然可能与铬配伍体现出结合鞣优势，对我们开发新的铬-非铬金属结合鞣法具有重要的启发意义。因此，我们仍然对这一内容作了介绍。

稀土盐具备一定鞣性，但单独鞣革效果远不及 d 区元素 Cr^{3+}、Zr^{4+}、Ti^{4+} 等。这一方面是因为稀土盐离子半径大，离子势小，极化能力较弱，与配体之间以静电作用为主，结合能力较弱；另一方面是由于稀土盐溶液水解配聚能力较弱，溶液中大部分为无鞣性的水合配位离子 $[Re(H_2O)_n]^{3+}$。纯稀土鞣制的革收缩温度一般只有 63℃ 左右，且不耐水洗。但用少量稀土盐助铬进行主鞣，则能够显著增强鞣制效果，不仅可以提高成革质量和档次，增加得革率 3％以上，而且可节约铬盐 40％～50％，废鞣液中 Cr_2O_3 含量降低至 $0.5g \cdot L^{-1}$ 左右。稀土对铬鞣的促进作用，包括增加铬吸收、减少铬用量等，主要是因为稀土在鞣制初期 pH 较低时能够促进阴、中性铬配合物增多，利于铬在皮中均匀渗透；鞣制后期，提碱升高 pH 时，稀土又能促进阴、中性及低价正电荷组分转化为高价组分，利于铬与胶原的结合。

稀土助铬鞣工艺举例[167]如下。

工艺实例 1（猪皮服装革）

（1）浸酸 液比 0.5～0.8，常温，食盐 6％，甲酸（85％，1∶10 稀释）0.5％～0.7％，转 10min；硫酸（66°Bé，1∶10 稀释）0.9％～1.0％，转 2.5～3h；停鼓过夜，终点 pH2.5～3.0；倒去部分浸酸液，使液比为 0.5。

（2）鞣制 自碱化铬鞣剂 KRC 5.0％～6.0％，含稀土助鞣剂 CKR 0.4％～0.5％（20 倍水溶解，分两次从鼓轴加入，间隔 20min），转 4h；从鼓轴加 60～65℃热水，使内温至 35～42℃，液比 1.5，转 4～6h，停鼓过夜；次日晨转 30min，pH＝3.8～4.2，收缩温度 95℃以上。

工艺实例 2（绵羊、山羊皮服装革）

（1）浸酸 条件同工艺 1。

（2）鞣制 在浸酸液中进行；KRC 4.5％～5.5％，CKR（1∶20 稀释，分 2 次加入）0.3％～0.4％，转 2.5～3h；白云石粉末 0.45％，分两次加入，间隔 30min，共 1h；补加热水，转 5h，停鼓过夜，次日晨转 30min，出鼓，搭马静置。

工艺实例 3（牛皮软面革）

（1）浸酸 液比 0.4，常温，食盐 6％，甲酸（85％，1∶10 稀释）1％，转 10min；硫酸（66°Bé，1∶10 稀释）1.0％～1.15％，补水 20％，转 2.5～3h；停鼓过夜，终点 pH2.5～3.0，溴甲酚绿检查，两面 2/3～3/4 黄色。

（2）鞣制（在浸酸液中进行） KRC 6％～8％，CKR（1∶20，分 2 次加入）0.4％～0.6％，转 7～8h；白云石粉末 0.45％，分两次加入，间隔 30min，共 1h；补加热水，转 5h，停鼓过夜，次日晨转 30min，出鼓，搭马静置。（如果铬鞣剂不是自碱化型，需在转动 4h 后加白云石或小苏打提碱）

稀土助铬主鞣的革有粒面细致平整、毛孔清晰、柔软丰满、弹性好、部位差小、松面率低、颜色浅淡、色泽均匀一致、染色性好、得革率高等优点，可采用有机鞣剂、无机鞣剂或无机、有机相结合复鞣，特别是使用多金属鞣剂复鞣，效果更加显著，一般用量 4％～5％。

应用稀土助铬鞣的目标之一，就是在提高产品质量的前提下，节约铬盐，减少污染，提高经济效益和环境效益。如果铬的用量和污染没有得到减少，即使产品质量有所提高，也不能认为是最佳的。实验证明，稀土助铬鞣时，Cr_2O_3 的用量在 1.75％以上时，皮革表现出纯铬鞣革的性质，粒面较粗糙，部位差较大，没有体现出稀土助鞣革的粒面平整细致、绒毛均匀、色泽饱满、部位差较小等特点。更重要的是，溶液中 Cr_2O_3 含量仍然较高，为 $3g \cdot L^{-1}$ 左右。因此，应用稀土后 Cr_2O_3 的用量最好不超过灰皮重的 1.5％。但是铬盐的用量也不能太少，否则，不足以在胶原纤维间产生足够的交联，表现为革的收缩温度达不到要求，而且成革的丰满柔软性也不好。因此，稀土助铬主鞣时，Cr_2O_3 用量最好不低于 1.0％。助铬主鞣的稀土用量不能过大，因为稀土鞣性差，其配合物离子键性质比较显著，与配位体之间的相互作用主要是静电吸引，与胶原活性基结合不牢。但稀土配合物与胶原的反应速度较快，如稀土用量过大，它能迅速与胶原活性基结合，减少铬的结合量。例如，当铬与稀土用量相等时，就有大量稀土聚集在革纤维表面呈物理吸附。这部分稀土不耐水洗，在水洗操作时易被洗脱。当稀土用量大于铬盐用量，由于大量稀土先与胶原活性基结合，使革的收缩温度下降甚至达不到要求。稀土用量愈多，革的收缩温度降低愈多，成革也愈扁薄。但用量又不能太少，否则起不到助鞣的作用。以山羊服装革为例，采用碱式硫酸铬与工业氯化稀土同浴鞣制，结果如表 4-89 所示。可以看出，编号为 2～7 的方案均可以满足收缩温度高于 90℃，随着稀土用量的增加，从 4 号起，革坯已有明显稀土鞣的特性，革坯色调发白，粒面平细，身骨扁薄，加脂染色后基本失去丰满弹性。随着稀土盐比例增加，收缩温度明显下降，成革特点向稀土鞣革特征方向发展，这点和铬-铝鞣结果类似。因此铬-稀土鞣中的稀土比例不能太高，主要起到辅助作用，增进铬吸收，改善成革表面特征。实际生产中一般稀土用量为 0.4%～0.6% 左右[168,169]。

表 4-89 铬-稀土不同配比时的鞣制效应（山羊皮）[169]

编号	1	2	3	4	5	6	7
Cr_2O_3 用量/%	2.4	2.0	1.6	1.4	1.2	1.0	0.8
稀土用量/%	0.0	0.4	0.8	1.0	1.2	1.4	1.6
提碱前 T_s/℃	76.5	71.0	69.5	64.5	59.0	61.0	56.5
提碱终 pH	4.0	4.3	4.8	5.0	4.4	4.4	4.8
最终 T_s/℃	111	108	100	101	98	95.5	90

注：用量以碱皮重计，酸皮收缩温度为 54℃。

用稀土助铬进行主鞣，虽然效果明显，但也容易产生色花，影响成革质量。电子探针研究结果表明，色花的实质是混合稀土中的 La^{3+}、Ce^{3+}、Pr^{3+}、Nd^{3+} 等及 Ba^{2+} 与硫酸钠或硫酸钾形成的结晶复盐沉积在革上的缘故。由于鞣剂中有大量 Na_2SO_4 或 K_2SO_4，浸酸时又使用了不少硫酸和食盐，也形成大量硫酸钠。因此，大量的 Na_2SO_4 或 K_2SO_4 与 La^{3+}、Ce^{3+}、Pr^{3+}、Nd^{3+} 等离子（用 RE 表示，忽略电荷），形成 $NaRE(SO_4)_2$ 或 $KRE(SO_4)_2$ 结晶复盐，还有稀土盐中的 Ba^{2+} 也与 SO_4^{2-} 形成 $BaSO_4$ 的晶体沉淀，这些晶体盐沉积在革上而形成了色花。形成色花处干燥后发脆易裂，不柔软，铬吸收也不好。因此色花不消除，稀土不仅不能发挥应有的作用，反而会起不利的作用。常见的色花消除方法有两种，一是加大鞣制时的水量，当液比由 0.8 增大到 2.0～2.5 时，即可避免色花的产生，因为液比加大，鞣液中的碱金属硫酸盐浓度降低，避免了色花的产生。但加大液比鞣制时，鞣液中铬的浓度也相应降低，使裸皮对铬的吸收也会减少，造成成品革扁薄、板硬不丰满，且废液中铬的含量增高，在实际生产中是行不通的。较为有效的方法是鞣制时加入有机酸或有机酸盐，使其与稀土配位，即采用蒙囿的方法来消除色花，因为有机酸与稀土配位后，能有效防止稀土与碱金属硫酸盐形成结晶沉淀，从而消除了色花。实践证明苯二甲酸盐对稀土的蒙囿作用较好，经过数十万张革的试验，证明可避免色花，也可选择价更廉且易得的甲酸或醋酸，蒙囿效果也不错，可根据工厂实际选用[168]。

为了简化使用稀土鞣革的工艺操作，四川大学皮革系与什邡亭江化工厂共同研制开发了一种包含稀土和铬的复合鞣制材料，简称含稀土鞣剂，可直接用于制革的主、复鞣工序，具有与稀土助铬鞣制相同的优点。将此鞣剂用于主鞣的最佳工艺条件为：鞣剂用量为灰皮重的 5.0%～6.5%，鞣制初始 pH 2.5～3.0，提碱后 pH 4.0 左右，温度 38～42℃，时间 20h 左右（包括停鼓过夜）。该含稀土鞣剂先后在四川、贵州、河南等省的多家制革厂应用，均得到比较满意的结果[170,171]。

4.5.3.3 铬-其他金属结合鞣法

在制革工业的发展史上，铁盐是最早被尝试用于制革的金属盐之一，但单独使用时会出现成革颜色深、强度低、纤维发脆等缺点，故一直没有在工业上得到广泛应用。P. Thanikaivelan 等开发了一种新型铬-铁鞣剂，应用于鞋面革的生产，效果较好[172]。该鞣剂中 Cr_2O_3 含量为 14.2%，Fe_2O_3 含量为 12.8%，其中还加有柠檬酸、酒石酸、邻苯二甲酸、草酸等蒙囿剂，以保证合成的鞣剂在较高 pH 时具有较好的稳定性。以浸酸山羊皮为原料，鞣制初期无浴，鞣剂用量 1.5%（以金属氧化物计），提碱最终 pH 为 4.0，整个鞣制过程 4~5h。成革的收缩温度为 117℃，铬盐和铁盐的吸收率均在 90% 以上，废液中 Cr_2O_3 含量降低至 $0.3g \cdot L^{-1}$。成革的感观性能等方面与纯铬鞣革相差无几。铁鞣革放置一段时间，皮纤维强度会由于铁的催化氧化作用而大大降低，但对于这种铬-铁鞣剂所鞣制的皮革，即使陈放一年物理机械性能也只有少许下降，如抗张强度由 $27.9N \cdot mm^{-2}$ 下降至 $27.2N \cdot mm^{-2}$，断裂伸长率由 84% 下降至 82%，成革的颜色也没有加深和变黑的迹象。由于铁盐价廉易得，这种铬-铁配合物鞣剂具有很好的应用价值，有望部分取代铬。

R Karthikeyan 等将铁鞣和铬鞣结合起来，建立了一套标准化的铁-铬结合鞣工艺，其简要流程为：首先用硫酸铁 10% 和蒙囿剂酒石酸钠（铁与酒石酸钠的摩尔比为 1:0.15）对浸酸羊皮进行铁鞣，制得的坯革经削匀后再用 2% 碱式硫酸铬复鞣，最后按革品种的要求进行后工序处理。该标准化工艺能够生产出品质优良，尤其是手感柔软的山羊绒面革和绵羊全粒面服装革，同时铁和铬的吸收率都在 95% 以上，废液中铁和铬的含量均低于 $0.1g \cdot L^{-1}$[173]。

程凤侠等人采用两步还原法，先后用铬革屑和硫酸亚铁还原红矾钠，并在合成过程中加入蒙囿剂柠檬酸钠和酒石酸钠，制备了一种有机铬-铁鞣剂。用该鞣剂 1.5%（Cr:Fe=1.7:1，以总氧化物计）对浸酸猪皮进行鞣制，再用 5%~8% 的栲胶复鞣，探讨了铬-铁-植物结合鞣与染色一体化的可行性。实验结果表明，铬-铁-植物结合鞣革一般呈黑色、黑灰色或棕黑色，颜色均匀，干湿擦坚牢度良好，收缩温度和物理机械性能可以满足产品要求。用该方法生产黑色革可在实现少铬鞣的同时节约染料或省去染色工序，是一种清洁鞣制技术[174~177]。

锌是植物和动物正常生长所必需的营养元素之一，能够以硫酸锌或氧化锌的形式被吸收和利用，因此人们一直认为锌不会对环境造成危害，因而开展了将锌和其他鞣剂结合使用的研究，取得不少进展，如铬-锌结合鞣、植-锌结合鞣、铝-锌结合鞣等。然而，近年来锌逐渐成为限制排放的重金属，因而锌在制革工业中应用的可能性也越来越小。但之前的铬-锌结合鞣法的研究结果对开发铬-非铬金属结合鞣法具有启发意义，故此处仍然对这一内容作了介绍。

B. Madhan 等研制了一种铬-锌复合鞣剂，用于鞣制可提高铬吸收，减少废液中的铬含量[178]。制备方法如下：将重铬酸钠和硫酸锌按一定比例溶解在 400%（均以重铬酸钠质量计）的水中，混合均匀，缓慢加入 90% 的硫酸，搅拌 15min，再逐滴加入 30% 的糖蜜，反应至 Cr(Ⅵ) 还原完全，在糖蜜加入 3/4 时，加入相应的有机酸配体，金属-配体的比例为 1:0.1，反应温度控制在 90~95℃。随后以浸酸山羊皮为原料进行了应用实验，鞣制工艺条件为：加入铬-锌复合鞣剂（以金属氧化物 Cr_2O_3 和 ZnO 计）1.5%，转 20min；加水 20%，转 40min；再加水 80%，转 1h；碳酸氢钠提碱，用量 1.5%（10 倍水稀释），分 3 次加入，每次 15min，最后再转 2h，皮的切口 pH 为 3.8~4.0。实验发现，铬、锌摩尔比对鞣制效果和废液中铬含量有一定的影响，如表 4-90 和表 4-91 所示。

表 4-90　铬、锌摩尔比对成革物理机械性能的影响[178]

鞣剂	抗张强度/N·mm⁻²	断裂伸长率/%	撕裂强度/N·mm⁻¹	粒面崩裂强度	
				负荷/N	高度/mm
Cr∶Zn=5∶5	29.8 ± 2.4	54 ± 5	71 ± 5	490 ± 39	12.2 ± 0.5
Cr∶Zn=4∶6	29.6 ± 2.5	53 ± 5	68 ± 6	539 ± 39	12.5 ± 0.5
Cr∶Zn=3∶7	30.5 ± 2.0	59 ± 3	81 ± 7	549 ± 29	14.5 ± 0.4
铬鞣剂 8%	26.6 ± 1.5	60 ± 4	39 ± 3	343 ± 10	12.5 ± 0.3

表 4-91　铬、锌摩尔比对收缩温度和铬吸收率的影响[178]

鞣法	收缩温度/℃	废液金属离子含量/mg·L⁻¹		吸收率/%	
		Cr	Zn	Cr	Zn
Cr∶Zn=5∶5	108 ± 1	910 ± 19	2050 ± 60	79 ± 1	71 ± 1
Cr∶Zn=4∶6	102 ± 1	730 ± 15	3300 ± 40	83 ± 1	66 ± 1
Cr∶Zn=3∶7	100 ± 1	320 ± 14	3950 ± 65	90 ± 1	60 ± 1
铬鞣剂 8%	>112	4000 ± 40	—	68 ± 1	—

当 Cr 与 Zn 的摩尔比为 3∶7 时，不仅铬吸收率最高，废液中铬含量最低，而且成革物理机械性能优于其他比例，但锌的吸收率较低。

使用上述铬-锌结合鞣法虽然可以减少铬用量，降低废液中的铬含量，但成革略显空松，如果加入少量硅盐，则能赋予皮革良好的丰满柔软性，使粒面更平细，成革品质更佳[179]。N. N. Fathima 等对此也做过较系统的研究[180]，新型含硅复合鞣剂的生产过程与铬-锌复合鞣剂类似，只是在合成时加入一定比例的硅酸钠。铬、锌、硅不同比例对坯革性能的影响如表 4-92 所示。

表 4-92　铬、锌、硅摩尔比对坯革物理机械性能的影响（山羊皮）[180]

鞣剂	抗张强度/N·mm⁻²	断裂伸长率/%	撕裂强度/N·mm⁻¹	粒面崩裂强度	
				负荷/N	高度/mm
Cr∶Zn∶Si=30∶65∶05	38.2 ± 2.4	95 ± 5	105 ± 5	382 ± 39	10.9 ± 0.5
Cr∶Zn∶Si=30∶60∶10	36.2 ± 2.5	80 ± 5	100 ± 6	372 ± 39	11.3 ± 0.5
Cr∶Zn∶Si=30∶55∶15	35.9 ± 2.0	70 ± 3	86 ± 7	353 ± 29	10.0 ± 0.4
Cr∶Zn∶Si=30∶50∶20	34.7 ± 2.0	72 ± 5	83 ± 6	353 ± 20	9.9 ± 0.3
Cr∶Zn∶Si=25∶55∶20	34.9 ± 2.4	77 ± 3	108 ± 4	412 ± 10	11.2 ± 0.4
Cr∶Zn∶Si=20∶60∶20	35.0 ± 2.0	68 ± 2	96 ± 3	402 ± 29	11.8 ± 0.5
铬鞣剂 8%	26.6 ± 1.5	60 ± 4	39 ± 3	343 ± 10	13.3 ± 0.3

可以看出，使用含有铬、锌、硅的复合鞣剂鞣革，坯革的主要物理机械性能均明显高于常规铬鞣革（粒面崩裂高度除外），其中铬、锌、硅比例为 25∶55∶20 时，坯革机械性能最好，感观性能也优于其他比例鞣制的革，收缩温度达到 95℃以上，废液中的铬含量也明显降低。此外，使用该复合鞣剂制成的革是白色的，可用于生产浅色革，具有很好的应用前景。

总之，在目前铬鞣还不能完全被取代的阶段，少铬鞣法无疑是一项能够有效减少铬污染的清洁生产技术，具有很好的实际应用价值。

4.6　白湿皮技术

传统上，白湿皮（wet white）是指皮胶原发生可逆变性后形成的一种"皮"和"革"的"中间体"。因此传统的白湿皮具有两个特点：

① 具有一定的湿热稳定性，但经某些条件处理后（如浸酸、浸碱、酶软化）仍可恢

复至未鞣制状态，即所谓"可逆变性"；

② 白湿皮的胶原纤维经过一定的变性和分散，具有良好的脱水性。

近年来，随着白湿皮技术的不断发展，一些技术生产的白湿皮已经完全具备了皮革的属性，即已经发生了不可逆转变，这类白湿皮往往具有更好的后续加工性能。

白湿皮技术是指用不含铬的金属鞣剂（如铝、钛盐等）、有机鞣剂（如醛、多酚类及合成鞣剂）或含硅化合物等对裸皮进行预处理，使皮张能承受一定的机械操作，如片皮、削匀等。片削后的白湿皮可以根据不同革品种的需要，选择合适的工艺进行鞣制、复鞣等后工序处理。

近年来，随着全世界环境法规的日益严格，含铬废革屑的处理成了制革厂面临的问题，在发达国家如德国就规定含铬废革屑如无安全声明不能直接倒入垃圾堆，中国已经将其列为危险固废，而事实上传统制革生产中大约有原皮重 20％的含铬废革屑需要处理。此外，皮革市场还提出了对无铬鞣革的特殊要求。这些都刺激了白湿皮的快速发展。目前应用白湿皮制革的主要目的有三个：一是使削匀及修边皮屑不含铬，减少或消除含铬废弃物；二是削匀后铬鞣，可尽量减少铬用量，降低废液铬含量；三是为制革者提供无铬鞣制的选择。白湿皮技术改革了传统的皮革生产方法，并能适应各种皮革品种的后加工需要，是保护生态环境的有效手段，被认为是制革发展的方向之一。

一般而言，白湿皮技术应具备以下几方面的要求：①白湿皮的加工方法简易可行，获得的白湿皮质量稳定，在潮湿或干燥状态下能长期贮存，并容易回软，易于继续加工；②经过预处理的白湿皮，应有很好的挤压、剖层和削匀性能；③白湿皮应具备能适应生产各种皮革的性能，其质量应与其他方法制得的皮革无明显差别；④剩余的废料，如剖层或修边产生的皮边、碎块及削匀屑等，经处理后可以综合利用；⑤加工白湿皮的化工材料应该来源充足、价格低廉、质量稳定。常用的白湿皮预鞣材料有无机金属鞣剂（铝、钛等）、有机鞣剂（包括醛、多酚及合成鞣剂等）和硅类化合物等[181~185]。

4.6.1 铝盐预鞣白湿皮生产技术

白湿皮最初专指用蒙囿铝盐预鞣的革，后来还开发了其他金属鞣剂如钛、锆等，它们均可单独或共同用于预鞣。其中铝盐预鞣获得的白湿皮性能优良，具有很好的可逆性，而且铝预鞣环境污染小，因此在预处理中应用最为广泛。1983 年 Leather Science 报道了用硫酸铝鞣制白湿皮的工艺：浸酸过夜，pH2.8～3.0，加工业硫酸铝 15％、食盐 2％及柠檬酸盐 1％预鞣，提碱至 pH 4.0～4.2，堆放过夜，即可挤水、片皮、削匀；另一种方法是酸皮用 8％～10％硫酸铝鞣制，而后用杀菌剂处理，接着挤水、分类、片皮、削匀，再用戊二醛和油脂处理 5h 以上。这种铝盐鞣制的白湿皮，虽然暂时保存性和削匀性好，但同时也赋予皮"铝鞣"感，即成革扁薄、较板硬，而且铝鞣白湿皮中的铝易析出，常常给废液处理和后加工带来问题。其他的金属鞣法也有类似难以克服的局限性。为了改善铝鞣白湿皮使成革具有"铝鞣"感这一缺陷，对白湿皮生产工艺有如下的改进：浸酸 pH 3.0～3.5，先加入丙烯酸树脂，再加入蒙囿铝鞣剂，中和至 pH 4.1～4.5，挤水、片皮、削匀。其中丙烯酸树脂的加入，一方面起乳化、分散天然油脂的作用，使预鞣剂能够均匀渗透，另一方面它可同预鞣剂组分反应，使系统在较高 pH 时稳定，同时系统是可逆的，能够用弱碱液漂洗脱铝[182]。

20 世纪 90 年代初，吴坚士等人对猪皮的白湿皮生产技术进行了研究，形成与稀土-铬结合鞣相配套的工艺，可用于各种轻革的生产[186]。生皮先经过脱脂、脱毛膨胀（用酶法脱毛或碱法脱毛均可）、脱碱、软化、浸酸，然后进行铝预处理。由于猪皮脂肪含量高，脂类如不去除干净，胶原纤维分散不好，将影响鞣剂与加脂剂的均匀渗透和吸收，不利于革身的柔软与丰满。因此在投皮前要加强机械去肉，并在脱脂、浸灰、脱碱、软化等工序中加入不同的表面活性剂和酶制剂进行多次脱脂。浸酸应比纯铬鞣法要轻，最好用有机酸浸酸，渗透快而均匀，pH 控制在 3.8 左右，转动 1～2h，然后加铝盐预处理。工业硫酸铝中的亚铁盐含量较高，将影响白湿皮的色泽和手感，因此以用明矾为宜，用量为 5%～8%。另外加入适量的有机酸盐和助剂，可改变铝配合物的性质，提高稳定性。铝预处理时 pH 控制很关键，pH 低于 3.2，皮对铝盐的吸收较差，pH 高于 4.6，铝盐则会生成不具鞣性的氢氧化铝沉淀，所以 pH 控制在 4.0～4.2 较为合适。铝盐预鞣后的皮，收缩温度不高，一般不超过 80℃。如果将白湿皮剖层、削匀后直接用于铬鞣，则成革较板硬。为获得丰满柔软的皮革，白湿皮必须先进行退鞣，脱铝越干净则成革越柔软，脱铝程度可根据成革品种的性质来确定。退鞣结束后将废液排尽，以无浴或少浴方式进行铬鞣。鞣制时选用苯二甲酸钠作为蒙囿剂，铬盐与稀土的比例为 $Cr_2O_3 : Re_2O_3 = 1 : (0.1～0.3)$，铬鞣液、蒙囿剂、稀土液三者同时加入，可起到协同作用，提高铬与胶原纤维的有效交联，增加铬的吸收与结合。鞣制前先用耐电解质的加脂剂预处理，可防止稀土和高浓度的铬鞣剂由于与皮表面结合过快而产生"色花"，并利于鞣剂的均匀渗透和结合，达到革身柔软、粒面细致、色泽浅淡的目的。由于稀土和蒙囿剂的存在，提高了铬配合物的耐碱性能和稳定性，鞣制后期 pH 可控制在 4.5 左右，这样不仅不会使皮革产生表面过鞣，还能有效地促进鞣液中及渗入皮纤维内部的铬盐水解配聚，使其与胶原活性基团更充分地配位结合，提高铬的吸收率和结合牢度，显著地降低鞣制废液和鞣后各工序废液中的铬含量。采用这项白湿皮与铬-稀土结合鞣配套技术，虽然铬用量比常规铬鞣减少了 50% 以上，但由于铬的利用率显著提高，使成革中的 Cr_2O_3 含量仍达到 4% 左右，革的收缩温度 > 95℃，鞣制废液中铬的残留量一般为 0.2～0.5 $g \cdot L^{-1}$。

铝预鞣白湿皮工艺的关键是铝预鞣时既要有好的鞣制效果，又要利于皮的贮存及其后的片、削等机器操作；而且鞣后的皮又需要有好的退鞣脱铝效果，这样才能把皮进一步鞣制成性能优良的各种皮革，并避免铝鞣革扁薄、板硬的缺点。通常采用的硫酸铝很难解决好鞣制效果好和易退鞣脱铝这对矛盾，四川大学张廷有等人开发的一种白湿皮专用铝鞣剂可以有效地解决这个问题[187～189]，其用于山羊皮鞣制参考工艺如下。

(1) 预鞣　弱浸酸后的裸皮去酸，至 pH 3.5 左右；白湿皮专用铝鞣剂 0.7%（以 Al_2O_3 计），转 3h；小苏打提碱至 pH 4.2，补热水升温至 40℃，转 2h，收缩温度 75℃ 左右；出鼓、搭马、过夜、挤水、甩软、伸展、片皮和削匀。

(2) 铬鞣　6.0% KMC 常规铬鞣。

铬鞣蓝皮的收缩温度高于 95℃。值得说明的是，铬鞣时铬鞣剂的用量虽然仍是 6.0%，但该用量是以白湿皮削匀后的质量计算的。如果将削匀皮折合成灰裸皮质计，KMC 用量为 3.6%，即与传统铬鞣技术相比，采用白湿皮工艺，可以节约铬鞣剂 40%。

从表 4-93 可以知道，使用专用铝鞣剂所鞣制的山羊皮各层的 Al_2O_3 含量比用硫酸铝鞣制的山羊皮各层的 Al_2O_3 含量分布更均匀，说明专用铝鞣剂的渗透效果比硫酸铝更好。表 4-94 为用硫酸铝鞣剂和专用铝鞣剂鞣制的猪皮退鞣脱铝前后的剖层分析结果对比，可以看出，用专用铝鞣剂所鞣制的猪皮中，各层的 Al_2O_3 含量和退鞣率均高于用硫酸铝所鞣制的对比样，说明专用铝鞣剂渗透性好，各层 Al_2O_3 含量分布较均匀，体现了较好的鞣制效果，从而更有利于片皮和削匀。在适当的 pH 范围内，用专用铝鞣剂鞣制得到的白湿皮更易退鞣脱铝，这对充分发挥白湿皮的优点是很有利的。

表 4-93 硫酸铝和专用铝鞣剂鞣制山羊皮剖层分析结果[187]

剖层号	硫酸铝鞣制			专用铝鞣剂鞣制		
	Al_2O_3/%	皮质/%	Al_2O_3/皮质/%	Al_2O_3/%	皮质/%	Al_2O_3/皮质/%
1（粒面）	4.65	52.69	8.83	5.36	53.50	10.02
2	3.59	59.10	6.07	4.17	56.83	7.34
3	3.52	61.43	5.73	3.98	57.86	6.88
4（肉面）	4.55	54.26	8.39	4.07	56.26	7.23
平均值	4.08	56.15	7.27	4.89	56.70	7.74

注：剖层厚度 0.20mm。

表 4-94 硫酸铝和专用铝鞣剂鞣制猪皮剖层分析对比[187]

剖层号	硫酸铝鞣制 Al_2O_3 含量/%			专用铝鞣剂鞣制 Al_2O_3 含量/%		
	退鞣前	退鞣后	退鞣率/%	退鞣前	退鞣后	退鞣率/%
1（粒面）	2.40	0.89	62.92	2.65	0.85	67.92
2	1.35	0.75	44.44	1.75	0.81	53.71
3（肉面）	3.47	0.88	74.64	4.44	0.92	79.28
平均值	2.41	0.84	60.67	2.95	0.86	66.97

使用专用铝鞣剂白湿皮工艺与片蓝皮工艺相比可节约 50% 的铬盐，废液中铬含量大大降低，显著减少了铬污染，如表 4-95 所示。

表 4-95 白湿皮工艺和片蓝皮工艺的铬鞣情况对比[188]

对比指标	白湿皮工艺	片蓝皮工艺
KMC 用量/%（以灰裸皮重计）	3.6	6.0
铬鞣废液 Cr_2O_3 含量/g·L^{-1}	0.15	3.07
铬鞣后收缩温度/℃	>95	>95
节约铬盐/%	51.0	—
半成品各部位 Cr_2O_3 含量平均值	4.53	4.71

注：白湿皮专用铝鞣剂预处理。

铝预鞣白湿皮制革技术不仅可以减少铬盐用量，而且片皮、削匀产生的制革废弃物不含铬，有利于环境保护和废弃物的综合利用。另外，成革面积得率也较片蓝皮工艺更大，提高了经济效益，如表 4-96 所示。可以看出，排除皮张之间的个体差异以及复鞣填充方法和程度等影响因素后，铝预鞣白湿皮工艺生产的革的面积得率明显高于片蓝皮工艺的面积得率。针对猪皮正面服装革、沙发革而言，一般情况下，可实现 5%～8% 的增加。这可能与白湿皮工艺采用了弱浸酸、弱软化操作以及铝对胶原纤维的初步固定有关，而且铝鞣提高了粒面强度，所以铝预鞣白湿皮技术对皮有很好的护边作用，皮边强度好，也有利于提高面积得率。

表 4-96 不同鞣制和复鞣方法成革的面积得率[189]

工艺方案	原料皮面积/cm²·张$^{-1}$	革平均面积/cm²·张$^{-1}$	面积得率/%
大生产片蓝皮工艺	3900	3607.7	92.5
铝预鞣白湿皮工艺（与大生产片蓝皮工艺同浴复鞣、染色、加脂）	3900	3789.9	97.2
铝预鞣白湿皮工艺（与大生产二绒服装革同浴复鞣、染色、加脂）	3900	3983.5	102.2
铝预鞣白湿皮工艺（醛酸鞣剂 AA、丙烯酸复鞣剂 ART-Ⅱ、多金属鞣剂 KRI 复鞣）	3900	4154.7	109.8
铝预鞣白湿皮工艺（醛酸鞣剂 AA、丙烯酸复鞣剂 ART-Ⅱ、铬粉复鞣）	3900	4215.7	111.5

铝预鞣白湿皮技术除了明显地少用铬盐外，还可赋予坯革粒面细致、紧实、色浅、易染色、易起绒等优点。但同时也容易导致坯革扁薄、弹性较差。因此要有针对性地发扬其优点，改善缺点，使该技术具有较好的实际应用价值。以猪正面服装革为例，要求革丰满、柔软、弹性好、粒面细致均匀。粒面细致、均匀是铝预鞣白湿皮工艺的固有特点，大量的试验也表明，该技术生产的服装革非常柔软，但丰满和弹性比较差，这可以通过强化复鞣来改善成革质量。

从各种复鞣方案所得的猪正面服装革的感观指标看，都体现了铝白湿皮工艺成革的共性，即粒面细致，粒纹均匀，猪皮的毛孔特点基本被掩盖，因此该方案是用低档皮作家具革、沙发革的极佳选择。但如果在复鞣中增加填充，容易使皮变硬，质量降低，这可能是铝鞣革粒面紧实的固有特点所致，因此实际生产中不需填充。通过复鞣，革的丰满、弹性得到明显改善，达到市售服装革的要求。铝白湿皮技术生产的反绒服装革较片蓝皮工艺生产的反绒服装革有绒头更好、染色更均匀的优点。

在国家"七五"科技攻关项目"面粗质次猪皮制革新技术"的研究中，为了解决中国猪皮存在的粒面粗、伤残重、油脂含量高、部位差别大这四大制革难题[190]，王全杰等研发了一套以剖白湿皮和大面积补伤残为代表的制革新工艺。主要流程为：浸水脱脂→浸灰脱毛→预鞣→白湿皮→挤水→片皮、削匀→脱灰软化→浸酸→鞣制→复鞣。其特点是在预鞣生产白湿皮工艺中采用了铝-醛-树脂结合鞣法。该工艺增加的工序为预鞣，片削工序提前，白湿皮臀部厚度由 3mm 降到 0.6mm 以下，皮化材料直接作用于原皮的中心层，有效地避免了"外焦里生"的现象，有利于保护粒面和松散内层（见图 4-27）[191]。然后再经复灰、脱灰、软化、浸酸使臀部纤维得到充分的分散，变得更加柔软，使成革的臀部与腹部软硬趋于一致[192]。白湿皮鞣制工艺条件为：

经脱灰后的裸皮，采用树脂鞣剂 0.3%，吸收后加食盐 8%，硫酸 1%，充分转动渗透后，加甲醛 0.3%～0.4%，硫酸铝 2%～3%，按照常规方法提碱、转动、出鼓、陈化 24h。

获得的白湿皮具有很好的挤水、剖层、削匀性能。该工艺技术的实施，使猪皮制革中高档品比例由 20% 提高到 70%，铬盐用量减少 30%，废水铬污染降低 50%，使长期困扰我国猪皮制革的"面粗质次"问题得到较好地解决，经济效益大幅度提高，猪皮制革在不要国家财政补贴的情况下也能取得盈利[193]。该技术在全国皮革行业大面积推广，使应用厂家获得了可观效益，因此被授予国家科技进步一等奖。

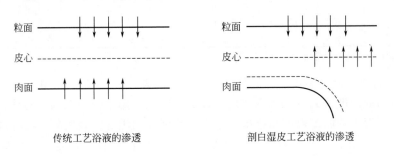

图 4-27　传统工艺和剖白湿皮工艺浴液的渗透示意[191]

4.6.2 锆-铝配合物预鞣白湿皮生产技术

铝盐鞣革具有粒面平细、延展性好、革身质轻等优点，虽然在酸、碱作用下会出现退鞣现象，但仍存在一定的"记忆作用"，使得最终的成革具有铝鞣革的特点，即具有扁薄、板硬的缺点；锆盐鞣革具有收缩温度高、阳电性强、颜色纯白等优点，但锆鞣革具有厚重硬挺、革身僵硬，延展性低等缺点。何先祺等人研究发现，将铝盐和锆盐配合使用，可形成异核金属配合物鞣剂，改变金属离子的电荷性质和分子尺寸，增加配合物鞣剂的反应位点，从而克服单一非铬金属鞣剂鞣制性能的某些缺陷。此外，加入醋酸钠和柠檬酸钠等小分子有机配体可改变鞣液的状态，从而进一步提升锆-铝配合物鞣剂的鞣制性能[194]。但实践证明，小分子有机配体对于锆-铝鞣剂鞣制性能的改善程度有限，配合物鞣剂仍具有较高的反应活性和较弱的结合稳定性，因此总体鞣制性能无法满足工业生产要求，仍亟待开发更为合适的配体。针对该问题，四川大学皮革工程系通过调控天然多糖的催化氧化条件，开发了一种配位基团（羟基和羧基）含量和分子尺寸均较为适中的氧化多糖配体[195]，同锆-铝盐配位后不仅能提高锆-铝鞣剂在皮中的分布均匀度，还能增强配合物鞣剂与皮胶原纤维的结合能力，解决了传统锆-铝鞣剂在皮中分布不均匀、鞣制效果差的问题。氧化多糖与锆-铝盐形成的锆-铝配合物用于牛皮鞣制参考工艺如下。

浸酸牛皮（增重至 200% 作为计量标准）

控掉一半酸液，加锆-铝配合物鞣剂（以氧化物计）1.5%～3.0%，转 240min；

加氧化镁 0.9%，分 3 次加入，每次间隔 30min，pH 3.0 左右；

加碳酸氢钠 2.5%，10 倍水溶解，分五次加入，每次间隔 15min，最终 pH 3.8～4.0。

水 200%，40℃，转 120min；

停鼓过夜，次日晨转 30min，pH 4.0～4.2。

出鼓，搭马，静置。

由表 4-97 可知，当锆-铝配合物鞣剂用量为 3.0% 时，鞣剂在皮中各层的分布较为均匀，说明锆-铝配合物鞣剂在皮中的渗透效果优良，因此鞣制白湿皮的收缩温度可达 90℃以上。此外，对该白湿皮进行水洗试验的结果显示，水洗 12h 后白湿皮的收缩温度基本未发生变化，且金属鞣剂也未被洗出或在皮中发生迁移，说明锆-铝配合物鞣剂与皮胶原结合较为稳定。上述结果表明氧化多糖同锆-铝盐配位后，不仅克服了其反应活性过强，渗透性差的缺陷，同时也增强了配合物鞣剂与皮胶原的结合稳定性。

表 4-97 水洗时间对白湿皮金属氧化物分布及收缩温度的影响

水洗时间/h	粒面层/%	中间层/%	肉面层/%	平均/%	收缩温度/℃
0	6.7 ± 0.3	6.6 ± 0.3	6.4 ± 0.2	6.6 ± 0.3	91 ± 0
4	6.7 ± 0.1	6.4 ± 0.2	6.5 ± 0.4	6.5 ± 0.2	90 ± 1
12	6.5 ± 0.2	6.6 ± 0.3	6.4 ± 0.3	6.6 ± 0.3	91 ± 1

注：锆-铝配合物鞣剂用量为 3%，以氧化物计。

锆-铝配合物鞣制白湿皮的存储稳定性很好。由表 4-98 可知，白湿皮在存放过程中始终保持了较高的白度，无黄变和霉变现象，这对于染色操作较为有利。另外，随着存储时间的延长，白湿皮的收缩温度始终保持不变，片削性能优良，表明鞣革在存放过程中没有褪鞣现象，锆-铝配合物鞣剂对皮胶原纤维的交联固定作用较为稳定。将白湿皮进行常规漂洗、中和并加脂，制得加脂坯革，其物理性质如表 4-98 和表 4-99 所示。由表可知，存放 1 年后，加脂坯革的物理性质并未发生明显变化，始终保持了较高的柔软度和机械强度参数，说明白湿皮的感官和机械性质均未受到存储时间的影响。锆-铝配合物鞣制白湿皮优异的存储稳定性能够满足制革厂存放或交易的需要。目前，该锆-铝配合物鞣剂已由德美亭江精细化工有限公司生产。

表 4-98　存储时间对白湿皮物理性质的影响

存储时间/月	颜色参数				收缩温度/℃	感官和片削性能
	L	a	b	ΔE		
0	79.6 ± 1.2	3.8 ± 0.6	11.0 ± 1.3	16.5 ± 1.3	81.3 ± 1.7	色白、未长霉，易片削
1	78.5 ± 0.9	4.2 ± 0.4	11.2 ± 0.6	17.7 ± 0.8	80.6 ± 0.9	色白、未长霉，易片削
3	78.5 ± 1.9	2.6 ± 0.8	11.5 ± 1.0	17.5 ± 2.1	81.3 ± 1.4	色白、未长霉，易片削
6	78.8 ± 1.4	4.1 ± 0.6	11.7 ± 0.8	17.7 ± 1.2	80.9 ± 1.1	色白、未长霉，易片削
9	78.4 ± 0.9	3.8 ± 0.6	11.4 ± 0.9	17.7 ± 0.9	81.2 ± 1.3	色白、未长霉，易片削
12	78.3 ± 1.3	4.0 ± 0.5	11.6 ± 1.1	17.7 ± 1.1	80.4 ± 0.8	色白、未长霉，易片削

注：锆-铝配合物鞣剂用量为 1.5%，以氧化物计；ΔE 为白湿皮的颜色相较于标准白（$L=93.8$，$a=-0.5$，$b=3.6$）的色差，其值越小，表示颜色越白。

表 4-99　存储时间对加脂坯革物理性质的影响

存储时间/月	柔软度/mm	抗张强度/N·mm^{-2}	撕裂强度/N·mm^{-1}	崩裂强度/N·mm^{-2}
0	8.4 ± 0.2	12.1 ± 1.5	65.7 ± 1.7	333.5 ± 30.7
1	8.5 ± 0.4	12.2 ± 0.9	69.2 ± 1.3	295.6 ± 8.9
3	8.1 ± 0.1	11.8 ± 1.2	66.6 ± 5.6	318.7 ± 22.6
6	8.3 ± 0.4	12.1 ± 0.9	63.6 ± 6.6	375.0 ± 18.2
9	8.4 ± 0.2	12.2 ± 0.7	62.8 ± 5.4	336.5 ± 11.3
12	8.1 ± 0.3	11.9 ± 0.8	68.2 ± 4.2	346.4 ± 25.4

注：锆-铝配合物鞣剂用量为 1.5%，以氧化物计。

由上述结果可知，锆-铝配合物鞣制的白湿皮已经完全具备了皮革的属性，即已经发生了不可逆转变。因此该白湿皮经适当的染整工艺加工后可制备无铬鞣坯革，亦可在锆-铝预鞣白湿皮的基础上进行少铬复鞣，制备少铬鞣坯革，其少铬复鞣的参考工艺如下。

锆-铝配合物预鞣白湿皮，挤水，削匀，称重作为计量基准。

(1) 漂洗　水 400%，35℃，脱脂剂 FG-B 0.5%，甲酸 0.3%，pH 3.8 左右，转 40min，控水；

水 400%，35℃，水洗两次，每次 10min，控水。

(2) 铬复鞣　水 200%，35℃，铬粉 2%，转 90min；

碳酸氢钠 0.3%~0.6%，分 3 次加入，每次间隔 15min，最终 pH3.8~4.0；

静置过夜，次日转 30min，出鼓搭马或直接进行后续复鞣工艺操作。

需要说明的是，铬复鞣时铬粉的用量为 2.0%，但该用量是以白湿皮削匀后的重量计算的。如果将削匀皮折合成灰裸皮重计，铬粉用量仅为 0.75%，即与传统铬鞣技术相比，采用白湿皮少铬复鞣工艺，可以节约铬鞣剂接近 90%。由表 4-100 可知，使用白湿皮少铬复鞣工艺与传统铬鞣工艺相比，废液中铬含量大大降低，显著减少了铬污染。这可能与锆-铝配合物鞣剂对胶原纤维的初步固定和铬粉用量较少有关。此外，复鞣革收缩温度可达 90℃以上，并且各项感官性能与传统铬鞣革相当。

表 4-100 白湿皮少铬复鞣工艺和传统铬鞣工艺对比

对比指标		白湿皮-铬复鞣工艺	传统铬鞣工艺
铬粉用量/%（以灰裸皮重计）		0.75	7.00
节约铬盐/%		89.3	—
铬鞣废液 Cr 浓度/mg·L^{-1}		89.4	2738.6
铬鞣后收缩温度/℃		>90	>95
坯革感观性能	柔软度	5	4.5
	丰满性	4	4.5
	粒面平细度	4.5	4.5
	粒面紧实度	5	4.5

注：白湿皮由 1.5%（以氧化物计）锆-铝配合物鞣剂鞣制。感官性能由 3 位有经验的制革工艺师评分得出，满分为 5 分。

4.6.3 有机鞣剂预鞣白湿皮生产技术

醛类化合物一直作为预鞣剂和鞣剂使用。甲醛具有基因诱变作用，能导致畸胎及其他疾病，故在工业生产上的使用受到严格限制。戊二醛用作预鞣剂时如不作特殊处理，也存在安全问题。当戊二醛用量少时，分散不均匀，主要是在皮面结合，皮心收缩温度很低，因而削匀性能不好；若增大用量解决这一问题，又会由于戊二醛在低 pH 条件下反应活性仍很高，且与皮的结合不可逆，造成在白湿皮预鞣阶段就过早决定了皮革的风格，而且戊二醛浓度高时，对眼睛和鼻子都有刺激作用，不利于安全操作。由美国 Schill & Seilacher 公司开发并取得专利的 Derugan 预鞣系统可避免常规戊二醛预鞣存在的问题。它包括两个产品：Derugan 2000 和 Derugan 2020。其中 Derugan 2000 是一种改性的戊二醛，具有一定的自缓冲效果，可降低胶原与醛基的亲和力，并能持续 2～3h，使其能在 4mm 厚的裸皮中均匀渗透，最后缓冲作用消失，Derugan 2000 随 pH 逐渐升高而被固定。Derugan 2020 则是一种与皮作用更缓和、可均匀渗透较厚的未剖层裸皮的改性产品。预鞣所用的 Derugan 量很小，对 6～8mm 的裸皮，用量一般为皮重的 1.5%～2%，经过足够的渗透时间，Derugan 即可均匀分散在皮中而不与胶原反应。裸皮浸酸时不需要全透即加入 Derugan，皮心残余的碱有利于逐渐提高 pH，固定 Derugan，最后加亚硫酸氢钠封闭产品中杂质的活性基团，避免泛黄现象。在这种白湿皮系统中，皮中约 10% 的活性点参与反应，获得的稳定性足以使皮耐机器加工，同时修边、削匀产生的皮屑还可通过生物降解作为含氮肥料。Derugan 预鞣废液中醛含量很低，在液比 50%～70% 时为 6～15mg·L^{-1}，低于污水处理厂抑制微生物生长的浓度 25 mg·L^{-1}。Derugan 系统对解决脂肪含量较多的原料皮（如绵羊皮）制革中的脱脂问题也是很有效果的，因为 Derugan 预鞣后皮热稳定性大大提高，这时可采用较高温度（50℃）更加有效地洗去被乳化的油脂，同时减少洗涤剂用量[182,196]。

Derugan 2000 预鞣白湿皮参考工艺[196]如下。

剖层脱灰裸皮，厚度 3.5～4.0mm。

(1) 浸酸 水 30%～50%，25℃，Pristolamin TA（对酸、盐稳定的助剂）0.5%～1.0%，适量食盐，使浴液浓度为 6～8°Bé，转 15min；甲酸 0.8%，转 30min，pH 3.5；适量硫酸，转 20min，pH 3.0～3.3。

(2) 预鞣 Derugan 2000 1.5%～1.8%，转 3h（厚度超过 2.5mm 的裸皮用较慢的转速转动过夜）；次日晨 pH 3.9～4.1；亚硫酸氢钠 0.2%，转 30min。

Derugan 2020 预鞣白湿皮参考工艺[196]如下。

未剖层脱灰裸皮，厚度 6~8mm。

(1) 浸酸　水 30%~50%，25℃，Pristolamin TA（对酸、盐稳定的助剂）0.5%~1.0%，适量食盐，使浴液浓度为 8~9°Bé，转 15min；甲酸 0.8%，转 30min，pH 3.5；适量硫酸，转 60~90min，pH 3.0~3.3，较厚的裸皮需要转动更长时间。

(2) 预鞣　Derugan 2020 1.8%，转 5~8h，pH 3.9~4.1；亚硫酸氢钠 0.2%，转 30min。

Derugan 预鞣皮粒面平细，边肷部丰满，对铬亲和力好，可大量节约铬盐，使废液铬含量降低至 150~200mg·L^{-1}；它也有利于栲胶的快速渗透而不需延长转动时间，这样就避免了松面和管皱。利用此白湿皮制革技术可增加面积得率，与片蓝皮相比，面积可增加 8%~14%，与片灰皮相比，面积增加 1%~2%。

汽车业对基于白湿皮技术的皮革产品的需求正处于上升趋势，特别是欧洲地区，有些汽车制造厂家坚持其所有的汽车坐垫革得由白湿皮工艺来制作。这可能是由于厂家想用特殊的汽车坐垫革来使其产品与其他竞争者有所不同，在环保方面具备更强的竞争力。利用 Schill & Seilacher 公司开发的戊二醛改性产品（Derugan 系列）及鞣制工艺，配合优选的植物鞣剂、合成鞣剂和加脂剂，可进一步提高白湿皮工艺的产品质量，使其外观均匀一致，手感柔软，成革具有耐热稳定性高、撕裂强度高、雾化值低、定形性好等优点，适合汽车用革的特殊要求。用于蓝湿革加工的浸水和浸灰工艺也适用于白湿皮，不过由于戊二醛与铵盐结合会引起白湿皮变黄，所以应使用无铵脱灰，并在脱灰和软化后充分水洗。适合汽车用革生产的白湿皮鞣制参考工艺如下[197]（以脱灰皮重作为计量标准）。

(1) 浸酸　水 40%，24℃，食盐 5.0%，甲酸钠 1.0%，Lipsol SQS（改性卵磷脂）0.5%，转 20min；甲酸 1.0%，转 30min；硫酸 0.5%，转 40~60min，pH 3.2~3.4。

(2) 预鞣　Derugan 2080/3080（戊二醛为基料的产品）2.0%~3.0%，转 120min，pH3.7；碳酸氢钠 0.3%，转 30min；碳酸氢钠 0.3%，转 60min，pH4.0~4.1；水 100%，40℃，Ukatan GM/GMF（辅助型合成鞣剂）1.5%，杀霉菌剂 0.1%，转 60min，pH 4.0~4.2，收缩温度 72℃左右。

(3) 无铬汽车革鞣制工艺　白湿皮削匀厚度 0.9~1.0mm，称重，作为以下用料依据；水 150%，30℃，甲酸钠 1.5%，Lipsol SQ/SQS（改性卵磷脂乳液）5.0%，转 90min，pH 4.2；Ukatan GM/GMF（辅助型合成鞣剂）5.0%，转 30min；荆树皮或刺云实栲胶（染黑色时用荆树皮栲胶，染其他色调使用刺云实栲胶）8.0%，替代型合成鞣剂 5.0%，转 60min；Lipsol SQ/SQS 1.0%，转 10min；Ukatan AG（双氰胺树脂）8%，适量染料，转动 120min；水 100%，40℃，Lipsol SQ/SQS 3.0%，转 90min；甲酸 0.5%，转 30min；再加适量甲酸，转 30min，pH 3.9~4.1，控水。水 200%，40℃，转 15min，充分水洗，控水。水 100%，40℃，Derugannd（丙烯酸聚合物）3.0%，Lipsol SQ/SQS 4.0%，转 60min；甲酸 1.0%，转 30min，控水。水 200%，40℃，转 15min，控水。水 200%，20℃，转 15min，出鼓。堆置过夜，修边、伸展、拉伸、湿绷板。

G.Wolf 等介绍了巴斯夫公司（BASF）的白湿皮生产参考工艺[198]。

原料皮为德国南部牛皮，以片后灰皮重为计量基准，片皮厚度约 2.5mm。

(1) 水洗　水 150%，28℃，巴斯夫脱灰剂 0.25%，表面活性剂 0.1%，转 15min，控水。

(2) 脱灰软化　水 40%，28℃，巴斯夫脱灰剂 1.6%，亚硫酸钠 0.25%，表面活性剂 0.1％，转 45min；加巴斯夫软化剂 1％，转 45min，pH 7.5～8.0，酚酞检查切口全透。

（3）浸酸预鞣 水 40％，25℃，食盐 6％，转 15min，测浓度为 7°Bé；巴斯夫合成油脂 1％～2％，甲酸（1∶3 稀释）0.5％，转 30min；加 1％硫酸（1∶5 稀释），转 45min，检查 pH＜3，切口全透。加巴斯夫聚合物改性戊二醛 3％，转 60min；加巴斯夫中和复鞣剂（1∶3 稀释）1％，巴斯夫合成鞣剂 3％，转 60min；加甲酸钠 1％，转 20min；加巴斯夫中和复鞣剂（1∶3 稀释）2％，转 60min，以后每 30min 转动 5min，过夜。次日晨加防腐剂（1∶5 稀释）1％，转 30min，出鼓，收缩温度 75℃左右。挤水、片皮、削匀至所需厚度，以削匀皮重作以下计量基准。

（4）水洗 水 200％，温度 30℃，转 5min，控水。

（5）鞣制 水 200％，温度 30℃，甲酸（1∶5 稀释）1％，转 15min，pH 3.2；加聚合物改性戊二醛（1∶5 稀释）2％～3％，转 60min；加甲酸钠 2％，中和复鞣剂 1％～2％，聚合物鞣剂 1％，转 30min，pH 4.5；巴斯夫合成复鞣剂（1∶3 稀释）1％，巴斯夫加脂剂（1∶3 稀释）3％，转 30min；加巴斯夫合成鞣剂 7％，染料 3％，植物鞣剂 5％，转 30min；加巴斯夫合成鞣剂（1∶3 稀释）5％，巴斯夫加脂剂（1∶9 稀释）9％，转 120min；加甲酸（100％计，1∶5 稀释）1.2％，分两次加，每次间隔 15min，再转 90min；流水充分水洗，控水。

（6）水洗 水 200％，45℃，转 5min，控水。

（7）顶染 水 200％，45℃，巴斯夫聚合物鞣剂 0.5％，巴斯夫合成鞣剂（1∶3 稀释）5％，巴斯夫加脂剂（1∶3 稀释）3％，转 60min；甲酸（1∶5 稀释）1％，分两次加入，间隔 20min，再转 20min；染料 1％，转 20min；加甲酸（1∶5 稀释）0.5％，转 30min，pH 3.7；控水，水洗，出鼓搭马。

一般来讲，白湿皮技术采用的主鞣工艺取决于成革品种的需求，既可以采用常规的铬盐鞣制，也可以采用合成鞣剂、植物栲胶和聚合物鞣剂，制革厂可根据自身的情况进行选用。在采用巴斯夫公司的戊二醛作白湿皮预鞣剂时，G. Wolf 等极力推荐主鞣时也加入戊二醛[198,199]。戊二醛在主鞣时使用可以减少总鞣剂的量，并提高鞣剂和加脂剂在革内的分布均匀性，使整张革和整批革都具有更均匀的外观和更柔软的手感。根据所用主鞣剂的不同，在主鞣时加入戊二醛可以提高皮革的收缩温度 2～5℃。戊二醛还可以提高皮革的机械处理性能，如在 60℃下进行湿绷板等。这项清洁技术已被证明可以显著提高皮革质量，并具有经济和环保优势。

Ciba 公司以"生态与皮革"为主题开发新产品、新工艺来帮助制革者生产优质皮革，同时降低环境污染。Ciba 推荐的白湿皮系统有两种，第一种是脱灰皮经砜酸聚合物无盐浸酸后，用含有渗透剂和膨胀剂组分的 Ciba 改性戊二醛产品预处理，生产的白湿皮柔软且粒面光滑，适用于多种鞣制和复鞣工艺。若预鞣后用合成单宁或植物单宁鞣制，皮的收缩温度增加到 85～95℃，能用于生产鞋面革、服装革和家具革等。其削匀皮屑经过简单处理就能被作为明胶、胶黏剂等工业产品的基本原料回收利用，也可用作肥料。第二种是脱灰皮经无盐浸酸后用适量收敛性小的 Ciba 合成鞣剂预处理，能够促进植鞣时单宁的渗透，所得成革紧实，粒面细致光滑，色泽浅淡，特别适于作鞋面革。该方法得到的白湿皮也能够进行铬鞣[200]。

四川大学与四川亭江新材料股份有限公司合作开发的两性聚合物鞣剂 TWT 应用于白湿皮工艺也具有很好的效果[201～203]。该鞣剂生产白湿皮时可以不用浸酸，即直接对软化皮进行鞣制，从而缩短了制革工序，减少了制革过程氯离子的排放。而且，由于该鞣剂为两性聚合物，鞣制的皮坯带有较多的阳电荷，对复鞣剂、染料、加脂剂等阴离子材料有较强的吸收和固定能力，可节省湿染整材料的用量。TWT 鞣制的白湿皮的收缩温度为 $80 \sim 85℃$，这使其具有很好的片削性能，也使后续鞣剂的用量可以大大降低。当铬粉用量为削匀皮重的 $3\% \sim 4\%$ 时，皮坯的收缩温度就可达到 110℃ 左右。

基于 TWT 的不浸酸白湿皮工艺如下。

(1) TWT 鞣制软化裸皮

水 50%，常温，加脂剂 0.5%，转 20min；

TWT4% ～5%，转 120～240 min（羊皮 4%、120min；牛皮 5%、240min）；

38～40℃ 热水 100%，转 180 min（$Ts \geqslant 80℃$）。

(2) 铬复鞣工艺

水洗：水 400%，常温，转 10 min（用于放置时间较长的白湿皮）；

回湿：水 200%，40℃，脱脂剂/甲酸 1.0%/0.5%，转 30 min，pH6.0；

铬复鞣：水 100%，常温，甲酸 1.0%，转 20min，pH3.5；

铬鞣剂 3%～4%，转 90min；甲酸钠 1%，转 30min；$NaHCO_3$ 1.2%，转 15min×4，pH4.0；水 100%，40℃，转 60min；次日转 20min，排液。

采用该白湿皮工艺，可以显著降低制革全过程的铬排放量，如表 4-101 所示，这不仅是因为铬的用量减少了，还得益于两性聚合物鞣剂 TWT 能够促进皮坯对染整材料的吸收和固定。与常规铬鞣工艺相比，该白湿皮工艺生产的皮革力学性能略优。

TWT 鞣制的白湿皮也特别适合于用栲胶复鞣，生产无铬半植鞣革，其对栲胶、染整材料的吸收利用率均很高[204]。

表 4-101　TWT 白湿皮工艺各工序废液 Cr_2O_3 含量　　　　单位：$mg \cdot L^{-1}$

工序	常规铬鞣	半铬鞣	工序	常规铬鞣	半铬鞣
鞣制	3446	0	中和	768	44
削匀水洗	805	0	水洗	495	19
回湿	659	0	填充	175	20
铬复鞣	2052	206	染色加脂	19	7

4.6.4　采用含硅化合物的白湿皮生产技术

硅是地壳中含量最为丰富的元素之一，各种不同结构的氧化硅及硅酸盐大量存在于自然界中，它们在许多工业领域中已有很长的应用历史。硅化合物是一种清洁资源，且价格低廉，将其应用在制革领域，可以减少制革生产的污染。

德国 Henkel 公司对采用硅酸铝钠 $[(Na_2O \cdot Al_2O_3 \cdot 2SiO_2)_{12} \cdot 27H_2O]$ 生产白湿皮进行了研究[184]。一般来说，硅酸铝钠鞣剂和常规的合成沸石在成分上没有区别，是不同条件下得到的具有不同晶体结构的产品。通过严格控制合成工艺条件，可得到立方体结构的硅酸铝钠鞣剂 Coratyl G，组成为 $(Na_2O \cdot Al_2O_3 \cdot 2SiO_2)_{12} \cdot 27H_2O$。与合成沸石不同，Coratyl G 可以在酸中溶解，这是其作为鞣剂的前提条件。浸酸液中 Coratyl G 转变为易溶于酸的链状或环状硅酸铝，同时暴露出铝、硅原子上的结合位置，其鞣制作用主要取决于铝。这种硅酸铝与浸酸裸皮具有极强的反应性，若不经适当的预处理，则会出现类似于植鞣中的死鞣现象。因此，在生产白湿皮时需先用鞣剂预处理皮。其中醛鞣剂的预处理不仅可将胶原氨基封闭起来，而且醛和硅酸铝可形成醛-硅酸铝配合物而将先渗入皮中的部分硅酸铝蒙围起来，所以鞣剂与胶原的结合受到抑制，使得鞣剂可顺利地渗入皮中。用适当的铝鞣剂进行预处理也可降低硅酸铝与酸皮的反应性。在正常鞣制条件下，部分铝鞣剂会与胶原发生不可逆的结合。与醛预处理法相比，经铝预处理所得到的革更平展，粒纹更细致，色彩也更鲜亮。

实际生产白湿皮时，先用醛鞣剂或铝鞣剂预处理皮，而后在浸酸液中加入 Coratyl G。在这种条件下，Coratyl G 溶解形成更细小的硅酸铝微粒，均匀而充分地渗入裸皮中，与自动碱化鞣剂类似，随反应进行浴液 pH 逐渐升高，达到平衡时 pH＝3.8～4.1，在此过程中链状及环状鞣剂分子通过叠加和聚合形成尺寸更大的三维结构分子，它们与胶原侧链上的羧基配位，该结构中的羟基也可与皮胶原的肽键发生氢键结合，产生鞣制效应。在鞣制过程中特别要注意的是应防止硅酸铝钠的矿化（石化/硅化）趋势，可通过将硅酸铝钠与适当的二羧酸、双醛、加脂剂、合成鞣剂或植物鞣剂结合使用来避免这种情况发生。使用 Coratyl G 生产的白湿皮适用性广，其革身柔软、丰满，染色性能及物理机械性能也很好。值得指出的是 Coratyl G 鞣制的白湿皮的削匀皮屑能直接埋入土壤，成为优良的有机长效氮肥。它的生物降解产物硅酸铝钠是自然界最具代表性的矿物形式，对环境无任何污染，甚至可作净水剂用[182,205]。

采用硅酸铝钠和聚醛鞣剂生产白湿皮的参考工艺[200]如下。

浸灰牛皮，剖层至厚度 2.8mm，pH 约 12，材料用量以灰裸皮重计。

(1) 水洗　水 300%，35℃，转 15min，排水。

(2) 脱灰　无液，非离子型脱脂剂 Solana RNF 0.2%，脱灰剂 Rectil A 2%，亚硫酸氢钠 0.3%，转 45min。

(3) 软化　软化剂（1200 活力单位）0.5%，转 30min，排液。

(4) 水洗　35℃，流水洗，直至浴液清亮，逐渐降温至 25℃，排水。

(5) 浸酸　水 60%，25℃，食盐 8%，转 10min；双羧酸 Coratyl S 1%，甲酸 1.2%，转 30min；加硫酸 1.2%，转 60min；停鼓过夜，第二天检查切口均匀一致，pH 约 2.8。

(6) 预鞣、预加脂　聚醛 Drasil 8 3%，非离子型脱脂剂 Solana RNF 0.2%，转 30min；耐电解质加脂剂 Pellan FO 3%，转 30min。

(7) 鞣制　硅酸铝钠 Coratyl G 3%，转 2h，停鼓过夜，最终 pH 3.9；搭马、回湿、修边。

采用硅酸铝钠和铝鞣剂生产白湿皮的参考工艺[200]如下。

浸灰牛皮，剖层至厚度 2.8mm，pH 约 12，用量以灰裸皮重计。

水洗——脱灰——软化——水洗，同上一工艺。

(1) 浸酸　水 60%，25℃，食盐 8%，转 10min；双羧酸 Coratyl S 1%，甲酸 0.4%，转 30min；加硫酸 1.2%，转 60min，停鼓过夜，第二天检查切口均匀，pH 约 3.0。

(2) 预加脂、预鞣　耐电解质加脂剂 Pellan FO 3%，转 30min；铝鞣剂 Pellutax ALF 3%，转 60min。

(3) 鞣制　硅酸铝钠 Coratyl G 3%，转 2h，停鼓过夜，最终 pH 3.9；搭马、回湿、修边。

通过不同的复鞣方案，这两种体系生产的白湿皮可用于家具革和鞋面革的生产。以生产鞋面革为例，不同复鞣方案对成革物理机械性能的影响如表 4-102 所示。与铬鞣革相比，以白湿皮为原料制得的成革的抗张强度、撕裂强度和缝纫撕裂强度值均较高，而铬鞣革的断裂伸长率要略高于硅酸铝钠白湿革的断裂伸长率，但伸长量则相差无几。醛预鞣和铝预鞣的两类白湿革的物理机械性能无明显的差别。

表 4-102　不同方案复鞣所得鞋面革物理机械性能[200]

测试项目	复鞣方案				
	铬鞣革	醛预鞣无铬复鞣	铝预鞣无铬复鞣	醛预鞣铬复鞣	铝预鞣铬复鞣
抗张强度/N·mm^{-2}	12.6	23.4	26.8	31.7	22.6
断裂伸长率/%	58	45	51	52	51
撕裂强度/N·mm^{-1}	38	71	83	90	54
缝纫撕裂强度/N·mm^{-1}	73	134	156	196	140
伸长量/mm	7.4	8.1	7.5	7.0	7.9

德国 Hoechst AG 研制的专利产品 Feliderm W 是一种稳定的含有硅胶的胶体水分散液，其中的有效成分是聚合形式的硅酸，SiO_2 含量约 30%，对光和热稳定，不易变黄。其球形胶粒的平均直径为 9nm，且分布范围很窄，比表面积相当大，约 300m^2·g^{-1}，具有很强的吸附能力。用 Feliderm W 制得的白湿皮可以进行任何机械加工（如挤水、剖层、削匀等），并适用于多种鞣法，如铬鞣、植鞣等。与生产白湿皮的其他方法如铝盐预鞣法、双醛淀粉及阳离子淀粉法等相比，使用 Feliderm W 预鞣生产白湿皮技术具有材料原料来源丰富、制造方便、成本低廉、安全无毒、不污染环境等优点，是一种更为理想的清洁生产技术。剖层、削匀及修边等工序中产生的废弃物不会对环境造成污染，易于处理，可以制成肥料、明胶。除了用来生产白湿皮以外，Feliderm W 还具有良好的匀染作用，可以用于转鼓颜料着色工序，并能改善成革的手感。Feliderm W 对人体无毒无害，已被列入美国食品药物局认可的食品添加剂类，用于澄清酒类等。

溶液的 pH 对硅酸是否形成凝胶有很大影响，因而在应用 Feliderm W 时应严格控制浴液的 pH。初期 pH 应控制在无凝胶出现的范围内（pH=8～9），这与裸皮脱灰后的 pH 相近，可将 Feliderm W 在酸和盐加入之前直接加到浸酸的浴液中，此时胶粒的尺寸为 9nm 左右，有利于其完全渗透到裸皮内部。Feliderm W 所具有的强吸附能力可使其保留在裸皮纤维结构中，等吸收完全后，加酸酸化，使 pH 降低到 2.8～4.2，胶粒即开始凝聚成为大分子，这一过程与聚合作用类似。Feliderm W 吸附凝聚于胶原纤维结构中，不会引起裸皮胶原的显著变化，用其制成的白湿皮的收缩温度与天然胶原几乎相同，而这一点正是 Feliderm W 白湿皮最主要的优点。生产白湿皮的其他方法一般都是依靠一定的鞣制作用而在某种程度上提高裸皮的收缩温度，因而会影响后续的主鞣过程，或多或少地改变主鞣法的特点。Feliderm W 白湿皮对主鞣工序几乎没有影响，从而能够完全保持各种主鞣法的原有特性。虽然 Feliderm W 处理没有提高胶原的热稳定性，但 SiO_2 在胶原纤维间的弱交联键有一定的固定作用，使白湿皮能进行机器加工，同时纤维间的 SiO_2 微球如同一粒粒滚珠，具有减少摩擦阻力的作用，降低了机器加工时产生的热量，防止了皮蛋白质的热变性[182,206,207]。

Feliderm W 预鞣白湿皮生产技术存在的问题是，随选择的主鞣和复鞣工艺的不同，白湿削匀皮的增厚程度不同，难以控制。如用植鞣剂或合成鞣剂鞣制时，坯革比削匀白湿皮增厚 50%，而用铬鞣的坯革只增厚 18%，所以必须严格控制主鞣和复鞣操作以得到所需厚度的坯革。这也是该系统在今后需进一步解决的问题。

Feliderm W 白湿皮生产参考工艺[206]如下。

片碱皮，厚度 2.3～2.5mm，称重，作为以下工序用料依据。

脱灰及软化按常规工艺进行。

浸酸 水 40%，温度 25℃，Feliderm W 4.0%，转 2h；Mollescal AG（BASF）0.2%，转 2h；食盐 4.0%，转 10min（浓度 6～6.5°Bé，pH 8.4～8.6）；Feliderm CS 1.0%，硫酸（96%）0.26%，甲酸（85%）0.24%，转 1～2h；转停结合过夜（转 10min，停 50min），次日晨结束，终点 pH 3.8～4.3。挤水、削匀、水洗后进入鞣制工段。

Feliderm W 白湿皮铬鞣参考工艺[206]（削匀厚度 0.7～0.8mm）如下。

以削匀白湿皮质量作为以下工序的用料依据。

铬鞣 水 80%，25℃，食盐 7%～8%，转 10min（浓度 6～6.5°Bé，pH 4.3～4.8）；Cr$_2$O$_3$（碱度 33%）1.65%，转 1h；氧化镁 0.1%～0.15%，转 1h；加热水缓慢升温至 45～48℃，液比 2～2.5，转 6～8h。

Feliderm W 白湿皮进行无铬鞣的参考工艺[206]（削匀厚度 0.7～0.8mm）如下。

以削匀白湿皮质量作为以下工序的用料依据。

(1) 水洗 液比 3，温度 30～35℃，转 5～10min，排液。

(2) 鞣制 水 80%，35℃，Granofin FL 5.0%，转 30min；Granofin TA 3.0%，转 30min；Granofin FL 3.0%，转 30min；Utanit 413 0.5%，Leather Liquor OS1 7.0%，转 5min·h^{-1}，共 7～8h。

(3) 水洗 液比 3，温度 30～35℃，Utanit 413 0.5%，转 20min，排液。

(4) 中和 液比 2，35℃，甲酸钠 1.0%，转 20min；小苏打 1.0%，Derminol Fur Liquor W，转 20min，pH 4.0，排液。

(5) 加油 液比 2，45℃，Leather Liquor OS1 10.0%，Derminol Liquor CF-20 7.0%，转 2h；甲酸（85%）1.0%，转 45min。

4.6.5 采用无水硫酸钠的白湿皮生产技术

无水硫酸钠（元明粉）对纤维有分离作用和强烈的脱水作用，可以用来对皮进行预处理，事实上，这是一种简易的白湿皮技术。脱灰裸皮经无水硫酸钠脱水处理成为硝皮，在机械片削之后，再进行脱硝、软化、浸酸和鞣制等操作的整个过程被称为硝皮工艺，其操作简便，工艺稳定，易于控制[181,208]。硝皮工艺一方面利于片皮操作，且片皮后头层变薄，有利于后工序化料的均匀渗透，可以节约化工材料；另一方面由于元明粉的假鞣作用（脱水作用），皮内空隙度增加，裸皮的粒面被初步固定，再加上挤水、片皮、削匀等机械操作的挤压伸展作用，使得皮张平整，粒面细致，张幅大。片硝皮工艺与片蓝皮相比，虽然工艺烦琐，二、三层得革率低，革的丰满度不足，但头层得革率大，革粒面平整细致。现在制革厂大多采用片硝皮的工艺路线生产猪正面服装革。此外，硝皮工艺的废弃物可以充分利用，符合环保的要求。硝皮的制备工艺如下[208]。

猪盐湿皮按常规工艺脱灰。

滚硝 控干水，元明粉 5%，转 30min，控水；元明粉 5%，转 60 min，pH 为 6.5，12.5°Bé，静置 12h；挤水，片皮（双层厚度 1.4～1.6mm），削匀。

脱灰皮滚硝后，由于硫酸钠的强烈脱水作用产生假鞣，使皮具有多孔性，有利于片皮、削匀等机械操作，这是硝皮工艺实施的基础。硫酸钠的脱水作用，使胶原纤维束及胶原分子之间的距离缩短，再通过机械挤压作用，胶原分子间的距离更近，胶原分子链之间通过氢键、离子键和疏水键等作用重新粘接，使胶原纤维编织结构被固定，这也是硝皮工艺生产出的成革粒面平整、细致的主要原因。但在胶原分子相互粘接、胶原纤维编织结构被固定的状态下鞣制，易导致成革丰满性和发泡感稍差，大多依靠在加脂工序中，加入大量油脂（约 30%）来提高皮革的柔软、丰满性和泡感。

皮内硫酸钠的存在常常使软化效果和鞣制作用变差，导致成革扁薄。彭必雨等人研究了硝皮的脱硝方法，通过考察液比、温度、时间等因素，得到猪硝皮脱硝的理想方法为：水洗 3 次，液比 2.0，温度 30～35℃，前 2 次水洗时间 15～20min，第 3 次水洗 5～10min。该方法虽然可以较完全地除去硫酸钠，消除水洗后硝皮的假鞣作用，但皮并不能完全恢复到滚硝之前的状态，即胶原分子链之间的粘接作用不能只通过水洗来消除。因此增加硝皮工艺成革丰满性的有效途径是在充分水洗脱硝的基础上，通过在水洗过程中加入适当的表面活性剂和纤维分散剂、加强软化作用、减少浸酸工序的盐用量和进行适当的油预鞣等措施，促进胶原纤维的分散，增加成革的丰满性和泡感。这种方法的效果和经济性优于通过增加加脂剂的用量来提高革柔软性和丰满度的方法[208]。

目前的研究充分证明了白湿皮系统制革不仅对生态环境有利，并能合理利用原皮资源，提高经济效益，是一种低成本、高质量、低污染、高效益的制革工艺，特别对于解决我国原料皮粒面粗、伤残重、肥皱多、部位差别大等一系列问题，实现用低档皮制高档革有重要意义，值得推广和应用。

4.7　无铬鞣法

虽然铬鞣法具有诸多优点，但随着其环境污染问题的日益凸现以及人们消费观念的改变，铬鞣法正面临着严峻的挑战。三价铬的毒性及其在自然界的稳定性虽然还有争议，但流行病学调查已证明六价铬具有致癌性，因而铬被各国环保部门列为对环境有较大风险的金属离子之一。此外随着人类对生存环境和生活质量的日益重视，人们更加追求天然制品，提倡用绿色材料来生产革制品，因此纯铬鞣革已难以完全满足消费者的需求。2000 年以来，国际皮革市场已开始逐渐流行无铬皮革，一些高档革制品如汽车座套、手套及贴身皮革用品均要求用无铬鞣法制造，其价格较铬鞣革制品高。有迹象表明，越来越多的皮革终端产品国际品牌企业正不断增加无铬皮革的使用范围，并逐步过渡到无铬皮革的广泛使用。可以说，无铬鞣法无疑是今后皮革发展的重要趋势。

一般而言，进行无铬鞣法应达到以下几点要求，即成革具有和铬鞣革相近或更好的性能，工艺较简单易行，不带来新的污染，成本较低等。国内外制革化学家对无铬鞣法进行了大量的研究，主要有以下几种：①使用其他矿物鞣剂如钛、铝等替代铬鞣剂；②植物鞣剂和金属离子结合鞣；③植物鞣剂与有机交联剂结合鞣。这些技术各有特点，均可以从工艺源头消除铬污染，以下将分别介绍。

4.7.1　非铬金属盐鞣法

铬盐以其优异的鞣革性能在无机鞣剂中占主要地位，但是其他金属盐，如四价锆盐、四价钛盐、三价铝盐和三价铁盐等也具有鞣革性能。值得一提的是，碱式硫酸铁所鞣制的革呈铁锈黄棕色，其手感丰满、柔软，与铬鞣革的手感极其相似。遗憾的是，除收缩温度较低以外，铁鞣革最大的缺点是不耐陈放。因此，铁鞣法一直处于研究阶段，只在第二次世界大战时的德国有过短暂的工业化应用的记录。长期以来，虽然其他金属鞣剂在某些方面可以达到与铬鞣剂相近的性能，但综合考虑成本、获得的途径以及应用的简易程度等各个方面的因素，它们在实际应用中尚难以代替铬鞣剂。如果再要求成革的收缩温度达到 100℃ 以上，则这些鞣剂更不可能符合要求[105,209]。如今在非铬矿物鞣剂领域中的研究多限于它们和铬鞣剂的配合使用方法，这是因为单独使用非铬矿物鞣剂时成革的收缩温度较低，但加入少量铬盐则可以收到良好的效果（见 4.5 少铬鞣法部分）。不过随着人们对无铬鞣革的关注，对矿物鞣剂的研究又逐渐增多，并取得了一些进展。

4.7.1.1 钛鞣法

钛是一种广泛存在于植物、动物、天然水、深海矿物、陨石和其他星球中的金属元素，在地球中的丰度系数为 0.62%，在元素分布量序列中占第九位，在金属藏量中占第四位，仅次于铝、铁、镁。我国是世界上钛资源最丰富的国家，储量约占世界储量的 1/2，海南、广西、广东、四川等地均有较多的钛铁矿，尤其是四川的攀西河谷一带[210,211]。钛真正作为皮革鞣剂开始于 1902 年，当时英国出现了钛鞣专利。钛鞣革与铝鞣革、锆鞣革相比在状态上最接近铬鞣革，软而结实，遇水不会发生退鞣。英国 BLC 研究人员在研究过程中发现铝和钛的配合物可以作为一种生产白色革的鞣剂，其收缩温度可以达到 80℃以上，并且耐水洗，手感良好。如果再加入 0.75% 的铬，就可以使收缩温度上升至 100℃以上。西班牙的 Hispano-quimica 先用双醛淀粉预处理浸酸裸皮，再用钛鞣，收缩温度可达到 80℃以上。

四川大学吴兴赤对钛鞣液的蒙囿特性及钛鞣革的生产工艺进行了研究[210]。钛鞣剂易于水解，将其溶于水中（1∶9），pH 约为 0.5～1.0，用碱滴定至 pH＝1.7，陈化 4h 后，鞣液即产生浑浊。为了鞣制浸酸裸皮的需要，必须加入蒙囿剂，以控制钛鞣剂的水解和提高其耐碱能力。常用的蒙囿剂有草酸、酒石酸钠、柠檬酸钠等，尤其是柠檬酸钠，即使用量摩尔比为 1∶0.2（钛∶柠檬酸钠），钛鞣液 pH 提至 6 左右仍不发生浑浊。紫外分光光度法分析表明，蒙囿剂与钛鞣剂可能生成了在该 pH 变化范围内较为稳定的配合物，可能的结果如图 4-28 所示。在鞣制之初，pH 较低（2.0 左右），钛鞣剂的浓度较高，可以不用蒙囿剂，待提碱时再加入蒙囿剂，使提碱时鞣液不至浑浊，通常按照摩尔比 1∶0.2（钛∶蒙囿剂）加入。

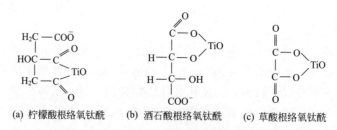

(a) 柠檬酸根络氧钛酰　　(b) 酒石酸根络氧钛酰　　(c) 草酸根络氧钛酰

图 4-28　常用蒙囿剂与钛配位的可能结构

此外，钛鞣剂的水解不像铬鞣液那样可以稳定在某一 pH 水平上，它会随着时间的延长逐渐沉淀出 TiO_2。因此，钛鞣过程必须预先紧凑安排，一次完成鞣制，不要停鼓过夜。但是，出鼓的钛鞣革，不宜立即洗涤，要搭马静置 24h 或更长的时间，以便让革内钛鞣剂结合充分。钛鞣革生产参考工艺如下（白色猪皮服装革）[210]。

(1) 浸酸　水 80%，20℃，元明粉 10%，转 5min；硫酸 1.1%，转 30min；甲酸 0.46%，转 120min，pH 2.0 左右；每小时转 5min 过夜，第二天转 30min，留下废酸液待用。挤水、削匀、称重。

(2) 鞣制　浸酸废液 50%，常温，乳化锭子油 2.0%，转 15min；钛鞣剂（以 TiO_2 计）3.0%，转 120min；柠檬酸三钠 0.66%，转 15min；纯碱 4.2%，4×10min，共 90min，pH 4.2 左右；出鼓，搭马，静置。

(3) 水洗　液比 1.5%，常温，闷水洗，两次。

(4) 中和　水 50%，海波 2.5%，纯碱 2.5%，转 60min，pH 4.5～5.0。

(5) 加脂　水 50%，转 45min；L-3 加脂剂 4.0%，SWS 4.0%，STB 4.0%，亲水溶剂 1.0%，转 40min。

(6) 填充　水 50%，40℃，小分子树脂鞣剂 2%，转 30min；白色颜料膏 1%，转 20min；硫酸铝 0.2%，转 10min；漂洗，搭马 24h。

这样鞣制出来的钛鞣革的抗张强度为 16～20N·mm^{-2}，断裂伸长率纵向 54% 左右，横向 58% 左右，只是收缩温度还不能达到 90℃。

四川大学彭必雨等从配位化学和鞣革化学的角度阐述了常用的几种金属盐鞣性差异的原因，提出了钛（Ⅳ）的鞣性应该高于锆（Ⅳ）、铝（Ⅲ）、铁（Ⅲ）等而仅次于铬（Ⅲ）的观点，认为从常用金属盐鞣革的综合性能和它们的资源、毒性等方面综合考虑，钛盐是理想的铬盐替代品，具有较为广阔的应用前景[211]。

提高 Ti（Ⅳ）盐鞣性的关键在于降低其水解配聚程度，使 Ti（Ⅳ）配合物的尺寸满足鞣制时的需要，同时提高 Ti（Ⅳ）溶液的稳定性，使钛鞣能在较高 pH 进行[212]。为此彭必雨等人进行了两方面的研究工作。首先针对 Ti（Ⅳ）盐在水溶液中易水解形成大分子配合物和部分凝聚物，渗透较为困难的问题，研究了超声波对钛鞣过程的影响。结果表明，20kHz 超声波对钛鞣的促进作用较 40kHz 超声波更为明显。运用超声波的"空化"效应，能够有效减小钛鞣剂分子的聚结作用，促进鞣剂向皮内的扩散，增加钛在革内分布的均匀性，提高革的收缩温度。鞣前先用超声波对钛鞣液进行预处理，再在超声波的作用下鞣制，鞣制效应更好[213,214]。另外，他们研究了 35 种有机配位体（包括单羧酸盐、多羧酸盐、氨基化合物和羟基羧酸盐等）的蒙囿作用对硫酸钛溶液的稳定性和鞣制能力的影响。实验发现只有部分羟基羧酸盐，如乳酸盐、酒石酸盐、柠檬酸盐和磺基水杨酸盐等能与 Ti（Ⅳ）形成稳定的螯合配位，从而使硫酸钛溶液的稳定性得到提高。其中又以乳酸盐蒙囿的硫酸钛溶液［乳酸盐与 Ti^{4+} 摩尔比为 (0.4～0.5)∶1］鞣性最佳，制得的革在钛含量、钛分布均匀性、收缩温度和柔软性等方面均优于其他蒙囿系统，这是因为乳酸盐具有相对较小的分子体积和适度的与 Ti（Ⅳ）配位的能力[215]。

在此基础上，他们又对钛鞣工艺中的诸多条件进行了优化，提出了一套以乳酸盐蒙囿的硫酸钛溶液为鞣剂的环境友好钛鞣法[216]：鞣剂（以 TiO_2 计）用量 7.5%～10%，碱度 30%，用小苏打或氧化镁提碱，鞣制终点 pH 3.5。研究发现，传统浸酸工序浴液的盐浓度很高，严重影响了钛鞣效果。不浸酸或无盐浸酸则更适合钛鞣系统，从表 4-103 中可以看出，钛吸收率、收缩温度和革中钛含量均有较大提高，同时还减少了盐污染。另外，适当的预加脂可以促进钛鞣剂向皮内渗透，而使用多羧酸盐、丙烯酸树脂和乙醛酸对皮进行预处理和后处理不能增加钛与胶原的结合量。钛鞣后的革呈白色，收缩温度为 102℃，物理机械性能和感观性能几乎都好于常规铬鞣革，只是柔软性稍差（见表 4-104）。

表 4-103　鞣制介质对钛鞣的影响[216]

鞣制介质	Ti 吸收率/%	鞣后收缩温度/℃	水洗后收缩温度/℃	革中 TiO₂ 含量/%
浸酸液	54.30	84	85	8.64
无盐浸酸液	96.52	92	92	14.92
水（不浸酸）	98.26	94	93	15.35
2.5% NaCl	78.35	90	90	12.42
5.0% NaCl	66.37	83	85	11.20
7.5% NaCl	56.37	75	78	8.85
10.0% NaCl	52.97	73	72	7.87
5.0% Na₂SO₄	90.23	90	89	13.94
10.0% Na₂SO₄	74.40	88	87	11.57

表 4-104　钛鞣革与铬鞣革性能比较[216]

项　目	钛鞣革	铬鞣革	项　目	钛鞣革	铬鞣革
鞣剂用量/%	7.5（以 TiO₂ 计）	2.8（以 Cr₂O₃ 计）	撕裂强度/N·mm⁻¹	79.72	60.89
鞣制终点 pH	3.50	4.00	伸长率/%	31.76	35.30
革颜色	白色	蓝色	感观性能		
鞣剂吸收率/%	99.27	83.10	染色性能	5	4
收缩温度/℃	102	119	柔软性	3.5	5
革增厚率/%	98.97	57.69	丰满性	5	3.5
抗张强度/N·mm⁻²	30.72	23.52	粒面平细性	5	4.5

注：感观性能由五位有经验的制革工艺师评分得出，满分为 5 分。

4.7.1.2　铝-锌结合鞣法

铝盐在地壳中储量丰富，且价廉易得，相对毒性低，曾被广泛用于面革、服装革、手套革、绒面革和鞍具革等革制品的生产。铝鞣革具有色泽纯白、延伸性好等优点，但不耐水洗，革身一般较扁平、僵硬，所以工业上已经基本不采用单独的铝鞣法，而主要将其用于结合鞣，如植物-铝结合鞣等。锌盐单独用于鞣制可得到白色皮革，但收缩温度只有65℃左右，因此很少被用于制革生产。Procter 最早对锌盐的鞣性进行了研究，随后有人发现锌盐用于制革可提高鞋面革的防水性能。

B. Madhan 等研究了铝-锌配合物鞣剂的鞣革性能，发现收缩温度可以达到90℃，成革物理机械性能与铬鞣对比样接近[217]。所制备的鞣剂的配方如表 4-105 所示，生产过程如下：将硫酸铝、硫酸锌溶解于等重的水中，搅拌至均匀，按照表 4-105 加入相应的配体，搅拌 30min，用碳酸钠调节 pH 至 3.0～3.2（方案Ⅵ用六亚甲基四胺调节），即可用于鞣制。

以浸酸山羊皮为原料，铝-锌配合物鞣剂的鞣制工艺和后处理工序如下[217]。

(1) 鞣制　浸酸液20%，常温，配合物鞣剂（以氧化物计）2%，转 1h；加水80%，转 1h；加甲酸钠0.5%，转 30min；碳酸氢钠1.75%，10 倍水溶解，分 3 次加入，加完再转 2h，最终 pH3.8～4.0。出鼓，搭马，静置。

(2) 后处理工艺　水100%，甲酸钠0.5%，转 15min；中和型合成鞣剂 Sellasol NG 2%，转 30min；碳酸氢钠0.25%，转 45min，pH5.0～5.2，排水，水洗。水80%，耐光性合成鞣剂 Basyntan DLE 5%，转 20min；耐光性合成鞣剂 Basyntan DLE 3%，转 30min；加脂剂 Chromopol UFB 和/或 Chromopol UFM 5%，乳化后分 3 次加入，每次间隔 15min，转 45min；5% 的加脂剂，转 45min；耐光性合成鞣剂 Basyntan DLE 3%，转 30min；甲酸1.5%，分 3 次加入，每次间隔 10min，转 30min。

表 4-105　不同摩尔配比的铝-锌配合物鞣剂[217]

实验编号	硫酸铝	硫酸锌	柠檬酸钠	酒石酸钠	二缩三乙二胺	邻苯二甲酸
Ⅰ	1	—	0.1			
Ⅱ	0.5	0.5	0.1			
Ⅲ	0.5	0.5	0.05		0.05	
Ⅳ	0.5	0.5	0.033		0.033	0.033
Ⅴ	0.5	0.5	0.033	0.033		0.033
Ⅵ	0.5	0.5	0.033	0.033		0.033

注：Ⅰ~Ⅴ号样用碳酸钠调节 pH 至 3.0~3.2，Ⅵ号样用加入六亚甲基四胺调节 pH 至 3.0~3.2。

表 4-106　成革的收缩温度和物理机械性能[217]

实验编号	收缩温度/℃	抗张强度/$N \cdot mm^{-2}$	撕裂强度/$N \cdot mm^{-1}$	断裂伸长率/%	粒面崩裂强度 负荷/N	粒面崩裂强度 高度/mm
铬鞣对比样	115 ± 3	27.8 ± 0.3	64 ± 2	70 ± 2	343 ± 20	10 ± 0.2
Ⅰ	83 ± 1	22.6 ± 0.2	50 ± 2	47 ± 1	216 ± 10	7.1 ± 0.2
Ⅱ	91 ± 2	38.6 ± 0.3	52 ± 2	50 ± 1	510 ± 10	9.8 ± 0.4
Ⅲ	89 ± 1	28.6 ± 0.4	60 ± 2	45 ± 2	314 ± 10	8.2 ± 0.4
Ⅳ	88 ± 0	31.8 ± 0.2	64 ± 2	43 ± 1	323 ± 10	8.1 ± 0.2
Ⅴ	90 ± 1	31.8 ± 0.1	73 ± 2	45 ± 1	519 ± 20	9.3 ± 0.5
Ⅵ	95 ± 1	25.9 ± 0.3	51 ± 1	51 ± 2	255 ± 10	8.3 ± 0.3

　　从表 4-106 中可以看出，用 50％的锌盐取代铝盐，可以使收缩温度提高 5~12℃。蒙囿剂的选择对收缩温度也有一定影响，特别是使用六亚甲基四胺后（实验Ⅵ），收缩温度可以达到 95℃，这是因为六亚甲基四胺可以提高鞣剂的沉淀点，从而更有利于其渗透和结合。从成革的物理机械性能来看，使用铝-锌配合物鞣剂鞣制的样品与铬鞣对比样很接近，甚至更好，成革感官性能也有类似情况，但正如本书 4.5.3.3 中所指出，近年来锌逐渐成为限制排放的重金属，因而锌在制革工业中应用的可能性也越来越小。因此该结合鞣法只具有借鉴意义。

4.7.1.3　锆鞣法

　　商品化锆鞣剂已有多年使用历史，然而却一直未得到广泛应用。最主要的原因可能是因为必须在强酸性条件下（pH≤2）才能使锆鞣剂渗透进皮内。即使在 pH 为 2~3 时，锆盐都有可能会发生沉淀，导致鞣不透，成革表面僵硬。尽管锆鞣可以得到填充性很好的革，但要使成革的收缩温度达到 100℃，所需锆鞣剂的用量很大，既增加了成本，又更易使成革板硬，手感差。采用锆复鞣的绒面革绒头细，但手感粗糙。由于这些原因，锆鞣一直没有像预期那样得到制革业的认可。不过随着取代铬鞣的呼声日益高涨，锆鞣又重新引起人们的关注。如果能够开发一种在常规铬鞣的 pH 范围内使用的锆鞣剂，并能改善成革的粒面品质，则使用锆盐替代铬是可行的。

　　印度中央皮革研究所 A. Sundarrajan 等采用氯氧化锆（而不是常用的硫酸锆）作为鞣剂，柠檬酸作为蒙囿剂，能提高锆鞣剂的沉淀 pH，坯革收缩温度为 95℃，再辅以相应的配套工艺，可以制成风格多样的皮革产品，如粒面平细的鞋面革和手感柔软的服装革等[218,219]。K. J. Sreeram 等人利用高分子化合物与锆盐配位，开发了锆鞣剂 Organozir，将锆盐的沉淀点由（2±0.25）提高至（5±0.5），使其可以在常规铬鞣 pH 范围内使用[220,221]。Organozir 为白色，其中 ZrO_2 含量约 20％，10％的 Organozir 溶液 pH 为 3.0~3.5。离子色谱的分析结果表明，10％的 Organozir 溶液中阴离子、阳离子和中性组分的含量分别为 55.6％、34.8％和 9.6％，说明鞣制初期有利于渗透，这可能和 Organozir 中所含有的芳磺酸化合物有关。当 pH 增加时，阴、中性组分可以转化为能和胶原羧基结合的阳离子成分。用 Organozir 鞣制的工艺条件与常规铬鞣类似：山羊皮浸酸，裸皮截面pH达2.8～3.0，加入一定量Organozir（以ZrO_2计）转2h，用碳酸氢钠提碱到pH 3.8～4.0。使用Organozir能使收缩温度达到84℃左右（见表4-107），成革的柔软性、丰满性等感观指标比硫酸锆鞣革提高很多，与铬鞣革相近，成革的物理机械性能比铬鞣革略好，如表4-108所示。可以看出，Organozir锆鞣剂克服了以往锆盐鞣革的种种缺点，成革具有良好的丰满柔软性，物理机械性能与铬鞣革相近，为使用锆替代铬做了很好的尝试，但还需在提高皮革的收缩温度上做进一步研究，为工业应用奠定良好基础。

表4-107　ZrO_2用量对锆吸收和成革收缩温度的影响[220]

ZrO_2用量/%	ZrO_2吸收率/%	收缩温度/℃	ZrO_2用量/%	ZrO_2吸收率/%	收缩温度/℃
1	90±1	77±1	5	67±1	84±1
2	81±2	80±1	10	40±2	84±1
3	74±2	84±1			

表4-108　成革物理机械性能对比[220]

鞣剂	抗张强度/N·mm^{-2}		断裂伸长率/%		撕裂强度/N·mm^{-1}	粒面崩裂强度	
	横向	纵向	横向	纵向		负荷/N	高度/mm
Organozir	38.1	22.7	46	119	49.5	294	9.5
硫酸铬	37.3	17.5	48	102	62.3	294	10

4.7.1.4　合成树脂-非铬金属结合鞣法

针对矿物鞣剂在提高成革收缩温度方面的不足，S. Gangopadhyay等人采用四种分子量相对较低的水溶性合成树脂鞣剂预处理裸皮，再用硫酸铝或硫酸钛鞣制，通过控制浴液的pH，可以使收缩温度上升至100℃以上[222]。树脂Ⅰ主要由尿素、苯酚、酚磺酸和甲醛合成，其摩尔比为8∶4∶1∶15，制备时按比例加料，在60～70℃加热4h，其间一直保持搅拌，最后在60℃真空干燥。树脂Ⅱ用相同物质的量的双氰胺替代树脂Ⅰ中使用的尿素，合成方法类似。树脂Ⅲ的主要成分为尿素、水杨酸、磺化水杨酸和甲醛，摩尔比例和合成方法与Ⅰ相同，只是合成前用碳酸钠调节pH至5.0。树脂Ⅳ也用相同物质的量的双氰胺替代树脂Ⅲ中使用的尿素。浸酸裸皮用6%的树脂（配成4%的溶液）预鞣4h，停鼓过夜。水洗后用柠檬酸蒙囿的硫酸铝或硫酸钛鞣制，最后用碳酸氢钠提碱至pH4.6～4.7，停鼓过夜后测试收缩温度，结果如表4-109所示。可以看出，树脂预鞣可以明显提高坯革的收缩温度，部分可超过100℃，其中使用了双氰胺的树脂对收缩温度的提高效果比使用尿素的树脂好。

表4-109　提碱pH对树脂-铝/钛结合鞣收缩温度的影响[222]　　　　单位:℃

pH	对比实验		树脂Ⅰ预鞣		树脂Ⅱ预鞣		树脂Ⅲ预鞣		树脂Ⅳ预鞣	
	铝	钛	铝	钛	铝	钛	铝	钛	铝	钛
4.0	—	—	—	92	—	88	—	80	—	82
4.2	82	76	90	96	94	96	84	86	85	90
4.4	86	78	>100	98	>100	>100	85	90	87	95
4.6	85	78	>100	95	>100	97	87	85	92	92
4.8	80	73	92	88	>100	89	86	81	90	87
5.0	—	—	89		90		82		86	

注：裸皮收缩温度56℃，树脂单独鞣制收缩温度75℃。

总的说来，利用其他矿物鞣剂来替代铬是完全有可能实现的，皮革感官和物理机械性能均可达到铬鞣革的标准，但还需在提高收缩温度、简化工艺方面进行更多研究，才能使这方面的技术在工业生产上得到广泛应用。

4.7.1.5　氧化多糖-锆-铝结合鞣法

针对锆-铝鞣剂鞣性不足的缺陷，四川大学余跃等人以双氧水为氧化剂，以铜-铁盐作催化剂，对天然多糖进行深度氧化降解，开发了一种具有适当分子尺寸的多官能团（羟基、醛基和羧基）氧化多糖鞣剂[223]。将氧化多糖鞣剂同锆-铝鞣剂进行结合鞣，可以促进裸皮对锆-铝盐的吸收并提高成革的收缩温度，从而提高成革的品质。由表 4-110 可知，相较于常规锆-铝鞣法，氧化多糖-锆-铝结合鞣法金属鞣剂的吸收率可增加 6%～9%，而收缩温度则可以增加 6～13℃，这主要得益于氧化多糖、锆-铝鞣剂在皮胶原纤维中形成多点交联网络结构，其结构可由图 4-29 来表示，其中锆-铝鞣剂可以与胶原纤维的氨基、羧基和羟基发生配位反应，同时还存在氧化多糖鞣剂与皮胶原的氢键和离子键作用。

表 4-110　铝-锆配合物鞣剂和常规铝-锆鞣剂的鞣制效果

铝、锆用量	氧化多糖-锆-铝结合鞣法		常规锆-铝鞣法	
（以金属氧化物计）/%	金属鞣剂吸收率/%	收缩温度/℃	金属鞣剂吸收率/%	收缩温度/℃
1.5	94±0	81±1	88±2	74±2
2.0	94±0	85±0	86±1	78±1
2.5	91±1	88±2	83±1	82±1
3.0	85±0	90±0	78±2	84±1

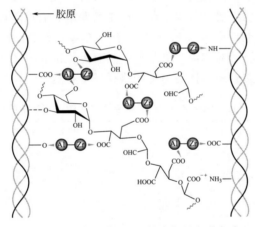

图 4-29　氧化多糖-锆-铝结合鞣的交联方式

以浸酸牛皮为原料，氧化多糖-锆-铝结合鞣法的参考工艺如下。

浸酸牛皮（增重至 200% 作为计量标准）

(1) 鞣制　控掉一半酸液，加锆-铝鞣剂（以氧化物计）2.0%，氧化多糖鞣剂 1.6%，转 240min；

加氧化镁 0.9%，分 3 次加入，每次间隔 30min，pH 3.0 左右；

加碳酸氢钠 2.5%～3.0%，10 倍水溶解，分次加入，每次间隔 15min，最终 pH 3.8～4.0。

水 200%，40℃，转 120min；

停鼓过夜，次日晨转 30min，pH 4.0～4.2。

出鼓，搭马，静置。

将上述白湿皮进行挤水，削匀，称重作为计量基准。

(2) 漂洗　水 400%，35℃，脱脂剂 FG-B 0.5%，甲酸 0.3%，pH 3.8 左右，转 40min，控水；

水 400％，35℃，水洗两次，每次 10min，控水。

(3) 中和 水 200％，35℃，中和复鞣剂 NL-20 2.0％，甲酸钠 1％，转 30min；

加小苏打 1.2％，分 2 次加入，间隔 15min，继续转 60min，pH 高于 6.0，控水；

水 400％，35℃，水洗两次，每次 10min，控水。

(4) 复鞣 水 100％，35℃，丙烯酸树脂 A18 3％，加脂剂 BA 1％，分散单宁 MM51 1％，转 30min；

加氨基树脂 DD43 1％，三聚氰胺树脂 DD42 2％，染料 2％，转 30min；

加分散单宁 MM51 1％，荆树皮栲胶 SUN 5％，转 60min；

加甲酸 1.0％，10 倍水溶解，分 2 次加入，间隔 10min，最终 pH 4.0 左右，控水。

(5) 加脂 水 150％，50℃，加脂剂 BA 4％，加脂剂 JM 1％，加脂剂 MB 9％，转 60min；

加甲酸 0.8％，10 倍水溶解，分 2 次加入，间隔 10min，最终 pH 3.8 左右，控水。

水 400％，25℃，水洗两次，每次 10min，控水，出鼓挂晾，干整理。

将氧化多糖-锆-铝结合鞣法同传统铬鞣法进行对比评估，结果如表 4-111 所示。由表可知，结合鞣法金属鞣剂的吸收率高达 94.4％，而传统铬鞣法吸收率仅为 71.4％，这对于降低废水中的金属离子浓度较为有利。尽管结合鞣革收缩温度（86℃）低于传统铬鞣革收缩温度（113℃），但已满足常规皮革制品的生产要求且有助于增加得革率。此外，虽然结合鞣革和铬鞣革的等电点均为 7.1，但结合鞣革对染整材料的吸收率却更高，这是因为锆的强阳电性使得结合鞣革对阴离子染整材料具有更强的亲和力[224]。另外，结合鞣坯革具有优异的机械性能，并且感官性能与传统铬鞣坯革相近。

表 4-111 氧化多糖-锆-铝结合鞣法和传统铬鞣法的比较

对比指标		氧化多糖-铝-锆结合鞣法	传统铬鞣法
金属鞣剂吸收率/％		94.4 ± 0.6	71.4 ± 0.5
鞣革金属氧化物含量/％		5.3 ± 0.3	4.6 ± 0.2
鞣革收缩温度/℃		86.0 ± 0.8	113.3 ± 0.6
鞣革得革率/％		97.8 ± 0.4	95.6 ± 0.9
鞣革等电点		7.1	7.1
鞣革对复鞣剂吸收率/％		91.2 ± 0.9	86.9 ± 0.9
鞣革对加脂剂吸收率/％		83.2 ± 0.6	65.9 ± 0.6
坯革柔软度/mm		7.7 ± 0.4	7.6 ± 0.5
坯革抗张强度/N·mm^{-2}		16.2 ± 1.1	13.5 ± 0.3
坯革撕裂强度/N·mm^{-1}		44.5 ± 0.9	39.7 ± 2.2
坯革崩裂强度/N·mm^{-1}		247.6 ± 17.5	180.7 ± 14.8
坯革感官性能	柔软度	4.5	4
	丰满性	4	4.5
	粒面平细度	4.5	4.5
	粒面紧实度	5	4.5

注：感官性能由 3 位有经验的制革工艺师评分得出，满分为 5 分。

4.7.2 植物单宁-金属结合鞣法

在无铬鞣法的研究中，植物单宁-金属结合鞣应该是最受关注的，也是目前研究开发比较成功的工作之一。用矿物鞣剂与植物鞣剂进行结合鞣，可以解决矿物鞣剂单独鞣革时不易获得高湿热稳定性的问题。研究最多、工艺较为成熟的是植物-铝结合鞣，成革的收缩温度可达 125℃，其他非铬金属盐如钛、锆、稀土等与植物鞣剂的结合鞣也被研究过。80 年代中期还对那些被认为没有鞣性的金属离子如镁、镍、钴、铜等与植物鞣剂的结合鞣进行过研究，革的收缩温度均在 90℃ 以上[225]。

4.7.2.1　植物-铝结合鞣

铝盐是植物单宁-金属结合鞣法中使用最广泛的金属盐，国内外学者在这方面做了大量的工作，如国内的何先祺，英国的 Covington、Sakes 以及美国的 Kallenberger 等对植物-铝结合鞣及其机理做过大量的研究，为这一鞣法的实际应用打下了良好的基础[226~230]。目前普遍接受的机理为：裸皮经过植物单宁鞣制后，单宁先以氢键和疏水键与皮胶原结合，经过铝或其他金属离子复鞣，金属离子既能与皮胶原侧链的羧基以配位键结合，也可与单宁分子发生配位，从而增加胶原纤维间的有效交联，提高胶原的湿热稳定性。此外，结合鞣的"聚合物学说"也有一定参考价值，可作为上述理论的补充[231]。该学说认为，金属离子的配位作用使得已进入皮纤维的单宁分子形成高聚物，它们仍主要以氢键形式与皮胶原结合，但单位分子的结合点大大增加，其中包括大量在肽链之间的氢键交联。氢键的作用力虽然较弱，但由于数量众多，正如某些高分子链之间的作用力一样，从而使革的热稳定性大大提高。

植物单宁和金属盐的结合鞣可以按照三种方式进行：

① 同时使用植物单宁和金属盐鞣制；

② 先用金属盐预鞣，再用单宁复鞣；

③ 先用单宁预鞣，再用金属盐复鞣。

其中方法①由于单宁与金属盐混合后容易产生沉淀，不宜采用。比较后两种方法，方法③成革的收缩温度总是高于方法②成革的收缩温度。不同栲胶与铝结合鞣的结果如表 4-112 所示。

表 4-112　植物-铝和铝-植物结合鞣法成革收缩温度的比较[227]

鞣　法	收缩温度/℃	鞣　法	收缩温度/℃
杨梅栲胶-铝	111	铝-杨梅栲胶	90
落叶松栲胶-铝	95	铝-落叶松栲胶	87
油柑栲胶-铝	113	铝-油柑栲胶	96
木麻黄栲胶-铝	107	铝-木麻黄栲胶	93

植物-铝结合鞣法用于轻革生产时，栲胶用量越少，成革的植鞣感越弱，越接近铬鞣革的性质。但对于多数栲胶，当用量低于碱皮重 10% 时，难以完全渗透，因此一般选择栲胶的用量在 15% 左右。在相同用量条件下，采用水解类栲胶如橡椀、柯子等进行结合鞣，成革收缩温度高于采用凝缩类栲胶，但实际应用时，还要考虑它们对成革的其他性质特别是柔软性和粒面平细性的影响。一般在确保成革的收缩温度达到要求（如 $T_s \geqslant 100℃$）的基础上，最好选用收敛性较温和、渗透性较好的栲胶，有时还需考虑栲胶的颜色。目前所用的栲胶中，荆树皮栲胶最适合这种鞣法，它不仅渗透快、收敛性温和、颜色浅，而且其黄烷-3-醇 B 环含有一定量的连苯三酚结构，与铝的配位能力较强，可以使成革的收缩温度 $\geqslant 100℃$。

植物-铝结合鞣法生产牛皮鞋面革的参考工艺如下[232]。

按常规方法脱毛、片皮、复灰、脱灰、轻度软化。以碱皮重为基准进行以下操作。

(1) 浸酸　水 30%，常温，食盐 6%，甲酸钠 1%，转 5min；硫酸 1%（稀释后加入），转 1h，pH=3.8。

（2）预处理 在浸酸液中进行，加无水硫酸钠10％，转2h，pH＝4.2。

（3）植鞣 在预处理液中进行；辅助型合成鞣剂1％或亚硫酸化鱼油2％，转30min；荆树皮栲胶15％，转至全透（3～4h）；加常温水50％，转2h，pH＝4.2，鞣制过程中鞣液温度不高于38℃；水洗，挤水，削匀。

（4）漂洗 水150％，35℃，草酸或EDTA 0.3％（除去铁离子），转20min，水洗。

（5）调整pH 水100％，甲酸0.5％，转30min，pH＝3.0；以削匀革重为基准进行以下操作。

（6）铝鞣 水70％，30℃，无水硫酸铝10％，转1h；加醋酸钠1％，转30min；加小苏打提碱至pH 3.8，转2.5h，水洗；搭马24h。

（7）中和 水150％，30℃，甲酸钠1％，小苏打0.5％，转1h，pH＝4.5；中和应透（溴甲酚绿检查），中和后革应耐沸水煮3min；染色加脂按常规方法进行，但酸固定时pH不应降低至4.0以下。

S. Vitolo等采用塔拉单宁和铝结合鞣生产高品质的牛皮鞋面革，参考工艺如下[233]。

浸酸裸皮剖层至0.9～1.3mm，pH＝3，以酸皮重为以下用量基准。

采用戊二醛预处理的工艺

（1）酸化 水50％，25℃，食盐4％，转5min；甲酸（1∶10稀释）适量，使pH略低于3。

（2）预处理 戊二醛（50％的水溶液）1％，转2h；碳酸氢钠（7％的溶液）适量，调节pH＝3.8～4，排液；水200％，25℃，转10min，排液。

（3）植鞣 水50％，25℃，塔拉单宁20％，转1h；甲酸（1∶10稀释）适量，使pH＝3.2，排液；搭马静置36h以上；回湿，剖层至0.9～1mm；水200％，25℃，转10min，排液。

（4）铝鞣 水50％，25℃，$Al_2(SO_4)_3 \cdot 4H_2O$ 17％（相当于 Al_2O_3 5％），柠檬酸钠5.8％，碳酸氢钠（7％的溶液）适量，调节pH＝3.5，转2h；碳酸氢钠（7％的溶液）适量，调节pH＝4.0，排液；搭马，按常规进行加脂染色。

采用合成鞣剂预鞣的工艺

（1）中和 水100％，25℃，食盐8％，转5min；碳酸氢钠（7％的溶液）适量，调节pH＝3.5～3.8，排液。

（2）植鞣 水30％，25℃，合成鞣剂12％，转2.5h；塔拉单宁20％，转1h；甲酸（1∶10稀释）适量，调pH＝3.2，排液；搭马静置36h以上；回湿，剖层至0.9～1mm；水200％，25℃，转10min，排液。

（3）铝鞣 水50％，25℃，$Al_2(SO_4)_3 \cdot 14H_2O$ 17％（相当于 Al_2O_3 5％），柠檬酸钠5.8％，碳酸氢钠（7％的溶液）适量，调节pH＝3.5，转2h；碳酸氢钠（7％的溶液）适量，调节pH＝4.0，排液；搭马，按常规进行加脂染色。

塔拉栲胶鞣制裸皮可以制得白湿皮，而戊二醛或合成鞣剂预处理裸皮能加快塔拉单宁的渗透。这两种方法鞣制得到的成革收缩温度都超过100℃，物理机械性能和感观指标都适合作高质量的鞋面革（见表4-113），但综合看，戊二醛预处理要好于合成鞣剂预处理，其所得的成革更加柔软、丰满。

表 4-113　塔拉-铝结合鞣牛皮鞋面革的物理性能[233]

指　标	戊二醛预鞣	合成鞣剂预鞣	行业标准
抗张强度/$N \cdot mm^{-2}$	21.3	27.5	$\geqslant 10$
撕裂负荷/N	80	52	$\geqslant 50$
粒面伸长高度/mm	10.5	11.6	$\geqslant 7$

不过与传统铬鞣法相比,目前的植物单宁-金属结合鞣法仍存在一些问题。首先植物单宁的用量必须足够大才能保证其在裸皮中的均匀渗透,这是进行结合鞣的前提条件,一般栲胶用量在 15%(以灰皮重计)以上。在这种用量下,特别是使用橡椀等水解类栲胶时,成革具有很强的植鞣感,粒面粗,革身较板硬,同时还有渗透缓慢、鞣制周期长等问题。因此最好使用渗透性好、收敛性温和的荆树皮栲胶或塔拉单宁等。其次鞣制工艺复杂,对工艺的控制要求很高。为了促进栲胶的渗透,必须先对裸皮进行预处理,鞣制顺序必须是先植后铝,否则栲胶不能顺利渗透。从各种文献报道可以看到,即使在结合鞣中采用渗透性良好的亚硫酸化荆树皮栲胶,在工艺实施中仍然存在困难,其原因主要是多数金属离子向皮内渗透和与皮胶原结合的 pH 条件与栲胶向皮内渗透和结合的 pH 条件不一致,甚至相差甚远。通常先用栲胶在较高的 pH($\geqslant 4.5$)下鞣制,以便渗透,再降低 pH 固定栲胶并防止后续金属离子在表面结合。这时就会出现裸皮粒面及整个皮身因栲胶收敛性增强而产生紧缩,从而影响金属离子渗透。若先用金属离子处理胶原,然后提高 pH 至栲胶易渗透的条件,又会导致金属离子发生过度水解、沉淀,以及金属离子在皮表面与栲胶大量结合、沉积等问题[234]。此外植物-金属结合鞣法还容易产生粒面过于紧实、延伸性差、不耐贮存等缺陷,特别是应用最多的植物-铝结合鞣,革的稳定性不好,在浴液 pH 比较低时,如在加脂后期用甲酸固定后,植物-铝结合鞣的优点会部分丧失[235]。因此,虽然早在 20 世纪 40 年代英国就开始将植物-铝结合鞣应用于某些轻革的生产,但其应用非常有限。

要想有效地解决植物-金属结合鞣法所存在的问题,对栲胶进行改性无疑是比较有效的途径。汪建根等人根据橡椀栲胶中含有大量的多元酚及其衍生物的特点,加入适量分散剂使栲胶液中的大分子充分分散,并使不溶于水的丙烯酸酯类化合物分散于栲胶溶液中,采用过氧化氢-亚硫酸氢钠的氧化还原引发体系,对栲胶进行接枝改性。通过正交实验确定了最佳反应条件为:引发温度 70℃,磺化温度 85℃,栲胶、丙烯酸酯类、甲醛、过氧化氢、醋酸及亚硫酸氢钠比例为 100:25:1.5:1.5:2.5:11,改性后的栲胶溶液稳定性和渗透性变好,收敛性有所降低[236]。在此基础上,将改性栲胶用于植物-铝结合鞣,并采用改性淀粉、改性戊二醛和合成鞣剂进行预处理。参考工艺如下[237]。

酸皮称重,增重 100% 作为用量基准。

(1) 改性淀粉、改性戊二醛预处理　液比 1.0,常温,亚硫酸化鱼油 2%,转 20min;改性淀粉 3%(以固含量计),转 1h;醋酸钠 0.8%,小苏打 0.2%,转 1h,pH = 4.0;改性戊二醛 4%,转 90min;提碱至 pH=5.5,提碱时间 1.5h,然后再转 3h,停鼓过夜。

(2) 植鞣　加合成鞣剂 Tanigan OS 3%,Tanigan BN 3%,转 1h;在 1h 内调节 pH 至 4.8~5.0,倒浴液至液比 0.3~0.5,加入改性橡椀栲胶 7%(以固含量计),分两次加,每次间隔 2h,共转 5h;扩大液比至 1.0,升温到 35℃,转 1h;加甲酸调 pH 至 3.5,转 1h,排液。

(3) 铝鞣　液比 1.0,调 pH 3.0~3.3,加铝鞣液 4%(以 Al_2O_3 计),转 1h,在 1h

内提碱至 pH 4.2，再转 3h。

其中使用改性淀粉主要是利用其多羟基结构，有利于和其他鞣剂结合，起到桥键的作用。此为方案 1。在方案 1 的基础上将改性戊二醛用量增加至 8％，醛鞣后期提碱至 pH7.5，即为方案 2。与方案 1 相比，方案 2 可以稍增加收缩温度，而感观指标则很接近。两种无铬鞣法得到的成革粒面较铬鞣对比样略粗，但丰满性和柔软性好，颜色浅淡。物理机械性能方面不及对比样，不过都超过了行业标准，如表 4-114 所示。

表 4-114　无铬鞣与常规铬鞣坯革的物理性能[236]

指　标	无铬鞣革		铬鞣对比样		行业标准
	方案 1	方案 2	方案 1'	方案 2'	
抗张强度/N·mm^{-2}	13.6	10.6	19.6	18.8	≥6.5
撕裂强度/N·mm^{-1}	22.6	23.3	42.7	50.0	≥18
崩裂负荷/N	170	165	155	170	无
崩裂高度/mm	11.4	11.0	14.9	14.8	无
收缩温度/℃	90.5	92	97	97	≥90

石碧对橡椀栲胶进行了氧化降解研究（见第 4 章 4.5），过氧化氢用量为 20％时得到改性产物 A，用量为 5％时即可渗透裸皮，使结合鞣成革体现出粒面平细、身骨柔软的特征。另一方面，改性产物 A 还保持了较大的分子量，本身有一定的填充性，在结合鞣中与铝进行交联使成革具有丰满的手感，同时因为栲胶用量低，植鞣感不明显。改性产物 A 用于植物-铝结合鞣的实验工艺如下。

(1) 植鞣　酸皮（pH＝2.8～3.0），食盐 5％，干滚 10min；液比 0.5，L-3 或 Neosyn 合成鞣剂 2％，转 1h（选用）；改性产物 A 5％（pH＝5.0），常温，转 1.5h，检查全透；加 40℃热水补液比至 1，转动 2h；甲酸 0.3％～0.5％，调整至 pH 3.1～3.2，停鼓过夜。

(2) 铝鞣　在植鞣液中进行，加入铝鞣剂，常温鞣制 2h，提碱至 4.1；补热水升温至 40℃，液比 2，转 2h；停鼓过夜，次日中和至 pH4.5。

由表 4-115 可以看出，用改性橡椀栲胶与铝结合鞣时，其收缩温度均在 100℃ 以下，低于橡椀栲胶-铝结合鞣的收缩温度（110℃），增厚率也有较大程度的下降，从采用橡椀栲胶的 94％降低至 50％～60％。但改性产物结合鞣革粒面平细、革身柔软，较丰满，当铝盐用量高于 1％时，颜色非常浅淡，可用于浅色革的生产。同时改性栲胶有效地克服了橡椀栲胶进行结合鞣存在的粒面粗糙、成革板硬、颜色深等缺陷，使成革不仅具有较高的湿热稳定性和细致紧密的粒面，也具有植鞣革良好的成形性和丰满柔软的独特风格，具有很好的应用前景。

表 4-115　5％氧化降解栲胶 A 与不同用量铝结合鞣

铝盐用量（Al$_2$O$_3$）/％	0.5	1.0	1.5	2.0
A 鞣后增厚率/％	25	26	25	26
A 鞣后收缩温度/℃	55	56	54	54
铝鞣后增厚率/％	48	52	53	56
铝鞣后收缩温度/℃	80	85	90	97
成革颜色	棕黄	黄色	淡黄	浅黄
粒面、身骨	平细，柔软	平细，柔软	平细，柔软	平细，柔软
提碱 pH	4.02	4.06	4.03	4.10
中和 pH	4.48	4.49	4.53	4.51
A 的吸收	较完全	较完全	完全	完全

Fathima 等采用鞣酸、铝和硅结合鞣代替铬鞣。鞣酸的分子量较小，能解决植鞣革颜色深、渗透慢等问题，而且鞣制时硅的使用让成革更柔软。以脱灰裸皮为原料，不浸酸鞣制的参考工艺如下。

水 50%，硫酸铝 5%，转 1h；鞣酸 10%，转 2h；硅酸钠 5%，转 1.5h；加水 50%，再转 30min。

该方法制得的坯革收缩温度为 95℃，物理机械性能高于部颁标准，如表 4-116 所示。成革比传统铬鞣革更柔软，粒面更光滑。铝的利用率达到 98%，废水的 COD 和 TDS 比传统的植鞣废液有明显的降低[238]。

表 4-116　鞣酸-铝结合鞣服装革和鞋面革的物理机械性能[238]

指　标	服装革	鞋面革	指　标	服装革	鞋面革
抗张强度/$N \cdot mm^{-2}$	17.7 ± 0.5	26.5 ± 1.0	粒面崩裂强度		
断裂伸长率/%	62 ± 2	65 ± 2	负荷/N	274 ± 20	333 ± 20
撕裂强度/$N \cdot mm^{-1}$	53 ± 4	107 ± 5	高度/mm	12.4 ± 0.4	11.7 ± 0.3

4.7.2.2　植物-稀土结合鞣

单志华等研究了稀土与栲胶的结合鞣法，与植物-铝结合鞣一样，植物-稀土结合鞣的加入顺序也应该是先植物单宁后稀土，使两者不仅能均匀渗透，同时也可以获得较好的协同效应。从理论上讲，稀土离子在溶液中有较强的正电荷及较小的粒径，它与植物单宁的结合能力强于与胶原的结合，从实验结果来看，先植后稀土鞣法得到的革有最高的收缩温度。两者的用量可根据成革性能要求如丰满性、收缩温度等确定，一般来说，稀土与栲胶的比例为 1∶2 较为合适。栲胶可通过加渗透助剂、缓浊剂，以及适当降低植物鞣质的分子量等方法加以改性，以增加植物鞣剂的渗透性，降低植物鞣质的收敛性，提高稀土与植物鞣剂反应沉淀 pH，使后续稀土有更好的均匀渗透性。栲胶或改性栲胶与稀土结合鞣制的山羊面革的各种性能如表 4-117 所示。表中数据是鞣制完成后经过染色、加脂、干燥、拉软操作后测定的，均达到部颁标准。从表中也可看到，改性栲胶 MT 与稀土结合鞣除收缩温度外，粒面细致等方面也有较大的提高和改善，当然改性方法不同，结果也是不一样的。特别要指出的是，这种结合鞣法的成革具有很好的耐贮存性，样品自然放置 12 年后，抗张强度只降低 8%～10%，而一般植鞣革降低 80% 左右[239]。

表 4-117　栲胶或改性栲胶 MT-稀土结合鞣革的性能[239]

鞣剂组成	抗张强度/$N \cdot mm^{-2}$	撕裂强度/$N \cdot mm^{-1}$	断裂伸长率/%	收缩温度/℃	感观
落叶松＋稀土	17.6	26.4	73	95.0	粗,软,丰满
MT_1＋稀土	18.6	28.0	76	93.5	细,软
橡椀＋稀土	21.6	21.6	80	91.5	粗,硬,丰满
MT_2＋稀土	19.6	19.6	82	93.5	较细,软

注：栲胶用量 15%，稀土用量 7.5%，MT_1 为改性落叶松栲胶，MT_2 为改性橡椀栲胶。

4.7.2.3　植物-其他金属结合鞣

除了常用的铝、稀土外，目前人们还设法从一些处于氧化态的稳定性稍差的金属元素着手，研究它们的鞣革性能是否会有所改善。不过，这种方法还有很多难题要解决。以钛为例，Ti（Ⅲ）曾被尝试用于结合鞣，不过在与胶原作用过程中，它极易被氧化为 Ti（Ⅳ），而一旦被氧化，就无法比较这类氧化态不同的金属盐的鞣制效果[225]。

单志华等探索了用 Fe^{2+} 与酚缩合物结合鞣的可能性，实验结果表明，先 Fe^{2+} 盐鞣制再酚缩合物复鞣能显示出较强的协同作用，Fe^{2+}盐-脲酚醛缩合物结合鞣制所得山羊面革收缩温度可以达到 86℃，色泽浅淡，革的抗张强度为 25.6N·mm^{-2}，撕裂强度为 44.4N·mm^{-1}，崩裂力为 253.5N，均达到部颁标准，有进一步研究的价值[240]。

Saravanabhavan 等采用鞣酸、锌和硅进行鞣制。鞣制的参考工艺如下[241]。

以采用常规浸水、浸灰、脱灰、软化和脱脂的绵羊皮为原料。

鞣制   水 50%，硫酸锌 10%，转 1h；鞣酸 10%，转 2h；硅酸钠 5%，转 1.5h；加水 50%，再转 30min。

该方法制得的服装革收缩温度 85℃，物理机械性能和常规铬鞣革几乎一样。锌的利用率大约 90%，废液 BOD、COD 和 TDS 较常规植鞣和铬鞣都有明显下降（见表 4-118 和表 4-119）。

表 4-118   传统铬鞣革和实验革的物理机械性能[241]

指　标	传统铬鞣革	实验革	指　标	传统铬鞣革	实验革
抗张强度/N·mm^{-2}	19.1 ± 0.5	18.1 ± 2.0	粒面崩裂强度		
断裂伸长率/%	80 ± 4	75 ± 2	负荷/N	196 ± 10	274 ± 10
撕裂强度/N·mm^{-1}	52 ± 5	47 ± 2	高度/mm	12.4 ± 0.4	11.7 ± 0.3

表 4-119   鞣制废液指标[241]   单位：kg·（t 原料皮）$^{-1}$

指　标	BOD	COD	TDS
常规纯植鞣	16.4	34	58
常规铬鞣	1.53	5.8	121
(Zn/Si/鞣酸)鞣制	0.87	1.8	15

4.7.3   植物单宁-有机交联剂结合鞣法

植物单宁与有机交联剂的结合鞣是另一类有可能取代铬生产高湿热稳定性轻革的方法。它具有成革收缩温度高，生产成本适宜和排放物可生物降解等优点。甲醛曾是结合鞣中应用较多的有机交联剂，但栲胶与甲醛结合鞣制的轻革往往过于紧实，且撕裂强度低，易发脆。这是因为甲醛是以亚甲基形式参与交联，使胶原纤维间的连接僵硬，纤维可滑动性差。当甲醛直接在胶原肽链间产生交联时，这种缺陷会更突出。因此，目前人们对利用具有脂肪链结构的醛来进行这类结合鞣法更感兴趣。

4.7.3.1   植物单宁-改性戊二醛结合鞣法

四川大学石碧等研究过使用国产荆树皮栲胶与改性戊二醛结合鞣生产山羊服装革的技术，得到了收缩温度较高，丰满、柔软的成革，既消除了铬污染，也部分克服了甲醛复鞣植鞣革引起的不耐贮存、机械性能差等问题[242,243]。分别考察了植物-醛结合鞣时预处理方法、改性戊二醛用量、复鞣时间、温度及 pH 对收缩温度（T_s）的影响。较优的预处理-植鞣工艺方案如下。

浸酸山羊裸皮，称重，增重 50% 作为用量标准。

(1) 预处理   在转鼓中加入酸皮，加入浸酸液至液比 1；加入 4% 合成鞣剂 DDS 或 4% 合成鞣剂 SF 或 1%～3% 改性戊二醛，转动 1h；醋酸钠提碱至 pH=5.0；加入 2% 亚硫酸化鱼油，转动 1h，倒去废液。

(2) 植鞣   加入 10% 荆树皮栲胶，鞣制 3h；加 40℃ 热水至液比为 2，保温转动 2h；加 0.25% 甲酸至 pH=3.8～4.0，转动 1h；停鼓过夜，测收缩温度；加 1% 亚硫酸氢钠，转动 40min；换浴，用 0.5% 的草酸漂洗。

先进行植鞣的一个关键问题是要使 10% 的栲胶均匀渗透到裸皮中。比较不同预处理方法对植鞣的影响（见表 4-120）可以看出，用合成鞣剂 DDS 或 SF 预处理，对于提高栲胶的渗透速度有一定作用，而改性戊二醛可以大大改善栲胶的渗透性。这可能是由于 DDS 和 SF 均为酚醛合成鞣剂，对纤维有一定的定形作用，改性戊二醛具有鞣制效应，也能使皮纤维初步定形，从而使栲胶更易渗透。这一点可由裸皮经预处理后收缩温度的改变予以解释。合成鞣剂 DDS 和 SF 预处理后收缩温度略有增加，而改性戊二醛处理后收缩温度则有明显的上升。从植鞣后革的性质来看，用一定量的改性戊二醛预处理，革粒面状态更好，收缩温度更高。

表 4-120　预处理方法对植物-醛结合鞣的影响[242]

预处理方法	不预处理	4％DDS	4％SF	1％醛	2％醛	3％醛
预处理后 T_s/℃	—	65.0	65.5	67.5	68.5	69.0
栲胶鞣透时间/h	3	2.5	2.5	2.5	2	1
栲胶鞣后 T_s/℃	81.0	79.0	80.0	88.0	88.5	89.5
静置一夜后 T_s/℃	83.0	82.0	83.0	89.0	89.0	91.0
成革粒面	粒面起皱	较平细	较粗	较平细	平细	平细

注：预处理前裸皮 T_s＝64.0℃。

在对改性戊二醛复鞣方案进行优化时，均使用植鞣前未经预处理的植鞣坯革为原料。在 20℃ 条件下复鞣的实验结果见表 4-121。不论醛用量为 2％、4％、6％或 8％，1h 后收缩温度便无明显增加，即使复鞣时间达到 5h，收缩温度在 1h 基础上也仅有 1～2℃ 的增加。由此可见，在 1h 以内，醛鞣剂已经完全渗透，并有一定程度的结合。

表 4-121　20℃时改性戊二醛复鞣时间对收缩温度的影响[242]

醛用量/％	2	4	6	8
植鞣坯革 T_s/℃	83.0	83.0	83.0	83.0
转 1h 后 T_s/℃	89.0	88.0	90.0	88.0
转 2h 后 T_s/℃	89.0	90.0	90.0	90.0
转 3h 后 T_s/℃	89.0	91.0	90.0	90.0
转 4h 后 T_s/℃	91.0	92.0	91.0	90.0
转 5h 后 T_s/℃	90.0	92.0	91.0	91.0
过夜后 T_s/℃	90.0	92.5	91.0	91.0

表 4-122 和表 4-123 分别是用改性戊二醛在 20℃ 鞣制 1h 后，再在 40℃ 及 50℃ 鞣制的情况。与表 4-121 相比可以发现，在相同醛用量下，复鞣后收缩温度随着复鞣温度的升高而升高，加温转动 4h 后，收缩温度不再有明显变化。考虑到工厂大生产的实际情况，进一步升高温度有一定困难，因此可确定复鞣时采用先在 20℃ 转动 1h，使醛鞣剂渗透均匀，再升温到 50℃ 转动 4h 较为适宜。

表 4-122　40℃时改性戊二醛复鞣时间对收缩温度的影响[242]

醛用量/％	2	4	6	8
植鞣坯革 T_s/℃	80.0	80.0	80.0	80.0
常温转 1h 后 T_s/℃	84.0	87.0	88.0	90.0
40℃转 1h 后 T_s/℃	86.0	90.0	90.0	94.0
40℃转 2h 后 T_s/℃	87.0	89.0	92.0	94.0
40℃转 3h 后 T_s/℃	89.0	90.0	91.0	96.0
40℃转 4h 后 T_s/℃	89.0	90.0	94.0	97.0
40℃转 5h 后 T_s/℃	90.0	92.0	93.0	97.0
过夜后 T_s/℃	91.0	92.0	94.0	96.0

表 4-123　50℃ 时改性戊二醛复鞣时间对收缩温度的影响[242]

醛用量/%	2	4	6	8
植鞣坯革 T_s/℃	83.0	83.0	83.0	83.0
常温转 1h 后 T_s/℃	86.0	89.0	87.0	89.0
50℃转 1h 后 T_s/℃	89.0	88.0	91.0	94.0
50℃转 2h 后 T_s/℃	90.0	92.0	94.0	95.0
50℃转 3h 后 T_s/℃	93.0	96.0	95.5	96.5
50℃转 4h 后 T_s/℃	94.0	96.0	96.5	96.0
50℃转 5h 后 T_s/℃	94.5	95.5	96.5	96.0
过夜后 T_s/℃	94.0	95.5	95.0	96.0

　　植鞣坯革的 pH＝3.8～4.0，用改性戊二醛复鞣后，pH 几乎没有变化。改性戊二醛复鞣后用醋酸钠提碱到 pH＝5.0～5.2，发现收缩温度的提高不明显（＜2℃），由此可以认为醛复鞣时 pH 不是重要的影响因素。

　　在对未预处理植物-醛结合鞣最佳工艺条件初步探索的基础上，进一步考察了不同预处理方案对戊二醛复鞣的影响，结果如表 4-124 所示。可以看出，对于采用 4% 的合成鞣剂 DDS 预处理的植鞣革，当改性戊二醛的用量为 1%～2% 时收缩温度最高，再增大改性戊二醛的用量，收缩温度反而有所下降；对于 3% 改性戊二醛预处理的植鞣革，也得到类似的结果。可见，植鞣前适当的预处理，可使成革达到最高收缩温度时复鞣剂（改性戊二醛）用量明显降低，这可能是由于植物鞣剂在胶原纤维中分布更加均匀，从而使改性戊二醛的交联更加均匀和有效。此外，合成鞣剂 DDS 本身也可能参与同改性戊二醛的交联。至于经过预处理后，为何随改性戊二醛用量增加收缩温度反而下降，还有待进一步研究。

表 4-124　预处理植鞣坯革复鞣后的收缩温度[242]　　　　　　　　单位：℃

预处理方法	坯革状态	复鞣时改性戊二醛用量				
		1%	2%	3%	4%	5%
4%DDS	植鞣坯革	82.0	82.0	82.0	82.0	82.0
	常温复鞣 1h	82.5	84.0	84.5	86.0	88.0
	50℃复鞣 4h	97.0	96.5	95.0	96.5	96.5
3%改性戊二醛	植鞣坯革	91.0	91.0	91.0	91.0	91.0
	常温复鞣 1h	92.0	92.5	91.5	91.5	92.0
	50℃复鞣 4h	97.0	95.5	94.0	94.5	94.5

　　综合上述实验结果可以确定，较优化的结合鞣条件应为：4% 合成鞣剂 DDS 预处理，10% 荆树皮栲胶鞣制，再用 2% 的改性戊二醛复鞣。复鞣的最佳条件为 20℃复鞣 1h，再在 50℃复鞣 4h。

　　在优化出的最佳结合鞣条件下，进行了植物-醛结合鞣放大实验。同时，作为比较，在可比条件下进行了醛-植物结合鞣实验。将所得的革按常规工艺染色加脂后进行了物理性能测试，结果如表 4-125 所示。植物-醛和醛-植物结合鞣收缩温度都能达到部颁标准，但植物-醛结合鞣收缩温度更高。醛-植物结合鞣革的抗张强度和撕裂强度都不如植物-醛结合鞣革，并且醛-植物结合鞣革的撕裂强度达不到部颁标准。从伸长率来看，两者基本相同。植物-醛结合鞣和醛-植物结合鞣法所得成革的物理机械性能不如铬鞣革，但吸水性、透水汽性、耐汗性等指标明显优于铬鞣革，具有良好的卫生性能，风格独特，可用于内衣革、鞋内底革的生产。较低的伸长率使其适用于生产沙发革、装具革、包袋革和鞋面革。

表 4-125　几种不同鞣法的成革性能比较[242]

鞣法	成革 T_s/℃	抗张强度/N·mm^{-2}	撕裂强度/N·mm^{-1}	负荷伸长率/%	15min 吸水性/%
植物-醛结合鞣	95	15.8	21.0	38	131.4
醛-植物结合鞣	91	11.3	16.4	42	153.5
常规铬鞣	≥100	17.1	27.7	55	109.5
部颁标准	≥90	≥6.5	≥18	25~60	—

需要指出的是，在这种植物-醛结合鞣法中，鞣剂用量较常规铬鞣法增加较多，而且植物鞣剂的性质决定了成革易偏硬，延伸性差，因此必须考虑鞣制前后的工艺平衡问题。途径之一是加重前处理，使裸皮的纤维分散和水解程度加强，必要时在保证成革各项指标达标的前提下，牺牲一部分强度来达到鞣法与鞣前工艺的平衡，使成革保持柔软特性。另一种方法是通过鞣后湿加工改善成革的手感，但值得考虑的问题是，植物-醛结合鞣革与常规铬鞣革相比，阴离子性较强，因此用于常规铬鞣革的复鞣剂、加脂剂及相应的复鞣加脂技术不一定能适合植物-醛结合鞣革。故需特别注意鞣后加工中所使用材料的电荷性质。使用发泡型复鞣剂如 PR-1 能增加成革的发泡性，使成革具有绵羊型服装革的特点。使用加脂性复鞣剂具有复鞣加脂双重功能，能产生分步加脂的效果，有利于成革柔软丰满性的改善。实验结果也证实了这两类复鞣剂具有良好的应用效果，有助于工艺平衡。荆树皮栲胶-改性戊二醛结合鞣生产山羊服装革的参考工艺如下。

(1) **快速浸水-机械去肉**

(2) **高浓度涂灰脱毛**　高灰 Na_2S 110g·L^{-1}，低灰 Na_2S 70g·L^{-1}，JFC 0.25%，消石灰适量；配好灰浆后，高灰涂头、颈及背脊线部位，低灰涂边腴部位，视气温堆置 3~5h。

(3) **浸灰**　液比 0.5，Na_2S 2.5%，浸灰助剂 0.5%，转 1h；补加水至液比 2，加石灰 3%，转 1.5h，停 1h，转 1h，停 1h，转 30min，停鼓过夜。

(4) **水洗→去肉→称重→复灰→水洗→脱灰→软化**

(5) **浸酸**　水 80%，常温，食盐 8%，甲酸（1:5 稀释）1%，转 15min；硫酸（1:10 稀释）1%，转 1h，检查 pH=2.5，再转 30min。

(6) **预处理**　在浸酸液中进行，合成鞣剂 DDS 4%，转 45min；亚硫酸化鱼油 2%（用 60℃ 热水化开），转 30min。

(7) **植鞣**　倒去部分预处理液至液比 0.2~0.3，加荆树皮栲胶 10%，转 2h，检查全透；加入 40℃ 热水至液比为 2，转 1h；甲酸 0.25%，转 30min，停鼓过夜。出鼓搭马静置一天。按服装革厚度片皮、削匀。称重，增重 50% 作以下用量基准。

(8) **漂洗**　40℃ 热水转动 30min，倒去废液；水 100%，常温，亚硫酸氢钠 0.5%、亚硫酸钠 0.5%（均用水化开），转 40min。

(9) **漂洗**　水 100%，常温，草酸 0.5%，转 40min。

(10) **醛鞣**　水 30%，常温，改性戊二醛 2%，转 1h；补 55℃ 热水至液比为 2~2.5，转动 4h；不出鼓静置过夜，次日转 30min；流水洗 5min。

(11) **复鞣**　水 100%，40℃，PR-1 2%，转 45min。

(12) **中和**　水 100%，碳酸氢铵 0.25%（用水化开），转 30min；流水洗 5min。

(13) **复鞣**　水 100%，45℃，FRT-1 4%（用 60℃ 水化开），转 45min。

(14) **染色加脂**　倒去复鞣液，调整液比为 0.3；酸性黑 0.9%，直接黑 1.8%，加脂剂 15%（L-3 3%，SF-2 6%，鱼油 OS 6%），以调匀的染料加脂剂糊的方式加入，转动

30min；补加 60℃ 的热水 200％，转 30min。

（15）固色 甲酸 1％（10 倍水稀释），转 30min。

（16）表面加脂 液比 1，阳离子油 0.5％（用 60℃ 水化开），转 30min；流水洗 5min，出鼓、挂晾。

4.7.3.2 植物单宁-噁唑烷结合鞣法

近年来，人们对噁唑烷与植物单宁的结合鞣法也进行了大量研究工作。噁唑烷是一类氧氮杂环化合物，在很宽的 pH 和温度范围内有良好的鞣革性能，其官能团能与植物单宁和胶原发生类似于醛产生的交联反应，使胶原的收缩温度大幅度提高（超过 100℃），因此通常把这类鞣法也归为植物-醛结合鞣法。石碧等人曾系统地研究过改性噁唑烷（商品名 Oxazolidine E，结构如图 4-30 所示）与植物单宁的结合鞣法。由于在提高成革收缩温度方面，先植鞣后醛鞣的结合鞣法总是优于先醛鞣后植鞣的结合鞣法，因此在进行植物-改性噁唑烷结合鞣法研究时，主要侧重于三方面：

① 研究比较各类常用植物鞣剂（荆树皮、坚木、槟榔、橡椀、柯子、栗木、漆叶）与改性噁唑烷的结合鞣法；

② 研究植物鞣剂与改性噁唑烷的最佳用量配比，其目的是既使成革具有符合需要的收缩温度，又使栲胶的用量降低到最少，从而减少革的植鞣特征，为生产轻而软的植鞣轻革奠定基础；

③ 探索植物-醛结合鞣的机理，为其进一步应用提供理论基础[244~248]。

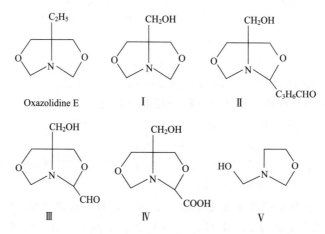

图 4-30 各种改性噁唑烷结构

实验工艺如下。

以浸酸（晾干）绵羊皮为原料，称重作为材料用量基准。

（1）回湿 水 100％，20℃，NaCl 6％，转 30min；称重作为以下用量基准。

（2）去酸 水 100％，20℃，NaCl 6％，转 20min；加 Oxazolidine E 3％（作为预鞣剂），转 20min；加甲酸钠 2％，转 15min；加碳酸氢钠 2％，转 30min，pH＝6.6；搭马过夜。

（3）脱脂 脱脂剂 4％，无浴，转 30min；水 200％，温度 45℃，转 15min，排液；水 200％，45℃，转 15min，排液；水 200％，45℃，转 15min，排液；搭马，测试裸皮的收缩温度（T_s＝65℃）。

(4) 植鞣(分别用荆树皮、坚木、槟榔、橡椀、柯子、栗木和漆叶栲胶鞣制)　栲胶 10%，无浴，20℃，转 90min；加栲胶 10%，转 120min，检查全透；加水 100%，40℃，转 90min；加甲酸 0.25%，转 90min；搭马、过夜。

(5) 水洗　水 300%，20℃，转 5min，排液。

(6) 漂洗　水 100%，温度 40℃，亚硫酸钠 0.5%，亚硫酸氢钠 0.5%，转 30min，排液。

(7) 水洗　水 300%，20℃，转 5min，排液。

(8) 漂洗　水 100%，35℃，Neosyn NP（芳香族合成鞣剂）1%，草酸 0.5%，转 45min；搭马、过夜、挤水、称重。

(9) 复鞣　液比 2，20℃，Oxazolidine E x%（$x=2$、4、6、8、10、12），转 1h；升温至 60℃，转 4h。

表 4-126 列出了各种栲胶与改性噁唑烷结合鞣所获成革的收缩湿度。作为主鞣剂栲胶的用量均为 20%，作为复鞣剂噁唑烷的用量为 2%～12%。很显然，使用荆树皮、坚木、槟榔等凝缩类栲胶时，成革的收缩温度（一般在 100℃以上）明显高于使用水解类栲胶时成革的收缩温度（一般在 90℃以下）。在凝缩类栲胶中，荆树皮栲胶特别突出，与其他两种凝缩类栲胶相比，成革的收缩温度高出 10℃以上，最高达到 114℃。实际上，在所研究的七种植物鞣剂中，唯有荆树皮栲胶能与改性噁唑烷结合生产出耐沸水的革。因此，如果考虑用这种鞣法生产鞋面革，应选择荆树皮栲胶。从表中还可以看出，不管使用哪种栲胶，改性噁唑烷复鞣剂的用量达到 4%时，革的收缩温度达到最大值，再增加复鞣剂的用量，革的收缩温度不再随之上升。试验中可以观察到，当改性噁唑烷的用量较大时，挤水时被排挤出的植物鞣剂也随之增加，水解类植物鞣剂尤为突出。一方面可能是由于改性噁唑烷的竞争反应所致；另一方面改性噁唑烷的 pH 较高（pH=8～8.5），对植物鞣剂的结合有影响。所以当植物鞣剂的用量为 20%时，改性噁唑烷的用量为 4%最适宜。

表 4-126　20%植物鞣剂+改性噁唑烷结合鞣所得革的收缩温度[246]　　单位：℃

栲胶种类	改性噁唑烷用量					
	2%	4%	6%	8%	10%	12%
荆树皮	108	114	114	114	114	113
坚木	95	101	101	101	101	101
槟榔	104	103	101	101	101	101
栗木	86	85	84	85	84	84
橡椀	88	88	87	82	82	82
漆叶	91	90	88	90	80	89
柯子	88	88	86	86	86	84

以上结论都是在栲胶用量为 20%时得出的。对于多数轻革品种而言，采用 20%栲胶主鞣，虽然用改性噁唑烷复鞣后革的收缩温度可以达到令人满意的效果，但"植鞣革特征"可能会显得太强。如果能够将植物鞣剂的用量降低到最少，并确定相适应的改性噁唑烷用量，使成革既能达到适当的湿热稳定性，又尽可能地具有铬鞣革的特点，则该鞣法无疑具有非常好的应用前景。为此，石碧等人又研究了不同用量的荆树皮栲胶和改性噁唑烷结合鞣对收缩温度的影响，结果如表 4-127 所示。为了保证荆树皮栲胶在低用量时也能均

匀渗透，植鞣前先用辅助型芳香族合成鞣剂 Neyson PTN 预鞣。

表 4-127　荆树皮栲胶主鞣＋改性噁唑烷复鞣所得革的收缩温度[246]　　　单位：℃

主鞣剂	改性噁唑烷复鞣剂用量					
	2％	4％	6％	8％	10％	12％
15％荆树皮栲胶	101	102	112	112	112	112
10％荆树皮栲胶	99	100	103	102	103	103
7.5％荆树皮栲胶	94	96	99	98	99	100
5％荆树皮栲胶	92	94	95	95	95	95

注：栲胶用量以酸皮质量计，改性噁唑烷用量以挤水后的植鞣革质量计。

　　表 4-127 中的数据表明，用 15％荆树皮栲胶主鞣，6％改性噁唑烷复鞣，革的收缩温度能超过 110℃，适合于鞋面革的生产。更有意义的是，当栲胶的用量降低至 10％、7.5％甚至 5％时，经较少量的改性噁唑烷复鞣后，革的收缩温度仍可达到 95℃以上，完全符合服装革对湿热稳定性的要求。使用如此有限的植物鞣剂，革的"植鞣特征"会基本消除。另外还可以看出，荆树皮栲胶的用量在 5％～15％范围内，较合适的改性噁唑烷用量均为 6％左右，用量进一步增加，并不会进一步提高革的收缩温度。

　　需要特别说明的是，这种结合鞣法的后期升温是至关重要的。空白实验表明，如果保持在 20℃下复鞣，复鞣 1h 和复鞣 4h，革的收缩温度不会明显变化，但温度上升到 60℃后，革的收缩温度随之明显上升。在 60℃复鞣 1～2h 后，革的收缩温度趋于平衡。这些参数对该鞣法的实际应用具有较大的参考价值。

　　由于改性噁唑烷（Oxazolidine E）是进口产品，价格较高，不利于推广应用。在国家"十五"863 计划课题"制革工业清洁生产技术"的支持下，四川大学皮革工程系开发了一系列具有噁唑烷结构的产品，结构如图 4-30 所示，既可以用于植物-醛结合鞣，也可以用于高吸收铬鞣（见 4.3 高吸收铬鞣技术部分）。其中 6％的产品 I 用于植物-醛结合鞣时（荆树皮栲胶用量为 15％），收缩温度可以达到 100℃以上[249]。这些产品已由德美亭江精细化工有限公司生产。

4.7.3.3　植物单宁-醛结合鞣机理

　　为了优化植物-醛结合鞣技术，国内外学者对植物-醛结合鞣机理进行过大量研究。但鉴于单宁-醛-皮胶原三元体系的复杂性，已有的工作主要是对单宁-皮胶原、醛-皮胶原、单宁-醛等二元反应体系的研究，进而推测植物-醛结合鞣机理。例如，石碧等人已证实单宁与皮胶原的反应主要基于氢键-疏水键的协同作用，以及单宁胶体的物理吸附，其中前者是提高皮革热稳定性的主要因素[250]；证实了醛类化合物（包括各种噁唑烷）能在鞣制条件下与凝缩类单宁产生共价结合，反应主要发生在单宁 A 环的 6 位和 8 位上[245,248]。在此基础上，他们进一步利用热分析技术，通过研究氢键、疏水键及胶原活性基团对单宁-醛-皮胶原反应的影响规律，特别是对反应后胶原湿热稳定性的影响，深入探索了植物-醛-皮胶原反应的机理。

　　从表 4-128 和表 4-129 可以看出，与植鞣皮粉样品比较，植物-醛结合鞣皮粉的热稳定性受氢键破坏试剂（尿素）和疏水键破坏试剂（正丙醇）的影响很小，表明植物-醛结合鞣的化学机理与植鞣的化学机理有很大不同，结合鞣皮粉的热稳定性并不是主要靠单宁的氢键和疏水作用获得的，很可能是单宁、醛、胶原三者之间产生了共价交联，从而大幅度提高了胶原的湿热稳定性。这一点可以从基团封闭对胶原湿热稳定性的影响得到进一步证实。

表 4-128 尿素溶液对胶原热稳定性的影响[247] 单位：℃

尿素浓度/mol·L⁻¹	白皮粉		植鞣皮粉		醛鞣皮粉		结合鞣皮粉	
	T_s	T_p	T_s	T_p	T_s	T_p	T_s	T_p
0	61.7	65.8	84.5	87.6	80.8	83.2	107.8	110.0
1	58.0	62.8	78.4	84.2	77.2	80.2	107.0	109.5
2	53.6	60.5	75.8	80.4	76.0	79.2	106.8	109.2
3	50.1	58.0	72.2	76.4	74.9	78.7	106.5	108.5
8	—	—	65.0	70.7	73.8	77.5	103.7	106.4

注：T_s 为皮粉热变性的起始温度（可以认为等同通常定义的收缩温度），T_p 为皮粉收缩过程的峰温，下同。

表 4-129 正丙醇溶液对胶原热稳定性的影响[247] 单位：℃

正丙醇浓度/%	白皮粉		植鞣皮粉		醛鞣皮粉		结合鞣皮粉	
	T_s	T_p	T_s	T_p	T_s	T_p	T_s	T_p
0	61.7	65.8	84.5	87.6	80.8	83.2	107.8	110.0
10	54.7	65.0	79.2	84.0	77.9	81.5	106.2	108.9
20	58.0	66.0	78.6	83.8	78.3	80.8	106.5	108.9

从表 4-130 可以看出，虽然三种皮粉植鞣后的热稳定性相差很小，但白皮粉及羧基酯化皮粉经醛复鞣（即植物-醛结合鞣）后，T_s 分别提高到 107.8℃和 104℃，T_p 分别提高到 110℃和 106.5℃；而去氨基皮粉经醛复鞣后，T_s 和 T_p 只能达到 84℃和 87.2℃，仅比植鞣皮粉的热稳定性提高了 2~3℃。由表 4-131 可知，皮粉经去氨基处理后，侧链带有氨基的赖氨酸和羟基赖氨酸残基数量分别由 26/1000 和 8/1000 下降到 1.5/1000 和 0.8/1000。这些数据表明，即使首先使单宁与皮胶原充分结合，再进行醛复鞣时醛类化合物仍然依赖于胶原的氨基而发生（提高）鞣制效应，而并非主要通过在已经与皮胶原结合的单宁分子之间产生交联而提高鞣制效应。

表 4-130 各种皮粉经不同方法鞣制后的收缩温度和峰温[247] 单位：℃

鞣制条件	白皮粉		去氨基皮粉		酯化羧基皮粉	
	T_s	T_p	T_s	T_p	T_s	T_p
空白实验	61.7	65.8	60.8	65.7	—	—
植鞣	84.5	87.6	81.0	85.4	81.6	84.5
醛鞣	80.8	83.2	62.0	66.5	78.0	81.8
植物-醛结合鞣	107.8	110.0	84.0	87.2	104.0	106.5

表 4-131 皮粉及修饰皮粉的典型氨基酸含量[247]

单位：（氨基酸残基个数）·（1000 氨基酸）⁻¹

氨基酸	赖氨酸	羟基赖氨酸	精氨酸	羟脯氨酸	脯氨酸
白皮粉	26	8	46	62	129
去氨基皮粉	1.5	0.8	42	61	130
酯化羧基皮粉	16	8	45	60	128

当然，这并不意味着结合鞣过程中醛类化合物完全不与单宁发生反应。表 4-130 中的数据表明，白皮粉经植鞣后 T_s 提高了 22.8℃，经醛鞣后 T_s 提高了 19.1℃。如果不存在单宁和醛之间的反应，则植物-醛结合鞣皮粉的 T_s 升高值（ΔT_s）应该不大于两种鞣法的加和效应，即 $\Delta T_s \leqslant 41.9℃$。但实际上 ΔT_s 为 $107.8-61.7=46.1℃$，表明植物-醛结合鞣存在因单宁-醛反应而引起的协同效应。

综上分析，植物-醛结合鞣时，单宁、醛、皮胶原的结合方式可以由图 4-31 来表示。这种反应模型与上述研究测试到的所有数据相符合，并可以解释植物-醛结合鞣革耐水洗、耐有机溶剂作用及具有高湿热稳定性等现象。

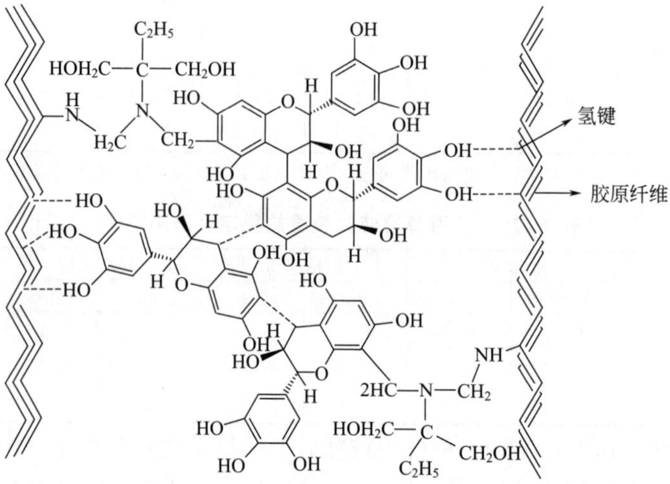

图 4-31　植-醛结合鞣的交联方式

值得指出的是，图 4-31 表明单宁与皮胶原的氢键结合、醛类化合物与胶原氨基的共价键结合是植物-醛结合鞣的基础，但并不是所有的单宁与醛进行结合鞣时都能形成如图 4-31 所示的结合方式。当单宁分子中含有亲核活性较高的反应位置（凝缩类单宁 A 环的 6 位和 8 位）时，单宁会参与醛的交联反应，从而产生鞣制协同效应，形成如图 4-31 所示的结合方式的概率很大；水解类单宁不含亲核活性较高的位置，单宁与醛均以各自的方式与皮胶原结合，相互之间发生交联反应的概率很小，因而无协同效应，难以形成如图4-31所示的结合方式，甚至由于两者与皮胶原结合的竞争性，使结合鞣效果反而小于两者的加和效应。这和前面表 4-126 的数据是一致的，即采用凝缩类栲胶与醛类化合物进行结合鞣时，皮胶原获得的热稳定性要比采用水解类栲胶高得多。

根据这些结果和分析，可以认为植物-醛结合鞣的作用过程可能是植物单宁（凝缩类）先渗透进皮内，与胶原形成多点氢键结合，然后加入的醛和胶原侧链氨基作用，形成席夫碱（Schiff's base），接着和胶原附近的凝缩类单宁的 A 环发生亲核反应，形成稳定的交联键。如果没有亲核性高的单宁，形成的席夫碱就会和其他侧链氨基反应，形成交联即醛鞣。如果改变结合鞣的顺序，在醛和皮胶原充分作用后再加入单宁，则不能产生植物-醛反应协同效应，而且先加入的醛在胶原分子间形成的交联会影响单宁的渗透，因此收革的缩温度明显低于先植鞣后醛鞣的革，如表 4-132 所示，所以一般不采用先醛鞣后植鞣的顺序。

表 4-132　结合鞣顺序对成革收缩温度的影响　　　　　　　　　　单位：℃

噁唑烷用量/%	黑荆树皮单宁		坚木单宁		栗木单宁		柯子单宁	
	T_s1	T_s2	T_s1	T_s2	T_s1	T_s2	T_s1	T_s2
2	108	96	95	91	86	81	88	78
4	114	97	101	92	85	81	88	78
6	114	100	101	93	84	83	86	81
8	114	100	101	96	85	82	86	80

注：单宁用量为 20%，T_s1 指先植鞣后醛鞣的收缩温度；T_s2 指先醛鞣后植鞣的收缩温度。

四川大学利用植物-醛结合鞣原理建立了黄牛皮无铬汽车坐垫革生产技术，工业试验表明，革的各项理化指标均达到国家标准，也满足了客户的使用要求，尤其是产品的手感和外观可与铬鞣革相媲美。这项技术消除了废水、污泥及皮革制品中的铬，减少中性盐排放 40%～50%，节水 30%，实现了环境效益和经济效益的双赢。其工艺方案如下。

以进口美国黄牛盐湿皮为原料，称重-水洗。

(1) 预浸水　水 200%，18～22℃，浸水助剂 0.5%，每隔 1h 转 10min，共 14h，排液。

(2) 主浸水　水 500%，18～22℃，JFC 0.5%，防腐剂 0.5%，漂白粉 0.5%，每隔 1h 转 20min，重复次数根据浸水情况决定，冬天过夜，夏天不过夜，浸透水，排液。

(3) 浸灰　水 40%～60%，22～24℃，NaHS 0.7%，浸灰助剂 1.0%，转 60min；NaHS 1.0%，石灰粉 3.0%，转 10min；水 150%，转 50min，停 1h，转 10min，停 2h，转 10min，停 2h，转 5min，停 6～7h，转 10min，排液，水洗，出鼓。

(4) 片皮（根据成品要求决定）→称重→闷水洗 2～3 次

(5) 脱灰　水 100%，26～28℃，脱灰剂 2.0%，有机酸 0.5%，转 30min，停 20min，再转 20min，酚酞检查切口留 1/3～1/4 红心，排液；45～47℃闷水洗。

(6) 软化　水 100%，36～38℃，硫酸铵 0.5%，胰酶 0.3%，蛋白酶 0.5%，转 6h，停 30min，排液。

(7) 水洗　水 200%，22℃，平平加 0.5%，转 20min，排液。

(8) 弱浸酸　水 80%，24℃，食盐 4%，转 10min；甲酸（85%，按 1∶10 稀释）0.5%，转 10min；硫酸（98%，按 1∶10 稀释）0.5%，转 60min；停 30min，再转 60min，用溴甲酚绿检查切口全绿色，pH=4.0±0.2。

(9) 预鞣　水 80%，35℃，助鞣剂 4%，噁唑烷 OZ（96%）1%，植物鞣剂（坚木或荆树皮）5%，转 60min，检查切口全透；醋酸 0.5%，转 60min，pH=3.8～4.0；静置 24h 以上，挤水→削匀 [双层厚（2.5±0.05）mm]→称重→水洗。

(10) 回软　水 100%，35℃，转 30min；回软剂 0.5%，转 20min。

(11) 主鞣　改性戊二醛 Relugan GT-50 2%，转 60min；植物鞣剂 10%，合成鞣剂 7%，丙烯酸树脂鞣剂 5%，加脂剂 3%，转 90min；甲酸（85%，按 1∶10 稀释）0.5%，转 30min，至 pH=4.0±0.2，排液。

(12) 中和　水 100%，35℃，中和剂 4%，碳酸氢铵 0.3%，转 60min；切口溴甲酚绿检查全绿，pH=4.5～5.0。

(13) 复鞣　水 100%，35℃，合成鞣剂 2%，丙烯酸树脂鞣剂 3%，氨基树脂鞣剂 4%，噁唑烷 OZ 2%，转 60min，排液。

(14) 染色加脂　水 100%，50℃，染料 2%，转 20min；加脂剂 9%，转 60min。

(15) 固定　甲酸（85%，按 1∶10 稀释）1%，分两次加，每次间隔 15min，至 pH 4.0±0.2，排液；出鼓、搭马，静置 24h 以上，按常规方法进行后继工序。

4.7.4　多糖基醛鞣剂及其鞣法

多糖是一类可再生生物质，其来源广泛、生物相容性好、无毒无害且可生物降解，常被作为增稠剂、胶凝剂、稳定剂等用于食品、医药、化工等行业[251～253]。经化学改性后，多糖可被制成有机鞣剂用于皮革的预鞣或复鞣。相较于以不可再生的化石资源为基础的合成鞣剂，多糖基鞣剂在"可持续发展"方面具有显著优势。在制革工业中，利用高碘酸盐的选择性氧化作用，可将具有邻二醇结构单元的多糖转化为生物可降解的双醛多糖，其可与皮胶原纤维上的氨基反应形成共价交联而表现出鞣性[254,255]。目前，双醛多糖的制备主要采用图 4-32（a）所示技术，制得的双醛多糖普遍具有分子量较高且分子量分布集中的特点，当其作为多糖基醛鞣剂用于皮革鞣制时，在皮内胶原多层级结构（从小到大依次为胶原分子→微原纤维→原纤维→基础纤维→纤维束，逐级聚集而成的超分子结构）中的分布不均匀，导致鞣制皮革的收缩温度通常不高于 80℃，表现出较差的鞣制性能。例如，双醛淀粉作为一种制革工作者广泛关注和重点研究的多糖基醛鞣剂，其分子量一般在几千到十几万道尔顿且分散系数多在 1～2 之间，分子量分布很集中，其氧化度需高于 90％才能使鞣革收缩温度达到 80℃左右[256,257]。Kanth 等人采用上述类似方法制备出双醛海藻酸钠，将其用于皮革鞣制时，鞣革收缩温度也未超过 80℃[258]。

　　近年来，四川大学石碧教授团队对双醛多糖的分子结构与其鞣革性能间的构效关系进行了深入研究。通过对双醛多糖的醛基含量、分子量及其分布进行有效调控，制备了具有全组分、宽分布特点的新型多糖基醛鞣剂[257,259]。在鞣制过程中，该鞣剂中的各组分能够分别渗透进入皮胶原纤维的多级结构中发生交联鞣制作用，大分子量组分在纤维束间交联并填充在纤维间隙中，中等分子量组分在基础纤维层级结合，较小分子量组分在原纤维层级结合，更小分子组分甚至可以进入胶原分子间进行交联，使得鞣制均匀性和鞣制程度显著提高（其鞣制皮革和毛皮的收缩温度可提高至 85～90℃）。例如，新型双醛海藻酸钠鞣剂（OSA）鞣革的收缩温度可达 85℃以上，染整后制得坯革的抗张强度高于有机膦盐鞣剂、TWT 两性聚合物鞣剂和戊二醛鞣制坯革，撕裂强度优于 TWT 及戊二醛鞣制坯革，稍低于有机膦盐鞣制坯革，柔软度与以柔软见长的戊二醛鞣制坯革相当（表4-133）[260,261]。由于该类鞣剂的分子链具有一定柔顺性，因而鞣制革坯具有较好的柔软度和延伸性，比较适合于服装革以及细杂毛皮的鞣制。

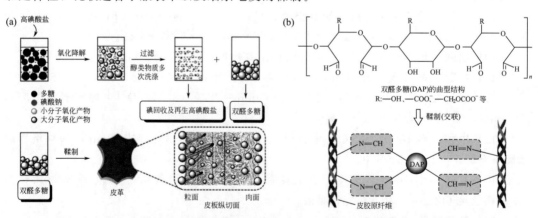

图 4-32　多糖基醛鞣剂的常规制备技术路线、典型结构及鞣制示意图

表 4-133　坯革的物理性能

鞣制方案	抗张强度/N·mm⁻²	撕裂强度/N·mm⁻¹	断裂伸长率/%	柔软度
OSA 鞣制	11.81	50.74	47.89	6.41
有机膦盐鞣制	9.96	54.35	47.28	6.33
TWT 鞣制	8.88	40.11	39.50	5.89
戊二醛鞣制	8.39	39.46	33.62	6.47

　　如前所述，该新型多糖基醛鞣剂分子量适中，且分子量分布宽，加之分子结构中的醛

基反应活性适中,因此鞣制时可以不用设置专门的预渗透工序。将鞣剂加入转鼓中与酸皮一起转匀后即可缓慢提碱至设定 pH(7.8～8.0),然后升温至 35～40℃,继续转动 120～240 min,让鞣剂与皮胶原纤维充分交联结合,从而达到鞣制目的。典型的牛皮和细杂毛皮的鞣制工艺如下。

(1) 牛皮鞣制参考工艺

取浸酸皮,称重,并增重至 200%,作为以下用料依据。

鞣制:水 100%,常温,氯化钠 6%,多糖基醛鞣剂 4%(以有效物计),转匀后继续转 0～240 min;

小苏打 0.5%(10 倍水稀释),缓慢加入转鼓中,提碱至鞣液 pH 为 8.0,继续转 30 min;

升温至 40℃,转 240 min;

次日转 30 min,控液,水洗,出皮,测定革的收缩温度。

(2) 细杂毛皮鞣制参考工艺(以兔皮为例)

取浸酸皮,计张数,化料用量以用水量体积计。

鞣制:水 1L/张,35℃,氯化钠 60g/L($°Bé=6$),多糖基醛鞣剂 2～4 $g \cdot L^{-1}$(以有效物计),转 15min,停 30min;90min 后,加纯碱 1$g \cdot L^{-1}$,转 5min,停 55min;180min 后,继续加纯碱 0.5～1$g \cdot L^{-1}$,每加一次,转 5min,停 55min,直至鞣液 pH 提至 6.5～7.0;

次日,甩水 10min;

中和:水 1L/张,30℃,氯化钠 40g/L,铵明矾 15g/L,氯化铵 2g/L,铝鞣剂 4$g \cdot L^{-1}$,增光液 1.5$g \cdot L^{-1}$,荧光增白剂 0.3g/L,转 5 min,停 55 min,共计 360 min,鞣液 pH 中和至 4.0～5.0;

次日,甩水,打毛,翻筒,伸宽,刷加脂,挂晾干燥;

铲软,转木糠/转笼。

4.7.5　其他无铬鞣法

四羟甲基季鏻盐(tetrakis hydroxymethyl phosphonium salt,简称 THP 盐)可作为阻燃剂和杀菌剂使用,而早在 20 世纪 50 年代,THP 盐就被发现具有鞣革性能[262,263]。常用的 THP 盐有四羟甲基氯化鏻(THPC)和四羟甲基硫酸鏻(THPS)。近年来,随着无铬鞣法的兴起,有关 THP 盐鞣革的研究和应用报道逐渐增多。印度中央皮革研究所 N. N. Fathima 等人在 THPS 与一系列金属鞣剂和有机鞣剂(如铁盐、铝盐、锆盐、单宁酸、乙醛、戊二醛等)的结合鞣方面做了大量研究工作,发现在 THPS 用量为酸皮重 1.5%的情况下,采用各种结合鞣法得到的皮革收缩温度都在 85℃以上,物理机械性能和感观性能均达到或优于常规铬鞣革的水平。此外,THPS 的加入能够赋予成革良好的耐光性和耐黄变性,更浅淡的色泽以及更高的机械强度[264～268]。

以 THPS-锆结合鞣为例,参考工艺如下[266]。

常规浸酸裸皮(pH 2.8)称重,作为以下用量标准。浸酸液 50%,THPS 1.5%,转 45min;加氯氧化锆 10%,转 60min;加酒石酸钠 2.5%,转 30min;补水 50%,转 10min;加甲酸钠 0.5%,转 15min;小苏打 1.0%～1.2%(1:10 稀释),分三次加入,每次间隔 10min,加完再转 2h,pH 3.8～4.0。

四川大学范浩军等报道了一种纳米 SiO_2 鞣革方法[269～271]。首先以合成的聚合物或改性油脂作为分散载体,与四乙氧基硅烷混合,制备纳米前驱体;然后借助分散载体的渗透和扩散作用，将纳米前驱体引入皮纤维间隙中；再通过降低浴液 pH，使纳米前驱体水解原位生成纳米 SiO_2 粒子，并与蛋白质产生有机-无机杂化作用，包括纳米 SiO_2 与精氨酸、组氨酸、色氨酸侧基及肽链的键合反应，以及前驱体水解产生的 Si—OH 与蛋白质侧链羟基之间的缩合反应，从而提高皮革的湿热稳定性。纳米 SiO_2 的鞣制工艺流程如下。

软化裸皮，称重作为以下用量标准。

2% 噁唑烷预鞣；片皮、挤水；加入一定量纳米 SiO_2 鞣剂，室温下转 1h；升温至 35℃，缓慢加水和甲酸，降低 pH，促进纳米鞣剂水解，共 2~3h，终点 pH 为 3.0~3.5。

实验结果表明，用 0.3%（以软化皮重计）的纳米 SiO_2 处理软化后的裸皮，收缩温度达到 95℃ 以上，纳米 SiO_2 的粒径分布在 50~80nm 之间，鞣制过程未发生团聚。针对纳米 SiO_2 鞣革的特点，范浩军等又对工艺平衡和纳米 SiO_2 与其他鞣剂的结合鞣进行了研究[272~274]。发现加重浸酸处理，可以促进纳米鞣剂的渗透，增加成革的柔软性；选用具有反应活性的阳离子型复鞣填充剂及渗透性好、结合力强的加脂剂进行复鞣和加脂，染色后成革颜色鲜艳，柔软丰满；与有机膦鞣剂进行结合鞣，能有效促进油脂、染料的渗透和吸收。纳米 SiO_2 鞣革工艺符合清洁化生产的要求，有良好的开发应用前景。

京尼平（genipin）是一种从栀子属植物 Gardenia Jasmindides Ellis 的果实中提取的环烯醚萜化合物，其结构如图 4-33 所示。像这类具有环烯醚萜骨架的化合物多达 1400 余种，是一类广泛存在于植物中的天然产物。研究发现，京尼平能与蛋白质、明胶等发生交联反应[275]，因此丁克毅等人探讨了京尼平与皮胶原反应的机理，研究了京尼平单独鞣制以及与栲胶、铝盐结合鞣的性能，以期从植物界获取一种来源丰富的新型鞣剂，

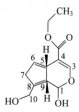

图 4-33 京尼平的化学结构

从而弥补栲胶资源的不足。京尼平的鞣革机理可能与醛鞣类似，即在 C1 和 C3 之间开环形成醛基，再与胶原上的氨基结合。铝盐-京尼平结合鞣可使革的收缩温度超过 90℃。值得注意的是，用京尼平鞣制的革为蓝黑色，这在一定程度上限制了其应用范围，但将其用于蓝色革或黑色革的生产，却可以节省染料甚至省去染色工序，因此京尼平作为一种潜在的新型鞣性染料，也是有开发价值的[276~279]。

参考文献

[1] 魏庆元. 皮革鞣制化学. 北京：轻工业出版社，1981：102-103.

[2] 成都科技大学，西北轻工业学院编. 制革化学及工艺学（上册）. 北京：轻工业出版社，1979：189-190.

[3] Puntener A. The Ecological Challenge of Producing Leather. Journal of the American Leather Chemists Association, 1995, 90: 206-219.

[4] 单志华，王群智. 无盐浸酸及助剂的研究. 中国皮革，1998，27 (10): 5-7.

[5] 单志华，王群智，刘旭. 制革中无盐浸酸助剂的应用. 皮革化工，2000，17 (5): 36-39.

[6] 王群智，单志华，尤剑容. 无盐浸酸与铬鞣. 皮革科学与工程，2000，10 (3): 13-17.

[7] Palop R, Marsal A. Auxiliary Agents with Non-Swelling Capacity Used in Pickling/Tanning Processes. Part1. Journal of the Society of Leather Technologists and Chemists, 2002, 86: 139-142.

[8] Palop R, Marsal A. Auxiliary Agents with Non-Swelling Capacity Used in Pickling/Tanning Processes. Part2. Journal of the Society of Leather Technologists and Chemists, 2002, 86: 203-211.

[9] 王鸿儒，吴显记，李富飞. 用铬革屑制备助鞣剂的研究. 皮革化工，2001，18 (5): 16-19.

[10] Legesse W, Thanikaivelan P, Rao J R, et al. Underlying Principles in Chrome Tannage: Part 1. Conceptual Design of Pickle-Less Tanning. Journal of the American Leather Chemists Association, 2002, 97: 475-486.

[11] Thanikaivelan P, Rao J R, Nair B U, et al. Underlying Principles in Chrome Tanning: Part 2. Underpinning

Mechanism in Pickle-Less Tanning. Journal of the American Leather Chemists Association，2004，99：82-94.

［12］Thanikaivelan P，Rao J R，Nair B U，et al. Biointervention Makes Leather Processing Greener：An Integrated Cleansing and Tanning System. Environmental Science & Technology，2003，37：2609-2617.

［13］Aravindhan R，Saravanabhavan S，Thanikaivelan P，et al. A Chemo-Enzymatic Pathway Leads Towards Zero Discharge Tanning. Journal of Cleaner Production，2007，15：1217-1227.

［14］Liu C K，Latona N P，Taylor M M，et al. Effects of bating，pickling and crosslinking treatments on the characteristics of fibrous networks from un-tanned hides. Journal of the American Leather Chemists Association，2013，108：79-85.

［15］Cheng H M，Chen M，Li Z Q. The role of neutral salt for the hydrolysis and hierarchical structure of hide fiber in pickling. Journal of the American Leather Chemists Association，2014，109：125-130.

［16］Li XX，Wang Y N，Li J，et al. Effect of sodium chloride on structure of collagen fiber network in pickling and tanning. Journal of the American Leather Chemists Association，2016，111（6）：230-237.

［17］李欣欣. NaCl 和 Na$_2$SO$_4$ 在浸酸和铬鞣中的作用. 四川：四川大学，2016.

［18］Chen J P，Chen W Y，Gong Y，et al. No-Pickling and High Exhaustion Chrome Tanning Technology：A Review. The XXIX Congress of the IULTCS and the 103rd Annual Convention of the ALCA. Washington DC，USA，2007.

［19］陈占光，陈武勇. 不浸酸铬鞣机理的探讨. 中国皮革，2002，31（11）：19-22.

［20］陈占光，陈武勇. 不浸酸铬鞣剂的研制及性能表征. 中国皮革，2001，30（23）：6-10.

［21］陈占光，陈武勇，张兆生. 不浸酸铬鞣剂在牛皮工艺中的应用研究. 中国皮革，2001，30（5）：13-15.

［22］陈武勇，叶述文，陈占光，等. 不浸酸铬鞣剂 C-2000 的应用研究. 皮革化工，2000，17（6）：5-10.

［23］Chen J P，Gong Y，Chen W Y. Study on the Softness of Pickle-Less Chrome Tanning Leather. 7th Asian International Conference of Leather Science and Technology. Chengdu，China，2006.

［24］尹洪雷，陈武勇. 不浸酸铬鞣工艺平衡研究. 皮革科学与工程，2003，13（6）：42-46.

［25］Kanthimathi M，Thanikaivelan P，Screeram K L，et al. A Process for the Preparation of A Novel Synthetic Tanning Agent. Indian Patent，Appl. No. NF196/00，2000.

［26］Thanikaivelan P，Kanthimathi M，Rao J R，et al. A Novel Formaldehyde-Free System Chrome Tanning Agent for Pickle-Less Chrome Tanning：Comparative Study on Syntan Versus Modified Basic Chromium Sulfate. Journal of the American Leather Chemists Association，2002，97：127-136.

［27］Suresh V，Kanthimathi M，Thanikaivelan P，et al. An Improved Product-Process for Cleaner Chrome Tanning in Leather Processing. Journal of Cleaner Production，2001，9：483-491.

［28］Rao J R，Kanthimathi M，Thanikaivelan P，et al. Pickle-Free Chrome Tanning Using A Polymeric Synthetic Tanning Agent for Cleaner Leather Processing. Clean Technologies and Environmental Policy，2004，6：243-249.

［29］许伟，尹少伟，郝丽芬. 明矾浸酸-铝铬结合鞣制工艺的研究. 陕西科技大学学报，2008，26（5）：51-54.

［30］许伟，徐群娜，李鹏妮，等. 明矾在不浸酸铝铬结合鞣制工艺上的应用研究. 皮革与化工，2008，25（5）：23-26.

［31］Covington A D. Chrome Management. UNIDO Report，US/PR/92/120，1994.

［32］Ludvik J. Chrome Management in the Tanyard. UNIDO Project：Assistance in Pollution Control in the Tanning Industry in South-East Asia. Project Number US/RAS/92/120/11-51.

［33］廖隆理. 制革工艺学（上册）——制革的准备与鞣制. 北京：科学出版社，2001：149-210.

［34］王鸿儒，白云翔，程巧兰，等. 减少铬鞣过程中铬污染的方法. 北京皮革，2001，（20）：44-46.

［35］Morera J M，Bacardit A，Olle L，et al. Minimization of the Environmental Impact of Chrome Tanning：A New Process with High Chrome Exhaustion. Chemosphere，2007，69：1728-1733.

［36］Bacardit A，Morera J M，Olle L，et al. High Chrome Exhaustion in A Non-Float Tanning Process Using a Sulphonic Aromatic Acid. Chemosphere，2008，73：820-824.

［37］Covington A D. Chrome Management. Proceeding of the Workshop on Pollution Abatement and Waste Management in the Tanning Industry. Ljubljana，1995.

［38］Heidemann E. Fundamentals of Leather Manufacturing. Eduard Roether/KG.，1993.

［39］Bayer A G. Tanning，Dyeing，Finishing. Leverkusen，1987.

［40］Gregori J，Marsal A，Manich A M，et al. Optimization of the Chrome Tanning Processes：Influence of Three Types of Commercially Available Masking Agents. Journal of the Society of Leather Technologists and Chemists，1993，77：147-150.

［41］李桂菊，张晓镭. 关于提高铬吸收的化学助剂的研究. 中国皮革，1999，28（19）：6-8.

［42］强西怀，李闻欣，俞从正，等. 乙醛酸助铬鞣应用工艺的研究. 中国皮革，2002，31（7）：26-30.

［43］Fuchs K，Kupfer R，Mitchell J W. Glyoxylic acid：An Interesting Contribution to Clean Technology. Journal of the American Leather Chemists Association，1993，88：402-413.

［44］范浩军，石碧，何有节，等. 新型醛酸鞣剂的研制. 中国皮革，1998，27（2）：11-13.

[45] 李国英，罗怡，张铭让. 高吸收铬鞣机理及其工艺技术（Ⅲ）——LL-Ⅰ醛酸助鞣剂的特性及应用. 中国皮革，2000，29（23）：23-26.

[46] 白云翔，王鸿儒. 醛酸型铬鞣助剂 SYY 的结构及应用研究. 西北轻工业学院学报，2002，20（4）：12-17.

[47] 王鸿儒，章川波，自正祥. 噁唑烷酸鞣剂的合成与应用. 中国皮革，2002，31（19）：10-12.

[48] 范浩军，石碧，李玲，等. 皮革无铬或少铬主鞣剂及其制备方法. CN 02133322. X. 2004-01-07.

[49] 栾世芳，范浩军，孙兵. 铬鞣助剂 OXD-I 的应用工艺优化及高吸收铬鞣机理研究，中国皮革，2006，35（7）：29-33.

[50] Luan S F，Liu Y，Fan H J，et al. A Novel Pre-Tanning Agent for High Exhaustion Chromium Tannage. Journal of the Society of Leather Technologists and Chemists，2007，91：149-153.

[51] 栾世方. 高吸收铬鞣助剂的合成及应用研究. 四川：四川大学，2003.

[52] Karthikeyan R，Balaji S，Chandrababu N K，et al. Horn Meal Hydrolysate-Chromium Complex As A High Exhaust Chrome Tanning Agent-Pilot Scale Studies. Clean Technologies and Environmental Policy，2008，10（3）：295-301.

[53] Kanagaraj J，Sadulla S，Jawahar M. Interaction of Aldehyde Developed from Amino Acids of Tannery Waste in a Lower-Chrome Tannage：An Eco-Friendly Approach. Journal of the Society of Leather Technologists and Chemists，2005，89：18-27.

[54] Kanagaraj J，Sadulla S，Rao B P. High Exhaust Tanning Systems Using a Novel Cross-Linking Agent（CA）. Journal of the Society of Leather Technologists and Chemists，2006，90：127-130.

[55] Wang H R，Zhou X. A New Pretanning Agent for High Exhaustion Chrome Tannage. Journal of the Society of Leather Technologists and Chemists，2005，89：117-120.

[56] Wang H R，Zhou X. A New Pretannage with Glyoxal and N-Thioureidopyromellitamic Acid for High Exhaustion Chrome Tannage. Journal of the American Leather Chemists Association，2006，101：81-85.

[57] 王鸿儒，程巧兰，周翔. 芳砜羧酸预鞣剂 DSCA 的合成与应用. 中国皮革，2004，33（17）：11-14.

[58] 段镇基. 助鞣剂的研究与应用. 皮革科学与工程，1992，2（4）：7-19.

[59] 段镇基，陈玉平，陈永方，等. 防铬污染助鞣剂及其应用工艺研究. 中国皮革，1993，22（4）：23-30.

[60] 曾维勇，王照临，刘敏. 防铬污染皮化新材料应用探讨. 中国皮革，1998，27（1）：6-8.

[61] 栾世方，范浩军，王照临，等. 高吸收铬鞣研究新进展. 北京皮革，2002（12）：52-56.

[62] Luan S F，Fan H J，Shi B，et al. Studies on the High Exhaustion Chrome Tanning. Proceedings of The 5th Asian International Conference of Leather Science and Technology，Busan City，Korea，2002.

[63] 栾世方，范浩军，石碧，等. 大分子铬鞣助剂的多官能团对铬吸收及成革性能的影响. 中国皮革，2003，32（21）：24-28.

[64] 栾世方，范浩军，石碧，等. 大分子铬鞣助剂 ECPA 的高吸收铬鞣机理研究. 皮革科学与工程，2005，15（5）：19-23.

[65] 王鸿儒，海小龙. 丙烯酸系聚物的合成及其在三明治式铬鞣中的应用. 中国皮革，2003，32（19）：8-10.

[66] 王学川，强涛涛，任龙芳，等. 超支化聚合物铬鞣助剂的合成及应用. 中国皮革，2006，35（5）：43-44.

[67] Venba R，Kanth S V，Chandrababu N K. Novel Approach Towards High Exhaust Chromium Tanning - Part Ⅰ：Role of Enzymes in the Tanning Process. Journal of the American Leather Chemists Association，2008，103：401-411.

[68] 李国英，罗怡，张铭让. 高吸收铬鞣机理及其工艺技术（Ⅰ）——高吸收铬鞣机理探讨. 中国皮革，2000，29（1）：20-22.

[69] 李国英，罗怡，张铭让. 高吸收铬鞣机理及其工艺技术（Ⅱ）——高 pH 铬鞣工艺研究. 中国皮革，2000，29（19）：20-22.

[70] 李国英. 高吸收铬鞣机理及其工艺技术. 四川：四川大学，1999.

[71] 李国英，罗怡，张铭让. 高吸收铬鞣机理及其工艺技术（Ⅳ）——高吸收铬鞣新工艺在猪服装革上的应用. 中国皮革，2001，30（3）：19-20.

[72] 白云翔，王鸿儒. 改性胶原的铬鞣助剂的研究进展. 西部皮革，2002，24（10）：39-41.

[73] 林炜，穆畅道，张铭让. 与铬鞣有关的胶原化学研究进展. 化学进展，2000，12（2）：218-227.

[74] Gustavson K H. Arkiv. Kemi，1961，17，541.

[75] Feairheller S H，Taylor M M，Fitachione E M. Chemical Modification of Collagen by the Mannich Reaction. Journal of the American Leather Chemists Association，1967，62：398-407.

[76] Feairheller S H，Taylor M M，Fitachione E M. The Mannich Reaction with Maloni-Cacid and for Maidehydeaspre Treatment for Mineral Tannages. Journal of the American Leather Chemists Association，1967，62：408-419.

[77] Chang J，Heidemann E. Shrinkage Temperature of Chemically Modified Cowhide Leather Tanned with Small Amount of Chrome. Przegl. Skorzany.，1992，47（6）：173-177.

[78] 吕欣. 少铬污染铬鞣新工艺. 第四届亚洲国际皮革科学技术会议论文集，中国：北京，1998.

[79] 李长华，张扬. 胶原的接枝改性. 中国皮革，1983，（6）：27-32.

[80] 王鸿儒，王文勇，薛朝华. 丙烯酸接枝铬鞣方法的研究. 中国皮革，2002，31（5）：23-27.

[81] Zhou J，Hu S X，Wang Y N，et al. Release of chrome in chrome tanning and post tanning processes. Journal of the

Society of Leather Technologists and Chemists，2012，96（4）：157-162.

[82] 中国皮革协会. 制革行业节水减排技术路线图. 北京：中国皮革协会，2015.

[83] Liu M，Ma J Z，Lyu B，et al. Enhancement of chromium uptake in tanning process of goat garment leather using nanocomposite. Journal of Cleaner Production，2016，133：487-494.

[84] Zhang C X，Xia F M，Peng B Y，et al. Minimization of chromium discharge in leather processing by using methanesulfonic acid：A cleaner pickling-masking-chrome tanning system. Journal of the American Leather Chemists Association，2016，111（12）：435-446.

[85] Yao Q，Chen H L，Jiao Q，et al. Hydroxyl-terminated dendrimer acting as a high exhaustion agent for chrome tanning. Chemistry Select，2018，3（4）：1032-1039.

[86] Lyu B，Chang R，Gao D G，et al. Chromium footprint reduction：nanocomposites as efficient pretanning agents for cowhide shoe upper leather. ACS Sustainable Chemistry & Engineering，2018，6：5413-5423.

[87] Sreeram K J，Ramesh r，Rao J R，et al. Direct chrome liquor recycling under Indian conditions Part Ⅰ. Role of chromium species on the quality of leather. Journal of the American Leather Chemists Association，2005，100（6）：233-242.

[88] Rao J R，Balasubramanian E，Padmalatha C，et al. Recovery and reuse of chromium from semichrome liquors. Journal of the American Leather Chemists Association，2002，97（3）：106-113.

[89] Ward G J. Wet white pretanning - a technique for reducing chrome usage. Journal of the American Leather Chemists Association，1995，90（5）：142-145.

[90] 李靖，石碧，张净，等. 不浸酸无铬鞣剂 TWT 的环保性能研究. 西部皮革，2013，35（24）：23-28.

[91] 周建，胡书祥，王亚楠，等. 铬鞣革在染色加脂工序中的铬释放. 中国皮革，2013，42（9）：21-24.

[92] 柴晓苇，高明明，王亚楠，等. 制革湿整理工段废水含铬量及来源分析. 皮革科学与工程，2013，23（6）：40-42.

[93] Tang Y L，Zhou J F，Zeng Y H，et al. Effect of leather chemicals on Cr（Ⅲ）removal from post tanning wastewater. Journal of the American Leather Chemists Association，2018，113（3）：74-80.

[94] 唐余玲，周建飞，张文华，等. 制革染整工段废水中铬的存在形式及对其去除的影响. 中国皮革，2017，46（11）：7-12.

[95] Wang D D，He S Y，Shan C，et al. Chromium speciation in tannery effluent after alkaline precipitation：Isolation and characterization. Journal of Hazardous Materials，2016，316：169-177.

[96] 王亚楠，石碧. 制革工业关键清洁技术的研究进展. 化工进展，2016，35（6）：1865-1874.

[97] Saravanabhavan S，Thanikaivelan P，Rao J R，et al. Reversing the Conventional Leather Processing Sequence for Cleaner Leather Production. Environmental Science & Technology，2006，40（3）：1069-1075.

[98] Saravanabhavan S，Thanikaivelan P，Rao J R，et al. 实施逆向制革工艺以实现清洁化生产. 国际皮革科技会议论文选编（2004～2005）. 中国皮革协会，2005：76-87.

[99] Saravanabhavan S，Thanikaivelan P，Rao J R，et al. Performance and Eco-Impact of Reverse Processed Hair Sheep Gloving Leather. Journal of the American Leather Chemists Association，2008，103：303-313.

[100] 王亚楠，石碧. 逆转铬鞣工艺技术的研究进展. 化工进展，2019，38（1）：639-648.

[101] Wu C，Zhang W H，Liao X P，et al. Transposition of chrome tanning in leather making. Journal of the American Leather Chemists Association，2014，109（6）：176-183.

[102] 吴超. 基于末端铬鞣技术的制革清洁工艺研究. 成都：四川大学，2015.

[103] Cai S W，Zeng Y H，Zhang W H，et al. Inverse chrome tanning technology based on wet white tanned by Al-Zr complex tanning agent. Journal of the American Leather Chemists Association，2015，110（4）：114-120.

[104] 余跃. 氧化淀粉-非铬金属配合物鞣剂的制备及应用. 成都：四川大学，2019.

[105] Covington A D. 未来的鞣制化学. 中国皮革，2002，31（1）：17-20.

[106] Covington A D. 未来的鞣制化学（续）. 中国皮革，2002，31（3）：16-18.

[107] Wei Q Y. Dry Tannage in Solvent Media. Journal of the Society of Leather Technologists and Chemists，1987，71：195-198.

[108] Silvestre F，Rocrelle C，Gaset A，et al. Clean Technology for Tannage with Chromium Salts. Part 1：Development of a New Process in Hydrophobic Organic Solvent Media. Journal of the Society of Leather Technologists and Chemists，1994，78：1-7.

[109] Silvestre F，Rocrelle C，Gaset A，et al. Clean Technology for Tannage with Chromium Salts. Part 2：Pilot Scale Development. Journal of the Society of Leather Technologists and Chemists，1994，78：46-49.

[110] Chagne V，Silvestre F，Gaset A. Clean Technology for Tannage with Chromium Salts. Part 3：Cost Analysis and Integration Into Different Manufacturing Processes. Journal of the Society of Leather Technologists and Chemists，1994，78：173-177.

[111] 廖隆理，李志强，但卫华，等. CO_2 超临界流体技术在制革铬鞣中的应用研究. 四川大学学报：工程科学版，2002，34（5）：97-101.

[112] 张伟娟. 二氧化碳超临界流体代替水作介质铬鞣及其机理的研究. 四川：四川大学，2003.

[113] 张伟娟，冯豫川，廖隆理，等. 二氧化碳超临界流体代替水作介质铬鞣及其机理的研究（1）——铬鞣机理印证性研究. 皮革科学与工程，2003，13（4）：8-11.

[114] 张伟娟，冯豫川，廖隆理，等. 二氧化碳超临界流体代替水作介质铬鞣及其机理的研究（1）——铬鞣机理印证性研究（续）. 皮革科学与工程，2003，13（5）：16-19.

[115] 张伟娟，冯豫川，廖隆理，等. 二氧化碳超临界流体代替水作介质铬鞣及其机理的研究（2）——二氧化碳超临界流体条件下铬鞣条件的优化. 皮革科学与工程，2003，13（6）：9-13.

[116] 张伟娟，冯豫川，廖隆理，等. CO₂ 超临界流体代替水作介质铬鞣及其机理的研究（3）——CO₂ 超临界流体条件下铬鞣初始 pH 和温度的优化. 皮革科学与工程，2004，14（1）：7-10.

[117] 冯豫川，程海明，廖隆理，等. 二氧化碳超临界流体条件下不同铬鞣条件坯革性能的比较. 中国皮革，2005，34（15）：26-31.

[118] 冯豫川，陈敏，廖隆理，等. 二氧化碳超临界流体条件下不同铬鞣条件坯革性能的比较（Ⅱ）. 中国皮革，2006，35（5）：36-38.

[119] 徐冷，王军，李康魁，等. 制革厂铬鞣废液直接循环利用技术. 工业水处理，1999，19（6）：45-46.

[120] 潘君. 清洁化制革工艺——毁毛废液、复灰废液、铬鞣废液的循环利用. 四川：四川大学，1998.

[121] 王军，钟崇林，王清海，等. 制革厂铬鞣废液直接循环利用及生产实用技术研究. 中国皮革，1997，26（4）：20-21.

[122] 潘君，张铭让. 清洁化制革工艺技术研究（续）. 四川皮革，2000，22（2）：34-39.

[123] 汤克勇，张铭让. 循环利用铬鞣废液的问题研究. 皮革化工，1999，16（4）：28-30.

[124] 李振亚，徐志栋，郑连义，等. 废铬鞣液无压滤回收工艺. 中国皮革，1998，27（4）：15-16.

[125] 陈振健. 制革铬鞣废液循环利用实用技术研究. 科技情报开发与经济，1999，9（1）：58-59.

[126] Sreeram K J，Rao J R，Venba R，et al. Factors in Gravitational Settling of Chromic Hydroxide in Aqueous Media. Journal of the Society of Leather Technologists and Chemists，1999，83：111-114.

[127] 刘必琥，谢时伟. 制革厂的清洁生产技术-废铬鞣液的再生利用. 环境污染与防治，1996，18（2）：24-26.

[128] Zhen-Ren G，Guangming Z，Jiande F，et al. Enhanced Chromium Recovery from Tanning Wastewater. Journal of Cleaner Production，2006，14（1）：75-79.

[129] Kanagaraj J，Babu N K C，Mandal A B. Recovery and Reuse of Chromium from Chrome Tanning Wastewater Aiming Towards Zero Discharge of Pollution. Journal of Cleaner Production，2008，16（16）：1807-1813.

[130] 秦玉楠. 利用制革含铬废液生产氧化铬. 中国皮革，1990，19（6）：34-36.

[131] 钱春堂，章乐琴. 从铬泥和铬皮屑中制取红矾钠的研究. 环境污染防治，1994，16（1）：9-12.

[132] Toprak H. Comparison of Efficiences and Costs of Chromium Recovery Methods. Journal of the American Leather Chemists Association，1994，89：339-351.

[133] 崔淑兰，鞠晓明. 制革铬鞣废水中铬（Ⅲ）的治理与回收利用. 烟台师范学院学报：自然科学版，1998，14（1）：58-61.

[134] 田应芳. 制革厂铬鞣废水铬回收与处理. 环境污染与防治，1996，18（3）：13-16.

[135] 王碧，马春辉，张铭让. 制革废水与污泥中铬资源的回收及综合利用. 中国皮革，2002，31（3）：39-42.

[136] 林波，游海，朱乐辉，等. 制革含铬废水的吸附处理. 环境与开发，1994，9（2）：254-257.

[137] Petruzzelli D，Passino R，Tiravanti G. Ion Exchange Process for Chromium removal and Recovery from Tannery Wastes. Industrial and Engineering Chemistry Research，1995，34：2612-2617.

[138] Mokrejs P，Janacova D，Mladek M，et al. Recycling Technology for Waste Tanning Liquor. 皮革科学与工程，2007，17（4）：3-8.

[139] Aloy M，Vulliermet B. Membrane Technologies for the Treatment of Tannery Residual Floats. Journal of the Society of Leather Technologists and Chemists，1998，82：140-142.

[140] Cassano A，Drioli E，Molinari R，et al. Quality Improvement of Recycled Chromium in the Tanning Operation by Membrane Processes. Desalination，1996，108：193-203.

[141] Lambert J，Avila-Rodriguez M，Durand G，et al. Separation of Sodium Ions from Trivalent Chromium by Electrodialysis Using Monovalent Cation Selective Membranes. Journal of Membrane Science，2006，280（1-2）：219-225.

[142] Lambert J，Rakib M，Durand G，et al. Treatment of Solutions Containing Trivalent Chromium by electrodialysis. Desalination，2006，191（1-3）：100-110.

[143] 刘存海. 铬鞣废水中铬的回收及其循环利用的研究. 中国皮革，2004，33（19）：3-5.

[144] Fabiani C，Ruscio F，Spadoni M，et al. Chromium（Ⅲ）Salts Recovery Process from Tannery Wastewaters. Desalination，1996，108：183-191.

[145] Shaalan H F，Sorour M H，Tewfik S R. Simulation and Optimization of a Membrane System for Chromium Recovery from Tanning Wastes. Desalination，2001，141：315-324.

[146] Shi B，Di Y，He Y J，et al. Oxidising Degradation of Valonia Extract and Utilization of the Products. Part

1. Oxidising Degradation of Valonia Extract and Characterisation of the Products. Journal of the Society of Leather Technologists and Chemists，2000，84：258-262.

[147] Shi B，Di Y，Song L J. Oxidizing Degradation of Valonia Extract and Utilization of the Products. Part 2. Combination Tannages of Degraded Product Using 10% H_2O_2 with Cr（Ⅲ）and Al（Ⅲ）. Journal of the Society of Leather Technologists and Chemists，2001，85：19-23.

[148] Di Y，Shi B，Song L J，et al. Oxidizing Degradation of Valonia Extract and Utilization of the Products. Part3. Auxiliary Tanning Effects of Degraded Products Using 20% and 30% H_2O_2. Journal of the Society of Leather Technologists and Chemists，2001，85：171-174.

[149] 狄莹. 植物单宁化学降解产物与金属离子络合规律及其应用. 四川：四川大学，1999.

[150] 宋立江. 橡椀栲胶氧化降解改性产物用于植-铬（铝）结合鞣法的研究. 四川：四川大学，1999.

[151] 石碧，狄莹，宋立江，等. 栲胶的化学改性及其产物在无铬少铬鞣法中的应用. 中国皮革，2001，30（9）：3-8.

[152] Shi B，Di Y，Song L J，et al. Modification of Larch Extract by Intensive Sulfitation and Applications of the Product in Combination Tannages. Journal of the American Leather Chemists Association，2002，97：1-7.

[153] 宋立江，杜光伟，狄莹，等. 落叶松栲胶高度亚硫酸化产物改性及其产物应用性质的研究. 林产化学与工业，1999，19（4）：1-6.

[154] 杜光伟. 落叶松栲胶改性及应用研究. 四川：四川大学，1997.

[155] 曾少余，石碧，何有节，等. 无铬少铬鞣法生产山羊服装革. 中国皮革，1997，26（5）：3-5.

[156] 汪建根，杨宗邃，程凤侠，等. 山羊服装革少铬工艺的研究. 中国皮革，1997，26（5）：9-11.

[157] 强西怀，沈一丁，苑静霞. 氨基树脂-醛-铬结合鞣特性的研究. 中国皮革，2002，31（13）：1-4.

[158] 吕生华，马建中，杨宗邃，等. 改性淀粉鞣剂的制备及应用. 皮革科学与工程，2000，10（3）：6-11.

[159] 李闻欣. 铬-铝鞣制方法的发展及现状. 西北轻工业学院学报，2001，19（1）：30-33.

[160] Covington A D. The use of aluminium（Ⅲ）to Improve Chrome Tannage. Journal of the Society of Leather Technologists and Chemists，1986，70：33-38.

[161] Covington A D，Sakes R L. The Use of Aluminium Salts in Tanning. Journal of the American Leather Chemists Association，1984，79：72-87.

[162] Sreeram K J，Rao J R，Chandrababu N K，et al. High Exhaust Chrome-Aluminium Combination Tanning：Part 1. Optimization of Tanning. Journal of the American Leather Chemists Association，2006，101：86-95.

[163] 栾寿亭. 多核铬铝鞣剂的生产工艺技术. 中国皮革，1999，28（13）：23-24.

[164] 丹东轻化工研究院. 铬铝鞣剂生产技术. 皮革化工，2000，17（2）：15.

[165] 陈雪梅，杨守胜，张国庆. 铬-铝-植复合鞣剂的研制. 中国皮革，2002，31（17）：34-36.

[166] 张铭让，李国英. 论铬盐与稀土盐的鞣性差异. 中国皮革，1998，27（3）：3-5.

[167] 张铭让，李国英，林炜. 稀土在制革中的应用Ⅰ：稀土在制革主鞣中的应用. 中国皮革，1996，25（12）：6-8.

[168] 张铭让，林炜，李国英. 稀土在制革中的应用Ⅲ：稀土助铬主鞣中的难题及稀土与铬的用量. 中国皮革，1997，26（3）：13-14.

[169] 廖隆理. 制革工艺学（上册）——制革的准备与鞣制. 北京：科学出版社，2001：328-329.

[170] 蒋维祺，张铭让，王彬，等. 含稀土鞣剂的应用研究——应用工艺的研究（Ⅰ）. 中国皮革，1998，27（10）：15-17.

[171] 蒋维祺，张铭让，王彬，等. 含稀土鞣剂的应用研究——鞣革性能特征的研究（Ⅱ）. 中国皮革，1999，28（11）：3-6.

[172] Thanikaivelan P，Geetha V，Rao J R，et al. A Novel Chromium-Iron Tanning Agent：Cross-Fertilization in Solo Tannage. Journal of the Society of Leather Technologists and Chemists，2000，84：82-86.

[173] Karthikeyan R，Ramesh R，Usha R，et al. Fe（Ⅲ）-Cr（Ⅲ）Combination Tannage for the Production of Soft Leathers. Journal of the American Leather Chemists Association，2007，102：383-392.

[174] 程凤侠，张汉波. 铬革屑和亚铁作还原剂制备铬-铁鞣剂. 中国皮革，2007，36（13）：36-39.

[175] 程凤侠，张汉波. 铬革屑和亚铁作还原剂制备铬-铁鞣剂（续）. 中国皮革，2007，36（15）：20-22.

[176] 程凤侠，曹强，张汉波，等. 铬-铁-植结合鞣革的色泽与性能研究. 中国皮革，2006，35（3）：25-26.

[177] 程凤侠，曹强，张汉波，等. 铬-铁-植结合鞣革的色泽与性能研究（续）. 中国皮革，2006，35（5）：9-13.

[178] Madhan B，Fathima N N，Rao J R，et al. A New Chromium-Zinc Tanning Zgent：A Viable Option for Less Chrome Technology. Journal of the American Leather Chemists Association，2002，97：189-196.

[179] Fathima N N，Rao J R，Nair B U，et al. Augmentation of Garment Sheepskin Type Properties in Goatskins：Role of Chromium-Silica Tanning Agent. Journal of the Society of Leather Technologists and Chemists，2003，87：227-232.

[180] Fathima N N，Madhan B，Rao J R，et al. Mixed Metal Tanning Using Chrome-Zinc-Silica：A New Chrome-Saver Approach. Journal of the American Leather Chemists Association，2003，98：139-146.

[181] 王全杰. 研究推广剖白湿皮工艺提高猪牛皮革质量档次. 中国皮革，2000，29（3）：14-17.

[182] 王秀荣，王嘉图，胡新华．白湿皮系统制革综述．四川皮革，1996，18（5）：22-27.

[183] Ward G J. Wet White Pretanning：A Technique for Reducing Chrome Usage. Journal of the American Leather Chemists Association，1995，90：142-145.

[184] 程海明编译．白湿皮鞣制技术进展．西部皮革，2002，22（2）：49-52.

[185] 胡新华，王秀荣．制革工业的清洁化生产．四川皮革，1999，21（1）：39-45.

[186] 吴坚士，宋汝强．白湿皮制革．皮革科学与工程，1993，3（2）：36-38.

[187] 张廷有，陈华林，张团社，等．铝预鞣白湿皮技术研究．中国皮革，1997，26（4）：29-31.

[188] 张廷有，陈华林，刘芳，等．铝预鞣白湿皮技术研究．皮革科学与工程，1999，9（2）：18-23.

[189] 张廷有，刘芳，张茂辉，等．铝预鞣白湿皮工艺的成革面积得率．皮革科学与工程，1998，8（4）：22-25.

[190] 谷姜．千磨万砺更坚韧——记十届人大代表，烟台全杰皮革高科有限公司首席巨匠王全杰．农产品市场周刊，2004（13）：34-35.

[191] 王全杰．研究推广剖白湿皮工艺提高猪牛皮革质量档次．中国皮革，2000，29（3）：14-17.

[192] 王全杰．缩小猪皮制革部位差异的工艺探讨．中国皮革，1994（3）：11-16.

[193] 陈健伟，董文秀．"面粗质次猪皮制革新技术"推广纪实．科技成果纵横，1998（4）：29-32.

[194] 何先祺，郭祖龄．锆-铝鞣液的组份研究-Ⅰ．组份的电荷及分子大小分布．皮革科学与工程，1991，2：1-9.

[195] Yu Y，Wang Y N，Ding W，et al. Preparation of highly-oxidized starch using hydrogen peroxide and its application as a novel ligand for zirconium tanning of leather. Carbohydrate Polymers，2017，174：823-829.

[196] Wren S，Saddington M. Wet White-Pretanning with the "DERUGAN" System. Journal of the American Leather Chemists Association，1995，90：146-153.

[197] 胡金杰．白湿皮的研制和应用．中国皮革，2002，31（15）：46.

[198] Wolf G，Breth M，Carle J，et al. New Developments in Wet White Tanning Technology. Journal of the American Leather Chemists Association，2001，96：111-119.

[199] Puntener A. The Ecological Challenge of Producing Leather. Journal of the American Leather Chemists Association，1995，90：206-219.

[200] Zauns R，Kuhm P. An Alternative Approach to Traditional Chrome Tanning. Journal of the American Leather Chemists Association，1995，90：177-200.

[201] 李靖，石碧，张净，高晶，李滨．不浸酸无铬鞣剂 TWT 的环保性能研究．西部皮革，35（24）：23-28.

[202] 李靖，石碧，张净，高晶，李滨．不浸酸无铬鞣剂 TWT 的环保性能研究（续）．西部皮革，36（2）：20-23.

[203] 罗建勋，李靖，王诗佳，费益莹，李滨．新型无铬鞣剂 TWS 在黄牛皮上的应用研究．中国皮革，43（3）：1-5.

[204] 李靖，高晶，肖琴，张袁园，张净．植-无铬鞣剂 TWT 结合鞣法研究．西部皮革，38（13）：30-36.

[205] 弓太生编译．用硅酸铝钠鞣制白湿皮．四川皮革，1996，18（1）：41-43.

[206] Fuchs K，Kupfer R，Mitchell J W. Silicon Dioxide-Environmental Friendly Alternative for Wet White Manufacture. Journal of the American Leather Chemists Association，1995，90：164-176.

[207] 梁成建编译．一种生产白湿皮的新方法．中国皮革，1994，23（4）：51-52.

[208] 彭必雨，彭波，黄海峰，等．硝皮脱硝方法及其软化效果的研究．中国皮革，2003，32（19）：41-45.

[209] 吴兴赤，刘敏．锆鞣剂及 KRI（多金属）系列鞣剂浅析．中国皮革，2001，30（11）：48.

[210] 吴兴赤．钛鞣-无铬鞣的选择之一．西部皮革，2002，24（8）：8-11.

[211] 彭必雨，何先祺．钛鞣剂，钛鞣法及鞣制机理的研究（Ⅰ）：钛（Ⅳ）盐鞣性的理论分析及钛鞣革的发展前景．中国皮革，1999，27（13）：7-15.

[212] 彭必雨，何先祺，单志华．钛鞣剂、鞣法及鞣制机理研究Ⅱ．Ti（Ⅳ）在水溶液中的状态及其对鞣性的影响．皮革科学与工程，1999，9（2）：10-14.

[213] 彭必雨，孙丹红，陈耀文等．超声波作用下的钛鞣研究．中国皮革，2004，33（7）：5-9.

[214] Peng B Y，Shi B，Sun D H，et al. Ultrasonic Effects on Titanium Tanning of Leather. Ultrasonics Sonochemistry，2007，14：305-313.

[215] Peng B Y，Shi B，Ding K Y，et al. Novel Titanium（Ⅳ）Tanning for Leathers with Superior Hydrothermal Stability-Ⅱ. The Influence of Organic Ligands on Stability and Tanning Power of Titanium Sulfate Solutions. Journal of the American Leather Chemists Association，2007，102：261-270.

[216] Peng B Y，Shi B，Ding K Y，et al. Novel Titanium（Ⅳ）Tanning for Leathers with Superior Hydrothermal Stability-Ⅲ. Study of Factors Affecting Titanium Tanning and an Eco-Friendly Titanium Tanning Method. Journal of the American Leather Chemists Association，2007，102：297-305.

[217] Madhan B，Rao J R，Nair B U. Tanning Agent Based on Mixed Metal Complexes of Aluminium and Zinc. Journal of the American Leather Chemists Association，2001，96：343-349.

[218] Sundarrajan A，Madhan B，Rao J R，et al. Studies on Tanning with Zirconium Oxychloride：Part Ⅰ Standardization of Tanning Process. Journal of the American Leather Chemists Association，2003，98：101-106.

[219] Madhan B，Sundarrajan A，Rao J R，et al. Studies on Tanning with Zirconium Oxychloride：Part Ⅱ Develop-

ment of A Versatile Tanning System. Journal of the American Leather Chemists Association，2003，98：107-114.

[220] Sreeram K J，Kanthimathi M，Rao J R，et al. Development of An Organo-Zirconium Complex-Organozir as Possible Alternative to Chromium. Journal of the American Leather Chemists Association，2000，95：324-332.

[221] Sreeram K J，Kanthimathi M，Rao J R，et al. A Process for the Preparation of Novel Organo-Metallic Polymeric Matrix for Industrial Applications and the Matrix Prepared Thereby，Filed with the Controller of Patents，Govt. of India（Indian Patent Application NO. 3077/DEL/98），1998.

[222] Gangopadhyay S，Laniri S，Gangopadhyay P K. Chrome-Free Tannage by Sequential Treatment with Synthetic Resins and Aluminium or Titanium. Journal of the Society of Leather Technologists and Chemists，2000，84：88-93.

[223] 余跃，王亚楠，丁伟，等. 催化剂对双氧水氧化淀粉-锆配合物结构及鞣制性能的影响. 精细化工，2018，35（11）：1928-1934.

[224] Wang Y N，Huang W L，Zhang H S，et al. Surface charge and isoelectric point of leather：A novel determination method and its application in leather making. Journal of the American Leather Chemists Association，2017，112（7）：224-231.

[225] Kallenberger W E，Hernandez J F. Preliminary Experiments in the Tannin Action of Vegetable Tannins Combined with Metal Complexes. Journal of the American Leather Chemists Association，1983，78：217-222.

[226] 何先祺，王远亮. 植-铝结合鞣机理的研究（Ⅴ）——多元酚-铝与羧基和氨基化合物的作用. 中国皮革，1996，25（6）：15-19.

[227] 何先祺，蒋维祺，李建珠，等. 植-铝结合鞣法中几种常用国产栲胶的性质. 林产化学与工业，1983，2：1-12.

[228] Sakes R L，Cater C W. Tannage with Aluminum Salts，Part Ⅰ：Reactions Involving Simple Polyphonic Compounds. Journal of the Society of Leather Technologists and Chemists，1980，64：29-31.

[229] Sakes R L，Hancock R A，Orszulik S T. Tannage with Aluminum Salts，Part Ⅱ：Chemical Basis of the Reactions with Polyphenols. Journal of the Society of Leather Technologists and Chemists，1980，64：31-32.

[230] Covington A D，Sakes R L. Tannage with Aluminum Salts，Part Ⅲ：Preliminary Investigation of the Interaction with Polycarboxylic Compounds. Journal of the Society of Leather Technologists and Chemists，1981，65：21-28.

[231] Hernandez J F，Kallenberger W E. Combination Tannage with Vegetable Tannins and Aluminum. Journal of the American Leather Chemists Association，1984，79：182-206.

[232] 石碧，狄莹. 植物多酚. 北京：科学出版社，2000：227.

[233] Vitolo S，Seggiani M，D'Aquino A，et al. Tara-Aluminium Tanning as An Alternative to Traditional Chrome Tanning：Development of A Pilot-Scale Process for High-Quality Bovine Upper Leather. Journal of the American Leather Chemists Association，2003，98：123-131.

[234] 单志华，石碧. 改性橡椀栲胶与非铬金属离子结合鞣. 林产化学与工业，2000，20（2）：5-8.

[235] 罗建勋，单志华. 无铬结合鞣的研究. 中国皮革，2006，35（13）：39-42.

[236] 汪建根，杨宗邃，马建中，等. 橡椀栲胶接枝改性的研究. 中国皮革，1998，27（7）：9-11.

[237] 杨宗邃，马建中，张辉，等. 轻革生产中无铬鞣制工艺的研究. 中国皮革，2001，30（9）：9-13.

[238] Fathima N N，Saravanabhavan S，Rao J R，et al. An Eco-Benign Tanning System Using Aluminiuum，Tannic Acid，and Silica Combination. Journal of the American Leather Chemists Association，2004，99（2）：73-81.

[239] 单志华，何先祺. 结合鞣机理研究——稀土-植鞣革特征. 皮革科学与工程，1998，8（1）：1-4.

[240] 单志华，郭文宇，王国伟. Fe^{2+} 与酚缩合物对皮胶原结合鞣研究. 四川大学学报：工程科学版，2002，34（2）：116-118.

[241] Saravanabhavan S，Fathima N N，Rao J R，et al. Combination of White Minerals with Natural Tannins- Chrome-Free Tannage for Garment Leathers. Journal of the Society of Leather Technologists and Chemists，2004，88（2）：76-81.

[242] 石碧，曾少余，曾德进，等. 无铬少铬鞣生产山羊服装革——Ⅰ. 无铬鞣法的研究. 中国皮革，1996，25（10）：6-9.

[243] 石碧，曾少余，曾德进，等. 无铬少铬鞣生产山羊服装革——Ⅱ. 工艺平衡的研究. 中国皮革，1996，25（12）：9-12.

[244] 石碧，范浩军，何有节，等. 有机鞣法生产高湿热稳定性轻革. 中国皮革，1996，25（6）：3-9.

[245] Covington A D，Shi B. High Stability Organic Tanning Using Plant Polyphenols：Part 1 The Interaction Between Vegetable Tannins and Aldehydic Crosslinkers. Journal of the Society of Leather Technologists and Chemists，1998，82：64-71.

[246] Shi B，He Y J，Fan H J，et al. High Stability Organic Tanning Using Plant Polyphenols：Part 2 The Mechanism of the Vegetable Tannin-Oxazolidine Tannage. Journal of the Society of Leather Technologists and Chemists，1999，83：8-13.

[247] Lu Z B，Liao X P，Shi B. The Reaction of Vegetable Tannin-Aldehyde-Collagen：A Further Understanding of Vegetable Tannin-Aldehyde Combination Tannage. Journal of the Society of Leather Technologists and Chemists，

2003，87：173-178.

[248] Lu Z B，Liao X P，Zhang W H，et al. Mechanism of Vegetable Tannin-Aldehyde Combination Tannage. Journal of the American Leather Chemists Association，2005，100：432-437.

[249] 李亚，陈玲，范浩军，等. 几种新型无铬鞣剂的鞣性研究. 皮革科学与工程，2003，13（4）：24-28.

[250] 石碧，何先祺，张敦信，等. 植物鞣质与胶原的反应机理研究. 中国皮革，1993，22（8）：26-31.

[251] Harris P. J.，Smith B. G. Plant cell walls and cell-wall polysaccharides：structures，properties and uses in food products [J]. International Journal of Food Science and Technology，2006，41（2）：129-143.

[252] Hunt N. C.，Grover L. M. Cell encapsulation using biopolymer gels for regenerative medicine [J]. Biotechnology Letters，2010，32（6）：733-742.

[253] Vio L.，Meunier G. Process of thermal stabilization of aqueous solutions of polysaccharides and its application to drilling fluids [P]. US：4599180. 1986-07-08.

[254] Ding W，Wang Y. N，Zhou J. F.，et al. Effect of structure features of polysaccharides on properties of dialdehyde polysaccharide tanning agent [J]. Carbohydrate polymers，2018，201：549-556.

[255] Ding W，Yi Y. D.，Wang Y. N.，et al. Preparation of a Highly Effective Organic Tanning Agent with Wide Molecular Weight Distribution from Bio - Renewable Sodium Alginate [J]. ChemistrySelect，2018，3（43）：12330-12335.

[256] 魏世林，刘京华，刘镇华，等. 用双醛淀粉制作白湿皮的研究 [J]. 陕西科技大学学报，1994（3）：251-257.

[257] 丁伟，王亚楠，石碧，等. 一种全组分、宽分布的多醛基有机鞣剂及其制备方法 [P]. CN 107217116 A. 2017-09-29.

[258] Kanth，S. V.，Madhan，B.，Philo，M. J.，et al. Tanning with natural polymeric materials part Ⅰ：Ecofriendly tanning using dialdehyde sodium alginate [J]. Journal of the Society of Leather Technologists and Chemists，2007，91（6）：252-259.

[259] Ding W，Zhou J. F.，Zeng Y. H.，et al. Preparation of oxidized sodium alginate with different molecular weights and its application for crosslinking collagen fiber [J]. Carbohydrate polymers，2017，157：1650-1656.

[260] 丁伟，王亚楠，周建飞，等. 氧化海藻酸钠在牛皮无铬鞣工艺中的应用 [J]. 中国皮革，2018，47（5）：20-22，30.

[261] 丁伟，王亚楠，周建飞，等. 氧化海藻酸钠在牛皮无铬鞣工艺中的应用（续）[J]. 中国皮革，2018，47（6）：18-23.

[262] 李亚，邵双喜，单志华. THPC 鞣革机理研究. 中国皮革，2005，34（19）：15-18.

[263] Filachione E M. Tanning with Tetrakis-（Hydroxymethyl）Phosphonium Chloride. US 2732278. 1956-1-24.

[264] Fathima N N，Chandrabose M，Aravindhan R，et al. Iron-Phosphonium Combination Tanning：Towards a Win-Win Approach. Journal of the American Leather Chemists Association，2005，100：273-281.

[265] Fathima N N，Kumar T P，Kumar D R，et al. Wet White Leather Processing：A New Combination Tanning System. Journal of the American Leather Chemists Association，2006，101：58-65.

[266] Fathima N N，Rao J R，Nair B U. Wet-Pink Leathers：Zirconium/THPS Tannage. Journal of the Society of Leather Technologists and Chemists，2007，91：154-158.

[267] Fathima N N，Aravindhan R，Rao J R，et al. Tannic Acid-Phosphonium Combination：A Versatile Chrome-Free Organic Tanning. Journal of the American Leather Chemists Association，2006，101：161-168.

[268] Kumar M P，Fathima N N，Aravindhan R，et al. An Organic Approach for Wet White Garment Leathers. Journal of the American Leather Chemists Association，2009，104：113-119.

[269] Fan H J，Li L，Shi B，et al. Characteristics of Leather Tanned with Nano-SiO$_2$. Journal of the American Leather Chemists Association，2005，100：22-28.

[270] Fan H J，Shi B，He Q，et al. Tanning Characteristics and Tanning Mechanism of Nano-SiO$_2$. Journal of the Society of Leather Technologists and Chemists，2004，88：139-142.

[271] 范浩军，何强，彭必雨，等. 纳米 SiO$_2$ 鞣革方法和鞣性的研究. 中国皮革，2004，33（21）：37-38.

[272] 芦燕，范浩军，李辉，等. 纳米 SiO$_2$ 鞣革方法及工艺平衡研究（Ⅰ）. 中国皮革，2008，37（1）：35-37.

[273] 芦燕，范浩军，李辉，等. 纳米 SiO$_2$ 鞣革方法及工艺平衡研究（Ⅰ）（续）. 中国皮革，2008，37（3）：5-8.

[274] 芦燕，范浩军，李辉，等. 纳米 SiO$_2$ 鞣革方法及工艺平衡研究（Ⅱ）. 中国皮革，2008，37（9）：15-18.

[275] Liang H C，Chang W H，Liang H F，et al. Crosslinking Structures of Gelatin Hydrogels Crosslinked with Genipin or A Water-Soluble Carbodiimide. Journal of Applied Polymer Science，2004，91（6）：4017-4026.

[276] 丁克毅. 京尼平与皮胶原的反应性研究. 中国皮革，2007，36（5）：9-12.

[277] 丁克毅，李杰. 京尼平与栲胶和铝盐的结合鞣研究. 中国皮革，2007，36（11）：8-11.

[278] 丁克毅. 铝-京尼平结合同步鞣染工艺及革的性能. 中国皮革，2007，36（13）：13-16.

[279] Ding K Y，Taylor M M，Brown E M. Tanning Effects of Aluminum -Genipin or -Vegetable Tannin Combinations. Journal of the American Leather Chemists Association，2008，103：377-382.

第5章　制革染整工段清洁技术

皮革染整或鞣后湿操作工段是对鞣制后的革坯，如蓝湿革，进行进一步加工处理，以赋予成革良好的感观性能和物理机械性能，如柔软性、丰满性、弹性、色泽、抗张强度、撕裂强度等。此工段中大量使用染料、复鞣剂、加脂剂等有机物，这些有机物的吸收利用率的高低，直接影响着加工废液中有机物含量的多少。

5.1　高吸收染色技术

染色在制革工业中占有重要地位，它可改善革的外观和色彩，使之满足时尚与流行风格，提高使用性能，最大限度地增加它们的附加值，适应各种用途的需要。

目前，皮革染色一般采用酸性染料和直接染料。使用这些染料的缺点是色牢度较差、染色时间长、操作复杂和劳动强度大，更严重的是排放大量含染料的有色废水，污染环境。随着皮革工业的发展，国内外对制革及其制品提出了更高、更新的要求，促使皮革工艺不断得以改进。如何提高上染率、减少能耗和环境污染，已成为制革染整工段迫切需要解决的问题。

5.1.1　禁用染料[1,2]

染料按应用分类，有直接染料、酸性染料、分散染料、活性染料、阳离子染料等，按结构分类有偶氮染料、硝基染料、硫化染料、蒽醌染料等。染料分子结构中，凡是含有偶氮基（—N≡N—）的统称为偶氮染料，其中偶氮基常与一个或多个芳香环系统相连构成一个共轭体系而作为染料的发色体。合成染料中，偶氮染料是品种数量最多的一类，目前工业上染料品种半数以上是偶氮染料。偶氮染料生产的中间体是各种芳胺。研究表明联苯胺、乙萘胺、4-氨基联苯等芳胺为致癌物，因此许多国家都成立相应的机构，研究染料对生态的影响和染料的毒理，并确定了能致癌的芳胺种类，同时制定出相应的法令限制有毒染料的生产和使用。

偶氮染料广泛应用于纺织品、皮革制品等染色及印花。目前使用的偶氮染料品种多达3000种，其中大部分的偶氮染料都是安全的，受禁的只是可还原释放出指定的二十多种芳香胺类的那一小部分偶氮染料。

德国政府于1994年颁布的限令规定，凡输入德国的皮革、纺织品必须进行禁用偶氮染料检测（简称 AZO 检测）。这里的"禁用偶氮染料"并不是"禁止使用所有的偶氮染料"，而是"禁止使用含有或可能产生有芳香胺中间体的偶氮染料"。在纺织品和皮革中使用的一些偶氮染料在一定的条件下会还原出对人体或动物可能有致癌作用的芳香胺，属于REACH 法规中禁用的 24 种致癌芳香胺范围。涉及的相关偶氮染料（包括某些颜料）约有 210 种，其中大部分为常用的染料。此外对苯二胺，虽不属于 REACH 法规中已禁用的 24 种禁用致癌芳香胺范围，但有关报道指出，未磺化的芳烃伯胺类化合物作为有机颜料和染料合成的组分，只允许出现极低微的量[3]，而且 ETAD（染料和有机颜料生态学与毒理学协会）也在 20 世纪七八十年代通过对 4400 多种染料和有机颜料的毒理学研究发现，约有 50~60 种芳香胺具有致癌作用，对苯二胺等就包含在内，其中 20 多种芳香胺的致癌作用突出[4]，再加上 4-氨基偶氮苯在还原条件下会裂解释放出对苯二胺，因此 REACH 法规把对苯二胺等视作为与德国 MAK Ⅲ A2 中芳香胺具有同等关注特性的致癌芳香胺予以禁用。

使用该类偶氮染料的产品，在与人体长期接触中，少量染料可被皮肤吸收，并在人体内扩散。这些染料在人体内的新陈代谢生化反应条件下，发生还原反应而分解出致癌芳香胺，并经人体的活化作用引起 DNA 结构的改变，导致人体病变和诱发癌症。

2002 年 9 月 11 日欧盟正式颁布了指令 2002/61/EEC，该指令主要禁止纺织品、服装和皮革制品生产使用禁用偶氮染料，禁止使用含有偶氮染料且直接接触人体的纺织品、服装和皮革制品在欧盟市场销售，禁止这类商品从第三国进口。对于玩具该指令主要涉及纺织制或皮制玩具和带有纺织或皮制衣物的玩具[4]。

该检测项目也是国际纺织品生态研究和检验协会发布的 Oeko-100 标准（即通常所称的环保标准）规定的检测项目之一，标准规定纺织品中不得含有 24 种偶氮染料中间体（见表 5-1），若检出其中一种即为不合格产品。禁用偶氮染料染色的服装与人体皮肤长期接触后，会与代谢过程中释放的成分混合并产生还原反应，形成致癌的芳香胺化合物。

表 5-1　对人体或动物有致癌性的芳香胺[2,5~7]

序号	化学名称	结　构　式	CA 代号
1	4-Aminodiphenyl 4-氨基联苯		94-67-1
2	Benzidine 联苯胺		92-87-5
3	4-Chloro-2-toluidine 4-氯-2-甲基苯胺		95-69-2
4	2-Naphthylamine 2-萘胺		91-59-8
5	o-Aminoazotoluene （邻氨基偶氮甲苯） 4-氨基-3,2′-二甲基偶氮苯		97-56-3
6	4,4′-Diaminodiphenylmethane 4,4′-二氨基二苯甲烷		101-779
7	2-Amino-4-nitrotoluene 2-氨基-4-硝基甲苯		99-55-8

续表

序号	化学名称	结　构　式	CA 代号
8	2,4-Diaminoanisole 2,4-二氨基苯		615-05-4
9	3,3′-Dichlorobenzidine 3,3′-二氯联苯胺		91-94-1
10	3,3′-Dimethylbenzidine 3,3′-二甲基联苯		119-93-7
11	3,3′-Dimethoxybenzidine 3,3′-二甲氧基联苯胺		119-90-4
12	3,3′-Dimethyl-4,4 diaminodiphenylmethane 3,3′-二甲基-4,4- 二氨基二苯甲烷		838-88-0
13	p-Kresidine （对克力西丁） 2-甲氧基-5-甲基苯胺		120-71-8
14	4,4′-Methylene-bis （2-chloroaniline） 3,3′-二氯-4,4′-二氨基二苯甲烷		101-14-4
15	o-Toluidine 邻甲苯胺		95-53-4
16	2,4-Toluylenediamine 2,4-二氨基甲苯		95-80-5
17	p-Chloroaniline 对氯苯胺		106-47-8
18	4,4′-Oxydianiline 4,4′-二氨基二苯醚		101-80-4
19	4,4′-Thiodianiline 4,4′-二氨基二苯硫醚		39-65-1

续表

序号	化学名称	结　构　式	CA 代号
20	2,4,5-Trimethylaniline 2,4,5-三甲基苯胺	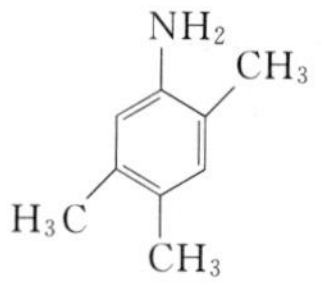	137-17-7
21	*p*-Phenylazoaniline 对氨基偶氮苯	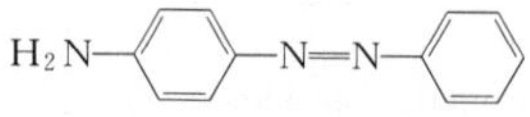	60-50-3
22	*o*-Anisidine 邻氨基苯甲醚	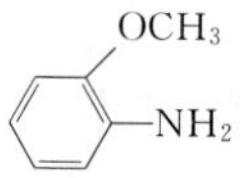	90-04-00
23	2,4-Xylidine 2,4-二甲基苯胺	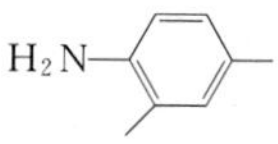	95-68-1
24	2,6-Xylidine 2,6-二甲基苯胺	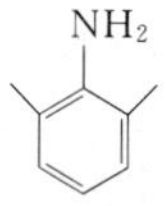	87-62-7

　　2016 年 11 月初，OEKO-TEX 协会认为对皮革制品中有害物质检验的认证时机已成熟，于是在比利时召开的年会上发布了全新的 LEATHER STANDARD by OEKO-TEX，并于 2017 年 1 月 4 日正式推出，将皮革部分纳入了现有体系中，要求皮革制品生产商和供应商可向 OEKO-TEX 国际环保纺织协会申请产品经过有害物质检验的认证[8]。

　　LEATHER STANDARD by OEKO-TEX 在制定过程中充分考虑了以下要求：

　　① 一些重要的法规要求，包括对禁用偶氮染料、六价铬、甲醛、五氯苯酚、镉、镍释放和全氟辛烷磺酰基化合物（PFOS）等的禁限用要求；

　　② 未纳入法规管控的有害化学物质；

　　③ 欧盟 REACH 法规的附件ⅩⅦ限制物质清单和附件ⅩⅣ需授权物质清单以及 SVHC（高度关注物质）候选清单中的物质；

　　④ 美国消费品安全改进法案（CPSIA）的要求；

　　⑤ 与环境污染相关的物质。

　　2018 年版 LEATHER STANDARD by OEKO-TEX，在 2017 年版基础上又增加了 12 项新物质，包括 4 项其他残余化学物质（苯胺、双酚 A、苯酚、喹啉）、5 项致癌染料（C.I. 溶剂黄 1、C.I. 溶剂黄 3、C.I. 直接棕 95、C.I. 直接蓝 15、C.I. 酸性红 114）、2 项残余表面活性剂（庚基苯酚、戊基苯酚）和 1 项过敏性染料（C.I. 分散橙 59），同时还增加和更新了 36 项单一物质限量值（包括现有物质和新物质），以及明确了 4 项物质的限量要求（包括防腐剂 OPP 与 CMC、阻燃产品总体、残余表面活性剂庚基苯酚与戊基苯酚、苯酚与喹啉为被监测对象且随机检测）。[6,7]

目前研究替代禁用偶氮染料的方案有：

① 用非联苯胺型的双氨基化合物取代联苯胺系中间体所合成的染料；

② 用偶氮染料、杂环型直接染料等取代联苯胺直接染料；

③ 用活性染料、硫化染料等其他类型染料来取代联苯胺系直接染料。

5.1.2　高吸收染色技术

高吸收的目的是提高染料的上染率，消除或降低"浅色效应"，减少废液中的残余染料量。采用染料助剂提高上染率是研究最多的方法。

J. Kanagaraj 等[9]用一种来自氨基酸衍生物的新单体与丙烯酸酯进行微乳液聚合反应，制得一种称为 NPP 的染料助剂，其粒径为 60nm，25℃下相对黏度 1.02，Zeta 电位 $-30.2mV$，属阴离子性。皮革染色过程中使用 2% 的 NPP，染料吸收率提高到 99.10%。

戴金兰等[10]合成了三种高吸收染色加脂助剂 R、S、V。应用结果表明，使用高吸收染色加脂助剂的方案与对比样比较，对染料和油脂的吸收更好，颜色更深。使用了阳离子助剂的革柔软，粒面更紧实，特别是染色加脂前用助剂处理的革效果更明显。未使用助剂的革柔软，但出现松面现象。实验方案是皮坯复鞣后，用高吸收染色加脂助剂 3% 进行预处理 30min，换浴按常规方法进行染色加脂，如表 5-2 所示。

表 5-2　各种阳离子助剂对牛皮染色加脂的影响

材料	废液浊度①	废液吸光度②	手感	黑度③
S	10	0.135	柔软，粒面松	3
R	16	0.178	紧实	2
V	10	0.154	较松	1
空白	48	0.197	软，粒面松	4

① 稀释 50 倍测定，量程为 0～150；②稀释 50 倍，波长 420nm；③感观评定，1 为最好，2 为其次，以此类推。

牛皮、猪皮和羊皮的染色加脂实验结果分析表明，所合成的阳离子高吸收染色加脂助剂能明显提高油脂和染料的吸收，且提高革的染色强度。综合考虑，以染色加脂前用助剂处理或染色前用助剂处理再用助剂固色的效果最优。如加上革的手感和粒面紧实度因素，牛皮宜采用代号为 R 的高吸收染色加脂助剂，而猪皮和羊皮则宜使用代号为 S、V 的高吸收染色加脂助剂。

5.1.3　固色技术

在皮革染色中，深色如黑色、棕色等颜色占据相当大的比例，但染深色革时常需用大量的染料或多次套染，方可获得所需色泽。大量使用染料则超过了用酸固色的极限，因而未固定的染料会残留在革内或革面上。黑色革湿固色实验表明，在水洗、耐汗等试验中这种现象经常发生。使用阳离子固色剂对这种现象虽有改变，但影响耐擦牢度，且固色不持久。

5.1.3.1　染料的固定

皮革染色主要是用酸性染料和直接染料。这两种染料都常用酸固定。利用皮胶原纤维的两性特性，在染色结束时，通过降低 pH，增加革坯的正电荷，提高染料的结合。图

5-1 表示带阳电荷（阳离子）的革纤维与带阴电荷（阴离子）的染料相互作用的示意[11]。

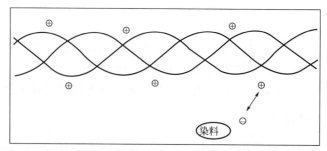

图 5-1　皮胶原纤维与阴离子染料间的相互作用示意

用直接染料染色，因染料与纤维结合不牢，在洗涤时会出现脱色，或褪色，或颜色的迁移。为了防止这种现象的发生，必须解决染料的固色问题，否则还会引起耐擦牢度低和色调变浅的问题。如果采取在染色后进行水洗处理，必然消耗大量的水资源，也造成染料的浪费和增加废水的污染负荷。纤维染色后的固色处理，其根本目的就是为解决染料的结合问题，增强染料与纤维的结合牢度，提高上染率和摩擦牢度，同时也是实施清洁染色技术的重要环节。

固色处理通常在染色过程中完成，其目的是使染色物品的颜色在遭受水洗、摩擦作用时不褪色或掉色。主要有三条途径：

① 降低染料的水溶性，通常是用阳离子固色剂中和阴离子染料电荷，两者通过库仑引力作用，染料和阳离子固色剂结合后，与纤维间的范德华引力也相应增加，故染料的湿牢度提高；

② 通过交联剂在纤维和染料分子间形成交联，增加染料与纤维的结合，利用染料分子中的羟基、磺酸基或氨基等基团与交联剂反应，阻止染料水洗时解析；

③ 通过成膜性高分子物在皮革表面形成一层薄膜来保护染料，阻止染料的迁移，提高摩擦牢度。

5.1.3.2　固色剂[11~14]

良好固色剂应具备的条件：

① 显著地改善湿牢度；

② 不影响染料染色产品的色泽鲜艳度；

③ 不影响或很少影响染料染色产品的耐汗渍、耐晒和耐氯等牢度。现有的固色剂大致可分为三类，各类固色剂所含的成分具有以下特点。

(1) 双氰胺类固色剂

由双氰胺与甲醛的缩聚物组成，它是较早的固色剂。固色后耐皂洗牢度较好，大多用于直接染料染色后的固色处理，价格便宜，湿牢度好，也能提高汗渍、耐氯牢度。但处理后的革可能会发生色变，色泽鲜艳度下降。因产品中含有游离甲醛，会造成环境污染。

(2) 高分子季铵盐固色剂

用氯丙烯与二甲胺反应制成二甲基二烯丙基氯化铵单体，再经游离基聚合反应生成高分子化合物。这类固色剂是具有阳离子季铵盐基团的高聚物，能在织物上成膜，其季氨基能与染料的磺酸基结合而提高皂洗牢度，是一种完全透明的黏稠液，对染料色泽无影响，色泽鲜艳度好，但提高湿烫、汗渍、耐氯牢度的能力较低。

(3) 具有季铵基和反应性基团的线型聚合物固色剂

它是以二乙烯三胺为骨架，与环氧氯丙烷缩合，再引入季氨基的产品。因具有反应性基团和季铵盐的阳离子基团，能与染料中磺酸基成盐结合，又能与纤维、染料反应，因而能提高湿烫及皂洗牢度。这类固色剂固色后不会变色，也不影响色泽鲜艳度，还能提高汗渍、耐氯牢度。

目前较常用的固色剂主要是具有聚阳离子结构的化合物[15]，主要产品的结构见表5-3。

除了阳离子型固色剂外，阴离子型化合物如单宁酸，对酸性染料也有固色作用，它们可以牢固地结合在纤维表面，利用其负电荷对染料阴离子的斥力，阻止纤维内的染料向外扩散。一些固色剂中含有的金属离子，如铜、铬和镍等，通过金属离子与染料的基团形成螯合物，故可进一步提高湿牢度和耐晒牢度，但可能会引起色变。

固色剂要求无醛。一些以有机硅、聚氨酯等高分子化合物形成的具有成膜性的助剂[14]以及纳米固色剂[13]，也具有显著的固色作用。

5.1.3.3　固色理论[13,14]

不管是直接染料还是酸性染料，固色剂的作用机理基本相同：

① 利用染料分子中阴离子基团与固色剂分子阳离子基作用，通过离子键形成不溶性盐、大分子化来提高染料的耐水性、湿牢度；

② 固色剂在染料或纤维表面形成薄膜，防止染料与水的接触，降低染料的水溶性；

③ 依靠固色剂与染料及纤维间的反应活性，在二者间产生化学交联。在这些因素的相互作用下，固色剂的性能可得到充分的发挥，从而提高色牢度。染料与固色剂相互作用表示如下：

$$DSO_3Na + FX \longrightarrow DSO_3F + NaX$$

式中，D 为染料母体；F 为固色剂中阳离子基团。

表 5-3　聚阳离子型固色剂

名　称	结　构　式
Ecofix	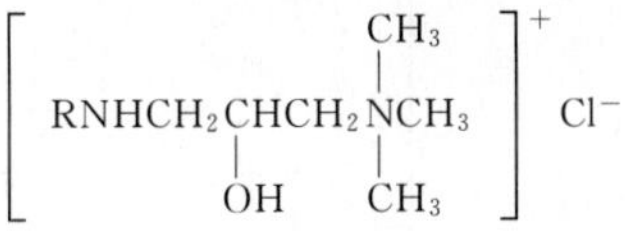 $\left[\begin{array}{c} \qquad\quad CH_3 \\ RNHCH_2CHCH_2-N^+-CH_3 \\ \quad\ OH \qquad\ CH_3 \end{array} \right]^+ Cl^-$
SH-96	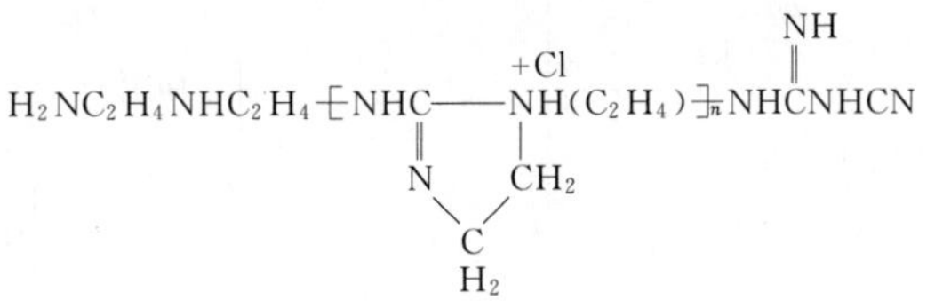 $H_2NC_2H_4NHC_2H_4 \left[NHC \overset{N}{\underset{\underset{H_2}{C}}{\diagdown}} \overset{+Cl^-}{\underset{CH_2}{NH(C_2H_4)}} \right]_n NHCNHCN \overset{NH}{\|}$
聚环氧氯丙烷二甲基氯化铵	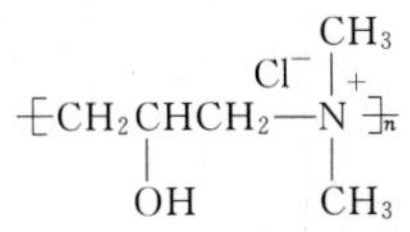 $\left[CH_2CHCH_2 - \overset{CH_3}{\underset{CH_3}{\overset{\|}{N^+}}} \right] \ Cl^-$ $\quad OH$

名　称	结　构　式

聚六亚甲基双胍盐酸盐（PHMB）

$$-\!\!\left[\!CH_2CH_2CH_2\underset{\underset{H}{|}}{\overset{\overset{NH}{\|}}{C}}NH\underset{\underset{H}{|}}{\overset{\overset{\overset{+}{N}H_2\ Cl^-}{\|}}{C}}N\underset{\underset{H}{|}}{}CH_2CH_2CH_2\!\right]_{\!n}$$

$$n = 16$$

反应性固色剂

$$H_2N\!\left(\!C_2H_4NH\!\right)_{\!m}\!C_2H_4NH_2 + \overset{\overset{NH}{\|}}{\underset{\underset{NH_2}{|}}{C}}NHC\!=\!NH \longrightarrow H_2N\!\left(\!C_2H_4NH\!\right)_{\!m}\!C_2H_4NHC\overset{\overset{NH}{\|}}{NHC}\!=\!NH$$

$$\downarrow -NH_3$$

$$-\!\!\left[\!\underset{\underset{NH}{\|}}{\overset{}{C}}NHC\!-\!N\!\left(\!C_2H_4NH\!\right)_{\!m}\!\right]_{\!n}$$

$$\left[\!\overset{}{C}NHC\!-\!N\!\left(C_2H_4NH\right)_{\!m}\right]_{\!n} + HOCH_2\overset{\overset{O}{\|}}{\underset{\underset{R\ \ R}{|}}{N}}CH_2OH \xrightarrow[-H_2O]{H^+}$$

$$\left[\!\overset{}{C}NHC\!-\!N\!\left(C_2H_4NH\right)_{\!m}\right]_{\!n} \xrightarrow{H^+} \left[\!\overset{}{C}NHC\!-\!N\!\left(C_2H_4\right)_{\!m}\right]_{\!n}$$

新型无醛固色剂

（交联剂 P，BASF）

（交联剂TCD-R）

$$H_2C\!-\!CHCH_2\!-\!\!\left[\!O\!-\!\!\underset{\text{(naphthalene)}}{}\!\!O\!-\!CH_2HC\!-\!CH_2\right]_{\!n}$$

（聚醚型交联剂）

5.1.3.4　固色工艺

固色处理工艺通常较为简单，一般是在染色后的染浴中直接加入一定量的固色剂，并用甲酸调浴液 pH 至弱酸性（pH＝4.0±0.2），转动 20～40min，即可。

鲍利红等[16]合成了 MAPA 系列染色增艳剂，通过对使用皮革染料 NG-3 的皮革染色试验（见表 5-4），加入 MAPA-1 后，染料 NG-3 紫外光谱的 K-谱带从 192nm 移到 205nm，最大吸收强度从 0.950 提高到 2.222；加入坯革质量 1％的染色增艳剂 NG-3，成革的透染率从 75.36％提高到 94.57％，上染率从 85.2％提高至 97.4％，染色革的耐干、湿擦牢度分别由 4～5 级和 4 级提高到 5 级（见表 5-4）。

表 5-4　染色革性能测定结果

染色方案	透染率/％	上染率/％	革面总色差/ΔE	耐干擦牢度	耐湿擦牢度
空白/NG-3	75.36	85.2	20.5	4～5	4
NG-3＋MAPA-1	94.57	97.4	17.6	5	5

陈华等[17]研究了 DCA-1 固色剂的固色试验，染料为直接耐晒黑 G 和皮革黑 GN，在常规染色加脂结束，加甲酸转 30min 后，加入适量的 DCA-1 固色剂，转 30min，水洗。试验结果（见表 5-5 和表 5-6）表明，用 3％的阴离子型染料配合使用 1.5％DCA-1 固色剂可获得理想的染黑效果，黑度好于活性炭黑标样的颜色，成革绒面耐干湿擦牢度分别提高一个等级。使用 DCA-1 固色剂，可节约染料 20％左右，且染色废液清澈、透明。

表 5-5　固色剂用量对染色的影响

用量/％	0.0(空白)	0.5	1.0	1.5	2.0
废液情况	浑浊、色很深	色深、浑浊	色深、略透明	透明、色浅淡	透明、色浅淡
废液色度	1000	—	—	20	—
成革黑度	差	差	较好	好	好

注：—表示未测定。

表 5-6　染料用量对固色的影响（固色剂 1.5％）

用量/％	2.5	3.0	3.5	4
废液情况	透明、色浅淡	透明、色浅淡	透明、色泽深	浑浊、色泽深
成革黑度	较好	好	好	好

5.1.3.5　高色牢度的皮革染色新方法[18]

要真正地提高染料的固定性，在染色技术上需要有新的突破。基于皮革染色酸固色的原理，增加胶原纤维的活性位点是解决固色的关键。通过对胶原纤维表面的化学修饰，可以增加染色革坯的活性位点，提高与染料的结合。例如，用含双功能基团的活性助剂对蓝湿革坯进行活化处理，增加革坯的表面正电荷，紧接着进行染色，纤维与染料间形成稳定的结合，从而提高了染色牢度。多数鞣剂、复鞣剂、加脂剂，可部分地与皮坯活性位点形成共价、盐键和氢键结合。因此，在复鞣、加脂后染色，实际上会降低纤维与染料的结合能力。因此，如果要使蓝湿皮具有更多活性位点，能与染料结合，那么活性处理要在添加其他材料前进行，避免复鞣剂、加脂剂封闭未被络合的活性点。活性处理后的革要立即染色，以便与染料形成稳定的结合。传统染色方法与新法染色方法比较见表 5-7。

表5-7　传统染色与活性染色工艺的比较

传统染色工艺	活性染色工艺	传统染色工艺	活性染色工艺
蓝湿革	蓝湿革	加脂	复鞣
复鞣	活性处理	染色	加脂
中和	染色	(酸)固定	(酸)固定

5.1.3.6　毛皮无铬或少铬染色技术

为了获得良好的毛被染色效果与着色牢度，细毛皮染色仍大量采用氧化染料染色。除氧化染料本身为苯胺和苯酚类物质外，还要使用铬化合物作为媒介剂。因此，细毛皮染色过程必然存在使用和排放有害物质的问题，其中最主要的是六价铬。

德国专利[19]在对毛皮进行媒染时加入二羟乙酸，可以显著减少媒染液中重铬酸盐的残余量；可达到更好地使针毛着色、染色更均匀和改进皮板的柔软性等。蔡建芳等人[20]研究了 Cr^{3+} 媒染促进剂 WSB 对羊毛的低铬媒介染色，结果表明，采用低铬染色工艺可降低染色残液中铬的含量(包括 Cr^{6+} 和 Cr^{3+}，见表5-8)，红矾用量仅为毛纤维重的 0.6%(减少了 76%)，且染色对纤维的损伤减小，染色样品都能达到满意的染色效果和着色牢度。

表5-8　染色液中铬含量的对比结果　　　　　　　单位：$mg \cdot L^{-1}$

水样	总铬量	Cr^{3+}	Cr^{6+}
常规染色废水	10.80	8.00	2.80
低铬染色废水	2.98	2.96	0.02

王庆森和宋心远[21]提出三价铬替代六价铬进行铬媒染，并利用羟基酸制备阴离子型铬络合物，在加热和酸性条件下，阴铬络合物被毛纤维吸收，并发生取代反应，既促进毛对铬的吸收率，又降低染浴中的铬含量。章杰[22]总结了节能减排型毛皮染色新技术，包括取代铬媒染料染色、活性染料染色、毛织物低温染色、高吸尽率染色、混纺织物一浴一步法染色等。

5.1.4　其他染色技术

5.1.4.1　超临界染色

超临界是物质的一种特殊状态，当环境温度、压力到达物质的临界点时，气液两相的相界面消失，成为均相体系，温度、压力进一步升高时，物质就处于超临界状态。超临界流体具有类似气体的良好流动性，又有远大于气体的密度。超临界流体的临界压力和临界温度因其分子结构而异，分子极性和分子量越大，临界温度越高，而临界压力越低。

CO_2 是最常用的超临界流体，它的临界点为 31.1℃、7.38MPa。在超临界条件下，CO_2 具有非常独特的理化性质：

① 扩散系数高，传质速率快；

② 黏度低，混合性能好；

③ 密度高（相对于气体），介电系数低，能与有机物完全互溶；

④ 对无机物溶解度低，有利于固体分离，而且理化性质容易通过温度和压力的变化来实现连续变化。

Tuma 等[23]以 CO_2、N_2O、$CClF_3$、CHF_3、SF_6 为溶剂研究了蒽醌型分散染料的溶解性。染料在 N_2O、CO_2 中具有较大的溶解度而以 N_2O 最好，但由于 CO_2 的临界点适中，在超临界状态下依然保持很高的惰性，可以通过温度和压力的改变轻易控制染料的溶解度、上染速度和染色的效果，所以超临界 CO_2 是非常理想的超临界染色媒质。CO_2 超临界染色技术的上染速度是传统工艺的 5～10 倍，匀染和渗透性好，可以实现 98％以上的上染率，染料和 CO_2 可以重复使用且不需要分散剂、均染剂、缓冲剂等化学品，可免去还原清洗和烘烤固色过程，而且 CO_2 没有毒性，且不可燃，染色过程中没有有害气体和废水排放，是一种无废气、废水和废渣排放的清洁生产工艺。

超临界 CO_2 染色是 1989 年由德国西北纺织研究中心（DTNW）E. Schollmeyer 发明的无水染色技术。1991 年 DTNW 和德国 Jasper 公司制造了第一台实验室规模的超临界无水染色实验机。1995 年，在意大利米兰的 ITMA95 博览会上展示了容量为 30L 的超临界染色示范系统。该技术采用超临界 CO_2 作为染色介质，把染料溶解送到纤维孔隙，使染料快速、均匀地上染到织物上，染色结束后 CO_2 又能与染料充分分离，不需要清洗、烘干等操作过程，未利用的染料可回收。

其工艺流程如图 5-2 所示：将 CO_2 加热加压到既非气体也非液体的超临界流体状态，由循环泵打压到染料罐和染色罐之间不断循环，超临界 CO_2 流体边溶解染料边为织物上染。染色条件是 20～30MPa，80～160℃，染色时间 1h 左右，染色完成后剩余染料和 CO_2 均可回收并循环使用[24,25]。

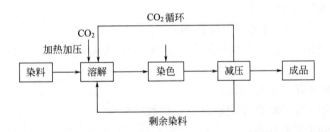

图 5-2　超临界 CO_2 无水染色工艺流程

2012 年，亨斯迈和荷兰 DyeCoo 公司联手开发的 CO_2 超临界染色技术，已研制了工业化无水染色设备，据报道台湾有三家企业引进了该设备用于合成纤维和棉混纺纤维的染色。DyeCoo 使用循环回收的二氧化碳以取代水，织物染色保证了色彩的饱和度，且可以节省能源并避免添加化学物质[26]。

超临界 CO_2 染色的核心技术是将二氧化碳加热至 31℃以上，并加压至 74 巴[1 标准大气压(atm)=1.01325 巴(bar)]以上，此时就达到超临界状态。DyeCoo 的染色机器采用不锈钢染缸，超临界流体 CO_2 可以提高无水染合成纤维的效率，此过程能够缓和分散染料在纤维内扩散。在相同的染缸，也可进行布料干燥和除去过量的染料。多余的回收染料不致浪费，可以回收及循环再利用。

2017 年即发集团通过与大连工业大学、中昊光明化工研究院等院校开展产学研合作，开始了超临界 CO_2 无水染色技术产业化研发应用。

廖隆理等[27]对在 CO_2 超临界流体介质中的皮革染色进行了研究，并与以水为介质的常规染色进行了比较，结果如表 5-9 所示。通过试验得出了超临界 CO_2 介质中皮革染色的较佳工艺条件为：温度 55℃、压力 15MPa、染料用量 2％、时间 60min。研究结果表明：CO_2 介质中染色的革的耐干、湿擦牢度，耐水洗坚牢度，耐溶剂坚牢度均高于常规染色。CO_2 代替水作介质，使染料在纤维上结合更加牢固，分散更加均匀；超临界 CO_2 介质中染色能明显提高皮革的染色质量，表现在上染率高、革颜色均匀、饱满等，以及染色革的耐干、湿擦牢度，耐水洗坚牢度，耐溶剂坚牢度均高于常规染色。

表 5-9　超临界 CO_2 流体介质中的染色和常规染色的结果比较

性能指标	常规染色	CO_2 介质中染色	CO_2 介质中染色、加脂
革的颜色及染料渗透情况[①]	3	4	4
上染率/%	96.2	99.7	96.4
明度值(粒面/中层/肉面)	27.1/33.5/25.1	26.8/28.3/24.1	21.8/26.3/15.3
染色坚牢度(湿擦/干擦)	2/3	2/4	(1～2)/3
耐乙醇洗涤牢度/mg[②]	11.7	8.8	17.5
耐水洗牢度/mg[②]	10.4	0.8	2.2
废液颜色	浓	很淡	浓

① 数值越大，效果越好；② 每克染色坯革（含水分 18%）的染料洗出量（mg）。

5.1.4.2　有机溶剂介质中染色[28]

有机溶剂与水相比，作为染浴有一系列的优点：

① 可以大大减少生产用水、使染色污水处理量大为减少；

② 蛋白质纤维润湿迅速，溶解在有机溶剂中的化学药剂扩散快，并能均匀地分布在毛纤维内，明显地提高了染色质量和效率；

③ 明显地改善了劳动条件；

④ 通过再生，有机溶剂可以重复使用；

⑤ 可以充分利用干洗设备进行染色，使无水染色成为可能，使鞣制、染色连续化、自动化成为可能。

但是有机溶剂也有明显地不足：

①有机溶剂价格高，要有专用设备，一次性投资大；

②有机溶剂或多或少有毒；

③技术要求高，管理严格。

苏联曾使用过氯乙烯作为染色溶剂，它具有不燃不爆，毒性极小（允许浓度为 $2 \times 10^{-5} kg/m^3$），蒸发热低（20℃时为 0.23kJ/g，水为 2.46kJ/g），比热容小（0.92J/g，水为 4.18J/g），稳定性好，对金属和蛋白纤维惰性的特点。

5.1.4.3　超声波染色

超声波是人们听觉无法感知的频率高于 17kHz 的振动波，其与电磁波相似的是可以被反射和聚焦，与电磁波不同的是在传播时需要弹性介质。超声波作为一种特殊的能量作用形式，与热能、光能和离子辐射能有显著的区别，其声空化作用时间短，释放出高能量。超声波产生的声空化（液体中空腔的形成）、振荡、生长收缩及崩溃，以及引发的物理和化学变化，有利于反应物的裂解和自由基的形成。超声波作为一项促进化学反应及化工过程的高新技术，已在有机合成、化工分离、降解、材料制备等方面得到了应用。

自 20 世纪 40～50 年代以来，人们几乎在所有纤维染色工艺中都进行了声化学的研究工作，包括天然纤维领域中棉纤维和羊毛等的超声染色，化学纤维领域中有黏胶纤维、涤纶纤维、锦纶纤维、腈纶纤维和醋酯纤维等的超声染色技术[29～32]。

　　20 世纪 90 年代以来，将超声波染色技术应用于皮革的染色已经成为研究的热点。Xie 等[33]在研究皮革的超声波染色时发现，超声波染色可以有效缩短染色时间，提高染料的吸收和渗透，并使在室温下进行的染色变得更容易。Sivakumar 等[34~36]研究了在超声波作用下，用酸性红染料对铬鞣的皮革进行染色。研究结果表明：使用超声波染色可以明显减少低染色时间，提高上染率。何有节等人[37,38]以直接耐晒黑 SellaFast Black B R7及酸性棕 Lurazol Brown N3G 为染料，研究了不同染浴条件下超声波对皮革染色过程的影响，并计算出不同染色温度下平衡上染率及扩散系数；研究了超声波的作用时间、染色温度等对染料上染速度及上染率的影响规律。他们发现超声波有促染作用，可加快上染速度、提高上染率；频率为 23.7kHz 的超声波对皮革染色有促染作用，而 17kHz 的超声波则没有；染料溶液经超声波预处理 20~30min，再在较低温度（45℃）下染色，可加快上染速度，提高上染率至 99.24%~99.75%，降低废液中染料的含量，减少污染。

　　刘红艳等[39]将超声波应用于兔皮染色并探究了兔毛纤维染色性能，发现超声波对兔毛纤维的刻蚀作用有利于染料渗透进毛纤维中，提高上染速率，可以在较低的温度 60℃让酸性染料上染兔毛纤维，比常规 70℃染色具有更高的上染速率，缩短染色时间、降低染色温度，减少能耗且染色牢度也有所提高。

　　超声波染色具有以下优点：

　　① 可以明显提高染色速度，达到数倍于常规染色的染色速度；

　　② 可以明显提高染料的上染率和皮革的颜色饱满度；

　　③ 可以不用或少用各种助剂，能明显地减少染色废液对环境的污染程度。

5.1.4.4　电化学染色法[40~43]

　　蛋白质纤维通常使用酸性染料、直接性染料和还原染料染色，但都存在上染率低、色牢度差、染料消耗大、能耗高等缺点。为了克服上述缺点，一般都采用加固色剂和改变纤维活性基团的办法，由于这些方法是在常规理论和方法下进行的，虽能显著改善但却不能克服上述缺点。电化学染色技术始于 20 世纪 90 年代，起初的电化学染色是利用电化学阴极还原代替保险粉还原染色的工艺，不但可以保持还原染料的优点，而且染液可重复使用，节约 80%的化工材料和大量的水，降低了染色成本，也大大降低了染色污水的处理费用。

　　BASF 等公司开发出一种用于纺织品的靛蓝染料和瓮染料的电化学染色法。此技术通过向含 Fe^{2+}/Fe^{3+} 的溶液通电，将染料还原成其水溶性形态，这就可减少化学还原剂的使用，甚至完全不使用，从而减轻废水处理的负荷。德国 Krantz 公司推出了电化学染色机（electrochemical reduction dyeing rquipment），当采用还原、靛蓝、硫化等染料进行染色时，可以不采用传统工艺所使用的烧碱、保险粉等，而是通过电化学方法，将染浴介质回用，使得上述染料还原。

　　众所周知，多数皮革染料分子在水中均能电离成正或负离子，当对染浴施加电场时，正负离子必将发生定向移动，外加电场的存在能有力地促使染料离子向电荷相反的电极移动，从而强化了染料离子与革纤维之间的作用力，达到利用电化学染色的目的。

　　从热力学的角度分析，外加电场的存在有可能导致染料在染液中化学位的提高，打破染色平衡，增加染料从液相向固相转移的趋势，从而达到利用电化学染色的目的。这样不但可以实现低温染色，还可以缩短染色时间，具有可观的经济效益和社会效益。在电化学染色中，染料除了依靠染液的流动以及染料在染浴中和在皮革中的化学位差外，还要借助于电极间的电位差，增强染料离子的穿透能力，降低染料上染活化能，来完成染色，这样无疑会增加染料在皮革表面和皮革内部的浓度差，从而促进染料向皮革内部扩散，加快上染速度，提高生产效率。

电化学染色有以下特点：有助于提高上染率，降低染料用量；缩短染色时间，可在低温染色，降低能耗；减少环境污染。兼有经济与生态效益的电化学染色法虽然可在皮革染色中应用，但目前的研究尚处于起步阶段，对于不同染料、不同革纤维以及如何将电化学染色与一定的机械作用相结合，使之应用于大规模的生产，尚需进一步研究。

赵欣等人[44]探讨了皮革的电化学染色，通过对染色条件（浓度、时间、电压和温度）的优化选择，可提高上染率，减少污染，降低能耗。

5.1.4.5 通过式染色[45,46]

采用通过式染色机，将干燥后的坯革经传送带通过染浴进行染色，已成为最有效的清洁染色方法之一。这种方法中染料的利用率高，染液可循环使用，基本不排放废液。同时操作简单，生产效率高，可连续化生产，容易按市场需要变换颜色，适用于绝大多数皮革产品的染色。

采用通过式染色机可在很短的时间内（7~10s）从革的两面对革进行染色，染色效果要受到坯革的性能、染液组成、染色温度、坯革与染液的接触时间等因素的影响。

坯革应对通过式染色具有良好的适应性，使染料能够在革内有一定的渗透深度，匀染性好，在革面着色浓厚。这种性能主要受复鞣和加脂的影响。当用强阴离子性的复鞣剂复鞣及阴离子加脂剂加脂后，革具有良好的匀染性，但表面着色会浅淡。当用阳离子复鞣剂复鞣后，革表面着色浓厚，但匀染性稍差。应通过矿物鞣剂和阴离子复鞣剂配合复鞣以调节坯革对染料的亲和力，从而调节坯革的匀染性和表面着色浓厚程度。

在坯革吸收性良好且均匀的情况下，染液的组成对染色效果起着决定性作用。染液一般由染料、渗透剂、有机溶剂、水等组成。在配制染液时应注意选择合适的染料，合理地确定染料、有机溶剂、渗透剂及水的比例。用于通过式染色机染色的染料，要能够在较短时间（染液与革接触的时间）内与革形成牢固地结合，这样才能获得良好的染色坚牢度。大多数直接性和酸性染料很难达到这一要求，它们在染色后干燥时容易在革内发生迁移，而金属络合染料与革的结合力强，具有良好的染色坚牢度（特别是耐水坚牢度），染后干燥时也不易迁移，能满足鞋面革等产品的要求。

染液中一般还需要加入一定量的溶剂和渗透剂。溶剂和渗透剂用量大，染色温度低时，渗透性好，匀染性好，但会削弱染料与革的结合，着色变浅。溶剂和渗透剂用量少时，可以使革着色浓厚，但染料的吸收较差，因此，要合理地确定溶剂、渗透剂及染料的比例。

通过式染色时的温度与传统转鼓染色时的温度基本相同。温度低时（如20℃），渗透程度较大，但表面着色较浅淡；温度高时（如50℃），表面着色较为浓厚。在较高温度下，染料的固定较好，革的耐湿擦性和坚牢度要比低温时的高。

革与染液的接触时间一般为5~10s，延长接触时间并不会促进染料的渗透，但可以增加革面颜色的饱满度。接触时间为5~20s时，革的耐水坚牢度不变。目前已开发了超声波通过式皮革染色机，有助于增强染料的渗透和与革纤维的结合，提高上染率，缩短染色时间。

根据染色渗透程度和色调的不同，染液中染料的含量一般为 $5 \sim 50 \mathrm{g} \cdot \mathrm{L}^{-1}$，助剂不超过 $20 \mathrm{g} \cdot \mathrm{L}^{-1}$，否则在干燥时染料会发生迁移。可用氨水为渗透剂（$10 \mathrm{g} \cdot \mathrm{L}^{-1}$）。异丙醇

（溶剂）的用量为 0～150 份·(1000 份)$^{-1}$。

建议染液配方为：金属配合染液 5～50 份，异丙醇 50～150 份，水 780～945 份。革与染液的接触时间为 5～10s，染浴温度为 40～50℃。挂晾干燥。

无有机溶剂的染液配方为：金属配合染液 5～50 份，渗透剂 10～20 份，水 936～985份。革与染液的接触时间为 5～10s，染浴温度为 40～50℃。挂晾干燥。

5.1.4.6 无水染色技术

皮革染色方法较多，在转鼓中用水浴进行染色是目前皮革染色的主要方法，此方法染色的一大特点就是用水量大，且废染液中染料含量大，加重了废水处理的难度。无水染色，在世界范围内被视为是对传统染整业的革命。从 20 世纪末开始，一些国家开始研究无水染色新技术。目前走在最前端的德国已开发出 30L 的中试样机。最近，东华大学国家染整工程技术研究中心也研发出了 1.6L 小试样机及 30L 的中试样机[47]。该技术的关键是整个染色过程无水、无助剂、无污染，既节能又高效，对涤纶纤维和某些高性能特殊纤维的上色效果明显，其实质仍是超临界二氧化碳介质染色。这一技术可望使延续几百年的传统印染业摘下"污染"的帽子。这种无水染色技术如在全国推广，每年可节水 20 亿立方米。

吉田弥生[48]开发了皮革喷染技术，主要工艺工程为：革坯经脱脂处理调整油脂量——用聚乙二醇进行平整化处理→染色（预处理剂涂敷）→湿热处理→洗净、中和→加脂。

平整化处理用聚乙二醇 PEG400（浓度 30%），常温浸渍 60min，轻轻挤干后干燥。为获得很好的喷色染色效果，必须在喷色染色前对皮革进行预处理，涂刷反应染料活化剂、稳定剂等各种助剂。活化剂如碳酸钠、稳定剂如藻酸钠等，再用喷枪充分喷涂 PEG 对皮革进行平整化处理。通过对处理剂黏度的调节，使涂料能很均匀地涂敷。不同的浆料对染色花纹的清晰度产生不同的影响。现推荐 JKC-5 为最好浆料，其与藻酸钠之比为 1∶2。

预处理剂配方如下。

JKC-5 和藻酸钠混合配比 1∶2。

JKC-5 浆料浓度：JKC-5 150g·L^{-1}。

藻酸钠溶液料配比：藻酸钠（5%）100g、尿素 70g、碳酸钠 30g、普莱克斯（渗透剂）5g、防还原剂 10g、EDTA 2g、水 783g。

表 5-10 为喷染革样的染色坚牢度测试结果，图 5-3 为 JKC 与藻酸钠不同配比对革表面着色浓度的影响。

高效、清洁的皮革染色，能够极大地提高皮革染色的生产效率，减少皮革染色过程对环境的污染，降低制革的生产成本，提高染色皮革的性能。随着人们对超临界流体、超声化学、电化学认识和研究的进一步深入，以及染料制备技术的提高，高效、清洁的皮革染

表 5-10　喷色染色试验结果（染色坚牢度）

试验项目		变褪色(色的变化)	污染(色转移)	标准方法
汗	酸性	4～5	4～5	JISK 0804—1996
	碱性	4～5	4～5	
洗涤	水洗	4～5	5	JISK 6552—1997
	干洗	4～5	5	
摩擦	干燥	4～5	4～5	JISK 6547—1994
	湿润	4～5	4～5	

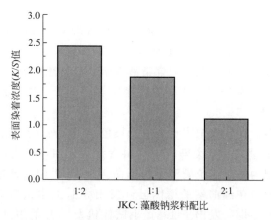

图 5-3　JKC 与藻酸钠配比对表面着色的影响

色将获得更快的发展。今后，皮革染色的发展方向是将染色方法和高性能染料有机结合起来，积极发展仿生染色、活性染料（环保型）染色、静电或磁性染色等生态染色技术。

5.2　清洁加脂技术

皮革加脂是制革湿操作阶段最重要的工序之一，它赋予成革良好的柔软性，并能改善丰满性、弹性等感观性能和物理机械性能。皮革加工过程中，加脂剂是耗用量最大的材料之一，加脂工序中，由于加脂剂不能被皮革纤维完全吸收，其余的存留于废液中随废液排出，导致废水中的 COD、BOD 增加。皮革加脂剂绝大多数是天然动植物油脂的改性产物，如硫酸化、亚硫酸化、磷酸化、磺化改性，在油脂分子结构上引入极性基团，增加其水溶性和与皮纤维的结合性能。因此皮革加脂过程中面临的关键问题是加脂材料的吸收与结合问题，以及残余加脂剂的生物降解问题。

皮革加脂的清洁化应从两个方面考虑：即皮革加脂剂的利用率和其环境特性（如生物降解性）。为了提高加脂剂的吸收率可以通过以下两条途径：开发高吸收的加脂剂产品或采用有利于提高加脂效率的工艺技术如多工序分步加脂得以实现。

5.2.1　皮革加脂剂分子结构、乳液稳定性对加脂性能的影响

传统的加脂剂是各种动植物油脂经硫酸化改性制备的。为满足皮革工业的发展和不断提高成革质量的要求，皮革加脂剂的结构类型和加脂剂种类不断增加。特别是一些复合型加脂剂、多功能加脂剂品种被不断开发出来。加脂剂的乳化成分既起乳化中性油成分的作用，也具有一定的加脂作用，在性能上与表面活性剂类似，因此在选择与使用各种类型的加脂剂时，可以参考相同类型的表面活性剂的表面活性。

国外曾经用牛蹄油、鱼油、橄榄油和蓖麻油为原料制备硫酸化油，其中牛蹄油的油润性和填充性在天然油脂中是最好的，其次是鲸鱼油。由于硫酸化油的渗透性差，在革的外层结合多，所以成革油润性好，在传统鞋面革加脂中仍多有使用，此外还有助提高革的丰满性。氧化-亚硫酸化（磺化）鱼油是磺化油脂的最早的产品，因为亚硫酸化油脂乳液稳定性优良，乳液粒子细小，故其渗透性很好，而且耐电解质性能好，所以此类加脂剂能透入革的内层，在成革断面上的分布较均匀，能有效地改进成革的柔软性。但亚硫酸化加脂

剂的用量不可过多，特别是组织结构松软的皮，容易引起松面。用三氧化硫进行磺化的加脂剂也具有渗透性能好、耐电解质等特点。

磷酸化加脂剂具有与铬盐配位的磷酸根，所以属于结合型加脂剂，它不仅使革柔软，而且使绒面革具有较好的丝光感。磷酸酯加脂剂渗透性好，耐酸，耐电解质，成革柔软丰满，有弹性，油润感强，结合性高，有一定的增厚效果，其中如高级脂肪醇的磷酸酯加脂剂有较好的防水性能，而且有良好的助染效果。

石蜡烃经氯磺化等反应，制成烷基磺酰氯 $[CH_3(CH_2)_nSO_2Cl]$，再进一步改性制备成烷基磺酰胺、N-乙酸基烷基磺酰胺等乳化剂，用其乳化氯化液体石蜡（氯化烷烃）制备成的合成加脂剂，具有一定的耐酸和耐盐的性能，曾被广泛使用。

SCF 结合型加脂剂是典型的能与铬鞣革结合的加脂剂，该加脂剂是由天然油脂经乙醇胺酰胺化改性，用马来酸酐酯化后，再用亚硫酸氢钠进行磺化制备而成。因其分子结构中含有羧基、磺酸基、酰氨基等极性基团，经加脂后的铬鞣革具有明显的浅色效应，有较好的耐水洗特性，充分说明了该加脂剂与铬产生了配位结合，降低了成革的表面正电性，而且成革软性好，绒面丝光感强[49]。经分析 SCF 结合型加脂中有效物含量为 49.4%，而活性物含量占有效物的 60.36%，远高于其他加脂剂。表 5-11 和表 5-12 分别为 SCF 结合型加脂剂与进口加脂剂 Trupon EZR 和 Invasol SFN 经对比试验后油脂在不同部位的抽出情况。

表 5-11　加脂剂在革内各层的抽出量对比

加脂剂	油脂抽出量/%				
	上层（粒面层）	中层	下层（肉面层）	上中层	下中层
EZR	14.7	8.2	9.23	1.8	1.1
SCF	10.59	5.53	6.28	1.9	1.2

表 5-12　加脂剂在不同部位的抽出量对比

加脂剂	油脂抽出量/%				
	头部	腹部	臀部	腹部与臀部比	头部与臀部比
Invasol SFN	11.82	12.56	8.99	1.31	1.40
SCF	6.52	6.72	5.48	1.19	1.23

除了加脂剂的极性结构外，加脂剂本身的乳液稳定性也是影响加脂效果的重要参数。通常，乳液越稳定，其渗透性越好，有利于油脂在革断面上的均匀分布，成革的柔软性就越好，但吸收性可能会受到影响；反之，乳液稳定性差的加脂剂，在加脂过程中可能会过早破乳，而影响油脂的渗透，导致革表面油脂过多，成革的油润感较强，但柔软性甚至成革强度会变差。杜鹃等人[50]研究了不同类型加脂剂的乳液特性与加脂剂的性能关系，结果表明加脂剂乳液的稳定性、粒子大小分布及表面张力直接影响了革对油脂的渗透与吸收。过于稳定和粒子分布小的乳液易于向革内渗透，但不易破乳吸收，革的溶剂萃取物量少。乳化剂成分含量越多，成革中结合油脂含量越多，成革强度也越高。几种活性基团中-OSO_3^+ 基对成革抗撕裂强度贡献最大；-SO_3^- 基有助于提高伸长率；-OPO_3^- 基有助于提高成革的抗张强度。表 5-13 列出了几种常见类型加脂剂的乳液特性，表 5-14 是用这些加脂剂对铬鞣猪皮服装蓝湿革（经复鞣）进行单一加脂后所得革坯的物理机械性能。复鞣加脂工艺如下。

原料：铬鞣猪皮蓝湿革（削匀厚度 0.6mm），称重。

回湿：水 300%，35℃，JFC 0.2%，转 60min。

复鞣：水 200%，30℃，KMC-1 多金属复鞣剂 2%，转 60min；水洗。

中和：水 300%，30℃，碳铵 2%，转 60min，pH＝6～6.5。

染色加脂：水 200%，55℃，黑色染料 1.5%，转 40min；加单一加脂剂 20%，转 60min。

固定：加甲酸 1%（分 3 次加入），转 30min。

挂晾干燥、摔软、物性测试。

表 5-13　几种加脂剂的乳液特性

加脂剂类型	10%乳液特性			有效物含量/%	活性物含量/%
	外　观	稳定性/h	表面张力/dyn·cm⁻¹		
硫酸化蓖麻油	蛋青色透明溶液	＞48	33.5	77.71	66.73
硫酸化鱼油	橘红色半透明乳液	＞24	27.7	74.66	42.64
亚硫酸化鱼油	米黄色不透明乳液	24	29.6	76.38	44.26
磷酸化蓖麻油	白色乳液	24	34.2	84.48	31.29

表 5-14　加脂剂中油脂含量及物理机械性能

加脂剂类型	二氯甲烷萃取物含量/%			结合油脂量/%	撕裂强度/N·mm⁻¹	抗张强度/N·mm⁻²	载荷伸长率/%
	粒面	中层	肉面				
硫酸化蓖麻油	11.75	9.21	10.37	4.22	35.41	13.34	20.35
硫酸化鱼油	11.57	9.39	9.91	2.84	33.88	12.04	15.99
亚硫酸化鱼油	16.91	13.85	2.56	4.14	19.71	10.42	19.48
磷酸化蓖麻油	17.45	15.73	16.63	2.74	19.97	13.57	14.53

张宗才等[51~53]采用不同链长的二元醇（聚乙二醇 EO）与脂肪酸合成制备了 CZE 系列耐电解质加脂剂，不同链长的加脂剂组分分别加脂后的成革，通过 X-650 电子探针能谱仪检测硫元素在皮革断面的分布，来表征加脂剂在革内的分布状况。如图 5-4 所示，由于肉面纤维较疏松，加脂剂从粒面至肉面的分布基本上均呈递减趋势，相对而言，聚乙二醇链长为中等时 ［见图 5-4(d)］，加脂剂的分布较为均匀。

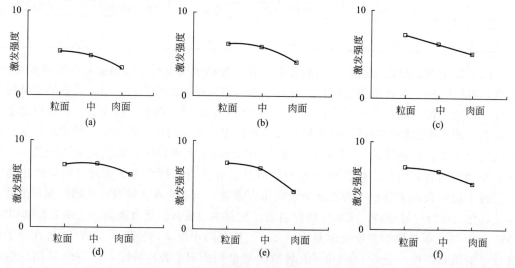

图 5-4　电子探针测量的成革断面 S 元素的分布
［(a)～(f) 分别为不同 EO 链长加脂组分单独加脂的革样，(a)～(f)EO 加成度增加］

5.2.2　皮革加脂剂的生物降解性

加脂剂的主要成分为活性物（表面活性剂）、中性油脂和其他添加物。油脂是易于降解的天然产物，因此影响皮革加脂剂的生物降解性的主要成分是其中的表面活性成分。所谓生物降解就是指某些物质在环境因素作用下分子结构发生变化，从对环境有害的大分子逐步转化成对环境无害的小分子（如 CO_2、NH_3、H_2O 等），从而引起物质本身的化学和物理性质发生变化。完整的生物降解过程包括三步[54]：

① 初级降解，表面活性剂的母体结构消失，特性发生变化；

② 次级降解，降解得到的产物不具备环境污染性；

③ 最终降解，底物（表面活活剂）完全转化为 CO_2、NH_3、H_2O 等无机物。

5.2.2.1　阴离子表面活性剂的生物降解性

直链烷基苯磺酸盐能够很容易被降解，并且其降解产物比母体分子的毒性小。Carolyn 等[54]对含不同碳原子数（$C_{10} \sim C_{13}$）烷基链以及相应不同苯环取代位置的多种直链烷基苯磺酸盐进行了降解试验，结果表明，当苯环在烷基链上的取代位置一致时，随着直链烷基苯磺酸盐烷基链上碳原子数的增多，降解速率加快；而当烷基链碳原子数一定时，苯环的取代位置越相互靠近，其降解速率越相对较快。

直链的伯烷基硫酸盐是具有最快初级降解速率的表面活性剂，直链仲烷基硫酸盐尽管降解速率比直链的伯烷基硫酸盐要稍慢一些，但易于被降解。总的来说，直链的烷基磺酸盐，无论是伯烷基磺酸盐还是仲烷基磺酸盐，都很容易被生物降解。脂肪醇聚氧乙烯醚硫酸盐和烷基硫酸盐具有相似的生物降解性，但如果烷基链为支链时，两者的差别就比较明显。研究表明[55]，阴离子表面活性剂生物降解性的高低程度大致为：线型脂肪皂类＞高级脂肪醇硫酸酯盐＞线型醇醚类硫酸酯（AES）＞线型烷基或烯基磺酸盐（AS，SAS，AOS）＞线型烷基苯磺酸钠 ABS（LAS）＞支链高级醇硫酸酯及皂类＞支链醚类硫酸酯＞支链烷基磺酸盐（ABS）。

5.2.2.2　非离子表面活性剂的生物降解性

非离子表面活性剂总体上具有较好的生物降解性，影响非离子表面活性剂生物降解性的基本因素是乙氧基的链长和烷基链的线性度。烷基酚聚氧乙烯醚分子中含有支链烷基和苯环，所以烷基酚聚氧乙烯醚的最终生物降解度不如直链非芳烃疏水基。烷基酚聚氧乙烯醚的一级降解度随着 EO 数（环氧乙烷加成数）的减少、烷基直链度和长度的增加，以及酚基越靠近烷基的位置而增加[56]。

Baker 等[57]对脂肪酸酯及其衍生物的最终降解进行考察发现：烷基的大小、疏水链长短、疏水链的多少（单链、双链）均不影响生物降解性。相反，带有一些通常被认为是易生物降解的基团，如 α-磺酸基、α-烃基的糖脂，都比未取代的糖脂的降解速率低。

5.2.2.3　阳离子表面活性剂的生物降解性

阳离子表面活性剂的生物降解性比较复杂，由于阳离子表面活性剂一般具有杀菌性和抗菌性，且容易吸附在固体悬浮物上，不易分清是否被降解。此外，阳离子表面活性剂疏水链长度增加，降解速率减慢。在常用的阳离子表面活性剂中，烷基三甲基氯化铵和烷基苄基二甲基氯化铵是易生物降解的，二烷基二甲基氯化铵、烷基吡啶氯化物降解性稍差。含有酰氨基的 Gemini 阳离子表面活性剂具有优良的表面活性，但几乎不能生物降解；而含有酯基的 Gemini 阳离子表面活性剂不仅具有优良的表面活性，还具有良好的生物降解性[58]。

5.2.2.4　两性离子表面活性剂的生物降解性

由两性表面活性剂的化学结构可以推知它们是生物降解性很好的品种。甜菜碱和酰胺丙基甜菜碱均属于易生物降解类表面活性剂，其他类型的两性离子表面活性剂，例如两性咪唑啉型、氨基酸型也都具有很好的生物降解性。

Swisher[59] 对表面活性剂生物降解性与结构的关系总结了以下三条规律。

① 表面活性剂的生物降解性主要由疏水基团决定，并随着疏水基线性程度增加而增加，末端季碳原子会显著降低降解度。

② 表面活性剂的亲水基性质对生物降解度有次要的影响。例如直链伯烷基硫酸盐的初级生物降解速率远高于其他的阴离子，短 EO 链的聚氧乙烯型非离子表面活性剂易于降解。

③ 增加磺酸基和疏水基末端之间的距离，烷基苯磺酸盐的初级生物降解度增加。

5.2.3　实施清洁加脂的过程控制技术（分步加脂）

为了使油脂更均匀地分布于皮革整个断面，大约在 40 年前就有人提出了分步加脂概念，尽管当时的目的主要是希望利用油脂的润滑作用，促进鞣剂的渗透与结合，提高革的抗张强度和撕裂强度。曾有人通过计算发现用 1% 的油脂量即可使革柔软，为了获得高质量的皮革，特别是改进成革的柔软性和丰满性，在如此少量的加脂剂的前提下，唯有通过开发加脂新材料和实施分步加脂，才能使油脂能更均匀地在革断面内分布。

为了尽可能地提高加脂效率和改善加脂效果，可以把在主加脂中一次加入的加脂剂改在浸酸之后的不同工序分次加入，即在浸酸、鞣制、复鞣、中和、染色等工序中分别实施。分布加脂的优点在于可明显改善皮革、毛皮的质量，提高加脂效果，例如在浸酸和铬鞣的预加脂可以分散皮内生油，均匀铬的吸收和分布，并且能避免皮在加工中打结。

5.2.3.1　分步加脂理论基础[60]

Hallstein 博士认为油脂在革内的均匀分布状态与牢固结合程度，是影响皮革质量的重要因素。海德曼教授认为："在铬鞣开始阶段，加入少量的加脂剂，具有极性基的油脂渗透特别迅速，能先于铬络离子到达胶原分子表面，并与相应的胶原肽链和基团进行静电结合和疏水结合。由于此时纤维孔隙大游离基较多，有利于形成比较紧密的结合，这是常规加脂所达不到的；另外加脂剂抑制了铬盐与胶原的迅速结合，从而促进了其渗透和更均匀地扩散以及在革内更好地分布，从而有利于获得丰满、柔软的革"。在纤维表面更多可与铬结合的位置先被油脂占据，从而促进铬鞣剂在革内的均匀分布。

K. Vijayalakshmi 等[61] 也指出：可以在制革过程中，将油脂以乳化的形式应用于浸酸、铬鞣、中和过程中。加脂剂对革的特定作用，不仅取决于加脂剂的种类，而且取决于它们被加入的步骤。在实际的浸酸、铬鞣过程中加脂，加脂剂除了赋予皮革较柔软的特性外，还有其他优点：因加脂剂的润滑作用，阻止了皮在转鼓中的摩擦损伤，同时减少皮沿背脊线在鼓中打折的危险；加脂剂由于其本身良好的乳化性，还能促进皮中中性油脂更好地分布；还能获得类似于耐皂液、去污剂和有机溶剂的洗涤性能。当然，如果预加脂所用加脂剂与加脂操作不当，或加脂剂用量过大也会带来副作用，如引起松面、影响鞣剂或复鞣剂的渗透与结合、产生油斑、影响成革的物理机械性能和手感等。

5.2.3.2　耐电解质皮革加脂剂

为实现油脂在革内均匀分布，在实践中试图在湿操作的不同步骤，如浸酸、鞣制、复鞣、中和及染色阶段将油脂分批加入革内。国内一些制革企业广泛使用的阳离子油预处理工艺，就是分步加脂的典型实例。为了满足分步加脂的工艺要求，具有耐电解质特性的加脂剂便应运而生，这种高稳定性的耐酸、碱、矿物盐的加脂剂，仍然可分为阳离子、非离子和阴离子型三大类。国内普遍使用的阳离子油的制备主要有两种方法，一种是用三乙醇胺和天然油脂在高温条件下进行酯交换，使天然油脂分子中引入氨基形成叔铵盐，这种方法比较简单适用，而且技术条件要求不高。另外一种制备方法是选择一种适当的油料和一种乳化能力较强的阳离子型乳化剂加以配制，使之形成具有一定稳定性的乳液，这种混配型加脂剂要具有一定的耐酸碱能力，选用的油脂和乳化剂主要是合成牛蹄油和十六烷基三甲基氯化铵。

传统工艺中使用的乳化锭子油，是由平平加、高速机油及水按一定的比例配制而成的，这是一种典型的非离子型乳化油脂。阴离子型耐电解质加脂剂的典型代表是亚硫酸化鱼油，这类产品结构稳定，具有较好耐酸、碱、盐性能，国外应用较普遍，如 BASF 公司的 Lipamin Liquoro SO、Trumpler 公司的 Trupono EC 和 Truponal OST 等。近年来，国产亚硫酸化鱼油类加脂剂，在乳液稳定性方面已有很大改进，多数能满足分步加脂的要求。

T. H. Weslager[62]对一系列耐电解质加脂剂做了归类和评价，列举的阳离子型产品有：烷基胺盐型如十八烷胺醋酸盐；脂肪酸链烷醇酰胺酯盐如硬脂酸三乙醇胺酯醋酸盐；四烷基胺盐如氯化二硬酯基二甲胺盐等产品。由于这类加脂剂和皮坯一样都带正电荷，因而渗入皮中很深，但由于该类加脂剂在鞣制酸液中的阴离子基团很少，没有产生结合，结果由于阴离子基团的障碍，使加脂剂的吸收率同铬鞣剂本身的耗尽率也降低，然而阳离子加脂剂在电解质溶液中的稳定性是最好的。阴离子型产品有脂肪醇硫酸盐、烷基磷酸盐、磺化烷烃等，由于带负电荷，这类阴离子产品在皮层内产生结合，这种加脂剂不能有效地渗透，它在酸液和铬液中的稳定性是有一定限度的。非离子型产品有烷基聚乙二醇、烷基苯聚乙二醇醚、脂肪酸聚乙二醇酯。非离子型产品的作用与阳离子型相似，但没有像阳离子型那样降低铬的吸收率，为了在酸液中获得足够的稳定性，含有多个乙氧基团是必须的。据此，Weslager 提出了一类新型的加脂剂体系，它来源于一些著名的表面活性剂产品，如烷基聚乙二醇醚硫酸盐、烷基聚乙二醇醚磷酸盐、烷基聚乙二醇醚磺化马来酸酐。这类表面活性剂的效果通过调整所使用的聚乙二醇醚的链长而加以改变，将这些乳化剂和不溶于水的油，如脂肪酸三甘油酯、蜡或矿物油及其他对酸液有一定稳定性的产品，复配而得一类耐电解质加脂剂。由于裸皮在酸液中带正电荷，因而这类产品和皮纤维产生良好的结合，而聚乙二醇醚基团的存在，增加了产品的稳定性，促使加脂剂向皮内渗透的速度加快，由于不受阳电荷的障碍，加脂剂对铬的吸收率不存在负面影响。

含羟基的脂肪族化合物可以降低纤维分子链间的相互作用力。脂肪族烃链具有疏水作用，使大分子链间保持非极性区，而羟基则可接受水分子，在其周围形成水合膜。实践证实：在铬鞣过程中加入非离子型表面活性剂脂肪族聚氧乙烯基醚，可获得非常柔软的革。以咪唑啉系和甜菜碱系为代表的两性加脂剂亦具有较好的稳定性。

5.2.3.3　分步加脂的过程控制

在制革实际操作过程中，要实施分步加脂，必须考虑加脂剂本身的稳定性问题，即应用于浸酸的加脂剂，应该对酸和盐稳定，用于铬鞣阶段的加脂剂，除对酸、盐稳定外，还必须对铬盐稳定，否则会导致加脂乳液破乳，既影响加脂剂本身的渗透，还会影响其他化料的渗透与结合。同时还要考虑加脂剂与其他化料的配伍性问题，是否会引起沉淀或新的化学反应。

钱锦标等[52]研究了 CZE 耐电解质皮革加脂剂在不同工序中实施分步加脂对成革质量

的影响，结果如表 5-15 和表 5-16 所示。四种方案如下：

① 浸酸＋1％CZE→铬鞣→铬复鞣→中和→加脂；

② 浸酸→铬鞣＋1％CZE→铬复鞣→中和→加脂；

③ 浸酸→铬鞣→铬复鞣＋1％CZE→中和→加脂；

④ 浸酸→铬鞣→铬复鞣→中和→加脂（对照）。

表 5-15　不同加脂方案的成革柔软度和手感比较

项目	1	2	3	4
柔软性	3.52	3.23	3.65	3.05
手感（综合性能）	4.5	4	4.5	3.5

注：柔软性采用四川大学自制柔软度测定仪测定（数值大表示柔软性好）；综合手感性能由专家评定，分为 1～5 级，5 为最好，1 为最差。

表 5-16　成革二氯甲烷抽提结果　　　　　　　　　　　　　单位：%

部位	1	2	3	4
肉面	11.75	12.01	11.45	11.71
中层	11.02	11.17	10.85	9.09
粒面	11.85	11.63	11.50	11.86

由表 5-15 和表 5-16 可知，与常规加脂工艺相比，在浸酸、铬鞣及复鞣时分步加脂能使油脂在革内、外层较均匀地分布，成革的柔软度及手感明显改善，而复鞣时加入 1％ 的 CZE 加脂剂，成革的柔软度及手感最好。

吕生华等[63]研究了磺化油 SS 在皮革制造过程中的浸酸、铬鞣、复鞣和染色等工序中，实施分步加脂的应用试验，表 5-17 为其分布加脂实施方案。结果表明，磺化油 SS 在皮革中渗透性及与皮革纤维结合性好，所得皮革丰满柔软，分步加脂对猪皮和牛皮的柔软效果较为明显，见表 5-18。

表 5-17　分布加脂实施方案

实验编号	加脂剂	分布加脂及用量/%				
		浸酸	铬鞣	复鞣	染色	主加脂
1	SS	—	—	2	2	13
2	复配 SS	—	—	2	2	13
3	SS	2	2	2	2	9
4	复配 SS	2	2	2	2	9
5	SS	—	—	—	—	17
6	复配 SS	—	—	—	—	17
7	MK 加脂剂（TFL）	—	—	—	—	17

表 5-18　牛皮分步加脂效果评价

样品	柔软性	弹性	丰满性	增厚率/%	革中油脂分数/%
1	较柔软	较好	丰满	7.1	11.12
2	较柔软	较好	丰满	8.3	11.87
3	柔软	好	丰满	9.1	13.21
4	柔软	好	丰满	13.5	15.31
5	较柔软	较好	较丰满	4.8	9.23
6	较柔软	较好	较丰满	5.7	11.27
7	较柔软	较好	较丰满	6.1	10.78

总之，随着新型耐电解质加脂剂的不断开发，通过分步加脂既可提高油脂的吸收率，

又能改善成革的加脂性能。

5.2.4　其他加脂新技术

V. Sivakumar 等[64]研究了超声波技术乳化植物油及其在皮革加脂的应用。当油-水总量为 80g（其中油占 80%，水为 20%）、非离子表面活性剂（Luwet40）为油重的 4%时，使用 100W 功率的超声波对蓖麻油-水进行超声乳化处理至完全乳化，制备成加脂剂乳液 US LIQ。

取全粒面铬鞣蓝湿革样（6cm×6cm），经甲酸钠和碳酸氢钠中和至 pH＝6.0～6.5，在液比 500%的水中进行了加脂对比试验。研究了常规乳化的 US LIQ 加脂剂、超声乳化的 US LIQ 加脂剂以及 US LIQ 加脂剂与其他加脂剂配合使用时的加脂效果。图 5-5 所示结果表明，经超声波制备的加脂剂乳液，革坯对加脂剂的吸收率增加了 25%。

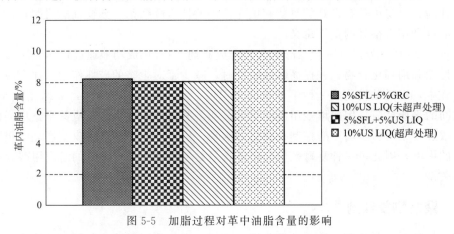

图 5-5　加脂过程对革中油脂含量的影响

5.3　复鞣与填充新技术

在制革生产中，复鞣与填充是鞣后湿操作中一个非常重要的工序，可以改善或改进成革的物理机械性能和感观性能，如丰满性、弹性、粒面紧实性和柔软性，改善成革松面情况，减小部位差等。合成单宁、树脂和丙烯酸类聚合物复鞣剂已经成为皮革复鞣过程中不可缺少的材料。随着操作人员安全和环境保护法规的日益严格，人们试图通过"高效益产品"概念从生态的观点来优化合成鞣剂，以期降低皮化材料和皮革产品中的甲醛、皮革中的 VOC、废液中的无机盐、总固量和 COD 值等。

废液中的无机盐主要来源于合成单宁类复鞣剂，因为此类复鞣剂在合成过程中，使用过量的硫酸与芳香族化合物反应，形成磺酸基，继而中和而产生中性盐。这一问题可以通过控制磺化过程所用酸量加以解决。废液中的无机盐不会与革纤维结合，最终残留在废液中，这需要对复鞣过程加以有效控制，尽可能减少皮化材料中的中性盐或/和中性盐的形成。

COD 即废液中的化学耗氧量，是由有机物造成的，除了皮化材料的用量外，其化学结构也是非常重要的因素。对于典型的合成单宁而言，完全氧化 1kg 芳香族化合物所需的氧气量是随着苯酚到苯磺酸结构中磺酸基的变化而变化。各种不同机构的芳香族化合物导致复鞣剂具有不同的鞣性、耐光、耐热、耐水洗性，要选择一种合适的合成单宁，既减少废液中的 COD，又保持皮革制品的良好性能，不是一件容易的事。朗盛公司曾采用超混的方法将合成单宁中"不需要的组分"加以除去，所获得的"高效"合成单宁，在复杂的复鞣体系中，其鞣制能力是其他产品的两倍，而排污量（COD）却降低一半，并且保证在大生产复鞣工艺中结果的一致性，当然生产成本却是标准产品的三倍。

5.3.1　低游离甲醛复鞣剂

与合成鞣剂有关的生态概念是鞣剂或/和成品革中的游离甲醛问题。关于皮革中游离甲醛允许量的问题仍有争议。全世界公认的标准要求，即最大允许的游离甲醛限量为 $0.1 \sim 2000 mg \cdot L^{-1}$，多数国家要求皮革制品中游离甲醛限量是 $150 mg \cdot kg^{-1}$（儿童用品限量为 $75 mg \cdot kg^{-1}$），而且不同的检测方法所导致的结果偏差可达到 3 个数量级。

姜洪勇等[65]将废弃革屑水解，与甲醛、苯酚缩合并引入适量磺酸基得到了水溶性好、反应活性高、对皮革具有良好的复鞣和填充作用的低甲醛鞣剂，该鞣剂的研制，对含铬废弃胶原的再利用有很好的指导意义。

Bayer AG 所开发的新一代 Tanigan F 合成鞣剂[66]，在成功地通过化学方法减少了产品的中性盐和助剂化合物，并提高鞣性的同时，减少了对生态的破坏作用。在合成鞣剂的合成过程中，甲醛被转化成一种不可逆的—CH_2—键。树脂鞣剂的生产是基于氨基和 N-醛基键间的平衡反应，因而可残留游离甲醛，在不利条件下，这个反应甚至是可逆的。虽然在合成过程中可将游离甲醛控制在较低的水平，但不幸的是，许多皮革产品中仍可检测到少量的甲醛，因此，一种复鞣剂中的甲醛含量是与皮革中可检测到的游离甲醛含量没有直接的关系。

5.3.2　聚合物复鞣剂[67~71]

聚合物鞣剂主要是指丙烯酸类聚合物复鞣剂，也包括聚氨酯复鞣剂和其他乙烯基类聚合物复鞣剂。

丙烯酸类复鞣剂对铬鞣革具有牢固的物理化学吸附性能。1966 年，荷兰公开美国罗姆哈斯公司公开了关于丙烯酸树脂的专利，从而开创了丙烯酸树脂鞣剂研制和应用的先河。W. C. Prentiss 对这类鞣剂作了广泛而深入的研究。他采用丙烯酸和甲基丙烯酸与不饱和动、植物油的硫酸化产物共聚，合成了具有加脂性能的 Retan 500、Retan 540 等产品，并应用于铬鞣革的预鞣、复鞣和与植物栲胶的结合鞣。研究发现聚丙烯酸盐上的羧酸基团能与皮革内的三价铬离子反应。一个丙烯酸盐的聚合链，从概念上来说是与胶原分子相似，也含有许多侧链羧基，能够与许多皮革内的铬离子中心反应，形成稳定的配位键。胶原纤维束拥有非常大的表面积，而皮革原纤维间形成很多的毛细孔隙，这些细小的空间可以容纳许多的小分子物质。通过实验发现原纤维的表面积约为 $1 m^2 \cdot g^{-1}$，各种分子比如聚丙烯酸盐就会沉积在原纤维的表面上。每一个 2000 道尔顿单位的聚丙烯酸长链平均含有 28 个羧基，这些羧基可以与皮纤维肽链上的氨基生成离子键结合，可以与肽链上的酰氨基形成氢键结合，也可以与铬鞣皮纤维上的铬配位，因此丙烯酸聚合物可与皮纤维生成多点交联，从而使得沉积在皮纤维间的聚丙烯酸盐长链分子难以从皮革纤维上脱离下来。英国皮革技术中心经过分析聚丙烯酸盐处理过的铬鞣革的电子显微图片，可以看出聚丙烯酸盐以外壳的形式沉积在原纤维表面，或者以膜的形态包裹在原纤维表面。这也可以通过原纤维的天然直径从 130nm 增加到 180nm 来间接说明[67]。现在还不是很清楚聚丙烯酸盐是否渗透入原纤维结构中，也不清楚渗入到哪种程度，但是此丙烯酸类产品能够填充并且使皮革更加丰满，而且没有降低通气量，这个开放式处理所带来的聚丙烯酸盐的独特优点，带给了皮革产品低密度，并且能够呼吸的性质，赋予消费者更加舒适的感觉。

制革工作者会在皮革鞣后湿处理过程中添加阴离子产品，这是因为蓝湿革坯在这个过程中会发生阴离子交换。蓝湿皮坯中与铬连接的硫酸根阴离子有脱离并溶解在水中的趋势。例如，在蓝湿革坯中和步骤中，硫酸根被醋酸根或者甲酸根取代，或者是在复鞣过程中被聚丙烯酸盐的阴离子部分取代，或者是被阴离子染料、所用加脂剂中的磺酸基所取代。这类蓝湿革坯对阴离子的亲和能力与其的中和程度呈反比关系。低中和程度赋予皮革表面更高的亲和力，因此也增强了对阴离子的快速吸附；高中和程度的蓝湿皮，相应与低中和程度的蓝湿皮，能够使聚丙烯酸盐更深地渗入到皮革产品中，并且黏结在原纤维上。在湿处理过程中，需要一段时间来完成聚丙烯酸盐的吸收。在恒温 40℃ 下研究吸附速率与蓝湿皮坯中和程度的关系，结果表明高亲和力或低中和程度的蓝湿革坯在 1h 内吸附了 98% 的聚丙烯酸盐，而低亲和力或高度中和的蓝湿革坯吸附了 86% 的聚丙烯酸盐[68]。

但是这类聚合物的鞣性大小相差很大[69]。如路克丹 970、利鞣丹 SE 有自鞣性，单独用这类鞣剂处理裸皮，可以得到白色革，其收缩温度达到 85℃。用路克丹 974 或利鞣丹 RF、RV、RE 来处理裸皮不能生成革，其收缩温度只有 70℃ 左右。张扬等[69]比较聚甲基丙烯酸（PMAAc）和聚丙烯酸（PAAc）的鞣革试验，聚合物的用量为裸皮重的 20%，发现用 PMAAc 处理的皮块为色白，纤维分散好，体积成型，$T_s = 85℃$；而用 PAAc 处理的皮块颜色灰黑，如同生皮一样，$T_s = 72℃$。进一步试验，当单体质量比 MAAc：AAc=4：1 时，聚合物的自鞣性有所降低，而 MAAc：AAc=7：3 时，聚合物则没有自鞣性。因此丙烯酸聚合物的自鞣性与所用的单体的结构有关，也与聚合物分子链的结构有关。表 5-19 列出了各种丙烯酸类单体结构所赋予共聚物的性能。

表 5-19　丙烯酸类共聚物单体结构与共聚物性能关系[70]

共聚单体结构	赋予共聚物的性能
甲基丙烯酸	主鞣性好
丙烯酸	助鞣性好
丙烯腈	提高高分子链与皮胶原结合力
苯乙烯	提高耐热、耐寒和耐溶剂性
马来酸酐	皮革手感丰满，不易发硬
（甲基）丙烯酰胺	增加鞣剂与胶原羧基的作用，并且提高丰满性能
丙烯酸丁（短链）酯	降低 T_g，增加柔软性
不饱和长链醇、长链酰胺、α-长链烯烃和改性不饱和动植物油或脂肪酸	使皮革具有防水和加脂性能
乙烯基吡啶、N,N-二甲基氨乙基甲基丙烯酸酯和 N-（二甲基氨甲基）-（甲基）丙烯酰胺	产生助染性和防"败色"性
云母、蒙脱土和黏土等	提高填充性
硅（元素）	提高防水性
氟（元素）	提高防水、防油和防污性

5.3.3　氨基树脂复鞣剂

氨基树脂鞣剂是市场上最早出现的树脂鞣剂之一，美国氰胺公司于 1941 年出售的第一个氨基树脂的商品名叫作 Tana KMI。习惯上，主链中以含氮单体为主的聚合物树脂称为氨基树脂鞣剂，常用的含氮单体有脲、双氰胺、三聚氰胺、二异氰酸酯等，用这些原料与甲醛缩合反应后会出现大量的羟甲基，这些羟甲基在弱碱性条件下有一定的稳定性，能与氨基、羟基及活性芳环有很好的亲和力。氨基树脂在酸性条件下显弱阳离子性，对阴离子材料有较好的静电吸附固定作用。根据有关树脂鞣剂的文献来看，尿素-甲醛化合物的水溶性产品是最早的氨基树脂鞣剂，美国专利[71]对此有详细报道。美国专利[72]报道了一种氨基树脂鞣剂，先合成二羟甲基脲的烷基醛，再用醇（如甲醇、乙醇和丙醇）将两个羟基醚化可获得产品。事实上氨基树脂单独鞣革性能不佳，且成革的手感等物性也不理想。现在更多的是利用其填充性能，用作铬革的复鞣。它对皮革的填充性能好，尤其对较松软的部位具有突出的选择性填充，能促进染料、加脂剂和阴离子型材料与革的结合，可与栲胶等复鞣剂搭配使用。典型的氨基树脂鞣剂包括有脲醛树脂鞣剂、双氰胺树脂鞣剂和三聚氰胺树脂鞣剂三类。

脲醛树脂鞣剂是由尿素与甲醛在中性或微碱性条件下反应生成羟甲基脲，并进一步在弱酸性条件下缩合制得脲醛树脂鞣剂。脲醛树脂鞣剂的特点在于价格低廉，其鞣制的革纯白、耐光、耐酸、耐碱，可用阴离子染料染色。这种革的最大缺点是吸水快，吸水量多[73]。

双氰胺树脂鞣剂是由双氰胺和甲醛在中性或微碱性下反应，缩合制得双氰胺树脂鞣剂。双氰胺树脂鞣剂的稳定性高，其填充性能强于鞣制性能，常用于铬鞣革的复鞣和填充。依据原料的不同，双氰胺和甲醛缩合的产物可以是阴离子、阳离子和非离子鞣剂。

三聚氰胺又称蜜胺，其结构式为：

$$H_2N-C\underset{N}{\overset{N}{\underset{\|}{\bigvee}}}C-NH_2$$

在中性或微碱性溶液中，三聚氰胺与不同摩尔比的甲醛反应，可能获得从一羟甲基蜜胺到六羟甲基蜜胺的一系列化合物。因此，反应的控制难度极大，且合成鞣剂的贮存稳定性也存在较大问题。三聚氰胺树脂鞣剂用在铬鞣轻革的复鞣，能使粒面显著变细，成革身骨丰满，增厚明显，增白效果好并具有良好的耐光性，而且它同多种鞣剂有很好的配伍性，如同植物鞣剂结合使用时，能促进鞣质的吸收和渗透，增加革的耐磨性和耐候性。用于绒面革的复鞣，起绒效果好[73]。

隋智慧等人[73,74]开发了两性树脂复鞣剂，试验表明用尿素、双氰胺和三聚氰胺按一定比例制备的混合型氨基树脂鞣剂在上染率和填充性等方面更优。并与丙烯酸复鞣剂和铬复鞣进行了比较[75]，结果表明使用该产品对铬鞣坯革单独复鞣，使革柔软度好，粒面细致，着色力强，深色革增深效果明显；并有一定的选择填充作用；该产品与丙烯酸树脂类复鞣剂搭配使用，有助于丙烯酸树脂等阴离子材料的吸收与固定，基本上克服丙烯酸树脂类鞣剂产生的"败色"现象，并且增厚效果明显，选择填充性好，如图5-6和表5-20所示。

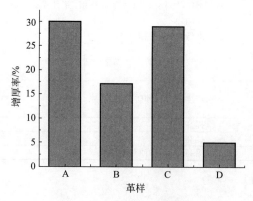

图 5-6　革样复鞣后的增厚率

A—丙烯酸 ART-1 4%；B—两性氨基树脂 4%；
C—ART-1 2%＋氨基树脂 2%；D—铬复鞣（空白）

表 5-20　不同复鞣革样感观比较

复鞣革样	色泽	粒面	革的感观性能				
			柔软性	丰满性	弹性	延伸性	总分
A	败色	粗糙、发涩	3.0	5.0	4.5	3.5	16.0
B	均匀一致、鲜艳	细致、平滑	4.5	4.0	3.5	4.5	16.5
C	均匀一致、略浅	细致、平滑	4.5	4.5	4.0	4.5	17.5
D	均匀、较暗	细致、平滑	4.5	3.0	3.0	4.0	14.5

注：表中革样与图 5-6 中相对应。

5.3.4　天然大分子填充材料

为了改善成革的紧实性、丰满性等感观特性，一些廉价的惰性材料，例如黏土和淀粉过去常作为皮革填充剂，现今制革者仍大量采用。

5.3.4.1　黏土填充

黏土，又称高岭土，是一种重要的非金属矿物质，与云母、石英、碳酸钙并称为四大非金属矿。

高岭土主要由小于 $2\mu m$ 的微小片状、管状、叠片状等高岭石族矿物（高岭石、地开石、珍珠石、埃洛石等）组成，理想的化学式为 $Al_2O_3 \cdot 2SiO_2 \cdot 2H_2O$，其主要矿物成分是高岭石和多水高岭石，除高岭石簇矿物外，还有蒙脱石、伊利石、叶蜡石、石英和长石等其他矿物伴生物。高岭土的化学成分中含有大量的 Al_2O_3、SiO_2 和少量的 Fe_2O_3、TiO_2 以及微量的 K_2O、Na_2O、CaO 和 MgO 等。

质纯的高岭土具有白度高、质软、易分散悬浮于水中、良好的可塑性和高的黏结性、优良的电绝缘性能；而且还具有良好的抗酸溶性、很低的阳离子交换量、较好的耐火性等理化性质。因此高岭土已成为造纸、陶瓷、橡胶、化工、涂料、医药和国防等几十个行业所必需的矿物原料。

目前，全球高岭土总产量约为 4000 万吨，其中精制土约为 2350 万吨。造纸工业是精制高岭土最大的消费行业，约占高岭土总消费量的 60%。据加拿大 Temanex 咨询公司提供的数据，2000 年全球造纸涂料用高岭土总量约为 1360 万吨。

鲍艳等[76]研究了丙烯酸改性蒙脱土纳米复合鞣剂，发现丙烯酸和蒙脱土用量、反应温度及反应时间对于纳米复合材料的结构及应用性能均有较为显著的影响，剥离型结构的纳米复合材料有较好的填充性能。李蓉等[77]开发了蒙脱土改性氨基树脂材料作为皮革鞣剂，有较好的填充和增厚作用。

5.3.4.2　淀粉填充

淀粉是葡萄糖的高聚体，水解到二糖阶段为麦芽糖，完全水解后得到葡萄糖。淀粉有直链淀粉和支链淀粉两类。直链淀粉含几百个葡萄糖单元，支链淀粉含几千个葡萄糖单元。在天然淀粉中直链的结构约占 22%～26%，它是可溶性的，其余的则为支链淀粉。当用碘溶液进行检测时，直链淀粉液呈蓝色，而支链淀粉与碘接触时则变为红棕色。

很早以前人们直接应用淀粉作为皮革的填充材料，但因易生霉而受到限制。现在更多的是对天然淀粉进行化学降解后，进一步改性制造合成鞣剂，研究较多的是双醛淀粉鞣剂。如李慧珠[78]以玉米芯水解产生木糖醇，以所得到的副产品木糖醇母液为原料研制成功了多元醇类合成鞣剂。该合成鞣剂是木糖醇母液与含羧基的交联剂缩合得到的产物。它在鞣制毛皮、与铬结合鞣制猪正面革时均取得较好效果。A. Simoncini[79]研究了铬鞣液中双醛淀粉的作用，他认为：

① 双醛淀粉可充当铬鞣液的蒙囿剂，从而提高铬液的耐碱稳定性，而羧基化的双醛淀粉由于其较强的电离作用，具有更强的蒙囿作用；

② 双醛淀粉上羧基、半缩醛能与铬作用，同时，双醛淀粉的分解产物能与铬产生进一步的交联；

③ 双醛淀粉的羧基、半缩醛能与皮胶原产生交联。

P. Kontio 等[80]对双醛淀粉和双醛纤维素的鞣制性能做了研究，认为二者在鞣革性能方面基本相似，同时认为它们的鞣制过程同乙二醛十分相似。

吕生华等[81]用氧化降解、酶降解等方法得到降解淀粉，再与乙烯基类单体如丙烯酸（AA）、丙烯酰胺（AM）、丙烯腈（AN）等进行接枝聚合制得改性淀粉鞣剂系列产品。这些复鞣剂具有选择填充性好，对加脂剂及染料吸收干净，成品革丰满、柔软、肉面或绒面纤维分散好且有丝光效应等特点。用其预鞣或复鞣所得成革，选择填充性显著，丰满、柔软、粒面细腻、有弹性、着色均匀。

赵军宁等[82]用氧化淀粉与乙烯基类单体接枝共聚，所得产物应用于皮革复鞣效果良好。用乳液共聚接枝改性淀粉复鞣剂，对铬鞣绵羊革进行复鞣，所得的坯革粒面细致，增厚明显，柔软性和丰满性良好，仅在染深色时的效果稍差于铬复鞣坯革。

5.3.5　蛋白填充材料

蛋白类填充材料主要是指非活性蛋白，如胶原蛋白、角蛋白等物质，或其化学改性物质，应用于皮革加工过程中改进成革的松面和扁平之缺陷，增加革的丰满性、紧实性，它们更多地填充于皮纤维间。以天然动植物蛋白为主要原料制备的填充剂，由于其分子上具有大量的肽键和侧链极性基团，不仅与革纤维结合力强，而且能够保持天然皮革的真皮感和透水汽性能，除优异的填充性能外，还可赋予成革舒适的感官性能。这些材料可以分为两类：一类是"不溶性蛋白质＋无机填料"；另一类是"可溶性蛋白质的改性物＋分散剂"。前者中的不溶性蛋白质起着有机填料的作用，与无机填料混合对皮革进行填充，可称为蛋白填料（protein filler），后一类材料更接近复鞣剂，通过改性蛋白质链上的活性基，与皮纤维结合、与铬络合或沉积于皮纤维中，可以称为蛋白复鞣剂（protein retanning agent）[83]。

5.3.5.1　蛋白填料

蛋白填料由于其结构和性能与真皮胶原相似，与皮纤维有很好的相容性，更能保持皮革的真皮感；与皮革中的金属鞣剂可进一步结合，这种交联不会影响皮革的透气性和透水汽性等卫生性能，因此与其他填充材料相比有独特的优点。蛋白填料的蛋白质原料主要来自角蛋白，有关用鸡毛、畜蹄和猪鬃等角蛋白作为塑料的有机填料，很早就有报道。有机填料赋予皮革的独特性能正越来越受到重视，它作为复鞣剂的一个组分，能对皮革松面部位实施有效填充；作为涂饰剂的一个组分，能改善革的堆积性，增强遮盖力，提高填充性和离板性。常用的无机填料有滑石粉、高岭土、二氧化硅等。可以推测，蛋白类有机填料也应具有无机填料的这些功能，而且和无机填料相比，蛋白质类有机填料与皮革有更好的相容性。

5.3.5.2　蛋白复鞣剂[84]

蛋白复鞣剂与其他复鞣剂相比，有独特的优点。它更能保持皮革的真皮感，更能发挥皮革透水汽的卫生性能。蛋白质是天然的两性高分子，有助于皮革的染色，并且能降低废水中的 COD 和 BOD 含量，改善环境。张文昌等[85]将牛毛碱水解并应用于复鞣填充，研究发现该牛毛水解物具有良好的填充性，能够显著提高坯革的柔软度与丰满度等感官性能。

改性明胶是一类性能良好的皮革复鞣剂，其改性的目的是为了增加明胶与皮纤维的结合力。明胶与皮纤维具有相似的化学结构，有极好的相容性，但结合力差。通过改性，可在明胶分子上引入—COOH、—CN、＝CO—等极性基团，改变明胶的等电点，增强与皮胶原的极性基作用和与铬的络合作用。如用丙烯酸树脂改性，还可引入—CH$_2$—CH$_2$—、苯基等疏水基团，改变明胶的沉降性，随 pH 的变化能沉淀于皮纤维中，类似于氨基树脂复鞣剂。为了突出蛋白质的特性，改性剂的用量最好在 20%～30%。

改性明胶的方法主要有烯类单体的接枝改性和酸酐的酰化改性[84,86]。烯类单体主要有（甲基）丙烯酸、丙烯腈、丙烯酸酯。

张伟等[84]利用废旧皮革胶原多肽制备的 KFC 蛋白复鞣填充剂应用于羊皮服装革的复鞣填充，对比试验结果表明：KFC 蛋白复鞣填充剂用于铬鞣革的复鞣填充，吸收比较完全，不影响染料吸收，颜色鲜艳，绒头饱满，起绒效果好，具有良好的弹性，手感柔软丰满，粒面平整细腻，革样的增厚率可达 20%，而面积收缩率小于10%（详见表 5-21 和表 5-22）。

刘凌云等[87]研究了乙烯基类单体改性铬鞣革屑水解产物作为复鞣填充剂，采用优选的改性试验方案，所合成的复鞣填充剂是一种含铬的复鞣填充剂。该鞣剂的应用性能特点为对坯革具有较好的填充性；对坯革的增厚作用明显；复鞣后的坯革具有较高的抗张强度、撕裂强度以及规定负荷伸长率。

表 5-21　蛋白复鞣填充剂填充性能比较（同一部位测 3 次）

革　样	检测内容	背部	腹部	臀部
KFC 蛋白复鞣填充剂	填充前/后平均厚度/mm	0.80/0.91	0.69/0.89	0.77/0.88
	增厚率/%	13.8	29.0	14.3
	平均增厚率/%		19.0	
	部位差率(前/后)/%	6.3/2.2	−0.87/0.0	2.6/−1.1
	平均部位差率(前/后)/%		5.7/1.1	
空白	增厚率/%	7.4	21.4	10.5
	平均增厚率/%		13.1	
	部位差率(前/后)/%	6.2/2.3	−8.6/0.0	0.0/−1.2
	平均部位差率(前/后)/%		4.9/1.2	

表 5-22　蛋白复鞣填充剂皮革感观性能评价

样　品	弹性	柔软性	粒面	起绒效果
KFC 蛋白复鞣填充剂 A	9	9.5	9.5	10
KFC 蛋白复鞣填充剂 B	9.5	9.0	9.0	10
对比样	8	9.0	10	10

注：数值越大，表示性能越优；A、B 为两种不同应用方案。

Jordi Escabros 等[88]研究了基于水解胶原蛋白的生物聚合物 Trupotan BIO 05L，一方面减少鞣制过程产生的铬革屑对环境造成的影响，另一方面利用铬革屑制备新型皮革复鞣剂的绿色化学品。此外德国朗盛（Lanxess）公司已承担欧盟项目，欲将制革剩余蛋白材料经降解、再合成制备皮革复鞣填充材料，实现蛋白资源的循环利用。

5.4　清洁涂饰体系与涂饰技术

涂饰是皮革加工的重要工序之一，革坯经过整饰后赋予成革美感，使革面颜色鲜艳、均匀一致、有适度的光泽、手感舒适，涂层具有优良的物理性能，从而满足产品的使用要求，达到耐热、耐低温、耐水、耐有机溶剂、耐干湿擦等优良性能。目前国内大、中型制革厂的涂饰车间通常都装配有全封闭的涂饰、干燥生产流水线，车间内的空气污染已减到最低。但常规的喷涂体系会造成雾状散发，导致物料的浪费和空气污染，而且涂饰体系中的挥发性物质也会最终挥发到大气中，成品革中微量的挥发物也可能对消费者健康带来不利影响。随着消费者对皮革制品的绿色化要求（不含挥发性有机物等有毒物质）不断提高，如国外一些汽车厂家要求坐垫革内的挥发性有机物含量在 $1mg \cdot kg^{-1}$ 以下，因此，制革厂出于自身发展的需要考虑，更乐于接受绿色环保的涂饰材料。使用水基涂料与溶剂型涂料相比，除了可以降低防火措施要求、职业病防治方面的花费以外，还可以大大降低用于空气净化的建设和设备成本。在过去的 10 年里，迫于环保的巨大压力，人们正致力于开发水基涂饰材料和新的涂饰技术。

皮革涂饰最早是由水溶性涂料发展起来的，如至今仍在高档皮革涂饰上采用的打光涂饰方法，就要用到水性涂料（酪素、蛋白干等）。为了提高涂层的抗水性、耐干湿擦等性能，随后的皮革涂饰材料由水溶性涂料向溶剂型涂料转变；为了减少或避免有机溶剂的污染问题，在保证涂层性能的前提下，皮革涂饰材料又由溶剂型涂料向水溶性涂料转变。因为溶剂型涂饰剂涂膜的最薄厚度已可达分子级水平，溶剂型涂饰剂在流平性、光亮度、光滑度上显示其优异性。因此，一些皮革品种的涂饰仍不可避免地要使用溶剂型涂饰剂或有机溶剂，如漆革、全粒面苯胺革等。水基涂饰剂，如水性聚氨酯材料，在制备时先是溶液聚合，因此，该类产品常含有一定的有机溶剂（3%～5%）。多数情况下，即使是使用水基涂饰材料进行皮革底涂和中涂，但要在顶层涂饰中仍可能会使用溶剂型涂料。

如果采用硝化纤维漆每小时整饰 $9000ft^2$ （$1ft^2 = 0.0929m^2$）皮革时，则每小时排入大气中的溶剂量为 330L[89]。即使改用辊涂机涂饰同量皮革，则每小时也有 175L 的溶剂被排放到大气中。假如以硝化纤维乳化漆代替硝化纤维清漆，那么大气污染的情况还可进一步改善，采用喷涂时，每小时排放到大气中的溶剂量为 86L，而采用辊涂机涂饰时排入大气中的溶剂只有 69L。因此，溶剂涂饰体系所带来的环境问题是十分突出的。表 5-23 列出了硝化纤维漆顶涂时所排放的有机溶剂量。

表 5-23　溶剂涂饰体系排出的有机溶剂量[89]

涂饰材料与方法	顶层涂饰 2 次日排放有机溶剂量/lb	涂饰材料与方法	顶层涂饰 2 次日排放有机溶剂量/lb
硝化纤维清漆，喷涂	2500	硝化纤维乳化漆，喷涂	650
硝化纤维清漆，印涂	1250	硝化纤维乳化漆，印涂	500

注：1. 按日处理 2000 张半片革计算。

2. 1lb＝0.4536kg。

陈建兵等人[90]用含氟丙烯酸树脂通过乳液聚合的方法对水性聚氨酯进行改性，制备皮革顶层涂饰剂。结果表明：当氟在整个分子链段中的质量分数达到 8％以上，亲水基团（羧基）的质量分数达到 1.8％左右，采用可挥发性的有机碱中和，可以获得较低膜吸水率与较低表面能的皮革顶层涂饰剂。

5.4.1　水基涂饰体系与技术

最早的商品化水基涂料是在 20 世纪 30 年代出现的。当时在加拿大出现了以聚醋酸乙烯胶乳为黏结剂的商品涂料。随着合成树脂技术的不断发展和各种单体不断商品化，出现了多种树脂胶乳，包括聚丙烯酸酯胶乳、苯乙烯-丁二烯共聚胶乳、苯乙烯-丙烯酸酯共聚胶乳、醋酸乙烯-丙烯酸酯共聚胶乳和醋酸乙烯-乙烯共聚胶乳、聚氨酯胶乳等，水基涂料配方选择范围的进一步扩展，为水基涂饰体系在皮革上的应用提供了基础[91]。

水乳液型涂饰剂已成为皮革涂饰体系中最广泛使用的成膜剂，虽然涂膜光亮、光滑性能仍无法与溶剂型的相比，特别是当涂膜厚度要求在 $5\mu m$ 以下时，但在皮革底涂体系中已完全取代溶剂体系。目前，乳胶颗粒的粒径可达 $0.7\mu m$ 以下，其成膜性能得以大幅度提高，一些化料公司开发了水性光亮剂，其成膜光亮度、光滑度已十分接近溶剂型光亮剂。此外，水基涂饰剂往往需要添加交联剂，以提高其涂膜的各项物理性能，如耐干、湿擦性能及光滑度、光亮度，而在引入交联剂的同时，因交联剂类材料对水敏感，必须用一定比例的有机溶剂进行配制才能很好地分散到涂饰剂的其他组分中，就不可避免地要引入有机溶剂。

Lach D[89]利用电子显微镜观察，研究了水基性分散液的成膜过程，发现随着水分的蒸发，分散液中的各粒子会逐渐靠近一起，并形成蜂窝状结构。即使是在形成薄膜的最后阶段，各个粒子实际上并没有发生融合现象，只是在表面上紧密地相互接触而已。因此，薄膜的防水性取决于聚合反应中使用的单体的疏水性质，分散液中粒子的结构形态对成膜的性质具有决定性的影响，因为亲水性单体一般都聚集于粒子的表面层。水性树脂分散液形成薄膜的三个过程如图 5-7 所示。

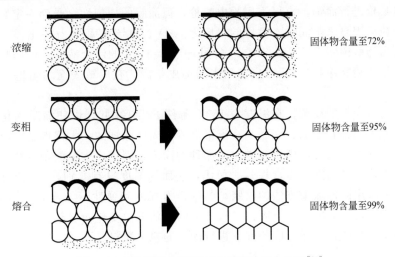

图 5-7　水性树脂分散液形成薄膜的三个过程[89]

5.4.1.1　电子束和紫外线照射固化技术

意大利的 Fenice SPA 公司[92]最近开发出一种在涂饰配方中无需添加化学交联剂，完全可以避免挥发性有机溶剂排放的涂饰方法。该方法可采用双组分涂饰配方：一组是由100 份的反应型（带活性基团，如双键等）材料组成，其中包括 60 份低聚物，30 份聚合物单体，3～5 份添加剂（消光剂等）和 3～5 份光敏引发剂。单体的作用类似于有机溶剂，可以起到调节涂饰剂黏度的作用，以使涂饰操作（喷涂、辊涂）易于进行。低聚物可以是脲-丙烯酸酯共聚物、聚酯-丙烯酸酯共聚物、环氧化物-丙烯酸酯共聚物、聚丙烯酸酯；单体可以是丙烯酸羟乙基酯、丙烯酸甘油酯、丙烯酸辛酯、二丙烯酸己二酯、二丙烯酸丙二酯；光敏引发剂可以是烷基酮、芳基酮、安息香、安息香乙醚、一羟烷基苯酮、苯酮的衍生物。另一组配方为水分散液，其中包括 40 份低聚物、3～5 份添加剂、50 份水和3～5 份光敏引发剂。由于第 2 组配方中含有水，因此，在固化前还需进行干燥以除去水分。

固化的方法有电子束或紫外光照射固化法两种。紫外光照射固化法的原理是：光敏引发剂在紫外光照射下产生自由基，引发低聚物与单体之间发生自由基聚合反应，形成进一步交联，达到使涂饰剂固化成膜的作用。电子束照射固化法的原理是：低聚物在电子束的照射下产生自由基，引发低聚物与单体之间的自由基聚合反应。紫外光照射固化法的成本较低，值得更进一步深入研究，特别是如何提高涂膜的耐干、湿擦牢度等。紫外光固化类涂料具有固化速度快，节约能源，绿色环保等优点，相对于传统的皮革上光工艺，光固化类皮革涂料的溶剂挥发大大减少，火险隐患降低，最主要的是涂层的固化速度大幅度提高，干燥的时间从过去的数小时缩短到不足一分钟[93]。

5.4.1.2　粉末涂饰

皮革等柔弹热敏性材料的涂饰过程中，一般都采用有机溶剂或水为介质，将涂料稀释后，借助压缩空气将其雾化后喷洒在待涂材料表面，雾化的涂料易随压缩空气的扩散而造成空气污染，未涂到皮革上的涂料容易黏附固化在设备上造成材料浪费。利用粉末涂饰，一次成膜就可以获得较厚的成膜效果，多余的涂料可以回收再利用，不污染环境和设备，涂饰工艺简单，生产效率高。

英国皮革技术中心 BLC 的研究人员最近对粉末涂饰法进行了研究[94]。该方法是采用普通的静电喷枪进行涂饰，也可不用静电喷枪，但涂膜的均匀性会受到一定影响。涂饰前铬鞣坯革的粒面用自来水润湿，喷枪的电压为 70kV、气流速率为 $2m \cdot h^{-1}$，也可将一种水乳型软性丙烯酸树脂 RU9611（Stahl 公司）：水＝1：1 的混合液喷于革的粒面上，使其发黏（可以粘住粉状涂料）。还可直接用水润湿皮革后，在皮革表面均匀地粘上一层固体涂料。

附着有粉末涂料的皮革，在温度为 160℃ 条件下烘 10min，以使涂膜固化。粉末涂料的组分包括成膜剂、着色剂、交联剂、流平剂等。固体涂饰的一大优点是可以实现无挥发性溶剂排放。这种方法可以用于各类皮革品种的涂饰，固化后皮革面积不会发生收缩，尤其是用静电喷枪涂饰的涂膜与常规方法相比，表面均匀度没有差别，且具有优异的耐干、湿擦性能。但采用固体涂饰方法的涂膜，其耐折裂强度和弹性不如普通涂饰方法的涂膜，这可能是由于在较高温度条件下固化导致皮革的形状发生变化而引起的。因此，今后的研究应该着眼于寻找能在较低温度条件下进行固化的粉末涂料。

5.4.2　辊涂技术[95,96]

皮革用辊涂技术是 20 世纪 60 年代末由在纺织行业使用的辊涂系统和辊涂机借鉴而来。但直到配有反向涂饰系统且价格较低的辊涂机出现，皮革工业才广泛采用辊涂工艺。

皮革界发现辊涂机器所用的涂饰液容易配制，操作简单，优于以前使用的各种涂饰方法，如揩浆或帘幕涂饰。辊涂是用于皮革涂饰，特别是底涂的好方法。帘幕涂饰机器价格昂贵，且为了保证涂布均匀，需小心操作机器及控制所用的涂饰液量，涂饰剂与皮革的黏着性也不如其他方法。揩浆机的价格低于帘幕涂机，但易产生揩浆条纹，对轻革揩浆操作时皮革易发生卷曲，因此在实际操作时常常人工代替自动揩浆臂，这在劳动力价格高的地方显然降低了经济效益。因此，辊筒涂饰是皮革喷涂技术的一大突破，它可替代传统的喷浆机、印花机及帘幕涂饰机，已成为高档皮革涂饰中不可或缺的涂饰装备。

与其他涂饰系统相比，辊涂机所用的涂饰材料是最经济的。突出优点表现在[95]以下几方面：

① 与喷浆机相比，浆料用量节省 30％～40％，而揩浆机约有 15％的液体损失；

② 避免了因浆料喷射成雾状而造成环境污染；

③ 应用浆料方法简单；

④ 精确地控制涂布量，上浆过程保持质量效果稳定；

⑤ 一定挤压作用，增加涂饰层与革坯的接着性；

⑥ 浆料中含水量较低，减少浆料过多透入皮内，保持皮革的柔软性。

市场上的辊筒涂饰机器可分为以下三类。

① 机器用光刻辊筒于已涂浆的皮面上制造双色效果及花纹图案。辊筒与皮革以同一速度通过机器，类似于印花机。

② 机器用反刻辊筒于软皮上涂浆，正向同步转动（辊筒与相对的送料带或辊以同一方向及速度转动以进皮），机内置有一个供料系统。这种机器有一个胶辊与辊筒相对，轴心是一致的（见图 5-8）。辊筒的定位是有必要的，因为必须于皮张上直接加压，使浆料可从辊筒的凹槽中涂布于皮面上。所用辊筒是反刻的，即是辊筒上有棱锥形的凹体，宽度及深度可不同（见图 5-9）。当每平方厘米的凹槽数量增加，则辊筒的挂浆量减少。制造花纹图案的印花辊筒便是这种反刻方法制造，每平方厘米的凹槽或刻痕数量由 6L 至 48L（L 代表凹槽/刻痕），视所需涂浆量而定。如用于人造革或塑胶材料，要求低挂浆量（60L·m^{-2}），而用于全粒面革，则用较高挂浆量的辊筒（48L·m^{-2}）。

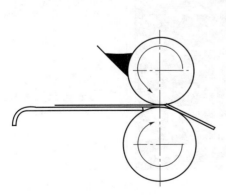

图 5-8 正向辊涂转动示意

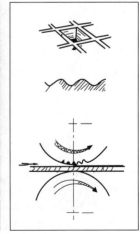

图 5-9 正向辊刻纹凹槽结构

　　早期的辊筒涂饰以正向方法操作,不可能应用大量浆料,尤其是应用于低吸收能力的全粒面革上,因为浆料是直接从辊筒的每个凹体中转移至皮面上,如凹槽很大,涂料不能均匀分布,则会引起明显的瑕疵,造成辊印纹。后来,化料公司发展了一种在正向转动条件下亦可均匀地涂布的浆料。表 5-24 显示辊筒的型号与挂浆量的关系,以及用于正向转动模式操作的用途。

表 5-24　正向辊涂辊筒型号与挂浆量的关系

辊筒型号"正向"	挂浆量/g·ft^{-2}	用　途	辊筒型号"正向"	挂浆量/g·ft^{-2}	用　途
6L	14～18[②]	涂饰树脂和上胶	24L[①]	4～7[②]	上漆
8L	12～16		32L[①]	2～4	粗粒上的双色效果
10L	18～27	涂饰热或冷的油蜡	40L[①]	1～3	
12L	9～13		48L[①]	1～2	幼纹上的双色效果
16L	6～9	苯胺染色	60L	1	幼纹人造革上的双色效果
20L	6～9	全粒面革上轻涂			

① 特别适合应用于发泡浆料;② 1ft^2 = 0.0929m^2。

　　③ 机器用正刻的辊筒,反向转动进行涂浆(辊筒的转动方向与橡胶转动传送带的转向相反)。这种机器采用橡胶传送带,由光面橡胶或钢辊筒驱动,两种辊筒的轴心不在一条线上(见图 5-10)。

　　橡胶辊利用皮张较坚硬的优点,把它拖引及推进。辊筒是正面刻纹,即是交叉地开槽,表面像截断的棱锥体(见图 5-11)。

　　辊筒的挂浆能力及皮面上的涂布量由以下因素决定:

　　① 凹槽的数目;

　　② 凹槽的深度;

　　③ 光刻辊筒与橡胶传送带的速度比;

　　④ 皮革的吸收能力;

　　⑤ 浆料的黏度。

　　反向转动操作的效果是于皮面上涂布浆料,涂布量较正向涂布量多。表 5-25 列出了

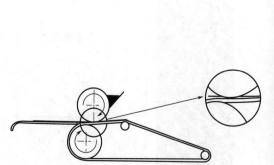

图 5-10　反向辊涂辊筒与传送带位置

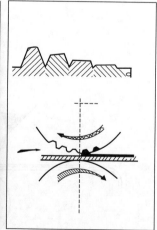

图 5-11　反向辊涂用辊筒凹槽结构

辊筒型号与挂浆量的关系及反向辊涂操作的用途。

第三类机器常用来处理较硬的皮革，软革因过于柔软的缘故不能引入辊筒，还可能会黏附于辊筒上旋转。若要于软革上涂布很多浆料，大部分情况下以正向辊涂先做底涂，使皮张干燥后变硬，然后第二次以反向辊涂一次。

表 5-25　反向辊涂辊筒型号与挂浆量的关系

辊筒型号"反向"	挂浆量/g·ft⁻²	应　用	辊筒型号"反向"	挂浆量/g·ft⁻²	应　用
8/B	33～40	上胶	30/A	10～16	
10/B	24～33	二层皮上量大涂浆	30/X①	8～12	二层皮和磨面革的涂饰
10/C	18～27	涂厚浆	30/C①	5～10	全粒面革涂饰
20/B	15～25	涂饰热或冷的油蜡	30/F①	3～6	涂漆
20/C	12～18	厚填充-涂层	40/F①	1～2.5	粗粒的双色效果

① 特别适合应用于发泡浆料。

一般对于第一类机器的要求，主要是为了获得具有花纹图案的优质皮革；第二及第三类机器则利用高浓度的水性化料来整饰，较传统喷浆机在用料及损耗方面低，并以此改善皮革的质量。

5.4.3　微泡涂饰体系[97~99]

传统喷涂技术中无论是使用水基材料，还是溶剂体系，都无可避免地存在散发物的问题。据估算，一只单一喷涂舱内散发涂饰浆料的量最少为 20L·h⁻¹，最多可达 70L·h⁻¹。通常散发物的 60% 来自喷枪，其余 40% 来自烘道，即使是水基材料，每 1h 浪费的干物质的质量约为 1～21kg，即约 30% 的浆料以溶剂及微粒的形式进入到周围环境[98]。

所谓微泡涂饰（foam finish），亦称微泡沫涂饰（micro-foam finish）是将涂饰浆料增稠后，采用机械搅拌发泡方式，在浆料中形成均匀分布的微小气泡，并通过辊涂或无气喷枪或高量低压喷枪（HVLP）进行涂饰。因涂饰浆料中存在微小气泡，因此涂层具有非常好的遮盖伤残和缺陷的能力，并可提升革的等级。此外，涂饰革的压花成型性好、革身柔软、手感自然、透气性能好。泡沫涂饰系统可应用于全粒面、修面和二层革的涂饰。由于发泡底涂层渗入皮层量很少，对革坯的手感影响较小，且涂层密度低，与一般等量底涂料相比，涂层厚度增加，遮盖力增强。当然，涂层中存在蜂窝状结构，这也会导致其涂饰层的机械性能如耐刮性、耐擦性和耐碰撞性能有所下降，因涂层的微孔结构，亦会增大其透气性，改善涂层的卫生性能。

机械发泡的最早应用是冰激凌雪糕机，其原理是把空气搅入乳酪中使其发泡。图5-12为动态发泡装置示意。通过发泡单元，将一定的气体与涂饰料连续混合，制备泡沫量相对稳定的微泡体系。通常采用涂饰料的密度来表征微泡量的多少。密度（单位:g·L⁻¹）＝泡沫质量/泡沫体积。

泡沫的物理性能很易检测：通过测量 1L 泡沫的质量可测得密度值；测泡沫存在的时间则可知泡沫的稳定性等。通常机械发泡具有的基本规律[99]：

① 液流量越大，则泡沫密度越大；

② 泡沫数量越多，则密度越小；

③ 搅拌越强，则发泡越均匀；

④ 搅拌速度会因某些树脂对机械作用稳定性差而受损；

⑤ 容器边缘的滞流作用，会影响发泡的不均匀性和稳定性，容器直径和搅拌头形状，对泡沫品质有较大影响。

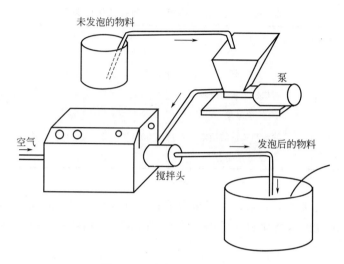

图 5-12　动态发泡装置示意

5.4.4　移膜涂饰体系与技术[97~101]

近年来，由于原料皮价格的居高不下，使之在成品皮的成本中占有较大比例，因此，寻求利用低价值的二层皮生产成品革，以提高利润空间，这也是近几年皮革新产品开发和许多厂家谋求的发展方向。二层皮的开发利用途径主要有四种类型：二层涂饰革（修面）、二层绒面革（包括磨砂革）、二层移膜革和二层贴膜革等。

传统的二层涂饰产品，因涂层厚，并经过多次压熨导致成品革较板硬且塑胶感明显。近年来开发的二层发泡涂饰体系，包括机械发泡、热发泡和化学发泡，较好地解决了革坯板硬的缺点，并有良好的遮盖力，手感舒适，压花成形性好等特点，适合鞋用以及部分家具用革，但涂层偏厚。

二层绒面革生产的关键在于复鞣染色工序，对成革颜色、手感、绒头的细致、均匀、光泽和防水性等性能要求较高，磨绒严格，后续可以通过喷涂染料水、手感剂、防水剂等来改善绒头的手感、色调、防水性、提高色牢度等。二层绒面革多用于鞋靴、包、服装的配饰甚至时装。

二层贴膜革，包括金属箔、PU 膜等，是通过黏合剂将膜（箔）粘贴于革坯表面，形成特殊的金属装饰效果或制成底层具有皮革绒面的"假皮"。前者往往因金属膜太厚，影响皮革的质地，只适合于一些包袋和装饰性制品；后者是 PU 革与二层革坯黏合，产品价值较低，而且多使用溶剂型黏合剂，带来环境污染问题。

二层移膜涂饰体系是解决二层革涂饰的最佳方案，无论是产品质量，还是生产工艺技术方面近年来都取得了极大进步。二层移膜涂饰分为溶剂型移膜涂饰系统和水基移膜涂饰系统，而溶剂型又分为干法移膜涂饰和湿法移膜涂饰。移膜涂饰生产流程如图 5-13 所示。

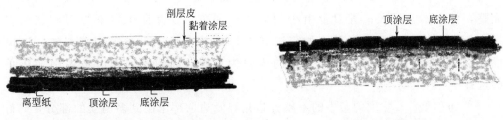

图 5-13　移膜涂饰生产流程示意及皮革断面结构[100]

5.4.4.1　皮坯的生产（准备）

蓝革坯的要求：无论是片蓝皮的二层革还是片灰皮后鞣制的二层蓝革，都必须要求鞣制足够，达到一定的收缩温度，基本无生芯的情况，尤其是用来生产定型硬袋类品种，充分地铬鞣是最终产品质量的保证。

以下以定型袋类皮坯（包括干法和湿法）的生产为例，对工艺略做介绍。

① 蓝革坯割修边（组批）

目的：将蓝皮的正身和牛头分开加工，初步分检出 A 级皮、B 级皮、C 级皮等，以确定适合的加工产品。

操作：将牛头部割下，牛头分为三种：因张幅、厚薄等问题不可利用的；问题不严重可适当利用来生产补充品种的；好牛头。正身蓝皮经再次轻修边欤后，根据厚度、张幅、刀伤情况以及纤维的细致度，确定用于适合的品种。

注意事项：分检应严格，尤其是对于确认不可利用的更应慎重，以免造成损失；分检后的蓝皮码放一定要平整，以免压出折痕，影响产品质量；做好分检记录，以备信息的收集，生产的调整；片皮伤等问题出现较严重时，应及时向管理人员反映。

② 挤水

目的：挤水到含水 50%～60%，以利片皮。

注意事项：注意进刀时皮的方位，避免挤水折痕的产生；皮在输送带上要充分展平，适时利用扩展辊。

③ 片皮

目的：初步均匀皮的厚度，以利削匀、片皮，厚度在保证无片破、片伤的情况，尽量接近削匀厚度。

注意事项：注意安全操作，集中注意力。及时清理机器以保证片皮的质量；片前先试机调厚度，过程中时常检查，以确保厚度均匀接近削匀要求；后面接皮员工应及时处理二层和刀底，避免堆积造成质量问题。

④ 削匀

目的：消除部位差，以利后续加工。

操作：采用两刀法削匀，试削几张调好机器和厚度后再正式操作生产。削匀过程中应常磨刀，在磨好后应再次确认厚度。削底或削面根据皮的状况决定。削匀的厚度在操作中要经常检查，以保证质量均一。

注意事项：不要一次吃刀量太大，以免造成一种假匀的现象；削匀要到位，接头应完整，但也不宜过大；进刀量由小到大逐步调整，以保证机器不受损和试削皮不被损破；及时清理机器、磨刀；如需削去的厚度较大，应尽量采用多刀法，以保证厚度要求和均一性的要求。具体不同的皮因为血筋、肉膜等问题应考虑削面还是削底的选择。

⑤ 修边称重　修去削匀产生的不整齐边角以及边肷部未削到多肉膜的部分，码好称重标明品种、重量等。

⑥ 皮坯染色

目的：生产出适合要求的皮坯，在手感、颜色、软硬度等方面适应后续加工的需要。

注意事项：进鼓前弄清生产品种，避免用错工艺；严格依照工艺要求的温度等条件，不允许水洗时出现干转；出鼓时码放整齐，尤其是硬袋的码放一定要平整无压痕。

⑦ 真空挂晾

目的：干燥皮坯。

操作要求、注意事项：按照既定生产条件操作，要求应具备一定的定型性，操作时应尽量推开推平，避免手抓痕，码放整齐。

⑧ 振软　初步达到一定的手感，将皮振软平坦，避免出现振软钉痕、打折等。

⑨ 磨革、除尘

目的：磨细绒头，进一步达到身骨要求。采用两刀法，尽量避免接头痕。硬袋磨一遍（根据需要可细磨两遍），软袋两面各磨一遍。除尘后量革。

⑩ 修边量革　修去磨革造成的边角伤残以及后续生产中无用的部分，量革入仓待用。

5.4.4.2　溶剂型移膜涂饰系统[102,103]

由于二层的干法贴膜革较大程度地保留了皮坯的手感，可以生产出手感圆润、丰满柔软的产品，同时干法贴膜的遮盖性好，离型纸的花纹风格多样，物理性能好，产品利用率高，因此广受市场的欢迎，市场占有量较大，广泛用于运动鞋、旅游鞋、包袋类，甚至普通鞋靴。二层湿法涂饰革由于其湿式发泡层的透水汽性良好，手感更近于真皮，经涂饰后有较高的价值，多用于定型包袋、休闲包袋和皮带。近年亦有用于鞋的生产，但其涂层的技术要求较高，市场也较难以接受其品质，故以目前的产品状况来看，湿法皮在用作鞋材方面可能不会有太大的发展。但从总情况看来，近年干法和湿法的二层产品仍将会有较强的市场竞争力。

湿法聚氨酯发泡的原理是将溶剂型聚氨酯、溶剂二甲基甲酰胺（DMF）、填充物木质粉、色浆、助剂等配制好的浆料均匀地辊涂在皮坯上，通过水与 DMF 的置换，将聚氨酯固化下来，从而形成多孔的薄膜，即湿式聚氨酯发泡层。

湿法移膜是在经过湿法填充的坯革上涂刮一层含有湿法 PU 树脂、溶剂 DMF、发泡剂、渗透剂、消泡剂、填充剂、色浆等配制的涂层。涂饰材料配好后，先经过高速搅拌机和真空脱泡机的处理，然后经由十几道由细到粗的水雾喷射凝固，之后入水槽固化一段时间后，形成一层均匀、透气的微孔层结构，确保了成品良好的卫生性能。

由前工序交过来的皮坯还要经过一定的处理，才能上湿法线进行湿法发泡。根据皮坯的情况以及湿法的要求，一般地，皮坯还需要下列工序的处理：①干填充，即采用水性的丙烯酸或聚氨酯树脂进行填充，该工序的处理中应当注意渗透剂的选择和用量，如有不当，可能会带来湿法层的接着不良问题；②静置陈放；③真空干燥；④磨革除尘；⑤油性填充（辊涂接着层）；⑥压平板或滚熨平整。

湿式发泡的用料包括溶剂型聚氨酯、二甲基甲酰胺（DMF）、木质粉、色浆、表面活性剂（S-80、OT-70）。基本配方为：溶剂型聚氨酯 100 份、二甲基甲酰胺（DMF）50～60 份、木质粉 20～35 份、色浆 2～5 份、S-80 1～2 份、OT-70 1～2 份。配制方法：向料桶中先加入 DMF，加木质粉充分搅拌均匀；加入聚氨酯树脂和助剂，充分搅拌均匀；加入色浆（色膏）充分搅拌均匀；密封陈放冷却 24h 以上；用抽真空系统抽去配制好浆料中的空气，脱去当中的气泡。脱泡好的料浆可以上线使用。

使用辊涂机将配制好的聚氨酯树脂浆料均匀地涂于二层坯革的表面，然后通过雾化室，首先在水雾中进行表面的初步固化，这一过程是较为温和的，之所以采用足够细致的水雾，也是为了避免水与 DMF 的交换过快，从而造成湿法层的不均匀、不细腻。然后向下通过淋水区，进行整个湿式发泡层的初步固化，置换掉较大部分的 DMF；而后进入水池中浸泡 45min 左右，以使 DMF 充分释放出来，湿式发泡层充分固化，此时湿式发泡的过程已经完成。制品按习惯和其实际状态，称为湿法皮坯。湿法皮坯经真空挂晾干燥、振软、轻磨或不磨后，可以进入涂饰线进行涂饰，或辊涂，或喷涂甚至去贴膜均可。

湿式发泡生产中，有几个因素是要注意的：

① 辊涂机的精度和均匀性，必须保证整张皮坯的上料厚度基本一致，不可漏辊亦不可局部部位过厚，由此而造成聚氨酯成膜的质量问题；

② 雾化区要有足够的水量，足够细致的水雾，只有如此才能保证湿法皮坯表面的光洁细致，色泽均一；

③ 水温以 25～30℃为宜：由于 DMF 的置换受到温度的影响，温度太高，DMF 置换太快，可能会造成大的泡孔，使聚氨酯膜变形，严重影响产品的质量；温度太低，置换慢，成膜会细致，但 DMF 不易全部置换出来，后期会造成膜的溶化变形；

④ 配方中助剂的用量、DMF 的用量，更是影响成膜性能的重要因素。一般地，由资

料及经验可知，DMF 用量大则泡孔会较大，用量小则泡孔细致、成膜坚实。OF-70 影响泡孔扁平，偏用量大将影响接着力。S-80 有利于湿法层表面的细致，微泡孔瘦长。

湿法移膜革生产工艺（三工段工艺）流程图如图 5-14 所示。

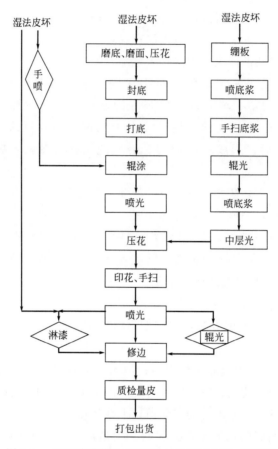

图 5-14 湿法移膜革生产工艺（三工段工艺）流程图

湿法移膜革生产工艺（四工段工艺）流程图如图 5-15 所示。

5.4.4.3 二层干法移膜革的生产

二层干法移膜革是以离型纸为基础（或其他材料），依次涂上面料、中层、底料，首先做出整个涂饰层的膜，待干燥后涂上黏合剂与皮坯贴合在一起，再将其从离型纸上剥离出来。这样生产出来的产品较大程度上保存了皮坯的手感，并且由于使用离型纸成膜，所以成品皮的纹路清晰，较好地遮盖了伤残，使利用率大为提高。通常利用干法移膜技术可以生产服装革和鞋面革，也可以生产一些特殊风格的革，如镜面革等。由于离型纸花纹的多样性，亦可生产出多种风格纹路的成品。考虑到日益得到重视的环保要求，水性移膜系统应是长远发展和普及的方向。目前已经有较少量的厂家在酝酿生产，但鉴于油性（有机溶剂）贴膜系统的相对成熟，并且生产出来的产品物性较高，所以目前仍以此为主。

(1) 皮坯的处理

由于所接到的皮坯并非质量均一，也不可能在各方面都达到了直接贴膜的要求，同时也为了满足成品皮的某些特别要求，所以在上干法移膜线进行贴合之前，需要对皮坯进行一定的处理，以达到下一工序生产的质量要求和保证成品的一致性。

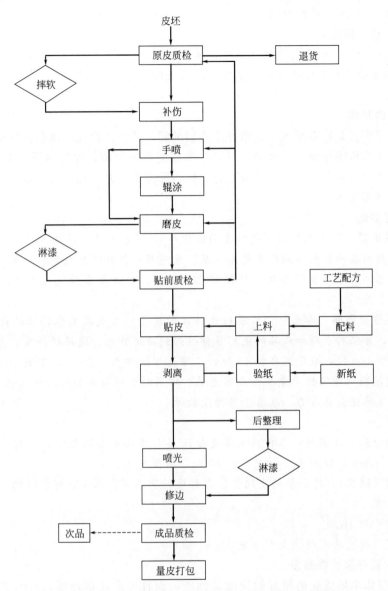

图 5-15　湿法移膜革生产工艺（四工段工艺）流程图

工艺路线如下：皮坯→分检选皮→补伤→喷填→干燥→辊填油性填充→干燥→磨革→再分检→粗修边→压砂纹板→贴前分检→贴膜（覆膜）。

工艺操作如下。

① **分检选皮**　分选出适合的皮坯，充分考虑到成品的要求，按照手感、绒头、皮型、均一性等指标，初步挑选出准备投入生产的皮坯。

② **补伤**　用补伤剂点补皮面的血筋等。

③ **喷填**　使用水性填充树脂进行喷填，并加重局部粗松部位的处理。

④ **干燥**

⑤ **辊填油性填充**　在辊涂机上以溶剂型聚氨酯进行填充，一方面解决表面纤维的粗松不平，另一方面增强贴合后的剥离强度。

⑥ **干燥**

⑦ **磨革**　以 280[#] 砂纸磨面。

⑧ **再分检、粗修边**

⑨ **压砂纹板**　目的是将皮坯压平整，易于贴合。

⑩ **贴前分检**　对皮坯的最后质量把关，再次检测有无松的情况。

⑪ **贴膜**

（2）膜的制作

干法移膜实质是在离型纸上先做好涂饰层的膜，然后再将其转移贴合到皮坯上。涂饰膜的形成原理与传统涂饰并无区别，只是涂饰层的程序颠倒，即先面层（手感层），再中层、底层，最后上黏合剂与皮坯进行贴合。但实际操作中并非每一层都是必须要的。以某实际生产为例阐述如下。

① **展离型纸**

② **涂保护层**　即涂光亮层（或叫表面处理层）。该层在具备硅质材料保护层的离型纸上基本上起到面层的作用，同时又是光亮层、手感层；但在没有硅质材料保护层的离型纸上，该层还起到利于剥离的作用。材料配比大致为：水性聚氨酯光亮剂 100 份，增稠剂 3～8 份，水 5 份。

③ **涂油性聚氨酯**　即面料，该层对于伤残的遮盖以及成品其他物性的提高有着极其重要的意义，并且对于增加成品的色彩多样性起到决定作用。使用材料及大致配比为：油性聚氨酯树脂 100 份，聚氨酯色粉 15 份，二甲基甲酰胺 40～50 份，丁酮 20～30 份。

④ **涂发泡料**　即油性聚氨酯干式发泡层。该层对于提高成品的耐使用性能意义较大，也可较大程度地提高遮盖力，改善涂层的柔软性。

⑤ **干燥**

⑥ **涂黏合料**　即底料，其作用主要是使涂层和皮坯牢固地贴合在一起，使用材料及大致配比为：油性聚氨酯 100 份，丁酮 30 份，增稠剂 3.5 份。

⑦ **覆膜**（贴合）　将平整的皮坯在适当舒展的状态下，贴在涂好底料的膜上，轻轻刮平。压紧卷捆。

⑧ **陈放**　约 1h。

⑨ **剥离**　将皮从离型纸上剥下来。

5.4.4.4　水基移膜涂饰系统

溶剂移膜体系虽能获得很好的涂饰革性能，而且生产成本较低，但由于使用大量的 DMF（二甲基甲酰胺），会造成生产环境的大气污染和危害操作人员健康等问题。为此 Stahl 在 20 世纪 90 年代就开发了 WTS 水基移膜涂饰系统[100]（见表 5-26），德国 Clariant 公司也开发了 Melio 水基移膜涂饰体系[101]。

水基移膜涂饰系统的生产工艺流程与干法移膜相同，但所用化料全部是水性材料，为了满足高物性要求，树脂材料以聚氨酯为主。工艺流程如图 5-16 所示。

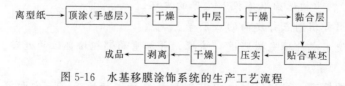

图 5-16　水基移膜涂饰系统的生产工艺流程

所用涂饰技术可以是刮刀法或是辊涂法，如意大利的 ROLLMAC 辊涂法生产线和 MATEX 刮刀法生产线。

表 5-26 **Stahl 公司的水基移膜涂饰体系（WTS）配方**[97]

化料	顶层	中层	黏合层	备　　注
RU-3960	500			①顶层刮刀涂饰 1 次
RU-3963	500			涂布量 25g·m⁻²（干重）
RU-3969		850	850	黏度：±14000cP
RA-2349		150	150	—
LA-1688	50			②中层刮刀涂饰 1 次
HM-183	75			涂布量 55g·m⁻²（干重）
PP-3210	100	250	100	黏度：±14000cP
PT-4260			10～15	—
LW-3511	15	4	40	③黏合层刮刀涂饰 1 次
MA-4416	18	5	8	涂布量 65g·m⁻²（干重），黏度：±14000cP

5.4.5 低毒高效交联剂及其作用

常用的皮革涂饰剂主要有聚氨酯树脂、丙烯酸树脂、纤维素衍生物（包括硝酸纤维素、醋酸丁酸纤维素等）、酪素以及聚丁二烯树脂等。这些材料的分子结构都是线形的，其力学性能相对较差，对使用温度比较敏感。

皮革业的发展对皮革涂饰材料综合性能提出了越来越高的要求，从而促使涂饰材料的产品种类不断更新，使涂层的坚牢度、耐水、抗溶剂、耐摩擦和耐热等性能的行业标准不断提高。然而水基型涂饰剂在合成过程中引入了亲水性基团以及其特殊的成膜机理，使其涂层的耐水、耐溶剂性能有待提高。交联剂与水基型涂饰剂配合使用能够增强涂层耐水、耐溶剂性能，客观上进一步促进了交联剂的发展。当前不具有防水性能的革，特别是鞋面革在市场竞争中处于明显的劣势。防水革在涂饰中不用交联剂会大大损害防水效果，涂饰后的革柔韧性将降低近十倍。在涂饰中使用交联剂不但会显著提高防水性能，而且会增强涂层的耐刮性、耐干、湿擦等性能，涂饰后的革柔韧性不会明显降低。一般来说涂饰剂经交联后，不但其耐干、湿擦和耐有机溶剂性能大大提高，而且涂饰层的抗张强度、耐熨烫性能都有一定的增强。另外，交联剂能提高涂饰剂对颜料粒子的包含力，利于增加涂饰配方中颜料的比例，从而增强涂层的遮盖力。由于交联剂对涂层中带亲核基团的染料有固定作用，提高了染料的坚牢度。可以看出交联剂在皮革涂饰中极为重要，有学者甚至认为涂饰剂水平的提高将主要取决于交联剂的发展。

由于皮革不能在高温下长期处理，因此后期交联必须在常温下进行，故皮革涂饰用交联剂多为常温交联剂（见表 5-27）。常见的主要有有机金属化合物类、醛类、环氧化合物、氮丙啶类、异氰酸酯类、碳化二亚胺等交联剂[104,105]。

表 5-27 **皮革涂饰中常见的常温交联剂**

类　型	基　本　结　构	类　型	基　本　结　构
有机金属化合物	Ti、Zr、Al、Cr、Cu 等金属与醇羟基、羧酸基结合或螯合的有机物	氮丙啶类	H_2C — CH—R $\diagdown N \diagup$ $\mid$ H
醛类	甲醛或含醛基化合物		
环氧化合物	H_2C — CH—R $\diagdown O \diagup$　$O\triangleleft R \triangleright O$	异氰酸酯类	OCN—R—NCO $\mid$ NCO
		碳化二亚胺	$\{\!\!-\!R\!-\!N\!=\!C\!=\!N\!-\!\}_n$

目前国内外对改性三聚氰胺类、多元胺类、酯类、硅氧烷类交联剂均有一定的研究，这几类交联剂由于结构原因，尚需进行创造性的改性才能应用于皮革涂饰交联。当前在这些交联剂研究上也有一定的进展。孙大庆[106]利用 FMPTA 聚酯交联剂合成了具有三个氯丙环的常温交联剂。Nobuo Harui 等人[107]合成了一种特殊结构的环氧硅氧烷常温交联剂，该交联剂具有无毒、无味、易溶于水、使用期长、用量小、防水性能优良等特点，该研究使硅氧烷交联剂用于皮革涂饰成为可能。孙静等人[108]比较了几种交联剂的交联效果，见表 5-28 和表 5-29。

表 5-28　不同交联剂交联成膜的溶胀试验结果

交联剂名称	溶胀率/%		
	水	醋酸丁酯（BA）	丙酮
无交联剂（空白）	56	66	45
氮丙啶类	8	25	0
环氧化合物类	20	50	1
异氰酸酯类	35	54	8
异氰酸酯类＋碳化亚胺类	19	42	0
碳化亚胺类	13	40	0

表 5-29　不同交联剂交联成膜的耐擦拭试验结果

项目	氮丙啶类		异氰酸酯类		碳化亚胺类		环氧化合物类	
	用量%	擦拭等级	用量%	擦拭等级	用量%	擦拭等级	用量%	擦拭等级
耐干擦	2.0	3.5	10.0	4.0	10.0	3.5	10.0	3.0
耐湿擦	2.0	2.5	10.0	3.0	10.0	2.5	10.0	1.5
耐汗擦	2.0	2.5	10.0	2.0	10.0	2.0	10.0	1.5
耐汽油擦	2.0	1.5	10.0	2.5	10.0	1.0	10.0	1.0

当前交联剂的主要发展趋势为无毒、高效、性能优良、价格低廉、用量小，以及具有特殊交联效果。由于消费者对涂层美感、革的防水性要求不断提高，开发新型高效无毒交联剂将是主要发展方向，此外利用高能物理进行辐射固化也将成为可能。

美国的 Quinn 公司和德国巴斯夫（BASF）公司相继开发了替代甲醛用于酪素交联的新型交联剂。尽管乳酪素是属于亲水性的高分子化合物，但传统上用甲醛固定后，可转化成防水性能很高的薄膜，而且外观自然舒适。然而，由于甲醛对人体的黏膜有很强烈的刺激作用，因此从健康安全的角度考虑，甲醛的应用是一个问题。表 5-30 列出了 BASF 开发的这种非甲醛交联剂的毒性指标。在以酪素为主要成膜剂的打光涂饰体系中，使用这种交联剂 Eukesol Fe 取得了良好的结果（见表 5-31），涂饰革的物理性能明显优于甲醛交联涂饰。

表 5-30　酪素涂饰用交联剂毒性试验[89]

测试项目	指　标	测试项目	指　标
含固量	约 50%	皮肤接触（OECD 法 404）	白兔不受刺激
pH（1∶10 稀释）	8～9	黏膜接触（OECD 法 405）	白兔双眼未见刺激
急性口服毒性（LD_{50}）	大白鼠，约 4000mg/kg		

由武汉市强龙化工新材料有限责任公司[109]研发成功的新型室温交联剂——乙烯亚胺的一种衍生物，即三羟甲基丙烷-（3-乙烯亚氨基）丙酸酯。该产品适用于乙烯基类聚合物的室温交联，同时也适用于聚氨酯乳液和水性环氧树脂的交联，可以提高膜的耐水性、耐热性、耐磨性、耐化学品性和粘接性。BASF 公司开发的新一代丙烯酸树脂交联剂——

高力超软树脂 NT（Corial Ultrasoft NT），不仅解决了软性丙烯酸树脂在涂饰加工中常常会发生压花性能差的问题，而且用其涂饰后的皮革在保持自然的摔软粒面的同时，具有很好的遮盖性。产品的涂饰流平性好，尤其是压花性能卓越，印花定型性好。

表 5-31　酪素涂饰配方及成膜物性[89]

材　　料		底涂层	顶涂层	备　　注
路龙底涂剂 Luron EI		100	40	①喷底涂浆 1 遍，抛光，再喷底涂浆 2 遍
水		400		
Luron 顶涂剂		70	210	
Eukesol 油 P		10	10	
Eukesol 树脂 S		30		
Leptol 颜料		30		②喷顶涂浆 2 遍，熨烫（175℃），打光，熨平板 [110℃·(100bar)$^{-1}$]
Eukesolar 150 染液		10		
水		200	700	
交联剂 Eukesol Fe		40	40	
成革物性	湿按摩牢度 80×		0	涂层破损程度：
	(IUF450)150×		0	0—未受损
	(IUF450)300×		1	1—轻微受损
	耐曲折牢度（干态）		0	2—明显受损
	耐曲折牢度（湿态）		0	3—严重受损

注：1bar=10⁵Pa。

5.4.6　转移印花技术[110,111]

转移印花技术是印染行业中一种新颖的印花方法。它以染料为着色剂，与连接料、增稠剂等一起配制成印花油墨（印花色浆），并按照设计要求把印花油墨印刷在特殊的转移基纸上，制成转移印花纸，然后把印花纸和被印物贴合在一起，经过加温加压，印花油墨就转移到被印物表面，完成印花过程。它兼有印刷和印花的两种工艺特点。

转移印花的工艺流程是：印花油墨调配——印刷转移纸——花转移——印花成品。制取转移印花纸的工艺流程是：图案设计——分色制版——纸张印刷。

转移印花是无水加工中较具实际意义的一种印染方法。除了不用水外，另一主要特点是纸张形变小。因此可以印制精细的多层次的花形及摄影图片，把花形图片真实地转移到皮革上，其精度可达 0.05mm。同时印花周期快，印花质量高，操作简便。但也存在一定的局限性和缺点：①革坯需有较高的收缩温度；②转印后革身的鲜艳度、得色量及色牢度不足；③耗纸量大。

现有的转移印花方法可分类如下。

$$
转移印花\begin{cases}
干转印\begin{cases}热转印（升华转移）\\ 压敏转印\end{cases}\\
湿转印\begin{cases}转印纸湿式转移印花\\ 被印物湿式转移印花\end{cases}
\end{cases}
$$

在各种转移印花方法中，升华转移印花深为印染行业青睐。升华转移印花转印时不需要水洗和干燥的处理，又因为使用的分散染料分子小，转印温度高，因此扩散至织物的速率快。同时又无糊料、黏合剂及化学助剂施加于被印物上，所以被印物表面无残留料，手感不会僵硬，不仅节约了染料和烘干等费用，又避免了传统喷涂对环境的污染，是一种很有前途的转移印花方法。

　　由于皮革形状的不规整性，在皮革表面进行印花是一件十分困难的事。从前只能采用压花技术，在皮革表面形成某种图案或是在凸出的部分沾色或水洗形成双色效果。近年来辊涂技术的快速发展，使得在皮革表面辊印不规则的图案成为可能。另外，受纺织行业的转移印花技术影响，在皮革涂饰上加以利用，实现了在皮革表面印刷彩色的精美图画，模仿了时尚潮流。尤其是二层绒面革上的转移印刷，既提高了成革的档次，又增加了花色品种，顺应了潮流发展要求。

　　升华转移印花是近年来发展起来的一种非水相印花新工艺。利用分散染料的升华性能，把分散染料制成印刷油墨，印到设计好的图案上，制成转移印花纸，再把皮革和转移印花纸密合在一起送入熨烫机，经高温压烫，纸上的染料图案即转移到皮革表面。

　　升华转移印花上染的流程为：分散染料——升华（熔化、气化）——染料扩散——凝结上染。

　　在转移时，必须使印花图纹面与革坯的正面贴合，通过加热加压，印花纸上油墨中的染料因受热后很快升华，并穿过空隙转移到革坯上，同时革坯的胶原纤维受一定温度的作用，革坯表面的染料进一步扩散到胶原纤维内部，形成与转印纸上一样的彩色图纹。

　　湿式转移印花是指在转移印花过程中，需要用水来处理转移印花纸或被印染物，即实施转移印花时，先用水或有机溶剂对印花纸进行润湿，使印花基纸的剥离层受湿膨胀，再与皮革贴合，经加压加湿处理，一方面使染料受热升华，转移到皮革上并进一步扩散到革纤维内部；另一方面，由于印花基纸上剥离层受湿膨胀，很快与印花图纹的油墨层脱离，完成印花的转移。

　　总之，随着皮革涂饰新材料的不断开发，以及涂饰技术的改进和完善，在不断满足皮革时尚需求与变化的同时，也正不断顺应环保要求，通过大量使用水基材料替代溶剂性产品，辊涂技术替代传统喷涂等新技术，降低涂饰过程对环境的危害。

5.5　皮革及制品中有害物限量

　　在绿色和平组织（Greenpeace）的推动下，一些国际知名的纺织服装品牌或零售商，开始进一步加强对供应链的环保管理。由签约品牌、价值链关联方和协会组成的有害化学物质零排放（ZDHC）组织，其主旨是在生产过程中禁用或限用一些对环境和生物以及人类有危险的化学品，实现在 2020 年 11 类有毒有害物质的零排放目标。2015 年 ZDHC 发布了《生产限用物质清单》（MRSL）ZDHC MRSL V1.1，限制了在皮革加工生产过程中故意使用的化学物质，规定了在生产中这些化学物质在化学配方中的可接受浓度限制。目的是管理供应商对这部分化学物质的使用，并在生产过程中淘汰这些有害物质。该限用清单中涉及有：烷基酚和烷基苯酚聚氧乙烯醚（包括同分异构体）16 种，氯苯和氯甲苯类及同分异构体、氯苯酚类 19 种，能裂芳香胺的偶氮染料 24 种，海军蓝染料 2 种，致癌性染料 13 种，短链氯化石蜡，阻燃剂类 12 种，乙二醇醚类 8 种，含卤溶剂类 4 种，有机锡化合物（含 5 类衍生物），多环芳烃（PAHs）18 种，全氟和多氟化学品，邻苯二甲酸酯类 16 种，重金属 5 种，挥发性有机物 4 种[8]。

　　OEKO-TEX 于 2017 年 1 月 4 日发布了 2017 版 STANDARD 100 by OEKO-TEX，并正式推出全新的 LEATHER STANDARD by OEKO-TEX。这是专门针对天然皮革材

料和天然皮革产品有害物质检测的全新认证，其相关要求从 2017 版 STANDARD 100 by OEKO-TEX 中独立出来。在 2017 版 STANDARD 100 by OEKO-TEX 中再次明确指出，纺织品上的皮革部件需要符合最新有效的 LEATHER STANDARD by OEKO-TEX，非皮革部件则仍需满足最新有效的 STANDARD 100 by OEKO-TEX。特别是近年来新增加的有害化学物质和限量值，如庚基苯酚、戊基苯酚、双酚 A、全氟辛酸等。表 5-32 和表 5-33 列出了 OEKO-TEX 最新版皮革标准的考察项目和限量值。

表 5-32　OEKO-TEX 2017 版皮革标准的考察项目和限量值[7]

序号	考察项目名称	考察项目数/个	限量值要求数/个
1	pH 值	1	1
2	甲醛	1	1
3	可萃取重金属	1	10
4	被水解中的重金属	1	2
5	杀虫剂	1	1
6	氯化苯酚	1	5
7	邻苯二甲酸酯	1	2
8	有机锡化合物	1	17
9	工艺过程防腐剂	1	4
10	其他残余化学物	1	4
11	染料	1	5
12	氯化苯和氯化甲苯	1	1
13	多环芳烃	1	9
14	生物活性产品	1	1
15	阻燃产品	1	1
16	残余溶剂	1	4
17	残余表面活性剂/润湿剂	1	2
18	全氟化和多氟化的化合物	1	27
19	UV 稳定剂	1	4
20	色牢度	1	7
21	可挥发物释放量	1	9
22	气味测定	1	2
23	禁用纤维	—	—
合计		22	119

注：其中有限量值要求的项目 19 项，限量值要求数 101；有色牢度要求的项目 1 项，色牢度要求数 7 个；有其他要求的项目 2 项，其他要求数 11 个。

2017 版 OEKO-TEX 中有限量值要求的考察项目是 19 个，对应各个产品级别下的限量值要求数 101 个；新皮革标准中的工艺过程防腐剂考察项目有 4 种：2-苯基苯酚（OPP，CAS No. 为 90-43-7）、4-氯-3-甲基苯酚（CMC/CMK，CAS No. 59-50-7）、2-（硫氰酸甲基硫基）苯并噻唑（TCMTB，CAS No. 21564-17-0）、N-辛基-4-异噻唑啉-3-酮（OIT，CAS No. 26530-20-1）。

新标准中依据各种皮革材料的用途分为四级别产品：第 I 级别（3 岁以下婴儿和学步儿童的

产品，如皮衣、皮手套、爬行羊皮垫、毛皮等）；第Ⅱ级别（直接接触皮肤的产品，如皮裤、夹克、皮内衣等）；第Ⅲ级别（非直接接触皮肤的产品，如有内衬的皮夹克、外衣、皮包、皮带等）；第Ⅳ级别（装修/装饰材料，如皮革覆面等）。其限量值指标见表 5-33。

表 5-33   OEKO-TEX 2017 版皮革标准中限量值与色牢度要求[6-8]

项目名称		单位	新皮革标准等级			
			Ⅰ	Ⅱ	Ⅲ	Ⅳ
pH 值		—	3.5～7.5	3.5～7.5	3.5～7.5	3.5～7.5
甲醛		mg・kg^{-1}	<10.0	75.0	300.0	300.0
可萃取的重金属	Cr	mg・kg^{-1}	2.0	200.0	200.0	200.0
	Cr(Ⅳ)	mg・kg^{-1}	<3.0	<3.0	<3.0	<3.0
氯化苯酚	PCP	mg・kg^{-1}	0.3	0.5	0.5	0.5
	TeCP	mg・kg^{-1}	0.3	0.5	0.5	0.5
	TrCP	mg・kg^{-1}	0.5	1.0	1.0	1.0
	DCP	mg・kg^{-1}	1.0	1.0	1.0	1.0
	MCP	mg・kg^{-1}	2.0	2.0	2.0	2.0
残余表面活性剂 OP、NP、HpP、PeP 总量		mg・kg^{-1}	<20.0	<20.0	<20.0	<20.0
OP、NP、HeP、PeP、OP(EO)、NP(OE)总量		mg・kg^{-1}	<100.0	<100.0	<100.0	<100.0
色牢度	耐酸汗液	级	3	3	3	3
	耐碱汗液	级	3	3	3	3
	耐干摩擦	级	3	3	3	3
	耐湿摩擦（成品革）	级	3	3	3	3
	耐湿摩擦（皮革肉面）	级	2～3	2～3	2～3	2～3
工艺过程防腐剂	OPP①	mg・kg-1	<250.0	<750.0	<750.0	<750.0
	CMC/CMK①	mg・kg-1	<150.0	<300.0	<300.0	<300.0
	TCMTB	mg・kg^{-1}	<250.0	<500.0	<500.0	<500.0
	OIT	mg・kg-1	<50.0	<100.0	<100.0	<100.0
染料	共 18 项致癌染料和涂料	mg・kg-1	50.0			
	过敏性染料（C.I. 分散橙 59）	mg・kg-1	50.0			
	致癌性芳香胺（25 项）	mg・kg-1	100.0			
	双酚 A	%	0.1			

① 2018 年对工艺过程防腐剂项目明确了 OPP 和 CMC 的相关总量的限制要求。（1）皮革中 CMC 最高可到 600mg・kg^{-1}，CMC 为 500.0mg・kg^{-1} 时 OPP 最高为 550.0mg・kg^{-1}；CMC 为 600.0mg・kg^{-1} 时，OPP 最高为 450.0mg・kg^{-1}。（2）半成品皮、蓝湿革、白湿革、棕湿革等要求 OPP 小于 1000mg・kg^{-1}、CMC 小于 600.0mg・kg^{-1}，CMC 为 800mg・kg^{-1} 时 OPP 最高为 800mg・kg^{-1}；CMC 为 1000mg・kg^{-1} 时，OPP 最高 600mg・kg^{-1}。

参考文献

[1] 郭仁宏，陆瑞强. 检出禁用偶氮染料的风险分析. 中国皮革，2007，36（12）：186-189.

[2] 晓琴，鹏博. 禁用偶氮染料现状和应对措施. 印染，2002，（11）：41-43.

[3] ETAD BCMA VdMI EPSOM. 颜料安全操作手册（M）. 瑞士：ETAD、BCMA、VdMI、EPSOM，1998：16.

[4] 章杰. 我国输欧被召回服装鞋类的化学危害因素分析（二）. 印染，2016，（22）：49-55.

[5] 高杰，张勋，杨璐，等 . 9 类生态纺织品中 24 种禁用偶氮染料残留的测定 . 化学试剂，2017，39（2）：165-171.

[6] 章杰 . 2018 年禁用纺织化学品最新动态 . 印染助剂，2018，33（5）：1-7.

[7] 章杰 . 2018 年禁用纺织化学品最新动态（续一）. 印染助剂，2018，33（6）：1-7.

[8] 章杰 . 2017 年禁用纺织化学品最新动态（二）. 印染，2017，（15）：49-54.

[9] J. Kanagaraj，T. Senthilvelan，R. C. Panda，etc. 周国龙（编译）. 皮革鞣制染色工序可持续发展的生态友好处理方法 . 西部皮革，2015，37（14）：46-51.

[10] 戴金兰，张廷有，王政，等 . 高吸收染色加脂助剂应用研究 . 皮革科学与工程，2003，13（5）：42-45.

[11] 陈明辉 . 皮革染料固定新概念 . 皮革化工，2003，20（3）：36-38.

[12] 何燕 . 染色技术的发展与固色剂的研究应用 . 精细化工原料及中间体，2008，（8）：19-22.

[13] 赵国生，徐助成，赵成英，等 . 无醛固色剂的发展和应用 . 上海染料，2008，36（3）：34-39.

[14] 贺月 . 浅谈无醛固色剂的研究进展与应用前景 . 中国材料科技与设备，2006，（4）：23-26.

[15] 宋心远 . 活性染料染色后的洗涤、固色处理和助剂 . 印染助剂，2008，25（7）：1-14.

[16] 鲍利红，兰云军，张淑芬 . MAPA 系列染色增艳剂的合成及其助染性研究 . 中国皮革，2007，36（1）：22-26.

[17] 陈华，朱聪慧，陶斌 . DCA-1 固色剂工艺应用 . 皮革化工，1997，（1）：28-30.

[18] 陈立军，张心亚，黄洪，等 . 高效清洁的皮革染色方法 . 中国皮革，2005，34（17）：40-42.

[19] 德国专利，DEP4323123.3.

[20] 蔡建芳，任燕，徐成书，等 . 羊毛媒介染料低铬染色研究 . 毛纺科技，2010，38（12）：10-14.

[21] 王庆森，宋心远 . 羊毛的低铬媒染近况，染整技术，1998，（3）：12-15.

[22] 章杰 . 节能减排环保型毛用染料的发展和应用，上海毛麻科技，2016，（1）：14-22.

[23] Tuma D，Wagner B，Schneider G M. Comparative Solubility Investigations of Anthraquinone Disperse Dyes in Near and Supercritical Fluids. Fluid Phase Equilibria，2001，182：133-143.

[24] Bach E.，Cleve E.，Schollmeyer E. 超临界液体染色技术的过去、现在和将来（一）[J]. 印染，2003（3）：42-45.

[25] Bach E.，Cleve E.，Schollmeyer E. 超临界液体染色技术的过去、现在和将来（二）[J]. 印染，2003（4）：37-45.

[26] 苏耀华 . 超临界 CO_2 无水染色技术概述 . 中国战略新新产业 . 2018.

[27] 廖隆理，冯豫川，陈敏，等 . CO_2 超临界流体介质中无污染制革技术研究（Ⅲ）. 皮革科学与工程，1999，9（4）：6-12.

[28] 张美娜，高海琪，张宗才 . 制革毛皮用非水介质的研究现状及展望[J]. 皮革与化工，2016，33（8）：23-27.

[29] 赵逸云 . 声化学应用研究和新进展 . 化学通报，1994，（3）：26-28.

[30] Thakore K A . Application of Ultrasonics in Dyeing of Cotton Fabrics With Direct Dyes，Part Ⅰ：Kinetics of Dyeing. Indian Journal of Textile Research，1988，13：133-139；208-212.

[31] Oner E，Baser I，Acar K. Use of ultrasonic energy in Reactive Dyeing of Cellulosic Fabrics. Journal of the Society of Dyers and Colourists，1995，111：279-281.

[32] Ahmad W Y W，Lomas M A. The Low-Temperature Dyeing of Polyester Fabric Using Ultrasound. Journal of the Society of Dyers and Colourists，1996，112：245-248.

[33] Xie J P，Ding J F，Attenburrow G E，et al. Influence of Power Ultrasound on Leather Processing. Part Ⅰ：Dyeing. Journal of the American Leather Chemists Association，1999，94：146-157.

[34] Sivakumar V，Rao P G. Use of Power Ultrasound in Leather Dyeing. Proceedings of the ⅩⅩⅤ IULTCS Congress，CLRI，Chennai，1999，146-152.

[35] Sivakumar V，Rao P G. Studies on the Use of Power Ultrasound in Leather Dyeing. Ultrasonics Sonochemistry，2003，10：85-94.

[36] Sivakumar V，Swaminathan G，Rao P G，et al. Sono-Leather Technology With Ultrasound：A Boon for Unit Operations in Leather Processing-Review of Our Research Work at Central Leather Research Institute（CLRI），India. Ultrasonics Sonochemistry，2009，16：116-119.

[37] 何有节，张兆生，石碧，等 . 超声波对皮革染色中染料扩散系数及上染率的影响 . 四川大学学报：工程科学版，2001，33（6）：74-77.

[38] 何有节，李国英，石碧，等 . 超声波对皮革染色的影响 . 中国皮革，2001，30（19）：25-28.

[39] 刘红艳，陈莺莺，张宗才 . 超声波辅助作用下獭兔毛染色性能的研究 . 中国皮革，2016，45（1）：51-55.

[40] 电化学染色工艺进展及其商业化应用（一）. 印染，2007，（21）：50-52.

[41] 电化学染色工艺进展及其商业化应用（二）. 印染，2007，（22）：50-52.

[42] 最新染整技术动向（二）. 印染，2005，（23）：50-51.

[43] 马明明 . 纤维电化学染色新工艺研究设想 . 染整技术，2006，28（3）：9-10.

[44] 赵欣，曹向禹，冯云生 . 皮革的电化学染色初探 . 齐齐哈尔大学学报，1998，14（3）：67-71.

[45] 李新 . 通过式对辊染革机及其应用 . 中国皮革，1997，26（9）：15-16.

[46] Weldon77，皮革染色方法改进 . Weldon 胶粘在线，2008，10.29.

[47] 无水染色技术 . 精细化工原料及中间体，2006，（3）：38.

[48] 吉田弥生 . 皮革不褪色的染色方法 . 北京皮革，2008，（1）：85.

[49] 刘义生，陈敦茝 . SCF 结合型加脂剂的研究 . 中国皮革，1990，19（11）：5-15.

[50] 杜鹃，张宗才. 加脂剂乳液特性与成革性能的关系. 皮革科学与工程，1999，9（1）：23-27.

[51] 张宗才，钱锦标. 耐电解质加脂剂的合成. 皮革科学与工程，1995，5（4）：11-16.

[52] 钱锦标，张宗才. 加脂剂链长结构与加脂性能的关系. 皮革科学与工程，1996，6（1）：22-27.

[53] 王学川，任龙芳，强涛涛，等. 皮革加脂剂的降解性及评价方法. 中国皮革，2006，35（1）：46-48.

[54] Carolyn J K，Larry B，David W，et al. Fate and Transport of Linear Alky Benzensolfonate in A Sewage Contaim Inated Aquifer：A Comparison of Natural-gradient Pulsed Tracer Test. Environmental Science and Technology，1998，32：1134-1142.

[55] 曹素珍，李正，任海静，等. 表面活性剂生物降解性的研究进展. 日用化学工业，2011，41（2）：127-135.

[56] 周文苑，王军. 烷基酚聚氧乙烯醚的毒性和法规现状. 日用化学品科学，1998，（4）：20-23.

[57] Baker I J A，Matthews B，Suares H，et al. Sugar Fatty Acid Ester Surfactant：Structure and Ultimate Aerobic Biodegradability. Journal of Surfactants and Detergents，2000，3（1）：1-32.

[58] 池田功，崔正刚. 新型 Gemini 阳离子表面活性剂的合成和性能（3）：在烷基链中引入易水解基团促进生物降解. 日用化学工业，2001，（5）：28-31.

[59] Swisher R D. Surfactant Biodegradation. New York：Marcel Dekker Inc，1987.

[60] 钱锦标，张宗才. 分步加脂理论及实践. 中国皮革，23（7）：27-29.

[61] Vijayalakshmi K，Rajadurai S，Rao V V M，et al. Role of An Acid-Stable Fatliquor in Leather Manufacture. Journal of the Society of Leather Technologists and Chemists，1989，73：47-51.

[62] Weslager T H. The Use of Electrolytically-Stable Fatliquors in the Pickle to Improve Leather Quality. Journal of the American Leather Chemists Association，1990，85：72-77.

[63] 吕生华，仇向巍，李芳. 磺化油 SS 在皮革分步加脂中的应用研究. 皮革化工，2006，23（4）：29-31.

[64] Sivakumar V，Prakash R P，Rao P G，et al. Power Ultrasound in Fatliquor Preparation Based on Vegetable Oil for Leather Application. Journal of Cleaner Production，2008，16：549-553.

[65] 姜洪勇，姜德华，程日友，等. 低甲醛蛋白复鞣剂的制备及其应用. 中国皮革，2013，42（21）：38-46.

[66] Kleban M. Ecological Aspect of Retanning Agents. Journal of the American Leather Chemists Association，2002，97：8-13.

[67] 路华，马建中. 丙烯酸类聚合物鞣剂及研究进展. 皮革科学与工程，2007，17（3）：30-34.

[68] Anton EI A'mma. High Exhaust Acrylic Chemistry. Rohm and Hass 公司技术资料.

[69] 张扬. 丙烯酸聚合物鞣剂. 皮革科学与工程，1998，8（2）：38-41.

[70] 彭波，彭必雨. 丙烯酸类聚合物鞣剂合成与应用. 皮革科学与工程，2003，13（4）：31-36.

[71] Porter R E. Tanning Process and Product Produced Thereby. US 1975616. 1934-10-02.

[72] Herbert J. Tanning. US 2322959. 1943-06-29.

[73] 隋智慧. 氨基树脂的研究进展. 皮革化工，2002，19（4）：10-14.

[74] 隋智慧，强西怀，曲景奎. 新型两性氨基树脂复鞣剂的合成研究. 皮革化工，2002，18（4）：18-22.

[75] 隋智慧，强西怀，秦煜民. 新型两性树脂复鞣剂的应用研究. 皮革化工，2002，19（1）：23-27.

[76] 鲍艳，马建中，鄂涛，等. PMAA/MMT 纳米复合鞣剂制备影响因素的探讨. 中国皮革，2009，38（1）：5-8.

[77] 李蓉，玉显恒，李婧，等. 层状硅酸盐/氨基树脂纳米复合材料制备. 皮革科学与工程，2007，17（6）：44-47.

[78] 李慧珠. 多元醇类合成鞣剂试验研究. 中国皮革，1982，11（6）：6-8.

[79] Simoncini A. Effect of Dialdehydes on Chromium Salts. Journal of the Society of Leather Technologists and Chemists，1965，49：227.

[80] Kontio P，Harva O，Tuomarla J. Tanning Studies With Dialdehyde Cellulose. Journal of the American Leather Chemists Association，1965，60：48-62.

[81] 吕生华，马建中，杨宗邃，等. 改性淀粉鞣剂的制备及应用. 皮革科学与工程，2000，10（3）：6-11.

[82] 赵军宁，杨宗邃，马建中，等. 淀粉氧化降解条件与淀粉/丙烯酸类单体接枝共聚反应的关系. 中国皮革，2004，33（21）：13-16.

[83] 孙静，魏德卿，刘宗惠. 蛋白填充剂的概述. 中国皮革，2002，31（5）：26-27.

[84] 张伟，于淑贤，丁志文等. 利用废旧皮革胶原多肽制备蛋白复鞣填充剂. 中国皮革，2006，35（17）：25-29.

[85] 张文昌，王亚楠，曾维才，等. 牛毛的碱水解及水解物在复鞣填充中的应用. 第十一届全国皮革化学品学术交流会，2016年7月.

[86] 吕生华，易东初，杨权荣，等. 填充发泡型乙烯基聚合物复鞣剂的制备及应用研究. 西部皮革，2005（4）：33-36.

[87] 刘凌云，马建中，贺卫勃，等. 铬鞣革屑水解产物的改性及在皮革鞣制中的应用研究. 陕西科技大学学报，2004，22（2）：7-12.

[88] Jordi Escabros，Laura Martinez，Joan Barenys. Production of bio-polymers from leather shavings-Reuse as retanning agents. AISLTC，Japan 2012.

[89] Lach D. 水基涂饰剂成膜性聚合物的应用探索. 北京皮革，2001，（22）：55-58.

[90] 陈建兵，汪江节，王武生，等. 含氟丙烯酸酯改性水性聚氨酯涂饰剂的制备. 中国皮革，2007，36（9）：52-57.

[91] 朱晔. 皮革涂饰技术的进展. 中国皮革，2002，31（7）：1-3.

[92] 尹逊达. 皮革涂饰剂的研究进展. 西部皮革，2017.

［93］Durra A，Pisi G. Leather Finshing Using Crosslinkable Products by Means of Electromagnetic Radiation. Leather Manufacturer，2001，119（9）：16.

［94］Ding J F. Feasibility of Using Powder Coating. Leather，2001，203（8）：32.

［95］GE. MA. TA 产品与服务．皮革世界，1995 年款式特稿，85.

［96］马建中，刘凌云．现代皮革技术与实践（续）．西部皮革，2004，26（2）：43-44.

［97］Foam Base Coats in Leather Finishing. World Leather，1995，（3）：84-85.

［98］Maitan G，Tidello G. 对现行涂饰技术的评论．世界皮革，1995 年款式特稿，47-51.

［99］戴红，穆畅道，张宗才．泡沫涂饰体系．皮革科学与工程，1997，7（3）：32-36.

［100］水基移膜涂饰．Stahl 公司技术资料．

［101］Pasquet M，Kurwqn M，Schneider R. 提高档次以保持皮革的优美精致．皮革世界，2006，（9）：17-23.

［102］李闻欣，杨明来．二层干法 PU 贴膜革的生产技术．中国皮革，2003，32（21）：22-23.

［103］南海皮厂技术资料．

［104］金勇，张嵘，魏德卿，等．皮革涂饰用室温交联剂概述．中国皮革，1998，27（11）：9-10.

［105］栾世方，范浩军，段镇基．皮革涂饰用交联剂的合成、作用机理、性能及发展趋势．皮革科学与工程，2001，11（2）：16-23.

［106］孙大庆．皮革涂饰用多功能交联剂的合成研究．皮革化工，1999，15（6）：24-26.

［107］Nobuo Harui，M J Chen. The Manufacture and Function of Siloxane Normal Room Temperature Cross-linking Agent（Ⅰ）. Journal of Coating Technology，1998，70（73）：880-883.

［108］孙静，曾少余，朱亮．交联剂在家具革顶涂中的应用研究．中国皮革，2006，35（3）：3-7.

［109］李子东．新型交联剂将实施产业化．粘接，2006，27（4）：9.

［110］许棚铭，张宗才．转移印花技术在皮革涂饰中的应用．北京皮革，2003，（2）：77-79.

［111］单昶．皮革转移印花．中国皮革，1994，23（8）：27.

第 6 章　毛皮清洁生产技术

6.1　传统毛皮生产中容易引起的生态和污染问题

一般毛皮的制造过程为：浸水→去肉→脱脂→软化→浸酸→鞣制→媒介→染色→加脂→整饰→整理入库。在整个毛皮制造过程中产生的生态问题主要是由于使用了不符合生态要求的化工材料所致。本节针对目前欧盟的"绿色壁垒"（绿色壁垒是指在国际贸易领域里一些科技上有较大优势的国家，通过立法或制订严格的强制技术法规，对国外商品进行准入限制的贸易壁垒。——编者注），展开讨论毛皮制造过程的生态问题。毛皮和制革加工过程一样，可以用下面简单的化学反应示意式来表示[1]：

$$生皮 + 皮革化学品 \xrightarrow[化学、生物]{物理、机械} 成品革 + 副产物$$

6.1.1　原皮保存引起的环境问题

毛皮加工过程与制革过程类似，也是毛皮原料皮和皮革化工材料在物理、机械、化学及生物等作用下，生产得到人们所需要的毛皮产品，同时也有许多副产物甚至是污染物产生，由此也产生一系列的生态或环境问题。

毛皮和制革加工用的原料皮往往需要经过一段时间的保存和运输后才投入生产，由于生皮的主要成分是蛋白质，而且含有一定的水分，是细菌生长繁殖的营养源，在保存过程中如不采取防腐措施，就会因细菌和其自身自溶酶的作用而腐烂变质，轻者掉毛、烂面，重者失去使用价值。另外，在浸水过程中，特别是在较高温度条件下，水中的细菌会侵蚀原皮而影响成革的质量，出现溜毛现象，严重的会使皮腐烂。因此，在原皮的保存和浸水过程中要进行必要的防腐处理。

相对于制革原料皮而言，毛皮原料皮有其特殊性，即保存好皮板的同时，还应考虑到毛被的存在，因此，有必要将毛皮原料皮的防腐与保存做简要介绍。

从毛皮动物体上剥下的鲜皮，含有大量的水分和蛋白质，如果在温度较高的条件下贮存，必须及时采取防腐措施。因为动物皮上经常存有 20 多种细菌，大多数细菌在 15min 内就可繁殖 1 次，而且繁殖是按几何级数增长的。如果生皮从动物躯体剥离后，温度适宜，而不及时防腐、鞣制，在存放过程中，生皮因遭受细菌、自溶菌以及酶的作用而使蛋白质分解，造成腐败变质，降低生皮的利用价值。所以由毛皮动物体剥下的鲜皮，只要不是就近加工处理的，应在冷却 1～2h 后及时进行防腐处理。其处理原则是：降低温度；除去或降低鲜皮中的水分；利用防腐剂、消毒剂或化学药品等处理，消灭细菌或阻止酶和细菌对生皮的作用。原料皮防腐的基本原理是在生皮内外造成一种不适合细菌生长繁殖的环境，或者说是破坏细菌生长繁殖的环境，以抑制细菌的繁衍或直接杀死细菌。根据原料皮防腐原理的不同，主要有如下几种方式[2~8]。

（1）干燥防腐法

不经化学防腐药物处理，通过降低皮内水分含量，改变细菌赖以生存的环境，如在适当条件下将生皮晾干（也可在低温干燥室内烘干）。采用这个方法保藏的毛皮原料皮常称为淡干皮（亦叫甜干皮）。生皮在干燥过程中随着水分的除去，细菌的活动也就逐渐减弱，甚至停止。甜干皮的水分含量一般在15％以下。采用这个方法保存生皮，虽然有简便易行、便于运输的优点，但也有许多缺点：

① 大多数甜干皮都未经清洗，连血和脏物一起晒干，这些脏物的存在易于细菌的滋生；

② 有的皮是在太阳下暴晒晾干，往往因干燥温度过高（35℃以上），使皮内蛋白质变性，不利于毛皮加工，特别是铺在地面上晒干的皮，更易产生此弊端，甚至出现"油烧板"；

③ 干燥过快、过度的皮，因皮纤维过分黏结收缩，给毛皮加工过程的浸水回软带来困难，影响成革质量。

由于干燥法有以上严重缺点，所以今后将被淘汰掉而代以其他方法。

在自然干燥时，应将皮板展平（片状皮）铺在地上或钉在木板上，皮毛朝下，皮板朝上，不能放在水分大的地面或草地上，而应置于空气流通和阳光不能直射的棚下或阴凉处进行干燥，要防止雨淋或被露水打湿。干燥过慢的皮不能及时抑制细菌的有害作用，也将会导致皮的变质。生皮最适宜的干燥温度是18~25℃。严禁在烈日下暴晒或在高温的室内干燥，干燥温度过高会使原皮受危害。温度过高，一方面会使表面水分蒸发过快而变硬，影响内部水分的顺利蒸发，致使皮内干燥不匀，引起皮内腐败；另一方面，过高的温度会使生皮蛋白质发生胶化，在浸水等加工过程中，容易产生分层现象。同时，经过烈日暴晒的生皮，皮面的脂肪将会融化，并扩散到皮内，造成"油浸板"或"油烧板"，使浸水加工更困难，甚至无法加工。

干燥防腐法节省劳动力，操作也较简单，但干燥不得法易使皮僵硬、断裂、腐烂和遭受虫害。

（2）食盐防腐法

食盐防腐法民间应用得很普遍，兔皮、绵羊皮、狗皮等在保存时多采用这种方法。其原理是食盐不但能吸附毛皮上的水分，造成皮张的高渗环境，而且还有杀菌的功效。

① 撒盐法　将清理过的原皮，毛面向下，平铺于工作台上，把盐均匀地撒在皮板上，其用量为皮张质量的30％左右。每两张皮为1层（板对板），皮张厚的地方多撒，有皱褶和弯曲的地方一定按平，然后堆积成1~1.5m高的皮堆，置放两周后，一张一张地从皮堆上取下来，抖去没有溶化的食盐，最后将皮张卷起存放。

② 盐水浸泡法　盐水浸泡法是将原料皮在25％的食盐水中浸泡，经一昼夜后取出，沥水2h后，进行堆积，堆积时再撒皮重5％的盐。盐水浸泡时，为保证盐浸质量，可每经6h换1次旧盐液，并保持15℃的温度。为了防止盐斑，可在食盐中加入盐重40％的碳酸钠。

③ 盐干法　盐干法是将剥皮后的生皮反复用盐干燥（一般盐腌12天左右，放盐量为皮重的20％~25％），可连续重复几次，直到皮张干燥为止。用这种方法防腐力强，并且可以避免生皮在干燥时发生硬化断裂等缺点，该方法一般适于南方较热的地区。用这种盐

干法处理的原料皮，经过反复用盐脱水，皮张重量可减轻50％左右，贮存时间延长。

用食盐腌制鲜皮，食盐因其价廉易得，故被普遍采用。盐除了能降低皮内水分外，也能改变介质的渗透压，使细菌失去水分而收缩，从而影响细菌的活动力。此外，盐还可和蛋白质发生化学作用，使得生皮中酶的分解作用缓慢，从而达到防腐的目的。盐腌法的最大缺点是用盐量较大，污染环境严重。

盐腌法处理的皮根据脱水程度的不同又分为盐湿皮和盐干皮。经过盐腌的皮，再进行干燥就得盐干皮，它的含水量一般为20％左右；盐腌后不经干燥处理即得盐湿皮，该法脱水较少，生皮含水量较高，并且在盐腌制过程中可以溶解部分可溶性纤维间质如白蛋白、球蛋白等，这对毛皮的浸水有利。

（3）酸盐防腐法　降低皮内pH，使之明显偏离细菌滋生的pH环境，如浸酸法进行酸皮的贮存。此法多用于回收羊毛后并经浸灰、脱灰后的绵羊皮的保存。浸酸处理如下：

水：100％～150％；酸液温度：15℃左右；食盐浓度：15％～20％；硫酸：1.5％～2％；时间：2～3h以上；浸后皮的pH低于2.0；滴干后打包保存（勿接触水）。

浸酸皮应严格保存在温度较低的地方，以防止皮质被酸分解，保存期间也要防止吹干，一般可保存几个月。此法也可用于防止炭疽病。

对于毛皮有时也采用传统的硝米面处理的方法保存，即用食盐85％、氯化铵7.5％、铝明矾7.5％配成混合液，将该混合液均匀涂在皮板面上，并轻轻地揉搓，然后毛面向外，折叠成形，堆积7天，再抖去料剂，包装贮存。其实质就是毛皮经过去肉、脱脂和经过面粉发酵后产生的有机酸等对毛皮产生类似于"浸酸"的作用，进而起到抑制微生物的作用，达到较长时间保存的目的。

（4）冷冻防腐法

在寒冷地区利用寒冷天气的低温，对生皮原料进行冷冻，可以抑制细菌和酶的活动。冷冻方法是将鲜皮的毛被向下、皮里向上平展地摆在场地上，利用低温进行冷冻成型，即可入库贮存。但当气温高于0℃时，生皮即可解冻，不能长途运输。同时冷冻时间过长，皮层组织中的水分转变为无数冰粒，致使皮层组织膨胀，破坏生皮组织纤维的完整性，造成部分皮质纤维断裂，从而降低生皮的机械性能，促使生皮结构变得松软，因而此法不宜常用。

（5）射线照射防腐法

采用各种具有杀伤细菌的射线照射，直接杀死生皮上的细菌，达到防腐之目的。由于该方法设备昂贵，成本高，在皮革和毛皮的原料皮防腐上应用很少。

目前毛皮原料皮的防腐主要是盐腌法，但食盐用量大，是制革工业的主要污染源之一，因此，人们正在研究"清洁"的防腐方法，如冷冻法、无毒防腐剂与低温相结合的方法、原料皮的真空保存方法等。此外，原皮在浸水过程中的防腐主要是通过加防腐剂和降低浸水液的温度等方式实现的。所以人们也正在研究新的清洁化原皮防腐方法，其中冰冻法是最清洁的方法，但成本高，利用防腐剂与冰冻法相结合防腐，或者用防腐剂与NaCl结合防腐可以减少NaCl污染。原皮防腐，要求防腐剂的抑制或灭杀细菌的作用强，有效期长，对制革没有负面影响，而且其本身的毒性小，能被生物降解，不产生新的污染，因此研究开发无毒、高效（用量小）、长效、价廉的防腐剂是原皮防腐的发展方向。

6.1.2　用于毛皮原料皮处理的其他防腐、消毒剂[2]

为避免原料皮在保藏时受到微生物的侵蚀或昆虫伤害，在原料皮保藏前必须采用防腐剂和消毒剂对原料皮进行防腐和消毒处理。有时在生皮处理过程中也易发生腐败，因此也需添加防腐剂，防止微生物对处理皮的侵蚀。

随着化学化工技术的迅猛发展和环保法规的日益严格，许多曾经广泛使用或目前正在使用的杀菌防霉剂，因其毒副作用被限制使用，制革毛皮企业选择绿色环保的杀菌防霉剂产品势在必行。不仅可以避免不必要的贸易争端和经济损失，而且有利于促进我国皮革工业长期健康稳定发展。单一组分仍存在一些缺点，如杀菌谱较窄用药剂量相对较大，造成使用成本高。可以从以下几方面加以解决，一方面寻求新的高效环保、性价比高的杀菌活性成分；另一方面，与其他活性组分进行复配，寻求协同、增效作用的配方。此外，加强对杀菌防霉剂应用技术及防霉机理的研究也甚为关键[8]。

防腐、杀虫剂大部分是普通化学品或农用杀虫剂。无机药剂可获得较好的防腐、消毒效果，并且价格较低，但有些药剂毒性很大，而且易产生环境污染，已逐渐淘汰，如氟化钠、亚砷酸钠等。有机杀虫剂品种较多，具有杀虫广谱性，人畜毒性小，但有些药剂由于毒性或其他原因已被停止使用，如六六六、DDT 等。

五氯苯酚作为一种防腐、防霉、防蛀剂，过去曾普遍用于皮革的生产中。由于其对人体有一定的危害性，如果长期接触，轻者会引起皮肤过敏，重者会诱发癌症。因此，1989年德国政府决定禁止进口在生产过程中使用有毒杀虫剂五氯苯酚的皮革、毛皮制品，毛皮制品中五氯苯酚的测定也由此产生[9~16]。

6.2　毛皮加工所产生污水的特点和危害

6.2.1　毛皮加工污水的特点[17~24]

由于毛皮工艺的特点，使得毛皮废水具有与其他工业废水不同的特点，主要表现在以下几个方面。

① 废水量大　有关毛皮加工所产生的废水虽然还没有确切的统计资料，但是由于毛皮加工是带毛和保毛加工，因此用水量相对较大。

② 废水成分复杂　毛皮加工工序繁多，每道工序所用的材料不一样，所排放的废水成分也不一样，形成了毛皮废水的复杂性。毛皮加工废水中含有：a. 无机类物质，如 $NaCl$、Na_2SO_4 等，还有含铬的各类配合物；b. 小分子有机物，如有机酸及其盐类、醛类等；c. 天然有机物，如油脂、酶、蛋白质及其分解产物；d. 合成材料，如表面活性剂、复鞣剂、填充剂、染料等。

③ 颜色深　毛皮废水的颜色很深。色度的高低是用稀释倍数来表示的，即取一定量澄清的水样，在直径为 20～25mm 的量筒或比色管中用蒸馏水稀释，同时取同样的量筒装上等量蒸馏水在白色背景下相比，一直稀释到两者无明显差别时的倍数即为稀释倍数。毛皮废水的稀释倍数一般可达 300～3500 左右，主要是由染色废液、铬鞣废液和复鞣废液等所造成的。

④ 耗氧量大　由于毛皮废水中含有大量的有机物质，其生物耗氧量（BOD_5）和化学耗氧量（COD_{Cr}）都很高，分别为 1000～2000mg·L^{-1} 和 2500～4000mg·L^{-1}。

⑤ 气味难闻　毛皮厂的气味主要是由原皮保存、酶软化和脱脂处理等的废水中含有的许多蛋白质水解产物产生的，这些小分子化合物容易挥发而产生令人不快的气味。

⑥ 毛皮加工废水不稳定　由于毛皮的皮种繁多，一般的毛皮工厂都有几种产品进行生产，每一种产品的工艺各不相同，由此导致不同毛皮产品的生产就有不同的废水产生，由此导致毛皮工厂的废水在排放量和污染物的种类、含量等方面有一定的波动和不稳定性[19]。

6.2.2　毛皮加工废水的危害性

由于毛皮废水中含有很多种对环境有害的物质，加上浓度又高，因而被列为对水体特别有害的废水之一。毛皮废水的危害性是由其所含的有害物质决定，下面将其所含的主要有害物质分别做详细介绍。

(1) 铬

六价铬是剧毒物质，它对肝肾有害，与皮肤大面积接触会造成肾损伤，皮肤溃疡，人口服重铬酸钾的致死量为 2g。当水中六价铬浓度超过 $0.2mg \cdot kg^{-1}$ 时就会妨碍鱼类的生长，浓度超过 $5mg \cdot kg^{-1}$ 时就会妨害烟叶、大豆等植物的生长。六价铬的允许排放浓度为 $0.5mg \cdot L^{-1}$，饮用水中的浓度应低于 $0.05mg \cdot L^{-1}$。一般情况下，毛皮加工废水中六价铬含量不大，主要是由未充分还原的铬鞣剂引起的，另外如果使用了氧化性较强的氧化剂，三价铬会转化为六价铬[25]。

毛皮加工废水中的铬主要是三价铬，三价铬对消化道有刺激作用，吸入氧化铬浓度达到 $0.015 \sim 0.033mg \cdot m^{-3}$ 时会引起鼻出血、声音嘶哑、鼻黏膜萎缩、鼻中膈穿孔，甚至导致肺癌。三价铬对皮肤有刺激作用，有些人的皮肤对它过敏，接触后会产生湿疹。植物中水稻和萝卜都会吸收三价铬，当其浓度达到 $50mg \cdot L^{-1}$ 以上时，水稻的发芽和发根就会受到抑制，当浓度大于 $200mg \cdot L^{-1}$ 时就会无法生长。三价铬对鱼类也有毒性，对白鲢鱼来说，三价铬的毒性比六价铬还要大十倍。铬在生物体内会积累，如鸡吃了含铬的革屑，铬会残留在体内，最后鸡蛋、鸡肉及其内脏的含铬量远远大于一般水平。

也有的人认为三价铬的毒性并不是很重，它在污水中能形成稳定的络合物沉淀而不易被吸收。三价铬是糖和脂肪代谢所必需的，适量的三价铬可以减少糖尿病的发病率。

(2) 氯化物及硫酸盐

氯化钠是生物体所必需的，但过多的氯化钠又是应该设法避免的。饮用水中氯化钠含量超过 $500 \sim 1000mg \cdot L^{-1}$ 时，可以明显尝出咸味，如浓度高达 $4000mg \cdot L^{-1}$ 时，会对人体产生有害影响。当水中硫酸盐含量超过 $100mg \cdot L^{-1}$ 时，会使水变苦，并对肠胃产生缓泻作用。含有大量中性盐的水长期用于农田灌溉会使土壤盐碱化，这方面硫酸盐的危害性大于氯化物。水泥建筑物长期浸泡在含大量中性盐的水中，会受到腐蚀破坏。

(3) 化学耗氧量 (COD) 和生物耗氧量 (BOD)[26,27]

毛皮废水中含有大量从原料皮上降解下来的有机物，也有的有机物是由化工材料带入的。一般化学耗氧量在 $1000 \sim 3000mg \cdot L^{-1}$ 时，会使水中的微生物，包括传染病菌获得足够的营养而迅速繁殖，引起水源污染，危害人体健康。另外水中含大量有机物时，会使水中的溶解氧大量被消耗掉，当水中溶解氧小于 $4mg \cdot L^{-1}$ 时，鱼类等水生动物会逐渐变得呼吸困难，乃至窒息而死亡。因而国家标准规定，毛皮加工废水在排放时应达到三级标准，即化学耗氧量应小于 $300mg \cdot L^{-1}$，生物耗氧量应小于 $60mg \cdot L^{-1}$。随着环保要求的提高，工业废水的防治和排放标准将会更加严格。

(4) 悬浮物

毛皮加工废水中的悬浮物主要由油脂、浮毛、皮渣、污血、泥沙、蛋白质分解产物以及氢氧化铬沉淀组成。水中的悬浮物一方面会堵塞排水管道，另一方面其中的有机悬浮物还会使水中的耗氧量增加，恶化水质。

(5) 酚类

酚类物质的来源主要是原料皮保存和生产过程中加入的防腐剂和防霉剂，以及含酚的合成鞣剂和脱脂剂、加脂剂等。酚是一类有毒物质，当水中酚的含量达到几个毫克每升时，就会对鱼类产生毒害。国家标准允许排放的最高浓度为 $0.5mg \cdot L^{-1}$，毛皮加工废水中的少量酚可通过生化处理除去。

除了毛皮加工中废水的排放造成的污染外，固体废弃物和废气产生的污染也不容忽视。

除了毛皮加工过程中产生的"三废"会对环境造成污染之外，目前和今后对毛皮成品中的有害物质及其含量也有或将有严格的限制和规定，因此，毛皮的清洁化、生态化、绿色化就包含了更为丰富的内容，也就是说，毛皮的生态化不仅是指毛皮加工过程中应尽可能采用节水、环保型的化工材料和清洁技术，而且毛皮产品必须达到有关机构、客户、国家、地区或行业的质量技术标准及其环保健康要求，这就对毛皮加工企业提出了新的挑战和更高的要求。因此，为了确保本企业及其产品始终保持强有力的竞争实力和产品的市场竞争优势，必须紧跟毛皮的国际要求，采取切实有效的措施和技术，以适应毛皮国际形势的变化和对产品的质量要求，特别是欧盟地区的有害物质含量限制（欧盟指令、规定等)[28]。

6.3　毛皮加工中的清洁技术

6.3.1　浸水[1,29~31]

浸水是毛皮加工的第一道工序。它是将生皮通过水处理充分回鲜的过程。通过浸水也可去掉原料皮上的污物和血迹。浸水控制不当，极易出现烂皮、掉毛和溜针现象。为了防止生皮腐烂变质，有很多企业在浸水过程中加入五氯苯酚、五氯酚钠或甲醛，这些物质若在毛皮制品中残留，易违犯欧盟 2002/233/EC 或 2002/234/EC 的规定。北京泛博科技责任有限公司的威斯润湿剂 Q-39、润湿剂 WetterHAC 既能促进生皮回软，也具有较强的防腐作用，用于浸水过程中可完全取代五氯苯酚和甲醛。许多相关的毛皮助剂公司如美国的劳恩思坦（Lowentein），德国的 BASF、LANXESS（原来的 Bayer）、Clariant（科莱恩）、TFL（德瑞）和 Böhme（波美）等也都有相应的浸水助剂可供选用。

在毛皮生产的不同工序中，表面活性剂和溶剂已得到了广泛的应用，其作用是使其他的材料在毛皮中均匀、有效地渗透。为了限制存在于溶剂和表面活性剂中的挥发性有机物（VOC）在毛皮生产中的使用，美国环境保护局（EPA）已采取了一项严格的有关这类材料使用和处理的法令，以避免其对环境和消费者形成潜在的危害。因此，在毛皮生产中使用表面活性剂和溶剂时，应该对这类问题引起注意。

烷基聚配糖是一种新型的可生物降解的非离子表面活性剂，它比传统的表面活性剂和有机溶剂具有更优异的特性，更好的水溶性和在高浓度碱液或电解质溶液中具有更好的稳定性，对温度的变化不敏感，不会产生凝胶。由于其优异的溶解性，可有效地取代有害于身体的有毒有机溶剂。它还具有优异的物理特性，如润湿性、适度的发泡性和低的界面及表面张力[1]。

在毛皮浸水中有时用到了含有 APEO（烷基酚聚氧乙烯醚类非离子表面活性剂）组分的助剂，已经被欧盟禁用。关于 APEO 的使用，欧洲理事会第 76/769/EEC 号指令中已有严格的限制，关于某些有毒物质的销售、使用和制备的限制的第 26 号修正案已于 2003 年 6 月出版[31]。该法案有关于壬基酚和壬基酚聚氧乙烯醚含量的限定于 2005 年 1 月 17 日起正式生效，正式全面禁用含乙氧基烷苯酚（APEO），包括壬基苯酚（NPES）、辛基苯酚（OP）、乙氧基辛基苯酚（OPES）的产品，它们会刺激皮肤和呼吸道，其降解物 NP/OP 会影响生物体的内分泌系统，NPES/OPES 被视为对环境有害，因为它们非常稳定不易生物降解，NPES/OPES 用于洗涤剂、润湿剂、乳化剂/分散剂和浸透剂，所涉及皮革化工产品主要包括硝化纤维素光亮剂及脱脂剂等表面活性剂产品。

6.3.2　毛皮脱脂中的环保问题

6.3.2.1　毛皮脱脂

脱脂的目的是最大限度地去除皮板和毛被上的脂和类脂物。去除污物以利于后期加工过程中化工材料的渗透和作用。氯化烷烃或四氯乙烯对原皮的天然油脂具有很强的萃取作用，所以有些企业脱脂过程中使用含氯烷烃汽油，这些含氯化合物残留，易违犯欧盟 2002/237/EC 规定。

毛皮的脱脂对毛皮产品的质量有很大影响，尤其是对于多脂的绵羊皮。下面以绵羊皮为代表，介绍有关毛皮脱脂的相关内容。

绵羊皮是属于多脂皮类，其真皮和毛被中都含有大量的脂肪，绵羊皮中含脂量可达真皮质量的 30%，毛被中则有毛质量的 10% 的羊毛脂和类脂物。绵羊皮脂腺分布在毛囊附近，脂腺有一导管与毛囊相通，皮张的不同部位脂腺发达情况也不同，颈部最多，腹部最少，臀、背部居中。皮内的脂肪如不除去，就会影响各工序操作的顺利进行，药料均匀进入皮内困难，造成鞣制不良，使染色不匀、成品板硬、皮板较重等缺陷。若毛被上带有过多的油脂，则影响毛的光泽、洁白度和灵活性，因此，这些油脂必须去净。但毛被上的油脂不能脱除太净，如毛被上油脂低于 2%，则毛发脆、干枯。

毛皮脱脂的方法主要有以下几种，即机械法、皂化法、乳化法、溶剂萃取法和生物酶法等[1]。

（1）机械法脱脂

使用去肉机，将皮下的脂肪组织去掉，并且毛皮在受挤压过程中，使皮内的游离脂肪细胞和脂腺受到一定的破坏。在毛皮加工过程中都要经过去肉操作，但皮内油脂仍然不能去除彻底。

（2）皂化法

皂化法是用碱或碱性材料皂化皮内脂肪生成肥皂和甘油，达到脱脂的目的。由于苛性钠碱性太强，会严重破坏毛的角蛋白，而采用碱性较弱的纯碱对毛损失不大，且可除去部分油脂。若纯碱用量过大，脱脂操作液的 pH 过高，也会对毛被产生一定的损伤。毛皮皂化脱脂时纯碱用量控制在 $0.5 \sim 1.5 \mathrm{g} \cdot \mathrm{L}^{-1}$，操作液 pH 在 9.5 以下，并且一般与乳化脱脂结合进行。

（3）乳化法脱脂

乳化法脱脂是利用表面活性剂分子中极性基的不对称性，从而改变油脂与水之间的表面张力，产生乳化、分散作用，使油脂转变为亲水的乳粒，乳化分散于水中，起到脱脂作用。

表面活性剂分为阴离子型、阳离子型、非离子型和两性离子型四种，毛皮行业中常用的是阴离子或非离子表面活性剂。在碱性或中性条件下，这两种表面活性剂都可使用，而在酸性条件下，只能使用非离子表面活性剂。常用的国产表面活性剂有：阴离子型如洗衣粉、加酶洗衣粉、雷米帮等；非离子型如平平加、渗透剂 JFC 等[32]。国外使用的表面活性剂品种很多，如 TFL（德瑞）公司的 BORRON A（保融 A）、BORRON T（保融 T），Bayer（拜耳）公司的 Baymol AN（拜摩尔 AN 乳化剂），BASF（巴斯夫）公司的 Eusapon AS、Mollescal 等。采用表面活性剂乳化脱脂方法，应在多工序中分次进行。在不同工序中随着机械作用及在一定的温度下，皮内部油脂向皮外渗出，使表面活性剂充分发挥其脱脂作用。表面活性剂在一系列工序中使用，它不仅有脱脂作用，同时也具有加速原料皮回软、增强化工材料的渗透、匀染、干皮回湿和促进加脂等功能。不同类型的表面活性剂在毛皮行业中均有广泛使用。北京泛博科技有限责任公司的威斯脱脂剂 HW 和 JA-50 对毛被油脂具有很强的乳化作用，而威斯脱脂剂 TS-80 既对毛被油脂具有很强的乳化作用，同时又能最大限度地去除皮板深层的油脂，都是毛皮脱脂材料的理想选择。

乳化脱脂大多数与皂化脱脂结合采用，并在 40℃ 左右进行。例如，对于绵羊毛皮可采用如下脱脂方法。

设备：划池或划槽；液比：10（甩水后湿皮质量计）；温度：38~40℃；脱脂剂：2~4g·L^{-1}（具体用量取决于脱脂要求及脱脂剂种类）；纯碱：0.5~1.5g·L^{-1}；pH：8.0~8.5；时间：40~60min；脱脂之后用温水（30℃ 左右）清洗皮张 1 次，以洗去乳化物和皂化物。

（4）生物酶法

生物酶法是借助于酶制剂对天然脂肪的水解达到脱脂的目的，尤其是经过培育、筛选的脂肪酶更具有对天然脂肪水解的针对性和高效性，而且对环境友好，是理想的毛皮脱脂方式，但由于至今还没有用于毛皮加工的专门的脂肪酶，因此，该方面的研究尚待加强。不过，由于工业酶制剂如毛皮软化酶中也含有一些对脂肪具有水解作用的酶类，因此，在毛皮的酶软化中也有脱脂作用。

（5）溶剂萃取法

萃取法是在专用设备内用有机溶剂将皮内油脂萃取出来，然后将吸附在毛被和皮板上的溶剂再清除掉。可用于脱脂的有机溶剂有二氯乙烷、三氯乙烯或四氯乙烯、四氯化碳、三氯乙烷、汽油、白节油、煤油等。在选择溶剂和方法时，必须考虑下列因素：溶解油脂的能力、挥发性、材料来源、毒性大小、着火危险性大小、爆炸性大小和价格高低等，目前常用溶剂为三氯乙烯或四氯乙烯，这两种材料不会燃烧，也不具爆炸性，溶解油脂能力较强，可以在较短的时间完成"萃取"脱脂。三氯乙烯或四氯乙烯都不会影响毛被的化学指标和物理性能，但这两种溶剂毒性较大，应在密闭设备中应用。

采用这两种溶剂脱脂，皆在干燥机中进行。三氯乙烯在医药上常被用作麻醉剂，常接触这种溶剂会使人精神不振，且在多次使用中发现，该溶剂的酸性增强，易腐蚀设备，这可能是溶剂中的氯脱掉形成盐酸所致，所以应经常加部分纯碱中和之。四氯乙烯较三氯乙烯毒性小，性质稳定，脱脂效果与三氯乙烯相同，现毛皮厂多改用四氯乙烯脱脂。

采用溶剂脱脂应注意如下问题。

① 溶剂脱脂多安排在初鞣后或染色前进行。较好的方法应在初鞣干燥后进行脱脂。脱脂后，皮板内油脂已基本除净，便于复鞣进行。

② 脱脂温度。由于羊脂的凝固点约在 45~50℃，羊脂在熔融状态下，有利于溶剂溶

解，脱脂温度应受皮板的收缩温度的影响，一般脱脂温度应低于皮板的收缩温度 15～20℃，比较安全，如绵羊皮初鞣后的收缩温度在 75℃ 左右，则脱脂温度控制在 60℃ 是较适宜的。

③ 脱脂时间。溶剂脱脂随时间延长而加强。如时间过长，则会使毛被上的油脂除去太净而会降低毛的弹性和光泽、灵活性等，所以脱脂时间应根据具体情况而定，应掌握在 3～10min。

④ 采用干燥机进行溶剂脱脂是毛革生产中行之有效的脱脂方法。该法脱脂彻底，效率较高，并且脱脂烘干一次完成，脱脂周期较短，但设备投入较大，溶剂有毒性，所以应加强操作环境的通风。

其他脱脂方法如古老的吸附法，这种方法已被淘汰，很少应用。

6.3.2.2　脱脂剂的环保问题

由于毛皮在制品的毛被特性，脱脂中的废水量大，组分复杂，污染严重，特别是使用了不易降解的脱脂剂材料后，污水处理难度加大。由于环保压力，人们在努力开发环境友好的皮革脱脂剂产品，如 Henkel Kgaa 发明了可降解的皮革脱脂剂，该脱脂剂属于非离子型，主要用于脱毛裸皮、浸酸裸皮与坯革的脱脂。其中含有如下组分：饱和的、平均含有 6 个以上环氧乙烷基的 C_{12}～C_{18} 的脂肪醇乙氧基化合物；短链的初馏分的含有不多于 3 个环氧乙基的脂肪醇乙氧基化合物等。

关于 APEO（烷基酚聚氧乙烯醚类非离子表面活性剂）的使用，欧洲理事会第 76/769/EEC 号指令中已有严格的限制。烷基酚聚氧乙烯醚，英文简写是 APEO，是一类非离子表面活性剂。它们不同于阳离子表面活性剂和阴离子表面活性剂的地方在于，电解质的存在不影响它们的性能，这使它们得以在较宽的 pH 范围内使用。壬基酚聚氧乙烯醚每年的销量大约为 70 万吨，这使它成为 APEO 类非离子表面活性剂最重要的产品[1,17]。

烷基酚聚氧乙烯醚是通过烷基酚与环氧乙烷反应得到。疏水的烷基链和亲水的缩二醇链可根据不同的用途而选择不同的链长，也可以出于特殊的应用需求而专门开发以满足其性能要求。除了高效外，烷基酚聚氧乙烯醚价格也很便宜。与别的非离子表面活性剂原料的供应相比，烷基酚很容易得到。在大型生产基地，烷基酚聚氧乙烯醚的合成已有很多年，生产设备也得到充分利用。烷基酚聚氧乙烯醚是高效润湿剂和乳化剂，用于所有必须把亲水性物质和疏水性物质混溶到一起的领域。其应用范围从洗涤剂和清洁剂到纺织助剂、造纸助剂和杀虫剂的配方。它们被用于金属工业、乳液聚合以及涂料生产的稳定剂。它们也被用作皮革、毛皮助剂。

由于烷基酚聚氧乙烯醚是非离子的，使用后它们仍然存在于被排放到污水处理厂的废液中。通过生化处理，起初缩二醇链逐步降解，但最终在其他物质的存在下烷基酚能重新形成。从废水处理厂排出后，这些降解物质在自然环境中不会进一步降解。因此，欧盟决定对壬基酚和壬基酚聚氧乙烯醚做一次危险评估以估计它们对环境的影响。主要是通过估计壬基酚及其衍生物在各种不同应用中的消耗。壬基酚在环境中的浓度的估计是基于各种数据，诸如消耗量、废水排放量和从废水中的去除率等，通过实验测定壬基酚的水环境毒性。危险评估显示在当前的标准下，壬基酚和壬基酚聚氧乙烯醚的使用会对环境造成危害。欧共体于 2005 年 1 月 17 日正式全面禁用含乙氧基烷苯酚（APEO），包括壬基苯酚（NPES）、辛基苯酚（OP）、乙氧基辛基苯酚（OPES）的产品，它们会刺激皮肤和呼吸道，其降解物NP/OP会影响生物体的内分泌系统，NPES/OPES被视为对环境有害，因为它们非常稳定不易生物降解。这是三十多年来对壬基酚和壬基酚聚氧乙烯醚潜在毒性研究的最终结果[17]。国内外有关公司也都推出了不含 APEO 的环保型脱脂剂产品以满足市场需求，例如朗盛公司的脱脂剂 BAYMOL AN-C 和推出的产品 BAYMOL AN2-C 均不含 APEO。

6.3.3　酶软化[4~7]

酶软化的目的是采用酶制剂处理毛皮，以水解皮内的纤维间质，使胶原纤维束进一步分散，促使成品柔软。毛生皮在酶软化过程中要处理适当，如果软化过度，则酶催化表皮与真皮连接处，毛根鞘与真皮交界区的黏蛋白发生水解而导致掉毛。所以毛皮的酶软化过程应仔细地掌握，既达到纤维的适度分散，又不致发生掉毛的现象。

(1) 酶的种类

在毛皮软化中，常用的酶制剂有酸性蛋白酶，如 3305、537 等；中性酶为 1398、3942。在用中性酶软化时，由于 pH 控制在 7~8，温度在 35~40℃，在这种条件下，其他杂菌易繁殖，并且中性蛋白酶对毛囊作用较剧烈，如掌握不当就有掉毛的危险。用酸性酶软化时，pH 控制在 3~3.5，并有一定浓度的食盐，其他杂菌繁殖的机会较少，加之酸性蛋白酶的作用较温和，可以减少软化中掉毛的可能性。所以，毛皮软化选用酸性酶是适宜的。

(2) 酶软化的影响因素

实践证明，酶的活力主要受温度、pH、抑制剂、激活剂等因素的影响。在生产中，希望找到一个适当的条件，使最少量的酶在最短的时间内达到应有的软化效果，有时则需要改变条件终止酶的软化作用。所以，运用酶制剂软化毛皮时必须控制好相应条件才可取得理想软化效果。

(3) 酶软化过程的检查

酶软化皮板的同时也能松动毛根，软化过度易出现"溜针"或掉毛现象。所以，毛皮酶软化应特别注意随时检查，严格控制软化程度，对于绵羊皮以拇指轻推后肷部位，毛绒有松脱现象即为软化完成。

在软化中，由于条件控制不当，若出现掉毛现象，应立即采取如下措施：

① 将皮立即转入鞣液池中；

② 将皮浸入强的浸酸液中。

(4) 毛革加工中酶软化的取舍问题

毛皮生产中，一般原料皮均需进行酶软化，以使皮板柔软、丰满。但对于改良羊皮板组织结构较疏松，可以不进行酶软化，而强化浸酸对胶原纤维的松散作用也可达到皮板柔软的目的，甚至目前许多毛皮厂家生产羊剪绒也不进行酶软化，对于鞋用毛革可以不需酶软化。另一种观点认为，改良羊毛革加工应进行适度酶软化，可以使皮板更绵软。

但考虑到改良羊皮特殊结构特征，认为先对皮板进行有机酸预浸酸，利用有机酸渗透好、作用均匀之特点，使皮板各部位的 pH 尽可能的均匀一致，并使胶原纤维初步分散，再进行酸性酶软化，由于均匀与适宜的 pH 环境就可使酶软化作用均匀而充分，达到使皮板柔软之目的，具体工艺如下[33]。

(1) 预浸酸　　液比：10（湿皮质量计）；温度：36℃；JFC：$0.5g \cdot L^{-1}$；食盐：$50g \cdot L^{-1}$；甲酸：$5g \cdot L^{-1}$；时间：48h。

(2) 软化　　在预浸酸液中进行；硫酸：$0.5g \cdot L^{-1}$；537 酶：$8~12$ 单位 $\cdot mL^{-1}$；时间：12h 检查达要求后浸酸。

(3) 浸酸　在软化液中进行；硫酸：$2g \cdot L^{-1}$；时间：$18\sim36h$。

毛革加工中酶软化工艺的取舍及软化工艺方法的选择和程度的控制主要由原料皮状况和成品风格要求而定，并且还应考虑工艺平衡。制定工艺时应具体问题具体分析，以生产加工出优质的毛革产品。

对于毛皮的酶软化，相关的皮草化工厂商如国外的劳恩思坦、TFL 等和国内的北京泛博科技有限责任公司等都有用于毛皮的专用软化酶制剂产品可供选用，其中北京泛博科技有限责任公司生产的威斯软化酶 ARS，因其作用温和、均匀、使用安全而广泛应用于毛革生产和普通裘皮生产的软化工序。

6.3.4　浸酸液、鞣制废液排放造成的污染[34~36]

毛皮浸酸通常和软化同浴进行，多数企业是根据经验补充相应的化工材料和水之后循环使用，只是在使用一段时间后部分或全部更换，所以排放较少。但是，经过一段时间的循环使用，会使浸酸液中的组分复杂，表现为 COD、油脂和蛋白质的水解产物等含量显著提高，有时甚至出现了类似"缓冲溶液"的一些性质，浸酸液的 pH 调整困难。此时，必须全部或部分更换浸酸液，以保证毛皮的正常生产和毛皮质量。

鞣制是毛皮加工的最关键工序之一。鞣制的好坏与是否合理也将直接影响着毛革的加工及其质量。因此，毛革加工中鞣制也显得至关重要。

就毛皮加工而言，可采用的鞣制方法如下：

$$\text{毛皮常用鞣制方法}\begin{cases}\text{无机鞣法：铬鞣法、铝鞣法等}\\\text{有机鞣法：甲醛鞣、戊二醛鞣、油鞣等}\\\text{结合鞣法：铬-铝结合鞣、甲醛-铬结合鞣等}\\\text{新型无铬或无金属鞣制：有机膦鞣剂等}\end{cases}$$

由于各种鞣制各具其特点，如铬鞣毛皮皮板丰满、厚实，收缩温度（T_s）高，但皮板带蓝色，皮板较重，控制不当有绿毛现象；甲醛鞣毛皮洁白，皮板轻、柔，延伸性好，收缩温度可达 80℃ 左右，但较扁薄，丰满性不足。尤其是甲醛鞣制，毛皮会含有大量的游离甲醛，严重危害人体健康，违犯欧盟 2002/233/EC 规定。铝鞣毛皮洁白，皮板轻、柔，收缩温度为 75℃ 左右，但不耐水洗。因此，毛皮鞣制方法的选择取决于毛皮成品的要求及其染整工艺的配套。

鞣制是毛皮加工的关键工序。它是通过化学键作用，将生皮中的胶原纤维重新交联，以提高纤维的强度和抗水、抗化学物质的能力。鞣制是生皮和熟皮的分水岭，鞣制前的皮叫作生皮，而鞣制后的就称为熟皮。目前鞣制方法很多，但最常用的方法有铬鞣、醛鞣和铝鞣。

罗地亚（Rhodia）公司是由法国罗那浦朗克控股的上市公司，本部位于巴黎。主体包括了原罗那浦朗克公司一部分和英国奥威（A&W）公司全部。Albrite 鞣剂是原 A&W 公司的专利产品。Albrite 是一类具有广泛用途的产品，由于其较好的鞣性，可用于无铬鞣制中。在毛皮领域，广泛应用于生产纯白皮、耐水洗皮或预鞣水性脱脂。罗地亚 Albrite 系列皮革、毛皮无铬鞣剂的主要特点是高的收缩温度、超低甲醛含量。主要应用领域包括预鞣、主鞣、结合鞣和特殊应用。其技术优势及应用工艺如下[37]。

(1) 优良的环保特性

① 产品中无重金属，避免六价铬等重金属对人的伤害；

② 超低甲醛等醛类含量，可以制造甲醛含量低于 $10mg \cdot L^{-1}$（相当于苹果中的含量）的皮革；

③ 浴液可以无限期地循环使用，无污水排放；

④ 不含五氯苯酚等有害杀菌剂；

⑤ 成品垃圾容易处理并对环境无危害；皮革可以直接被自然界生物分解或直接焚烧处理；

⑥不含卤素；

⑦不会在生物体内累积；水性脱脂，无溶剂残留。

（2）高品质的产品

① 纯正的白色，不会带有铬的污染色和醛类的黄色；

② 耐高温和光黄变；

③ 较高的收缩温度；

④ 良好的染色性能，提高染料的吸收、固定和鲜亮的色泽；

⑤ 良好的阻燃安全性，可以满足消防要求；

⑥ 良好的耐干、水洗性，不退鞣，保证皮革长久的柔软性；

⑦ 良好的丰满度和柔软度；

⑧ 耐汗、耐老化。

（3）应用工艺举例

Albrite 鞣剂可用于无铬超低甲醛皮革和毛皮的鞣制。长毛皮型生产工艺（原料皮为浸酸皮）如下。

液比：新西兰皮 $40 \sim 45kg \cdot$ 张皮$^{-1}$，澳皮 $50 \sim 60kg \cdot$ 张皮$^{-1}$。

① **鞣制**　温度 35℃；食盐 $60g \cdot L^{-1}$，甲酸 $1g \cdot L^{-1}$，甲酸钠 $1g \cdot L^{-1}$，时间 10min，pH 3.5；Supralan $80g \cdot L^{-1}$，Borron SAF $1g \cdot L^{-1}$，Briquest 301-50A $0.5g \cdot L^{-1}$，Albrite AD $2g \cdot L^{-1}$，Albrite CC $2g \cdot L^{-1}$，时间 60min，检查渗透，共约需 $180 \sim 240min$；甲酸钠 $1g \cdot L^{-1}$，时间 60min；小苏打 $1g \cdot L^{-1} \times 4$，时间 30min；纯碱 $0.5g \cdot L^{-1} \times 4$，时间 30min，pH $6.5 \sim 7$；

$T_s > 80$ ℃，陈化。

② **水洗**

③ **氧化**　温度 $25 \sim 45$℃；双氧水 $3 \sim 6g \cdot L^{-1}$，时间 30min；Supralan $80g \cdot L^{-1}$，Briquest 301-50A $0.2g \cdot L^{-1}$，时间 120min。

④ **水洗**

⑤ **填充**　Basyntan DLX $5 \sim 20g \cdot L^{-1}$，Eskatan GLH $2g \cdot L^{-1}$，时间 18h；甲酸 $1/g \cdot L^{-1}$，时间 180min，pH 3.3。

⑥ **漂白**　温度 55℃；漂毛粉 $6g \cdot L^{-1}$，Supralan $80g \cdot L^{-1}$，阴离子脱脂剂 $1g \cdot L^{-1}$，Briquest 301-50A $0.2 \sim 0.3g \cdot L^{-1}$，增白剂适量，时间 60min；甲酸 $1g \cdot L^{-1}$，时间 10min；C-3000 $0.5 \sim 2g \cdot L^{-1}$，时间 30min；甲酸 $1g \cdot L^{-1}$，时间 30min，pH 3.5。

⑦ **水洗 30min**

⑧ **酸洗**　Briquest 301-50A $0.2g \cdot L^{-1}$，时间 20min。

与铬结合鞣，可以减少铬排放，提高革的品质和利用率。例如毛革鞋生产工艺（原料皮为澳洲浸酸羔皮）如下。

① **鞣制**　水 $20 \sim 30kg \cdot$ 张皮$^{-1}$；甲酸 $0.5g \cdot L^{-1}$，甲酸钠 $1g \cdot L^{-1}$，Briquest

301-50A 0.5g·L^{-1}，Borron SE 1g·L^{-1}，Borron SAF 1g·L^{-1}，时间 10min，pH 3.5；Albrite AD 2g·L^{-1}，Albrite CC 2g·L^{-1}，时间 180～240min，检查渗透；甲酸钠 1g·L^{-1}，小苏打 1g·L^{-1}×4，时间 30min×4；纯碱 0.5g·L^{-1}×x，时间 30min×x，至 pH 6～7；检查 T_s ＞ 80℃，出皮，陈化 18h；次日湿磨。

② **氧化**　水 20～30kg·张皮$^{-1}$；温度 20～45℃；双氧水 3～6g·L^{-1}，时间 90min。

③ **水洗**

④ **还原**　水 20～30kg·张皮$^{-1}$；温度 45℃；保险粉 5g·L^{-1}，纯碱 1g·L^{-1}，时间 90min。

⑤ **水洗**

⑥ **填充**　水 20～30kg·张皮$^{-1}$；温度 40℃；Sellatan RL 20g·L^{-1}，Sellatan FL 20g·L^{-1}，Ratingan R6 7g·L^{-1}，Ratingan R7 3g·L^{-1}，时间 180min，过夜；甲酸 1g·L^{-1}，时间 30min；甲酸 1g·L^{-1}，时间 180min，pH 3.5；出槽陈化；干燥、干洗、整理、磨革。

⑦ **回水**　水 20～30kg·张皮$^{-1}$；温度 45℃；JFC 0.2g·L^{-1}，Supralan 80g·L^{-1}，Borron SAF 1g·L^{-1}，时间 120min，过夜。

⑧ **水洗**

⑨ **填充**　温度 40℃；Tanigan 0S 3g·L^{-1}，时间 30min；Sellatan RL 10g·L^{-1}，Sellatan FL 10g·L^{-1}，时间 90min；Coripol DX-1202 2g·L^{-1}，Ratingan R6 7g·L^{-1}，Ratingan R7 3g·L^{-1}，时间 90min；甲酸 1～2g·L^{-1}，时间 120min，pH 3.5。

⑩ **铬复鞣**　水 20～30kg·张皮$^{-1}$；温度 40℃；甲酸 1～2g·L^{-1}，时间 90min，pH 3.0；铬粉 5g·L^{-1}，Sellasol MI 5g·L^{-1}，时间 180min；甲酸钠 1g·L^{-1}，时间 60min；小苏打适量，时间 180min，至 pH 3.7。

⑪ **酸洗**　水 20～30kg·张皮$^{-1}$；甲酸 1g·L^{-1}，时间 30min。

⑫ **酸洗**　水 20～30kg·张皮$^{-1}$；甲酸 0.5g·L^{-1}，时间 30min。

⑬ **中和**　水 20～30kg·张皮$^{-1}$；温度 30℃；Sellasol NG 2g·L^{-1}，小苏打 1～2g·L^{-1}，时间 60min，pH 5～6。

⑭ **水洗**

⑮ **染色**　水 20～30kg·张皮$^{-1}$；温度 20℃；Invaderm AL 0.5g·L^{-1}，氨水 1g·L^{-1}，甲酸钠 2g·L^{-1}，元明粉 5g·L^{-1}，时间 10min；染料适量，时间 60min；甲酸 0.6g·L^{-1}×4，20min×4，pH 3.3。

⑯ **酸洗**　水 20～30kg·张皮$^{-1}$；Borron SAF 0.5g·L^{-1}，甲酸 0.5g·L^{-1}，时间 15min，pH 3.3。

⑰ **出槽、陈化、干燥、整理**

上述应用工艺中的有关材料说明如下：Albrite AD，Albrite CC 和 Briquest 301-50A 是罗地亚公司（Rhodia）的产品；Supralan 80 是司马公司（Zschimmer & Schwarz）的产品；Basyntan DLX 是巴斯夫公司（BASF）的产品；Eskatan GLH 是波美公司（Böhme）的产品；Sellatan RL，Sellatan FL，Invaderm AL，Sellasol NG，Coripol DX-1202，Sellasol MI，Borron SE 和 Borron SAF 是德瑞公司（TFL）的产品；C-3000 是北京启源公司的产品；Ratingan R6，Ratingan R7 和 Tanigan 0S 均为朗盛公司（LANXESS）的产品。

此外，北京泛博化工有限公司和武汉天马解放化工有限公司也开发出了用于毛皮的无铬白色鞣剂产品。由于在鞣制后可能留有一定的游离甲醛，一般需要采用特殊的甲醛捕获剂进行去除甲醛的处理[38~41]，在此方面，王学川等人进行过相应的实验研究。

6.3.5　毛皮染色中的环保问题

6.3.5.1　关于毛皮用染料及其相关规定[42~44]

染色在目前毛皮加工过程中非常普遍。通过染色可赋予毛皮产品各种各样的色彩，特别是近年来毛皮美化新技术的突破使毛皮和纺织品有机地结合起来，提高了毛皮的使用价值，也使传统的毛皮步入到时尚的服饰行列。

我国的毛皮染色方法是 20 世纪 50 年代由苏联引进的氧化染色法，但氧化染料系芳香族蒽醌类化合物，毒性较大，污染环境，且染色牢度差，尤其是耐热、耐光牢度差。从 20 世纪 60 年代起，日、美、西欧等国家开始用酸性染料来取代氧化染料，以减轻污染和对人体的危害。我国在 1965 年也开始了毛皮酸性染料染色技术的研究，并于 70 年代形成了较为完整的酸性染料染色工艺体系。毛皮的染色是毛皮整饰过程中很重要的工序之一。通过染色可以改善毛皮、毛被的色泽，消除毛色不一致的缺陷。随着色泽鲜艳的毛皮制品受到越来越多消费者的欢迎，品种齐全的毛皮专用染料将会受到越来越多的毛皮生产厂家的欢迎和使用。皮革工业是仅次于纺织印染业的染料耗用大户，皮革染料占染料总用量的 8%～10%。长期以来，皮革工业一直沿用的是纺织印染工业的商品——通用染料，皮革专用染料严重缺乏。国产毛皮专用染料更是奇缺，特别是 1997 年德国政府宣布禁止使用 22 种芳香胺以来，毛皮染色所用染料受到一定制约。因此，研制开发无致癌毒性的染料是迫切的。北京泛博科技有限责任公司引进先进设备、原料和制造技术，于 1998 年成功地开发出了"希力"系列毛皮染料。该系列染料属于安全型染料，即不属于德国政府规定的禁用染料。美国劳恩斯坦公司作为著名的皮草化工公司具备系列毛皮专用染料并且符合欧盟的要求，此外，还有其他公司如 BASF、TFL、国内的永泰等公司也有毛皮染料可供选用。

通常用于毛皮染色的有酸性染料、氧化染料、直接染料、金属络合染料、碱性染料、分散染料。其中大多数氧化染料致人体过敏，后期能释放出对人体有害的芳香胺。酸性染料、直接性染料、金属络合染料、分散染料和碱性染料等这些染料的部分品种经还原裂解能释放出 22 种致癌的芳香胺（见第 5 章中的表 5-1）。

1994 年德国就对制革用的偶氮染料做出限令规定。2002 年 9 月 11 日欧盟正式颁布了 2002/261/EC 指令，禁止使用有害偶氮染料及销售含有这些物质的产品。欧盟成员国被要求在 2003 年 9 月 11 日前实施此项指令。

另外，国内还有很多企业用醋酸铅、海波或硫化碱制作草上霜产品。这种工艺本身在制造过程中能释放出大量的 H_2S 气体，致人伤害，同时由于大量的金属铅盐附着在毛被上，违犯了欧盟 2002/232/EC 的规定。

6.3.5.2　国内外环保型毛皮染料的状况

由于环保的压力、消费品对人们健康影响的原因和国际上有关指令特别是来自欧盟有关限制，国内外相关的皮草化工厂商都积极地进行相应的研发和推广应用工作，并取得了良好的效果，例如美国的劳恩思坦（Lowenstein），德国的 BASF、德瑞（TFL）、科莱恩（Clariant），北京泛博、永泰等公司都开发生产出了可以满足欧盟要求的毛皮专用染料，例如北京泛博公司的毛皮"希力"染料就是典型代表。

通过对"希力"毛皮染料的上染性能的研究，发现其具有如下应用特点[45,46]：

① 在建议的工艺条件下进行毛皮染色，具备较高的上染率，固着好，浮色小，符合清洁生产的需要；

② 所染的毛皮具有优良的耐干、湿擦坚牢度；

③ 由于"希力"染料开发之前，就已考虑到其环保因素，该系列染料经有关部门检测属于无毒染料；

④ 该系列的绝大部分染料的上染率、耐干、湿擦坚牢度均达到甚至超过了国外同类染料的性能指标。

此外，"希力"毛皮染料还有以下特点：作为毛皮专用酸性染料，具有色谱齐全、色泽鲜艳柔和、染色均匀、色坚牢度好、染色温度低、皮板着色浅、无浮色、染料吸净率高的特点。"希力"毛皮染料属于茜素类染料，化学结构为蒽醌类结构，由于蒽醌结构 α 位置上有—OH、—NH$_2$、—NHR 等基团与邻位羰基能形成钳状环形结构，因而"希力"染料的各种坚牢度、耐湿热稳定性、耐晒性及耐干湿擦性均优于同类产品。"希力"毛皮染料已广泛用于蓝狐皮、兔皮、猾子皮的染色，而"希力"BB 系列毛皮染料则特别适合于绵羊皮类产品的染色。

"希力"毛皮染料属于茜素类酸性染料，其染色的条件方法同酸性染料和中性染料相似，染色时要求是醛鞣或铬鞣皮，收缩温度≥85℃。工艺流程为：选皮→脱脂→甩干→染色→冲洗→甩干→干燥→整理。

实际生产中羊皮类产品的染色参考工艺如下。

① **选皮**　选择适合产品要求的皮张。

② **脱脂**　液比 20，温度 40～42℃；威斯脱脂剂 JA-50 1.0～2.0g·L^{-1}，时间 30～45min。

③ **清洗**　温度 30℃，时间 5～10min。

④ **甩干**

⑤ **染色**　液比 20，温度 60～68℃；毛皮匀染剂 DFL-II 0.3～0.8mL·L^{-1}（深色少加，浅色多加）；投皮划动 15min 后加入染料。

染彩色　温度 60～65℃；"希力"BB 系列毛皮染料 xg·L^{-1}，30min；甲酸（85%）0.4～0.6mL·L^{-1}，30min；甲酸（85%）0.4～0.6mL·L^{-1}，30～60min；出皮、冲洗、甩干、干燥、烫剪毛被。

染黑色　温度 65～68℃；"希力"毛皮黑 BBM 1～3g·L^{-1}，30min；甲酸（85%）1.0g·L^{-1}，30min；"希力"毛皮黑 BBM 1～3g·L^{-1}，30min；甲酸（85%）1.0g·L^{-1}，60～90min；出皮、冲洗、甩干、干燥、烫剪毛被。

实际生产中细杂皮类产品的染色参考工艺如下。

① **选皮**　根据所染颜色选择适宜的原料皮，要求收缩温度≥95℃。

② **洗涤**　液比 20，温度 42℃；威斯毛皮脱脂剂 JA-50 2 mL·L^{-1}，纯碱 0.5g·L^{-1}，氨水 0.5～1mL·L^{-1}，30min；出皮、清洗，甩干。

③ **染色**　液比 20，温度 65～72℃；毛皮匀染剂 DL 0.3～0.8mL·L^{-1}（深色少用，浅色多用）；投皮划动 15min 后加入染料。

染彩色　"希力"毛皮染料 xg·L^{-1}，30min；甲酸（85%）0.75mL·L^{-1}，30min；甲酸（85%）0.75mL·L^{-1}，60～90min；出皮、冲洗、甩干、干燥、整理。

染黑色　"希力"毛皮黑 ERL 3g·L^{-1}，30min；甲酸（85%）1.0mL·L^{-1}，30min；"希力"毛皮黑 ERL 3g·L^{-1}，30min；甲酸（85%）0.8mL·L^{-1}，90～

120min；出皮、洗浮色、冲洗、甩干、干燥、整理。

"希力"毛皮染料染色特点及注意事项如下：

① "希力" BB 系列毛皮染料适宜于羊皮类产品（如鞋里皮、大毯皮、拖鞋皮染色及毛革两用皮）毛被的染色；

② "希力" F 系列、"希力"普通系列、"希力"Ⅱ系列毛皮染料适宜于细杂皮类产品（如狐狸皮、兔皮等）毛被的染色；

③ 细杂皮类毛皮和羊剪绒皮类染色应选用各自适合的染料系列品种；

④ 对于烫醛处理的羊剪绒皮，"希力" BB 系列毛皮染料可达到很好的匀染性；

⑤ 要求皮板特别浅时，可适当提高染色温度，延长染色时间，以满足客户要求。

6.3.5.3　稀土用于毛皮的助染[47~49]

稀土在纺织上的应用研究较早，从 20 世纪 80 年代开始，稀土在纯毛毛线、棉纤维、丝绸、合成纤维等材料的染色中都有研究应用。受纺织行业稀土助染的启示，皮革工作者开始探讨稀土在毛皮染色中的应用。经过数年的不懈努力，普遍认为稀土的助染效果明显，不仅能够改善被染物的色泽与牢度，而且可以降低染色废液的色度。为了更好地发挥稀土的作用，国内的相关人员在研究稀土助染机理的基础上，对稀土在毛皮染色中的助染效果、适宜的稀土用量以及常用染色助剂[49]的配合应用情况做了系统的研究，旨在提出合适的工艺条件，推动稀土在毛皮工业中的应用。

稀土是元素周期表中第三副族的一个分族元素的统称，主要包括镧系元素等十七个元素。我国拥有十分丰富的稀土资源，是世界上稀土储量最多的国家，稀土的应用有着得天独厚的条件，特别是开始于 20 世纪 80 年代末期的稀土在皮革中的助染、助鞣方面的探索研究，体现了我国稀土应用的特色。

采用铬鞣羊剪绒皮，按常规工艺回软后进行染色，染料为工业用酸性染料，助剂为工业用 JFC、Na_2SO_4，稀土为混合氯化稀土（稀土含量按氧化物计为 45.22%）。

染色工艺条件为液比 30，温度 60~65℃，酸性染料 1.2%，时间 2h。

通过比较稀土与其他助剂的助染效果，结果表明：稀土在毛皮染色过程中不仅具有良好的匀染作用，而且能显著地提高上染率，使染色成品色泽鲜艳饱满；稀土助染的适宜用量一般在 0.8%~1.0%，稀土助染时可与 JFC 配合使用，但不宜与 Na_2SO_4 混合使用。

6.3.5.4　毛皮低温染色[50~57]

酸性染料是指在酸性介质中上染纤维的染料，它具有色泽鲜艳、操作简单等优点。但酸性染料属热固性染料，沸染效果好，而毛皮染色受皮板收缩温度制约，不能沸染，要求染色温度一般在 75℃ 以下。因为高温（>75℃）易造成皮板收缩。低温染色研究在纺织业中较活跃，而毛皮报道甚少。据资料介绍羊毛低温染色法主要有有机溶剂法、甲酸法、尿素法、还原-氧化法、氨水法等。王学川等人在借鉴相关行业研究方法的基础上，采用[O]/[H]即氧化-还原反应体系进行羊剪绒毛皮的低温助染研究，使深色毛皮的染色温度较传统的染色工艺降低了 10~15℃。有人选择了上染率较低、上染温度较高的酸性黑 10B 为典型的酸性染料进行研究[51~53]。研究结果表明：酸性染料采用低温染色技术染毛皮是可行的。用氨水-纯碱法可使上染率为 50% 时，温度下降 13℃，用尿素-$NaHSO_3$ 法使上染率为 65% 时，温度下降 20℃，并且染色后毛皮外观指标无变差迹象，理化指标测试合格[54]。

于凤等以硫酸亚铁作为媒染剂研究了杨梅栲胶用于兔毛皮的染色性能[56]。首先选用双氧水/甲酸对兔毛皮进行预处理，通过正交试验优化出最佳预处理工艺。然后采用后媒法研究了媒染剂用量、媒染温度、时间及 pH 对染色性能的影响，并且对比测试了预处理与常规染色样品的匀染性、纤维强力、耐干湿擦牢度等性能。结果表明：最佳预处理条件为双氧水体积浓度 30mL·L⁻¹，甲酸 50mL·L⁻¹，预处理温度 45℃，时间 90min；媒染剂用量为 45g·L⁻¹，媒染温度 65℃，时间为 60min，媒染 pH 为 3.0～4.0 范围时栲胶染色效果相对较好，可以获得黑色色调；预处理兔毛皮染色样品相对于常规染色样品匀染性好，耐干湿擦性能好，皮板收缩温度得到提高，但是其纤维强力及毛纤维表面光泽不如常规毛皮好。

6.3.5.5　毛皮"草上霜"的制作 [55,58,59]

毛革毛被的染色，可以采用特殊染色方法，以形成一毛双色或一毛多色效应。比较流行的有一毛双色的"草上霜"效应，有的也称"雪花膏色"，即毛被的中底部被染色，而毛尖部则依然保留其原有本色，对于白色毛皮，如绵羊皮，就形成了类似于北方初冬季节枯草尖挂白霜的效果。

关于"草上霜"效应的形成目前有两种方法，一种是对毛尖进行防染处理后，再对毛被染色而形成；另一种方法则是对已染毛被的毛尖进行拔染处理，使毛尖还原为原来的白色而形成。传统的方法有氯化亚锡防染的氧化染料染色法、醋酸铅染色法，这些方法由于都用到了有毒的材料如重铬酸钾、氧化染料、醋酸铅及硫化物等，应用受到了限制，现在普遍采用可以拔色的"草上霜"毛皮专用染料制作毛皮的"草上霜"效应，以满足市场的需求。

剪绒羊皮毛革防染灰色草上霜工艺[55]如下。

① **选皮**　皮板丰满柔软，毛被松散灵活，颜色洁白一致，无黄斑。

② **刷防染**　氯化亚锡，100g·L⁻¹，淀粉 80g·L⁻¹，木炭粉 7g·L⁻¹，盐酸（37%）20mL·L⁻¹，平平加 O　2g·L⁻¹，温度 40℃。

③ **干燥**　40～45℃干燥 4h。

④ **媒染**　重铬酸钾 2g·L⁻¹，食盐 30g·L⁻¹，冰醋酸 1g·L⁻¹，温度 28℃，时间 2h。

⑤ **洗涤**　冷水冲洗 5～10min。

⑥ **染色**　乌苏尔 D 0.15g·L⁻¹，乌苏尔灰 B 0.75g·L⁻¹，乌苏尔 AL 0.3g·L⁻¹，α-萘酚（1%乙醇溶液）1g·L⁻¹，氨水（25%）2g·L⁻¹，温度 35℃，时间 1.5h。

⑦ **洗涤**　渗透剂（JFC）0.5g·L⁻¹，温度 35℃；反复洗两次，每次 30min；冷水冲洗 15min。

⑧ **干燥**　自然挂晾。

⑨ **整理**　回潮，铲软，除灰。

上述方法是采用氧化染料对毛被染色，若染色中用到氧化剂，如双氧水，则由于其氧化作用易造成铬鞣毛革皮板的退鞣，所以选用时应慎重。由于此工艺中使用了对身体有害的氧化染料、重铬酸钾等材料，已经禁用。此处列举该例是让读者对传统的"草上霜"制作有个初步的了解。传统的醋酸铅"草上霜"制作工艺操作烦琐、危险性大、色泽单一，且毒性较大。近年来开发出的"草上霜"染料色谱全、色泽鲜艳，可制作出各种各样的花色品种。

许多化工公司均有"草上霜"毛革专用染料及其配套助剂，如美国的劳恩斯坦（Lowenstein），德国的 BASF、斯塔尔（Stahl）、科莱恩（Clriant）、德瑞（TFL）等可提供相应的材料和工艺。北京泛博科技股份有限公司[58]在开发生产无毒的"希力"系列毛皮染料、酸性毛皮染料及毛皮染色助剂（匀染剂、固色剂、增白增光剂等）的基础上，于 2000 年也成功地开发生产了"捷力"系列毛皮"草上霜"染料、助剂和拔色剂等配套产品及技术[58]。"捷力"系列毛皮"草上霜"染料是在酸性条件下使用的"草上霜"染料，其色谱齐全、染色温度低、色泽自然、操作简单，该系列染料粉尘污染小、属于保健型染料，其中的"捷力"W 系列染料都不含有 22 种能够致癌的芳香胺。配合该公司的毛皮匀染剂 B-HL 用于毛革两用的"草上霜"染色，具有良好的配伍性、匀染性好、上染率高、皮板着色浅、拔色性佳。另外，石家庄的永泰皮草化工公司也有相应的毛皮"草上霜"染料。现列举绵羊皮毛革两用"草上霜"制作工艺如下。

(1) 兔皮草上霜制作工艺

① **选皮**　选择毛被白净、针绒齐全的原料皮，要求收缩温度 $\geqslant 95℃$。

② **洗涤**　液比 20，温度 40℃；威斯毛皮脱脂剂 JA、50，$2.0mL \cdot L^{-1}$，甲酸（85%）$0.5mL \cdot L^{-1}$，30min；出皮、冲洗、甩干。

③ **染色**　液比 20，温度 65～68℃；甲酸（85%）$0.5mL \cdot L^{-1}$，毛皮增白剂 W-BR $1g \cdot L^{-1}$，毛皮匀染剂 H-GL $0.5mL \cdot L^{-1}$；投皮划动 30min；捷力毛皮染料 $x\,g \cdot L^{-1}$，30min；加甲酸（85%）$0.5mL \cdot L^{-1}$，30min；加甲酸（85%）$0.5mL \cdot L^{-1}$，30～60min；出皮、冲洗、甩干、干燥、整理。

④ **拔色**　彩色：威佳拔色剂 S-R：甲酸（85%）：水＝1：2：6；黑色：威佳拔色剂 S-R：甲酸（85%）：水＝1：2：4；操作：色剂 S-R 用冷水溶解后加入甲酸，随用随配；将拔色液喷（或刷）于毛尖后，在蒸箱中蒸 5～7min，温度 75～85℃，压力 0.3MPa 以上；干燥后转锯末。

(2) 羔皮毛革拔染棕草上霜工艺[59]

① **复鞣**　温度 32℃，食盐 $40g \cdot L^{-1}$，甲酸（85%）$2g \cdot L^{-1}$，60min；加入 Moutotan $20g \cdot L^{-1}$，过夜；次日出划槽，水洗。

② **染色**　温度 60℃，元明粉 $5g \cdot L^{-1}$，匀染剂 A $0.5g \cdot L^{-1}$，Dye Assist EL $1g \cdot L^{-1}$，15min；加入 Lowacene Dyestuffs $1g \cdot L^{-1}$，1h；加入甲酸（85%）$1mL \cdot L^{-1}$，45min；出划槽，水洗。

③ **旋转热风干燥**

④ **剥色**　Bleach A 110g，Lowacene Strip Assist B $60mL \cdot L^{-1}$，硫酸 32mL，水 800mL，温度 32℃；将剥色液轻刷于毛被上，在 43～45℃条件下于空气中停放 5min，然后毛对叠放在 32℃条件下过夜。

⑤ **挂晾干燥**

⑥ **转鼓/转笼**　将毛革在旧锯末中转 2～3h 后转笼，换新锯末再转 2h，每 35kg 锯末中加入 500mL 格罗莫光亮剂再转 1h，出转笼。

⑦ **拉软、整理入库**

上述工艺中的材料简介：Moutotan，可自动碱化的铬鞣剂；Dye Assist EL，阴离子匀染剂，用于染色可使着色均匀、深透；Lowacene Dyestuffs，偶氮类染料，可用还原剂褪色，常用于制作草上霜效应；Lowacene Strip Assist，剥色剂，为多羟基化合物，还原稳定剂，用于拔色，保护毛被；Bleach A，还原剥色剂。

6.3.6　毛皮乳液加脂

对于毛皮加脂剂助软的微观机理可进行如下解释：在皮革纤维没有改变蛋白质主链化

学结构的前提下，只有消除或者减弱主链与侧基相互分子间作用力，才能柔顺大分子链，柔软皮革纤维，加脂剂的助软作用可以达到此目的。当加脂剂材料渗入皮革纤维之间后，由于化学、物理等因素作用，大部分保留在胶原纤维之间。加脂剂中的中性油成分，由于物理吸附作用，在纤维之间形成油膜包裹在纤维表面。加脂剂中乳化剂成分的极性基团与皮革纤维分子链上的活性点发生了化学作用，其长链烃的憎水结构都向外整齐地排列着（相对纤维表面），如图 6-1 所示[1]。

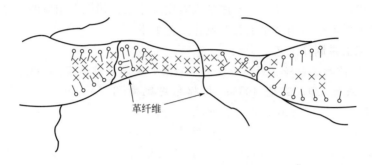

图6-1   加脂剂与皮革纤维结合的状态

×中性油分子；♀活性乳化剂分子

毛皮加脂是将一部分油脂重新加入皮纤维中，使毛皮制品变得更加柔软丰满，同时也具有一定的抗水能力，特别是制造毛革两用产品，加脂是很关键的工序。常用的加脂剂有动物脂、植物油和矿物油。矿物油中的氯化石蜡由于不污染毛被，被广泛用于毛皮加脂剂的制造过程。这些物质结合于皮板，易违犯欧盟 2002/237/EC 的规定。由于在制革、毛皮加工中加脂剂的耗用量较大，为了减轻加脂对环境的污染和提高加脂效率，一方面应选用易降解的加脂剂产品，另一方面应采用提高加脂剂利用率的加脂方法，如刷加脂和分步加脂等工艺，提高加脂剂的吸收利用率。在毛皮加脂尤其是毛皮浸加脂中加脂剂的耗用量较大，由于吸收有限造成加脂剂的浪费和污染，因此有必要对加脂的效率进行讨论。对此方面，除了对加脂剂的性能特别是环境性能进行研究之外，还有必要对毛皮加脂的具体工艺进行探讨，也就是通过工艺的改善提高加脂效率。关于提高加脂效率的工艺可采用分步加脂这一方式。

毛皮可实施加脂的工序包括浸酸、鞣制、复鞣、中和、染色、主加脂、顶加脂、喷加脂和涂刷加脂等；不同工序中的加脂对加脂剂有不同的要求，具体见表 6-1。

表 6-1   各工序中分步加脂对加脂剂的要求

工　序	分步加脂的主要目的	对加脂剂的基本要求
浸酸	润滑胶原纤维，分散生油	耐电解质、耐酸、易乳化、渗透性好，对皮内生油有乳化与分散作用，结合性好，对毛无亲和性
铬鞣	助软，使铬分布均匀，赋予革良好的回湿性	对毛无亲和性、耐铬鞣剂、易乳化、易渗透
中和复鞣	助软，协同作用	配伍性好，对毛亲和力弱
染色	助软、匀染	对毛亲和性小，综合加脂效果好，对染色有匀染作用
顶层加脂	改善皮革表面油润、丝光感	较好的表面加脂性能，如羊毛脂类、天然磷脂类加脂剂等

分步加脂的优点[60,61]：在多个工序中实施分步浸加脂，尤其是在浸酸、铬鞣中的预加脂可明显提高毛皮的质量、提高加脂效果。具体体现在如下几个方面。

① 浸酸、铬鞣中的预加脂可分散皮内生油，均匀铬的吸收与分布。

② 使加脂剂在皮板内分布更为充分和均匀。将一次主加脂改为分步加脂，类似于我

们日常生活中的"少量多餐"之原理，有利于提高加脂剂的利用率和加脂效果。

③ 避免皮革加工中打结。预加脂使发涩的酸皮皮板得到了润滑，降低了皮板间、皮板与划槽或划板间的摩擦，减少或避免毛皮在湿加工中的打结、缠结。

④ 有利于毛皮的离心脱水和挤水。

⑤ 使坯革具有良好的回湿性，并且干燥均匀。经过预加脂可改善铬鞣后皮革的亲水性，在干燥时干燥均匀，回软时更容易回湿，可避免常规铬鞣坯皮风干后不易回湿的现象。

毛革浸酸、铬鞣中预加脂工艺如下[61]。

(1) 浸酸　温度 30℃；食盐 $50g \cdot L^{-1}$，10min；Eskatan GLS $2g \cdot L^{-1}$，30min；甲酸（85％）$5 \sim 8g \cdot L^{-1}$，120min，静置过夜；次日划动 10min，pH 2.8；搭马静置 $2 \sim 5$ 天。

(2) 鞣制　温度 35℃；食盐 $50g \cdot L^{-1}$，10min；Eskatan GLH $2g \cdot L^{-1}$，Eskatan GLS $1g \cdot L^{-1}$，Cutapol TIS $1g \cdot L^{-1}$，30min；Tannit LCR $5g \cdot L^{-1}$，30min；铬粉 $6g \cdot L^{-1}$，30min；铬粉 $2g \cdot L^{-1}$，180min；甲酸钠 $3g \cdot L^{-1}$，60min；小苏打（$3 \sim 4$ 次）$3 \sim 4g \cdot L^{-1}$，120min；静置过夜，次日晨划动 15min，pH $3.8 \sim 4.0$，搭马静置，其余同常规工艺。

上述工艺中的材料简介：Eskatan GLS/GLH 为德国波美（Böhme）公司的加脂剂，具有易乳化、耐酸、耐电解质和耐铬鞣液、不上毛的特点，适用于毛皮的分步浸加脂，国内外其他皮草化料公司也有类似的产品可供选用。

6.3.7　毛皮特殊处理中的环保问题及其解决途径

毛被的烫直毛、固定的目的是使弯曲的毛向同一方向拉直并且得到永久性固定，此外，通过这一处理也可提高毛被之灵活性、弹性和光泽。

6.3.7.1　直毛固定的原理[5,7,62]

在酸性、湿、热和有其他材料如酒精存在下，借助烫毛机的机械拉力将弯曲的毛拉直，这一操作称为直毛。若在烫毛液中加入固定剂，如甲醛进行烫毛，则可使直立的毛得到固定下来，这样的工序称为固定。

6.3.7.2　烫直毛固定涉及的材料

在烫直毛中要对毛被涂刷一定量的酸和醛溶液，每一步烫毛所用的酸和醛液组成和比例不同，但所用材料大体有如下几种。

① 甲酸：主要创造一个酸性条件，有利于拉伸时毛的角蛋白中有关基团，如双硫键（—S—S—）的断裂。

② 酒精：作为有机溶剂具有清洁毛被、帮助酸和醛液挥发气化的作用。

③ 平平加：渗透剂和润湿剂，帮助酸液在毛表面吸附润湿，均匀分布。

④ 水：分散介质。

6.3.7.3　烫直毛固定涉及的设备

烫直毛固定所用的设备均为烫毛机（或叫烫酸机），烫毛辊为长 $400 \sim 1200mm$、直径 $250 \sim 300mm$ 的铜套辊或不锈钢辊，烫毛辊表机有沿螺旋线形成的 $3 \sim 4$ 道斜坡凹槽，凹槽的直立边有竖条纹形齿线，在烫毛时对毛被有较好的拉直作用。轴的转速为 $1000r \cdot min^{-1}$ 左右。

6.3.7.4 烫毛所用酸、醛液配比及涂刷

不同阶段的酸、醛液组成有各自要求。直毛时以酸为主，而固定时加入甲醛。具体配方如下。

第一遍酸：甲酸 100mL；水 900mL；平平加 $0.05g \cdot L^{-1}$。

第二遍酸：甲酸 200mL；甲醛 80mL；酒精 200mL；水 600mL。

甲醛固定：甲酸 100mL；甲醛 400mL；酒精 100mL；水 400mL。

烫成品（烫光）：甲酸 50mL；酒精 200mL；水 100mL。

将配好的酸、醛液用刷子刷于毛被上，刷液深度为毛长的 1/2～2/3，不得刷于皮板上，以防烫毛时造成烫皮缩板。刷好之后毛被相对放置 10min 左右进行烫毛。

6.3.7.5 烫毛

烫毛是在较高温度下对已刷好的绵羊毛被进行烫伸操作。烫直毛的温度为 170～190℃，一般需 3～4 次，把毛烫松拉直；甲醛固定温度为 190～220℃，烫醛一般进行 1～2 次；烫成品一般在 180℃ 左右进行。

对于毛被的烫直固定，由于温度高，易出现毛被烫黄、烫焦现象，这主要是由于烫辊温度偏高、送料速度较慢所致。另外烫醛时由于甲醛的挥发，使空气中有一定的甲醛气而影响人体健康，所以烫毛操作环境一定要加强通风。

羊剪绒是羊皮整饰的典型代表。羊剪绒的制造是通过烫毛和剪毛过程实现的。烫毛的目的是使弯曲的毛在湿热状态下，利用机械作用使其变直、有光泽，毛被获得良好的丝光感。目前，常用甲酸、乙醇、醋酸这些物质使毛伸直，用甲醛使伸直了的毛被固定，并赋予毛的强度、光泽和抗水性。在生产过程中固定毛被需使用大量的甲醛，这些甲醛一部分和毛被在高温下结合，还有一部分甲醛以游离状态存在于毛被上，处理不当易违犯欧盟 2002/233/EC 的规定。

为了减轻或避免甲醛的污染，国内外相关厂商开发研制或推广了无醛或少醛烫直毛材料和工艺，例如德国波美公司就开发了科托辉熨烫（Cutafix）工艺[60]，主要相关材料如科托辉（Cutafix）RL，其基本情况如下。

用途：毛皮熨烫出光，固定剂。

化学成分：磺酸衍生物，蜡分散液。

颜色及稠度：白色液体。

离子型：阳离子。

pH：10％的水溶液中 pH6.0～8.0。

耐电解质性：对正常操作下的甲醛、非离子型表面活性剂及低分子醇类稳定，对在科托辉熨烫工艺中所用的化学品稳定，不耐酸。

贮存条件：贮存温度 3～35℃。

贮存期：按上述条件从交运日期算起，原装密封容器约可保存一年。

溶解性：可与水按任何比例稀释。

注意：科托辉 PL 是一种乳液，因此在颜色和稠度上有时有微小的差别，但这对产品的应用性能并无影响。

用量：根据毛皮的种类和所需要熨烫的效果而定，约为 50～200mL。

科托辉 RL 为一种不含醛的熨毛剂，使用时完全无异气味产生，该产品能加强毛面光泽及有良好的可伸展性，在没有甲醛的条件下，其定型效果良好。如果要加强定型效果，可加入微量醛类科托辉 RL，可不加入光泽剂、回湿剂、固定剂和防静电剂等，而直接使

用于汽车坐垫、衬里及装饰用毛皮。对要求很高的产品可使毛面增加光泽，更加蓬松，同时毛的挺度也有极大的改善。

此外，波美公司还有如下与之相关的毛皮烫毛化工材料：安迪锡迪琴 L6，除静电剂，能消除熨烫中的静电，阻止毛相缠结；科托辉 RF，皮定型熨烫剂，低甲醛量熨烫剂，尤其适用于毛难以定型的毛皮；干斯勒达 S，增光熨烫剂，用于最后熨烫，使毛皮增加光泽及染色鲜艳度。

具体应用工艺举例如下。

(1) 羔皮的熨烫、毛皮脱脂、振软及梳毛

① **熨毛**　水 900mL，科托辉 RF 100mL；在 120～150℃间熨平 1～2，并分类挑选。

② **固定**　水 580～320mL，科托辉 RF 300～500mL，安迪锡迪琴 L6 20～30mL，酒精 50～75mL，甲酸（85％）50～75mL；在 180～220℃间熨平 2～4 次，中间插入剪毛，如需要插入梳毛操作。

③ **染色和加脂**　用酸性或金属络合染料染色（氧化染料会改变颜色）；经干燥，毛皮置于转笼转动；拉软。

④ **最后熨平**　水 820～650mL，科托辉 RF 150～200mL，安迪锡迪琴 L6 20～30mL，干斯勒达 S 10～20mL，酒精 50mL，甲酸（85％）50mL；180～220℃间熨平 2～4 次，可以中途和最后剪毛。

(2) 汽车坐垫靠背、里衬和装饰用毛皮熨平

工艺　水 800mL，科托辉 RF 200mL；100～220℃间熨平 1～2 次，可以中途和最后剪毛。

(3) 特别难熨的羔羊、绵羊皮的熨烫法（如：某些硬或毛色发暗的毛皮）

染色后的出光和固定熨平　水 700～650mL，科托辉 RF 200mL，安迪锡迪琴 L6 25mL，干斯勒达 S 25mL，酒精 50～100mL；100～200℃间熨平 1～3 次，如果需要可增加中途和最后剪毛操作。

(4) 对绒面毛革和农领衬料增加固定的熨平法（用酸性或金属络合染料染色的毛皮）

染色后的出光和固定熨平　水 600mL，科托辉 RF 100mL，科托辉 RL 200mL，安迪锡迪琴 L6 25mL，干斯勒达 S 25mL，酒精 50mL；在 180～220℃间熨平 2～3 次，如需要可增加中途和最后剪毛操作；如果使用氧化染料，先要试验熨平用的混合物，需要的话，调整配方（使用科托辉 RF、科托辉 RL 时熨平温度要降低）。

(5) 细杂毛皮的出光熨平

工艺　水 860mL，科托辉 RL 45mL，安迪锡迪琴 L6 30mL，干斯勒达 S 20mL，酒精 45mL；在 100～190℃间熨平 1～2 次。

在迅速发展的今天，不含甲醛熨烫剂对生态安全尤为需要，使用上面的一组产品就能满足此需求，将上面的一组产品互相配搭使用并做必要的调整，可以达到相应的熨烫要求效果。

6.3.8　毛皮加工中的其他清洁技术

毛皮加工中的节水降污可以通过多种途径达到目的，可汇总为如下几个方面：

① 操作液的循环使用；

② 合理选用设备节水降耗；

③ 高吸收、低温性新型材料和紧密性工艺的采用；

④ 通过合理的毛皮污水处理，中水回用，节水降污；

⑤ 其他有效的途径。（例如采用物理或机械的方式代替化学加工）。

卢月红等人对毛皮硝染废水综合回用技术进行了研究[63]，实现了毛皮工业废水分质分流处理，对含铬废水的单独处理降低了毒性污染物的危害，达到了单独收集，单独处理、循环利用目的。该技术采用生物材料、明矾等开发了无盐无酸鞣制新工艺，通过废液中有机物质及中性盐的去除，实现毛皮废溶液可循环使用 60 次以上，基本做到铬盐零排放。毛皮硝染废水综合回用技术已经超越传统工艺，技术、经济、环保效果明显，值得在重点污染源废水（如脱毛废水、浸酸废水、铬鞣废水等）处理中推广使用。

下面简要介绍通过合理选用设备进行节水降耗[62, 64]。

此处所谈的设备主要是针对毛皮湿加工中涉及的以水为加工介质的工序所用到的设备。毛皮加工由于有毛被的存在，特别是为了保证长毛皮毛被的质量，防止绣毛和结毛甚至擀毡，一般采用划池、划槽或普通转鼓在大液比条件下实施，并且操作液一般是一次性使用之后排放，造成水耗量的增加和污染的加重。对于非长毛的毛皮如毛革两用加工，根据国内外的经验，可以用倾斜转鼓或星形分隔转鼓代替传统的划池、划槽或普通的转鼓，以达到节水降耗的目的。

6.3.8.1　倾斜转鼓用于毛皮的湿加工处理

(1) 倾斜转鼓的基本情况

基本结构：倾斜转鼓因鼓体回转轴线与水平线呈一定倾斜角度而得名。倾斜角度固定不变的称为固定式倾斜转鼓，倾斜角度可以调整的称为可倾式倾斜转鼓。一般由前、后锥体段和直桶体段三部分组成。

材质：倾斜转鼓的鼓体可用钢材、玻璃钢或铁木结合制成。

工作原理：鼓体正转时使皮液在螺旋挡板向上托起和向后推动两个方向的作用力下，产生上下翻动和沿鼓体轴线方向前后移动的搅拌作用，皮张受到弯曲、伸展等机械作用，可加快加工过程；翻转时螺旋挡板推力换向即卸皮。螺旋挡板的垂向推分力加上摩擦力把皮带起升到一定高度后再降落下来，整个皮液向转动方向倾斜，形成一个椭圆形轨迹的上下翻滚运动；水平推分力则推动靠鼓壁的皮液向鼓底移动并易形成堆积，鼓体底部升皮板的螺旋导角与直体段的挡板导角方向相反，随鼓体转动可将沉积的皮托起后向鼓口推移，形成"8"字形的前后运动。上述两种运动合成为空间运动，其运动轨迹形状随各参数的改变而变化，机械作用的大小也可随转鼓的转速、仰角、液比大小以及装载量的多少进行调解。

(2) 应用优点

① 节水。与划槽相比，液比可有较大程度降低，节水可达 30%～40%。

② 节省化工材料，有利于化料的渗透。由于液比的明显降低，相同化料质量百分比的（%）前提下，其浓度越高，由于浓度差和渗透压的提高，越可以明显提高渗透速度；即使在相同浓度下，可以提高化料的利用率，降低成本，减少污染。

③ 机械作用缓和均匀。由于倾斜转鼓的特殊结构和运动方式，皮液在鼓体转动时呈"∞"字形，形成一个椭圆形轨迹的上下翻滚运动，其运动轨迹形状随各参数的改变而变化，机械作用的大小也可随鼓体的转速、仰角、液比大小以及装载量的多少进行调节。机械作用的大小更适合于制作毛皮，不致产生结毛。

④ 操作液的循环与保温。由于倾斜转鼓的结构设计，可以方便地进行操作液的加热循环与保温，对于某些需要保温的加工工序更为有利。

⑤ 装载量大。制品的装卸方便，可自动卸皮，大大减轻劳动强度，节省人力。

倾斜转鼓在毛皮加工中的应用目前主要体现在毛革两用的生产中，对于其他毛皮是否适合，还需要根据具体的产品特点而定。

6.3.8.2　星形分格转鼓用于毛皮的湿加工处理

分格转鼓是在普通木转鼓的基础上，将鼓体内部挡板沿着辐射方向延伸至鼓体的轴心线，形成隔板，将鼓体内部分成几个部分而形成。通常分为三格，由于转鼓截面呈"Y"形，又称为"Y"形转鼓或星形转鼓。

鼓内以"Y"形结构分为三个腔室，并各自具有独立的全自动鼓门。其鼓腔室的隔板和内鼓板面上均分布有穿孔，液体经穿孔流动，并在导水板的作用力下，经管道和中空轴快速流向加料箱内。其结构由内外鼓体紧密相连，同时正、反转动，时间任意可控，速度变频可调。这时可对液体做各种参数测试，随后液体迅速流回鼓内，可依此频繁循环。

星形分格转鼓的应用特点如下：

① 节水省料，根据制革的应用经验，用水量可节约高达 40%～50%，化料可节约高达 20%；

② 保温性好，并可自动精确控制鼓内液体温度；

③ 鼓内液体不仅随鼓体旋转流动，还可横向流动，并从一个鼓腔室经穿孔流向另一个鼓腔室；水与化料快速混合，皮革将化料快速吸收，同时浸泡时间可缩短 50%；

④ 装载量大，占空间小，节能增效，利于环保，操作简便；

⑤ 自动换气装置、排液装置以及三个独立的全自动滑动鼓门，密闭性极好，无渗漏，确保工作环境清洁无污染。

关于分格转鼓在毛皮上的应用还有待试验研究。

6.3.8.3　新型毛皮高负载节水转鼓用于毛皮的湿加工

关于毛皮节水和清洁化生产，我国一些毛皮企业进行积极的研发工作并付诸生产实践中，例如桐乡新时代皮草有限公司，针对长毛的狐狸皮、貉子皮等研出高负载节水毛皮染色转鼓，使常规的长毛皮染色的液比由原来的 15～20 降到 3～4，节水效果显著，并且也显著地降低了染料等化工材料的耗用量，提高了化工材料的使用效率。染出的毛皮在毛板结合牢度以及其他质量方面甚至还有所提高[65~79]。

6.3.8.4　采用物理或机械的方式代替化学加工[80~82]

毛皮湿加工目前主要还是以化学处理为主，如何采用不会造成二次污染的物理或机械的方式代替某些毛皮的化学处理，这也将是一个新的清洁化生产的方向，在此方面王学川等人进行了相关研究并在相关的羽绒加工行业里得到了应用。例如利用毛皮毛被角蛋白具有"记忆功能"的特点，利用温度变化、特殊的设备加工将类似狐狸皮等长毛皮毛被进行恢复性的处理代替传统的化学助剂处理，改善毛被质量，提高等级。

综上所述，毛皮的节水降污还有很大的空间，业内人士可以充分发挥各自的想象力，通过各种设备的合理选用、清洁技术的实施、高性能化工材料的采用、高新技术的引入（例如非水加工介质的技术）以及操作液的循环使用等多种途径，设法增值、增产而减污，为我国毛皮业的可持续发展做出贡献。

6.4　毛皮操作液的循环使用

6.4.1　毛皮废水的产生

毛皮加工业是以羊皮、兔皮、貉子皮、狐狸皮、水貂皮等动物皮为原料，通过化学处理和机械加工使其成为具有使用价值的毛皮成品，加工过程的大多数工序是在以水为加工介质中完成的，其特征是耗水量较大，同时要使用大量的化工材料，如酸、碱、盐、表面活性剂、铬鞣剂、加脂剂、染料等。在以水为介质的加工过程中，原料皮上大量的蛋白质、脂肪等组织转移到水中和废渣中，使用的化工材料约有 60%～70% 被毛皮吸收，另有相当一部分进入废水之中。因此将毛皮加工液直接排放，一则对环境造成污染，二则造成水和化工材料的浪费。毛皮加工过程分为三大部分：准备工段、鞣制工段和染整工段。各工段的污水来源和主要污染物见表 6-2。

表 6-2　毛皮生产污水来源和主要污染物

工段	项目	内容
准备工段	污水来源	浸水、去肉、脱脂、软化等工序
	主要污染物	污血、蛋白质、油脂、酶、氯化钠、碱、酸、表面活性剂、杀菌剂、浸水助剂、脱脂剂，此外还含有大量的泥沙、毛发等固体悬浮物
	污染物特征指标	COD、BOD、SS、pH、油脂、氨氮
	污水和污染负荷比例	污水排放量约占毛皮加工总水量的 60%，污染负荷占总排放量的 50%，是毛皮加工污水的主要来源，同时是废水中污染物的主要来源
鞣制工段	污水来源	浸酸、鞣制、漂洗工序
	主要污染物	鞣剂、氯化钠、碱、酸、蛋白质、悬浮物、油脂等
	污染物特征指标	COD、BOD、SS、pH、Cr^{3+}、油脂、氨氮
	污水和污染负荷比例	污水排放量约占毛皮加工总排放量的 20%；污染负荷占总排放量的 20%
染整工段	污水来源	脱脂、中和、复鞣、加脂、染色等工序
	主要污染物	鞣剂、加脂剂、染料、蛋白质、油脂、氯化钠、硫化物、酸、表面活性剂、悬浮物等
	污染物特征指标	色度、COD、BOD、SS、pH、Cr^{3+}、S^{2-}、油脂、氨氮
	污水和污染负荷比例	污水排放量约占毛皮加工总排放量的 20%；污染负荷占总排放量的 30%

毛皮加工废水与制革废水有许多相似之处，但也有很大区别，主要表现在以下几个方面。

(1) 废水量大

从表 6-2 中可以看出，毛皮加工要经过多次浸水、多次脱脂和水洗、软化、浸酸、鞣制、中和、复鞣、加脂、染色等湿加工工序，由于毛皮原料皮具有长而丰厚的毛被组织，湿加工的液比大，通常约是 1:20（以干皮质量计），因此耗水量较制革大［制革湿加工液比通常在 1:(1～3)，其单位皮质量的耗水量要低于毛皮加工的耗水量］。加工不同种类的毛皮耗水量和废水排放量也不相同，详见表 6-3 和表 6-4。

表 6-3　不同种类的毛皮鞣制加工耗水量和废水排放量

毛皮种类	羊剪绒（盐湿皮）	水貂皮（干板）	狐狸皮（干板）	小湖羊皮（盐湿皮）	獭兔皮（盐湿皮）
耗水量/$m^3 \cdot (t 生毛皮)^{-1}$	120～150	60～80	120～150	100～120	100～120
排水量/$m^3 \cdot (t 生毛皮)^{-1}$	110～130	50～70	110～130	90～110	90～110

表 6-4　不同种类的毛皮染整加工耗水量和废水排放量

毛皮种类	羊剪绒	水貂皮	狐狸皮	小湖羊皮	獭兔皮
耗水量/$m^3 \cdot (t 熟毛皮)^{-1}$	60～80	30～40	60～80	50～70	50～70
排水量/$m^3 \cdot (t 熟毛皮)^{-1}$	50～70	25～35	50～70	40～60	40～60

(2) 水质波动大

毛皮产品种类多，各类原料皮品质特性不同，加工工艺也不完全相同，所以生产不同种类的毛皮，其废水水质有很大差别。例如貉子皮油脂含量很高，其脱脂废水的 COD 浓度可高达 7500mg·L^{-1}，故其生产废水中油脂含量高，较难处理。目前毛皮企业多为来料加工，所以产品结构变化大，生产的季节性较强。一般企业，专门生产水貂皮、剪绒羊皮的企业除外，通常同时要生产十几种皮，且各类皮的加工量每天都在变化。淡季（每年 7～10 月份）鞣制皮量较少，染整加工量大，用水较多，废水量较大，但废水污染物含量较少，色度大，较易处理；旺季（每年 10 月份至次年 7 月份）时，鞣制皮量较大，废水量大，污染物含量高，难处理。

6.4.2 国内外毛皮加工废液循环使用和处理现状

对于制革行业，废铬液的循环利用技术日趋成熟，但是关于毛皮操作液的循环使用系统研究还很不够。尽管一些毛皮企业对污染严重的主要工序如浸酸、软化、鞣制工序的废液进行一定程度的循环使用，实施的方法是根据经验补加需要的化工材料，但仍是不经其他处理也没有相关的分析就直接进行使用。这种方法在一定意义上对节约成本和减少污染是有效的，但在循环使用过程中蛋白质降解物等会在操作液中累积，使生产过程不易控制，化工材料浓度不准确。随着市场对毛皮产品质量要求的提高，这种方法的弊端越来越突出。

雷明智等对制革生产线节水与清洁生产改造进行了实验研究[83]，对于毛皮可以借鉴。程凤侠等从毛皮加工的生产周期、使用设备、水和化工材料消耗等方面，分析了现行毛皮工艺的弊端，提出了解决这些问题的具体措施，包括设备改进、鞣前准备的短流程无盐化技术、干整理工艺改进、操作液循环使用等[84]。

鉴于毛皮生产及毛皮废水的特点，宜采用如下的处理和循环使用思路：对含较高浓度化工材料和有害成分的工序操作液如浸水操作液、脱脂液、软化浸酸液、鞣制液、染色液和加脂液等分别进行物理或化学方法的预处理，首先在对应的工序内部进行循环利用，然后再在有关工序之间实行系统套用，最后排入总污水中综合处理。这样一种系统技术集成的循环使用和处理方法，不仅可以节约用水和化工材料，降低生产成本，而且可以减少污水排放量和综合污水处理难度，从而提高毛皮污水处理效果[85]。

基于对毛皮加工特点和各工序操作液的分析，可以采用各工序废水分工段单独处理、循环使用，再进行废水综合处理，形成废水处理和利用的系统工程[86～89]。毛皮废水循环利用系统工程方案如图 6-2 所示。

关于毛皮操作液循环使用的研究报道很少，汇总上述有关毛皮废水循环利用系统工程的方案示意，下面仅就毛皮浸水、脱脂、酶软化、浸酸、铬鞣与复鞣、染色以及加脂等操作液的处理和循环使用的基本思路做简要介绍。

① 对脱脂废液采用酸化法回收废油脂或采用气浮法使油水分离去除脂肪，并絮凝沉淀后用于去肉机用水，回收利用油脂和水。

② 对软化、浸酸废液采用絮凝或气浮法，工序内部循环使用，循环利用中性盐、酸、

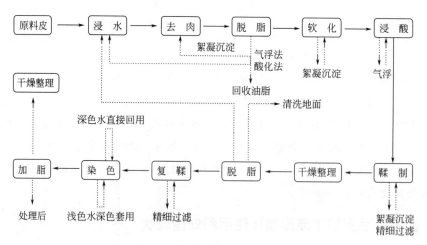

图 6-2　毛皮废水循环利用系统工程示意

酶制剂和水。

③ 对铬鞣、铬复鞣废液进行絮凝沉淀，工序内部循环使用，或用酸调节 pH 后用于浸酸，循环利用铬鞣剂和水。

④ 将复鞣染色前脱脂工序的废水用于浸水和地面清洁。

⑤ 染浅颜色的染色废水循环用于染深颜色；染深颜色的废水经过简单过滤后直接回用。

⑥ 对加脂废液进行分析检测，补充新的加脂剂后工序内部循环使用，回收利用其水和加脂剂。

⑦ 对循环使用后的废水进行终水处理。

在目前还没有突破性的完全替代化学处理毛皮新技术付诸毛皮工业生产的情况下，毛皮湿加工的节水技术和操作液的循环使用，不失为实现清洁化生产的有效方式。基于这种情况，由浙江中辉皮草有限公司、陕西科技大学、中国皮革和制鞋工业研究院和嘉兴学院组成的产学研合作团队承担并完成了工业和信息化部下达的"年产 300 万张毛皮主要工序废水循环使用集成技术应用示范"项目。该项目是基于毛皮生产及毛皮废水特点，对含较高浓度化工材料的工序操作液，分别进行物理法或化学法预处理，在工序内部进行循环或者在跨工序间回用，结合污水综合处理后[114~116]部分中水回用。

由北京泛博化学股份有限公司、桐乡市新时代皮草有限公司、浙江省环境保护科学设计研究院、陕西科技大学共同完成的项目"细杂皮染整清洁生产集成技术与产业"，在细杂毛皮染整加工阶段关键设备和细杂毛皮染整清洁生产相配套的系列关键化学品的研发方面做了一系列卓有成效的工作。传统的细杂毛皮染整加工的主要设备为染色划槽、木糠转鼓等，其中染色划槽因为毛皮容易产生结毛等因素，均采用较大加工液比，根据毛皮毛被长度的不同，液比一般为皮重的 15～30 倍，用水量偏大，能源消耗量大，产生废水量大；木糠转鼓因使用木糠和转笼，会产生较大量的废木糠，会对环境造成影响。项目研制的具有自主知识产权的新型节水节能转鼓，其液比为皮重的 3～6 倍，实现了大幅度节水节能，减排效果明显；研制的成品整理机，杜绝了木糠的使用，明显提升了加工产品的品质；针对细杂毛皮染整清洁生产、节水技术和产品品质提升等要求，研发了与细杂毛皮清洁生产相配套的系列关键化学品，主要包括酸性染料、漂色材料、铬鞣助剂、整理助剂等，使铬复鞣、染色、漂色等操作液均可以循环利用，大大降低了废液的排放量。项目以关键创新设备和关键配套化学品为基础，结合生产给水精准控制，操作液循环利用和中水回用体系以及终端废水处理系统，研究并形成了一套全新的具有推广应用价值的细杂皮染整清洁生产集成技术方案，在稳定并提升产品质量的前提下，生产节水达 90%，减少了废液；生产用汽节约 80%，降低了能耗；铬复鞣剂和工业盐的使用量均减少 80%以上，减少了化工材料的排放；并且在细杂毛皮染整加工过程杜绝了木糠的使用，减少了固废的产生[64～78]。

6.5 毛皮产品的防霉[2]

毛皮的成品和半成品同样也是霉菌的营养源，在适当的温度和湿度条件下，霉菌会迅速在毛皮上繁殖，使毛皮产生霉腐变质，严重影响毛皮及其制品的外观质量和使用价值。毛皮上主要的霉菌是黑曲霉、橘霉、黄曲霉、绿色木霉、顶青霉等。

依照毛皮种类的不同和环境条件的改变，毛皮的防霉主要是通过在适当加工工序如浸酸、加脂、涂饰等工序中加入防霉剂，防止霉腐微生物的滋生，保证毛皮及制品的质量。防霉剂实际上是杀菌剂，其作用机制主要有三个方面[90]：抑制蛋白质合成，使菌体凝固；抑制真菌麦角甾醇合成，使菌失活；使代谢机能受阻，抑制产孢或孢子萌发。

有的材料只对细菌有抑制和灭绝作用，是单纯的防腐剂；有的材料只对霉菌有抑制和灭绝作用，是单纯的防霉剂；有的对细菌和霉菌都有抑制和灭绝作用，因而既是防腐剂又是防霉剂。这些类型在毛皮及其加工和保存中均有应用[2]。

6.5.1 毛皮用防霉剂的种类

关于毛皮防腐剂和防霉剂，国内以前主要使用其他工业或农业用的杀菌剂和杀虫剂，如六六六粉、五氯酚钠、苯酚、对硝基苯酚、萘、乙萘酚、次氯酸钠、氟硅酸钠、氟化钠、亚砷酸钠等，这些材料毒副作用大，有些已被禁用（如五氯酚钠）。以前用于毛皮的防霉剂主要有以下几大类[3,8,91～94]。

① 无机化合物 如氯气、二氧化氯、次氯酸及其盐、亚氯酸钠、臭氧、高锰酸钾、碘化物、硼酸及其盐、硫酸铜、氯化亚铜、亚硫酸盐和焦亚硫酸盐等。

② 有机酚及卤代酚 这是以前使用最多的防霉剂，主要有苯酚、甲酚、二甲酚、焦油酚、百里香酚、乙萘酚、氨基酚等。氯代酚类的主要产品有氯代酚、二氯酚、三氯酚、溴代酚、对氯间二甲酚、2,2'-亚甲基二氯代酚、二氯苯氧基氯代酚等。

③ 醇类化学物 苯甲醇、乙醇、三羟甲基丙烷、溴代硝基丙二醇等。

④ 醛类化合物 甲醛、戊二醛、对硝基苯甲醛、卤代肉桂醛和呋喃甲醛等。

⑤ 有机酸类化合物 山梨酸及其盐、苯甲酸、氯乙酸、氟乙酸、卤代苯氧乙酸、烷基硫氰酸、烷氨基硫代甲酸、卤代水杨酸、硫代水杨酸等。

⑥ 酯类化合物 卤代水杨酸酯、羟基苯甲酸酯、卤代乙烯苯酯、卤代乙酸苯甲醇酯、五氯苯基十二烷酸酯等。

⑦ 酰胺类化合物 卤代乙酰胺、水杨酰苯胺、氨基苯磺酰胺、四氯间苯二甲腈等。

⑧ 季铵盐化合物 十二烷基苄基二甲基氯化铵（洁尔灭）、十二烷基苄基二甲基溴化

铵（新洁尔灭）、烷基吡啶盐酸盐、十六烷基三甲基溴化铵（1631）等。

⑨ 杂环化合物　苯并咪唑、巯基苯并咪唑及其盐、六氢三羟乙基均三嗪、硝基吡啶、8-羟基喹啉及其盐、苯并异噻唑酮、二甲噻二嗪等。

⑩ 有机硫化物　双三氯甲砜、大蒜素、双苯甲酰二硫、卤代吡啶甲硫醚、巯基吡啶、五氯硫酚等。

此外，也用有机金属化合物如有机汞、有机锌、有机锡化合物等。

毛皮的防腐剂和防霉剂，国外较大的化工公司都有各自的系列产品，以适应毛皮的不同需要。国内的相应产品单一、不配套，在实际过程中还是以传统的毒性大或效果一般的产品为主。尤其是国内常用的防腐剂有次氯酸钠、氟硅酸钠、氟化钠等，这些防腐剂用量大，有些毒性也大，防腐效果达不到要求，缺乏高效、低毒、皮革专用的防腐剂。因此，国内急需开发系列高效、低毒、广谱、长效、稳定、无刺激性、无腐蚀性、价廉的防腐、防霉剂产品，特别是防腐剂产品的开发。

防腐与防霉有着本质的区别。防腐是指抑制细菌对生皮的侵蚀，避免生皮在保存或生产过程中受细菌的作用而发生腐烂。防霉是指抑制生皮、浸酸皮、半成品革、成品等在存放过程中受到霉菌的侵害而产生的霉腐。

6.5.2　毛皮防腐剂和防霉剂的发展[2,3,8,93]

添加防霉剂以消除微生物对毛皮的破坏，是毛皮过程中必不可少的程序，防霉对毛皮及其制品的保存和使用具有至关重要的意义。目前，国内毛皮防腐剂、防霉剂的品种少，产品质量的稳定性差，还不能满足国内制革的需要，尤其缺乏效果好的防腐剂产品。毛皮的防腐包括两个方面：一方面是原料皮的防腐保存，另一方面是在加工过程中浸水工序的防腐。从原料皮开始的第一个加工工序是浸水，在浸水过程中，原料皮中的 NaCl 或者防腐剂被稀释或洗去而失去防腐作用，细菌在皮上开始滋生，在较高温度（如夏天）和较长时间的浸水过程中，生皮受细菌的侵蚀，出现溜毛，甚至腐烂变臭，导致"烂面"。为避免上述现象的发生，有效的方法是加入防腐剂。国内常用次氯酸钠、氟硅酸钠、氟化钠等，这些防腐剂用量大，有些毒性也大，防腐效果有时达不到要求，缺乏高效、低毒、皮革专用的防腐剂产品。浸水过程中使用的防腐剂还必须与浸水酶具有良好的相容性，避免浸水酶失活，另外，其本身还必须具有良好的水溶性或水分散性，能被生物降解，不形成新的污染。

在开发新型毛皮防腐剂和防霉剂时，必须考虑以下几方面的要求[60]：低毒、环保；对人畜及周围环境安全可靠，能被生物降解，产物不会造成二次污染；稳定性好，有足够的特效期，适用的 pH 及温度范围宽；渗透性与配伍性好，能较快地渗入皮（革）内部，且不与各种皮革助剂发生化学反应而影响效果；在皮革生产过程中使用方便，不影响正常的生产操作；不影响皮革制品的外观及理化性能；来源广，价格便宜。

根据我国现在的实际情况，皮革、毛皮防霉剂杀菌组分的研制应从以下几方面考虑：易合成、杀菌能力强、毒性低、价廉。由此从化合物的种类来讲，可确定今后杀菌剂的发展方向应着重考虑以下四类。

（1）季铵盐类　具有很强的杀菌能力、作用迅速、灭菌用量只有苯酚的 $1/200 \sim 1/400$，$1/10000 \sim 1/100000$ 的溶液就具有灭菌力。更值得关注之处还在于它是无毒性物质，因此开发新的季铵盐杀菌组分很有必要。

（2）有机硅防霉组分　此类杀菌组分的优点是耐水洗、持久性强，特别是有机硅季铵盐类杀菌组分毒性极低、效果较好、杀菌谱宽，具有卫生整理的效果，很有前途。

(3) **简单有机化合物**　这是近年来新研制出的一类皮革防霉剂，它是以富马酸二甲酯盐为杀菌组分、低毒广谱的防霉剂，是一类不可忽视的潜在杀菌剂。

(4) **复配型皮革防霉剂**　该防霉剂含有两种或多种杀菌组分。目前绝大多数防霉剂只有单一的杀菌组分，广谱性受到限制。若将几种杀菌组分配合使用，不仅可以大大加宽抑菌谱，而且还可以减少各种单一杀菌组分的用量，从而降低毒性，经济上更合理。复合杀菌组分的研究可以节省人力、物力、财力和时间，有望成为今后主要的发展方向。

目前使用的皮革防霉剂和杀菌剂组分可分为四类：表面活性化合物（季铵盐）、亲电子试剂（TCMTB）、螯合物（二甲氨荒酸锌即 ZMD）和活性染色质化合物（BCM）。经分析这些杀菌组分是以两种方式对霉菌起抑制作用的，一是杀菌剂进入到霉菌细胞内通过细胞壁、细胞膜破坏核糖核酸和脱氧核糖核酸的再生能力，或者破坏或麻痹细胞的代谢和呼吸机能；二是杀菌剂对霉菌细胞进行物理破坏，改变细胞壁的表面张力及通透性，使细胞内容物涌出，导致细胞死亡。在研究开发新的杀菌防腐、防霉剂的同时，要加强对细菌和霉菌区系及其变化规律以及药剂对细菌、霉菌作用机制的研究。由于皮和革上生长的细菌和霉菌的种类多样性和特殊性，只用单一杀菌剂往往达不到理想的效果，应多研究复合增效配方，或交替使用几种防腐、防霉剂，使产品既有防腐又有防霉作用，可应用于毛皮加工过程中的多个工序，达到理想的效果[95]。

目前我国应用在皮革生产中的皮革防霉剂种类不少，但亦存在易产生抗药性、处理成本昂贵、渗透性差、毒性高和污染环境等问题[96]。文武等[94]以对皮革霉变的元凶——真菌有特效而毒性较低的 TCMTB（2-硫氰基甲基硫苯并噻唑）为主成分，吸取国外皮革防霉剂的优点，研制出一种高效、广谱、低毒、符合环保要求、分散性好、处理成本不高的新型皮革防霉剂 3 号，以供制革过程中的防霉处理使用。以有机杂环类化合物 TCMTB 为主要成分的皮防 3 号，作为皮革防霉剂，其抑杀霉菌的能力完全可达到或超过 B-30L 皮革防霉剂，是目前国际较为流行的剂型——乳油型，具有极好的分散性、渗透性，能轻易地分散在水及多种有机溶剂中。李志坚等人对皮革防霉剂 TCMTB 乳油进行了评价试验[97]。对引起皮革长霉的曲霉属和青霉属等真菌都有极强的抑制效果，对致使皮革红斑、紫斑或腐烂的各种微生物均有极强的杀灭作用。具有广谱、高效、低毒和长效等特点，它不含有酚类化合物，使用安全方便，在低浓度下使用就具有卓越的防霉效果，并且不影响皮革的理化性能，不污染环境，是一种优良的新型皮革防霉剂。

有关国内外研制开发的皮革专用防霉剂产品，典型产品如 Bayer 公司的 Perventol WB，Röhme 公司的 Aracit K，Stahl 公司的 Fungicide 7F，国产的消斑剂有 PC、CJ-11、A-26、DSS-Ⅱ、防霉剂 B、防霉剂 PM、"洁梅"牌皮革防霉剂、高效防霉剂等。

防霉剂在毛皮加工中的施加方式会对防霉效果产生一定的影响。何有节、石碧等对皮革防霉剂施加方式与防霉效果进行了研究[92]，通过研究，目前国内常用的部分防霉剂在制革主要工序中不同施加方式对防霉效果的影响，发现防霉剂的使用方式不同，对防霉效果影响很大，为正确合理使用防霉剂提供了参考。为了拓宽皮革防霉剂的使用范围，还研究了不同防霉剂对已长霉的皮革及其制品的防霉、杀菌性能，得到了一些有价值的结果。研究结果表明：

① 皮革防霉剂的施加方式对皮革防霉效果有直接的影响，正确使用防霉剂可降低防霉剂用量，充分发挥防霉剂的防霉作用；

② 防霉剂与皮革加工过程中所使用的化工材料的相容性是影响其防霉效果的主要因

素之一，在使用防霉剂前应了解其与工艺中其他材料的相容性，以确定防霉剂的施加工艺（与其他材料同浴或换浴，加入顺序等），避免因防霉剂发生反应而失效；

③目前市场上销售的防霉剂对已长霉的不同皮革及其制品有不同的杀菌、抑菌性能。

由于量子尺寸效应和具有极大的比表面积及不同的抗菌机制，无机纳米抗菌剂（如纳米 TiO_2、ZnO、SiO_2 的银系纳米复合粉）具有传统无机抗菌剂（TiO_2、ZnO、沸石、磷灰石等多孔性物质以及银、铜、金等金属及其离子化合物）所无法比拟的优良抗菌效果，其综合抗菌效果也优于有机类和天然类抗菌剂。有机类抗菌剂包括有机酸、季铵盐、双胍类等，其耐热性差、易水解、使用寿命短、易产生微生物耐药性[98~100]。天然类抗菌剂主要是指从动植物体内提取的经微生物发酵生产的抗菌剂，如黄连素、壳聚糖等，但因受到安全和生产的制约，所以品种不多，未大规模市场化，并且寿命较短、耐热性较差。这里提到的无机纳米抗菌剂中，纳米 TiO_2、ZnO 是基于光催化反应使有机物分解而具有抗菌效果的。在阳光尤其是紫外线照射下，粒子中的价电子被激发跃迁，形成光生电子孔穴对，并在空间电荷层的电场作用下，发生有效分离。这两种粒子光催化对细菌作用表现在两个方面：一方面光生电子与光生孔穴与细胞膜或细胞内组分反应而导致细胞死亡[101, 102]；另一方面，光生电子或光生孔穴与水或空气中的氧反应，生成 $\cdot OH$、HO_2、H_2O_2 等活性氧类，这些氧化能力极强的活性氧类进攻细胞内组分，与之发生生化反应而导致细胞死亡。近年来，日本东京大学的一些研究人员还发现这些有光催化作用的粒子还有分解毒素的作用[97]，而一般的抗菌剂只有杀菌作用。大量的实验证明，这两种抗菌剂对绿脓杆菌、大肠杆菌、金黄色葡萄球菌、沙门氏菌、芽枝菌和曲霉等都具有很强的杀伤能力。另外，这些抗菌剂不仅抗菌能力强、范围广，而且具有极高的安全性，是一种长效抗菌剂[103, 104]。特别是纳米 TiO_2 作为一种新型抗菌剂，具有无毒、无味、化学性质稳定、广谱杀菌抗菌性能、安全性好、作用持久、价格低廉、使用方便等特点，在杀菌、除臭、预防疾病等方面日益受到人们的重视[105]。

大多数传统的抗菌剂是有机物，它们存在着热稳定性差、易分解并可能产生有毒性的物质、安全性差等缺点，为此，人们积极开发安全、无毒、耐热性好的无机抗菌剂，而纳米抗菌剂则不同。因此，纳米技术在抗菌、防腐、除味、净化空气、优化环境等方面将发挥重要作用。例如：把 Ag 纳米微粒加入袜子中可以清除脚的臭味；医用纱布中放入纳米 Ag 粒子有消毒杀菌作用；在食品中加入纳米微粒，可以除杀细菌[106~107]。聪明的厂家已利用这一技术生产出可以抗菌的冰箱，山东小鸭集团利用纳米技术已推出纳米洗衣机新一代产品。

纳米材料为何具有抗菌作用，根据资料介绍[102, 108]纳米材料例如纳米 TiO_2 的抗菌机理[109]可做如下解释。对纳米 TiO_2、水和氧气实施光照处理时，可发生以下化学反应：

$$O_2 + H_2O \xrightarrow[TiO_2]{\text{光}} HO \cdot + [O]$$

反应之后可生成原子氧和氢氧自由基，它们具有很高的化学活性，特别是原子氧能与多种有机物反应（氧化反应），也可与细菌体内的有机物质反应，从而在较短时间内杀死细菌。

陈家华等人介绍了纳米涂层具有自洁和杀菌能力[110]。纳米 TiO_2 与丙烯酸树脂或 PU 复合、TiO_2 在紫外光照射下产生自由电子——空穴对，它们使空气中的氧活化，产生活性氧和自由基，活性氧和 $\cdot OH$ 自由基具有很高的反应活性，当污染物吸附于表面时，就会与自由电子或空穴结合，发生氧化还原反应，从而达到消除污染的目的，也具杀菌作用。纳米材料与树脂经过特殊复合，其表面同时存在疏水、疏油现象，也能产生自洁能力。

关于纳米材料在防霉、抗菌方面的应用已有较多的文献报道，如张宇等人对无机纳米抗菌剂用于医用无菌纱布的研究进行了综述[111]。其中许多内容可以为皮革工业采用纳米抗菌所借鉴。纳米材料因其独特的性质，如量子尺寸效应、表面效应和局域场效应等成为材料科学研究的热点，并逐渐渗透到许多领域。随着纳米粉体制备技术的成熟与工业化产品的批量生产（如舟山市明日纳米材料有限公司、泰兴纳米材料厂等），为将纳米粉体应用到其他许多领域并赋予其产品独特的功能性提供了前提条件。在已有的工业化产品中，纳米 ZnO、TiO_2、SiO_2 及银系纳米复合粉体具有独特的功能性和优良的综合品质。以纳米 ZnO 为例，粒径介于 $1\sim100nm$，它具有一般 ZnO（锌白）产品所无法比拟的新特性和新用途，使之成为一种新型高功能精细无机产品，综合了防晒、抗菌、除臭、防老化、抗静电、吸波能力强等功能。对纳米粒子的杀菌功能，曾有研究小组做过实验，在 $5min$ 内纳米 ZnO 的浓度为 1% 时，金黄色葡萄球菌的杀菌率为 98.86%，大肠杆菌的杀菌率为 99.93%[112]。同时，这些纳米粉本身无毒、无味，对皮肤无刺激性、不分解、不变质、热稳定性好、价格便宜，而且本身为白色而不影响纱布的颜色[113]。

综上所述，纳米材料在皮革工业中的应用研究才刚刚起步，而用在毛皮防霉方面更是刚刚开始，不过，根据现有的研究信息，通过大家的努力研究，相信在不久的将来，纳米材料及其技术也将在毛皮的防霉抗菌方面有所突破。

6.6　典型毛皮清洁化生产项目

关于毛皮清洁化生产，我国有关的企业、院校和研究院所积极进行研发工作，有的项目取得了良好效果或者将产生良好作用，现简要介绍如下。

(1) 年产 300 万张毛皮主要工序废水循环使用集成技术应用示范[114~127]

由浙江中辉皮草有限公司、陕西科技大学、中国皮革和制鞋工业研究院和嘉兴学院组成的产学研合作团队承担并完成了工业和信息化部下达的"年产 300 万张毛皮主要工序废水循环使用集成技术应用示范"项目。该项目是基于毛皮生产及毛皮废水特点，对含较高浓度化工材料的工序操作液，分别进行物理法或化学法预处理，在工序内部进行循环或者在跨工序间回用，结合污水综合处理后部分中水回用。

经项目组全体成员的共同努力，达到了预期目标。项目的主要建设和改造工程分为 5 个方面的内容：

① 兔皮车间清洁生产线、废水循环系统的建设与改造工程；

② 羊皮车间清洁生产线、废水循环系统的建设与改造工程；

③ 细杂皮车间清洁生产线、废水循环系统的建设与改造工程；

④ 染色车间清洁生产线、废水循环系统的建设与设备改造工程；

⑤ 综合废水处理、中水循环利用系统的建设与改造工程。

在项目的实施过程中，购置了先进的生产设备，对原有的设备和设施进行了合理改造，自主设计和制造了适合毛皮生产废水循环使用的新设备；通过技术创新，突破了毛皮主要工序废水循环使用过程中存在的设备和技术上的瓶颈；通过系统的设备和技术配合调试，对集成技术系统进行了优化，取得了很好的应用示范效果；经过实际工业生产考验，采用示范工程生产线和技术，所生产的毛皮产品均达到了技术质量指标的要求，节能减排效果显著。

在示范项目建设过程中，主要的技术创新有以下 3 个方面：

① 采用系列复合混凝剂及絮凝沉降专用设备集成技术，对废水中的悬浮物进行有效沉降，为废水和中水回用创造了条件，最大限度地降低了污水排放量。

② 在示范工程中建立了适应于加工过程的鞣剂、酸类、盐类、酶制剂等关键组分的定量检测技术体系，该体系完全可以满足正常生产的技术要求。

③ 示范工程中建立了围绕新技术体系的工艺平衡核算、技术规范和生产技术管理体系，确保清洁生产线的全流程处于稳定状态。

项目在毛皮行业中进行推广，不仅减少毛皮生产过程污染物排放，还可以大幅度减少水的用量和其他化学品的用量，产生显著的节能减排效果；为改变毛皮行业高污染、高能耗的现状和解决我国毛皮行业面临的共性问题带来机遇；对我国毛皮行业的清洁化生产起到很好的促进、示范和带动作用；同时有利于提升我国毛皮工业的加工技术水平和装备水平，有利于提高我国毛皮产品在国际市场上的竞争力和影响力。

(2) 细杂皮染整清洁生产集成技术与产业[65~79,125~130]

由北京泛博化学股份有限公司、桐乡市新时代皮草有限公司、浙江省环境保护科学设计研究院、陕西科技大学共同完成的项目"细杂皮染整清洁生产集成技术与产业"，在细杂毛皮染整加工阶段关键设备和细杂毛皮染整清洁生产相配套的系列关键化学品的研发方面做了一系列卓有成效的工作。其主要内容参见 6.4.2 部分。

(3) 科技部国家重点研发计划项目"生态皮革鞣制染整关键材料及技术"[131]

当前，国内外皮革、毛皮制造主要采用铬鞣法，由此产生的含铬废水、含铬固废、含铬废弃皮革制品等可能导致环境风险，这一问题正逐渐成为制约皮革工业持续发展的技术瓶颈。因此，国际上许多发达国家都将开发无铬生态皮革制造技术作为皮革工业最重要的发展方向。我国也将无铬皮革制造技术列为"中国制造 2025"的关键技术。

由四川大学、陕西科技大学、四川亭江新材料股份有限公司、焦作隆丰皮草企业有限公司、浙江中辉皮草有限公司以及中国皮革和制鞋工业研究院、齐鲁工业大学和郑州大学等单位承担的科技部重点研发计划项目"生态皮革鞣制染整关键材料及技术"，其目标是，以生态皮革和毛皮鞣制、染整关键材料研发为技术突破口，构建关键材料生产、生态皮革制造、生态皮革和毛皮制品加工全产业链集成技术，并研究建立相关产品的的生态性评价方法及标准。

陕西科技大学和有关单位负责"生态裘皮鞣制染整关键材料及技术"的内容。项目的主要研究内容及拟解决的关键科技问题是：

① 在系统研究和认识有机鞣剂作用机理、构效关系等重要科学问题的基础上，分别开发能够替代铬鞣剂用于裘皮制造的生态有机鞣剂系列产品，并建立其优化应用工艺技术。

② 在系统研究和认识两性染整材料分子结构和电荷性质的调控方法、构效关系等重要科学问题的基础上，开发与生态裘皮有机鞣制体系相匹配的高结合性两性复鞣剂、两性加脂剂系列产品，并建立其优化应用工艺技术。

③ 通过研究和构建针对多组分复杂体系的生态性评价方法，建立裘皮鞣制染整材料、裘皮制造过程、裘皮制品的生态性评价方法及标准。

④ 通过解决因鞣制、染整材料的变化而导致的裘皮制造工艺平衡、产业链技术衔接等技术难题，研究建立以关键材料为支撑的生态裘皮全产业链集成技术。

　　本项目拟通过产学研合作，为我国毛皮的无铬鞣及其配套的材料提供产业化技术支持。

参考文献

[1] 王学川.表面活性剂及其在皮革工业中的应用原理与技术.西安：陕西省科学技术出版社，2002.

[2] 吕嘉枥，王学川，等.轻化工产品防霉技术.北京：化学工业出版社，2003.

[3] 彭必雨.制革前处理助剂——Ⅱ防腐剂和防霉剂.皮革科学与工程，1999，9（3）：53-57.

[4] 程凤侠，张岱民，王学川.毛皮生产技术与原理.北京：化学工业出版社，2005.

[5] 骆鸣汉，程凤侠.毛皮工艺学.北京：化学工业出版社，2000.

[6] 王鸿儒.皮革生产的理论与实践.北京：中国轻工业出版社，1999.

[7] 魏世林，刘镇华，王鸿儒.制革工艺学.北京：中国轻工业出版社，2000.

[8] 缪飞，杨伟和，邱美坚.杀菌防霉剂在皮革工业中的应用.中国皮革，2015，44（18）：32-35.

[9] 沈兵.皮革和毛皮制品中五氯苯酚残留量的测定方法.中国皮革，2003，32（9）：29-31.

[10] SN 0193.1—93 出口皮革及皮革制品中五氯酚残留量检验方法乙酰化-气相色谱法.

[11] SN 0286—93 出口皮革及皮革制品中五氯酚残留量检验方法.

[12] DIN 53313 皮革测试——五氯苯酚含量的测定.

[13] 刘育坚，杨玉明，许志刚.多氯酚的样品前处理及分析检测研究.化学世界，2017，58（4）：243-251.

[14] 熊楠，姚小珊，周秀花，等.环境中五氯酚对水生生物的毒理学研究进展.武汉工程大学学报，2018，40（2）：119-126.

[15] 朱晓华，王凯，夏丽萍，梁倩，孟勇.气相色谱-串联质谱法测定水产品中五氯苯酚及其钠盐的残留量.理化检验（化学分册），2017，5307；860-864.

[16] 汪灵伟，汪皓琦，邢一明，等.五氯酚对好氧活性污泥中不同酶活性的影响.大连民族大学学报，2017，19（5）：438-441.

[17] 石碧，陆忠兵.制革清洁生产技术.北京：化学工业出版社，2004.

[18] 王学川，丁志文.皮革毛皮缺陷辨析与清洁化生产.北京：化学工业出版社，2002.

[19] 花金岭.毛皮浸酸、鞣制废液循环使用技术研究.陕西科技大学硕士论文，2009.

[20] 高维超.IC＋O/A/O 系统处理毛皮生产废水的试验研究.郑州大学，2017.

[21] 马安博.毛皮清洁生产技术研究进展.西部皮革，2017，39（11）：47-49.

[22] 佚名.毛皮制革行业清洁化生产大幅度减少污水排放.特种经济动植物，2017，20（8）：25-26.

[23] 刘德杰，杨方圆，杨立敏.制革及毛皮加工行业危险废物处理探讨.有色冶金节能，2017，33（1）：56-59.

[24] Aslan A. Improving the Dyeing Properties of Vegetable Tanned Leathers Using Chitosan Formate [J]. Ekoloji, 2013, 22（86）：26-35.

[25] 袁绪政，庄莉，姜苏杰，等.皮革和毛皮六价铬检测过程中脱色技术研究 [J].中国皮革，2012（23）：36-39.

[26] 花莉，李璐，马宏瑞.毛皮废水连续式厌氧-好氧处理工艺参数研究 [J].陕西科技大学学报，2018，36（03）：40-45.

[27] 第一次全国污染源普查资料编纂委员会.第一次全国污染源普查工业污染源产排污系数手册（上册），北京：中国环境科学出版社，2011，333-347.

[28] 陈小珂，刘鹏杰.制革行业水污染物新国标来临 [J].中国皮革，2014（9）：53-55.

[29] 马安博.毛皮清洁生产技术研究进展.西部皮革，2016，39（11）：47-49.

[30] 刘德杰，杨方圆，杨立敏.制革及毛皮加工行业危险废物处理探讨.有色冶金节能，2017，（1）：56-59.

[31] Dr. Brigitte Wegner. Alkylphenolethoxylates-An Europeanproblem？.BASFAG 技术资料，2004.

[32] 刘贺.脂肪酸甲酯乙氧基化物的生产及在毛皮脱脂中的应用 [J].皮革与化工，2012，29（6）：20-24.

[33] 魏世林，王学川，等.实用制革工艺.北京：中国轻工业出版社，1999.

[34] 俞栋，黄雨琳，车晶晶，等.毛皮铬酶染废液处理技术.西部皮革，2016，38（9）：48-51.

[35] 常敏，马宏瑞，郝永永，等.毛皮加工废水厌氧生物处理效能的初步研究.中国皮革，2018，47（1）：50-54.

[36] 刘丹，李琛，戴红，等.毛皮脱脂废液的脉冲电絮凝处理.皮革科学与工程，2016，26（1）：50-53.

[37] 法国罗地亚公司技术资料.2009.

[38] 魏峰，狄蕊. 毛皮中游离甲醛的清除研究. 印染助剂，2016，33（12）：11-13.

[39] 马庆斌. 用乙酰丙酮分光光度法测定皮革、毛皮产品中的游离甲醛. 广东化工，2017，44（13）：248.

[40] 钱晓晓，陈卫琴，唐旭东. HPLC法同时检测皮革和毛皮中游离甲醛、戊二醛 [J]. 中国皮革，2013，42（17）：17-19.

[41] Yu L，Zhao C，Wu M. Rapid determination of six aldehydes in leathers by ultra performance liquid chromatography. [J]. Journal of the Society of Leather Technologists & Chemists，2013，97（4）：149-153.

[42] 林志勇，陈绍华，程群，等. 我国皮革、毛皮及制品中部分有毒有害物质限量及检出 [J]. 皮革科学与工程，2013（1）：60-64.

[43] 何颖瑜，赵振伟. 高效液相色谱仪分析皮革和毛皮中禁用偶氮染料. 西部皮革，2016，39（15）：32-34.

[44] 李娜，范子亮. 皮革和毛皮禁用偶氮染料检测的有关注意事项，西部皮革，2016，38（11）：38-39.

[45] 王学川，袁学森，张铭让. 新型"希力"系列毛皮染料染色性能的研究. 中国皮革，2000，29（15）：21-24.

[46] 王根柱. 希力毛皮染料在剪绒皮生产中的应用. 中国皮革，2000，29（5）：23-25.

[47] 丁海燕. 稀土在毛皮染色过程中助染作用的研究. 皮革化工，2001，19（4）：4-7.

[48] 佚名. 毛皮染色助剂知识大全. 黑龙江纺织，2017（2）.

[49] 毛皮染色助剂知识大全. 黑龙江纺织，2016，（2）：9-10.

[50] 王学川. 毛皮低温染色中助剂引起染料色变的研究. 皮革科学与工程，1994，（4）：10-15.

[51] 王学川. 毛皮低温染色新方法的研究. 西北轻工业学院学报，1994，（3）：280-285.

[52] 王学川. 毛皮采用不同的反应体系进行低温染色研究. 中国皮革，1993，21（9）：25-27.

[53] 王学川. 毛皮及其相关的低温染色技术文献综述. 中国皮革，1992，20（12）：30-34.

[54] 骆鸣汉，毛金燕. 酸性染料低温毛皮染色研究. 皮革科学与工程，1998，8（4）：4-11.

[55] 郑超斌，等. 毛皮染色配方集. 北京：轻工部皮研所，1993.

[56] 于凤，游涛，张梦洁，武千舒，何一凡，张宗才，何有节. 杨梅栲胶用于兔毛皮染色的研究 [J]. 皮革与化工，2018，35（02）：1-6.

[57] 蒋文佳，王亚明，张宗才，等. 氨水/氯化钠在兔毛皮染色中的应用研究 [J]. 皮革科学与工程，2013（2）：34-37.

[58] 北京泛博科技股份有限公司技术资料. 2004.

[59] 美国劳恩思坦（Lowenstein）技术资料. 2005.

[60] 王学川. 实施分步加脂提高毛革产品质量. 北京皮革，2001，（1）：20-24.

[61] 德国波美（Böhme）公司技术资料. 2004.

[62] 韩清标等. 毛皮化学与工艺学. 北京：中国轻工业出版社，1990.

[63] 卢月红，董荣华，顾银法. 毛皮硝染废水综合回用研究 [J]. 中国新技术新产品，2012（1）：201-202.

[64] 王学川. 通过合理选用设备节能减排. 2006年泛博毛皮论坛，2006.

[65] 徐建龙. 具有排空功能的滚筒式染色机的加料斗及用于该加料斗的控制阀 [P]. CN：ZL201610417947.1. 2016-08-17.

[66] 徐建龙. 安全型滚筒式染色机 [P]. CN：ZL201610273988.8. 2016-07-13.

[67] 徐建龙. 带内置加料斗的滚筒式染色机 [P]. CN：ZL201610274014.1. 2016-07-13.

[68] 徐建龙. 羊毛衫染色机 [P]. CN：ZL201620065832.6. 2016-06-08.

[69] 徐建龙. 染色机内外气压平衡装置 [P]. CN：ZL201620065834.5. 2016-06-08.

[70] 徐建龙. 染色机的挡板结构 [P]. CN：ZL201620065835.X. 2016-06-08.

[71] 徐建龙. 羊毛衫染色机 [P]. CN：ZL201610045173.4. 2016-05-11.

[72] 徐建龙. 转筒式羊毛衫染色机的挡板 [P]. CN：ZL201620065856.1. 2016-05-11.

[73] 徐建龙. 成品皮毛的后整理设备 [P]. CN：ZL201510445113.7. 2015-11-04.

[74] 徐建龙. 滚筒机自吸式干粉染料融化斗 [P]. CN：ZL201410791211.1. 2015-04-08.

[75] 徐建龙，郑超斌，徐志敏，张江山. 新型小液比皮毛染色方法 [P]. CN：ZL201410479087.5. 2014-12-17.

[76] 徐建龙，郑超斌，徐志敏，张江. 细杂皮铬复鞣方法 [P]. CN：ZL201410479162.8. 2014-12-17.

[77] 徐建龙，郑超斌，徐志敏，张江山. 细杂皮成品整理方法 [P]. CN：ZL201410479344.5. 2014-12-17.

[78] 徐建龙. 高效节能低排放皮毛多色染色一体机及皮毛染色方法 [P]. CN：ZL201410111035.2.2014-07-23.

[79] 徐建龙. 高效节能低排放皮毛染色机及皮毛染色方法 [P]. CN：ZL201410112449.7.2014-07-16.

[80] 王学川，高文娇，强涛涛，等. 物理机械方法改善羽绒蓬松度的研究 [J]. 毛纺科技，2016，44（2）：5-8.

[81] 王学川，郭连学，刘叶，张恋建，强涛涛，陈学峰，郑汉平. 一种提高羽绒蓬松度的方法 [P]. CN：ZL201710404603.1.2014-01-01.

[82] 关民普，鲁雪燕. 制革及毛皮加工项目污染治理措施建议 [J]. 资源节约与环保，2018（04）：100＋111.

[83] 雷明智，刘忠卿. 制革生产线节水与清洁生产改造的研究与实践 [J]. 皮革与化工，2014（4）：15-18.

[84] 马宏瑞，吴薇，马鹏飞，潘丙才. 一种毛皮含铬染色废液电化学处理及回用的方法 [P]. CN：ZL201310711797.1.2015-04-09.

[85] 常敏，马宏瑞，郝永永，等. 毛皮加工废水厌氧生物处理效能的初步研究. 中国皮革，2018，47（1）：50-54.

[86] 刘姣姣. 皮毛硝染废水综合回用技术研究. 西部皮革，2016，（2）：7-9.

[87] 刘玉忠，郭朋. 制革废水处理工程技术改造. 广东化工，2016，43（19）：135-137.

[88] 蓝宁，陈尤尤，赵光华，等. 毛皮染色废水脱色处理方法 [J]. 西部皮革，2014（18）：17-20.

[89] 邬春明，王亚平，程凤侠，等. 木质素的改性及其在毛皮染色废水脱色除铬中的应用 [J]. 中国皮革，2014，43（17）：10-15.

[90] 王睿，陈意，万渝平，等. 皮鞋防霉变措施及皮革防霉性能检测 [J]. 中国皮革，2012（6）：162-165.

[91] 马建中，卿宁，吕生华. 皮革化学品. 北京：化学工业出版社，2001.

[92] 何有节，石碧，陶惟胜，等. 皮革防霉剂施加方式与防霉效果的研究. 皮革科学与工程，2000，10（2）：5-13.

[93] 程玉镜. 皮革防霉剂概况. 中国化工学会精细化工委员会第三次皮革化学品学术交流会论文集. 成都：中国化工学会精细化工委员会，中国化工学会精细化工委员会，1994：35-38.

[94] 文武，杨伟和，梁斌，等. 新型皮革防霉剂 3 号药效的研究. 中国皮革，2002，31（13）：29-34.

[95] 孙静，王清桂. 皮革发霉的原因及防治分析 [J]. 中国皮革，2015，44（7）：18-20.

[96] Wang Z，Gu H，Chen W. Antimicrobial Leather：Preparation，Characterization and Application [J]. Journal- Society of Leather Technologists and Chemists，2013，97（4）：154-165.

[97] 李志坚，杨伟和，邱美坚. 皮革防霉剂 TCMTB 乳油的评价试验. 广东化工，2002，（2）：14-15.

[98] 魏晓慧，王润泽，林松，等. 抗菌水性聚氨酯研究进展. 聚氨酯工业，2017，32（3）：5-8.

[99] 王誉茜，纪丁琪，翟丽华，等. 生物材料抗菌性研究进展. 农业与技术，2017，37（9）：3-4.

[100] 徐潇，蒋姗，王秀瑜，等. 新型抗菌高分子及其抗菌机理的研究进展. 化学通报，2018，81（2）：109-115.

[101] Huang N P，Xu M H，Yuan C W，et al. The Study of the Photokilling Effect and Mechanism of Ultrafine TiO_2 Particleson U937 Cell. Journal of Photochemistry and Photobiology A - Chemistry，1997，108：229-233.

[102] 黄汉生. 日本抗菌防臭纤维发展近况. 现代化工，2000，20（9）：54-57.

[103] Wang R，Hashimmoto K，Fujishim A，et al. Light Induced Amphiphilic Surfaces. Nature，1997，388：431-432.

[104] 邓慧华，陆祖宏. 半导体 TiO_2 光催化杀灭微生物的机理和应用. 微生物学通报，1997，24（2）：113-115.

[105] 不同小分子物质与传统抗菌剂对混合菌生物膜形成的抑制效应. 环境科学学报，2018，38（2）：443-448.

[106] 陈昱，王瑶，陈武勇. 利用聚氨酯负载剂制备高浓度纳米银复合抗菌剂. 皮革科学与工程，2017，27（5）：24-28.

[107] 王旭，梁纪宇，熊祖江，尹岳涛. 皮革用有机/无机纳米杂化抗菌剂的制备和性能 [J]. 中国皮革，2018，47（04）：9-15＋26.

[108] 祖庸. 新型抗菌剂—纳米 TiO2 的研究进展. 钛工业进展，1998，（3）：33-34.

[109] 苗琦，曹永兵，张石群，等. 纳米材料的抗真菌活性及其机制研究进展 [J]. 中国真菌学杂志，2012，7（2）：111-115.

[110] 陈家华，陈敏，许志刚. 纳米材料在皮革涂饰剂中的应用. 中国皮革，2002，31（1）：11-13.

[111] 张宇，葛存旺，虞伟，等. 无机纳米抗菌剂用于医用无菌纱布的研究. 东南大学学报：自然科学版，2001，31（2）：11-12.

[112] 祖庸，雷闫盈，王讯，等. 纳米 ZnO 的奇妙用途. 化工新型材料，1999，27（3）：14-16.

[113] 祖庸，雷闫盈，李晓娥，等. 纳米 TiO_2——一种新型的无机抗菌剂. 现代化工，1999，19（8）：46-48.

［114］《年产 300 万张毛皮主要工序废水循环使用集成技术应用示范》验收资料，2012

［115］程凤侠，王学川，张晓镭，马建标，魏天全．一种毛皮染色废液多次循环使用的处理方法［P］.CN：ZL201210293159.8.2014-02-19.

［116］俞中坚，程凤侠，王学川，张晓镭，马建标，魏天全．一种毛皮铬复鞣液多次循环使用的处理方法［P］.CN：ZL201210314991.1.2014-03-26.

［117］王学川，李飞虎，马建标，沈跃庭，王耀先，胡建中，强涛涛，丁学斌．一种绵羊服装毛革的铬鞣液循环鞣制工艺［P］.CN：ZL201210009504.0.2012-07-18.

［118］马建标，程凤侠，俞中坚，张晓镭，王学川．一种毛皮氧化染色铬媒染液循环使用方法［P］.CN：ZL201210347035.3.2014-03-26.

［119］花金岭，程凤侠，董荣华，等．毛皮生产废水特点及处理现状分析［J］.中国皮革，2008（21）：89-92.

［120］Cheng fengxia，Fang yingsen，Ma jianbiao. Studies on System Engineering of Fur Processing Wastewater Recycling［J］. Proceedings of XXX IULTCS International Congress，China，Beijing，2009，10.

［121］程凤侠，王亚平，方应森，等．毛皮铬复鞣液循环使用过程中铬配合物组成的变化［C］//全国皮革化学品会议.2010.

［122］马宏瑞，黄金菁，张汉良，等．毛皮生产废水脱氮工艺参数研究［J］.中国皮革，2012（7）：23-26.

［123］马宏瑞，连坤宙，杜凯．A/O工艺处理制革废水的脱氮问题案例分析［J］.陕西科技大学学报，2012，30（3）：30-33.

［124］任龙芳，张晓峰，王学川，等．裘皮加工中的"低碳"技术与管理［J］.中国皮革，2011，40（19）：35-38.

［125］强涛涛，张晓峰，王学川．制革废液循环利用技术的研究进展［J］.大连工业大学学报，2010，29（6）：441-444.

［126］王学川．制革废液循环利用技术的研究进展［C］.中国工程院第 100 场工程科技论坛——轻工重点行业节约资源与保护环境的技术研究与开发论文集．大会报告，大连，2010 年 6 月.

［127］李飞虎，王耀先，马建标，等．服装毛革铬鞣液循环使用研究［C］//全国精细化工清洁生产工艺与技术经济发展研讨会.2012.

［128］徐建龙．回流加料机构［P］.CN：ZL201420134600.2.2014-07-30.

［129］徐建龙．裘皮毛缩绒定型转锅［P］.CN：ZL201110229641.0.2012-01-11.

［130］郑孙锋，郑超斌，郑红超，郝安生．一种毛皮染料的制备方法［P］.CN：ZL201510057328.1.2015-05-27.

［131］国科高发计字([2017] 35 号)（项目编号：2017YFB0308500）.

第7章　制革废水及固体废弃物处理技术

7.1　工业废水处理技术的基本原理

制革过程是利用天然原料皮进行加工的过程，由此产生的废弃物也主要是以生物质为主、同时混有各类无机物、人工合成有机化学品的有机污染物，因此，制革废水属于高浓度有机工业废水，生物可降解性较好，其处理技术与一般有机废水一样，采取以生化法为主体，辅助以物理、化学法的水处理技术。同时，在鞣制过程中由于采用了铬鞣剂，使得制革废水中含有铬，需要专门针对重金属进行单独处理。在讨论制革废水处理技术之前，有必要对涉及废水和处理技术的基本原理和术语进行简单介绍。

7.1.1　常用术语

废水是以其物理、化学和生物的组分来表征的，废水处理涉及的主要组分的术语描述如下。

（1）TS 和 TSS

分别指废水中总固体（total solid）和总悬浮性固体（total suspended solid）的含量，单位：$mg \cdot L^{-1}$。用于确定最适合物理分离的操作和过程形式。

（2）COD（或 COD_{Cr}）

即化学需氧量（chemical oxygen demand），指废水中有机物和其他还原性物质可能消耗水体中氧气的总量，通常用重铬酸钾法测得的值表示，单位：$mg \cdot L^{-1}$。用于确定生物稳定废水所需要的氧量，废水中 COD_{Cr} 包括悬浮性 COD_{Cr} 和溶解性 COD_{Cr}，通常用于描述溶解性 COD_{Cr} 值。

（3）BOD（或 BOD_5）

即生化需氧量（biological oxygen demand），指废水中可以被微生物降解的有机物所消耗氧气的总量，通常以五日培养试验测定值来表示，单位：$mg \cdot L^{-1}$。BOD 值相比 COD_{Cr} 更能反映生物稳定废水所需要的氧量。

（4）BOD_5/COD_{Cr}

废水可生化性指标，用于确定废水采用生化法的适宜性。通常将 BOD_5/COD_{Cr} 高于 0.35 以上的废水认为是适宜生化法处理的，而低于此值时，应对废水的可生化性进行预处理调节。

（5）C/N/P

指废水中溶解性有机物的总碳、总氮和总磷的比值。生化法处理有机废水时要求废水中营养物能满足微生物良性繁殖所需要的浓度和配比，厌氧处理时，一般要求 C：N：P

为（200～300）∶5∶1；而好氧处理时，要求 C∶N∶P 为 100∶5∶1；如果废水无法满足相应生化处理技术，则需要补充 C、N、P 源。

（6）DO

指水中溶解氧气（dissolved oxygen）的量，单位：$mg \cdot L^{-1}$。好氧生化反应池（器）中 DO 浓度维持在 3～4$mg \cdot L^{-1}$，不应低于 2$mg \cdot L^{-1}$。DO<2$mg \cdot L^{-1}$ 时，生化系统处于兼氧状态，而 DO<0.1$mg \cdot L^{-1}$，生化系统处于厌氧状态，对应的生化法称为好氧法、兼氧法和厌氧法。

（7）活性污泥法

活性污泥是指在废水处理过程中，通过培养驯化的微生物群体所构成的具有活性的微生物絮凝体。利用活性污泥的吸附和生物氧化作用，分解和去除废水中污染物的生物处理法，称之为活性污泥法。

（8）高级氧化技术（advanced oxidation proces，AOPs）

又称为深度氧化技术，以产生具有强氧化能力的羟基自由基（·OH）为特点，在高温高压、电、声、光辐照、催化剂等反应条件下，使大分子难降解有机物氧化成低毒或无毒的小分子物质。根据产生自由基的方式和反应条件的不同，可将其分为光化学氧化、催化湿式氧化、声化学氧化、臭氧氧化、电化学氧化、Fenton 氧化等。

7.1.2　水处理主要技术原理

根据废水中常见污染物形态和生物可降解性的差异，废水处理技术可分为物理法、化学法、物化法和生化法等几种类型。根据废水处理程度可以划分为一级、二级和三级处理，以上类型的划分有其内在联系。废水处理一般流程可如图 7-1 所示[1]。

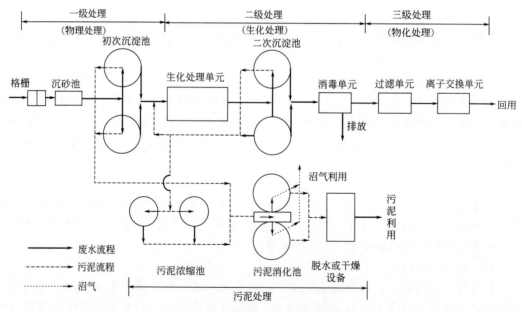

图 7-1　工业废水三级处理典型流程

（1）一级处理

主要采用物理法，如格栅、筛网等固液分离的手段去除污水中 TSS；同时也采用化学法，如中和、加药混凝、加碱沉淀、气浮等，使 TSS 及易生成沉淀的溶解性污染物

（如 Cr^{3+}、S^{2-} 等离子）从水中分离出来，解决二级生化处理过程中的干扰因素，如调节 pH、去除毒性组分等。对于难降解有机物，通常也采用适当的高级氧化技术，增加废水的可生化性等。一级处理属于二级处理的预处理，经过一级处理的污水，一般可去除 $30\%\sim50\%$ 左右的 COD_{Cr}，无法实现达标排放。

（2）二级处理

通过生化法如好氧或厌氧-好氧相结合的方法去除污水中呈胶体和溶解状态的有机污染物质（BOD_5、COD_{Cr}），对于生化性较好的废水，BOD_5 去除率一般可达 85% 以上，氨氮和总氮去除率因工艺设计不同，可达 $50\%\sim90\%$。

（3）三级处理

又称废水的深度处理，是将二级处理出水通过高级氧化、吸附离子交换、电渗析、膜分离、氧化消毒等各种物理、化学技术，去除难降解有机物、络合态重金属、中性盐、有害微生物以及其他成分，实现废水深度达标排放和回用。

在当前制革废水处理过程中，生化法是核心处理单元。生化处理是通过活性污泥中的微生物以污水中某些成分为营养，对可降解有机物进行生化降解来达到去除污染物的目的。常用的生化处理方法分为好氧生物法和厌氧生物法。

7.1.2.1　好氧生物处理技术原理

在有氧的条件下（好氧生物法），氧气作为外源电子受体，活性污泥中微生物将其中一部分有机物合成新的细胞物质（原生质），同时对另一部分有机物进行分解代谢，并最终形成 CO_2 和 H_2O 等稳定物质。在新细胞合成与微生物增长的过程中，一部分有机污染物分解代谢的同时，部分细胞物质也发生分解，并供应能量。这种细胞物质的有氧分解称为内源呼吸。当有机物充足时，细胞物质大量合成，内源呼吸并不明显。但当有机物近乎耗尽时，内源呼吸就成为供应能量的主要方式，是微生物生活所需的主要能源。与分解代谢一样，内源呼吸也要消耗氧。在合成代谢过程中所产生而未被内源呼吸所氧化的细胞物质作为净增微生物（剩余污泥）而被排除。

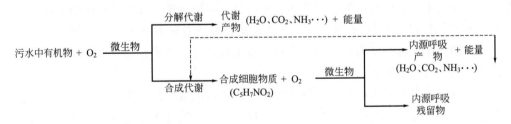

图 7-2　微生物代谢关系模式

图 7-2 为上述微生物代谢关系模式[2]，从图中可以看出，活性污泥微生物从污水中去除有机物的代谢过程，主要是由微生物细胞物质的合成（活性污泥增长）、有机物（包括一部分细胞物质）的氧化分解和氧的消耗所组成。当氧供应充足时，活性污泥的增长与有机物的去除是并行的，污泥增长的旺盛时期，也就是有机物去除的快速时期。目前，好氧生物技术是制革废水处理中应用最多的技术之一。

7.1.2.2　厌氧生物处理技术原理

在无氧状态下（厌氧生物法），由于缺乏外源电子受体，不同群落的微生物只能以内源电子受体进行有机物的降解。各类有机物经过一系列的生物化学过程转化成 CH_4 和 CO_2。图 7-3 描述了有机物通过厌氧菌的产甲烷过程[3]。

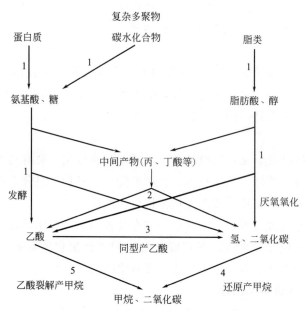

图 7-3　有机物厌氧消化反应过程图解
1—发酵菌；2—产氢产乙酸菌；3—耗氢产乙酸菌；
4—还原 CO_2 产 CH_4 菌；5—乙酸裂解产 CH_4 菌

由图 7-3 可以看出，厌氧反应中复杂有机污染物形成甲烷的碳流中，是由五个群落的微生物生态系统共同作用完成的。厌氧消化过程的五群细菌构成一条食物链，从它们的生理代谢产物来看，前三群为不产甲烷菌，它们的主要代谢产物为有机酸和氢气及二氧化碳。后两群细菌利用前三群细菌代谢的终产物乙酸和氢气及二氧化碳生成甲烷。所以称前三群菌为酸化菌群，后两群菌为产甲烷菌，或称甲烷化菌群。无论是在自然界还是在消化器内，产甲烷菌是有机物厌氧降解食物链中的最后一组成员，其所能利用的基质只有少数几种 C_1、C_2 化合物，所以必须要求不产甲烷菌将复杂有机物分解为简单化合物。由于不产甲烷菌的发酵产物主要为有机酸、氢和二氧化碳，所以统称其为产酸菌。它们所进行的发酵作用统称为产酸阶段。

在目前有机工业废水处理中厌氧技术已经得到越来越多的应用，其中厌氧酸化工艺在大多数制革废水处理工艺中得到应用，而通过厌氧产沼气处理在毛皮行业已开始应用，显示出良好的前景。

7.1.2.3　生物脱氮技术原理

废水中存在着有机氮、$NH_3\text{-}N$、$NO_x^-\text{-}N$ 等形式的氮，而其中以 $NH_3\text{-}N$ 和有机氮为主要形式。在生物处理过程中，有机氮被异养微生物氧化分解，即通过氨化作用转化成为 $NH_3\text{-}N$，而后经硝化过程转化变为 $NO_x^-\text{-}N$，最后通过反硝化作用使 $NO_x^-\text{-}N$ 转化成 N_2，而逸入大气。即生物脱氮可分为氨化-硝化-反硝化三个步骤。由于氨化反应速度很快，在一般废水处理设施中均能完成，故生物脱氮的关键在于硝化和反硝化[2]。

（1）氨化作用

氨化作用是指将有机氮化合物转化为 NH_3-N 的过程，也称为矿化作用。参与氨化作用的细菌称为氨化细菌。在好氧条件下，主要有两种降解方式，一是氧化酶催化下的氧化脱氨。例如氨基酸生成酮酸和氨：

$$CH_3CH(NH_2)COOH \longrightarrow CH_3C(NH)COOH \longrightarrow CH_3COCOOH + NH_3 \quad (7\text{-}1)$$

　　　丙氨酸　　　　　　　　　　亚氨基丙酸　　　　　　　丙酮酸

另一种是某些好氧菌，在水解酶的催化作用下能水解脱氨反应。例如尿素能被许多细菌水解产生氨。

在厌氧或缺氧的条件下，厌氧微生物和兼性厌氧微生物对有机氮化合物进行还原脱氨、水解脱氨和脱水脱氨三种途径的氨化反应。

$$RCH(NH_2)COOH \xrightarrow{+H} RCH_2COOH + NH_3 \qquad (7\text{-}2)$$

$$CH_3CH(NH_2)COOH \xrightarrow{+H_2O} CH_3CH(OH)COOH + NH_3 \qquad (7\text{-}3)$$

$$CH_2(OH)CH(NH_2)COOH \xrightarrow{-H_2O} CH_3COCOOH + NH_3 \qquad (7\text{-}4)$$

(2) 硝化作用

硝化作用是指将 NH_3-N 氧化为 NO_x^--N 的生物化学反应，这个过程由亚硝酸菌和硝酸菌共同完成，包括亚硝化反应和硝化反应两个步骤。该反应历程为：

亚硝化反应　　　　　$$NH_3 + 1\frac{1}{2}O_2 \longrightarrow NO_2^- + H^+ + H_2O + 273.5kJ \qquad (7\text{-}5)$$

硝化反应　　　　　　$$NO_2^- + \frac{1}{2}O_2 \longrightarrow NO_3^- + 73.19kJ \qquad (7\text{-}6)$$

总反应式　　　　　　$$NH_3 + 2O_2 \longrightarrow NO_3^- + H^+ + H_2O + 346.69kJ \qquad (7\text{-}7)$$

亚硝酸菌和硝酸菌统称为硝化菌。发生硝化反应时细菌分别从氧化 NH_3-N 和 NO_2^--N 的过程中获得能量，碳源来自无机碳化合物，如 CO_3^{2-}、HCO^-、CO_2 等。假定细胞的组成为 $C_5H_7NO_2$，综合考虑氧化合成后，实际应用中的硝化反应总方程式为：

$$NH_3 + 1.86O_2 + 0.98HCO_3^- \longrightarrow 0.02C_5H_7NO_2 + 1.04H_2O + 0.98NO_3^- + 0.88H_2CO_3$$
$$(7\text{-}8)$$

由上式可以看出硝化过程的三个重要特征：

① NH_3 的生物氧化需要大量的氧，大约每去除 1g 的 NH_3-N 需要 $4.2g\ O_2$；

② 硝化过程细胞产率非常低，难以维持较高物质浓度，特别是在低温的冬季；

③ 硝化过程中产生大量的质子（H^+），为了使反应能顺利进行，需要大量的碱中和，理论上每氧化 1g 的 NH_3-N 需要碱 5.57g（以 Na_2CO_3 计）。

(3) 反硝化作用

反硝化作用是指在厌氧或缺氧（$DO < 0.3\sim0.5mg \cdot L^{-1}$）条件下，$NO_x^-$-N 及其他氮氧化物被用作电子受体被还原为氮气或氮的其他气态氧化物的生物学反应，这个过程由反硝化菌完成。反应历程为：

$$NO_3^- \longrightarrow NO_2^- \longrightarrow NO \longrightarrow N_2O \longrightarrow N_2 \qquad (7\text{-}9)$$

$$NO_3^- + 5[H](有机电子供体) \longrightarrow \frac{1}{2}N_2 + 2H_2O + OH^- \tag{7-10}$$

$$NO_2^- + 3[H](有机电子供体) \longrightarrow \frac{1}{2}N_2 + H_2O + OH^- \tag{7-11}$$

[H] 可以是任何能提供电子，且能还原 NO_x^--N 为氮气的物质，包括有机物、硫化物、H^+ 等。进行这类反应的细菌主要有变形杆菌属、微球菌属、假单胞菌属、芽孢杆菌属、产碱杆菌属、黄杆菌属等兼性细菌，它们在自然界中广泛存在。有分子氧存在时，利用 O_2 作为最终电子受体，氧化有机物，进行呼吸；无分子氧存在时，利用 NO_x^--N 进行呼吸。

（4）同化作用

在生物脱氮过程中，废水中的一部分氮（NH_3-N 或有机氮）被同化为异养生物细胞的组成部分。微生物细胞采用 $C_{60}H_{87}O_{23}N_{12}P$ 来表示，按细胞的干重量计算，微生物细胞中氮含量约为 12.5%。虽然微生物的内源呼吸和溶胞作用会使一部分细胞的氮又以有机氮和 NH_3-N 形式回到废水中，但仍存在于微生物的细胞及内源呼吸残留物中的氮可以在二沉池中得以从废水中去除。

制革综合废水中含有大量的氨氮和总氮，氨氮浓度一般在 $150 \sim 300 mg \cdot L^{-1}$，总氮浓度一般在 $300 \sim 800 mg \cdot L^{-1}$，因此，生物脱氮技术对于制革废水处理尤为重要。目前，传统的生物脱氮工艺在皮革行业已得到广泛应用。近年来，随着水处理技术的发展，同步硝化-反硝化（SND）、好氧反硝化、短程硝化-反硝化、厌氧氨氧化等新型生物脱氮理论和工艺不断涌现，这些新工艺在制革废水中的应用受到诸多制约因素，有必要进行深入系统的研究和开发。

7.2　制革废水特征和处理原则

7.2.1　制革过程污染物类型和来源

制革过程属于非均相、多步骤、非连续、间歇与半间歇相互交织的加工过程，则制革过程中污染物必然来源于整个加工过程中参与反应的各类物质及其反应产物。总体来说，主要包括以下三个方面[4]。

（1）来自原料皮的污染物

这部分污染物包括两种类型。一种是原料皮的无用部位，主要以固体废弃物形式存在，如毛、肉、革屑、革渣等；另一种类型是加工过程中由原料皮进入水中的有机、无机污染物，如脂肪类、蛋白类有机物及其降解产物、盐等，这类污染物构成了废水中一部分溶解性和悬浮性污染物，如 COD、BOD、有机氮和 NH_4^+-N、Cl^- 等。

（2）来自皮革化料的污染物

制革加工过程中使用的各种无机、有机化学品，如助剂、鞣剂以及染料、涂饰剂等，由于工艺差异、清洁生产水平差异，使上述化工原料利用率存在相当大的差异，从而成为废水中污染物的主要来源。这类污染物除构成 COD_{Cr}、BOD_5 外，也是制革工业特征污染物铬、硫化物、NH_4^+-N、酚类等的来源。

（3）制革过程中的耗水

制革加工诸多过程都是在水介质中完成的，以非均相、间歇加工为特征，每一工序都需要将不同的皮张和化料置于不同的水环境中，完成各工序后还需对皮张中残余的化料进行清洗，从而形成了传统制革业的高耗水特征。以目前我国制革技术水平，加工每吨原料皮耗水情况分别为：牛皮为 $50\sim100m^3$，猪皮为 $40\sim80m^3$，羊皮为 $40\sim70m^3$。

表 7-1 显示了传统制革过程中各工段废水主要成分和水量分配情况[5,6]。

表 7-1　制革各工段废水主要成分和水量分配情况

参　数	浸水	浸灰	脱灰、软化	浸酸铬鞣	复鞣加脂、染色
pH	6～10	12.5～13	6～11	3.2～4	4～10
温度/℃	10～30	10～25	20～35	20～60	20～60
沉淀物/mg·L⁻¹	100～250	300～700	50～150	20～45	100～500
TSS/mg·L⁻¹	2300～6700	6700～25000	2500～10000	380～1400	1000～2000
BOD₅/mg·L⁻¹	2000～5000	5000～20000	1000～4000	100～250	6000～15000
CODCr/mg·L⁻¹	5000～11800	20000～40000	2500～7000	400～800	15000～75000
NH₄⁺-N/mg·L⁻¹	80～100	60～80	800～3000	50～60	200～380
TKN/mg·L⁻¹	150～180	300～400	1800～3900	50～150	400～500
Cr³⁺/mg·L⁻¹	—	—	—	4100	0～3000
硫化物/mg·L⁻¹	0～700	2000～3300	25～250	—	—
氯化物/mg·L⁻¹	17000～50000	3300～25000	2500～15000	2000～8950	5000～10000
油脂/mg·L⁻¹	1700～8400	1700～8300	0～5	—	20000～50000
含氯有机溶剂/mg·L⁻¹			0～2500		500～2000
表面活性剂/mg·L⁻¹	0～400	0～300	0～500		500～2000
水量分配①/%	20	16	26	3～6	28

① 另有 5% 的水来自其他过程。

基于上述情况，形成制革工业废水的主要特征如下[5,7]。

① 高浓度的 S^{2-} 和 Cr(Ⅲ)：S^{2-} 全部来自脱毛浸灰，加工 1t 盐湿牛皮需耗 40kg 硫化物，排放 $15\sim18kg$ 的 S^{2-}，当 pH 小于 6 时，可全部转化为硫化氢，厂内危害严重；Cr(Ⅲ) 有 70% 来自铬鞣，26% 来自复鞣，废水中 Cr(Ⅲ) 含量一般在 $60\sim100mg\cdot L^{-1}$，传统制革过程中加工 1t 盐湿牛皮耗铬盐 50kg，排放总铬 $3\sim4kg$。

② 高 pH 和含盐量：综合废水 pH 在 $8\sim10$，碱性主要来自脱毛膨胀用的石灰、烧碱和硫化物。大量的氯化物、硫酸盐等中性盐主要来源于原皮保藏、脱灰、浸酸和鞣制工艺，废水中含盐量可达 $2000\sim3000mg\cdot L^{-1}$。当饮用水中氯化物含量超过 $500mg\cdot L^{-1}$ 时，可明显尝出咸味，如高达 $4000mg\cdot L^{-1}$ 会对人体产生危害。硫酸盐含量超过 $100mg\cdot L^{-1}$ 时也会使水味变苦，饮用后易产生腹泻。中性盐的存在对生化处理具有显著抑制作用，而常规方法难以去除废水中的中性盐。

③ 低 C/N 比：制革废水中的氮源包括两大部分，一部分是加工过程中从原料皮进入水体的氮，占到废水总氮量的 50% 以上，其中以脱毛工段产生的可溶性有机氮为主，占 30% 以上，其他工段释放氮占到 20% 左右。另一部分来自脱灰、软化工段由化料带入的含氮有机物，占废水总氮量的 45%。这两部分氮源可使废水中的总氮浓度达到 $500\sim800mg\cdot L^{-1}$，氨氮浓度则达到 $150\sim350mg\cdot L^{-1}$。从而造成废水的 C∶N 值在 25 以下，远远低于常规生化法所要求的 C/N 比值。

④ 高含量悬浮物和高色度：悬浮物主要有油脂、碎肉、皮渣、毛、血污等，含量为 $2000\sim4000mg\cdot L^{-1}$；色度由植鞣、染色、铬鞣废水和灰碱液形成，稀释倍数一般为 $600\sim3600$ 倍；BOD_5/COD_{Cr} 比值在 $0.40\sim0.50$，可生化性好。

⑤ 毒性、难降解类有机物类型多：主要包括来自防腐剂的酚类物质、合成鞣剂、植物鞣剂中的高聚物、染料以及人工合成的各种表面活性物质。随着有机鞣剂和各类助剂的大量使用，难降解毒性有机物在废水中的含量有持续增加的趋势。

⑥ 高耗水量、大水质波动：除耗水外，由于制革过程的间歇性生产，使每道工序出水水质、水量差异较大，导致排入污水处理场的废水 pH、COD_{Cr}、BOD_5 浓度波动性大，影响了末端治理效果的稳定性。

7.2.2　制革废水排放特征与处理原则

利用活性污泥法处理废水，微生物对废水有两个基本要求，即废水中不能含有高浓度的毒性物质，同时，废水水质要保证基本稳定。因此在制革废水处理中最关键的是在预处理阶段将毒性污染物从水中去除掉，并保证废水浓度维持在一个稳定的范围内。制革加工过程中来自于化料的高浓度毒性污染物主要是残余的硫化物和铬，其次，废水中大量的中性盐对微生物也有抑制作用。

硫化物中的 S^{2-} 对微生物并没有直接毒性作用，其毒性主要来自当环境 pH 低于 6 时 S^{2-} 转化的 H_2S，当废水中 H_2S 达到 $150mg \cdot L^{-1}$ 以上时，可完全抑制微生物的生长[8]。另外，生化处理系统中当厌氧微生物占优势时，含硫有机物、硫酸盐也可以大量地转化为 H_2S，因此一定程度上限制了厌氧技术在制革废水中的应用。近期研究发现，当有效控制好 pH 在碱性条件下，制革废水中的 H_2S 很难达到对微生物产生抑制的程度。实际运行中，废水中即使 S^{2-} 浓度达到 $300mg \cdot L^{-1}$，也不会对活性污泥产生影响[9]，且好氧活性污泥可以迅速将 S^{2-} 氧化为 SO_4^-，因此在实际处理过程中，含硫废水可以不用单独处理。

Cr 作为第一类优先控制污染物，按国家污水排放标准中必须在第一排放口直接处理的原则，来自铬鞣工段和复鞣染色工段废水中的 Cr(Ⅲ) 必须进行单独处理。当鞣制废水与综合废水混合后，废水中的 Cr(Ⅲ) 浓度一般在 $100mg \cdot L^{-1}$ 以下，并不表现出明显的毒性，但由于生化系统中废水的 pH 一般在 7.5 以上，有可能造成活性污泥中 Cr(Ⅲ) 的过量累积，从而降低污泥的活性。调查显示，如果含铬废液不单独处理，生化污泥中总 Cr 累积量可达到 $15g \cdot (kg 干泥)^{-1}$ 以上，导致形成大量富含 Cr 的危险性固体废弃物，其处理难度会更大[10]。

制革废水属于高浓度有机废水，其 COD_{Cr} 可达到 $10000mg \cdot L^{-1}$ 以上，但废水中的悬浮性有机物占了 60% 以上，因此有效区别悬浮性 COD_{Cr} 和溶解性 COD_{Cr} 是高效处理制革废水的技术关键。废水中油脂、肉屑、皮渣、残毛、血污等悬浮物通过物理的方法可以得到有效地去除，对减轻生化负荷、降低水处理投资和运行成本具有举足轻重的作用，因此制革废水预处理段应加强悬浮物的对症处理。

由于制革加工工艺的特殊性，制革废水通常是间歇式排出，导致水排放量出现时流量变化和日流量大的波动变化，生产工序的不同，在每天的生产中可能会出现 5h 左右的高峰排水。高峰排水量可能为日平均排水量的 2~4 倍，日常排水量中，高峰期与低峰期排水量可相差 1/2~2/3。伴随着大的水量变化，废水水质波动也很大。如某猪皮制革厂，综合废水平均 COD_{Cr} 值为 3000~4000mg·L^{-1}，综合废水 pH 平均为 7~8，由于工序安排和排放时间不同，一天中 COD_{Cr} 值在 3000mg·L^{-1} 以上的情况会出现 4~5 次，而一天中 pH 最高可达 11，最低为 2 左右，显示出污染物排放的无规律性。因此，废水水质水量调节成为制革废水处理技术的又一关键，在有效去除悬浮性 COD_{Cr} 的基础上，强化调节功能、选择耐冲击负荷的生化处理系统是非常必要的[11]。

综上所述，在处理制革废水时应着重强调以下几个原则：

① 分质分流，最大限度地实现各工段废水的回用，大幅度降低废水中含硫、含氮污染物以及中性盐浓度；

② 优化含铬废水的单独处理，最大限度回收铬、减少含铬固废产生量；

③ 物化与生化处理相结合，有效区分悬浮性 COD_{Cr} 和溶解性 COD_{Cr}，减少污泥量；

④ 注重废水处理系统的调节功能，选择耐冲击负荷的生化处理系统，重点强化废水生化系统的脱氮和毒性有机物的降解功效；

⑤ 注重深度处理技术与生化尾水水质的特性，降低污水处理成本。

图 7-4 显示了制革工业废水常规处理基本流程。

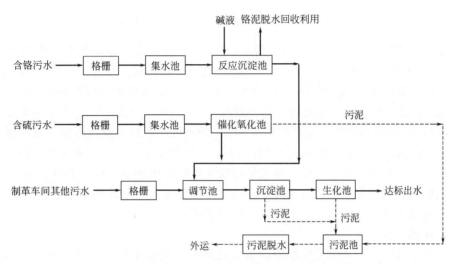

图 7-4　制革工业废水常规处理基本流程示意[3]

7.3　制革废水分质分流与单独处理技术

7.3.1　含硫废水预处理原理和技术

在传统制革生产中，脱毛操作多采用硫化碱脱毛技术，由此造成脱毛浸灰工序中产生的废液含有大量的石灰、硫化物、蛋白质和油脂、毛发等。每加工一张猪皮平均产生脱毛废液 15～20L，每张牛皮产脱毛废液 65～70L。废水产生量约占制革污水总量的 10%～20%，硫化物含量在 2000～4000mg·L^{-1}，占到制革废水总量的 90%以上，COD_{Cr} 值视毛的毁损程度存在很大差异，一般占到废水 COD_{Cr} 总量的 50%以上，悬浮物和浊度值都很大，是皮革工业中污染最为严重的废水。表 7-2 列出了不同制革工艺中脱毛废液污染指数[4]。

表 7-2　不同制革工艺中脱毛废水排放及水质情况

工艺	废水量/m^3·d^{-1}	pH	COD_{CrCr}/mg·L^{-1}	BOD_5/mg·L^{-1}	SS/mg·L^{-1}	S^{2-}/mg·L^{-1}
猪皮	30	14	2330～11300	1880～5920	3370～21870	115～884
牛皮沙发革	35	13	13300	3080	1380	3430

根据液比、水洗和冲洗水的用量，浸灰脱毛废液中含 Na_2S 的量为 $2.5 \sim 8g \cdot L^{-1}$，与其他的制革废水混合和稀释后，Na_2S 浓度为 $200 \sim 600mg \cdot L^{-1}$[12]，制革废水排放到环境中时，硫化物含量要求要低至 $0.5mg \cdot L^{-1}$ 以下。因此要有效去除硫化物，最好在它与其他工段废水混合前单独处理。

处理灰碱法脱毛皮液的方法通常有锰盐催化氧化法、酸化吸收法，这两种方法的目标在于回收单质硫或 S^{2-}，而传统的采用铁盐沉淀除 S^{2-} 的方法，因其污泥产量大，目前已被逐渐淘汰，在此不再赘述。

（1）锰盐催化氧化法

通常，不论在酸性条件下还是碱性条件下硫化物都可以被氧化成单质硫。

碱性条件下：$\qquad 2S^{2-} + O_2 + 2H_2O === 2S\downarrow + 4OH^-$

酸性条件下：$\qquad 2S^{2-} + O_2 + 4H^+ === 2S\downarrow + 2H_2O$

但实际应用时，此反应速度较慢，反应不彻底，控制单质硫转化的难度较大。为此，多采用空气-锰盐催化氧化法。此法中常用的催化剂为硫酸锰。用量根据废水中硫化物的含量而定，当废液中硫化物浓度低于 $1000mg \cdot L^{-1}$ 时，催化剂用量应控制在 $30 \sim 100mg \cdot L^{-1}$。硫化物浓度较高时，催化剂用量一般在 $300 \sim 500mg \cdot L^{-1}$[4]。通常硫酸锰的用量为硫化物量的 5% 较为合适，处理时以 $MnSO_4$ 的溶液状态加入较为适宜（溶解度 $500g \cdot L^{-1}$），分别在曝气前和 15min 后分两次加入，处理效果较好。经充氧处理 $4 \sim 5h$ 后，S^{2-} 的去除率可达 90% 以上。经处理硫化物浓度可降低到 $300mg \cdot L^{-1}$ 以下。

含硫废水催化氧化设施包括反应池、鼓风曝气装置和催化剂加药系统，整个反应系统可以采用连续式或间歇式运行，主要依处理规模确定。

（2）酸化吸收法

在酸性条件下，浸灰脱毛废液中的硫化物可生成极易挥发的 H_2S 气体，生成的气体通过碱液吸收，形成硫化碱。

酸化：$\qquad Na_2S + H_2SO_4 === H_2S\uparrow + Na_2SO_4$

碱吸收：$\qquad H_2S + 2NaOH === Na_2S + 2H_2O$

在实际运行中，将反应池中废液用硫酸调至 pH $4.0 \sim 4.5$，经充分搅拌使 H_2S 释放，然后用真空泵连续抽出所产生的硫化氢气体通入碱吸收塔，整个反应过程中，吸收系统必须保证完全处于负压和密闭状态，确保 H_2S 气体不至外漏。整个过程约需要 6h 完成。采用酸化吸收法处理脱毛废水，硫化物去除率可达 90% 以上，COD_{Cr} 去除率可达 80% 以上。该方法可以实现硫化物的资源化回收，碱吸收后的硫化钠可以直接回用于脱毛工艺，且无其他杂质，是一种值得推荐的技术，但由于对设备安全有较高的要求，目前并未得到广泛应用。

7.3.2 含铬废水

含铬废水主要来源于制革鞣制、复鞣、染色工段。目前废铬液除直接循环外，主鞣和复鞣工段的废水通常采用加碱沉淀的方法进行处理[4]，该方法操作简单、反应彻底、出水可使溶解铬浓度达到 $1.0mg \cdot L^{-1}$ 以下。鞣制结束后，铬鞣废液中视工艺不同铬含量一般在 $500 \sim 1000mg \cdot L^{-1}$ 之间，同时含有大量的皮屑和碎渣等悬浮物，通过加碱，三价铬在水中可以如下形式相互转化：

$$Cr^{3+} + 3OH^- \rightleftharpoons Cr(OH)_3 \downarrow \rightleftharpoons CrO_2^- + H^+ + H_2O$$

$Cr(OH)_3$ 形成稳定沉淀对应的 pH 范围为 8.5～10.0，其溶度积常数 $K_{sp} = 8.4 \times 10^{-4}$。调整合适的 pH 值是控制废液中铬浓度的关键。目前制革厂铬沉淀最常用的沉淀剂为 NaOH 和 $Ca(OH)_2$，沉淀剂的投料量应以废铬液浓度、体积和 pH 等参数来计算，最终控制 pH 在 8.5～9.0 之间。其中，因 $Ca(OH)_2$ 溶解度有限，应用不当，可增大铬泥量。沉淀后形成的铬污泥经过压滤机压滤，可采用酸溶、氧化、还原等过程制备成循环铬液回用于鞣制工序。

染色废水中的铬主要来自染色过程中从皮上脱落的结合不牢的铬，其中含有大量络合态铬，常规的加碱沉淀法很难使处理后废水达到 $1.5mg \cdot L^{-1}$ 以下的管控指标，目前最常用的方法是在加碱的同时，投入大量的絮凝剂，使铬通过"吸附-混凝"的协同机制得到高效去除，实际操作时由于大量溶解性 COD_{Cr} 的析出，由此造成大量含铬污泥的产生，这是目前制革废水处理中的问题，需要针对络合态重金属的"破络-沉淀"去除方法开展技术研究。

7.3.3　含油废水

对于以猪皮、绵羊皮为原料的制革工艺，废水中油脂含量较高，如果不进行单独处理，可造成管路及设备堵塞，在调节池和曝气池表面形成油膜上浮，减少曝气系统 DO 利用率，加大生化系统负荷，在沉淀池中也可能造成浮渣的聚集，影响出水口水质。一般情况下，生猪皮的油脂含量在 21%～35% 之间. 去肉（机械脱脂）后油脂去除率为 15%，脱脂后油脂去除率为 10%，浸灰、鞣制后，原有油脂的 85% 左右被去除，大多数转移到废水中，并主要集中在脱脂废液中，致使脱脂废液中的油脂含量、COD_{Cr} 和 BOD_5 等指标很高。对于这一类悬浮物，如果与综合废水混合后再除油加大了处理总量，一般需在混入综合废水前进行除油处理，目前常用的处理方法主要包括隔油技术和气浮技术。

当废液中油脂含量在 $6000mg \cdot L^{-1}$ 以上时，采用隔油等物理方法效果明显。隔油池为单一或多室的分离装置，由于池内水平流速较低，一般为 $0.002 \sim 0.01m \cdot s^{-1}$，要求收集池的体积和表面积要足够大，以保证该系统的滞留时间和向下流速适合油脂的捕集，废水在池内的停留时间一般为 2～10min，最小液体表面负荷率为 $10m^3 \cdot m^{-2} \cdot h^{-1}$，油脂废水通过底部装有沉式堰与上部聚集漂浮的油脂层相分离。

气浮技术的基本原理就是向污水中通入空气，使得水中产生大量的小气泡，细小的油滴颗粒随之黏着在气泡上，随着气泡一同浮出水面，从而将杂质和清水分离。气浮技术所处理的水一般要添加适量的絮凝剂，形成一个内部充满水的网络状构筑物的絮凝体，此絮凝体黏附了一定量的气泡，由此实现油脂的高效分离。根据含油废水油脂组分和含量的不同，气浮法可与隔油池联合使用，通过"隔油-气浮"协同处理，可使 $1\mu m$ 以上的油脂颗粒物得到有效去除。图 7-5 为目前常用的溶气气浮系统示意图。溶气气浮主要由接触室、反应室、刮渣装置、压力溶气罐和释放器等组成。经过絮凝的污水由气浮池的底部进入接触室，同溶气释放器释放的气泡接触。这时絮粒与气泡附着在一起，并在接触室内缓慢上升，接着随水流进入分离室，刮渣装置去除在水面上的浮渣漂。可以在出水的地方取出一部分水，这部分水经过加压处理。通过机器向罐内充入高压空气，让充入的空气溶于水中。

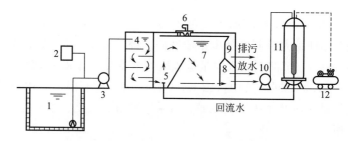

图 7-5　加压溶气气浮处理系统示意图

1—调节池；2—投加絮凝剂设备；3—污水泵；4—折板反应室；5—释放器；6—刮沫机；
7—气浮池；8—溶气水存放池；9—污泥池；10—溶气水泵；11—溶气罐；12—空压机

7.4　制革综合废水处理技术

如图 7-1 所示，制革综合废水遵循一般有机工业废水的处理流程，近年来，随着水处理技术的发展，制革综合废水处理技术得到了许多的改进，以下分别就制革废水中常用的技术类型和特点作简单介绍[13]。

7.4.1　一级处理

一级处理主要采用物理法和化学法，常用的物理法和化学法主要包括技术类型列于表7-3。主要由格栅（筛网）、预沉池、调节池和初级沉淀池组成。

表 7-3　用于制革废水处理的物理法、化学法的主要技术类型

方法分类	主要技术类型			
物理法	过滤	重力分离(预沉)	上浮分离(隔油)	离心
化学法	混凝沉淀法	絮凝气浮法	酸碱中和法	氧化还原法

（1）格栅

格栅设于污水处理厂所有处理构筑物之前，用于截留废水中粗大的悬浮物或漂浮物，防止其后处理构筑物的管道阀门或水泵堵塞。根据截留悬浮物的大小，格栅按栅条间隙大小分为粗格栅（50～100mm）、中格栅（10～40mm）、细格栅（3～10mm）三种；按形状可分为平面格栅和曲面格栅两种。格栅一般与水平面成 60°～70°倾角，也有成 90°安置。格栅设计面积（过水面积）一般不小于进水管渠有效面积的 1.2 倍。

（2）预沉池和筛网

制革废水中含有的毛渣等细小悬浮物，很难被格栅截流，为减少污泥产生量，常采用预沉方法将可重力沉降的悬浮物（SS）优先去除，以避免后段处理过程加药过多。近年来，随着皮革保毛脱毛工艺的运用，废水中的 SS 大幅降低。工程实践发现，采用分级格栅配合筛网过滤可有效地替代预沉池，大幅度减少污泥量和土建费用。筛网过滤装置可以分为振动筛网、水力筛网、转鼓式筛网、转盘式筛网。图 7-6 中列举出了一些皮革企业选用的筛网，其中细筛（≤2mm 梯形或鼓形）和微滤网（≤0.5mm）的使用可使初沉池中污泥量减少 30%以上。

图 7-6　皮革废水处理中可供选择的筛网形式

（3）调节池和初沉池

制革过程为不连续的加工过程，废水水量和水质波动较大，需对水量水质进行调节，以确保后续水处理单元的稳定运行。这种污水构筑物称为调节池。调节池主要有以下几个功能：

① 缓冲有机物负荷，防止生物处理系统负荷急剧变化；

② 控制 pH 减少调节酸度药品投加量；

③ 减小流量波动，使化学品添加速率适合定额；夜间停产后，仍可以向生物处理系统继续输水；

④ 防止高浓度有毒物质直接进入生物处理系统。

调节池内废水混合方法主要包括：水泵强制循环、空气搅拌、机械搅拌、穿孔导流槽引水等 4 种方式，废水经过调节池后，一般用提升水泵提升到后段带有混凝加药系统的初沉池，通过化学混凝沉淀和气浮工艺强化一级处理对 SS 的去除。

7.4.2　好氧生物处理技术

截至目前，废水好氧生物处理技术已经有了长足的发展，形成了以活性污泥法为核心的各种处理工艺类型。根据活性微生物是否附着载体，一般分为悬浮性生长和附着性生物处理工艺，前者主要有活性污泥法，后者有生物膜法（包括接触氧化法和生物转盘等形式），根据运行方式的不同，目前发展出许多的活性污泥法的变型工艺，其中常用于制革废水处理的有传统式活性污泥法、氧化沟工艺、生物接触氧化工艺和序批式间歇反应器（sequence batch reactor，SBR）。以下着重就这几种工艺在制革废水中的应用做一简要介绍。

7.4.2.1　传统式活性污泥法

传统式活性污泥法根据水在反应池中的流态分为推流式和完全混合式。

（1）推流式活性污泥法

推流式活性污泥法工艺流程如图 7-7 所示。污水和回流污泥从池首端流入，呈推流式至池末端流出。污水净化过程中的第一阶段吸附和第二阶段的微生物代谢是在一个统一的曝气池中连续进行，进口处有机物浓度高，沿池长逐渐降低，需氧率也是沿池长降低的。在运行过程中，池首到池尾的污泥负荷率和微生物类型是不相同的，活性污泥几乎经历了一个生长周期，所以处理效果很高，特别适用于处理要求高而水质较稳定的污水。其主要技术要点如下：

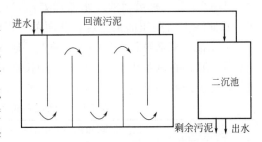

图 7-7　多廊道推流式活性污泥法流程

① 推流式进水，也可多点进水，较前者可均匀分配污水负荷和需氧量，但对 BOD_5、COD_{Cr} 和 NH_3-N 的去除率相对较低；

② 采用固定双螺旋曝气器进行鼓风曝气，确保污水中污染物在此阶段最大程度降解获得去除。主要工艺参数如表 7-4 所示。

表 7-4　推流式活性污泥法主要工艺参数

污泥负荷	$0.2\sim0.4kgBOD_5 \cdot (kgMLSS \cdot d)^{-1}$	水力停留时间	$4\sim8h$
容积负荷	$0.3\sim0.8kgBOD_5 \cdot (kgMLVSS)^{-1}$	溶解氧	$2\sim8mg \cdot L^{-1}$
污泥浓度	$1500\sim3000mgMLSS \cdot L^{-1}$	污泥回流比	$0.25\sim0.50$
污泥龄	$5\sim15d$	BOD 去除率	$85\%\sim96\%$

推流式的缺点主要有三个方面：

① 进入池中的污水与回流污泥一般不与反应池中原有混合液混合，因此，进水浓度尤其是有抑制物质的浓度不能高，不适应冲击负荷；

② 沿进水方向需氧量先高后低，而空气供应往往是均匀分布，形成供氧与需求矛盾，使前段无足够的溶解氧，后段氧的供应大大超过需要，增加动力费用；

③ 容积负荷率低，曝气池庞大，占用土地较多，基建费用高。

(2) 完全混合式活性污泥法

完全混合式活性污泥法工艺流程如图 7-8 所示，其主要工艺参数如表 7-5 所示。它与推流式的主要区别在于污水与回流污泥进入曝气池后立即与池内原有的泥水混合液充分混合，并顶替等量的混合液至二沉池。其工艺特点如下。

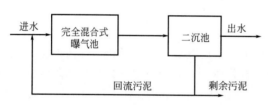

图 7-8　完全混合式活性污泥法流程示意

① 进入曝气池的污水能得到稀释，使波动的进水水质得到均化，因此进水水质（包括 BOD_5 和毒物）的变化对活性污泥的影响将降低到很小的程度，能较好地承受冲击负荷，尤其适应制革污水的处理要求。

② 能够处理高浓度有机污水而不需要稀释，仅随浓度的高低程度在一定污泥负荷率范围内适当延长曝气时间即可。

③ 池内各点水质均匀一致，污泥负荷值在池内各点几乎相等，微生物群体的性质和数量基本相同，池内各部分工作情况几乎完全一致。故在处理效果相同的情况下，它的污泥负荷率将高于其他活性污泥法。与此同时，由于池内需氧均匀，因此节省动力。

④ 该法是一种灵活的污水处理方法，可以通过改变污泥负荷值，使其工作点处于污泥增长曲线上所期望的某一点，从而可以得到所期望的某种出水水质。

完全混合式活性污泥法的主要缺点是连续进出水，可能产生短流、出水水质不及推流法理想等。目前在制革废水处理中多采用长廊道式完全混合式活性污泥法，该工艺汲取了推流式的良好流态和完全混合式耐冲击负荷两者的优点，以弥补混合式在脱氮功能方面的不足。

表 7-5　完全混合式活性污泥法主要工艺参数

污泥负荷	$0.2\sim0.6kgBOD_5 \cdot (kgMLSS \cdot d)^{-1}$	水力停留时间	$3\sim5h$
容积负荷	$0.6\sim2.4kgBOD_5 \cdot (kgMLVSS)^{-1}$	溶解氧	$2\sim8mg \cdot L^{-1}$
污泥浓度	$2500\sim4000mgMLSS \cdot L^{-1}$	污泥回流比	$0.25\sim1.00$
污泥龄	$5\sim15d$	BOD 去除率	$80\%\sim90\%$

7.4.2.2　氧化沟工艺

氧化沟作为推流式活性污泥法的变型工艺，其曝气池呈封闭的沟渠形，污水和活性污泥混合液在氧化沟的曝气器推动下做水平流动，因此被称为"氧化沟"，流程形式如图7-9所示。其工艺运行特点如下[7]。

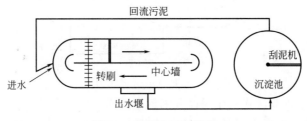

图 7-9　氧化沟工艺流程

氧化沟的基本形式呈封闭式沟渠，而沟渠可以呈各种形状，可是单沟形，也可以是多沟系统，多沟系统可以是一组同心的互相连通的沟渠，也可以是互相平行、尺寸相同的一组沟渠。多种氧化沟的构造形式，赋予了氧化沟灵活机动的运行性能。目前常用于制革废水处理的主要有 Carrousel 氧化沟和 Orbal 氧化沟。

（1）Carrousel 氧化沟

采用立式低速表面曝气器供氧并推动水流前进，将表面曝气器每组安装一个，均安置在一端，形成了靠近曝气池下游的富氧区和曝气池上游及环以外的缺氧区[见图 7-10(a)]，这不仅有利于生物凝聚，而且还使污泥易于沉淀，BOD_5 去除率达到了 $95\%\sim99\%$，脱氮效率约为 90%，除磷效率为 50%。

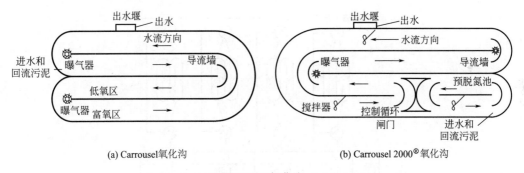

(a) Carrousel氧化沟　　　　　　(b) Carrousel 2000®氧化沟

图 7-10　氧化沟

为适应脱磷脱氮的要求，目前又开发了 Carrousel 2000® 等类型的氧化沟[见图 7-10(b)]。

（2）Orbal 氧化沟

反应器的形式为同心圆形的多沟槽系统（见图 7-11），每一圆沟渠均表现出单个反应器的特性，污水从外沟依次流入内沟，各沟内有机物浓度和溶解氧浓度均不相同。Orbal系统同样具有推流式反应器的特性，可以达到快去除有机物和氨氮的效果，设计中可采用较深的氧化沟（$3.5\sim4.5m$），并借助配置在各槽中曝气盘的数目改变输入每一槽的供氧量。

（3）交替式氧化沟

主要是双沟（D 形）式氧化沟，即双沟式交替地在好氧和沉淀的状态下工作，并可完

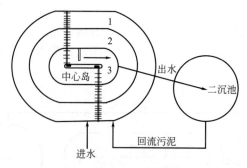

图 7-11　Orbal 氧化沟

成硝化与反硝化。由于双沟式氧化沟设备闲置率较高（大于 50％），因此又开发了三沟式（T 形）氧化沟，从而提高了设备利用率（大于 58.3％）。双沟交替式氧化沟的类型见图 7-12。

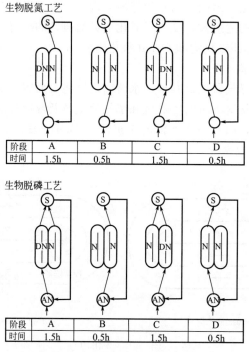

图 7-12　双沟交替式生物脱氮氧化沟工艺原理

N—好氧状态；DN—脱氮状态；AN—厌氧状态；

S—沉淀；A～D—运行状态

三沟式氧化沟由三个相同的氧化沟组建在一起作为一个单元运行，三个氧化沟之间相互双双连通，两侧氧化沟可起曝气和沉淀双重作用。三个相同的系统没有单独设置反硝化区，而是通过运行过程中设置的停曝期来进行反硝化，好氧和缺氧阶段完全可以由转刷转速的改变来进行自动控制，从而获得了较高的脱氮效率。去除 BOD_5 和生物脱氮的三沟式氧化沟运行方式见图 7-13。

传统的氧化沟一般采用的是表面曝气的方式，由此导致池体深度不足、供氧可控性差。为此，人们开发了各种底部曝气方式来弥补其不足，并与厌氧池相配合，强化了制革废水生物脱氮的功能。

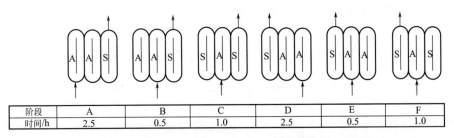

阶段	A	B	C	D	E	F
时间/h	2.5	0.5	1.0	2.5	0.5	1.0

图 7-13　三沟式氧化沟去除 BOD_5 和生物脱氮的工艺原理

A—曝气；S—沉淀；A~F—运行状态

7.4.2.3　生物接触氧化工艺

好氧接触氧化工艺是生物膜法的一种，在反应池中，微生物附着在池内填料中形成一层薄的生物膜，成熟的生物膜由内层的厌氧膜和外层的好氧膜构成。与活性污泥法一样，生物膜法主要去除废水中溶解性的和胶体状的有机污染物，同时对废水中的氨氮具有一定的硝化能力。其工艺流程如图 7-14 所示。

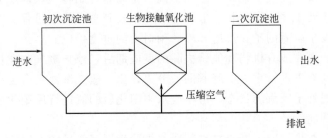

图 7-14　生物接触氧化法的基本流程

生物接触氧化池由池体、填料、布水系统和曝气系统等组成；填料高度一般为 3.0m左右，填料层上部水层高约为 0.5m，填料层下部布水区的高度一般为 0.5~1.5m。填料是微生物的载体，分为硬性填料、软性填料、半软性填料及球状悬浮型填料等类型，对接触氧化池中生物量、氧的利用率、水流条件和废水与生物膜的接触反应情况等有较大影响。生物接触氧化工艺的主要特点有如下几个方面：

① 生物接触氧化池内的生物固体浓度（$10\sim20\mathrm{g\cdot L^{-1}}$）高于活性污泥法，具有较高的容积负荷（可达 $3.0\sim6.0\mathrm{kg\ BOD_5\cdot m^{-3}\cdot d^{-1}}$）；

② 不需要污泥回流，无污泥膨胀问题，运行管理简单；

③ 对水量水质的波动有较强的适应能力；

④ 污泥产量略低于活性污泥法。

近年来，人们通过不同类型填料的开发进一步优化了生物接触氧化的功能，使其在工业废水中对难降解有机物、氨氮和总氮的去除方面得到了改善，表现出更多的优势。但在制革废水处理中，由于大量钙盐的存在，使填料上负载的生物膜容易钙化，导致污泥浓度和活性不足，一般将该工艺用于制革企业的二级生化中。

7.4.2.4　序批式活性污泥法

序批式活性污泥法，又称 SBR 法，其工艺流程如图 7-15 所示。SBR 去除水中 BOD机理与活性污泥法基本相似，主要通过反应器内预先培养驯化一定量的活性微生物（活性污泥），在废水进入反应器与活性污泥混合接触并有氧存在时，微生物利用废水中的有机物进行新陈代谢，将有机污染物降解并同时进行微生物细胞增殖，然后将微生物细胞物质

（活性污泥）与水沉淀分离，废水得到处理。

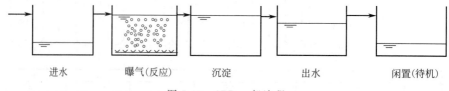

图 7-15　SBR 一般流程

SBR 操作模式是由进水、反应、沉淀、出水和待机五个基本过程组成。由于运行中采用间歇式的形式，因此每一反应池是批量处理污水。该工艺一般由多个 SBR 池组成。运行时，从污水分批进入池中，经活性污泥的净化，到净化后的上清液排出池外，完成一个运行周期，每个运行周期可划分为进水期、反应期、沉降期、排水期和闲置期。

（1）进水期　废水流入反应器的过程，在此期间反应器可以有不同的操作方式来满足不同废水水质的要求，如微曝气搅拌、不曝气、前/后半程曝气等。

（2）反应期　反应器进水完毕，达到最高水位时，开始曝气，即反应期，这是达到有机物去除目的的主要工序，微生物一般要经历从生长到衰亡的全过程。在有机物去除的同时，反应期还能发生氨氮的硝化反应和除磷菌对磷的过度摄取。

（3）沉降期　在完成有机物和氮磷去除的反应期后，停止曝气和搅拌，由于活性污泥絮体在完全静止状态下进行重力沉降和固液分离，比一般二沉池具有更高的沉淀效率。在此期间，活性污泥处于厌氧的状态，可将废水中硝化后的氮进行反硝化脱氮，因此，SBR 具有较好的脱氮功能。

（4）排水期　在排水期，开启排水装置，排除污泥沉降后的上清液，恢复到处理周期开始时的最低水位。反应器底部沉降的活性污泥大部分作为下个处理周期的回流污泥使用，剩余活性污泥引出排放。反应器剩余的部分处理水可以起到循环和稀释的作用。

（5）待机期　排水之后到下个周期开始之前的时间称为待机期或闲置期，它是整个运行周期的机动时间，目的在于灵活调节周期内的时间，使之便于运行。在闲置期可以根据需要进行搅拌和曝气，以利于活性污泥保持活性。在以除磷为目标的 SBR 运行中，要在闲置期之初排放污泥。

SBR 法运行控制可通过定时器或液位计实现。在 SBR 一个运行周期内不同工序所需时间各不相同，一般情况下进水时间在 1~4h，曝气时间 6~8h，沉降 0.5~2h，排水 0.5~1h，闲置排泥 0.5~1h[14]。反应器最高液位由处理水量、反应器容积、曝气装置的种类等因素决定，一般在 4~5m，最低液位与反应器的容积、污泥浓度和沉降性能用水装置的浮水深度等因素有关，一般为 20%~30% 的最高液位。

由于 SBR 运行操作的高度灵活性，在大多数场合都能代替连续活性污泥法，实现与之相同或相近的功能。改变 SBR 的操作模式，就可以模拟完全混合式和推流式的运行模式。在反应阶段，随着时间的推移，反应池中的有机物被微生物降解，废水浓度达到出水要求。在制革废水处理中 SBR 工艺尤其适合中小规模企业采用，其主要优点有如下几个方面。

① 装置简单，占地少，易实现自动控制：SBR 是在一个反应池内基本上完成所有的反应操作过程，在不同时间里进行，可实现有机物的氧化、硝化、脱氮等过程。在正常情况下，视进水量变化情况可不设调节池，且不需设置二沉池。

② 理想的推流式反应过程，反应推动力大，效率高：在 SBR 反应池中浓度随时间而

变化，为获得同样的处理效率，SBR 法与完全混合型的传统活性污泥法相比，其反应池理论容积较小。

③ 对水质变化的适应性好，耐负荷冲击：SBR 法能将进水水质的变动在进水期部分均匀化，并可通过改变反应时间、沉淀时间以及一个处理周期的时间，来很好地适应负荷变动。

SBR 在制革废水处理应用不多，主要是脱氮、降解 BOD_5 功能协调对操作人员灵活运行 SBR 机制有关。

在以上各类好氧生化处理工艺中，好氧池的曝气方式对处理效果具有较大的影响，目前制革废水中可供采用的曝气方式多样（如图 7-16 所示），可根据生化系统中活性污泥浓度、溶氧要求和设计池深等因素进行多种选择。传统的底部微孔曝气器的堵塞现象是运行过程中较常见的问题，目前已有各种新型的曝气器生产应用，选择恰当可有效改善这一现象，确保使用寿命。

(a) 转碟曝气　　　　　　　　　　(b) 管式微孔曝气

(c) 射流曝气　　　　　　　　　　(d) 旋流曝气

图 7-16　好氧池曝气方式的主要类型

7.4.3　厌氧-好氧生物组合处理技术

现代厌氧生物技术已经有 50 年的历史，截至目前已广泛用于废水处理的厌氧反应器主要有厌氧接触法、厌氧滤池（anaerobic filter，AF）、升流式厌氧污泥床（upflow anaerobic sludge bed，UASB）、厌氧流化床（anaerobic fluidized bed，AFB）、膨胀颗粒污泥床（expanded granular sludge bed，EGSB）、厌氧折流板（anaerobic baffled reactor，ABR）、内循环（internal circulation，IC）厌氧反应器等。相比好氧生物技术，目前在国

内外制革废水厌氧技术工程化应用并不太多，仅有 UASB 和 IC 两种工艺的个别案例。

厌氧处理技术与传统的好氧处理技术相比较，有很大的优越性。

① 节能性和经济性：由于动力的大量节省、营养物添加费用和污泥脱水费用的减少，即使不计沼气作为能源所带来的收益，厌氧法处理费用仅约为好氧法处理费用的 1/3。同时，厌氧处理皮革废水可以回收沼气用于加热处理系统和其他用途。

② 高效性：厌氧反应器容积负荷比好氧法高很多，单位反应器容积的有机物去除量也因此高得多，其反应器所表现出的特点是负荷高、体积小、占地少。

③ 剩余污泥量少：处理同样数量的废水仅产生相当于好氧法 1/10～1/6 的剩余污泥，且剩余污泥的脱水性能好。

④ 对营养物需求量小：通常好氧法处理对氮和磷的需求量为 BOD：N：P = 100：5：1，而厌氧法为（350～500）：5：1，因而其运行费用较低。

⑤ 灵活性：厌氧系统规模灵活，从几十立方米到上万立方米的规模都运行良好。

相比好氧菌，厌氧菌生长条件要求更苛刻，而制革废水中含有较高的硫化物和盐分等毒性物质，从而限制了厌氧技术在制革废水处理中的应用。近年来随着节能和污泥减量化的需求，厌氧技术在制革行业日益受到重视。从污染物去除的角度来说，单独使用厌氧生物技术并不能使有机物达到完全稳定，必须再通过好氧处理将还原性物质进一步处理。因此，在实际应用中厌氧技术是与好氧技术协同作用的。

在工程应用中，厌氧与好氧是相对的，因此针对废水不同的特点和处理要求，厌氧工艺在制革废水处理中的应用主要有三种形式：一是以毛皮加工为主的低硫化物制革废水的"UASB+好氧"处理工艺；二是以调节废水可生化性的"水解酸化+好氧"工艺；三是以硝化-反硝化脱氮为目标的 A-O 工艺。

7.4.3.1　"UASB+好氧"处理工艺

与好氧技术相比，UASB 等厌氧技术处理更强调含硫、含铬废水的单独处理和水质的均质化。同时，经 UASB 反应器厌氧处理后的水中尚有大量的还原性物质存在，一般需要后段好氧技术的配合。图 7-17 为 UASB 复合完全混合式活性污泥法的典型的制革废水处理流程图。

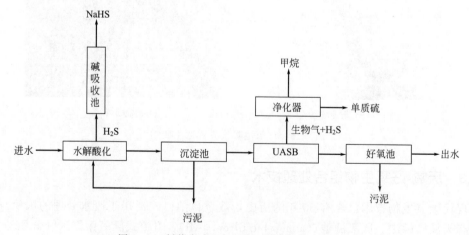

图 7-17　制革废水 UASB 和好氧组成工艺流程

本工艺采用了"酸化相+产甲烷相"的两相 UASB 技术[15, 16]。其主要工艺过程及处理效率包括以下几个步骤。

① 水解酸化段　将综合废水引入第一个 UASB 中，经反应，大量有机物转化为挥发性脂肪酸（VFA），并使混合液 pH 降至 6 以下，此时，大量硫酸盐被还原为硫化物，与废水中原有硫化物进一步转化为 H_2S，通过机械搅拌加速 H_2S 的逸出，再通过碱吸收达到硫化碱的回用。经此过程，废水中 50% 的硫化物得到回收，同时 30% 的有机物转化为 VFA，污泥负荷达到 $13\sim15kg\ COD_{Cr}\cdot m^{-3}\cdot d^{-1}$，硫化物负荷可达到 $2\sim3kg\ SO_4^{2-}\cdot m^{-3}\cdot d^{-1}$。经过此单元后，废水中的 S^{2-} 浓度可以达到 $100mg\cdot L^{-1}$ 以下，可基本消除硫化物对厌氧污泥的毒性。

② 产甲烷段　产甲烷段要求废水适宜的 pH 为 $6.6\sim7.4$，在第二个 UASB 中，污泥负荷率 $7\sim8kg\ COD_{Cr}\cdot m^{-3}\cdot d^{-1}$，大量 VFA 转化为甲烷和 CO_2，同时残余的硫化物在生物气的气提作用下进一步转化为 H_2S，随生物气一同进入气体净化塔吸收，而 CH_4 可被利用。

此工程中采用了催化氧化系统，硫化物经下列反应生成单质硫，同时催化剂得到还原：

$$2Fe^{3+} + H_2S \longrightarrow 2Fe^{2+} + 2H^+ + S^0$$

$$2Fe^{2+} + \frac{1}{2}O_2 \longrightarrow 2Fe^{3+} + 2OH^-$$

③ 好氧段　厌氧处理后的废水进入曝气池，将残余的还原性有机物生物氧化。

经上述处理后，95% 以上的硫化物得到回收，同时，COD_{Cr} 去除率达到 98% 以上，最终达到出水要求。此工艺用于制革废水处理比单独好氧工艺处理效果更好，成本更低，但由于废水中大量的硫化物存在，使其设备投资成本较高，操作更为精细，一定程度上限制了该技术在制革行业的大范围推广。

相对而言，此技术在毛皮加工废水中更容易实施，由于毛皮加工废水中硫化物极少，同时大量的油脂使废水的 C/N 更适宜厌氧微生物的营养条件，国内已有较成功的工程应用，并且因沼气的利用，大幅度降低了投资成本和运行成本，出水中的氨氮和总氮也得到了有效的控制。

7.4.3.2　水解酸化＋好氧组合工艺

近年来，随着制革技术水平的提高，各类有机高分子化合物不断引入制革工艺，造成制革废水的可生化性难度加大。在制革废水和其他化学类废水处理工程实践中越来越多的工程设计中引入了水解酸化段作为好氧生物处理前的预处理，水解酸化工艺的目的在于，利用厌氧菌降解有机物的水解阶段、酸化阶段将大分子有机物通过胞外酶作用分解为小分子，这些小分子的水解产物能够溶解于水并透过细胞膜为细菌所利用，可显著改善废水的可生化性，为好氧降解提供必要的条件。

如前所述，大分子有机物的厌氧降解过程可以被分为四个阶段：水解阶段、酸化阶段、产乙酸阶段和产甲烷阶段。厌氧处理中，水解和酸化过程不可能分开，因为这两个步骤是由同样的微生物种群完成，产乙酸和产甲烷过程也不可能分开进行，因为产乙酸过程需要产甲烷菌的活动以便保持较低的氢分压，所以在工程应用中较为可行的是将酸化阶段和产乙酸阶段进行分离。在水解发酵阶段中，复杂的有机物在厌氧菌胞外酶的作用下，首先被分解成简单的有机物，如纤维素经水解转化成较简单的糖类；蛋白质转化成较简单的氨基酸；脂类转化成脂肪酸和甘油等。继而这些简单的有机物在产酸菌的作用下经过厌氧发酵和氧化转化成为乙酸、丙酸、丁酸等脂肪酸和醇类。参与这个阶段的水解发酵菌主要是厌氧菌和兼性厌氧菌。这类细菌种类多，代谢能力强，繁殖速度快，倍增时间最短的仅几十分钟，对环境条件的变化也不太敏感。

水解酸化工艺与单独的好氧工艺相比，具有以下优点[17]：

① 对进水负荷变化起到缓冲作用；

② 为好氧工艺提供优良的进水水质（即提高废水的可生化性），可节省好氧段的需氧量和停留时间；

③ 水解作用可大幅去除废水中有机悬浮物，其后续好氧处理工艺的污泥量可得到有效地减少。

截至目前，在制革废水工程实践中已经将水解酸化与接触氧化法、氧化沟法、循环式活性污泥法和 SBR 法等各类好氧工艺组合进行水处理。图 7-18 显示了水解酸化-接触氧化法处理制革综合废水工艺流程。

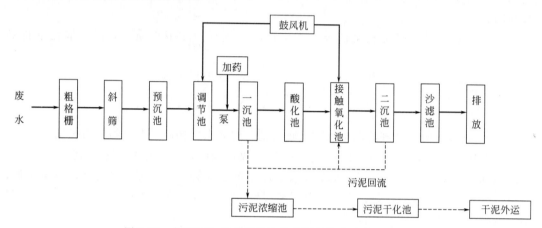

图 7-18　水解酸化-接触氧化法处理制革综合废水工艺流程

水解酸化在制革废水处理中的水力停留时间（HRT）一般在 10~20h，经处理各单元出水状况如表 7-6 所示。

利用水解酸化预处理对制革废水 COD_{Cr} 的去除率一般在 15%~30%，增大废水的 B/C 值为 0.1~0.2。通常设置水力停留时间（HRT）在 10~20h，酸化过程中可能造成废水中 SO_4^{2-} 还原为 S^{2-}，产生的 H_2S 对水解菌和产酸菌将会产生抑制作用。实践中多采用机械搅拌和 pH 控制办法，尽量控制废水中 H_2S 浓度。

表 7-6　水解酸化-接触氧化法处理制革综合废水各单元水质情况

项目	pH	COD_{Cr}/mg·L^{-1}	SS/mg·L^{-1}	BOD_5/mg·L^{-1}	色度/倍	硫化物/mg·L^{-1}
原水	9.1	3210	260	1420	200	25
一沉出水	7.5	1520	80	815	50	12
酸化出水	6.5	1310	120	756	80	25
二沉出水	7.0	485	120	180	40	0.05
最后出水	7.0	244	36	65	20	未检出

7.4.3.3　硝化-反硝化组合工艺

传统的生物脱氧工艺严格按照氨化、硝化、反硝化的反应历程在去除 BOD_5 的同时进行生物脱氮，该工艺通常称为"三级生物脱氮工艺"，其工艺流程如图 7-19 所示。

第一级曝气池的功能：一是碳化作用，即去除 BOD_5 和 COD_{Cr}；二是氨化作用，使有机氮转化为氨氮。第二级是硝化曝气池，即将氨氮转化为硝态氮，需要投碱以维持pH。第三级为反硝化反应器，属于厌氧过程，因 C/N 不足，通常需投加甲醇作为外加碳

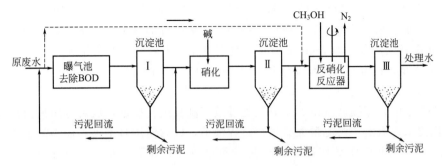

图 7-19　三级活性污泥生物脱氮工艺流程示意

源或引入废水。该工艺流程的优点是氨化、硝化、反硝化分别在各自的反应器中进行，反应速率较快且较彻底；但缺点是处理设备多，造价高，运行管理较为复杂。

"两级生物脱氮工艺"是对"三级生物脱氮工艺"的改进（见图 7-20），与前一工艺相比，该工艺是将其中的前两级曝气池合并成一个曝气池，使废水在其中同时实现碳化、氨化和硝化反应，因此只是在形式上减少了一个曝气池，并无本质上的改变。目前上述两种工艺在实际过程中逐渐被"缺氧-好氧生物脱氮系统（A-O 工艺）"所替代。

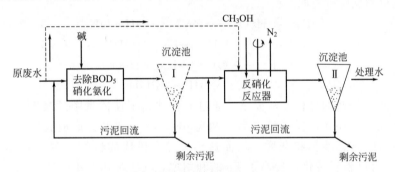

图 7-20　两级活性污泥生物脱氮工艺流程示意

"A-O 工艺"与"两级生物脱氮工艺"相比，是将缺氧的反硝化反应器设置在好氧反应器的前面，因此常被称为"前置式反硝化生物脱氮系统"。其主要特征有：反硝化反应器设置在流程的前端，而去除 BOD_5、进行硝化反应的综合好氧反应器则设置在流程的后端；因此，可以实现进行反硝化反应时，可以利用原废水中的有机物直接作为有机碳源，将从好氧反应器回流来的含有硝酸盐的混合液中的硝酸盐反硝化成为氮气，而且，在反硝化反应器中由于反硝化反应而产生的碱度可以随出水进入好氧硝化反应器，补偿硝化反应过程中所需消耗碱度的一半左右；好氧的硝化反应器设置在流程的后端，也可以使反硝化过程中常常残留的有机物得以进一步去除，无需增建后曝气池。目前，"A-O 工艺"是实际工程中较常见的一种生物脱氮工艺。

随着国家对制革废水排放指标中总氮要求的提高，大多数企业水处理均采用不同形式的 A-O 工艺，这一工艺的良好运行可确保制革废水生化出水的氨氮和总氮分别达到 $15\mathrm{mg \cdot L^{-1}}$ 和 $50\mathrm{mg \cdot L^{-1}}$ 以下，对于有直排要求的企业，总氮的去除需要更加精细化的运行管理和工艺完善。

7.4.4　制革废水深度处理与回用技术

国内某些皮革企业在周边无市政管网进行二级处理时，制革企业必须达到城市污水排放标准（GB 18918—2002）中的一级 A 排放标准，同时为实现中水回用，也需要对生化尾水进行深度处理。目前制革企业已广泛用于深度处理的技术有以下几种类型：

① 催化氧化技术，如 Fenton 氧化、臭氧氧化、光催化、电催化等高级氧化技术；

② 生物净化技术，人工湿地、曝气生物滤池（biological aerated filter，BAF）等；

③ 物化技术，混凝沉淀、深层过滤、膜过滤技术等。

这些技术中，芬顿（Fenton）氧化处理效率高且运行稳定，成为应用最为普遍的一种高级氧化技术。但由于污泥量大、运行过程烦琐，成为使用时不得不面临的难题。臭氧氧化对 COD_{Cr} 降低并无明显作用，但对脱色和除菌具有显著效果，宜在中水回用时采纳。人工湿地和 BAF 适用性受场地和水质限制。膜处理系统可实现较好的出水水质，但其浓缩盐水的处置成为制革企业的一道难题。以下以我国制革行业常用的 Fenton 氧化和膜分离两种技术为例，简要介绍一下深度处理技术的特点和适用性。

7.4.4.1　Fenton 氧化技术

在酸性条件下，使用过氧化氢和二价铁离子处理污染物的体系称为芬顿（Fenton）体系。体系中 Fe^{2+} 可以催化 H_2O_2 分解产生·OH，·OH 的氧化还原电位很高，它不仅能够使共轭体系结构被氧化断裂，还可将传统方法难以降解的污染物彻底氧化降解为水和二氧化碳。其核心反应机理如下所示：

$$Fe^{2+} + H_2O_2 \longrightarrow Fe^{3+} + \cdot OH + OH^- \tag{1}$$

$$Fe^{2+} + \cdot OH \longrightarrow Fe^{3+} + OH^- \tag{2}$$

$$RH + \cdot OH \longrightarrow R \cdot + H_2O \tag{3}$$

$$R \cdot + \cdot OH \longrightarrow ROH \tag{4}$$

Fenton 反应涉及的过程非常复杂，通过二价铁离子在体系中的激发和传递作用，使得 H_2O_2 消耗尽。Fenton 反应结束后，调高 pH，Fe^{3+} 遇碱会形成胶体沉淀，它可以有效地吸附污水中的悬浮物和杂质，从而达到去除有机物的目的。在 Fenton 反应过程中 Fe^{2+} 和 Fe^{3+} 可以相互转化，提高了 Fe 的利用率。在实际运行中，Fenton 反应存在以下 3 个方面的问题，进而限制了 Fenton 反应效率。

① Fe 循环限制反应活性：式（2）中 Fe^{3+} 转化为 Fe^{2+} 的反应速率为 $k = 0.02 L \cdot mol^{-1} \cdot s^{-1}$，远小于·OH 的生成速率 $k = 76 L \cdot mol^{-1} \cdot s^{-1}$[18]，Fenton 反应中 Fe^{3+} 的还原速率很大程度上限制了整个反应的活性；

② H_2O_2 利用率低：在 Fenton 反应中，H_2O_2 会与·OH 相互反应并进一步分解为 O_2，对 H_2O_2 和·OH 造成消耗，同时 Fe^{3+} 与 Fe^{2+} 的转换同样也会消耗 H_2O_2。H_2O_2 的氧化还原活性，促进其还原性活化；

③ pH 适应范围窄：当 pH<3 时，二价铁主要以自由态 Fe^{2+} 存在，在 3<pH<4 时二价铁主要以 $Fe(OH)^+$ 和 $Fe(OH)_2$ 形态存在，而 $Fe(OH)_2$ 的催化活性远高于 Fe^{2+}，因此 pH 越高，·OH 的生成速率越快，在 pH=4 时达到平衡。但 pH>3 后 Fe^{3+} 转化为 Fe^{2+} 的反应活性降低，且开始出现沉淀。因此，传统 Fenton 反应中 pH 往往控制在 3~4 之间。

7.4.4.2　膜分离技术原理

目前在国内外已开发出了制革脱毛浸灰、铬鞣工序主要工序废液及生化尾水的膜处理-回用的技术体系，所应用的膜技术，包括微滤（MF）、超滤（UF）、反渗透（RO）、电渗析等多方面。其中，工艺水特别是生化尾水的"MF-UF-RO"工艺已经进行了规模化应用，以下主要就其中最常用的膜技术原理及其在制革废水中的应用进行简单介绍。

（1）超滤与微滤的基本原理

超滤与微滤（ultrafiltration and microfiltration）都是在压力差作用下根据膜孔径的大小进行筛分的分离过程，其基本原理如图 7-21 所示。在一定压力差作用下，当含有高分子溶质 A 和低分子 B 的混合溶液流过膜表面时，溶剂和小于膜孔的低分子溶质（如无机盐类）透过膜，作为透过液被收集起来，而大于膜孔的高分子溶质（如有机胶体等）则被截留，作为浓缩液被回收，从而达到溶液被净化、分离和浓缩的目的。通常，能截留分子量 $500 \sim 1 \times 10^6$ 的分子的膜分离过程称为超滤；截留更大分子（通常称为分散粒子）的膜分离过程称为微滤。实际上，反渗透操作也是基于同样的原理，只不过截留的是分子更小的无机盐类，由于溶质的分子量小，渗透压较高，因此必须施加高压才能使溶剂通过。通常，超滤操作的压差为 $0.3 \sim 1.0$ MPa，微滤操作的压差为 $0.1 \sim 0.3$ MPa，反渗透操作压差为 $2 \sim 10$ MPa。对于高分子溶液而言，即使溶液的浓度较高，但渗透压较低，操作也可在较低的压力下进行。

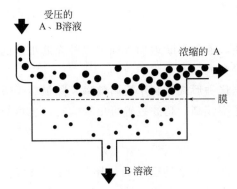

图 7-21　超滤与微滤基本原理示意

① 微滤膜及其操作工艺　微滤（MF）是一种与常规的滤布过滤十分相似的膜过程。微孔滤膜具有比较整齐、均匀的多孔结构，微滤膜有对称和非对称两种结构，孔径范围为 $0.05 \sim 10 \mu m$，主要用于对微生物、悬浮液和乳液等微米（10^{-6} m）和亚微米级（10^{-7} m）的颗粒进行截留。

微滤膜材质分为有机和无机两大类，有机膜由高聚物成膜，无机膜主要为烧结的陶瓷或金属。目前商品化的微滤膜有醋酸纤维素膜、聚氯乙烯膜、聚酰胺膜、聚四氟乙烯膜、聚丙烯膜、聚碳酸酯核孔膜、陶瓷膜和金属膜等。不同材质的微孔膜具有不同的机械性能、物化性能、化学稳定性、热稳定性及适用范围。商品化的微滤膜通常为管式和平板式，流道直径在 3mm 以上。

表征微滤膜性能的参数主要是透过速率、膜孔径和空隙率，其中膜孔径反映微滤膜的截留能力，可通过电子显微镜扫描法或泡压法、压汞法等方法测定。孔隙率是指单位膜面积上孔面积所占的比例。

微滤的操作工艺主要是死端过滤和错流过滤两种方式。

死端过滤：溶剂和小于膜孔的溶质在压力的驱动下透过膜，大于膜孔的颗粒被截留，通常堆积在膜面上。死端过滤只需要克服膜阻力的能量，因此普通的实验室用真空泵或增压泵就可以提供足够的能量使微滤的流速达到要求。但是，随着时间的增加，膜面上堆积的颗粒也在增加，过滤阻力增大，膜渗透速率下降。因此，死端过滤是间歇式的，必须周期性地停下来清洗膜表面的污染层，或者更换膜。死端过滤操作简单，适于小规模场合。对于固含量低于 0.1% 的物料通常采用死端过滤。

错流过滤：在泵的推动下料液平行于膜面流动，与死端过滤不同的是料液流经膜面时产生的剪切力把膜面上滞留的颗粒带走，从而使污染层保持在一个较薄的水平。错流过滤操作较死端过滤复杂，对固含量高于 0.5% 的料液通常采用错流过滤。随着错流过滤操作技术的发展，在许多领域有代替死端过滤的趋势。

② 超滤膜及其操作工艺　超滤（UF）试验在 20 世纪 60～70 年代才得以迅速发展，膜技术从最初的不对称 CA 膜扩大到现在的 PSF（聚砜）、PAN（聚丙烯腈）、PES（聚醚

砜）以及各种高分子合金膜等，膜组件有板式、管式、卷式和中空纤维等。超滤膜多数为非对称结构，膜孔径范围为 1～50nm，系由一极薄具有一定孔径的表皮层和一层较厚具有海绵状和指孔状结构的多孔层组成，前者起分离作用，后者起支撑作用。超滤膜的孔径范围在 1～20nm，通常以其标准"切割分子量（MWCO）"来描述其孔径的大小，膜的标称切割分子量通常定义为膜具有 90％以上截留的最小分子量物质，超滤能够截留分子量为 500～100000Da 的大分子和胶体物质。

超滤膜分离机理主要用"筛分"理论来解释。理想的超滤膜分离是筛分过程，即在压力作用下，原料液中的溶剂和小的溶质粒子从高压料液侧透过膜的低压侧，因为尺寸大于膜孔径的大分子及微粒被膜阻挡，料液逐渐被浓缩；溶液中的大分子、胶体、蛋白质、微粒等则被超滤膜截留而作为浓缩液被回收。然而，实际上超滤膜在分离过程中，膜的孔径大小和膜表面的化学性质等将分别起着不同的截留作用。表征超滤膜性能的主要参数有透过速率和截留分子量及截留率，超滤膜的性能指标有渗透通量和截留率。超滤膜的耐压性、耐清洗性、耐温性等性能对于工业应用非常重要。

超滤的基本操作有以下三种方式。

重过滤操作：在料液中含有不同分子量的溶质，通过不断地加入纯水以补充滤出液的体积，小分子溶质逐渐被滤出液带走，从而达到提纯大分子溶质的目的。

连续式操作：组件的配置有单级和多级两类。这种形式有利于提高效率，除最后一级高浓度下滤速较低外，各级操作浓度不高，渗透速率较高。超滤装置可单独运行，也可与其他处理工艺结合应用于各种分离过程。

间歇操作：与微滤基本一致，不再赘述。

③ 浓差极化与膜污染　对于压力推动的膜过程，无论是反渗透，还是超滤与微滤，在操作中都存在浓差极化现象。在操作过程中，由于膜的选择透过性，被截留组分在膜料液侧表面都会积累形成浓度边界层，其浓度大大高于料液的主体浓度，在膜表面与主体料液之间浓度差的作用下，将导致溶质从膜表面向主体的反向扩散，这种现象称为浓差极化，浓差极化使得膜面处浓度增加，加大了渗透压，在一定压差 Δp 下使溶剂的透过速率下降，截留率下降。

膜污染是指料液中的某些组分在膜表面或膜孔中沉积导致膜透过速率下降的现象。组分在膜表面沉积形成的污染层将产生额外的阻力，该阻力可能远大于膜本身的阻力而成为过滤的主要阻力；组分在膜孔中的沉积将造成膜孔减小甚至堵塞，实际上减小了膜的有效面积。膜污染主要发生在超滤与微滤过程中。减轻浓差极化与膜污染的途径主要有：

a. 对原料液进行预处理，除去料液中的大颗粒；

b. 增加料液的流速或在组件中加内插件以增加湍动程度，减薄边界层厚度；

c. 定期对膜进行反冲和清洗。

（2）反渗透的基本原理

自然渗透过程中，溶剂通过渗透膜从低浓度向高浓度部分扩散；而反渗透是指在外界压力作用下，浓溶液中的溶剂透过膜向稀溶液中扩散，具有这种功能的半透膜称为反渗透膜，也称 RO（reverse osmoses）膜。反渗透是渗透的一种反向迁移运动，是一种在压力驱动下，借助于半透膜的选择截留作用将溶液中的溶质与溶剂分开的分离方法，RO 膜最普遍的应用实例便是在水处理的脱盐工艺中，其主要的性能指标有脱盐率、透盐率和产水量（水通量）等。

RO 膜传质的机理主要基于以下理论。

① 溶解-扩散模型　此模型将反渗透的活性表面皮层看作致密无孔的膜，并假设溶质和溶剂都能溶于均质的非多孔膜表面层内，各自在浓度或压力造成的化学势推动下扩散通过膜。其传质具体过程分为：第一步，溶质和溶剂在膜的料液侧表面外吸附和溶解；第二步，溶质和溶剂之间没有相互作用，它们在各自化学势差的推动下以分子扩散方式通过反渗透膜的活性层；第三步，溶质和溶剂在膜的透过液侧表面解吸。溶剂和溶质在膜中的扩散服从 Fick 定律，这种模型认为溶剂和溶质都可能溶于膜表面，因此物质的渗透能力不仅取决于扩散系数，而且取决于其在膜中的溶解度，溶质的扩散系数比水分子的扩散系数要小得多，因而透过膜的水分子数量就比通过扩散而透过去的溶质数量更多。

② 优先吸附-毛细孔流理论　当液体中溶有不同种类物质时，其表面张力将发生不同的变化。例如水中溶有醇、酸、醛、脂等有机物质，可使其表面张力减小，但溶入某些无机盐类，反而使其表面张力稍有增加，这是因为溶质的分散是不均匀的，即溶质在溶液表面层中的浓度和溶液内部浓度不同，这就是溶液的表面吸附现象。当水溶液与高分子多孔膜接触时，若膜的化学性质使膜对溶质负吸附，对水是优先正吸附，则在膜与溶液界面上将形成一层被膜吸附的一定厚度的纯水层。它在外压作用下，将通过膜表面的毛细孔，从而可获取纯水。

③ 氢键理论　在醋酸纤维素中，由于氢键和范德华力的作用，膜中存在晶相区域和非晶相区域两部分。大分子之间存在牢固结合并平行排列的为晶相区域，而大分子之间完全无序的为非晶相区域，水和溶质不能进入晶相区域。在接近醋酸纤维素分子的地方，水与醋酸纤维素羰基上的氧原子会形成氢键并构成所谓的结合水。当醋酸纤维素吸附了第一层水分子后，会引起水分子熵值的极大下降，形成类似于冰的结构。在非晶相区域较大的孔空间里，结合水的占有率很低，在孔的中央存在普通结构的水，不能与醋酸纤维素膜形成氢键的离子或分子则进入结合水，并以有序扩散方式迁移，通过不断地改变和醋酸纤维素形成氢键的位置来通过膜。

在压力作用下，溶液中的水分子和醋酸纤维素的活化点——羰基上的氧原子形成氢键，而原来水分子形成的氢键被断开，水分子解离出来并随之移到下一个活化点并形成新的氢键，于是通过一连串的氢键形成与断开，使水分子离开膜表面的致密活性层而进入膜的多孔层。由于多孔层含有大量的毛细管水，水分子能够畅通流出膜外 。

7.4.4.3　脱毛浸灰液超滤-循环工艺

浸灰废液中含有大量的硫化物、氨基酸以及大量来自毛和皮下脂肪的降解产物。这部分废水的 COD_{Cr} 含量在 $20000 \sim 40000 mg \cdot L^{-1}$。脱毛浸灰工艺中每处理 1kg 皮，需要消耗 12g、62% 纯度的硫化物，0.01kg 的助剂以及 3L 的水。硫化物在此过程中，有 15%～20% 被皮子吸收，20% 经氧化消耗，而有 60%～65% 的硫化物则被排入废液中。通过超滤技术，除 5%～10% 的硫化物在截留相中残留外，废液中 50%～60% 的硫化物可以得到回收。

脱毛浸灰液超滤-循环工艺流程如图 7-22 所示。

整个超滤-循环系统由传统的脱毛浸灰装置及超滤处理装置两部分构成。超滤处理装置由分离槽、$(4 \sim 5) \times 10^5 Pa$ 压力的循环泵、超滤器、调压阀、压力计、超滤波回收槽、薄膜清洗辅助设备等组成。

在进入超滤膜前，为延长超滤膜的寿命，通常采用筛孔直径为 $300 \sim 500 \mu m$ 的振动筛对浸灰液进行过筛，然后把剩余液排入贮存罐中，在 $(2 \sim 4) \times 10^5 Pa$ 的压力作用下，超滤液体沿着安装在多孔板上的薄膜流动。在压力作用下，根据其分子的大小，各类

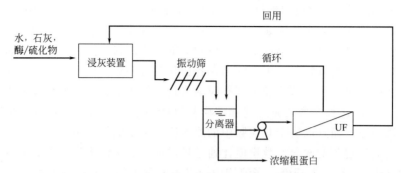

图 7-22　浸灰液超滤-循环工艺流程

物质有选择地穿过薄膜进行扩散，最终，不能透过薄膜的蛋白质大分子和部分石灰微粒被截留，随浓液排出，经浓缩后，供后续处理使用。同时，灰液中可溶性成分从超滤液中流出，进入贮液罐，确定石灰和 Na_2S 含量后，再补充一定的石灰和 Na_2S，即可进入下一轮浸灰液循环。

浓水中的蛋白质亦可再被送往进液槽中，经再次超滤分离循环，贮罐中的粗蛋白质含量就越来越多，形成浓缩产物，该产物经除盐、干燥，可用于动物饲料等用途。

通过超滤可把浸灰皮液的浓度提高 5～10 倍，超滤膜一般不会出现堵塞现象。经过超滤可回收 40％的 Na_2S、20％的石灰和 60％～70％的液体；并回收大量蛋白质，获得较好的经济效益。由于脱毛皮液不进行排放，从而减轻了污染程度。

该系统最常用的超滤膜为聚砜膜（PS）。聚砜膜（PS）是目前国内使用较多的超滤膜材料，聚砜分子中的砜基使聚合物具有优良的抗氧化性和稳定性，分子中的所有键都不易水解，使聚砜膜具有耐酸、耐碱性。它的孔径分布较宽，切割相对分子质量范围为 $(5～10)×10^5$。

表 7-7 列出了 UF 处理时不同循环阶段截留物和滤液中各种成分的测定结果。从测定结果可以看出，利用该 UF 系统，脱毛池中硫化物可以完全通过所用的膜，滤液中硫化物浓度几乎没有变化，而回流滤液中有机物的去除率达到理想的效果，回流液循环利用脱毛所得皮的处理效果与采用传统方法脱毛的效果完全一致。

表 7-7　UF 处理工艺中滤液相和截留相在不同阶段的处理效果

样　本	COD_{Cr}/mg·L^{-1}	蛋白质氮/mg·L^{-1}	硫化物/mg·L^{-1}	油脂/mg·L^{-1}	提取油相组成及含量	
					脂肪酸/%	甘油三酸酯/%
运行初期废液	5673	278	158	377	93.0	7.0
回流循环液	2163	116	265	20	—	—
运行周期为 70min，循环一半时 UF 处理效果						
废液	11453	382	177	1277	96.5	35.0
截留产物	8727	438	265	600	61.7	38.3
回流循环液	2800	177	231	108	—	—
运行周期为 160min，循环一半时 UF 处理效果						
废液	6264	368	241	576	52.1	47.5
截留产物	11240	550	266	1300	76.3	23.7
回流循环液	3160	220	202	86	—	—

在脱毛处理时加入酶制剂，通常酶的用量很少，只有干皮重的 1％左右，可以部分代替硫化物，而在硫化物的 UF 处理中，可以使 55％～60％的硫化物得到回收。利用酶法脱毛，可以使大量的毛保持毛形态而不至完全降解，使 UF 的截留去除效果更为理想。将上述工艺应用于不同制革厂时，需要针对工厂不同脱毛工艺调整操作工艺参数。

7.4.4.4　铬鞣液超滤-循环工艺

传统碱回收工艺中在铬加酸回用时并不能完全去除油脂等物质。采用超滤（UF）和纳滤（nanofiltration，NF）处理工艺，不仅可以使有机物得到较彻底的清除，而且经处理后的废液可经过调整后直接进行循环，比传统回收法多工序操作更为简明[16]。目前在膜技术的铬回收方面已经进行了大量的研究工作，研究的内部涉及膜的类型、操作压力、温度以及膜的清洗方法等。

图 7-23 显示了采用平板膜组件的进行铬鞣液处理的工艺流程。

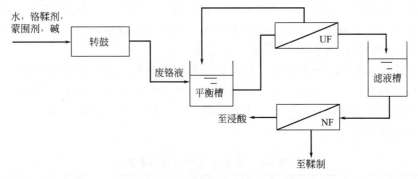

图 7-23　铬鞣液超滤-循环工艺流程

该工艺由废鞣液贮液槽、调节槽、UF、NF 处理装置及中间液贮液槽装置等组成，该系统具体操作过程如下。

（1）UF 处理

初始浓度为 $4343\text{mg Cr}^{3+} \cdot \text{L}^{-1}$ 的铬鞣废液首先经过螺旋式膜组件（膜面积 3m^2，最大压力 3.8bar，水通透性 $60\text{L} \cdot \text{m}^{-2} \cdot \text{h}^{-1} \cdot \text{bar}^{-1}$，pH 2～11，最高温度低于 45℃）的 UF 装置，对废铬液中的有机物和无机物进行膜分离。利用该 UF 膜系统对铬液中悬浮物和脂肪类物质的去除率可以达到 84%～95%，同时还有 40% 的有机氮得以去除，与此同时，由于悬浮物和脂肪类物质中含有铬，也使截留物中有 28% 的铬被截留。

（2）NF 处理

将 UF 系统所得的滤液经过 NF 处理，将氯化物与硫酸盐分离开来，所获得的氯化物可用于浸酸工艺，而铬液经过调整后得到循环利用。

NF 工艺采用膜系统为螺旋式膜组件，其运行方式为：25℃，输入压力 14bar，轴向铬液流速为 $2200\text{L} \cdot \text{h}^{-1}$，连续循环至残留液体积达到原废液体积的 1/3。

表 7-8 显示了上述 UF 和 NF 分段处理截留相和滤液相的应用效果。

表 7-8　UF-NF 处理系统采样分析结果

参数	UF 原液	UF 截留相	UF 滤液相	NF 截留相	UF 滤液相
pH	3.7	3.7	4.1	4.0	4.0
TSS	612	428	154	370	28
COD_{Cr}	5960	6413	5126	7641	3315
氯化物	11136	11098	10844	7390	13190
硫酸盐	26173	27239	27966	83455	10550
Cr	4343	5269	2729	9284	30
氨氮	422	420	367	720	320
有机氮	250	301	165	209	98

续表

参数	UF 原液	UF 截留相	UF 滤液相	NF 截留相	UF 滤液相
Fe	24	29	32	81	8
Ca	1180	948	1086	1367	12
Mn	2.2	2.5	2.4	6.3	0.4
Al	91	97	96	359	5
Mg	867	822	870	6162	60
油脂	168	148	—	—	—

从表中可以看出经处理后，渗滤液中铬的浓度显著降低，膜截留了 99% 的量。利用该回收系统可以使铬液浓度达到 $1.35\%Cr_2O_3$。同时在滤液中 COD_{Cr} 有一定程度的降低，从而使 NF 截留相中，COD_{Cr}/Cr 值大幅度增加。

表 7-9 为其物料平衡计算结果。TSS 和 COD_{Cr} 不平衡的原因主要是膜表面有机物的吸附。将回收铬经过进一步浓缩，用于鞣制测定结果与常规方面无差别。另外，从表中可以看出，利用 NF 系统可以有效地将氯化物和硫酸盐分离开来，利用这一性质可以尝试在浸酸废液中使用该系统。

表 7-9 NF 处理系统中物料平衡

参数	原液含量/g	滤液相		截留相		衡算
		g	%	g	%	%
Cr	486	3.7	69	551	31	106
TSS	27	3.4	12.6	20	74.1	86.7
COD_{Cr}	912	408	45	420	46	91
氯化物	1930	1622	84	406	21	105
硫酸盐	4983	597	12	4560	92	104

膜的保护处理可采用酶液与酸配合进行，处理方法为酶 Sepaclean EZ-1，1%，酸 AC-1，1%。先将酶液于 40℃ 下处理 1h，酸液于 25℃ 下处理 30min。

7.4.4.5 膜处理技术在生化尾水脱盐中的应用

在某些敏感流域和区域，对废水中氯离子浓度给予严格限制，同时为实现中水回用，也需要通过脱盐来满足回用时盐的平衡问题。截至目前，在皮革废水回用处理技术中最常见的是基于 "精细过滤 + UF + RO" 的回用膜处理系统，其主要工艺流程如图 7-24 所示。具体的膜处理流程为：

① 生化处理后的废水经过混凝或气浮去除尾水中的 SS，进入膜进水贮液池；

② 贮液池水通过水泵输送到多介质过滤器，进一步去除废水中的细小颗粒物；

③ 高压泵将系统的压力提高到 1.0～1.5MPa，将精密过滤器的过滤出水输送到膜系统进行超滤和反渗透膜截流。

从制革企业实际测试看，经过精密过滤器过滤精度为 $0.025～10\mu m$，可以截留水中大部分悬浮物、胶体和细菌，超滤的过滤精度为 $0.001～0.2\mu m$，可截留胶体、大分子有机物、油脂、病菌、悬浮物等。制革废水生化出水一般含有 $3000～6000mg\cdot L^{-1}$ 的氯离子浓度，且色度较高，经过反渗透膜处理可以有效降低废水的电导率，使回用水氯离子浓度降至几十 $mg\cdot L^{-1}$ 以内。反渗透处理后回用水的平均硬度为 $0.7mg\cdot L^{-1}$，COD_{Cr}、铁离子含量、SS 以及色度与浊度几乎达到未检测水平，完全可以满足最严格的工序用水水质要求。

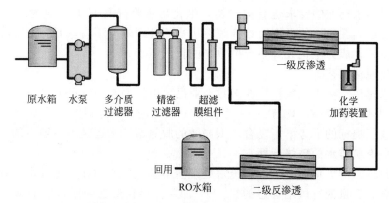

图 7-24　制革废水膜处理回用的精细过滤＋UF＋RO 工艺流程

7.4.5　制革废水处理存在的问题与对策

我国的皮革产业在经历了 30 多年的高速发展后，已进入调整转型的攻坚期，进入由以量取胜的外延型发展模式向以质量、设计和创意取胜，以经营模式创新取胜，以管理优势取胜的模式转变的关键期，皮革产业正进入最大限度发挥产业链综合优势，努力抵消因传统优势弱化所带来的负面影响的过渡期。"十二五"期间，国家对皮革工业污染治理提出了一系列新的目标，并围绕这些目标的实现出台了诸多的行政和法律的管理措施。在这种形势下，现行制革废水处理技术如何适应越来越严格的环境管理要求，企业内部的管理如何跟上日益复杂的环保技术需求，成为各家企业面临的重要任务。2015 年 4 月 2 日颁布的"水十条"中将制革行业纳入了专项整治十大重点行业。明确提出了制革行业实施铬减量化和封闭循环利用技术改造。"十二五"以来实施的《重金属污染综合防治"十二五"规划》将皮革及其制品业与其他"涉重行业"一样，提出了加快重金属相关企业落后产能淘汰步伐，将重金属相关企业作为重点污染源进行管理，建立重金属污染物产生、排放台账，强化监督性监测和检查制度。随着国家环保政策的调整，制革行业面临更加严峻的环保问题，在某些水环境敏感地区，氯化物等指标已按最严格要求执行。

根据这些要求，制革工业废水处理面临的主要控制目标涉及以下几个方面：

① 以排水量和浓度双重核算的总量控制目标；

② 以氨氮去除为突破的含氮污染物控制目标；

③ 以铬为主的重金属污染控制目标；

④ 以氯化物为标志的含盐量控制目标；

⑤（危险性）固体废弃物减量化目标；

⑥ 企业处理成本核算目标。

为达到上述的控制目标要求，制革企业必须根据清洁生产审核的要求和区域发展要求实现逐年减排，这些目标要求水处理技术既要去除 COD_{Cr}、氨氮和总氮等常规污染物，同时还须对 S^{2-}、总铬、Cl^- 等行业特征污染物进行针对性处理，并最大程度地实现水的回用[13]。

目前我国大多数制革企业废水处理采用的"物化＋生化"的两级处理模式，技术需求主要有以下几个方面。

(1) 难降解 COD_{Cr} 高效生物处理

随着皮革加工技术的不断发展，多功能性大分子类化学品在制革过程中应用越来多，而国家对出水标准的要求也日益严格，生化出水难降解 COD_{Cr} 成为深度处理的最大问题，其主要原因在于生化系统对难降解有机物的处理效率不高，开发高效降解菌和对应的高效处理工艺，成为生化处理系统最迫切的技术需求。

（2）深度脱氮工艺

皮革废水排放指标中氨氮指标在多数企业已可以控制在 $10mg \cdot L^{-1}$ 以下，而总氮的控制一直没能得到有效解决，现有 A-O 及多级 A-O 工艺在实际运行中出水总氮达标效果不佳，在面临总氮提标的形势下，复合新型高效的脱氮新技术也是刻不容缓的。

（3）低铬有机废水的破络问题

随着铬鞣废水的大量回用，含铬废水处理的难题主要集中在染色废水的处理上。复鞣染色废水中含有大量的有机结合态的铬[19,20]，这种存在形态采用传统的碱沉淀、絮凝吸附很难直接达到 $1.5mg \cdot L^{-1}$ 总铬控制标准，更严重影响了最终排放口的铬总量控制目标。

（4）污泥减量化问题

现行的"物化＋生化"的两级处理模式造成大量污泥的产生，改变现行工艺，实现水处理过程中的污泥减量问题，任重道远。

针对上述问题，要求所有制革企业，无论是单独生产的还是集中生产的企业，都必须大力推行全流程的清洁生产技术，尤其是通过保毛脱毛技术、无氨或少氨脱灰技术（或氮脱除技术），使废水中总氮和氨氮得到大幅度降低，同时实现硫化碱的回用，才能确保末端治理中厌氧生物技术的引入，实现"厌氧＋好氧"组合生物法在制革废水处理中的应用。

在当前和今后一段时间内，通过"集中生产、统一治污"的工业园区模式是制革企业生存和发展的最佳模式，利用该模式可使确保在水处理技术相对滞后的情况下，集中精力提高清洁生产技术水平，不过多地投入末端治理的成本。同时，这种治理模式可实现制革企业出水排放与当地严格环保标准的对接，通过企业、园区、市政多级处理，达到严格的环保标准。

近年来，国内外新发现了许多新型的脱氮技术，加快了这类新技术在制革废水处理方面的工程应用，寻找这些工艺及其组合处理制革废水的最佳设计参数与运行控制条件，探索适合我国国情的、经济合理有效的制革废水技术、提高产出投入比是今后一段时期内的发展方向。

7.5　制革固体废弃物的处理技术

皮革加工是以动物皮的高投入、低产出为特征的传统工业。我国是制革大国，据统计，1t 盐湿皮在被生产出 250kg 左右的成品革的同时产生 $300 \sim 400kg$ 以上的固体废弃物。这些废弃物包括毛、肉渣、原料皮的边角料、灰皮片、削匀皮屑和蓝湿皮修边削匀产生的革屑。据报道，印度每年约产生 15 万吨的制革固体废物，美国每年仅产生的含铬废弃物就高达 6 万吨，而我国每年约产生 140 多万吨的皮革边角废弃物[21]。这些废弃物的排放，将对环境造成严重污染；弃之不用，将是资源的严重浪费。因此，为了减少环境污染，对制革固体废弃物加以回收处理并资源化利用，不仅能显著减少制革工业对环境的污染，同时又能产生巨大的经济效益[22]。

7.5.1　废毛的资源化利用技术

据测算，我国每年加工皮革 11000 万～15000 万张（折牛皮），可回收毛 15 万吨以上，这些丰富的生物资源，丢弃后会给环境带来严重污染。因此，可将制革行业的废毛加以利用，开发的产品包括高附加值的角蛋白多肽和氨基酸，它们在医药、食品及营养保健品、化妆品或生化领域将有广泛的用途。经生物酶降解的有机肥料不但可用作防治土地沙化、增强土质肥力和改善土壤的蓄水保水能力的土壤调节改良材料，而且对于防沙固沙、减少沙尘暴、干旱地区的水土保持、维护生态环境等都具有良好的社会意义[23, 24]。

7.5.1.1　生产肥料和饲料

(1) 生产肥料

目前在一些发达国家和地区，如日本、韩国、欧洲共同体国家以及中国台湾等地区的农业生产都积极采用制革固体废弃物生产有机肥料。皮革固体废弃物中含有 N、P、S、K、Ca、Mg、Al、Fe、Cr 等重要的化学元素，因此，由皮革固体废弃物制备的肥料肥效较好，能为植物提供足够的养分[25]。制备过程如下。

① 脱水：将水的质量分数达 75% 的毛送入备有螺旋推进器的简便压滤机挤压，使毛中水的质量分数降到 65% 后，毛被自动送入切碎机。

② 切碎：借阿基米德螺旋器把毛送往装有 4 把刀片的刀具上。被切碎的毛随后受到挤压，通过一个布满直径为 5mm 孔眼的圆盘，切碎的毛随后被送往干燥装置。

③ 干燥：启动电机，毛即可从进料端进入圆筒进行干燥，使用汽油加热炉供热。在毛从干燥筒传送出来后，毛由风扇吹送，穿过管道降落到收集装置。

④ 包装：将干燥的毛被收集在袋中，便于装卸和运输。

经过处理的毛是不吸湿的，在与其他材料混合用作农业肥料时，效果良好，性能类似于羽毛粉[26]。

(2) 生产饲料

回收的毛经热分解后，再用以脂肪酶、淀粉酶和蛋白酶为主的复合酶进行酶解制成蛋白粉。此蛋白粉易于消化吸收，主要用于鸡、鱼的均衡饲料，可有效补充蛋白成分。若进一步制成蛋白-稀土饲料添加剂，则能有助于提高动物的免疫力。

膨化复合角蛋白饲料加工工艺是一种创新的角蛋白加工技术，主要加工原理是将经过科学配制的各种角蛋白原料和辅料进行膨化加工，由于膨化机腔内高温、高压和强力剪切的作用，使得角蛋白的双硫键断裂，成为可溶的、易消化的多肽类高蛋白饲料。膨化复合角蛋白饲料，主要由不同比例的角蛋白原料和血粉组成。配比原则是根据畜禽对饲料中氨基酸成分的营养需求，或者根据各种角蛋白原料和血粉中氨基酸含量的不同进行氨基酸成分平衡，按比例配制。其配制比例见表 7-10。

表 7-10　膨化复合角蛋白配比

原料名称	配方比例	原料名称	配方比例
牛羊角	32~36	蹄壳	10~15
血粉	36~38	小杂鱼	6~10
羽毛、畜毛、人发	10~14	缬氨酸	0.45~0.60

主要加工工序如下。

① 原料首先分检，去除杂质，分类堆放，然后在加工中进一步清除土石与磁性金属物。

② 分别对蹄角、血块、杂鱼和毛发进行铣削、粉碎和切碎加工。粉碎粒度小于 20 目，毛发长度为 2~3mm。

③ 将加工好的不同角蛋白原料分别送入配料仓，通过计算机控制的配料系统，按配比要求进行自动配料，将配好的料放入混合机内混合均匀。

④ 将混合好的料送入膨化机调质器，调质温度 70～80℃，湿度 14.8％～17.8％。已调质好的料自动进入膨化机进行膨化加工，膨化腔内温度为 180～220℃，压力为 1.7MPa。

⑤ 膨化料经粉碎后送入混合机内，同时加入微量生化添加剂，混合均匀后即为膨化复合角蛋白饲料。

生产复合角蛋白饲料的挤压膨化工艺，既可缓解饲料工业中蛋白质饲料紧缺的状况，又可消除其对环境造成的污染，而且这种加工工艺不会再次产生污染环境的有害物质[27]。

7.5.1.2　制备可降解地膜[28]

据调查了解，目前农民使用的普通农膜已经不能适应和满足当前科学种植和养殖的需求，因此希望采用环保新农膜，以提高综合效益。近年来，天然生物质材料蛋白质，因其具备良好的力学、热学稳定性以及生物降解性，成为环保型高分子材料的研究热点。角蛋白因分子内含有双硫键而显示出与胶原蛋白不尽相同的性质，根据其独特的结构和性能有望制备出性能优良的可生物降解地膜。蛋白质膜的制膜方法主要包括加热法、模压法、挤压法、涂布和喷雾。

（1）加热法

对毛的水解液进行加热，加热时蛋白质与蛋白质之间发生相互作用，形成的双硫键、氢键和疏水键等改变了膜的三维结构，暴露出巯基和疏水基团等侧链；干燥时没有折叠的蛋白质大分子相互接近进一步聚合。

（2）溶液浇铸法

将均匀的成膜溶液倒在一定规格的模具或平整的玻璃板上，铺展制成一定厚度的均匀液层，然后干燥形成薄膜。其常见工艺为：原料→成膜溶液的配制→脱泡→浇铸→干燥→脱模→后处理→制品。

（3）热压法

将羊毛水解液真空干燥后得到的蛋白粉末与水混合后放在加热夹板之间，并施以高压，冷却后得到均一无粉末的角蛋白膜。该角蛋白膜具有较高的拉伸强度和弹性模量，不溶于水，在水中微溶胀，但在 pH 为 7.0 的水中溶胀明显，pH 达到 9.0 时膜溶解。在模压后，按照两步处理工序对蛋白质高分子进行加工。第一步，将含蛋白质混合物的模具放置在 60～80℃下热压 20min，这样蛋白质聚合物可被部分处理；第二步，从模具中移出被部分处理的试样，在空气中干燥 24h，然后放置在真空袋中，置于高压锅中处理。高压锅内空气压力为 60～80psi（1psi=6894.76Pa）。首先，在 80℃下处理 1h，使聚合物黏度达到最低点。然后，对高压锅反复加压解压，在这种压力循环程序中，大部分空穴被排除。最后，在 140℃下，压力为 70psi 下处理 2h 后，即可得到蛋白质膜。

（4）其他方法

涂布或喷雾，即将成膜液涂布或喷雾于食品上，干燥后形成薄膜。此类薄膜多用于果蔬的保鲜。湿法成膜法是指蛋白溶液淋膜进入凝固液，凝固形成膜。

7.5.1.3　生产氨基酸[29～34]

氨基酸是组成蛋白质的基本单元，在人和动物的毛发中含量极为丰富，因此，毛发是目前最好的提取胱氨酸的天然原料。世界上生产氨基酸的方法主要有发酵法、酶法、化学合成法和水解法等几种。动物毛主要由角蛋白组成，角蛋白中氨基酸含量高、种类多（约含17～18 种），其中胱氨酸约占 7％～11％。胱氨酸能促进机体细胞机能，增加白细胞和抑制病原菌，临床上用于慢性肝炎、脱发和膀胱炎等疾病的治疗，是人体所必需的氨基酸。在国外，被广泛用作老年人的"营养素"成分之一，在医药和生化领域具有重要用途，素有"软黄金"之称，是我国主要出口创汇的化工产品之一，长期以来产品供不应求。因此，回收原料皮上的毛，不仅可以大幅度减少制革污水中的悬浮物、COD 值和BOD 值，减轻综合废水的处理负担，同时可为氨基酸生产提供优质价廉的原料，提高制革的综合经济效益。

关于从动物毛中提取氨基酸工艺的研究较多，例如：以动物毛为原料，AME 为萃取剂从中萃取分离出胱氨酸、脯氨酸、亮氨酸、酪氨酸和混合氨基酸五种系列产品，克服了传统工艺只能提取胱氨酸一种产品的缺点，而且胱氨酸的提取率从 5.5％提高到 7.5％，大大提高了动物毛的利用价值和经济效益。此外，也可将废杂毛（猪毛、羊毛等）用盐酸水解，利用各种 α-氨基酸的等电点不同，以及胱氨酸的溶解度远小于其他氨基酸的特点，调节 pH 在 5 左右，可以获得胱氨酸的沉淀。通过对废弃羊毛提取胱氨酸工艺的研究，得出了最佳提取胱氨酸的条件，即在 pH 为 10、碱液温度为 50℃、烘干温度为 80℃的条件下进行预处理后，当质量分数为 32％的盐酸与毛的质量比为 1.8∶1，水解温度为 120℃，水解时间为 8h 时，所提取的胱氨酸符合标准。

7.5.2　生皮边角料的利用技术

7.5.2.1　制备胶原吸附材料[35,36]

皮胶原纤维不溶于水，富含—COOH、—NH$_2$、—OH 和—CONH—，能与单宁形成多点氢键结合。制革化学领域的研究工作已经证实，皮胶原对单宁的吸附具有专一性，且吸附容量大，而对低分子酚类化合物及其他非单宁成分的吸附量非常低。这些特性使利用皮胶原纤维制备高选择性单宁吸附材料成为可能。此外，还可以利用胶原纤维和单宁制备新型吸附材料。通过选用不同类型的单宁、使用不同的单宁载量以及采用不同的制备方法，可以调控固化单宁对金属离子的吸附能力和吸附选择性，从而可制备出适合于不同应用领域和范围的金属离子吸附和选择性吸附材料。

先将原料牛皮按常规制革工艺（水洗、碱处理、剖皮、脱碱）处理，去除非胶原间质后以皮胶原纤维为基础材料，研究制备了两类具有重要应用前景的新型吸附材料，开创了皮胶原纤维非制革利用新领域，即用于从中草药制剂中高选择性脱除单宁的胶原纤维吸附材料和用于水体中金属离子的吸附分离的胶原纤维固化单宁吸附材料。系统研究了胶原纤维固化单宁的制备方法及其原理。将胶原纤维及经过化学修饰的胶原纤维分别与单宁、醛以及单宁和醛反应，并用氢键和疏水键破坏试剂及热分析方法系统研究这些反应的机理，研究了皮革胶原的吸附动力学。结果表明，首先用牛皮胶原纤维通过戊二醛交联制备，对中草药制剂中的单宁具有高选择性的吸附材料。用茶多酚及单宁酸作为探针分子研究了胶原纤维吸附材料对植物多酚的吸附特性，结果表明，这类吸附材料对不同组分的吸附程度不仅与其分子大小有关，而且与分子结构有关，对含联苯三酚结构的植物多酚呈现较高的吸附率。

采用黄芩甙、辛弗林、葛根素、抽皮试、染料木甙、染料木素、白黎芦醇等典型中草药有效成分，研究胶原纤维吸附材料对单宁的吸附选择性。结果表明，在中草药有效成分——水解类单宁（单宁酸）溶液中，单宁酸的吸附率达到 97％以上（未被吸附的是小分子非单宁组分），有效成分的吸附率很低。在中草药有效成分——缩合类单宁溶液中，缩合类单宁的吸附率均为100%，有效成分的吸附率除个别组分外也较低。当溶液中仅含有效成分时，有效成分的吸附率比在有效成分——单宁溶液中高，表明胶原纤维对单宁的吸附具有选择性。胶原纤维吸附材料可将原花青素中的多聚体（缩合单宁）全部吸附，而对具有生物活性的低聚体的吸附率较低，体现出该吸附材料对相对分子质量的选择性。对比实验表明，工业上常用的聚酰胺对单宁的吸附容量及选择性不如胶原纤维吸附材料。因此，胶原纤维吸附材料为中草药提取物及中草药制剂中单宁的高选择性脱除提供了一种新的且有效的方法。

用甲醛、铬（Cr^{3+}）、锆（Zr^{4+}）及钛（Ti^{4+}）作为交联剂制备胶原纤维吸附材料，并研究其对中草药有效成分——单宁混合溶液的吸附特性。结果表明，与戊二醛交联胶原纤维相比，甲醛交联胶原纤维对水解类单宁的选择吸附特性基本不变，但对部分缩合单宁（如落叶松单宁）的吸附选择性较差。其他交联方式制备的胶原纤维对单宁的吸附选择性均较戊二醛交联胶原纤维的低，即在吸附脱除单宁的同时，中草药有效成分的损失率也较高。

基于上述实验结果，进一步研究了戊二醛交联胶原纤维吸附材料用量、吸附时间以及溶液中有机溶剂含量对中草药有效成分——单宁混合溶液吸附特性的影响。结果表明，对100mL混合溶液，当单宁浓度为1000mg·L^{-1}时，戊二醛交联胶原纤维吸附材料的最佳用量为0.300g，此时单宁的吸附率为100%，而有效成分的吸附率不超过17%；吸附时间对吸附率的影响不明显，当对单宁的吸附率达到100%后，对有效成分的吸附率基本不变；当有效成分——单宁混合溶液中有机溶剂的含量增加时，单宁的吸附率仍能达到100%，而有效成分的吸附率变化不明显。这表明胶原纤维吸附材料具有广泛的适用性。为了更好地认识胶原纤维吸附材料对单宁的吸附规律，系统研究了未交联、戊二醛交联及Cr^{3+}交联胶原纤维对单宁的吸附平衡及吸附动力学。结果表明，当初始浓度为2500mg·L^{-1}、温度为308K时，这三种胶原纤维对水解类单宁的平衡吸附量为460mg·g^{-1}左右，相差不大；而对缩合单宁（黑荆树单宁）的吸附量分别为363.4mg·g^{-1}、355.6mg·g^{-1}和337.2mg·g^{-1}。温度升高，平衡吸附量降低。三种胶原纤维对单宁的吸附平衡均符合弗罗因德利希（Freundlich）方程。吸附热的计算结果表明，胶原纤维对单宁的吸附为氢键吸附。

将胶原纤维及经过化学修饰的胶原纤维分别与单宁、醛以及单宁和醛反应，并用氢键和疏水键破坏试剂及热分析方法系统研究这些反应的机理。结果表明，胶原纤维和单宁主要以氢键和疏水键结合；胶原纤维和醛的反应则是基于醛与胶原氨基发生的共价交联。在胶原纤维-单宁-醛反应体系中，胶原纤维侧链的氨基对反应物的热稳定性起着重要的作用。因此，利用胶原纤维-单宁-醛反应制备固化单宁的机理是单宁通过醛与胶原纤维侧链氨基之间形成共价结合。这种结合方式使固化单宁耐氢键破坏试剂及疏水键破坏试剂的作用，而且也能耐水洗，为其作为吸附材料奠定了基础。进一步研究表明，只有用具有亲核反应活性的缩合类单宁，才能通过胶原纤维-单宁-醛反应将单宁固化在胶原纤维上，获得胶原纤维固化单宁吸附材料。

根据上述研究结果，用杨梅单宁、黑荆树单宁和落叶松单宁制备了三种胶原纤维固化单宁，并系统研究了它们对Cu^{2+}、Au^{3+}、Th^{4+}、UO_2^{2+}、Pb^{2+}、Cd^{2+}及Hg^{2+}等重金属离子的吸附特性。结果表明，固化单宁可有效地吸附水体中的金属离子。固化单宁对Au^{3+}、Hg^{2+}和UO_2^{2+}具有很高的吸附容量，实验条件下对Au^{3+}的吸附容量达到

$1500 \mathrm{mgAu}^{3+} \cdot \mathrm{g}^{-1}$，对 Hg^{2+} 的吸附容量达到 $198 \mathrm{mgHg}^{2+} \cdot \mathrm{g}^{-1}$，对 UO_2^{2+} 的吸附容量达到 $112 \mathrm{mg} \, \mathrm{UO}_2^{2+} \cdot \mathrm{g}^{-1}$。固化单宁吸附容量的大小与单宁的分子结构有关，其大小顺序为固化杨梅单宁≥固化黑荆树单宁＞固化落叶松单宁，即单宁分子中含联苯三酚结构的基团越多，对金属离子的吸附容量越大。升高温度，吸附量增加。pH 对吸附量的影响则比较复杂，Au^{3+}、Pb^{2+} 和 Cd^{2+} 在低 pH 条件下吸附量较大；Cu^{2+}、UO_2^{2+} 和 Hg^{2+} 的吸附量则随着 pH 的升高而增加；对 Th^{4+} 的吸附则需在 pH 3～4 范围内进行。这是由于溶液的 pH 会影响金属离子在溶液中的存在形态，从而影响其在固化单宁上的吸附量。

7.5.2.2　制备胶原吸波材料[37]

按常规制革方法将原料牛皮进行清洗、浸灰、片皮、脱灰处理，得到除去非胶原间质的皮胶原纤维（CF）。将皮胶原纤维（CF）与水杨醛反应获得具有席夫碱结构的胶原纤维（Sa-CF），再进一步与 Fe^{3+} 配位结合，可制备基于胶原纤维的雷达吸波材料（Fe-Sa-CF）。采用同轴线传输/反射法和雷达波散射截面（RCS）法测定了在频率为 1.0～18.0 GHz 范围内的电磁参数和雷达吸波特性。研究表明，CF 的电导率为 $1.08 \times 10^{-11} \mathrm{S} \cdot \mathrm{cm}^{-1}$，而经化学修饰得到的 Fe-Sa-CF 的电导率提高到 $2.86 \times 10^{-6} \mathrm{S} \cdot \mathrm{cm}^{-1}$；同时，在频率为 1.0～18.0GHz 范围内其介电损耗角正切（tanδ）也提高，因此，Fe-Sa-CF 为电损耗型吸波材料。Sa-CF（厚度 1.0mm）在 3.0～18.0GHz 范围具有一定的吸波性能，对雷达波的最大反射损失（RL）为 $-4.37 \mathrm{dB}$；Fe-Sa-CF 的吸收频带加宽，在 1.0～18.0 GHz 范围内均表现出较好的雷达吸波性能，RL 最高值为 $-9.23 \mathrm{dB}$。随着 Fe-Sa-CF 厚度的增加，对雷达波吸收强度进一步提高，当厚度为 2.0mm 时，对频率在 7.0～18.0 GHz 之间的雷达波的 RL 值达到 $-15.0 \sim -18.0 \mathrm{dB}$。因此，皮胶原纤维经过化学修饰后可以制成具有厚度薄、密度小、质量轻、吸波频带宽、吸波强度高的新型雷达吸波材料。

7.5.2.3　制备胶原基生物医用材料[38~40]

胶原是动物结缔组织中最重要的具有生物功能的结构蛋白质，因其独特的三股螺旋结构以及由此而产生的独特的生物学性能、理化性能及可生物降解性能，而被广泛应用于生物医学材料领域，被公认为是最有开发潜力的天然有机高分子医用材料之一。已有研究表明，胶原作为细胞外基质最为重要的结构蛋白，参与着组织体中如骨、心脏、血管、肝脏、肾脏、肺等组织器官的很多生理过程，维持着组织器官很多的基本功能，动物体或人体中胶原的病理性缺失会直接影响到机体组织器官的正常代谢与功能，因此很多因胶原缺失导致的疾病常需引入外源性胶原类材料来加速组织器官恢复正常。此外，作为生物医用材料，胶原具有优异的生物活性和生物相容性，能够有效激活细胞的特性基团表达，维持细胞正常的特性表达，可为细胞生长、增殖提供营养的化学微环境以促进细胞的黏附、生长。随着生物材料学、仿生学、蛋白质学和生命科学相关学科的迅猛发展以及临床治疗的迫切需要，胶原被认为是目前最具生物医学利用前景的基材，已被广泛用作各型组织工程支架、药物载体、高级创伤敷料、外科缝合线、止血材料等。但卫华、刘新华等人以可溯源的动物皮或跟腱为原料，通过去肉、剥离筋膜、脱脂、除去杂蛋白以及脱细胞等工艺操作，对动物皮或跟腱进行高度纯化。接着应用酸蓬松化、匀浆、多次盐析、多次离心等手段对胶原聚集体进行分离纯化，最终得到一种无抗原胶原聚集体。这种胶原聚集体为胶原纤维、胶原纤维束的混合体。采用双醛壳聚糖及三七素协同功能化改性剂处理上述混合体，然后进一步通过物理有机复合的方式构建了具有高度温敏性的功能性高层级胶原聚集体复合止血原位凝胶和具有类血管三维网络空间纤维结构的功能性高层级胶原聚集体复合止血材料，并对二者进行了体内止血性能、安全性和功能性评价，证实了两类功能性止血材料具有良好的临床应用潜力。这种胶原聚集体为胶原纤维、胶原纤维束的混合体。胶原在医学应用中具体的主要优势和劣势如表 7-11 所示。

表 7-11 胶原作为医用材料的主要的优势与劣势

优势	劣势
1. 来源丰富	1. 价格较高
2. 无抗原,免疫原性低	2. 胶原制备过程不稳定,如胶原海绵常因工艺不稳定可能导致其密度、空隙、杂蛋白含量不同,影响产品性能
3. 可生物降解,可被人体吸收	3. 易吸水膨胀,造成创面周围组织产生炎症反应
4. 无毒,生物活性好	
5. 能与其他很多生物活性的大分子、药物发挥协同作用	4. 体内过快的降解速率,不能与机体需要的修复时间相匹配
6. 止血,能促进血小板聚集、黏附	5. 制备过程烦琐,操作较难
7. 可塑性强,能制备成各类剂型	6. 动物源,易携带病毒等
8. 化学活性好,能与大量交联剂发生反应	7. 相对较差的力学机械性能
9. 易于功能化,能与很多功能材料发生反应	
10. 可与很多合成高分子共混	

7.5.2.4 用灰皮制造食品包装材料[41, 42]

自 20 世纪 90 年代以来,"环境与包装"已成为世界关注的焦点问题,其中包装废弃物造成的环境污染已成为环保的重点,因此,发展绿色包装已成为世界各国包装研究的最新发展趋势。目前,绿色包装材料主要包括可食用包装材料与可降解包装材料。可食用包装是顺应人们对食品包装的方便化和无公害化而迅速发展起来的新型食品包装。

采用我国允许使用的食品添加剂,如甘油、乙二醇、聚乙二醇、淀粉、适当的醛类及其他一些物质为配料,研制胶原蛋白膜,为胶原包装膜的工业化生产及应用提供了一定的理论依据和实验数据。试验方法包括以下内容。

① 胶原蛋白水解液的制备:牛皮废料→水洗→水解→过滤→中和。

② 配制及干燥成膜过程:配制溶液→真空脱毛→涂布于光滑玻璃板上→干燥→揭膜→贮存于一定温度和湿度的环境中。

③ 制膜条件:水解后的胶原为 4.5%(以水解液质量分数计),定型剂淀粉的用量大约在 0.4%～0.6%,增塑剂用量可以控制在 0.22%～0.27%。

以胶原蛋白为主要原料,辅以可食性添加剂而制成的食用薄膜,可用作糖果、蜜饯、果脯、糕点等的内包装膜。制膜工艺:胶原蛋白溶液质量分数调配→热处理(70～100℃,15min)→加入增塑剂、钙交联剂→溶解、混合→过滤、增稠→真空脱气→涂布→烘干(60～70℃,5h)→叠加类脂层→再干燥→揭膜→乙醇溶液挥发处理→自然干燥→保存使用。在最佳制备条件下制得的可食用性胶原蛋白膜的厚度、透明度、光泽和韧性等都较好。

制造香肠用的膜套可用薄的剖层皮块和剖层皮边来制备。加工方法如下:在小液比下,以纯石灰长期浸泡皮块,洗涤、中和使皮膨胀;在严格控制洗涤液酸度的条件下,用盐酸溶液(用量为原皮质量的 6%)进行洗涤;洗涤后,皮块的 pH 应为 2.5,切口呈透明状;通过两个槽纹轴碾压皮块,用水稀释,充分搅拌到一定黏度,在压力 15～20MPa下使制得的浆质通过压机的筛孔(孔径 1mm)压出,即得很细的线,将线编成辫条,放置数日使其成熟。全部过程都在低温下进行,并用冷水冷却设备。用喷出法(挤出法)将所得浆料制成管状薄膜,干燥,用甲醛鞣制。充分洗涤薄膜,中和至 pH 为 4.5～5.0,薄膜厚 0.08mm,直径 120mm 以下。在屠宰厂里,可选择经过检疫的猪皮下脚料生产胶原肠衣[45]。

7.5.2.5　生产饲料[43]

在准备工段脱毛、灰皮剖层后，所得的小块裸皮和剖层皮可用以生产食用胶原。将小块灰裸皮和剖层皮置于木制（最好是不锈钢制）转鼓中（转速 $8\sim12r \cdot min^{-1}$），用冷流水洗涤 30min，以除去表面上的石灰、松落的纤维和一般的附着物。洗涤后，在转鼓中滴水 10min 后，加入皮质量 5% 的氯化铵干粉转动 10min，有少量水渗出。添加皮质量 1% 的乳酸（质量分数 5%）继续转动。在第 1h 内，添加体积分数为 6% 的硫酸，每次添加 3% 或 1%，使溶液酸度保持在 pH4 以下。因为氯化铵和氯化钙生成的离子浓度高，较低的 pH 不会使皮膨胀。中和与酸化一般需 $2.5\sim3.5h$ 才能完成。此后用冷流水缓慢洗涤 2.5h，搭马，冷冻一夜。加工后，胶原的 pH 在 $4.5\sim6.8$，灰分的质量分数在 0.5% 以下。将冷冻皮块切成 3cm×2cm 的小块。总加工时间约为 8h。胶原在营养上是一种不完全蛋白质，它不含色氨酸，蛋氨酸的质量分数也较低，仅为干胶原质量的 1%，所以，必须和其他含蛋白质的物质混合使用。胶原所含食用氨基酸的含量见表 7-12。

表 7-12　胶原中食用氨基酸的含量

主要氨基酸	人的需要量/$g \cdot d^{-1}$	氨基酸/$g \cdot (100g 胶原)^{-1}$	胶原中过量（＋）或缺少（－）
色氨酸	0.5	0.0	−0.5
苯丙氨酸	2.2	2.4	＋0.2
赖氨酸	1.6	4.0	＋2.4
苏氨酸	1.0	2.3	＋1.3
蛋氨酸	2.2	1.0	−1.2
白氨酸	2.2	3.7	＋1.5
异白氨酸	1.4	1.9	＋0.5
缬氨酸	1.6	2.5	＋0.9
总量	12.7	17.8	＋5.1

喂鼠试验表明：胶原能被完全消化，其热值为酪素的 86%。为了防止污染，最好在不锈钢转鼓中制备。

7.5.2.6　制备环保型胶原蛋白除醛剂

皮革中游离甲醛的存在主要是由防腐剂、鞣剂、复鞣剂、填料和涂饰剂等化工材料造成的，通常是这些化料中含有游离甲醛或缓慢释放游离甲醛。各国对成革中甲醛含量的限制都有严格的立法，尤其是与人体长期接触的制品，所以受此条件的影响，人们在选择鞣剂和涂饰剂等材料时，通常要求游离甲醛的含量越低越好。

众所周知，甲醛是一种具有较高毒性的破坏生物细胞蛋白质的原生质毒物，能与蛋白质的氨基结合，使蛋白质变性凝固。基于此，利用甲醛的这一性质，并结合皮革工业的现状，从皮革边角料中提取胶原蛋白并进行适当的改性，然后将其应用于皮革、室内空气和板材胶黏剂的甲醛去除中。利用皮革边角料制备甲醛捕获剂不仅可以解决皮革工业的一大污染源，同时还可以解决棘手的甲醛污染问题，达到以"废"治"污"的目的[44~46]。

（1）除醛剂的制备

① 胶原蛋白的提取　近年来，皮革工业受到越来越多的环保政策的制约，各国对一些环保型生态皮革产品呼声很高，所以有机鏻鞣制技术应运而生，在生产过程中势必会产生大量的鏻鞣革屑。如果这些皮革边角料能被充分利用，对于缓解环境污染问题将是一大贡献。关于铬鞣革屑中提取胶原蛋白或明胶的研究较多，而关于从鏻鞣革屑中提取胶原蛋白的文献较少。以鏻鞣革屑为原料，探讨胶原蛋白的提取方法，以促进有机鏻鞣制技术的发展。以鏻鞣革屑为原料，提胶率为指标，考察了不同方法的水解效果，结果表明，碱-

酶混合法的水解效果明显优于酸法、碱法和酶法。通过单因素实验确定了酶法和碱-酶混合法的较优作用条件。单因素实验结果表明：酶法水解膦鞣革屑的较优作用条件为反应温度 55℃、反应时间 4h、碱性蛋白酶用量 0.2%（以干革屑重计）、pH 为 9.0 和液固比 5∶1，在此条件下提胶率为 31%；而碱-酶混合法的较优作用条件为 MgO 用量 6%，温度 70℃，反应时间 3h，碱性蛋白酶的用量 0.4%，在此条件下提胶率高达 88%[47]。

　　② 乙二胺改性胶原蛋白　为了提高胶原蛋白的除醛效果，本研究以从膦鞣革屑中提取的胶原蛋白为原料，乙二胺为氨基供给体，在催化剂存在的条件下，合成了乙二胺改性的氨基化胶原蛋白。其反应示意如图 7-25 所示[48]。

　　通过单因素实验探讨了反应时间、乙二胺用量、脱水剂用量、反应温度、底物浓度和加料顺序对氨基含量和甲醛去除率的影响，以优化出胶原蛋白的改性条件，将胶原蛋白中的羧基尽可能多的转化成氨基，提高甲醛去除效果。通过单因素分析得出常温下改性效果较好，乙二胺用量、催化剂用量、反应时间、胶原蛋白浓度的影响较大，然后通过正交实验得出氨基化改性胶原蛋白的较优条件，即胶原蛋白用量 20g，催化剂用量为 3g，乙二胺用量为 12.5g，反应时间为 3.5h，胶原蛋白浓度为 30%，在此条件下测得的氨基含量达到 3.77%，甲醛去除率为 49%。采用红外光谱、GPC、氨基酸分析、DSC 和 ^{1}H-NMR 谱对产物进行了检测，结果表明胶原蛋白的羧基与乙二胺发生了反应，氨基含量增加。

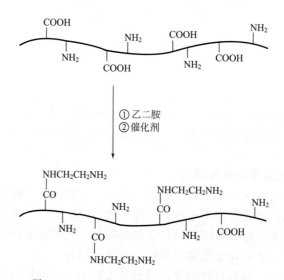

图 7-25　乙二胺改性氨基化胶原蛋白的合成

　　③ 二乙烯三胺改性胶原蛋白　咪唑啉的合成主要分为两步：首先，脂肪酸与多烯多胺脱去一分子水生成烷基酰胺；然后烷基酰胺在高温下继续脱去一分子水形成咪唑啉环[49~51]。有人用石油酸和二乙烯三胺在减压和 160℃下先脱水合成石油酸酰胺，同时石油酸中有一部分中性油脱出。反应方程式如下所示[52]：

$$RCOOH + NH(CH_2CH_2NH_2)_2 \xrightarrow{-H_2O} RCONH(CH_2CH_2NH_2)_2$$

$$RCONH(CH_2CH_2NH_2)_2 \xrightarrow{-H_2O} RC\begin{array}{c} N=CH_2 \\ | \\ N-CH_2 \\ | \\ CH_2CH_2NH_2 \end{array}$$

根据咪唑啉的合成原理，以二乙烯三胺为氨基供给体，采用真空法对胶原蛋白的羧基进行改性。二乙烯三胺改性胶原蛋白的原理示意如图 7-26 所示。

单因素实验结果表明：最佳改性条件为真空度 0.08MPa，反应温度 150℃，反应时间 4h，胶原蛋白中羧基与二乙烯三胺的摩尔比为 1∶4。改性前后的红外谱图表明：胶原蛋白的羧基与二乙烯三胺（DETA）发生了反应，成功地引入了氨基，而且在 $1600\sim1610cm^{-1}$ 处未出现咪唑啉环 C=N 的特征吸收峰，可以判断没有咪唑啉生成。此外，GPC、DSC 和 ^{1}H-NMR 谱分析结果也进一步证明 DETA 已经和胶原蛋白发生了反应，而且反应过程中未发生交联反应。

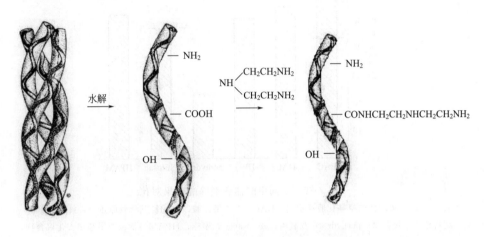

图 7-26　二乙烯三胺改性胶原蛋白的原理示意

（2）除醛剂的应用

随着生活水平的提高，室内装修热方兴未艾，作为"隐形杀手"的甲醛也进入了人们的居住与工作场所。它主要来源于板材所用的脲醛树脂等胶黏剂，以及烟草、纺织物和皮革等常用的日用品，对人们的身体健康造成严重的危害，所以研究者们致力于游离甲醛捕获剂的研究工作。今后甲醛捕获剂的开发研究方向是消醛率高、不产生二次污染，并同时具有消醛、改性等其他功能特点。如小分子的化合物，具有较好的浸透性，可进入产品内部与甲醛反应，从而去除产生的游离甲醛。大分子甲醛捕获剂，既可以消除游离甲醛的污染，也可对被处理物起到一定的改性作用。例如将大分子的甲醛捕获剂用于皮革中游离甲醛的去除，这种大分子的物质会对皮革产生一定的填充作用。

① a. 在醛鞣中的应用　在皮革和毛皮加工过程中，由于大量使用各类化工产品，所以在皮革和毛皮成品中不可避免地残留一些有害物质，甲醛便是其中之一。皮革中游离甲醛的存在主要是由防腐剂、鞣剂、复鞣剂、填料和涂饰剂等化工材料造成的，通常是这些化料中含有游离甲醛或缓慢释放游离甲醛。各国对成革中甲醛含量的限制都有严格的立法，尤其是与人体长期接触的制品，所以受此条件的影响，人们在选择鞣剂和涂饰剂等材料时，通常要求游离甲醛的含量越低越好。在后期加入除醛剂也是降低皮革中游离甲醛含量的一种方法，因此可将除醛剂用于醛鞣、噁唑烷鞣和膦鞣的加工过程，以期减少成革中的甲醛含量。

将所提取的胶原蛋白和改性得到的氨基化胶原蛋白用于模拟空气和皮革的甲醛去除实验中，发现它具有一定的除醛作用。在甲醛鞣制浸酸猪皮中的应用工艺如下所示。

按酸皮质量的 150% 计。

a. **回软脱脂**　水 150%，30℃，食盐 8%，脱脂剂 1%，转 30min，排液。

b. **鞣制**　水 200%，甲醛 3%，食盐 8%，转 120min，查切口全透。

c. **提碱**　小苏打 x%，调 pH 到 8.0。

d. **除醛**　除醛剂 x%，转 x min；水洗，晾干，待测甲醛含量。

将几种除醛剂用于甲醛鞣制浸酸猪皮的甲醛去除中，其结果如图 7-27 所示。

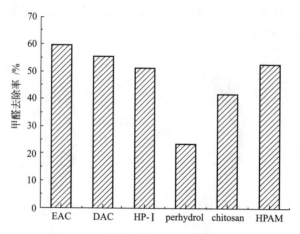

图 7-27　不同甲醛捕获剂除醛效果对比

EAC—乙二胺改性的氨基化胶原蛋白；DAC—二乙烯三胺改性的氨基化胶原蛋白；HP-Ⅰ—端
氨基超支化聚合物；perhydrol—双氧水；chitosan—壳聚糖；HPAM—活泼亚甲基超支化聚合物

　　结果表明，乙二胺改性的氨基化胶原蛋白（EAC）的甲醛去除率最高，其次为二乙烯三胺改性的氨基化胶原蛋白（DAC）、活泼亚甲基超支化聚合物（HPAM）和端氨基超支化聚合物（HP-Ⅰ），壳聚糖和双氧水的效果较差。这是由几种除醛物质的不同作用机理以及自身结构造成的。EAC、DAC、HP-Ⅰ和壳聚糖的作用机理是一致的，都是利用其自身所带的氨基与甲醛发生反应，从而降低游离甲醛的含量。目前，氨基类衍生物用作甲醛捕获剂的研究较多，使用也较广泛。

　　利用甲醛具有还原性的特点，利用过氧化氢、过硫酸盐等强氧化剂，可以降低游离甲醛的含量，其原理是利用氧化反应把甲醛氧化成有机酸。如有的工艺使用氧化剂如过硼酸钠、次氯酸等作纤维制品整理后的消醛剂。反应方程式如下所示：

$$HCHO + H_2O_2 \longrightarrow HCOOH + H_2O$$

　　活泼亚甲基超支化聚合物是以丙二酸二乙酯（DEA）和丙烯酸甲酯（MA）为原料通过 Michael 加成反应制得 AB₂ 型单体（N,N-二羟乙基-3-氨基丙酸甲酯，单体）；接着由"有核一步法"使该单体与核（三羟甲基丙烷，TMP）在 P-TSA 为催化剂的条件下，通过酯交换反应制得 HP-Ⅱ；最后使用丙二酸二乙酯，在无水 K₂CO₃ 作催化剂的条件下，通过酯交换反应对 HP-Ⅱ 进行端基改性，从而制备活泼亚甲基类超支化聚合物（HPAM）。其分子结构式如下所示[53]。HPAM 的除醛机理就是利用化合物分子中次甲基的氢和甲醛发生亲核加成反应，以达到去除甲醛的效果。而且由于超支化聚合物是一个近球形的三维分子结构，在分子的内部存在空腔，正是由于这种空腔的存在使得活泼亚甲基超支化聚合物对甲醛小分子还具有一定的吸附作用，所以 HPAM 的除醛效果较好。

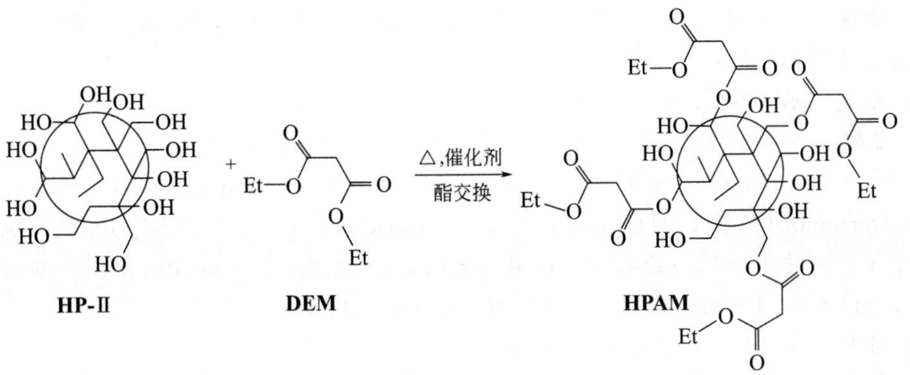

HP-Ⅱ　　　　DEM　　　　HPAM

端氨基超支化聚合物是以二乙烯三胺和丁二酸酐为原料合成的，它的相对分子质量在 2500 左右。由于 HP-Ⅰ的端基都是伯氨基，所以其除醛效果较好。本研究所用的壳聚糖的相对分子质量较大，脱乙酰度较小，所以相对来说它的除醛效果稍差。HP-Ⅰ的合成路线如下所示：

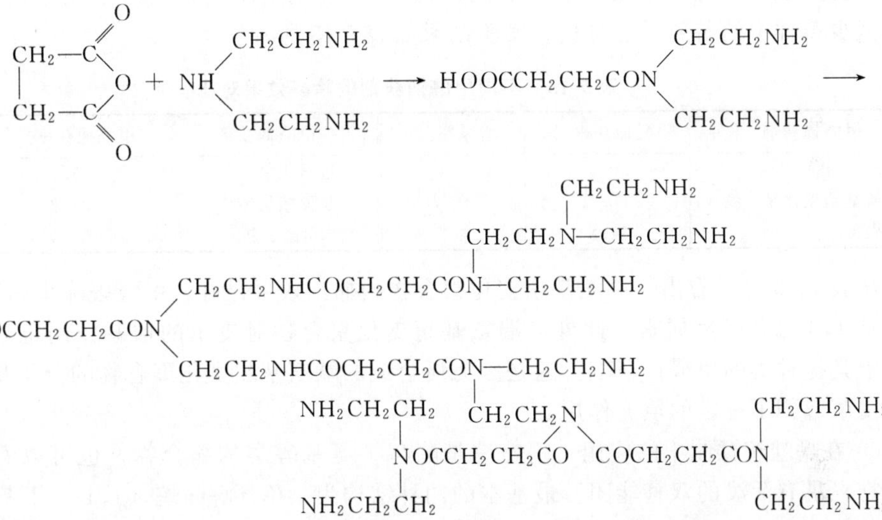

② 在有机膦鞣制中的应用　有机膦盐是一种羟甲基磷结构的化合物，简称为 THP 盐（tetrakis hydroxymethyl phosphonium salt）。有机膦是由酚的浓缩物和添加剂组成的改性膦盐复合物，学名硫酸四羟甲基膦，羟甲基的存在使得膦鞣革也不断释放出游离甲醛，因此有必要研究膦鞣革中甲醛的去除。有机膦盐的分子式及实验工艺如下所示：

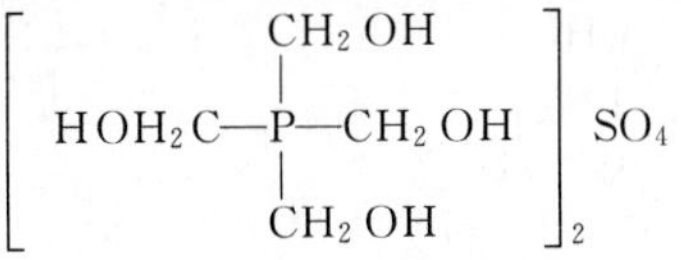

　　a. **浸酸/鞣制**　水 80%，20℃，食盐 8%，转 5min；加入酸皮，转 20min，pH 3.4；甲酸钠 1%，转 60min，pH 3.6；Granofin FCC 2%，Feliderm DP 1%，转 120min；Catalix L 1%，转 60min；小苏打 1.6%，分 5 次加入，每次间隔 30min，加完再转 60min，pH 5.7；Tanicor CRF 2%，转 60min，停鼓过夜。

　　b. **水洗**　水 150%，20℃，硼酸钠 0.6%，转 60min。

　　c. **水洗**　水 300%，40℃，Tergolix SL-01 1.5%，草酸 0.3%，Feliderm MPP 0.2%，转 60min，pH 5.4。

d. 水洗 水 300%，45℃，草酸 0.5%，Tergolix SL-01 0.4%，Feliderm MPP 0.2%，转 60min，pH 5.4，控水。

e. 水洗 水 300%，35℃，转 10min，控水。

f. 复鞣 水 100%，35℃，Derminol RA 4%，Derminol NLM 3%，Tergotan TSP 4%，转 60min；Tanicor SCU 6%，Granifin TA 4%，转 60min；水 100%，45℃，转 5min；Derminol RA 3%，Derminol SF 3%，Derminol ALE 3%，转 60min；EAC 等自制材料 x%，转 60min；染料 2%，转 60min；甲酸 0.5%，转 10min；甲酸 1%，转 45min，pH 3.5；Dermagen PC 1.5%，转 30min，pH 3.8。

g. 水洗 水 300%，20℃，转 10min。

h. 加脂 水 150%，45℃，Catalix L 3%，Catalix U 3%，Dermafinish LB 3%，转 60min；甲酸 1%，转 30min，pH 3.5；Derminol SF 1%，转 20min；Demagen PC 1%，转 30min，pH 3.8；甲酸 0.5%，转 20min，pH 3.4，出鼓搭马。

注：工艺中的皮革专用化工材料为科莱恩公司提供。

根据文献的研究，将几种小分子化合物[54]和端氨基超支化聚合物用于膦鞣过程中，以期减少革样中的游离甲醛含量。实验结果如表 7-13 所示。

表 7-13 不同甲醛捕获剂的除醛效果对比

甲醛捕获剂	甲醛捕获率/%	增厚率/%	甲醛捕获剂	甲醛捕获率/%	增厚率/%
空白	—	—	过氧化氢	23.5	2.3
端氨基超支化聚合物	60.4	16.7	亚硫酸氢钠	21.8	1.8
尿素	31.2	4.5	1,6-己二胺	35.9	6.8

从表 7-13 可以看出，端氨基超支化聚合物的捕获效果最好，甲醛去除率高达 60.4%，其次是 1,6-己二胺和尿素。此外，端氨基超支化聚合物对皮革的增厚作用也较明显，明显高于其他种类的甲醛捕获剂。这是因为所合成的端氨基超支化聚合物的分子量较大，所以对皮革起到了一定的填充作用。

③ 在噁唑烷鞣制中的应用　噁唑烷是醛与 β-氨基醇类的缩合物，也可以看作是醛的衍生物，具有活泼的双官能团。最基本的两种结构为：单环噁唑烷（4,4-二甲基-1,3-氧氮杂环戊烷），双环噁唑烷 [1-氮杂-3,7-二氧杂二环-5-乙基（3,3,0）辛烷]，其基本结构如下所示。在酸、碱、水中是不稳定的，极易开环分解生成醛类物质，所以经噁唑烷鞣制的成革也会不断释放出游离甲醛，这也是限制其在皮革鞣制中应用的重要瓶颈。因此探讨除醛剂在噁唑烷鞣制中的应用具有现实意义。

单环噁唑烷　　　双环噁唑烷

以酸皮质量计

a. 浸酸 水 80%，常温，食盐 7%，转 20min，6～6.5°Bé；铬鞣助剂 2%，转 60min；甲酸 2%，分 2 次加，间隔 20min，加完再转 40min，pH 2.4～2.6。

b. 预鞣 Granifin SZS 3%，转 200min；甲酸钠 1%，转 30min；小苏打 0.3%，分 5 次加入，每次间隔 30min，加完再转 60min，pH 3.3～3.5。

c. 鞣制 Zoldine ZE 2%，转 180min；Feliderm DP 1%，Catalix L 1%，转 60min；

甲酸钠 1%，转 30min；小苏打 1%，转 30min；小苏打 1%，转 60min；小苏打 1%，转 60min，pH 7.5～8.0；Tanicor KW 2%，50℃，转 120min，pH 8.0。

　　d. **除醛**　25℃，EAC 等自制材料 x%，转 $x$min，过夜。

　　e. **漂洗**　水 100%，35℃，甲酸（1∶10）0.5%，转 30min，pH 5.0。

　　f. **水洗**　水 300%，35℃，转 10min，控水。

　　g. **染色加脂**　水 150%，45℃，染料 1.5%，转 30min；Derminol SF 4%，Derminol NLM 2%，Dermafinish LB 3%，转 60min；甲酸 1%，转 30min，pH 3.3～3.4，控水。

　　h. **水洗**　水 300%，转 10min，出皮，搭马。

　　注：工艺中的皮革专用化工材料为科莱恩公司提供，Zoldine ZE 为美国陶氏化工公司提供。

　　对比几种除醛剂在噁唑烷鞣制绵羊皮中的应用效果，并探讨其对染色性能以及皮革物理机械性能的影响，结果如图 7-28 所示。

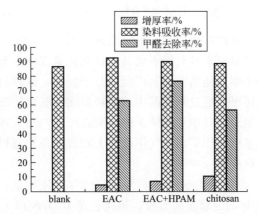

图 7-28　不同甲醛捕获剂在噁唑烷鞣制绵羊皮中的应用效果

EAC—乙二胺改性的氨基化胶原蛋白；EAC＋HPAM—质量比为 1∶1 的乙二胺改性的氨基化胶原蛋白与活泼亚甲基超支化聚合物的混合物；chitosan—壳聚糖

　　EAC 和 HPAM 混合物的除醛效果最好，甲醛去除率达到了 75% 以上，其次为 EAC，壳聚糖的效果最差，氨基化胶原蛋白与活泼亚甲基之间的协同效应使其除醛效果明显高于单独使用氨基化胶原蛋白，这与其在醛鞣中的实验结果是一致的。但是壳聚糖的填充性是最好的，这是因为壳聚糖的相对分子质量较大，自身所带的氨基和羟基可以和胶原纤维上的羧基反应，从而填充于胶原纤维之间，起到增厚的效应。EAC 可以促进染料的吸收，提高染色性能，酸性染料分子中含有的亲水基（羟基、羧基等）较多，根据文献报道[55]，在染色初期往水浴中加入一定量的氨水，可以提高染料的渗透能力，而 EAC 分子结构中含有大量的氨基和酰氨基，所以它可以与染料形成离子键结合，从而提高其上染率。

　　(3) 在模拟含甲醛空气中的应用

　　分别将几种甲醛捕获剂配成相同质量浓度的溶液，然后将其喷入密闭的玻璃箱中，20min 后测定甲醛浓度，根据喷入甲醛捕获剂前后的甲醛浓度变化来表征其除醛效果，甲醛捕获剂的喷入量根据质量差来计算，结果如图 7-29 所示。

　　DAC 的除醛效果最好，其次是 CPPL 和 HPAM。与改性前相比，改性后的胶原蛋白的除醛效果明显增强。从甲醛捕获量来看，DAC 的效果最好，其次是 HPAM，双氧水的甲醛捕获量要高于胶原蛋白，即双氧水的效率较高。虽然胶原蛋白的甲醛去除率与双氧水

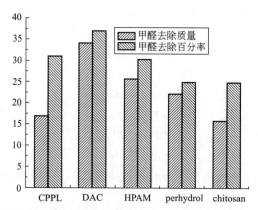

图 7-29　不同甲醛捕获剂在空气中的除醛效果对比

CPPL—从膦鞣革屑中提取的胶原蛋白；DAC—二乙烯三胺改性的氨基化胶原

蛋白；HPAM—活泼亚甲基超支化聚合物；perhydrol—双氧水；chitosan—壳聚糖

相差不大，但是由于胶原蛋白的用量比双氧水的多，所以 1g 胶原蛋白所能捕获的甲醛量就小于双氧水。但是由于双氧水具有强氧化性，过氧化氢在体内形成羟自由基，羟自由基具有很高的活性，与分子牢固地结合引起广泛的分子损伤，这种损伤是不能够完全修复或者不可逆的。此外，它还可以通过与食品中的淀粉形成环氧化物而导致癌症，特别是消化道癌症。所以不能将其用于空气中甲醛的去除，而胶原蛋白与人体的相容性好，不会对人体造成危害，所以胶原蛋白用作室内空气甲醛的去除效果是较理想的。

（4）在脲醛树脂中的应用

脲醛树脂胶（UF）的众多优点使其成为目前世界上使用最广泛的木材胶黏剂之一。我国 80% 以上的木材胶黏剂为脲醛树脂胶，年耗量在 40 万吨以上。在脲醛树脂的加工过程中需大量使用甲醛，随着人们对室内居住环境健康意识的日益提高，越来越注意到用脲醛树脂胶黏剂生产的人造板材在室内使用的过程中，可释放出甲醛影响生活环境质量，损害人们的身体健康，严重影响了它在木材胶接领域的主导地位[56]。国家标准要求人造板甲醛释放量应低于 $50mg \cdot 100g^{-1}$ 板重，与此相应的脲醛树脂游离甲醛含量应小于 0.5%[57]。因此，开发研制环保型脲醛树脂胶显得十分重要，长期以来，研究人员大致通过下列途径解决脲醛树脂中的甲醛释放：一是调整制备树脂的合成工艺，包括降低甲醛和尿素的摩尔比，分次加尿素等；二是在脲醛树脂中添加甲醛捕获剂；再者是对脲醛树脂的胶合制品进行后期处理[58]。基于此，将制备的甲醛捕获剂用在脲醛树脂胶中，探讨它们的甲醛去除效果以及对脲醛树脂胶性能的影响。

① UF 中甲醛的释放　在不同温度下处理脲醛树脂一定的时间，然后测定其中的甲醛含量。探讨温度对脲醛树脂中甲醛释放的影响。实验结果如图 7-30 所示。

随着温度的升高，脲醛树脂中的甲醛含量不断增加，当温度低于 40℃ 时，甲醛的释放速度较快，当温度高于 40℃ 后，仍不断有甲醛释放出来，但是相对来说增加得较缓慢。一般脲醛树脂中含有一定量的 $—CH_2—O—CH_2—$ 键，这种键不具有稳定性，在一定条件，尤其在高温下，$—CH_2—O—CH_2—$ 键发生断裂，释放出甲醛。由这些数据可以更直观地看出，脲醛树脂中甲醛的释放对人体造成的危害。据报道，当室内温度低于 19℃ 时，地板的甲醛释放量低，当室内温度高于 19℃ 时，甲醛的释放量明显增加。

② UF 中甲醛的去除　分别将胶原蛋白、二乙烯三胺改性的氨基化胶原蛋白（DAC）

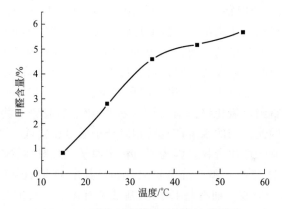

图 7-30　甲醛释放量随温度的变化曲线

和市售的甲醛捕获剂（CFS）用于脲醛树脂的处理中，探讨其甲醛去除效果，如图 7-31 所示。

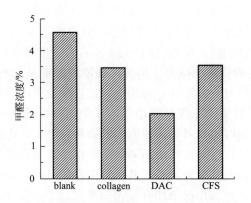

图 7-31　不同甲醛捕获剂去除效果的对比

与空白样相比，甲醛含量都有所降低，而且 DAC 的效果最明显，胶原蛋白和 CFS 的效果相差不大。CFS 是一种植物提取液，它具有较好的甲醛消除效果的原因可能是由于它富含大量的多酚类物质，能够与脲醛树脂中的甲醛发生反应，进而消除甲醛，降低脲醛树脂的游离甲醛含量以及降低粘接制品的甲醛释放量。胶原蛋白和 DAC 的作用机理主要是利用它们含有的氨基来达到去除甲醛的目的。DAC 是经氨基化改性后得到的氨基化胶原蛋白，所以它的氨基含量高，除醛效果好。

7.5.2.7　提取胶原蛋白[59~87]

制革工业中所面临的主要问题是生产过程中产生的污染和对资源的极大浪费。据统计，在皮革生产过程中，仅有原料皮质量约 20% 的物质转化为可以出售的皮革，其余部分在制革过程中作为剖、削、磨和修边屑等固体废物被丢弃掉。如此大量的胶原蛋白被丢弃，不仅污染环境，还会造成天然蛋白资源的极大浪费。为了给制革固体废弃物找到合理的利用途径，许多科技工作者进行了大量的研究工作。其中最有前景、最有效的一条途径是：从中提取胶原蛋白及其降解产物。

（1）铬鞣革屑中胶原蛋白的提取

随着科技的进步和社会的发展，利用含铬废弃物的技术由简单的机械加工逐步转向化学处理为主。目前，根据提取时所采用的化学试剂不同，主要有碱处理法、酸处理法、酶处理法、氧化法、酸-碱交替法和碱-酶混合法等。

① 碱处理法　碱法处理铬革屑时一般使用 CaO、NaOH 和 MgO 等碱性物质。在处理过程中，碱与铬形成氢氧化铬沉淀，胶原纤维在碱的水解作用下成为胶原多肽而溶于水中，通过过滤可实现胶原与铬的分离。采用 MgO 或 NaOH 法从铬鞣革屑中提取胶原，在不锈钢反应釜中加入 1000kg 铬鞣革屑，然后再加 3000L 热水和 3％石灰，升温至 93℃，连续搅拌 3h，此时革屑中的铬以氢氧化铬的形式沉淀出来，胶原产物则几乎完全溶于水中，趁热过滤，即可得到氢氧化铬滤饼及固含量为 12％的胶原产物溶液。碱法提取胶原容易造成肽键水解，因此得到的水解产物的相对分子质量比较低，若严重还会产生 DL-氨基酸消旋混合物，即旋光性化合物。因为不对称碳原子经过对称状态的中间阶段，发生了消旋现象，并转变为 D-型和 L-型的等摩尔混合物，其中 D-型氨基酸若高过 L-型氨基酸，则会抑制 L-型氨基酸的吸收，而有些 D-型氨基酸是有毒的，有的甚至有致癌、致畸和致突变作用。所以，若想保留胶原的三股螺旋结构，用此提取方法是不可行的。显然，此法不适合用于生物医用材料的胶原蛋白的提取。

② 酸处理法　酸法脱铬的原理是在酸性条件下铬配合物的水解和配聚平衡使其向解聚方向进行，配合物的分子变小，失去鞣制作用，达到脱铬的目的。常用的是硫酸、盐酸、磷酸等。硫酸的浓度越大，水解时间越短，但浓度达 4％以上于 70℃下，铬鞣皮屑（削匀屑）水解完全（无残渣），所需时间为 2h 左右；温度对其所产生的影响也很大，高于 70℃时，水解对时间的依赖性减弱。用酸法提取的胶原最大程度地保持了其三股螺旋结构，适用于作医用生物材料及原料，与酶法相比，酸处理法的提取率较低。

③ 酶处理法　酶法脱铬的原理是利用酶的复杂而特殊的作用机理，经水解使胶原蛋白变成小肽和氨基酸，同时将皮屑表面或内部的铬释放出来，达到脱铬的目的。王方国等人利用中性蛋白酶、碱性蛋白酶及纤维素酶的水解作用，对含铬革屑进行了脱铬试验。结果表明，纤维素酶对铬的脱除效果最好，其次是中性蛋白酶、碱性蛋白酶。同时认为，酶的脱铬能力强弱与酶的品种与控制条件有极大关系。另外，L. F. Cabeza 等人为了提高回收的蛋白产物的质量，连续在两个处理单元内使用两种不同的酶水解含铬革屑，他们研究比较了碱性蛋白酶、胃蛋白酶、木瓜蛋白酶、胰酶和胰凝乳蛋白酶五种酶水解含铬革屑的特性及胃蛋白酶和胰酶对分离得到的明胶的物理和化学性能的影响，认为连续使用胃蛋白酶和碱性蛋白酶不仅可以得到相对分子质量大的高质量明胶，而且铬饼残渣更易于化学处理回收铬，目前这种方法也进行了工业化试验。张铭让等人经过选择对比，最后确定在不同的反应条件下，采取多种酶配合使用，以制备不同级分的胶原多肽，主要路线为：含铬废革屑——预处理——酶脱铬——分离检测——浓缩——干燥检测——成品包装。

④ 氧化法　用 H_2O_2 等氧化剂对铬革屑进行处理，将革屑中的 Cr^{3+} 氧化成 Cr^{6+}，使铬革屑脱鞣，再经过漂洗、过滤，将胶原和铬分离。在美国，L. R. Smith 等人先用 10％的醇钠处理铬革屑，然后用 H_2O_2 氧化，获得了低含铬量的优质明胶。明胶的含铬量小于 $10mg \cdot L^{-1}$，黏度为 $64mPa \cdot s$，Bloom 强度达到 254g，收率大于 50％。英国的 J. Cot 等人采用类似的方法也获得了高产率的明胶，并且明胶的含铬量降低至 $150mg \cdot L^{-1}$。他们的研究结果表明，氧化法具有脱铬速度快、获得的胶原色泽好和胶原结构遭受破坏程度小的特点。总之，氧化法基本不破坏纤维的结构且脱铬迅速，对新鲜的废料脱铬较完全，但对久放的铬革屑中的铬则不易脱尽，成本也相对于其他方法要高，而且生成的六价铬较三价铬的危险性大得多。

⑤ 酸-碱交替法　先用酸进行处理，然后在此基础上再用碱做进一步的改进。这种方法提取得到的胶原产物的稳定性和质量都要比碱处理法高。苏联一直进行酸碱交替法提取

胶原蛋白的研究，并申请了几项专利。研究结果表明，先用 Na_2CO_3-H_2SO_4-Na_2SO_4 处理脱铬，再用硫酸-石灰乳处理，可以加快生产进度和提高产品质量。用草酸-硫氢化钠处理虽能获得优良的蛋白水解产物，但会造成硫离子对环境的污染。

⑥ 碱-酶混合法　它是在碱处理法的基础上经过改进而得到的方法。在提取胶原时，先用碱进行轻度处理，然后再用酶进行第二次处理，这样可增加胶原的提取率，得到两种性质不同的胶原蛋白。值得一提的是 M. M. Taylor、E. M. Brown 等人在处理含铬革屑、分离蛋白产品和回收铬的研究方面做了很多工作。他们早期采用的方法是：用碱性蛋白酶在 5%～6% 的石灰溶液介质中，60～65℃条件下水解含铬革屑 4～6h，分离得到铬含量很低的蛋白水解物，可作饲料和肥料；随后 M. M. Taylor 等人改进了原有方法，采用二步法处理含铬革屑。第一步采用碱水解法，提取适用于化妆品、黏合剂、打印或照相工业等凝胶性的蛋白产物（明胶）；第二步分离出水解蛋白，这样使回收的蛋白产物的应用领域拓宽，附加值提高，这个实验已经进行了工业性试验。这种碱、酶结合处理含铬革屑的二步法工艺重复性好，若能运行回收酶，则有实用价值。

（2）无铬鞣革屑中胶原蛋白的提取

近年来，皮革工业将会受到越来越多严厉的环保政策的制约，各国对一些环保型生态皮革产品呼声很高，所以有机膦鞣制技术应运而生，在生产过程中势必会产生大量的膦鞣革屑。因此，王学川等人以有机膦鞣革屑为原料，采用碱-酶两步法提取胶原蛋白。在 m（氧化镁）：m（革屑）＝0.06:1，反应温度 70℃，反应时间 2.5h，m（碱性蛋白酶）：m（革屑）＝0.006:1 的条件下，提胶率高达 88%。同时采用多媒体显微镜、红外分析仪以及凝胶渗透色谱对最优条件下提取的胶原蛋白进行了结构分析。

7.5.2.8　制作雷米帮 A[88]

将铬鞣革屑或者皮革边角料水洗后用酸或碱处理得到氨基酸或多肽，然后与脂肪酸氯反应得到雷米帮 A，它是一种阴离子型洗涤剂，毛皮生产中常用它做浸水助剂，具有润湿、渗透和洗涤的作用，在毛纺、丝绸、合成纤维及印染工业等纺织部门常用作洗涤剂、乳化剂、扩散剂，也可用作金属清洗剂和皮肤清洁剂，其结构中的多肽部分化学结构与蛋白质相似，对皮肤刺激性低，可形成良好的保护胶体，因此也适用于头发用品或用于护肤香脂中。用它洗涤丝、毛等蛋白质类纤维织品，有洗后柔软、富有光泽和弹性的优点。

7.5.3　铬鞣革屑的资源化利用

7.5.3.1　用于制备复鞣剂或填充剂

铬鞣革屑中含有 3.5%～4.0% 的 Cr_2O_3 和 90% 以上的胶原蛋白，回收利用铬鞣革屑既消除了含铬革屑对环境的污染，又充分利用了原皮和铬资源。早在 1944 年，就有人探讨过将含铬革屑水解物用于制备复鞣剂的可行性，但广泛深入的研究工作始于 20 世纪 90 年代初。

回收利用铬鞣革屑的方法有脱铬和不脱铬两大类。若将铬鞣革屑不经脱铬，水解成具有适当分子质量大小的多肽，直接用于皮革鞣制中或经接枝扩链、交联、共混等化学改性后用于预鞣、复鞣和填充，则方法简单，经济合理。如果将铬鞣革屑中的铬脱除掉，则工序复杂，处理成本大大提高，提取出来的胶原蛋白多用于食品、饲料、化妆品等行业。铬鞣革屑水解后分离出来的多肽结构与皮胶原极为相似，同其他类型的复鞣填充材料如树脂类、合成鞣剂类、栲胶类、蛋白质填料类等相比，前者与皮胶原有更好的相容性。以胶原多肽为原料制备的鞣剂或复鞣剂材料可以渗透到胶原纤维内部，用于皮革复鞣、填充中，起到鞣制和填充作用，而且能分散纤维，使成革不板结。

采用有机酸水解铬革屑，先用尿素对铬革屑纤维进行疏松，再以丙烯酸为主的混合有机酸水解。水解液不经脱铬直接与丙烯酸丁酯、丙烯酸乙酯、丙烯酸酯和丙烯酰胺混合单体进行共聚，制成新的复鞣填充剂。其水解和合成工艺流程如下。

水解：

合成：

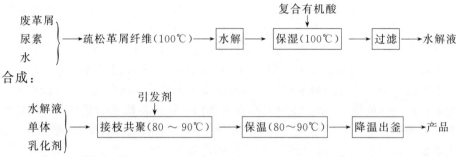

经过应用后，复鞣填充的坯革明显增厚，收缩温度提高，同时对成革的柔软度没有影响，丰满性、弹性有较大改善[89~91]。

李闻欣等[92]研究利用铬革屑制备铬铝鞣剂，其方法是将红矾钠与硫酸铝按一定比例混合，再用亚硫酸氢钠还原其中的红矾钠，然后将制得的铬-铝配合物鞣剂与革屑水解多肽进行接枝。用于皮革鞣制、复鞣，不但填充效果好，皮革手感好，而且对铬的吸收率高，对染料的吸收均匀，成革丰满、柔软、有弹性，边腹部不松面。此外他们还将铬鞣革屑经打浆后用磷酸水解，水解产物与铬铝鞣剂络合制得含铬铝蛋白复鞣填充剂，使用后效果良好，且利于环境保护。

陈武勇等[93]用氧化镁和蛋白酶两步法处理铬鞣废革屑，得到水解蛋白质。然后分别用甲醛、铬盐和酚类物质对它进行改性。结合各种所得改性蛋白质的基本性质，进行复鞣填充应用实验，实验表明这些改性蛋白产物有很好的填充效果。

王坤余等[94]用甲醛对胶原蛋白进行改性制备蛋白鞣剂，用于制革生产的结果表明，用12％（以胶原质量计）的甲醛改性得到的蛋白鞣剂用于猪皮鞣制，坯革收缩温度可达85℃，其填充性能好，且革坯色白，存放过程中基本不变色。

王鸿儒等[95]从铬革屑中提取胶原产物，将提取的胶原产物用乙醇胺熔融时，发现胶原产物可被降解为分子较小的产物，同时其链端羧基和侧链氨基可被酰胺化。再用己二酸将链端氨基和侧链氨基酰胺化，用氨将己二酸单酰的另一羧基酰胺化，可得到分子内无强电离性基团的胶原改性产物。结果表明，用乙醇胺和己二酸对胶原产物进行酰胺化改性，可得到一种性能良好的蛋白填充剂。用于铬鞣革的填充，能提高成革的物理力学性能，改善革的手感，提高革的丰满度及粒面平细度。

马建中等[96]以制革厂产生的固体废弃物——铬鞣革屑为原料，在不脱铬的情况下，采用甲酸水解铬鞣革屑、乙烯基类单体接枝改性铬鞣革屑水解液制备皮革用蛋白类复鞣填充剂。该复鞣剂是一种含铬的蛋白复鞣填充剂，经其复鞣后的坯革具有较好的伸长率和伸展高度。利用制革废弃物——铬鞣革屑制备皮革复鞣填充剂，变废为宝，消除了铬及铬鞣革屑对环境的污染，使铬鞣革屑得到了有效利用。

美国农业部东部研究中心研究开发了两种处理铬革屑的方法，即一步法和两步法。一步法得到低分子量的水解蛋白质和可回收利用的铬饼。两步法得到明胶、水解蛋白质和铬饼。为了提高所得蛋白质产品的附加值，用戊二醛对其进行改性，并应用于皮革的填充，通过光学和荧光显微镜观察，表明该改性产品作为皮革填充剂是有潜力的[97]。

有人采用革屑经水解为多肽，然后与脲醛共聚物加成得到了一种蛋白填充复鞣剂，该产品可以替代合成鞣剂用于皮革的复鞣，不但填充效果好，而且对铬的吸收率高，成革丰满、柔软、有弹性。制得的蛋白填充复鞣剂的游离甲醛含量≤50mg·kg⁻¹，完全符合相关国家标准的要求[98]。

7.5.3.2　用于制备铬鞣剂

将铬鞣革屑作为原料制备铬鞣剂，也是皮革固体废弃物资源化利用的一种有效方法。将原本属于皮革工业的副产物——革屑、皮革边角料、废旧皮革作为原料，制备皮革用化工材料，用于皮革鞣制，该鞣剂与皮革具有良好的相容性，可有效形成物质的自封闭循环利用。用含铬和胶原固体废弃物代替葡萄糖、二氧化硫等作还原剂，用硫酸亚铁作补充还原剂，还原红矾钠，制成皮革鞣剂，使固体废弃物中的铬化合物重新利用，胶原水解物或氧化产物成为鞣剂中的填充材料，硫酸亚铁被氧化后成为鞣剂中的另一种金属离子，通过柠檬酸钠和酒石酸钠桥联，从而制成一种含多种金属离子的皮革鞣剂[99]。

王坤余等人探索了用铬革屑充分提取胶原后剩下的铬泥配制含铬主鞣剂的工艺方案，填补了铬革屑综合利用中铬泥处理的空白。实验表明：当铬泥中有机物的量与加入的红矾量的比例为 1.3∶1 时，配制的铬鞣剂性能较好。用 1.5%（Cr_2O_3 计）的该鞣剂鞣革，坯革的收缩温度可达 95℃，铬在革中的渗透、分布均匀，蓝湿革富有弹性，丰满度较佳，手感好[100]。

另外，有人分别用铬鞣革屑和葡萄糖还原红矾，进行对比试验，制备铬鞣剂。具体过程为：称取一定量红矾，加入适量的铬鞣革屑及其 6 倍的水，升温到 40℃左右，加浓硫酸（其用量按碱度要求计算），在 80～100℃下，保温反应到六价铬反应完全为止；同时用葡萄糖代替革屑做对比试验，糖的用量为红矾用量的 30%。在相同反应条件下，前 10min，蓝湿革屑还原红矾的反应速率比葡萄糖的快，而在随后的 50min 内，葡萄糖的还原速率又比蓝湿革屑的快。用蓝湿革屑作还原剂，反应前 10min，红矾转化率即可达到 84%，葡萄糖作还原剂，红矾只反应了 59%。当红矾的转化率达到 96% 时，蓝湿革屑还原只需 30min，而葡萄糖还原则需 60min。皮屑作还原剂，含铬皮屑的酸性水溶液中含有大量的多肽和游离的氨基酸，部分可与红矾发生氧化还原反应，部分可与三价铬的络合物配位生成新的络合物。因羧酸根的配位取代能力远大于硫酸根，所以羧酸根的配位作用使蒙囿作用增强，有利于铬液向皮胶原内的渗透[101]。

7.5.3.3　用于制备涂饰剂[102~106]

多肽分子中含有大量氨基、羧基、胍基、咪唑基等，还有可供自由基反应的碳氢链节，能够进行多种反应，因此铬鞣革屑的应用主要是先将其水解成多肽，以多肽为基础进行改性。基于此，可将羽毛蛋白和明胶的改性产品用作涂饰剂，具体方法是将回收的革屑和革灰等废弃物经碱法脱铬处理后成为明胶溶液，然后利用互穿网络技术对明胶进行改性，常用的改性剂有丙烯酸类单体和乙烯基类单体。采用互穿共聚改性和互穿接枝改性所制备的蛋白类涂饰剂有较好的耐热、耐水和耐丙酮洗性质，有很高的经济价值，现已有商品出售。胶原蛋白涂饰剂能与皮革很好地融合，色泽性好，有着自然的观感和手感，极具开发潜力。

将从铬鞣革屑中提取的胶原多肽分别与甲基丙烯酸甲酯和丙烯腈共聚，以二聚二乙醇和三乙胺为增塑剂，添加适量的氨水和异丙醇，即制得共聚物。将此共聚物用作涂饰材料，其涂层光亮、透明、均匀，手感优于酪素产品。采用碱性盐从牛皮革边角料中提取出胶原蛋白，以多肽为流平剂，与氨水、土耳其红油和蜡乳液等物质复配用作皮革涂饰剂，其应用效果极佳。

捷克专利报道了用丙烯类聚合物改性蛋白作涂饰剂的方法。在 20～90℃下，用 0.5～3.5 份的丙烯酸-丙烯酰胺-丙烯酸盐共聚物处理反应。例如，将 390 份含铬废弃物的水解液（固形物质量分数 46.2%）、120 份水组成的溶液，反应 4h，冷却，用甲酸钠调 pH 至 4，最后得涂饰剂，其固形物质量分数为 33%，黏度为 47Pa·s。1t 皮革只需此种涂饰剂 30kg，而普通涂饰剂需 50～60kg。

从废弃铬鞣革屑中提取胶原蛋白，用甲壳素脱乙酰化制备壳聚糖，然后将两者与甘油共混制成复合膜，对膜的机械性能、透水汽率和吸水率进行了测定，并研究了胶原蛋白的相对分子质量、甘油的用量、胶原蛋白与壳聚糖质量比、成膜溶液的 pH 及成膜温度对膜性能的影响。结果表明，甘油用量（相对于成膜溶液的总体积）为 0.020kg·L^{-1}，胶原蛋白与壳聚糖质量比为 0.16，成膜溶液 pH 为 3.81，成膜温度为 50℃ 时，复合膜的抗拉强度和延伸率均达到最大，分别为 8.14MPa 和 5.16%。

7.5.3.4　用于制备加脂剂[107]

以多肽为亲水基，与亲油性材料反应，合成两亲型分子，将其作为表面活性剂用作清洁剂和化妆品等的研究工作较早，雷米邦是最为典型的产品。近几年，对水解多肽用作加脂剂的研究进行了大量的探索。油脂分子上嫁接肽链构建成两亲型结构，多肽良好的亲水性完全可以将产品自乳化用作加脂剂，多肽与胶原间较强的作用，可以使分子固定在纤维上，有效防止迁移。由于多肽和油脂都属于天然材料，因此所制得的两亲性物质具有良好的生物降解性。

直接将水解胶原与加脂剂配伍进行坯革加脂，应用结果表明：多肽具有一定的润滑作用，起到防止纤维粘接和美化粒面的效果。用羧酸和四聚丙烯基磺酸盐与多肽反应，产物经调制后，代替 20%～40% 的加脂剂用于皮革加脂。

将水解多肽接到天然油脂分子上制备的自乳化型蛋白加脂剂结合性好，有一定的耐干洗能力。通过调整多肽链的长度和控制反应程度，可调整材料的加脂性和复鞣性。多肽分子上的氨基、羧基和极性的肽键与非极性的碳氢段交替排列结构，使其既具有两性，又具有非离子性。直接与其他加脂剂配合使用，可起到乳化、分散纤维的作用；以多肽为亲水基合成蛋白型加脂剂，能起到自乳化的作用。多肽段与胶原纤维之间较强的相互作用，使其具有良好的结合性，而且其两性结构有助于提高染色性能。

利用铬鞣革屑水解得到的多肽，将其分别与环氧化和溴化油脂中间体反应，制得蛋白型加脂剂。多肽分子中的氨基能与环氧化物发生开环加成，也能与溴代烃发生亲核取代反应。将猪油、鱼油、菜油或蓖麻油分别进行环氧化和溴加成，制得的环氧化油和溴化油中间体与铬鞣革屑水解制得的多肽反应，在原来油脂分子上嫁接多肽链。油脂分子作为产品中的亲油部分，在皮纤维间起润滑作用，多肽是亲水基，起到乳化作用，并与胶原纤维产生较强的结合而使加脂剂得以固定。具体操作步骤如下。

制备多肽：在反应瓶内加入革屑及其干质量 5% 的氢氧化钠和 4 倍的水，搅拌回流水解 1.5h，静置，待完全沉淀后，倒出上层清液。并用少量水洗涤沉淀，滤液与上层清液合并，测定伯氨基含量。

猪油环氧化：反应瓶内加入猪油质量 4% 的 732$^{\#}$ 阳离子树脂，加热升温至 60℃，滴加猪油质量 45% 的双氧水，控制加入速度，反应温度不超过 63℃；滴加完毕，保温 4h；自然降温到 45℃，抽滤回收树脂。

产品的合成：在 5000mL 的四口瓶中加入环氧化猪油，加热至 50℃，调节 pH 至 6，20min 后加入一定量的多肽溶液，继续升温至 80℃，加入少量催化剂，保温反应 8h，即得蛋白型加脂剂。溴化油脂氧化操作工序相同，只需将原料猪油变成溴化油脂。

李天铎制备的两种蛋白型加脂剂的反应示意如下：

$$R^1-CH_2-CH_2-R^2 + H_2O_2 \longrightarrow R^1-\underset{\underset{O}{\diagdown\diagup}}{CH}-CH-R^2$$

$$R^1-\underset{\underset{O}{\diagdown\diagup}}{CH}-CH-R^2 + H_2N-COOH \longrightarrow R^1-\underset{\underset{HO}{|}}{CH}-\underset{\underset{HN-COOH}{|}}{CH}-R^2$$

$$R^1-\underset{\underset{HO}{|}}{CH}-\underset{\underset{HN-COOH}{|}}{CH}-R^2 + 2H_2N-COOH \longrightarrow R^1-\underset{\underset{HOOC-HN}{|}}{CH}-\underset{\underset{HN-COOH}{|}}{CH}-R^2$$

$$\underset{\underset{NH-COOH}{|}}{\overset{\overset{OH}{|}}{R}} \qquad\qquad \underset{\underset{NH-COOH}{|}}{\overset{\overset{NH-COOH}{|}}{R}}$$

　　由环氧化中间体合成　　　　　　　由溴化油中间体合成

该蛋白型加脂剂具有较好的耐有机溶剂能力，助染性较为突出，皮革粒面清晰，革身紧实。由于多肽是由制革下脚料水解制得的，其结构与皮胶原极为相似，因此具有良好的亲和性。加脂剂进入皮内，乳胶粒表面上的多肽链与胶原纤维分子之间由于离子键和极性基团的存在产生较强的静电作用，同时还存在氢键与范德华力。多肽链铺展在胶原纤维表面，随胶原纤维链的运动，与胶原分子盘绕缠结在一起，使加脂剂固定在纤维上。

7.5.3.5　用于制浆造纸[108~115]

近年来，造纸用功能性助剂及用非植物纤维原料造纸的研究和应用发展迅速。胶原纤维是一种既能够作为增强剂使用，又可作为造纸用纤维原料的动物性纤维。胶原纤维是构成动物皮的主要成分，它由三条肽链互相盘绕结合而成为三螺旋结构。胶原大分子的侧链中含有大量的羟基、氨基、羧基等活性基团，有较高的化学活性，能与植物纤维以氢键、离子键、共价键、范德华力和静电吸引力等方式结合，这些键的形成使得成纸纤维间的结合力增大，键能升高，从而使纸张的物理强度提高。目前的研究主要集中在革屑胶原纤维的制备，革屑的打浆性能、打浆方式和打浆度对纸张性能的影响及胶原纤维与植物纤维的配抄性能。

将废弃物铬革屑分别用机械打浆和化学机械打浆的方法分散成浆，与植物纤维浆料配比混合，发现可明显提高植物纤维浆料的 ξ 电位，有利于提高留着率，提高抄造性能。表 7-14 和表 7-15 分别为机械法和化学机械法打浆铬革屑与植物浆料配比浆料的性能。

表 7-14　机械法打浆铬革屑与植物浆料配比浆料的性能

铬革屑浆含量/%	针叶木浆含量/%	滤水时间/s	ξ 电位/mV	pH	电导率 mS·cm⁻¹
0	100	27	-19.0	7.56	1.27
30	70	34	-15.2	7.36	1.33
50	50	42	-9.1	7.50	1.36
70	30	51	-6.4	7.44	1.39
100	0	58	-0.8	7.34	1.45

表 7-15　化学机械法打浆铬革屑与植物浆料配比浆料的性能

铬革屑浆含量/%	针叶木浆含量/%	滤水时间/s	ξ 电位/mV	pH	电导率 mS·cm⁻¹
0	100	27	−19.2	7.69	1.27
30	70	37	−16.9	7.56	1.35
50	50	46	−15.3	7.67	1.37
70	30	53	−13.5	7.79	1.38
100	0	62	−12.8	7.77	1.46

从革屑中所得的胶原纤维可以与植物纤维配合抄纸，胶原纤维的加入可以较大程度地提高纸页的抗张指数、耐折度，但纸页的撕裂指数略有降低。具体应用中可将铬革屑进行酸水解，在温度90℃、硫酸含量为6%和8%（以铬革屑质量计）时，水解时间为2h。将水解后的铬革屑进行打浆疏解，离解为纤维浆料，再与植物纤维浆料混合抄片。湿纸页在39.2×10^4Pa压力下压榨2min，在90℃下干燥4min；革屑已经分散为一些很细很短的纤维，此时已相当于造纸中的细小纤维，可以直接用于纸张的配抄。

将上述用6%的硫酸水解并经过打浆处理所得的革屑胶原纤维以及用8%的硫酸水解所得的胶原纤维分别取不同的量与植物纤维配合抄纸，对所抄纸页的强度进行检测，纸张各项指标均按国家标准进行测定。结果表明，抗张强度和耐折度明显增加，具体数据见表7-16和表7-17。

表 7-16　不同量的胶原纤维（用6%硫酸水解后打浆所得）与植物纤维配抄纸的性能

加入量/%	定量/g·m⁻³	紧度/g·m⁻³	撕裂指数/mN·m²·g⁻¹	抗张指数/N·m·g⁻¹	耐折度/次	备注
0	63	0.55	13.90	75.05	508	植物纤维打浆度35°SR
2	64	0.55	15.50	72.40	539	
6	63	0.56	13.94	68.15	712	
10	63	0.58	13.11	62.83	690	
15	62	0.55	12.34	61.44	680	
30	63	0.51	11.54	60.24	595	

表 7-17　不同量的胶原纤维（用8%硫酸水解后打浆所得）与植物纤维配抄纸的性能

加入量/%	定量/g·m⁻³	紧度/g·m⁻³	撕裂指数/mN·m²·g⁻¹	抗张指数/N·m·g⁻¹	耐折度/次	备注
0	61	0.46	17.44	45.68	171	植物纤维打浆度35°SR
2	63	0.45	15.25	57.62	360	
4	65	0.41	15.35	54.05	562	
6	61	0.43	14.72	56.72	380	
8	63	0.45	13.11	67.01	704	
10	63	0.44	15.03	58.78	483	
12	61	0.43	14.30	56.91	439	
20	57	0.41	13.57	54.62	263	
30	49	0.38	13.58	51.12	285	

含铬胶原纤维除具有微弹性和很高的抗张强度外，还具有许多独特的性能，如高耐磨性、绝热性、吸音性和柔韧性等，可以用于制造特种壁纸。日本采用胶原纤维、合成纤维与植物纤维以一定的比例混合生产出特种壁纸，这种壁纸具有吸湿性、阻燃性和良好的隔音效果。中国人利用胶原纤维与植物纤维混合抄片制备了吸音纸，研究了其吸音原理，建立了吸音系数与松厚度关系的数学模型，该吸音纸具有良好的吸音性能，平均吸音系数在0.5以上。胶原纤维形态、用量以及纸张厚度对其吸音性能均有影响。

天然动物纤维的平衡水分含量很大，高于合成纤维的值，特别是胶原纤维具有很高的平衡水分含量。日本有专家对用胶原纤维制作的卷烟滤材进行了研究，发现胶原纤维与合成纤维及植物纤维相比，其对焦油、戊二醛的吸收是最大的。胶原纤维天然的纤维结构及良好的人体亲和力，可用来生产生活用纸等，可增加使用的舒适性；利用胶原纤维吸湿性大、透气性好的特点，可用来生产制鞋纸板、鞋内底等。

从解决制革固体废弃物的污染问题出发，大多选取废铬革屑作为原料，从中提取胶原纤维，与植物纤维复合抄片，取得了一系列成果，但是还存在如下问题：铬革屑有颜色，使得水解液呈现绿色，不利于直接与白色纸浆进行复合抄片，要生产具有实际价值的纸张必须采用有效的方法分离其中的铬，这势必增加生产成本。铬对人体和环境有危害，回收铬的工艺能否彻底消除铬在纸张中的存在尚待研究，如果不能回收干净，就会造成二次污染。因此要将制革固体废弃物广泛应用于制浆造纸还有一段路要走。

7.5.3.6　用于生产化肥[116~119]

皮肥是黑褐色有亮光的固体颗粒或粉末，日本商品名称为"皮子粉"，中国台湾称为"肥料用皮革粉"。皮肥是近 20 年来发展起来的、应用极广的有机质肥料，是以制革下脚料，制鞋、制衣或皮件下脚料，着色或未着色的含铬天然皮革边角为原料，经化学、物理等工艺处理制造成的有机质肥料。皮肥中氮的质量分数为 12%、水质量分数为 10%、灰分质量分数为 8%、杂质质量分数为 1%，颗粒度为 2~5mm。由于此类肥料可为植物提供充足的养分及 N、P、K、Ca、S、Mg 和 Cr 等重要化学元素，肥效良好，所以在日本、韩国、欧盟国家以及中国台湾等发达国家或地区，农业生产都积极用此类产品作为有机肥料。据资料介绍，含铬皮革下脚料经加工制得的肥料，用于农业生产，可使水稻增产 18%，小麦增产 39% 左右。因此各国肥料厂商以该类产品为基本成分，添加园艺作物所需的各种微量元素，经混合、造粒、包衣等工艺，制造出各种园艺专用肥料。但由于革屑中的胶原是动物结缔组织的主要成分，而且氨基酸组成特殊，如果直接作为动植物营养组分，不仅存在动物基因病传播的可能性，而且存在氨基酸营养不平衡的问题，这在一定程度上也限制了胶原产物的利用。

国内外通常采用加压水解法来制造皮肥。在加压水解条件下，皮革废弃物发生热凝固，从而使胶原纤维断裂，由大分子的胶原蛋白水解成小分子多肽和氨基酸，便于被植物吸收。其具体操作步骤为：将皮革下脚料加入容积为 5m³ 的反应釜内，封盖后开启蒸汽阀门，通入蒸汽进行水解。当釜内压力升至规定压力 0.3~0.6MPa 时开始计时，保持釜内压力至规定时间后，泄压至常压。从出料口取出水解物弹性体，再经干燥、粉碎、包装即得皮肥。黑色光亮的物质即是胶原蛋白热凝固物，光亮物越多，产品质量越好，含氮量越高。经加压水解反应后，胶原蛋白经热凝固已极富弹性，呈黑色，有皮革气味，其中水质量分数在 30%~50%。通常采用在水泥地面上晾晒的方法进行自然干燥。一般经两昼夜时间，皮肥中的水分含量即可达到要求，也可采用先进的干燥设备进行物理干燥，如用电动滚筒干燥器、沸腾床干燥器等干燥皮肥。

皮肥的颗粒度可根据用户要求加工粉碎。如客户要求皮肥的粒度为 2~5mm，此时在选择粉碎机时，可选择叶片式粉碎机，而粉碎机筛板亦必须更换相应的孔径，以满足客户对皮肥粒度的要求。包装是皮肥生产的最后一道工序，对于出口产品，包装要求相当严格，一般外商提供聚氯乙烯塑料袋，每袋 20kg，要求包装袋整洁，商品名称、质量标准、生产厂家、生产日期以及注册商标必须醒目。

7.5.3.7　其他用途[120~124]

此外，铬鞣革屑还可用于生产再生革、复合材料、商品硫酸铬、氧化铬，氨基酸等。将铬鞣革屑完全溶解在极性非质子溶剂中，采用化学交联法使其生成复合皮革。在此过程中，制革固体废弃物得到充分利用，基本实现"零排放"，无二次污染。溶解过程的最佳条件为：反应温度为 60℃，反应时间为 3h，m（废革屑）∶m（助溶剂）为 1∶0.2；交联反应的最佳条件为：反应温度为 60℃，反应时间为 24h，m（废革屑）∶m（交联剂）为 1∶0.35。这种复合皮革微观上呈网状结构，力学性能和耐水性较高。

铬鞣革屑中的蛋白质含量大约在 90%（以干基计），粉碎成小颗粒后，与水、Ca(OH)$_2$ 按 1∶40∶0.4 的质量比混合，于 90℃ 下反应 5h，可溶性蛋白的提取率可达到 60%，而且在升温后 Ca(OH)$_2$ 的加入有利于铬的去除。以 6mol·L^{-1} 的盐酸水解铬鞣革屑制备复合氨基酸，采用 HD-Ⅰ 树脂对水解液进行脱色，氨基酸损失较少，且动态脱色效率明显高于静态脱色。采用 717 树脂脱酸可获得 pH 为 4.5~5 的复合氨基酸溶液，总得率为 60.1%。

铬鞣革屑也用来制备胶原蛋白粉，主要方法有酸水解法和碱水解法。酸水解法主要使用无机强酸，如盐酸和硫酸。水解液用氢氧化钙、氧化钙或碳酸钠中和，使三价铬离子沉淀，然后过滤、真空浓缩、喷雾干燥制得。由于酸水解法制备胶原蛋白粉时，三价铬离子不易脱出完全，而且对胶原的损伤严重，难以获得较高质量的产品，所以一般不采用。

碱法水解法通常使用碳酸钠、氢氧化钠等作为退鞣剂，使三价铬离子形成沉淀脱除。制备过程如下：废皮料在碱性条件下水解，压力 0.39 MPa，时间 60 min，控制一定 pH，沉淀铬离子，生产出胶原蛋白胶液；然后进行过滤、浓缩；蒸发 100 min 后喷雾干燥，得到胶原蛋白粉。高压水解是较为成熟的除铬方法，因为高压条件下能够加快水解速度，有利于铬与蛋白质化学链的断裂。在水解加工过程中，一定要掌握好时间、温度、压力，方可制出优质水解胶原蛋白粉[125]。

参考文献

[1] Metcalf 等. 废水工程：处理与回用. 第 4 版. 北京：清华大学出版社，2003.
[2] 李亚新. 活性污泥法理论与技术. 北京：中国建筑工业出版社，2007.
[3] 胡纪萃等. 废水厌氧生物处理理论与技术. 北京：中国建筑工程出版社，2003.
[4] 高忠柏，苏超英. 制革工业废水处理. 北京：化学工业出版社，2001.
[5] 马宏瑞. 制革工业清洁生产与污染控制技术. 北京：化学工业出版社，2004.
[6] 魏俊飞，马宏瑞，郗引引. 制革工段废水中 COD$_{Cr}$、氨氮和总氮的分布与来源分析. 中国皮革，2008，37 (17)：35-38.
[7] 吴浩汀. 制革工业废水处理技术及工程实例. 北京：化学工业出版社，2002.
[8] Hang-Sik Shin, Sas-Eun Oh and Chae-Young Lee，Influence of sulfur compounds and heavy metals on the methanization of tannery wastewater [J] Wat. Sci. Tech. 1997，35 (8)：239-245.
[9] 马托，马宏瑞，贾伟. 硫化物在厌氧污泥中的分布和对产甲烷活性的抑制作用 [J]，环境化学，2005，24 (5)：550-553.
[10] Jianjun Zhou，Hongrui Ma，Changes of chromium speciation and organic matter during low-temperature pyrolysis of tannery sludge [J]，Environmental Science & Pollution Research，2018，25：2495-2505.
[11] 马宏瑞，郗引引，魏俊飞. 我国制革工业代表性企业废水治理现状分析. 皮革与化工，2011，28 (2)：38-41.
[12] 唐莎，马宏瑞，吴仲蓬，杨其军，曾强. 牛皮清洁制革与常规工艺中主要污染物的产污系数对比 [J]，中国皮革，2013，42 (17)：39-43.
[13] 马宏瑞，吴薇，花莉，张文淘. 皮革工业污水治理技术选择与运行管理分析 [J]，中国皮革，2014，43 (1)：29-32.
[14] Banas J，Plaza E，Styka W，et al. SBR technology and used for advanced combinated municipal and tannery

wastewater treatment with high receiving water standards [J]，Wat. Sci. Tech. 1999，40（4-5）：451-458.

[15] Genschow，E，Hegemann W，Maschke C. Biological sulfate removal from tannery wastewater in a two stage anaerobic treatment [J]. Water Res. 1996，30（9）：2072-2078.

[16] Reemtsma T and Jekel M. Dissolved organics in tannery wastewaters and their alteration by a combined anaerobic and aerobic treatment [J]. Water. Resurch. 1997，31（5）：1035-1046.

[17] 丁绍兰，李华，杜波. 水解酸化池预处理皮革废水的效能研究 [J]. 中国皮革，2016，45（3）：46-50.

[18] Ma J，Song W，Chen C，et al. Fenton degradation of organic compounds promoted by dyes under visible irradiation [J]. Environmental science & technology [J]. 2005，39（15）：5810-5815.

[19] Wang D，He S，Chao S，et al. Chromium speciation in tannery effluent after alkaline precipitation：Isolation and characterization [J]. Journal of Hazardous Materials，2016，316：169-177.

[20] Zhao，G.，Li，M.，Hu，Z.，Hu，H.，Dissociation and removal of complex chromium ions containing in dye wastewaters. Separation and Purification Technology [J]. 2005. 43，227-232.

[21] Kumaraguru S，Sastry T P. Hydrolysis of Tannery Fleshing Using Pancreatic Enzymes：A Biotechnological Tool for Solid Waste Management. Journal of the American Leather Chemists Association，1998，93：32-39.

[22] 张铭让，林炜. 绿色化学与皮革工业的可持续发展. 第一届国际绿色化学高级研讨会. 中国科技大学，1998：138-220.

[23] 穆畅道，林炜，王坤余，等. 皮革固体废弃物资源化（Ⅰ）皮胶原的提取及其在食品工业中的应用. 中国皮革，2001，30（9）：37-40.

[24] 赵玉梅. 制革废弃物——毛的综合开发利用. 甘肃科技，2002，（4）：9.

[25] 陈浩承，张倩，林炜. 皮革固体废弃物污染及绿色途径. 西部皮革，2007，29（6）：30-34.

[26] 李闻欣. 制革污染治理及废弃物资源化利用. 北京：化学工业出版社，2005.

[27] 樊增638，蒋振山，薛松堂，等. 角蛋白饲料加工新技术. 中国农业大学学报，1996，1（6）：38-42.

[28] 陈宗良. 角蛋白基可生物降解地膜的研制. 陕西科技大学硕士学位论文，2009.

[29] 但卫华，王坤余. 轻化工清洁生产技术. 北京：中国纺织出版社，2008.

[30] 李闻欣. 废弃羊毛、禽毛角蛋白的降解及资源化利用研究. 陕西师范大学博士学位论文，2008.

[31] 戴红，张宗才，张新申. 制革废弃物中氨基酸的提取和分离. 氨基酸和生物资源，2003，25（3）：46-48.

[32] 陈金兰，黄玉秀，林伦民. 以动物毛为原料提取系列氨基酸的新工艺. 华南理工大学学报，1997，25（7）：117-119.

[33] 朱宏. 用毛发合成胱氨酸. 河北理工学院学报，2003，25（3）：115-118.

[34] 李闻欣，魏俊发，廖君. 利用废弃羊毛提取胱氨酸的研究. 食品科学，2007，28（7）：260-263.

[35] 廖学品，石碧. 基于皮胶原纤维的吸附材料制备及吸附特性研究. 四川大学博士学位论文，2004.

[36] Liao X P，Lu Z B，Shi B. Selective Adsorption of Vegetable Tannins onto Collagen Fibers. Industrial & Engineering Chemistry Research，2003，42：3397-3402.

[37] 刘一山，黄鑫，郭佩佩，等. 基于皮胶原纤维的雷达吸波材料 [J]. 科学通报. 2010（18）：1847-1853.

[38] 刘新华，基于高层级胶原聚集体的功能性止血材料的制备与性能 [D]，四川大学，2017.

[39] Sun J.，Jiao K.，Niu L.，et al. Intrafibrillar silicified collagen scaffold modulates monocyte to promote cell homing，angiogenesis and bone regeneration [J]. Biomaterials，2017，113：203-216.

[40] Liu X.，Dan N.，Dan W.，et al. Feasibility study of the natural derived chitosan dialdehyde for chemical modification of collagen [J]. International Journal of Biological Macromolecules，2016，82：989-997.

[41] 马春辉，舒子斌，王碧，等. 胶原蛋白膜的制作工艺及其对强度性质的影响研究. 中国皮革，2001，30（9）：34-36.

[42] 罗爱平，樊庆，胡明洪，等. 可食性胶原蛋白成膜技术初探. 贵州农业科学，2003，31（4）：44-46.

[43] 寇柏权. 用制革厂下脚料胶原制造肠衣的研究. 皮革科技，1989，18（10）：38-39.

[44] 穆畅道，林炜，王坤余，等. 皮革固体废弃物的高值转化. 化学通报，2002，（1）：29-35.

[45] 任龙芳. 基于废弃皮胶原改性的甲醛捕获剂的制备及其捕获行为的研究. 陕西科技大学博士论文，2009.

[46] 王学川，任龙芳. 一种利用皮革下脚料制备除醛剂的方法. CN ZL200610042096.X.

[47] 王学川，任龙芳，强涛涛，等. 利用膨鞣革屑制备胶原蛋白类除醛剂的研究. 精细化工，2008，25（7）：686-690.

[48] 王健. 氨基化明胶的性能及在鼻粘膜给药的应用研究. 沈阳药科大学博士学位论文，2002.

[49] 雷良才，肖恺，沈愚，等. 咪唑啉缓蚀剂的合成与缓蚀性能研究. 腐蚀与防护，2001，22（10）：420-423.

[50] 范维玉，杨孟龙，陈树坤，等. SF-103 油田注水缓蚀剂的合成及性能考察. 石油大学学报：自然科学版，1999，23（2）：82-85.

[51] 张贵才，马涛，葛际江，等. 咪唑啉缓蚀剂合成过程中成环程度与其性能的关系. 西安石油大学学报：自然科学版，2005，20（2）：55-57.

[52] 刘兴玉，范维玉，陈树坤，等. 石油酸酰胺系改性乳化剂的研制. 精细石油化工，1999，（5）：14-17.

［53］ Wang X C, Ren L F, Qiang T T. Synthesis of Hyperbranched Polymer with Terminal Amidogen and its Application as Formaldehyde Scavenger in Leather. Journal of American Leather Chemists and Association, 2008, 103: 416-420.

［54］ 周永香. 多功能游离甲醛捕获剂. 陕西科技大学硕士学位论文, 2006.

［55］ 骆鸣汉. 毛皮工艺学. 北京: 中国轻工业出版社, 2003: 382.

［56］ 张立芳, 李永伟, 杨海蜂. 银杏木炭降低脲醛树脂游离甲醛的研究. 中国胶粘剂, 2007, 16 (2): 8-9.

［57］ 傅英芳, 樊祥林. 降低人造板中脲醛树脂游离甲醛含量的几种方法. 木材加工机械, 2001, (2): 25-26.

［58］ 李东光. 脲醛树脂胶黏剂. 北京: 化学工业出版社, 2002: 216.

［59］ 曹健, 吕燕红, 常共宇等. 废铬屑中提取胶原蛋白的戊二醛改性研究. 中国皮革, 2005, 34 (5): 21-26.

［60］ 张莹, 魏玉娟. 废革屑提取胶原蛋白的研究. 中国皮革, 2008, 37 (5): 36-40.

［61］ 孙丹红. 超声波对制革过程的影响及含铬废革屑的氧化脱铬. 四川大学博士学位论文, 2003.

［62］ Smith L R, Donovan R G. Preparation of High-Quality Gelatin with Chromium Content from Chrome-Tanned Stock. Journal of American Leather Chemists and Association, 1982, 89: 221-228.

［63］ Stockman G. Practical Considerations of the Production Scale Hydrolysis of Blue Shavings. Journal of American Leather Chemists and Association, 1996, 91: 190-192.

［64］ 周文常. 胶原的提取及其混合纺丝液的制备. 四川大学硕士学位论文, 2004.

［65］ 裴海燕. 从废弃铬鞣革屑中提取胶原蛋白类水解物的研究. 郑州大学硕士学位论文, 2002.

［66］ 王远亮. 铬鞣废皮屑的脱铬方法. 中国皮革, 1990, 19 (10): 4-8.

［67］ 王方国, 吴友吕. 酶法脱铬在羊皮制革下脚料中应用研究. 中国皮革, 1996, 25 (8): 22-26.

［68］ Cabeza L F, Taylor M M, Brown E M, et al. Chemical and Physical Properties of Protein Products Isolated from Chromium-Containing Leather Waste Using Two Consecutive Enzymes. Journal of the Society of Leather Technologists and Chemists, 1998, 82: 172-179.

［69］ Cabeza L F, Taylor M M, Brown E M, et al. Influence of Pepsin and Trypsin on Chemical and Physical Properties of Isolated Gelatin from Chrome Shavings. Journal of American Leather Chemists and Association, 1997, 92: 200-207.

［70］ 林炜. 皮革固体废弃物资源化. 四川大学博士学位论文, 2000.

［71］ Smith L R, Donovan R G. Preparation of High-Quality Gelatin with Low Chromium Content from Chrome-Tanned Stock. Journal of American Leather Chemists and Association, 1982, 77: 301.

［72］ Cot J, Manich A M, Aramon C. Design of A Pilot Plant for Complete Proeessing of By-Products of the Tanning Industry: Preparation of A Collagenic Material with "Zero" Chrome Content. Journal of American Leather Chemists and Association, 1991, 86: 141-157.

［73］ Heidemann E. Disposal and Recycling of Chrome-Tanned Materials. Journal of American Leather Chemists and Association, 1991, 86: 331-333.

［74］ 苏联专利, SU883127.

［75］ 苏联专利, SU1245581.

［76］ 苏联专利, SU1240788.

［77］ Taylor M M, Diefendorf E J, Na G C, et al. Enzymatic Processing of Materials Containing Chromium and Protein. US Patent5094946, 1992.

［78］ Taylor M M, Diefendorf E J, Brown E M, et al. Enzymatic Pocessing of Materials Containing Chromium and Protein. US Patent5271912, 1993.

［79］ Taylor M M, Cabeza L F, Dimaio G L, et al. Processing of Leather Waste: Pilot Scale Studies on Chrome Shavings. Part 1. Isolation and Characterization of Protein Products and Separation of Chrome Cake. Journal of American Leather Chemists and Association, 1998, 93: 61-82.

［80］ 王南平, 郭鹏达. 鱼鳞胶原蛋白的研制. 水产科技情报, 2004, 31 (6): 263-264.

［81］ 林琳. 鱼皮胶原蛋白的制备及胶原蛋白多肽活性的研究. 中国海洋大学博士研究生学位论文, 2006.

［82］ 张联英. 几种主要淡水鱼胶原蛋白的制备及其特性研究. 中国海洋大学硕士学位论文, 2004.

［83］ 赵苍碧, 黄玉东, 李艳辉. 从牛腱中提取胶原蛋白的研究. 哈尔滨工业大学学报, 2004, 36 (4): 515-519.

［84］ 吴国选, 伍津津, 朱堂友, 等. 人肌腱胶原蛋白的提取及凝胶制备. 实用医药杂志, 2005, 22 (3): 227-229.

［85］ Miladinov V D, Gennadios A, Hanna M A. Gelatin Manufacturing Process and Product. US 0142368A1. 2002-10-03.

［86］ 郑巧东, 军贤, 林东强, 等. 禽源性皮胶原蛋白的提取及水解多肽的制备. 中国皮革, 2005, 34 (3): 38-40.

［87］ 邓海燕. 鸡皮明胶的制备及性质研究. 福建农林大学硕士学位论文, 2004.

［88］ 丁绍兰, 秦宁. 皮革固体废弃物资源化处理与处置. 西部皮革, 2009, 11: 20-24.

［89］ 黄程雪, 刘显奎. 用铬鞣废革屑生产制革用蛋白类复鞣填充剂. 中国皮革, 1991, 20 (9): 27-29.

［90］ Cantera C, Martegani J, Esterelles G, et al. Collagen Hydrolysate: 'Soluble Skin' Applied in Post-Tanning

Processes Part2：Interaction with Acrylic Retanning Agents．Journal of the Society of Leather Technologists and Chemists，2002，86：195-202.

[91] 张景林，宋广兴．废皮屑生产蛋白-树脂型复鞣填充剂的研究．内蒙古石油化工，1997，22：31-33.

[92] 李闻欣，程凤侠，俞从正．含铬铝蛋白复鞣填充剂 CAP 的研制．中国皮革，2002，31（23）：33-35.

[93] 陈武勇，辜海滨，秦涛，等．中性蛋白酶水解铬革屑的研究．中国皮革，2001，30（21）：2-5.

[94] 王坤余，潘志娟，尹洪雷．蛋白鞣剂的研制与应用．皮革科学与工程，2001，11（3）：12-17.

[95] 王鸿儒等．用铬革屑制备助鞣剂的研究．皮革化工，2001，30（5）：16-19.

[96] 马建中，刘凌云，等．乙烯基类单体改性铬鞣革屑水解产物制备复鞣填充剂的研究．中国皮革，2003，32（7）：6-10.

[97] Brown E M. 皮革废弃物的利用．皮革科学与工程，2004，14（5）：7-10.

[98] 刘美田，高海龙．一种蛋白填充复鞣剂的制法．CN 200610045247.0. 2008-01-02.

[99] 程凤侠，李思益．利用含铬革屑制备铬鞣剂的方法．CN 200410025967.1. 2005-01-12.

[100] 王坤余，潘志娟，周万建．铬泥配制含铬主鞣剂及其应用性能探索．中国皮革，2002，31（19）：13-15.

[101] 付丽红，张铭让．皮革固体废物制备铬鞣剂．中国皮革，2001，30（15）：16-20.

[102] Manzo G，G. U mmarino，L. Bianchi，and . Matto：Luoio，Pelli，Mater，Conciantte，1991，67（5）：318.

[103] S. Pinick；Rev. Tech. Ind. Cair，1976，68（50）：156.

[104] 曹健，钱江，常共宇，等．废铬革屑胶原蛋白与壳聚糖复合成膜的研究．中国皮革，2005，34（7）：8-10.

[105] 朱梅湘，穆畅道，陈武勇，等．胶原基生物膜材料的制备与应用．中国皮革，2003，32（7）：24-26.

[106] 王坤余，王碧，但卫华，等．铬革屑的高值利用研究．中国皮革，2003，32（13）：25-28.

[107] 李天铎．含铬下脚料的回收利用蛋白型加脂剂的研制．四川大学博士学位论文，1999.

[108] 陈继伟．胶原纤维碎皮纤维化处理和打浆方式的研究．造纸科学与技术，2008，27（6）：142-145.

[109] 李嘉，陈港，吴镇国，等．胶原纤维的制备及其抄造性能研究．皮革科学与工程，2006，16（4）：18-23.

[110] 刘正伟，张美云，孙丽红，等．铬革屑打浆性能的研究．西部皮革，2007，29（12）：32-35.

[111] 彭立新，王志杰．皮革固体废弃物资源化处理及在造纸中的应用．中国皮革，2007，36（13）：60-63.

[112] 孙友昌，赵传山，张坤．动植物纤维混合抄片的结构与性能的研究．中国皮革，2007，36（17）：33-35.

[113] 韩文佳，赵传山，李全朋．皮革固体废弃物制浆造纸性能研究．造纸科学与技术，2007，26（5）：23-26.

[114] 张美云，刘鎏．胶原纤维及其在造纸行业中的应用．中国造纸，2005，6：70-72.

[115] 刘正伟，张美云，钟林新，等．胶原纤维与植物纤维配抄吸音纸的研究．中国造纸，2008，27（5）：19-23.

[116] 冈村浩，张文熊．关于日本有效利用皮革的研究概况（续）．中国皮革，2003，32（21）：38-39.

[117] 王鸿儒，楼建新，�小娟，等．废革屑资源化处理利用中几个关键问题的探讨．陕西科技大学学报，2004，22（3）：45-49.

[118] 邵泽恩，解守岭，李士英．由制革下脚料制皮肥生产工艺及用途的开发．山东化工，2000，29（6）：5-6.

[119] 邵泽恩，解守岭，李士英．制革固态废料生产皮肥及其用途．中国皮革，2001，30（7）：36-37.

[120] 刘丽莉，涂根国，乔迁．废弃皮革制备复合皮革的耐水性研究．功能材料，2007，38（增刊）：3489-3490.

[121] 刘丽莉，乔迁，赵亚娟．新型皮革的绿色合成方法．化学工程师，2007，139（4）：21-23.

[122] 方晓林，徐志刚，王萍，等．废铬革屑的综合回收利用．化学研究与应用，2008，20（1）：100-103.

[123] 董燕，杨连生，黄秀梨．由铬革屑制备可溶性蛋白及氨基酸的研究．氨基酸和生物资源，2002，24（3）：35-37.

[124] 允连．利用制革废皮屑生产纺织助剂——油酰基氨基酸钠．西部皮革，1993，（3）：16-20.

[125] 薛新顺，罗发兴，何小维，等．饲料用胶原蛋白粉的制备及应用研究进展．中国饲料，2006，12：30-31.